植烟土壤改良技术理论与实践

叶协锋　著

科学出版社

北京

内 容 简 介

由于化肥的连年大量施用、有机肥用量的减少和复种指数的提高，植烟土壤质量出现了退化，尤其是土壤生物学特性，部分土壤出现了次生盐渍化，这些都直接限制了烟叶品质的提高。鉴于此，作者在对河南烟区土壤适宜性等级进行评价的基础上，分析了土壤与烟叶品质的关系，进而在河南、重庆、陕西等地连续多年、多点系统地开展了一系列土壤改良技术研究，包括秸秆还田、农家肥应用、种植绿肥翻压还田、生物炭理化特性、生物炭改良烟田土壤、生物炭对镉污染土壤的修复、起垄覆盖与烟田水土保持、盐碱对烤烟生长发育的影响等。

本书可供从事植物营养学和烟草学研究的科研人员和研究生参考，也可为烟草商业和工业企业管理部门决策提供参考。

图书在版编目（CIP）数据

植烟土壤改良技术理论与实践 / 叶协锋著. —北京：科学出版社，2019.9
ISBN 978-7-03-062330-0

Ⅰ.①植… Ⅱ.①叶… Ⅲ.①烟草–耕作土壤–土壤改良–研究 Ⅳ.①S572.06

中国版本图书馆CIP数据核字（2019）第195783号

责任编辑：陈 新 闫小敏 / 责任校对：郑金红
责任印制：吴兆东 / 封面设计：刘新新

科学出版社出版
北京东黄城根北街16号
邮政编码：100717
http://www.sciencep.com

北京虎彩文化传播有限公司 印刷
科学出版社发行 各地新华书店经销

*

2019年9月第 一 版 开本：720×1000 1/16
2020年5月第二次印刷 印张：31
字数：625 000
定价：238.00元
（如有印装质量问题，我社负责调换）

序

我国烟叶香气量不足的问题一直制约着混合型和烤烟型卷烟质量的提高，更限制了其国际市场的开拓，这主要是由植烟土壤肥力退化造成的。复种指数提高，掠夺性使用土地；小型农机具代替了耕牛，牲畜粪肥减少，化肥用量逐年增加；作物秸秆大多就地焚烧，宝贵的有机质资源流失且污染环境。对农田掠夺性使用造成土壤生物活性降低，生产潜力逐步退化，贫瘠化的土壤上难以生长出优质烟叶。多年的施肥促进烟叶增香的试验没有取得理想结果，究其原因是植烟土壤的物理、化学和生物学特性基础薄弱，尽管植烟当季施用了较多的厩肥、油枯等有机肥料，但对烟叶的增香作用有限。

2003 年 2 月，中国烟草总公司在厦门召开烟叶生产技术研讨会，在会上我提出了"把烟叶生产融入大农业，建立以烟为主的耕作制度，打好烟叶土壤基础"的技术观点，主张改良基本烟田的土壤质量，以提高烟叶生产水平，实现烟叶生产的可持续发展。在烟草行业和烟叶主产区的重视下，种植绿肥、秸秆还田、农家肥施用等技术措施得到推广应用，使烟叶质量逐步提高。

近年来，通过技术创新，以及"国际型优质烟叶开发""部分替代进口烟叶开发""特色优质烟叶开发"等重大专项的实施与技术研发，烟叶质量得到了大幅度提高，部分示范基地烟叶的质量与国际市场的优质烟叶已经非常接近，核心示范区烟叶经卷烟工业企业评吸评价认为达到了美国烟叶香气质量水平。但是烟叶供给侧矛盾依然存在，烟叶生产不能满足提高国内卷烟质量和出口水平的需要，直接影响高档卷烟的研发，进而影响国产卷烟的市场竞争力。

2017 年，由我担任首席专家的项目"浓香型特色优质烟叶开发"获得国家烟草专卖局科技进步奖一等奖。项目组求证了土壤碳氮平衡使烟叶增香的机理，创新了绿肥改土、生物质炭化配肥、固碳培肥、减氮增效技术，证明了限制烟叶香气质量的症结是土壤碳氮失调。叶协锋是我指导的硕士研究生和博士研究生，他自留校任教以来在土壤质量培育方面开展了大量深入的科学研究工作。围绕烟草行业烟草栽培重点实验室确定的研究方向，针对烟田土壤保育，叶博士带领一大批硕士生和本科生，系统开展了绿肥种植翻压还田、秸秆还田、有机肥施用、生物炭调理土壤和保护性耕作等研究，在《植物营养与肥料学报》《草业学报》《中国烟草学报》等期刊发表了多篇文章，为植烟土壤矿质营养综合治理提供了理论与技术支持。如今的成书，是对河南农业大学烟草学科和烟草行业烟草栽培重点实验室在植烟土壤健康培育方面作出的又一贡献。叶博士的研究成果为植烟土壤改良专项的实施提供了技术支撑和参考，值得肯定和鼓励。

是为序。相信叶博士的研究成果会在烟叶生产中得到推广应用，为促进烟叶原料生产的可持续发展作出贡献。

2018 年 11 月 13 日

前　言

　　土壤质量是"保证生物生产的土壤肥力质量、保护生态安全和持续利用的土壤环境质量，以及土壤中与人畜健康密切有关的功能元素和有机无机毒害物质含量多寡的土壤健康质量的综合量度"。近年来，由于化肥施用量逐渐增加，烟区复种指数居高不下和大比例的烟田连作，加之缺乏良好的培肥地力措施，土壤营养供应不均衡，土壤环境恶劣，造成烟株生长发育不良，烟叶香气质量和工业可用性相应降低。要想从根本上提高烟叶品质，必须为烟草生长发育创造一个良好的生长环境，尤其是一个良好的土壤环境，均衡土壤供应给烟株的营养。适宜的有机质、疏松的耕层、良好的通气和水分条件、丰富的土壤生物类群等是生产优质烟叶的重要土壤条件。

　　《中国烟叶生产可持续发展规划纲要(2006—2010)》明确提出，烟叶生产可持续发展的主要任务和措施之一就是"稳定种植规模，建立基本烟田保护制度，遵循全面规划、合理利用、用养结合、严格保护的方针"。加大基本烟田土壤改良力度，保护和培肥地力，提高烟田综合生产能力。《烟草行业中长期科技发展规划纲要(2006—2020年)》明确提出实施无公害烟叶工程、基本烟田治理工程和特色优质烟叶开发三个重大专项。

　　在国家和烟草行业提出可持续发展战略之时，河南农业大学以刘国顺教授为代表的团队，于2000年受命于国家烟草专卖局开展"提高烟叶香气、提高烟叶市场有效供应水平"的技术研究，在总结已有科研成果的基础上，在全国范围提出了"烤烟理想型烟株"概念和"加深耕层、种植绿肥、秸秆还田，奠定优质烟叶生产土壤基础""把烟草融入大农业，建立以烟为主的耕作制度，促进烟叶生产可持续发展"等学术与技术观点，均被烟草行业采纳推广。

　　2003年，时任国家烟草专卖局科教司司长王彦亭在山东省临沂市召开的"沂蒙山优质烤烟生产技术研究与开发"项目田间评议会上明确指出：要把改善烟叶生产的生态环境当作烟叶科技工作的首要任务来认真解决。2015年4月，国家烟草专卖局科技司司长张虹在解读行业科技工作重点时明确指出：要着力植烟土壤保育创新突破，深化烟田土壤保育关键技术研发。

　　随着生态农业和社会经济的发展，烟草行业越来越关注有机烟叶和生态烟叶的生产。作者在之前的著作中提出"用生态农业的定义来解释生态烟叶"，生态烟叶的基本含义：遵循可持续发展原则，参照国家有关标准和要求，充分利用自然生态优势条件，优化烟区生态布局，将生态农业发展战略和发展理念应用于烟叶生产，在控制外源污染，优化肥、药使用技术，提高资源利用效率，以及构建土壤保育技术体系和保护生态环境的基础上，所生产的具有地方特色的优质烟叶。因此，生产生态烟叶的前提是"遵循可持续发展原则"，促进烟叶生产与生态环境保护协调发展。生产生态烟叶的基础是优质健康的土壤！

基于以上背景，作者系统梳理、总结了工作以来所开展的土壤培肥研究，并编著了本书，以期为今后进一步深入、系统地进行土壤培肥研究找出问题、理清思路。本书的第一章和第二章得到国家烟草专卖局"河南省烟草种植区划研究(110200401021)"项目资助；第三章第一节、第二节和第三节得到国家烟草专卖局"浓香型特色优质烟叶开发(Ts-01-2011005)"项目资助，第四节得到湖北省烟草公司"烟草秸秆生物有机肥的作用机理研究"项目资助；第四章、第七章第三节、第九章、第十一章得到重庆市烟草公司"云烟品牌导向型生态优质烟叶生产技术模式构建研究与推广(NY20140401070010)"项目资助；第五章第一至第六节得到重庆市烟草公司"烟田可持续利用技术及耕作制度研究"和"重庆山地特色烟叶生产技术体系研究(200801001)"项目资助，第七节得到国家烟草专卖局"绿肥改良植烟土壤技术规程(201113026)"项目资助；第六章、第七章第四至第六节得到河南省烟草公司"秸秆生物质炭对土壤-烤烟养分高效协同利用机制研究(HYKJ201301)"项目资助；第七章第一节和第二节得到陕西省烟草公司"汉中烟区土壤改良关键技术研究与应用"项目资助；第三章第五节、第十章第五节和第六节得到洛阳市烟草公司"洛阳烟区抗旱栽培成套技术研究(LYKJ201501)"项目资助；第八章、第十章第一至第四节为自选研究内容。

在此，向我的硕士生导师、博士生导师河南农业大学刘国顺教授，博士生导师西北农林科技大学李世清教授，国家烟草专卖局王彦亭研究员致以深深的谢意！同时，感谢帮助和支持我的朋友！感谢张波、刘占辉对部分研究工作所做的贡献。感谢参加研究工作的研究生王永、李亚娟、李正、李雪利、曾宇、孟琦、于晓娜、李志鹏、宗胜杰、管赛赛、周涵君、张晓帆、郑好、凌天孝、马静、韩秋静、秦燚鹤和刘晓涵等。感谢周涵君和刘晓涵为本书中文字、图表整理所做的工作。

项目研究地点主要在河南、重庆、陕西等地的烟叶主产区，研究内容包括了土壤改良的主要方面，希望对烟草行业的科研和生产有参考价值。鉴于作者水平有限，书中不足之处在所难免，恳请读者批评指正。

叶协锋

2018 年 8 月 10 日

目　录

第一章　基本烟田建设与河南省植烟土壤适宜性评价

土壤肥力是土壤各种理化性质的综合反映，是土壤的主要功能和本质属性，是土壤内在的物质、结构和理化性质与外界环境条件综合作用的结果。土壤肥力是土壤物理、化学、生物化学和物理化学特性的综合表现，也是土壤不同于母质的本质特性。土壤肥力包括自然肥力、人工肥力和二者相结合形成的经济肥力。农业生产上，能被植物或农作物即时利用的自然肥力和人工肥力称"有效肥力"，不能被即时利用的称"潜在肥力"。有效肥力和潜在肥力两者之间没有截然的界限，在一定条件下可以相互转化。影响耕地土壤肥力的因素有很多，如土壤质地、结构、水分、温度、生物、有机质含量、pH 等，凡是影响土壤物理、化学、生物性质的因素，都会对土壤肥力造成一定的影响。土壤肥力指标包括土壤营养(化学)指标、土壤物理性状指标、土壤生物学指标和土壤环境指标等多种因子。本章在对基本烟田建设进行简要论述的基础上，对河南省植烟土壤的主要养分指标进行适宜性评价，为河南省烤烟种植区划提供参考和依据。

第一节　浅析基本烟田建设

基本烟田是指按照市场对烟叶的需求量和国家下达的指令性收购计划，依据土地利用总体规划，按照两年或两年以上轮作要求，统筹安排的宜烟耕地。通过建立基本烟田保护制度，稳定植烟土地面积，改善烟田生态环境。2008 年，全国有基本烟田约 3500 万亩[①]。截至 2015 年，全国已建成基本烟田近 5000 万亩。

当前，烟草行业工作的主要目标任务由"烟叶防过热，卷烟上水平，税利保增长"转变为"稳定规模、优化结构、降本增效、完善体系"，而关键任务之一是原料保障。为此，必须持续建设基本烟田，夯实烟叶生产基础条件。我国烟区主要位于老少边穷地区，烟农仍然属于贫困群体和弱势群体，我国 511 个种烟县中，210 个为国家级贫困县，223 个位于 11 个集中连片特殊困难地区，54 个位于原中央苏区。截至目前，烟草行业累计投入烟基(烟田的水利设施与烟区道路、烟叶烤房和烟田耕作机械等烟叶生产的配套设施)建设补贴资金 920.72 亿元，完成各类建设项目 503.63 万项，改善了近 5000 万亩基本烟田的生产条件，为提高烟区综合生产能力和抗御自然灾害能力发挥了十分重要的作用。2011 年，烟草行业做出在全国重点烟区全面开展水源工程建设的重要部署，截至目前，复函同意水

---

① 1 亩≈667m²，后文同。

源工程援建项目 256 项，核定援建资金 214.60 亿元，已拨付援建资金 149.02 亿元（杨培森，2017）。

在强化基础设施建设的同时应提高基本烟田建设的科技含量，改善基本烟田的生态条件，以适应生产优质烟叶的需求。鉴于此，在参考了部分主产烟区关于基本烟田建设资料的基础上，本节从基本烟田的生态环境、土壤改良、耕作制度、灌溉制度和营养管理等方面进行了阐述，以期为基本烟田的建设提供参考。

一、基本烟田的溯源及要求

(一)基本烟田的溯源

2002 年年初，当时的长沙卷烟厂和浏阳市烟草公司，站在原料基地长久、持续、健康、稳定发展的高度，坚持用地与养地结合，为防止耕地质量退化，研究提出了基本烟田保护的概念和构想。浏阳市人民政府于 2003 年 10 月规划了基本烟田面积，并下发了《浏阳市人民政府关于基本烟田保护的决定》(浏政发〔2003〕37 号)文件。同时，地方各级人民代表大会以村规民约的形式，规定保护区内实行休耕与轮作制，以协议的形式公示、树碑到村，保护种植基地在烤烟休种期间不被其他产业挤换，必须严格按照烟草部门所指定的种植作物予以安排。

(二)国家烟草专卖局关于基本烟田的要求

1. 《中国烟叶生产可持续发展规划纲要(2006—2010)》

《中国烟叶生产可持续发展规划纲要(2006—2010)》指出，考虑轮作要求，遵循生态优先、相对集中的原则，在生态环境优越、水土资源丰富、社会经济适宜的烟区，选择土壤营养协调的宜烟田块，依照法定程序和行政程序，以契约合同或村民自治等形式，确定基本烟田保护区，遵循全面规划、合理利用、用养结合、严格保护的方针，建立基本烟田保护制度。利用信息技术、遥感技术等现代化手段，规范基本烟田管理，建立基本烟田数据档案。至"十一五"末期，全国规划保护基本烟田 3000 万亩左右，其中南方和黄淮烟区占 94%左右，北方烟区(黑龙江、辽宁、吉林和内蒙古)占 6%左右。

2. 《烟草行业中长期科技发展规划纲要(2006—2020 年)》

《烟草行业中长期科技发展规划纲要(2006—2020 年)》(下文简称《科技纲要》)中九个重大专项的第四项为"基本烟田治理工程"。《科技纲要》指出，开展基本烟田规划与治理是加强基本农田保护、搞好农田管理，提高农业综合生产能力的客观要求。加强基本烟田规划，建立基本烟田保护制度，完善基本烟田设施，改善烟叶生产条件，集约利用土地资源，统筹烟叶生产和其他作物的协调发展，可有效增强烟叶综合生产能力，优化土地利用结构，提高土地资源利用率，促进农民增收。通过专项实施，到 2010 年，实现 60%基本烟田的肥力、健康和环境质量能够满足"优质、稳产、生态、安全"的生产目标；到 2020 年，实现 90% 以上基本烟田的肥力、健康和环境质量能够满足"优质、稳产、生态、安全"的生产目标。

二、评价基本烟田的指标体系

基本烟田的生态条件首先要适宜烟草生长，其次应满足生产优质烟叶的要求。本书综合分析了部分参考文献，提出了评价基本烟田的指标体系。

(一)生态条件应符合烟草种植区划的要求

1. 光照条件

烟草大田生长季节日照时数应在 500～700h 或更多；日照百分比大于 40%。

2. 温度条件

从品质角度来看，烟草对气温条件的要求是前期较低，中期较高，成熟期以不低于 20℃为宜。为了得到优质烟叶，成熟期温度必须在 20℃以上，一般在 24～25℃持续 30d 左右较为有利。烟草在大田生长期最适温度为 22～28℃，最低温度范围为 10～13℃，最高温度为 35℃，高于 35℃时，生长虽不会完全停止，但受到抑制。

3. 水分条件

大田生育期内降雨量约为 500mm；雨量分布基本符合烟株生长发育需要，水分利用效率应达到 0.4kg/mm 以上。

4. 土壤条件

pH 在 5.5～7.0，土壤 C/N 协调，耕层深厚，质地疏松，团聚体结构好，矿质营养协调，有机质丰富，丰产性能好。

(二)基本烟田的"小环境"应满足优质烟叶形成的需要

排除低洼易涝的渍水地块或区域，保证烟株根系发育良好，生产出优质烟叶。烟田的排灌条件好，遇多雨年份或暴雨灾害时，能够保护烟叶免受损伤。另外，不但烟草本身禁用农药，轮作周期中的任何作物都不允许使用剧毒或高残留农药。同时，烟田无工业污染，无外源重金属污染。慎用含氯肥料，烟叶氯离子含量以低于 0.8%为宜，土壤氯离子含量≤45mg/kg。

(三)基本烟田应建立以烟为主的耕作制度

不种植与烟草有同源病害的作物。烟草属于茄科，辣椒、马铃薯等作物与之有同源病害，烟区不应轮作这些作物。葫芦科作物易感的黄瓜花叶病也能侵染烟草，应与烟草安排较长的种植距离。前茬作物氮素残留量不能过高。轮作周期内应包括用养结合的作物种类，建立用养结合的种植制度。轮作周期间隔 2 年以上，以利于消除病害和调节作物间营养。

三、基本烟田建设的原则

(一)坚持统筹规划、合理布局原则

在立足现有烟区、烟农和生产规模的基础上，既要考虑现有土地的承载能力，又要着眼农业、农村经济发展的变化；既要保证现有稳定，又要着眼长远发展。重点规划建设自然条件较好、烟叶品质优、风格特点突出、烟农种烟积极性高、能够实施适度规模与连片轮作种植和有发展潜力的区域，以确保基本烟田的稳定、基础设施效能的长期发挥和烟农种烟合理比较效益的实现。

(二)坚持用养结合原则

基本烟田坚持用养结合原则，建立以烟为主的种植制度，实行合理轮作，落实土壤改良措施，发展生态烟叶，规范农药、化肥、有机肥、农膜等农资的使用，防止其对土壤环境的污染、加强土壤环境监测和评价，定期开展土壤普查。

(三)坚持严格保护原则

基本烟田以烟为主，妥善处理好粮烟、林烟及其他作物与烟草争地的矛盾，确保基本烟田不被挤占、基本烟田及配套设施不被破坏，实现烟叶生产与其他农作物生产的协调发展。

(四)坚持适度整理原则

根据先易后难、量力而行、分期开发治理的原则，多方筹集资金，建立土地开发整理专项资金，不断加强土地开发整理力度。对坡耕地等不适宜机械化作业的基本烟田，采取坡改梯等方法进行土地综合治理，力争达到适宜小型机械作业的条件，在进行土地综合治理时一定要注意对土壤质量的改善。

(五)坚持工商研联动原则

按照国家烟草专卖局提出的烟叶原料基地建设的"原料供应基地化、生产方式现代化、烟叶品质特色化"要求来建设基本烟田，工商研紧密合作，开展基本烟田的规划、建设和开发等工作。

(六)坚持高效利用原则

在强化土地所有权、稳定土地承包权、搞活土地使用权、明确土地发包权的基础上,通过自愿置换、土地入股、有偿流转等途径,逐步实现基本烟田向职业烟农流转集中,逐步提高烟叶生产的集约化和专业化水平,整体提高产出效益。

(七)坚持尊重农民意愿、服务烟农原则

实行区域化布局、规模化生产。在稳定家庭承包经营制度下,切实尊重和保障烟农的主体地位和生产经营自主权,引导烟农连片化种植、精细化管理,提高质量,增加效益。

四、基本烟田建设的主要内容

(一)培肥地力,用养结合

《中国烟叶生产可持续发展规划纲要(2006—2010)》指出,加大基本烟田土壤改良力度,重点解决部分烟田结构不良、酸碱不当、营养失调、病原物多等问题;通过合理轮作、秸秆还田、绿肥掩青、等高种植、规范农用化学品使用等措施,保护和培肥地力,提高烟田综合生产能力。

土壤改良技术主要包括土壤结构改良、土壤酸碱度改良、土壤科学耕作和土壤污染治理。土壤质量是"保证生物生产的土壤肥力质量、保护生态安全和持续利用的土壤环境质量以及土壤中与人畜健康密切有关的功能元素和有机无机毒害物质含量多寡的土壤健康质量的综合量度"。土壤改良培肥主要有以下几个措施。

1. 施用有机肥

饼肥类有机肥的优点是 C/N 值低、易于分解,当季利用率几乎与化肥相当,并且饼肥在分解过程中产生的一些中间产物对于改善烟叶品质、提高香气质等有较大作用,所以烟草生产中饼肥应用较多。缺点是饼肥中有机物质分解快、残留少,所以对提高土壤肥力作用很小。另外,植物油饼是优质的动物饲料,当前植物油饼肥价格比较昂贵。

施用粪肥可以增加铵态氮供应,提高磷和微量元素养分的移动性与有效性;增加土壤持水力,改善土壤结构的同时相应提高入渗速率并降低土壤容重,增强土壤缓冲能力以防 pH 急剧变化等。要注意不同牲畜的粪肥由于组成存在差异,产生的改土效果有差异。

在采用作物秸秆、粪肥和促腐菌剂堆沤发酵农家肥时,确保充分腐熟发酵后施用,杜绝使用含有重金属等污染物和病原菌的原材料。

2. 秸秆还田

秸秆还田指在植烟当季向土壤中直接施用秸秆等有机物。秸秆还田能够发挥以下几个作用：①增加土壤中有机质和营养；②改善土壤物理性状；③减少土壤流失；④秸秆腐解所产生的有机酸类物质可以溶解和转移土壤中的矿质养分，提高其生物有效性。当前烟区主要采取的是稻草回田、玉米秸秆和小麦秸秆及油菜秸秆还田等。

一般情况下，直接使用的秸秆等有机物当季并不能为作物提供多少养分，主要作用是使土壤含有足够的有机质，并改良土壤结构，为植物提供碳源，为土壤微生物提供养料。生产实践表明，施用秸秆改良土壤结构的效果显著。

3. 保护性耕作

保护性耕作是指通过少耕、免耕、地表微地形改造技术及地表覆盖、合理种植等综合配套措施来减少农田土壤侵蚀，保护农田生态环境，并获得生态效益、经济效益及社会效益协调发展的可持续农业技术。其核心技术包括少耕、免耕、缓坡地等高耕作、沟垄耕作、残茬覆盖耕作、秸秆覆盖等农田土壤表面耕作技术及其配套的专用机具等。保护性耕作的主要优点：①提高作物产量；②减少土壤水蚀和风蚀；③改善入渗，提高水分利用效率；④因作物能种在坡度更大的地面上，所以可增加作物安全种植的土地面积；⑤改善播种和收获期；⑥降低机械和燃料成本。

4. 施用微生物肥料

微生物肥料是指以微生物生命活动使农作物得到特定肥料效应的制品。特点是生产成本低，耗能小，无污染。微生物肥料的核心是微生物。微生物肥料的生理生态效应是改良土壤，增进土壤肥力。硅酸盐细菌肥料可分解土壤中云母、长石等含钾铝硅酸盐及磷灰石，释放磷、钾等对植物有效的矿质养分，并有助于培肥地力。有益微生物群可加速土壤有机物分解转化，提高土壤速效养分含量，改善土壤性状。微生物肥料的微生物类群不同，所产生的作用会有所差异。

5. 种植绿肥，翻压还田

种植绿肥可以充分利用冬季休闲的烟田，同时有利于将烟草种植与牧业发展相结合，从而提高单位土地面积的经济效益。绿肥在生长过程中通过根系穿插、根系分泌物和细胞脱落等增强土壤微生物活性，起到调整土壤养分平衡、消除土壤不良成分和降低土壤容重等效果。

目前我国在烟叶生产中种植较多的绿肥种类有苕子、黑麦草、大麦、箭舌豌豆、燕麦等。不同地区因气候条件和土壤状况存在差异，在种植绿肥时要因地制宜，选择适宜的种类，确保绿肥翻压时有足够的生物量，满足改良土壤的需要。

6. 其他措施

(1)石灰与白云石粉配合施用改良土壤 pH

石灰施用量根据烟田土壤酸度而定,一般施用量为 900～2250kg/hm^2,白云石粉施用量为 1500kg/hm^2,采用撒施的办法,在耕地前撒施 50%,耕地后起垄前再撒施 50%。石灰用量一般一次不超过 3000kg/hm^2,用量过多会影响烟株对钾、镁的吸收,而且会引起烟株缺硼;同时,石灰过量会使土壤有机质矿化作用加强,土壤后期供氮能力提高,影响烟叶成熟落黄。施用石灰调节土壤酸度具有一定后效,通常是隔年施用。

(2)土壤结构改良剂

土壤结构改良剂是根据团聚体结构形成的原理,以植物残体、泥炭、褐煤等为原料,从中抽取腐殖酸、纤维素、木质素、多糖羧酸类等物质,作为团聚土粒的胶结剂,或模拟天然团聚体胶结剂的分子结构和性质所合成的高分子聚合物。近年来,土壤结构改良剂在烟草上逐渐开始应用,以腐殖酸类物质应用较为广泛。

腐殖酸类肥料是以腐殖酸含量较多的泥炭、褐煤、风化煤等为主要原料,加入一定量的氮、磷、钾和某些微量元素所制成的肥料。它是一类多功能有机无机肥料,含有大量有机质。腐殖酸类肥料既有农家肥的功能,又含有速效养分,兼有化肥的某些特性。腐殖酸与固磷物质如钙、镁、铁、铝形成络合物后,可以不同程度地活化磷素。此外,腐殖酸与土壤中锰、钼、锌、铜等形成络合离子,能被植物吸收,从而活化微量元素。同时,腐殖酸类肥料还具有促进微量元素吸收、化肥增效和改良土壤,以及刺激作物生长、增强作物抗旱能力等作用。

(3)生物炭

生物炭是在缺氧或低氧条件下,以相对较低的温度(<700℃)对生物质进行热解而产生的含碳极其丰富的稳定的高度芳香化的固态物质。生物炭的元素组成主要包括碳、氢、氧等,其次是灰分(包括钾、钙、钠、镁、硅等)。生物炭的多孔性、巨大表面积及大量的含氧官能团赋予其强吸附能力和较大的阳离子交换量。生物炭的高度芳香化结构使其比其他任何形式的有机碳具有更高的生物化学和热稳定性,因此可长期保存于环境和古沉积物中而不易被矿化。但由于原材料、技术工艺及热解条件等存在差异,生物炭在结构和 pH、挥发成分含量、灰分含量、持水性、表观密度、孔径、比表面积等理化性质方面表现出多样性。

生物炭在农业上的应用主要是将其或与其他肥料混合施入土壤,以改良土壤、培肥地力、调节土壤酸性、增强土壤生物学活性。但生物炭还田后,由于其本身含有的可供作物直接吸收利用的养分含量并不多,因此生物炭只能明显提高贫瘠土壤的养分含量,而对肥力较高土壤养分含量的影响相对较小。

(4)生物有机肥

生物有机肥指将特定功能微生物与主要以动植物残体(如畜禽粪便、农作物秸秆等)为来源并经无害化处理、腐熟的有机物复合而成的一类兼具微生物肥料和有机肥效应的肥料。生物有机肥营养元素齐全，能够改良土壤，改善因使用化肥造成的土壤板结，改善土壤理化性状，增强土壤保水、保肥、供肥的能力。生物有机肥中的有益微生物进入土壤后与土壤中微生物形成共生增殖关系，抑制有害微生物生长并将其转化为有益微生物，相互作用，相互促进，起到群体的协同作用，有益微生物在生长繁殖过程中产生大量的代谢产物，促使有机物的分解转化，能直接或间接为作物提供多种营养和刺激性物质，促进和调控作物生长。

(二)建立以烟为主的耕作制度，促进烟叶生产持续稳定发展

《中国烟叶生产可持续发展规划纲要(2006—2010)》指出，基本烟田保护区要建立以烟为主的耕作制度，突出烟草在整个轮作制度中的主体地位，根据当地光、热、水资源、作物的生育期、轮作制度中养分的平衡协调供应等因素，科学安排茬口、轮作作物和耕种方式。

合理轮作既可以为烟草和其他作物的生长创造良好的土壤环境条件，又可以减少烟田病虫害，提高烟叶产量和品质，是一项用地与养地相结合、使粮烟不断增产的有效措施，对保持农田丰产性能的可持续性具有重要意义。

连作是指在同一块土地连年栽种同一种作物，是相对于轮作而言的。作物有耐连作、耐一定时期连作和不耐连作三种类型。烟草是不耐连作的作物，首先表现在连作时病害严重发生，再者是连作时间过长引起土壤养分严重失调而降低烟叶产量和品质。

轮作是指在同一地块上在一定年限内有计划、有顺序地轮换种植不同类型的作物。在一年多熟条件下轮作由不同复种方式所组成，称为复种轮作。轮作是作物种植制度中的一项重要内容，是对土地用养结合、增加烟叶和作物产量、提高烟叶品质的有效措施。

1. 以烟为主耕作制度的制订原则

为烟草选择一个好前作。在烟草轮作周期中前作的选择是烟叶生产成败的关键，通常选择烟草前作主要从以下两个方面来考虑：一是前作收获后土壤中氮素的残留量不能过多，否则烟草施肥时氮素用量不易准确控制，直接影响烟叶的产量和品质。因此，烟草不宜置于施用氮肥较多的作物或豆科作物之后种植。二是前作与烟草不能有同源病虫害，否则会加重烟草的病害。因此，茄科作物如马铃薯、番茄、辣椒、茄子等及葫芦科作物如南瓜、西瓜等都不能作为烟草的前作。

烟田条件要良性循环。不适宜作烟草前作的作物，在3~5年的一个轮作周期中也不宜种植，避免病害发生。而在一个轮作周期中更需注重的是其他搭配作物应对土壤有较好改良作用。

优化布局，相对集中。相对集中种植是近年来烟叶生产的进步，以村民小组

为单位统一安排烟田布局和轮作制度，为发展烟叶生产提供了很多方便。同时，改善烟田交通条件、烟田水利基本建设、烤房群落化等也都需要统一规划布局。

2. 以烟为主耕作制度的理论探讨

耕作制度的范围很广泛，包括轮作制度、种植制度、施肥制度等，在以烟为主的农事活动中，每一个方面都是十分重要的。总的原则是要体现以烟为主；用养结合，改良土壤；以油养烟；避开同源病害，净化土壤。

在一个轮作周期中坚持秸秆还田和种植绿肥，建立烟田土壤的自肥机制，符合腐食食物链增加土壤腐殖质的原理，逐步形成生产优质烟叶的环境条件。土壤腐殖质含量的增加可以大大提高土壤的生物活性，促进矿质营养的均衡释放，提高土壤对烟株所需营养的均衡供应能力，对烟叶的增质效果是较为明显的。

多种作物轮换种植，会促成作物间营养元素的互补。多种作物秸秆直接回田或堆沤还田，既能有效促进烟田土壤肥力逐步提高，降低成本，增加效益，又能节省运输成本和劳力投入，对提高烟叶品质有良好作用。稻草直接还田主要改善土壤理化性质，固定和保存氮素养分，促进土壤中难溶性养分的溶解。禾本科作物秸秆含有大量碳素物质，腐殖化系数较高，有利于土壤有机质积累和土壤耕性及结构的改善。此外，作物秸秆钾含量高，秸秆还田对保持土壤钾素平衡有重要作用。大豆根瘤菌可改善土壤生物环境，豆科绿肥也有相似作用，轮作周期中加种这些作物，其根茬与土壤营养有较好的互补作用。建立以烟为主的耕作制度要形成一种理念，即烟区所有的轮作方式都是为了生产优质烟叶。

我国大部分烟区都形成了与当地情况相适应的轮作制度。在北方的一年一熟、两年三熟、三年五熟和一年两熟地区有与之相适应的轮作制度；南方的一年两熟、一年三熟和以水稻为主要作物的地区也有适应该地区的轮作制度。但烟草轮作制度的总体原则是以烟草为中心，根据烟草病虫害在土壤中的生存年限规律，在保证烟叶优质稳产的前提下定期轮作，用地与养地相结合，实现粮烟双丰收，从有限的资源中获得最大的经济效益。

(三)设施灌溉与节水灌溉相结合，提高水分利用效率

《中国烟叶生产可持续发展规划纲要(2006—2010)》指出，要按照区域水资源状况、烟草需水规律及相关技术标准，以建设小水窖、小水池、小水坝、机(水)井以及配套沟渠、管网为重点，加快基本烟田水利设施建设，全面实现水利设施配套。

北方烟区在烟草生长前期干旱严重，植株生长缓慢；后期雨水偏多，土壤中肥料得到重新利用，叶片成熟推迟，难以落黄。南方烟区虽然雨量充沛，但往往集中在烟草生育前期和中期，常造成烟田渍水，影响烟草根系发育；生育后期阶段性干旱时常发生，导致上部叶不能正常落黄，严重影响上部叶的质量和可用性，

不利于优质烟叶的生产。同时，南方各烟区降雨量在季节间和年际变异也较大，在烟草生长期间时常发生不同程度的干旱，造成烟叶产量和质量很不稳定。因此，基本烟田的水利设施建设应结合当地实际情况，灌溉设施和排水设施建设有所侧重，同时研究与推广烟草节水灌溉技术。

1. 烟草节水灌溉技术

良好的灌溉方法能使土壤水分和空气得到合理调节，不产生地面径流和深层渗漏，既能保持良好的土壤结构，又能节约用水，提高水分利用效率，且减少肥料流失。现行主要的烟草节水灌溉技术有烟草控制性分根交替灌溉技术、调亏灌溉技术、喷灌和微灌技术、采用保水剂技术、雨水集蓄与高效利用和改进地面灌溉技术等。

2. 烤烟灌溉制度

烤烟的灌溉制度是指自烤烟移栽到采收结束整个生育期内的灌水次数、灌水时间、灌水定额及总灌溉定额。

烤烟生长各阶段适宜含水量是烤烟灌溉制度的重要内容之一，也是烤烟常用的灌溉指标，对于确定烤烟灌溉制度具有重要的指导意义。研究表明，烤烟不同生育期对土壤水分的需求是不同的，一般还苗期保证土壤含水量占土壤田间最大持水量的 70%～80%、伸根期占 60%、旺长期占 80%、成熟期占 60%～70%，便能保证烤烟正常生长发育，利于优质烟叶形成。孙梅霞等（2000）根据伸根期、旺长期、成熟期烤烟叶片气孔导度、光合速率和蒸腾速率与土壤含水量的关系，确定出不同生育期烤烟适宜的土壤水分指标：伸根期，61%～65%田间持水量（FC）；旺长期，80%～81% FC；成熟期，76%～80% FC。土壤干旱指标：伸根期，49%～51% FC，旺长期，67%～70% FC，成熟期，55%～60% FC。当土壤水分指标低于干旱指标时即应灌水，否则就会对烟草的光合作用和蒸腾作用等生理过程产生不利影响。

烤烟灌溉制度的核心问题是确定总灌水量及其在烤烟生长期时段上的分配，即烤烟生育期内灌水时间、每次的灌水定额与整个生长期的总灌溉定额。根据大田期烤烟的生长发育特点和需耗水规律可知，伸根期为烤烟根系生长的主要时期，旺长期是需水关键期，成熟期也应有必要的供水，整个生育期内土壤水分管理应遵循"控、促、控"的原则。

3. 烟田排水

烟草是怕涝作物，土壤渍水对烟草根系生长和烟叶品质有显著影响，长时间淹水可造成烟株死亡。降雨量较多的南方烟区应建造烟田排水系统辅以烟田灌溉设施，做到围沟、腰沟、垄沟"三沟配套"，确保旱能灌、涝能排。南方烟田要采用高垄种植，烟田开设腰沟及通向池塘的大、小干沟。在多雨季节要注意清理沟渠，防止淤塞，雨后田间积水时应立即排出，降低地下水位。坡地烟田排水要注意水土流失问题，如坡陡可采用等高种植，使垄向与坡向垂直。

北方平原区烟田要切实做好平整土地工作，合理设置排水系统，挖好排水沟，烟垄培好土。对于北方丘岗坡地，要在烟田上方挖截水沟或筑田埂，防止雨水顺坡而下冲刷烟田、冲毁烟株。黏土坡地即使有小块平地，也会因雨多而造成水分饱和，影响烟株生长，因此应在雨前及早培垄开沟预防。

4. 水肥一体化技术

水肥一体化技术是将灌溉与施肥融为一体的现代农业技术，是借助于具有一定压力的灌溉系统，将由水溶性肥料配成的肥液与灌溉水一起均匀、准确地输送到作物根部土壤，供作物吸收利用。水肥一体化技术要按照"以水带肥、以肥促水、因水施肥、水肥耦合"的理念实施，依据烟株生长需水吸肥规律和优质烟叶生产要求进行全生育期的水肥供给，定量、定时、按比例地满足烟草生长需要。中国烟叶公司近年来开始推进水肥一体化技术，在 2017 年示范推广水肥一体化376 万亩。

(四)以烟株营养需求为核心，以营养平衡为原则，提高养分利用效率

烟草施肥量受当地生态条件、种植品种、需肥特性、土壤肥力、种植密度、前茬作物、肥料品种和施用时期及方法等诸多因素的影响。要对上述诸多因素进行综合分析，全面考虑，制定切合实际的施肥方案。通过土壤碳氮平衡促进烟株碳氮代谢平衡，提高烟叶香气质量。

基本烟田的作物全周期养分管理中要突出烟草的主体地位，规范肥料种类，禁用含氯肥料；肥料用量要适当，禁止过量施肥，限制种植氮肥残留量高的作物；坚持养分平衡，开展测土配方施肥；补充有机肥，用养结合，提高地力。

烟株营养策略：营养元素合理搭配，缺什么元素补什么元素，需要多少补多少；氮肥适量供应，氮素前提，钾素后移；铵态氮与硝态氮结合，基肥与追肥结合，有机营养与无机营养结合，增产提质与培肥改土相结合；水肥耦合，提高养分利用效率。

第二节　河南省烟区土壤因素状况及适宜性评价

河南省处于温带与亚热带过渡地带，烟草种植历史悠久，在第二次全国烟草种植区划中被命名为黄淮海烟区，是我国重要的优质烟叶生产基地之一。该地区地域辽阔，各地热量差异较大，所产烟叶品质优良，香气浓郁，在国内外享有较高的声誉。烟叶质量受气候、土壤、品种、栽培技术和烘烤技术等诸多因素的影

响，土壤条件是优质烟叶系统工程的基础，是影响烟叶质量的首要环境因素。近年来，随着化肥施用量的增加和烟区土壤复种指数居高不下，加之缺乏良好的培肥地力措施，土壤环境日渐恶劣，致使河南省烟叶产质量均有所下降，烟叶的工业可用性相应降低。为此，必须对影响烟株生长发育和质量形成的关键土壤因素进行系统评价，以便指导生产，为烟区科学规划提供决策参考。

一、样品采集

样品采集点的确定系统考虑了海拔、栽培品种、土壤类型和生产管理技术水平。采样点基本反映了当地烤烟生产水平，同时能代表气候和土壤等生态特点。采用五点取样法进行样品采集，采集深度为 0～20cm。

土壤样品采集范围为河南省 12 个产烟市的 64 个植烟区县。共采集 506 个土壤样品，其中平顶山市 55 个，许昌市 47 个，漯河市 32 个，三门峡市 37 个，驻马店市 69 个，信阳市 52 个，周口市 40 个，郑州市 6 个，南阳市 67 个，商丘市 39 个，济源市 10 个，洛阳市 52 个。

本研究还采用了 2001～2002 年全国烟草平衡施肥项目河南省项目区所采集的 3341 个样点的土壤分析数据。

二、土壤适宜性评价因子筛选与权重确定

(一)评价因子筛选

影响烟草生长的土壤适宜性因素有很多，本次适宜性评价根据各烟区生态特点，按照主导性、显著性、区域差异性、可操作性和实际性等原则，筛选参评因子，并进行定量和定性评价。

根据上述因子筛选原则，参考我国耕地地力评价指标体系、农用地分等定级评价指标体系和联合国粮食及农业组织(FAO)开展的全球农业生态区划法(AEZ)研究中采用的评价指标，提出 16 项指标作为土壤适宜性评价的备选指标，包括pH、有机质、土层厚度、全氮、耕层厚度、全钾、土壤质地、耕层容重、全磷、有效氮、交换性钙、速效磷、水溶性氯、速效钾、有效硫和盐分。

邀请土壤领域和烟草种植领域经验丰富、知识渊博的专家 20 名参加问卷调查，将课题研究目的、背景及指标选取的原则告知专家，由各位专家依据专业知识填写调查问卷。对第一轮问卷统计之后，将统计结果反馈给专家，同时进行第二轮调查。收回第二轮问卷，进行统计。经过两轮专家打分筛选，最终确定了速效钾、有效氮、水溶性氯、速效磷、有机质、耕层厚度、pH、土壤质地、全氮和盐分共 10 个评价指标。

(二)权重确定

土壤适宜性评价中,需要根据各参评因素对适宜性的贡献确定权重。确定权重的方法很多,本研究采用层次分析法(AHP)来确定各参评因素的权重。AHP是一种系统分析方法,通过定性方法评价后进行定量确定各因素的相对重要性。该方法是将专家经验思维数量化来检验决策者判断的一致性,有利于实现较为准确的定量化评价。

生态系统内各要素与生态适宜性存在极为复杂的关系,而土壤适宜性评价也有较多模糊和不严格的概念。为此,需要引入模糊数学,采用模糊评价方法来对烟草种植土壤适宜性进行评价。

模糊数学把普通集合论只取 0 或 1 两个值的特征函数,扩大到在[0, 1]区间取值的隶属函数,把绝对的不属于或属于的"非此即彼"变为更加灵活的渐变关系,因而把"亦此亦彼"中介过渡的模糊概念用数学方法处理。模糊数学的这种思路与土地质量优劣的评价十分接近。例如,规定耕层厚度≥25cm 属于一级,20~25cm属于二级,则 24cm 和 21cm 都属于二级,而实际上 25cm 和 24cm 之间相差没有那么明显,属于同一级别的 21cm 与 24cm 相差反而较明显,这就需要用模糊数学的方法来解决。假设耕层厚度 25cm 以上为最优,则耕层厚度 24cm 属于最优的程度有所减弱(假设为 0.95),耕层厚度 21cm 属于最优的程度比 24cm 还弱(假设为0.8),这种属于最优的程度称为隶属度;隶属度越接近 1,最优程度越高。

1. 各参评因子隶属函数的建立

建立隶属函数时首先要利用专家打分法(DELPHI 法),依据一组分布均匀的实测值推测出对应的一组隶属度,依据所绘制的散点图进行曲线模拟,然后寻求参评因子实际值与隶属度之间的关系方程。

通过对数据进行统计分析,征询专家意见和查阅有关文献资料,确定评价因子的隶属函数类型及其拐点。隶属函数的类型主要有升梯型、抛物线型、直线型和降梯型 4 种,升梯型隶属函数主要用于对烟草的影响只有下限没有上限的定量因子,降梯型隶属函数主要用于对烟草的影响只有上限没有下限的定量因子,抛物线型隶属函数主要用于对烟草的影响既有上限又有下限的定量因子;直线型隶属函数主要用于定性因子。

根据以上确立的各因子的隶属函数类型及拐点(表 1-1),分别构建 10 个评价因子的隶属函数。

表 1-1 评价因子的隶属函数类型及拐点

评价因子	权重	隶属函数	最优值(赋分为 1.0)	最差值(赋分为 0.1)
有效氮	0.05	升梯型	45mg/kg	30mg/kg
速效磷	0.05	升梯型	15mg/kg	5mg/kg
速效钾	0.05	升梯型	150mg/kg	80mg/kg
水溶性氯	0.10	抛物线型	10~30mg/kg	<10mg/kg，>60mg/kg
有机质	0.15	抛物线型	1.2%~1.6%	<0.8%，>2.5%
耕层厚度	0.15	升梯型	25cm	15cm
pH	0.15	抛物线型	5.5~7.0	<5.0，>8.2
土壤质地	0.05	直线型	砂壤土(0.1)，壤土(0.1)，中壤土(0.1)	黏土(0.8)，砂土(0.8)，轻壤土(0.9)，黏壤土(0.8)
全氮	0.10	升梯型	0.1%	0.06%
盐分	0.15	直线型	≤0.1%	>0.1%

$$U_{速效钾} = \begin{cases} 1.0 & x \geqslant 150 \\ 0.9 \times \dfrac{x-80}{150-80} + 0.1 & 80 \leqslant x \leqslant 150 \\ 0.1 & x \leqslant 80 \end{cases}$$

$$U_{有效氮} = \begin{cases} 1.0 & x \geqslant 45 \\ 0.9 \times \dfrac{x-30}{45-30} + 0.1 & 30 \leqslant x \leqslant 45 \\ 0.1 & x \leqslant 30 \end{cases}$$

$$U_{水溶性氯} = \begin{cases} 1.0 & 10 \leqslant x \leqslant 30 \\ 0.9 \times \dfrac{x-30}{60-30} + 0.1 & 30 < x < 60 \\ 0.1 & x < 10 ; \ x \geqslant 60 \end{cases}$$

$$U_{速效磷} = \begin{cases} 1.0 & x \geqslant 15 \\ 0.9 \times \dfrac{x-5}{15-5} + 0.1 & 5 \leqslant x \leqslant 15 \\ 0.1 & x \leqslant 5 \end{cases}$$

$$U_{有机质} = \begin{cases} 0.1 & x \leqslant 0.8; x \geqslant 2.5 \\ 0.9 \times \dfrac{x - 0.8}{1.2 - 0.8} + 0.1 & 0.8 \leqslant x \leqslant 1.2 \\ 1.0 & 1.2 \leqslant x \leqslant 1.6 \\ 1.0 - 0.9 \times \dfrac{x - 1.6}{2.5 - 1.6} & 1.6 \leqslant x \leqslant 2.5 \end{cases}$$

$$U_{耕层厚度} = \begin{cases} 1.0 & x \geqslant 25 \\ 0.9 \times \dfrac{x - 15}{25 - 15} + 0.1 & 15 \leqslant x \leqslant 25 \\ 0.1 & x \leqslant 15 \end{cases}$$

$$U_{pH} = \begin{cases} 0.1 & x \leqslant 5.0; x \geqslant 8.2 \\ 0.9 \times \dfrac{x - 5.0}{5.5 - 5.0} + 0.1 & 5.0 \leqslant x \leqslant 5.5 \\ 1.0 & 5.5 \leqslant x \leqslant 7.0 \\ 1.0 - 0.9 \times \dfrac{x - 7.0}{8.2 - 7.0} & 7.0 \leqslant x \leqslant 8.2 \end{cases}$$

$$U_{土壤质地} = \begin{cases} 1.0 & x = 砂壤土; 壤土; 中壤土 \\ 0.9 & x = 轻壤土 \\ 0.8 & x = 黏土; 砂土; 黏壤土 \end{cases}$$

$$U_{全氮} = \begin{cases} 1.0 & x \geqslant 0.1 \\ 0.9 \times \dfrac{x - 0.06}{0.1 - 0.06} + 0.1 & 0.06 \leqslant x \leqslant 0.1 \\ 0.1 & x \leqslant 0.06 \end{cases}$$

$$U_{盐分} = \begin{cases} 0.1 & x > 0.1 \\ 1.0 & x \leqslant 0.1 \end{cases}$$

式中，U 代表全集，x 代表评价因子。

将每个样本的原始统计资料代入上述各个隶属函数公式，进行数学运算，把分布不规则的、有单位的、定量或定性描述的原始数值转化为从 0 到 1 分布的、无单位的隶属度。

2. 土壤适宜性等级确定

采用指数和法确定土壤适宜性等级的综合指数，计算公式为

$$I = \sum (F_i \times C_i)$$

式中，I 为生态适宜性综合指数；F_i 为第 i 个因素评分；C_i 为第 i 个因素组合权重。

利用综合指数和评价单元序号绘制综合指数分布图，根据曲线斜率的突变点（拐点）确定等级数目和划分综合指数的临界点。

三、不同烟区植烟土壤理化性状评价

（一）河南省植烟土壤理化性状总体评价

河南省植烟土壤 7 个化学指标中，以土壤速效磷含量的变异系数（CV）最大，为 72.70%；速效钾含量的变异系数次之，为 53.48%；土壤 pH 的变异系数最小，为 10.23%。土壤水溶性氯含量的变异系数为 41.23%（表 1-2）。

表 1-2　河南省植烟土壤理化性状统计描述（样本数=506）

统计项目	pH	有机质/%	有效氮/(mg/kg)	速效磷/(mg/kg)	速效钾/(mg/kg)	水溶性氯/(mg/kg)	阳离子交换量/(cmol/kg)
平均值	7.20	1.30	59.44	13.89	142.60	35.78	13.57
标准差	0.74	0.37	14.85	10.10	76.26	14.75	4.88
CV/%	10.23	28.19	24.98	72.70	53.48	41.23	35.97

1. 土壤 pH

土壤 pH 偏高有后天人为影响，也与土壤含有大量的石灰质有关。土壤 pH 过高或过低，均会使土壤元素有效性发生变化，从而导致植株某些营养元素失调，甚至产生离子拮抗作用。通常认为，烤烟生长最适宜的土壤 pH 为 5.5～6.5，即微酸性土壤对烤烟生长有利；适宜烤烟生长的土壤 pH 为 5.5～7.0。河南省植烟土壤 pH 变化范围为 5.15～8.38，平均值为 7.2(CV=10.23%)，基本上属中性偏碱性土壤。从图 1-1 可以看出，河南省有 57.46% 的土壤处于 5.6～7.5，相对适宜烟草生长；另有 42.54% 的土壤 pH 偏高或偏低，对烤烟生长不利，几乎占整个植烟土壤面积的一半。统计结果表明：河南省 5 个烟区中，土壤 pH 最适宜区域主要集中

在豫南烟区的驻马店和信阳；郑州和商丘的土壤pH偏高，在7.0～8.5；不同烟区的pH呈现出较大的差异，具体表现为豫东(7.8)＞豫西(7.6)＞豫中(7.4)＞豫西南(7.1)＞豫南(6.2)。

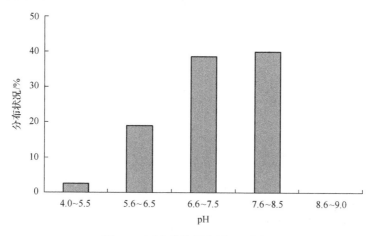

图1-1　河南省植烟土壤pH分级

河南省植烟土壤基本上属中性偏碱性土壤。综合来看，世界各国推荐的最适烤烟生长pH范围为5.5～6.5，但结合河南省的具体情况可知，pH为7.5时，仍能生长出品质优良的烤烟，如豫西烟区的洛阳、三门峡，豫中烟区的平顶山，以及豫西南的南阳等，因此在这些地区，pH并非决定烟草品质的主要因素。但考虑到pH继续升高将会影响土壤中养分的有效性，进而影响烟株对土壤养分的有效吸收，从而降低烟叶的吸食品质，因此，在生产上应采取相关措施防止pH继续升高，避免施用碱性肥料，注意施用农家肥或有机无机复合肥。在pH较高的豫东烟区(pH平均已达到7.81)，靠施肥或其他手段来降低土壤pH是非常困难的，因此在这些地区应适当限制烤烟的种植，尽量把烤烟种植在适宜地区。

2. 土壤有机质

河南省植烟土壤有机质含量变化范围为5.4～36.1g/kg，平均值为13.0g/kg(CV=28.19%)。一般来说，植烟土壤有机质含量在北方烟区以不高于20.0g/kg为宜(胡国松等，2000)。从图1-2可以看出，河南省有80.85%的植烟土壤有机质含量在10.0～20.0g/kg，比较适宜烤烟生长；另有15.12%的植烟土壤有机质含量较低，其中有0.22%的植烟土壤有机质严重缺乏。不同区域土壤有机质的含量表现为豫东(14.3g/kg)＞豫南(13.4g/kg)＞豫西(12.9g/kg)＞豫中(12.5g/kg)＞豫西南(11.6g/kg)。有机质含量最高的为周口鹿邑，其均值达到30.2g/kg。

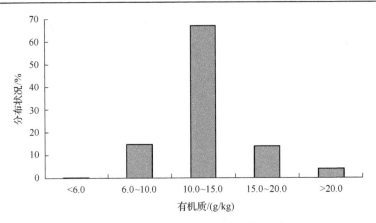

图 1-2　河南省植烟土壤有机质含量分级

　　总体来看，河南省植烟土壤有机质含量处于适宜水平，基本能够满足烟草种植对土壤有机质的需要。但烟叶收获后要从土壤中转移出大量的有机质，因此在生产上需要注意施用适量的有机肥，可通过种植绿肥、秸秆还田、施用饼肥和农家肥等措施来保持和适当提高土壤现有的有机质水平，从而改善土壤的理化性状，使其更利于烟草的优产稳产。对那些土壤有机质含量低于 10.0g/kg 的地区，则更应重视有机肥的施用。

　　3. 土壤有效氮、速效磷和速效钾

　　河南省植烟土壤有效氮含量范围在 23.16～102.06mg/kg，平均值为 59.44mg/kg（CV=24.98%），其中 49.67%的植烟土壤有效氮含量在 30～60mg/kg，49.22%的植烟土壤有效氮含量高于 60mg/kg，另有少数样品土壤有效氮含量低于 30mg/kg（图 1-3）。不同烟区土壤有效氮含量的差异具体表现为豫南（64.00mg/kg）＞豫东（61.94mg/kg）＞

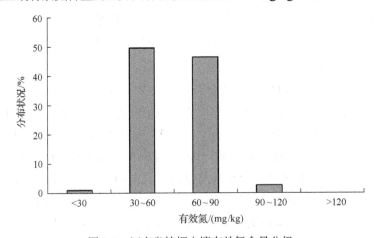

图 1-3　河南省植烟土壤有效氮含量分级

豫西南(61.04mg/kg)＞豫西(57.32mg/kg)＞豫中(54.55mg/kg)。通常认为,适宜优质烤烟生产的土壤有效氮范围在 60~90mg/kg,因此从总体上来说,河南省土壤有效氮含量处于适宜水平,对烟草种植比较有利。

土壤速效磷含量范围在2.13~101.21mg/kg,平均值为 13.89mg/kg (CV=72.70%)。根据全国土壤养分普查的分级标准(河南省土壤普查办公室,2004),从图 1-4 可以看出,虽然河南省土壤速效磷含量变幅较宽,但含量较高的土壤比例较小,有16.71%的土样速效磷在＞20mg/kg 的高含量水平,有 39.64%的土样在 10~20mg/kg 的中等含量水平,速效磷含量＜10mg/kg 的土样达到了 43.65%,几乎占整个植烟土壤面积的一半。不同地区土壤速效磷含量有一定的差异,具体表现为豫东(16.72mg/kg)＞豫南(16.67mg/kg)＞豫西南(12.89mg/kg)＞豫中(12.70mg/kg)＞豫西(10.47mg/kg)。

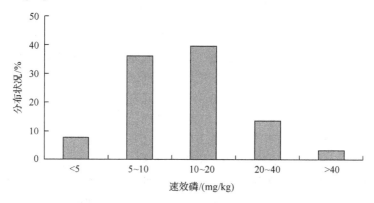

图 1-4　河南省植烟土壤速效磷含量分级

烤烟属喜钾作物,土壤中钾离子含量对烤烟正常生长和烤烟品质有着至关重要的影响。河南省植烟土壤速效钾含量在32.35~868.22mg/kg,平均值为142.60mg/kg(CV=53.48%)。图 1-5 反映了河南省植烟土壤速效钾含量的丰缺状况,根据分级标准(河南省土壤普查办公室,2004),速效钾含量＞150mg/kg 达"丰富"水平的占植烟土壤 35.41%,速效钾含量在 100~150mg/kg 达"中等"水平的占 37.42%,速效钾含量＜100mg/kg 的占 27.17%。各烟区土壤速效钾含量差别很大,具体表现为豫东(208.73mg/kg)＞豫西(150.00mg/kg)＞豫西南(130.73mg/kg)＞豫南(129.62mg/kg)＞豫中(111.63mg/kg)。总体来看,河南省植烟土壤速效钾含量并不低,而钾肥施用量呈上升趋势,但烟叶中钾含量并未显著提高,这可能与土壤中大量的钙质对烟草吸收钾素产生拮抗作用有关(中国农业科学院烟草研究所,2005;赵竞英等,2001)。

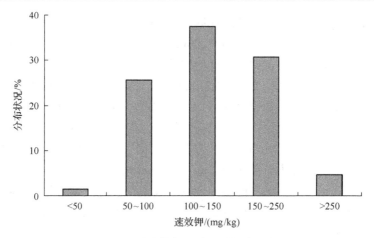

图 1-5　河南省植烟土壤速效钾含量分级

土壤中氮、磷、钾等养分元素的分布和比例与烤烟品质之间存在密切关系。河南省各烟区有效氮含量大都处于适宜或适宜稍高的水平,对烟草种植比较有利。而土壤速效磷除豫中和豫南烟区的个别地方较高之外,其他烟区普遍较低,速效磷缺乏(<10mg/kg)的土壤达到了 43.65%,这可能是由于石灰性土壤对磷有强烈的固定作用及烟田施肥长期重氮轻磷,因此氮磷比例严重失调,土壤供磷水平低成为提高烟叶品质和产量不可忽略的限制因素之一。总体来看,土壤速效钾含量并不低,但由于河南省烟区处于干旱半干旱地区,土壤干湿交替频繁,促进了钾的固定,因此钾的有效性明显降低,同时石灰性土壤游离碳酸钙含量较高,过多的钙对钾离子的吸收产生了拮抗作用,加之部分土壤对钾离子的固定作用,所以虽然近年来钾肥施用量呈上升趋势,但烟叶中钾含量并未显著提高。

4. 土壤水溶性氯

氯对烟草而言是一个十分特殊的元素,烟草是公认的"忌氯"植物,但氯也是烟草生长的必需营养元素,烟叶氯含量过高或过低对其质量都有不良影响。研究表明,烟叶氯含量主要受土壤氯含量影响,且烟叶氯含量与土壤氯含量呈正相关(秦松,2001;胡国松等,2000)。

第二次全国烟草种植区划提出,当土壤水溶性氯含量≤30mg/kg 时,适宜种植烟草;当土壤水溶性氯含量≥45mg/kg 时,不适宜种植烟草。河南省植烟土壤水溶性氯含量为 7.10～88.24mg/kg,平均值为 35.78mg/kg(CV=41.23%)。从图 1-6可以看出,河南省各个烟区之间土壤水溶性氯含量变化幅度不宽,但含量较高的地区占烟区总面积的 60.13%,仅有 39.87%的地区水溶性氯含量低于 30mg/kg,土壤水溶性氯含量普遍较高。不同烟区土壤水溶性氯含量差异不大,具体表现为豫东(40.81mg/kg)＞豫南(37.09mg/kg)＞豫西(34.48mg/kg)＞豫中(34.20mg/kg)＞

豫西南(32.27mg/kg)。鉴于此,生产上应采取严格的施肥措施,尽量少施或不施含氯肥料,并通过因地制宜、合理灌溉、合理轮作等手段降低烟区土壤水溶性氯含量。

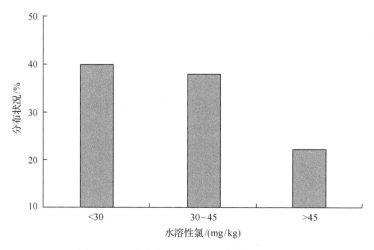

图1-6　河南省植烟土壤水溶性氯含量分级

5. 土壤阳离子交换量(CEC)

CEC是衡量土壤保肥、供肥能力的指标,通常认为土壤阳离子交换量大于20cmol/kg为保肥、供肥能力强的土壤(河南省土壤普查办公室,2004)。河南省植烟土壤阳离子交换量为2.40～29.01cmol/kg,平均值为13.57cmol/kg(CV=35.97%)。从图1-7可以看出,全省有10.69%的土壤保肥、供肥能力强(＞20cmol/kg),有63.03%的土壤保肥、供肥能力中等(10～20cmol/kg),26.28%的土壤保肥、供肥能

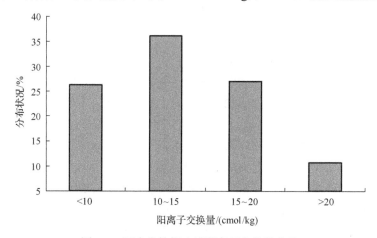

图1-7　河南省植烟土壤阳离子交换量分级

力弱（<10cmol/kg）。不同地区土壤阳离子交换量有一定差异，具体表现为豫西（16.10cmol/kg）＞豫西南（15.75cmol/kg）＞豫南（13.95cmol/kg）＞豫中（12.12cmol/kg）＞豫东（10.58cmol/kg）。整体来看，除郑州和商丘 CEC 低于 10cmol/kg 外，其他地区均高于 10cmol/kg，说明河南省大部分植烟土壤保肥、供肥能力处于中等水平。

6. 土壤全氮分布特点

由图 1-8 可知，河南省植烟土壤全氮含量变化范围为 0.0229%（中牟）～0.2025%（鹿邑），全省有 4.18%的土壤全氮含量<0.050%，88.94%的土壤全氮含量在 0.050%～0.100%，6.89%的土壤全氮含量>0.10%，整体上全氮含量适宜。

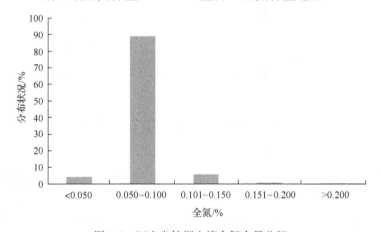

图 1-8　河南省植烟土壤全氮含量分级

（二）河南省不同地区植烟土壤部分属性分布状况

1. 土壤 pH 分布特点

由表 1-3 可知，河南省土壤 pH 最适宜（5.5～6.5）区域集中在豫南烟区的驻马店、信阳，其他烟区 pH 较高。豫中烟区除了平顶山的鲁山、叶县土壤 pH 在 6.0～7.0，其他地区 pH 基本在 7.0～8.0，而许昌的长葛、许昌（现为建安区）和漯河的临颍土壤 pH 达到 8.0 以上。豫西南烟区除了南阳的方城、唐河土壤 pH 在 6.5～7.0，其他烟区 pH 基本都在 7.0～8.0。郑州地区土壤 pH 在 7.0～8.5。洛阳的洛宁、新安两县土壤 pH 超过 8.0。三门峡、洛阳其他各县和济源的土壤 pH 都在 7.0～8.0。豫东烟区土壤 pH 集中在 7.0～8.5，整体偏高。河南省不同地区植烟土壤 pH 变异系数均较小，说明河南省植烟土壤 pH 分布相对均匀。多重比较结果表明，驻马店、信阳土壤 pH 与其他地区土壤 pH 的差异达到显著水平。

表 1-3　河南省不同地区植烟土壤 pH 分布特点

地区	样本数	平均值	变幅	标准差	CV/%
商丘	38	7.87a	7.20～8.40	0.29	3.72
济源	9	7.80ab	7.40～8.10	0.23	2.94
郑州	5	7.76abc	7.10～8.30	0.50	6.42
周口	38	7.75abc	7.20～8.30	0.32	4.13
洛阳	45	7.71abc	6.30～8.20	0.36	4.63
许昌	45	7.63abc	7.00～8.30	0.33	4.32
三门峡	32	7.49abc	6.40～7.90	0.36	4.76
漯河	30	7.44bc	6.40～8.10	0.41	5.50
平顶山	43	7.22bcd	6.20～8.20	0.47	6.56
南阳	59	7.07cd	6.10～8.20	0.46	6.48
驻马店	66	6.34e	5.20～7.80	0.57	9.05
信阳	50	6.06e	5.20～7.00	0.45	7.50

注：不同小写字母代表在 0.05 水平不同地区植烟土壤属性之间差异显著，下同

2. 土壤有机质分布特点

河南省受季风气候的影响，土壤干湿交替明显，夏季温度高、雨水多，冬春寒冷、雨雪稀少，温度和水分条件适宜有机质分解，加之土壤为中性到微碱性，宜于土壤微生物的繁殖，故土壤有机质分解较快，积累较少，含量较低。根据 20 世纪 80 年代中期全国第二次土壤普查中 97 436 个土壤样品的分析结果可知，河南省土壤有机质平均含量为 1.22%。本研究所采集的土壤样品分析结果表明，河南省烟区土壤有机质平均含量为 1.30%，这表明河南省烟区土壤有机质含量有一定的上升。

从表 1-4 可知，周口土壤有机质含量最高，为 1.62%；郑州土壤有机质含量最低，仅为 0.75%；漯河、商丘、驻马店、南阳、许昌等地有机质含量均没有达到 1.30% 的全省平均水平。信阳土壤有机质含量仅次于周口，其平均含量为 1.49%。平顶山、三门峡和济源土壤有机质平均含量都超过了 1.33%，但差异不显著。周口有机质含量变异系数最大（44.98%），说明土壤有机质含量分布不均匀。多重比较结果表明：周口、信阳土壤有机质与驻马店、南阳、许昌、郑州土壤有机质含量的差异达到显著水平。

3. 土壤水溶性氯分布特点

烟草是忌氯作物，尽管少量的氯对烟草生长和烟叶质量形成都有一定的积极意义，但氯仍然是降低烟叶燃烧性的最主要因素。研究表明，土壤氯含量与烟叶氯含量呈显著正相关，因此，土壤氯含量经常被作为判断土壤是否适宜种植烟草的重要指标之一。第二次全国烟草种植区划中对 154 对土壤氯含量与烟叶氯含量及烟叶阴燃持火力进行了相关分析，以不致熄火的烟叶最低阴燃持火力为 2s 为

标准，对应的土壤氯含量约为 42mg/kg，因此将次适宜区土壤氯最高限量定为 45mg/kg。相应的，适宜和最适宜区土壤氯离子含量不超过 30mg/kg（刘国顺，2003）。

表 1-4　河南省不同地区植烟土壤有机质含量分布特点

地区	样本数	平均值/%	变幅/%	标准差/%	CV/%
周口	38	1.62a	0.67～3.61	0.73	44.98
信阳	50	1.49ab	1.07～2.13	0.26	17.57
平顶山	43	1.37abc	0.85～2.21	0.40	28.86
三门峡	32	1.33abcd	0.76～2.23	0.38	28.27
济源	9	1.33abcd	1.06～1.67	0.19	14.25
洛阳	45	1.30bcd	0.82～2.35	0.31	23.80
漯河	30	1.29bcd	0.82～1.84	0.25	19.39
商丘	38	1.23bcd	0.94～1.51	0.18	14.29
驻马店	66	1.21cd	0.82～1.94	0.21	17.22
南阳	59	1.16cd	0.63～1.70	0.20	17.64
许昌	45	1.10d	0.63～1.88	0.24	21.35
郑州	5	0.75d	0.54～1.14	0.23	31.26

根据上述评价标准，对河南省植烟土壤氯含量分布状况进行分析，结果表明（表 1-5），河南省多数植烟土壤氯含量都在 35～40mg/kg，而周口的平均氯含量最高，为 42.27mg/kg；许昌、平顶山、南阳和三门峡的平均氯含量相对较低，不到 35mg/kg，属于较适宜地区。南阳的镇平、社旗，三门峡的渑池，许昌的禹州和平顶山的宝丰氯含量低于 30mg/kg，满足了最适宜区氯含量的要求。各地土壤氯含量变异系数均较大，说明氯含量在河南省植烟土壤中分布不均匀。多重比较结果表明：河南省各地植烟土壤氯含量无显著差异。

表 1-5　河南省不同地区植烟土壤氯含量分布特点

地区	样本数	平均值/(mg/kg)	变幅/(mg/kg)	标准差/(mg/kg)	CV/%
周口	38	42.27a	23.40～84.80	14.31	33.84
商丘	38	39.44a	12.30～70.60	14.98	37.97
驻马店	66	38.60a	15.60～86.40	15.61	40.43
郑州	5	37.10a	26.50～49.50	9.43	25.41
漯河	30	36.96a	11.30～84.80	15.64	42.32
济源	9	36.79a	20.80～63.60	14.47	39.34
洛阳	45	36.09a	13.30～87.60	13.47	37.33
信阳	50	35.40a	14.60～83.90	14.38	40.63
许昌	45	33.43a	7.10～63.60	13.77	41.19
平顶山	43	33.14a	11.00～70.60	13.68	41.29
南阳	59	32.27a	9.90～82.20	15.15	46.93
三门峡	32	31.16a	10.70～79.50	15.23	48.89

4. 土壤速效养分分布特点

研究表明,烟草生育期吸收的养分超过50%来源于土壤。土壤速效养分含量对烟叶质量有较大的影响,但是土壤速效养分受耕作、栽培等生产管理措施的影响较大,也是土壤诸多性状中变化最快的因素。因此,在评价植烟土壤适宜性时,土壤速效养分不能作为主要的评价指标,只能作为次要评价指标或主要参考指标。

河南省植烟土壤有效氮分布状况表明,绝大部分地区有效氮含量在 40~80mg/kg(表 1-6)。各地区的平均含量只有济源和信阳稍高于 65mg/kg,其他地区均低于 65mg/kg,对烟株生长比较有利。多重比较结果表明:河南省各地植烟土壤有效氮含量无显著差异。

表 1-6 河南省不同地区植烟土壤有效氮含量分布特点

地区	样本数	平均值/(mg/kg)	变幅/(mg/kg)	标准差/(mg/kg)	CV/%
济源	9	65.92a	52.92~79.38	8.26	12.53
信阳	50	65.10a	36.94~102.06	15.97	25.54
周口	38	64.17a	39.71~100.84	15.61	24.33
驻马店	66	63.01a	35.18~101.62	15.94	25.29
南阳	59	61.04a	30.72~83.16	12.66	20.74
商丘	38	59.70a	37.91~100.17	17.46	29.26
漯河	30	59.44a	32.30~101.20	16.47	27.72
洛阳	45	58.28a	32.92~87.41	11.78	20.21
三门峡	32	55.06a	28.25~75.36	11.72	21.29
平顶山	43	54.86a	25.87~77.73	12.69	23.12
许昌	45	51.12a	23.16~73.99	12.87	25.18
郑州	5	47.63a	30.24~74.09	16.43	34.49

河南省植烟土壤中速效磷含量普遍低于 20mg/kg,也有个别地区如许昌的长葛,平顶山的叶县,驻马店的遂平、新蔡,周口的郸城、鹿邑等的土壤速效磷含量在 20mg/kg 以上。郑州的中牟,洛阳,南阳的淅川、唐河,周口的商水,信阳的固始,驻马店的平舆,三门峡的渑池,许昌除长葛之外地区的土壤速效磷含量均在 10mg/kg 以下,供磷能力弱(表 1-7)。河南省各地植烟土壤速效磷含量变异系数均较大(都超过了 40%),说明速效磷含量在河南省植烟土壤中分布不均匀。多重比较结果表明,周口、驻马店土壤速效磷含量与许昌、洛阳的差异达到显著水平。

表 1-7　河南省不同地区植烟土壤速效磷含量分布特点

地区	样本数	平均值/(mg/kg)	变幅/(mg/kg)	标准差/(mg/kg)	CV/%
周口	38	20.24a	6.30～58.25	13.88	68.58
驻马店	66	17.89a	4.34～63.01	10.54	58.93
信阳	50	15.29ab	5.59～44.90	8.93	58.41
平顶山	43	14.57ab	2.78～50.40	9.38	64.34
漯河	30	14.53ab	4.63～38.60	7.90	54.35
商丘	38	13.19ab	2.13～43.10	6.90	52.31
郑州	5	13.04ab	2.24～25.93	8.56	65.65
南阳	59	12.89ab	3.27～31.46	6.92	53.70
三门峡	32	12.60ab	4.05～27.50	5.26	41.75
济源	9	12.38ab	4.10～45.90	13.10	105.76
许昌	45	9.73b	2.19～21.45	14.63	58.37
洛阳	45	8.28b	2.34～43.40	6.20	74.88

　　烤烟属于喜钾作物，钾对烤烟正常生长和品质形成至关重要。根据前述土壤分析结果可知，河南省大部分地区土壤速效钾含量低于 150mg/kg 的临界水平，周口的土壤速效钾含量较高，达到了 260.99mg/kg，供钾能力强，济源、洛阳和商丘的含量相对也比较高，都在 150mg/kg 以上，其他地区则都在 150mg/kg 以下，供钾能力较弱(表 1-8)。周口土壤速效钾含量变异系数较其他地区大，说明周口地区土壤速效钾含量分布不平均。多重比较结果表明：周口土壤速效钾含量与其他地区的差异达到显著水平。

表 1-8　河南省不同地区植烟土壤速效钾含量分布特点

地区	样本数	平均值/(mg/kg)	变幅/(mg/kg)	标准差/(mg/kg)	CV/%
周口	38	260.99a	91.40～868.20	165.57	63.44
济源	9	168.27b	113.70～231.40	42.52	25.27
洛阳	45	160.98b	60.30～250.20	37.66	23.40
商丘	38	156.47b	78.10～283.30	49.63	31.72
三门峡	32	142.38b	48.40～228.40	43.94	30.86
信阳	50	135.13b	51.20～407.40	68.57	50.74
南阳	59	130.73b	72.90～246.90	42.10	32.20
驻马店	66	124.69b	46.50～258.80	41.27	33.09
平顶山	43	124.04b	57.50～248.10	44.61	35.96
漯河	30	116.83b	47.70～204.20	46.53	39.83
许昌	45	96.43b	46.50～173.20	30.38	31.51
郑州	5	67.14b	32.40～104.50	27.53	41.00

5. 土壤阳离子交换量分布特点

土壤阳离子交换量是衡量土壤保肥、供肥能力的指标。通常认为，土壤阳离子交换量＞20cmol/kg 为保肥、供肥能力强的土壤；10～20cmol/kg 为保肥、供肥能力中等的土壤；＜10cmol/kg 为保肥、供肥能力弱的土壤。河南省各地植烟土壤阳离子交换量平均值均低于 20cmol/kg，其中郑州和商丘低于 10cmol/kg，说明河南省大部分植烟土壤保肥、供肥能力处于中等水平。济源植烟土壤的阳离子交换量最高，为 19.38cmol/kg；郑州植烟土壤的阳离子交换量最低，为 4.13cmol/kg（表 1-9）。商丘地区植烟土壤阳离子交换量的变异系数较其他地区大，说明阳离子交换量在该区土壤中分布相对不均匀。多重比较结果表明，济源、洛阳植烟土壤阳离子交换量与信阳、周口、漯河、平顶山、许昌、商丘、郑州等地的差异达到显著水平。

表 1-9　河南省不同地区植烟土壤阳离子交换量分布特点

地区	样本数	平均值/(cmol/kg)	变幅/(cmol/kg)	标准差/(cmol/kg)	CV/%
济源	9	19.38a	14.89～26.75	3.82	19.70
洛阳	45	17.12a	10.60～21.96	2.82	16.46
南阳	59	15.75ab	8.37～25.87	4.53	28.77
三门峡	32	15.61abc	6.06～21.58	3.73	23.90
驻马店	66	14.62abc	7.63～27.21	4.09	28.01
信阳	50	13.20bcd	7.07～21.33	4.17	31.59
周口	38	13.16bcd	3.79～27.36	5.46	41.15
漯河	30	12.86bcd	6.18～20.90	4.31	33.55
平顶山	43	12.13cd	5.63～20.35	3.84	31.68
许昌	45	11.62d	6.71～29.01	3.95	34.02
商丘	38	7.90e	2.40～17.79	3.99	50.45
郑州	5	4.13e	3.21～5.68	0.97	23.65

6. 土壤质地分布特征

土壤质地是土壤的重要物理性质，也是反映土壤耕作性能的标志性特征之一。土壤质地由粒径不同的矿物质颗粒组成，除了保证部分矿质养分供给，还具有调节水、肥、气、热的功能。所以，土壤质地在生产实践中被视为最重要的一种土壤特性。根据烤烟生长发育和养分需求规律可知，最适宜的植烟土壤是砂壤土和壤土。

河南省土壤的质地以壤土为主，也有一部分黏土和小面积的砂土。豫西、豫北、黄土丘陵区的褐土主要是壤土，红黏土主要是黏壤土和黏土；豫东、豫北平原区的土壤质地比较复杂，有砂土、壤土、黏壤土和黏土。河南省砂土面积较小，壤土面积最大，黏壤土与黏土次之。从粒径分布来看，北部不管是丘陵区还是平原区，粉砂粒均以粗粉砂为主。淮河两岸及南阳盆地分布的砂姜黑土及南阳、信阳岗陵地分布的黄褐土及黄棕壤质地偏黏，绝大多数为黏壤土与壤质黏土。各地区比较来看，郑州植烟土壤中＞0.1mm 的颗粒组成含量最高，达到 67.76%，质地偏砂；三门峡、洛阳和济源植烟土壤中 0.01～0.001mm 和＜0.001mm 的颗粒组成含量较高，合计都超过了 52%，质地相对偏黏（图 1-9，表 1-10）。

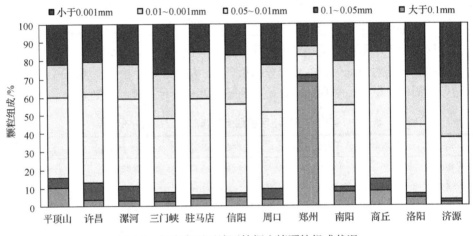

图 1-9　河南省不同地区植烟土壤颗粒组成状况

表 1-10　河南省不同地区植烟土壤颗粒组成分布特点　　　　　（单位：%）

地区	分级频率				
	＞0.1mm	0.1～0.05mm	0.05～0.01mm	0.01～0.001mm	＜0.001mm
平顶山	10.01	5.35	44.54	17.72	22.37
许昌	3.26	9.83	48.58	17.70	21.07
漯河市	2.96	7.85	48.02	18.82	22.35
三门峡	2.58	4.78	40.58	24.33	27.72
驻马店	4.03	2.28	52.39	25.66	15.67
信阳	4.82	2.03	48.81	27.20	17.14
周口	3.24	6.17	41.89	26.09	22.62
郑州	67.76	3.77	10.91	4.84	12.73
南阳	7.26	3.07	44.11	24.26	21.07
商丘	7.81	6.45	48.88	21.00	15.90
洛阳	4.12	2.54	37.24	27.71	28.39
济源	1.76	1.48	34.12	29.18	33.47

7. 土壤盐分分布特点

总盐一般包括阳离子（Na^+、K^+、Ca^{2+}、Mg^{2+}）和阴离子（CO_3^{2-}、HCO_3^-、Cl^-、SO_4^{2-}）等。土壤保持一定的盐分含量对于植物生长发育是必需的，但如果盐分含量超过 0.10%，将影响植株的正常生长。盐分的表层富集与水分的移动有很大的相关性。水分发挥作用的方式包括地下水位、矿化度、灌水质量和灌水方式。许多研究表明,表层土壤盐分含量最高,说明盐分的移动有一定的表聚性。一方面由于肥料绝大多数施用在0~20cm耕作层中,长期超量施肥使得盐分在表层积聚。另一方面由于温度高,蒸发强烈,水分移动的主流是由下而上,盐分随水分向上迁移而积聚在表层。

河南省植烟土壤中89.77%的土壤样品全盐量在0~0.10%,8.35%的土壤样品盐分含量在0.11%~0.15%,1.88%的土壤样品盐分含量大于0.15%。参照表1-11,由图1-10可知,河南省12个植烟地区中,周口和商丘的植烟土壤属于轻盐渍化土壤,其他地区植烟土壤为非盐渍化土壤。共有6个地区的20个植烟区县的49个样品全盐量>1.0%,除了周口鹿邑的1个样品,其余土壤样品均属于轻盐渍化土壤。周口鹿邑有5个样品的盐分含量居所有样品盐分含量前5名,最高含量为0.325%,属于中盐渍化土壤。盐分含量较高的地区有周口(17个样品)、商丘(19个样品),盐分含量较高的植烟区县有鹿邑(7个样品)、柘城(7个样品)和郸城(5个样品)。

表 1-11　土壤全盐量分级(迟春明和刘旭,2016)

分级	全盐量/%	类型
I	<0.1	非盐渍化
II	0.1~0.2	轻盐渍化
III	0.2~0.4	中盐渍化
IV	0.4~0.6	重盐渍化
V	>0.6	盐土

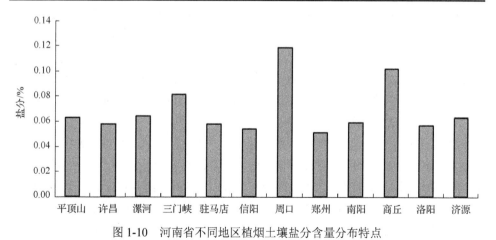

图 1-10　河南省不同地区植烟土壤盐分含量分布特点

8. 土壤全氮分布特点

土壤全氮含量代表土壤的总氮素贮量和供氮潜力。由图 1-11 可知，河南省植烟土壤全氮含量整体适宜。各地区比较来看，以周口植烟土壤的全氮含量平均值最高，为 0.0922%；信阳次之，为 0.0813%；郑州最低，为 0.0646%。

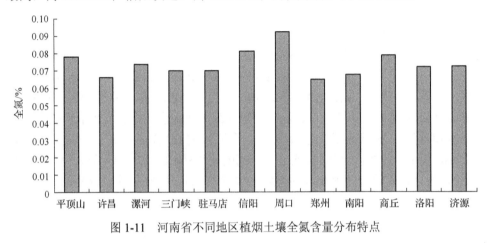

图 1-11　河南省不同地区植烟土壤全氮含量分布特点

四、河南省植烟土壤适宜性评价

依据前面所建立的植烟土壤适宜性等级评价方法，将河南省所有植烟土壤肥力分为 4 个等级，分别是一级适宜、二级适宜、三级适宜、四级适宜。

(一)肥力等级一级适宜区概况

肥力等级一级适宜区包括鲁山(一级为主，有较少的二级和三级)、郏县(一级为主，兼有二级)、宝丰(一级为主，兼有二级)、叶县(一级为主，有较少的二级)、舞钢(一级为主，有较少的二级)、舞阳(一级为主，有较少的二级和三级)、卢氏(一级为主，兼有二级，有较少的三级)、遂平(一级为主，有较少的二级)、平舆(一级)、确山(一级为主，有较少的二级)、正阳(一级为主，有较少的二级)、上蔡(一级为主，兼有二级)、新蔡(一级为主，有较少的二级)、西平(一级为主，有较少的二级)、泌阳(一级为主，兼有二级)、汝南(一级为主，有较少的二级)、平桥(一级为主，有较少的二级)、固始(一级为主，有较少的二级)、罗山(一级为主，有较少的二级)、淮滨(一级为主，有较少的二级)、方城(一级为主，有较少的二级)、镇平(一级为主，有较少的二级)、社旗(一级)、内乡(一级为主，兼有二级)、淅川(一级为主，有较少的二级)、唐河(一级为主，有较少的二级)、邓州(一级为主，有较少的二级)、西峡(一级为主，兼有二级)、登封(一级为主，兼有二级和三级)共 29 个植烟区县，占所有 64 个采样区县的 45.31%。

肥力等级一级适宜区肥力描述性统计结果见表 1-12。肥力等级一级适宜区的植烟土壤 pH 变幅为 5.20～8.20，变异系数为 10.24%，平均值为 6.68，在 4 个适宜等级中，是唯一一个 pH 处于最优值范围内的适宜等级。有机质含量变幅为 0.63%～2.21%，变异系数为 22.14%，平均值为 1.28%。有效氮含量变幅为 25.87～102.06mg/kg，变异系数为 24.31%，平均值为 60.97mg/kg，肥力水平处于最优值范围内。速效磷含量变幅为 2.78～63.01mg/kg，变异系数为 59.38%，是该区各项肥力指标中变异系数最大的指标，平均值为 14.87mg/kg。速效钾含量变幅为 46.50～407.40mg/kg，变异系数为 38.84%，平均值为 126.84mg/kg，低于最优值范围，且低于二级适宜区和三级适宜区的速效钾含量平均值。全氮含量变幅为 0.04%～0.13%，变异系数为 21.47%，平均值为 0.073%，接近最优值范围。盐分含量变幅为 0.02%～0.11%，变异系数为 32.82%，平均值为 0.059%。水溶性氯含量变幅为 9.90～88.20mg/kg，变异系数为 42.00%，平均值为 34.68mg/kg，含量略高。阳离子交换量变幅为 5.63～27.21cmol/kg，变异系数为 31.93%，平均值为 13.89cmol/kg，属于保肥、供肥能力中等水平。

表 1-12　肥力等级一级适宜区肥力描述性统计结果（样本数=215）

统计项目	pH	有机质/%	有效氮/(mg/kg)	速效磷/(mg/kg)	速效钾/(mg/kg)	全氮/%	盐分/%	水溶性氯/(mg/kg)	阳离子交换量/(cmol/kg)
最小值	5.20	0.63	25.87	2.78	46.50	0.04	0.02	9.90	5.63
最大值	8.20	2.21	102.06	63.01	407.40	0.13	0.11	88.20	27.21
平均值	6.68	1.28	60.97	14.87	126.84	0.07	0.06	34.68	13.89
标准差	0.68	0.28	14.82	8.83	49.26	0.02	0.02	14.56	4.44
CV/%	10.24	22.14	24.31	59.38	38.84	21.47	32.82	42.00	31.93

该区土壤肥力劣势是速效钾含量偏低，水溶性氯含量略高。

(二)肥力等级二级适宜区概况

肥力等级二级适宜区包括汝州(二级为主，兼有一级和较少的三级)、襄城(二级为主，兼有三级和较少的一级)、禹州(二级为主，兼有一级和较少的三级)、渑池(二级为主，兼有三级和较少的一级)、灵宝(二级为主，兼有一级和三级)、商水(二级为主，兼有三级)、项城(二级为主，兼有一级和较少的三级)、沈丘(二级为主，兼有一级和较少的三级)、鹿邑(二级为主，有较少的三级)、宜阳(二级为主，兼有一级和三级)、洛宁(二级为主，兼有一级和三级)、伊川(二级为主，有较少的一级和三级)、汝阳(二级为主，有较少的一级和三级)、新安(二级为主，有较少的一级和三级)、孟津(二级为主，有较少的三级和四级)、济源(二级为主，有较少的一级和三级)、陕县(二级为主，兼有三级)、嵩县(二级为主，兼有一级和三级)、新郑(二级为主，兼有三级和四级)共 19 个植烟区县，占所有 64 个采样区县的 29.69%。

表 1-13 为肥力等级二级适宜区肥力描述性统计结果。肥力等级二级适宜区的植烟土壤 pH 变幅为 6.30～8.30，变异系数为 4.09%，是该区各项肥力指标中变异系数最小的指标，平均值为 7.65，偏碱性。有机质含量变幅为 0.63%～3.61%，变异系数为 38.25%，平均值为 1.39%，处于适宜烤烟生长的最优值范围内。有效氮含量变幅为 26.46～100.84mg/kg，变异系数为 23.91%，平均值为 57.53mg/kg，肥力水平属于上等。速效磷含量变幅为 2.34～58.25mg/kg，变异系数为 86.52%，是该区各项肥力指标中变异系数最大的指标，平均值为 12.58mg/kg。速效钾含量变幅为 46.50～454.40mg/kg，变异系数为 42.85%，平均值 155.78mg/kg，处于最优值范围内。全氮含量变幅为 0.04%～0.20%，变异系数为 35.69%，平均值为 0.077%，接近最优值范围。盐分含量变幅为 0.01%～0.33%，变异系数为 65.20%，平均值为 0.076%，处于最优值范围内。水溶性氯含量变幅为 7.10～87.60mg/kg，变异系数为 43.07%，平均值为 35.20mg/kg，含量略高。阳离子交换量变幅为 6.06～29.01cmol/kg，变异系数为 29.54%，平均值为 15.43cmol/kg，属于保肥、供肥能力中等水平。

表 1-13　肥力等级二级适宜区肥力描述性统计结果(样本数=127)

统计项目	pH	有机质/%	有效氮/(mg/kg)	速效磷/(mg/kg)	速效钾/(mg/kg)	全氮/%	盐分/%	水溶性氯/(mg/kg)	阳离子交换量/(cmol/kg)
最小值	6.30	0.63	26.46	2.34	46.50	0.04	0.01	7.10	6.06
最大值	8.30	3.61	100.84	58.25	454.40	0.20	0.33	87.60	29.01
平均值	7.65	1.39	57.53	12.58	155.78	0.08	0.08	35.20	15.43
标准差	0.31	0.53	13.76	10.88	66.75	0.03	0.05	15.16	4.56
CV/%	4.09	38.25	23.91	86.52	42.85	35.69	65.20	43.07	29.54

该区土壤肥力优势是速效钾含量高；劣势是 pH 偏碱性，水溶性氯含量略高，盐分含量稍高。

(三)肥力等级三级适宜区概况

肥力等级三级适宜区包括许昌县(三级为主，兼有二级)、鄢陵(三级为主，兼有二级和四级)、长葛(三级为主，兼有二级和较少的四级)、临颍(三级为主，兼有二级和四级)、郾城(三级为主，兼有二级)、郸城(三级为主，兼有二级)、淮阳(三级为主，兼有二级和四级)、西华(三级为主，兼有四级和较少的二级)、虞城(三级为主，兼有二级和较少的四级)、柘城(三级为主，兼有二级)、睢县(三级为主，兼有二级和四级)、睢阳(三级为主，兼有二级和四级)、宁陵(三级为主，兼有二级和四级)、夏邑(三级为主，兼有二级和四级)、永城(三级为主，兼有二级和四级)15个植烟区县，占所有64个采样区县的23.44%。

肥力等级三级适宜区肥力描述性统计结果见表1-14。肥力等级三级适宜区的植烟土壤pH变幅为6.40~8.40，变异系数为4.95%，是该区各项肥力指标中变异系数最小的指标，平均值为7.73，偏碱性，且仅低于四级适宜区。有机质含量变幅为0.67%~1.84%，变异系数为16.28%，平均值为1.25%，处于适宜烤烟生长的最优值范围内，但其含量仅高于四级适宜区。有效氮含量变幅为23.16~101.20mg/kg，变异系数为26.70%，平均值为59.19mg/kg。速效磷含量变幅为2.13~101.21mg/kg，变异系数为85.13%，是该区各项肥力指标中变异系数最大的指标，平均值为13.50mg/kg。速效钾含量变幅为47.70~868.20mg/kg，变异系数为71.52%，平均值为163.12mg/kg，处于最优值范围内，是4个适宜等级中含量最高的等级。全氮含量变幅为0.04%~0.12%，变异系数为19.21%，平均值为0.077%，接近最优值范围。盐分含量变幅为0.04%~0.24%，变异系数为37.83%，平均值为0.084%，处于最优值范围内，但是其含量在4个适宜等级中最高。水溶性氯含量变幅为11.30~84.80mg/kg，变异系数为37.72%，平均值为38.77mg/kg，含量略高，超出了最优值范围，在4个适宜等级中最高。阳离子交换量变幅为2.40~22.09cmol/kg，变异系数为43.14%，平均值为11.05cmol/kg，属于保肥、供肥能力中等水平，仅高于四级适宜区。

表1-14 肥力等级三级适宜区肥力描述性统计结果(样本数=102)

统计项目	pH	有机质/%	有效氮/(mg/kg)	速效磷/(mg/kg)	速效钾/(mg/kg)	全氮/%	盐分/%	水溶性氯/(mg/kg)	阳离子交换量/(cmol/kg)
最小值	6.40	0.67	23.16	2.13	47.70	0.04	0.04	11.30	2.40
最大值	8.40	1.84	101.20	101.21	868.20	0.12	0.24	84.80	22.09
平均值	7.73	1.25	59.19	13.50	163.12	0.08	0.08	38.77	11.05
标准差	0.38	0.20	15.80	11.49	116.66	0.01	0.03	14.62	4.77
CV/%	4.95	16.28	26.70	85.13	71.52	19.21	37.83	37.72	43.14

该区土壤肥力优势是速效钾含量高；劣势是pH偏碱性，水溶性氯含量较高，盐分含量较高，保肥、供肥能力略低。

(四)肥力等级四级适宜区概况

肥力等级四级适宜区包括中牟(四级为主，兼有三级和较少的二级)1个植烟县，占所有 64 个采样区县的 1.56%。

　　表 1-15 为肥力等级四级适宜区肥力描述性统计结果。肥力等级四级适宜区的植烟土壤 pH 变幅为 7.10～8.30，变异系数为 6.42%，是该区各项肥力指标中变异系数最小的指标，平均值为 7.76，偏碱性，是 4 个适宜等级中最高的。有机质含量变幅为 0.54%～1.14%，变异系数为 31.26%，平均值为 0.75%，低于最优值范围。有效氮含量变幅为 30.24～74.09mg/kg，变异系数为 34.49%，平均值为 47.63mg/kg。速效磷含量变幅为 2.24～25.93mg/kg，变异系数为 65.65%，是该区各项肥力指标中变异系数最大的指标，平均值为 13.04mg/kg。速效钾含量变幅为 32.40～104.50mg/kg，变异系数为 41.00%，平均值为 67.14mg/kg，远低于最优值范围。全氮含量变幅为 0.02%～0.07%，变异系数为 42.09%，平均值为 0.046%，低于最优值范围，且是 4 个适宜等级中含量最低的。盐分含量变幅为 0.02%～0.08%，变异系数为 39.94%，平均值为 0.051%，处于最优值范围内，且在 4 个适宜等级中最低。水溶性氯含量变幅为 26.50～49.50mg/kg，变异系数为 25.41%，平均值为 37.10mg/kg，含量略高，超出了最优值范围。阳离子交换量变幅为 3.21～5.68cmol/kg，变异系数为 23.65%，平均值为 4.13cmol/kg，属于保肥、供肥能力较低水平。

表 1-15　肥力等级四级适宜区肥力描述性统计结果（样本数=5）

统计项目	pH	有机质/%	有效氮/(mg/kg)	速效磷/(mg/kg)	速效钾/(mg/kg)	全氮/%	盐分/%	水溶性氯/(mg/kg)	阳离子交换量/(cmol/kg)
最小值	7.10	0.54	30.24	2.24	32.40	0.02	0.02	26.50	3.21
最大值	8.30	1.14	74.09	25.93	104.50	0.07	0.08	49.50	5.68
平均值	7.76	0.75	47.63	13.04	67.14	0.05	0.05	37.10	4.13
标准差	0.50	0.23	16.43	8.56	27.53	0.02	0.02	9.43	0.98
CV/%	6.42	31.26	34.49	65.65	41.00	42.09	39.94	25.41	23.65

　　该区土壤肥力优势是盐分含量较低；劣势是 pH 偏碱性，有机质、速效钾和全氮含量偏低，水溶性氯含量较高，保肥、供肥能力较低。

五、小结

　　本节建立了河南省植烟土壤适宜性评价指标体系。该体系包括速效钾、有效氮、水溶性氯、速效磷、有机质、耕层厚度、pH、土壤质地、全氮、盐分 10 个因子，其权重分别为 0.05、0.05、0.10、0.05、0.15、0.15、0.15、0.05、0.10、0.15。

本节系统评价了河南省植烟土壤肥力状况，并完成了河南省植烟土壤适宜性等级区划。①植烟土壤有机质含量总体处于适宜水平；土壤 pH 基本属中性至偏碱性；郑州植烟土壤质地偏砂，三门峡、洛阳和济源植烟土壤质地相对偏黏；大部分植烟土壤的阳离子交换量处于中等水平，豫中和豫东部分地区土壤保肥、供肥能力弱。②植烟土壤全氮含量总体适宜；土壤有效氮含量大都处于适宜或稍高的水平；土壤速效磷含量普遍较低；土壤速效钾含量总体适宜，但在各烟区之间差别很大；土壤水溶性氯含量整体偏高，以豫东最高。③周口和商丘的植烟土壤属于轻盐渍化土壤，其他地区植烟土壤为非盐渍化土壤；盐分含量较高的植烟市分别是周口和商丘，盐分含量较高的植烟县分别是鹿邑、柘城和郸城。④肥力等级一级适宜区共 29 个区县，土壤肥力劣势是速效钾含量偏低，水溶性氯含量略高；肥力等级二级适宜区共 19 个区县，土壤肥力优势是速效钾含量高，劣势是 pH 偏碱性，水溶性氯含量略高，盐分含量稍高；肥力等级三级适宜区共 15 个区县，土壤肥力优势是速效钾含量高，劣势是 pH 偏碱性，水溶性氯含量较高，盐分含量较高，保肥、供肥能力略低；肥力等级四级适宜区包括 1 个县，土壤肥力劣势是 pH 偏碱性，有机质、速效钾、全氮含量偏低，水溶性氯含量较高，保肥、供肥能力较低。

第二章 植烟土壤对烟叶品质的影响

在第一章第二节的土壤采集样点中,对应采集烟叶样品,包括河南省12个植烟地区的所有植烟区县,部分产区采集的土壤样品数量超过了烟叶样品数量,本章各节根据研究内容的需要,仅采用其中土壤和烟叶对应的全部或部分样品数据。采集烟叶样品时,品种为该区县的主栽品种,在烟叶生长中期视其长相,选生长基本一致的植株标记叶位,叶位要求为8~12叶位,采收后烟叶置于烤房的同一层位置进行烘烤。

第一节 河南植烟土壤与烟叶中矿质元素关系的分析

土壤中磷、钾、钙、镁、氯、铁、锰等矿质元素是烟草生长发育所必需的营养元素,在烟株生长发育过程中起着不可替代的作用,这些矿质营养元素在烟叶中的浓度对烟叶的香吃味、外观特征、刺激性等有着非常显著的影响,是评价烟叶质量的重要指标。本节主要对河南烟区烟叶中磷、钾、钙、镁、氯、铁、锰7种矿质元素与土壤中矿质元素的相关关系进行分析和研究,以期为改善烟叶品质和施肥技术提供参考。

一、土壤矿质元素含量

为便于分析,将所有样品按照12个植烟地区进行归类,分别计算平均值,如表2-1所示。从中可以看出,周口和商丘土壤磷含量最高,郑州最低;钾含量为三门峡、济源最高,信阳最低;钙含量为商丘、三门峡最高,信阳最低;镁含量为商丘、周口最高,郑州最低;氯含量为周口、商丘最高,三门峡最低;铁含量为三门峡、济源最高,郑州最低;锰含量为南阳、三门峡最高,郑州最低。

表 2-1 河南不同地区植烟土壤部分矿质元素含量状况

地区	样品数	磷/(g/kg)	钾/(g/kg)	钙/(g/kg)	镁/(g/kg)	氯/(mg/kg)	铁/(g/kg)	锰/(g/kg)
平顶山	17	0.56	16.93	6.26	7.80	32.32	29.56	0.58
许昌	42	0.65	19.12	8.71	8.74	33.18	27.55	0.51
漯河	9	0.61	17.58	6.62	8.12	33.28	28.36	0.52
三门峡	30	0.82	20.72	9.18	10.64	31.40	38.24	0.72

续表

地区	样品数	磷/(g/kg)	钾/(g/kg)	钙/(g/kg)	镁/(g/kg)	氯/(mg/kg)	铁/(g/kg)	锰/(g/kg)
驻马店	46	0.48	16.95	5.06	6.37	39.46	26.33	0.54
信阳	45	0.45	16.57	3.59	6.16	36.21	26.73	0.54
周口	23	0.85	19.33	8.81	11.03	43.98	32.18	0.61
郑州	5	0.38	17.93	5.14	5.04	37.09	17.32	0.33
南阳	57	0.52	17.23	5.35	7.72	32.29	33.25	0.86
商丘	26	0.83	18.98	10.66	12.57	41.31	30.64	0.59
洛阳	43	0.56	19.85	7.68	9.85	36.49	37.65	0.70
济源	9	0.46	19.92	8.11	10.29	36.77	38.20	0.67

从表 2-2 看，河南烟区植烟土壤各矿质元素含量变异系数从大到小依次为磷、钙、氯、锰、镁、铁、钾。其中，磷、钙、氯、锰含量的变异系数≥40%，样本间差异较大，特别是磷含量最大值与最小值之间相差 20 倍以上，说明磷、钙、氯、锰 4 种元素含量在不同地区间的差异较大，这可能与烟草种植时施肥量和施肥种类存在差异有关。

表 2-2　河南植烟土壤矿质元素含量变异统计分析(样本数=352)

统计指标	磷/(g/kg)	钾/(g/kg)	钙/(g/kg)	镁/(g/kg)	氯/(mg/kg)	铁/(g/kg)	锰/(g/kg)
最小值	0.24	9.89	2.28	3.65	7.10	15.81	0.27
最大值	5.99	27.54	16.21	23.47	88.24	49.11	3.60
平均值	0.61	18.29	6.85	8.72	35.87	30.82	0.62
标准差	0.35	2.17	3.02	2.50	14.92	6.82	0.25
CV/%	0.58	0.12	0.44	0.29	0.42	0.22	0.40

二、烟叶矿质元素含量

表 2-3 是河南不同地区烟叶部分矿质元素含量状况。烟叶磷含量的正常范围是 1.50～5.00mg/g，河南不同烟区烟叶磷含量平均值从大到小依次为三门峡＞郑州＞驻马店＞信阳＞商丘＞洛阳＞平顶山＞周口=南阳＞济源＞许昌＞漯河。大部分烟叶都在正常范围内，其中漯河烟叶磷含量平均值为 1.33mg/g，低于标准 1.50mg/g，全省共有 18.51%的烟叶磷含量低于 1.50mg/g。

表 2-3　河南不同地区烟叶部分矿质元素含量状况

地区	样品数	磷/(mg/g)	钾/(mg/g)	钙/(mg/g)	镁/(mg/g)	氯/%	铁/(mg/kg)	锰/(mg/kg)
平顶山	17	1.95	16.51	30.96	4.01	0.50	105.58	65.72
许昌	42	1.55	17.90	30.52	3.09	0.51	94.94	30.88
漯河	9	1.33	14.90	31.37	4.62	0.27	85.98	95.51
三门峡	30	2.33	16.93	31.88	2.90	0.27	80.90	46.06
驻马店	46	2.23	11.61	31.10	5.07	0.37	128.24	126.98
信阳	45	2.20	13.69	26.74	6.73	0.18	98.11	120.66
周口	23	1.92	10.62	41.62	4.84	0.36	111.17	49.78
郑州	5	2.32	12.90	31.70	3.49	0.30	98.50	69.21
南阳	57	1.92	10.50	33.67	5.25	0.27	132.86	103.94
商丘	26	2.01	8.64	38.44	5.05	0.58	96.03	50.87
洛阳	43	1.99	12.80	34.77	2.56	0.23	117.24	36.81
济源	9	1.90	12.90	30.96	1.82	0.38	96.54	20.43

钾含量对烟叶质量有重要的影响，主要表现在烟叶的燃烧性和吸湿性上，它能改善烟叶的颜色和身份(烟叶的身份以厚度表示，这里是指烟叶厚度、细胞密度和单位叶面积重量的综合状态)。优质烟叶中钾含量一般要求大于 20mg/g，样品中仅有 8.83%较为适宜，烟叶钾含量平均值从大到小排序为许昌＞三门峡＞平顶山＞漯河＞信阳＞郑州＝济源＞洛阳＞驻马店＞周口＞南阳＞商丘。河南烟区烟叶钾含量总体上偏低，各地区烟叶钾含量均值都低于 20mg/g，应增施钾肥和通过其他措施提高烟叶对钾的吸收。

烟叶钙离子含量较为适宜，均大于我国烟叶钙含量临界值 17mg/g，各地区烟叶钙含量平均值从大到小排序为周口＞商丘＞洛阳＞南阳＞三门峡＞郑州＞漯河＞驻马店＞平顶山＝济源＞许昌＞信阳。

烟叶镁含量的正常范围是 3～12mg/g，当镁含量低于 1.5mg/g 时，会出现明显的缺镁症状，有 25.64%的样品镁含量低于 3mg/g，有 3.1%的样品镁含量低于 1.5mg/g，各地区烟叶镁含量平均值从大到小排序为信阳＞南阳＞驻马店＞商丘＞周口＞漯河＞平顶山＞郑州＞许昌＞三门峡＞洛阳＞济源。三门峡、洛阳、济源三地烟叶镁含量均值低于 3mg/g 这个标准，整体上河南烟区烟叶镁含量水平适宜。

烟草是公认的"忌氯"植物，但氯也是烟草生长必需的营养元素。当烟叶氯含量高于 1.0%时，烟叶吸湿性强、燃烧性差、易熄火、杂气重、利用价值极低；当烟叶氯含量低于 0.3%时，叶片枯燥、油分少、弹性差、成丝率低、香吃味变劣。烟叶氯含量在 0.3%～0.8%、钾氯比＞4 时比较理想。河南烟区烟叶氯含量平均值从大到小排序为商丘＞许昌＞平顶山＞济源＞驻马店＞周口＞郑州＞南阳＝漯河＝

三门峡＞洛阳＞信阳。有 39.88%的烟叶中氯含量在 0.3%～0.8%，有 54.98%的烟叶氯含量小于 0.3%，约 5.13%的烟叶氯含量高于 0.8%。

我国优质烟叶铁含量范围是 57.69～295.10mg/kg，河南烟区烟叶铁含量平均值从大到小排序为南阳＞驻马店＞洛阳＞周口＞平顶山＞郑州＞信阳＞济源＞商丘＞许昌＞漯河＞三门峡。有 4.84%的样品超出适宜范围，总体上烟叶的铁含量较为适宜。

适当施用锰肥，可促进烟株生长，提高烟叶产量、上中等烟比例、均价和总糖含量，我国优质烟叶锰含量范围是 22.96～550.03mg/kg。各地区烟叶锰含量平均值从大到小排序为驻马店＞信阳＞南阳＞漯河＞郑州＞平顶山＞商丘＞周口＞三门峡＞洛阳＞许昌＞济源。济源烟叶锰含量平均值仅为 20.43mg/kg，有 4.84%的烟叶锰含量低于 22.96mg/kg。

由表 2-4 可以看出，河南烟区烟叶各矿质元素含量变异系数从大到小排序为锰＞氯＞铁＝镁＞钾＞磷＞钙。其中锰和氯含量的变异系数为 60%以上，铁和镁含量的变异系数为 40%，样本间的差异大，说明烟叶锰、氯、钙、镁含量受栽培措施、生态环境条件的影响大。

表 2-4　河南烟区烟叶矿质元素含量统计分析（样本数=352）

统计项目	磷/(mg/g)	钾/(mg/g)	钙/(mg/g)	镁/(mg/g)	氯/%	铁/(mg/kg)	锰/(mg/kg)
最小值	1.08	4.88	18.78	0.89	0.06	34.29	10.25
最大值	4.98	30.64	50.43	9.08	1.91	326.75	334.61
平均值	2.00	13.15	32.59	4.40	0.34	108.78	75.28
标准差	0.55	0.42	6.41	1.77	0.23	43.02	52.21
CV/%	0.28	0.32	0.20	0.40	0.68	0.40	0.69

三、土壤与烟叶矿质元素含量之间的相关性

由表 2-5 可以看出，烟叶磷含量与土壤钙含量呈显著负相关，与氯含量呈显著正相关；烟叶钾含量与土壤钾含量呈极显著正相关，与锰含量呈显著负相关；烟叶钙含量与土壤磷、钾、钙、镁、铁、锰含量呈极显著正相关，与氯含量呈显著正相关；烟叶镁含量与土壤钾、钙、镁和铁含量均呈极显著负相关；烟叶氯含量与土壤磷含量呈显著正相关，与钙、镁含量呈极显著正相关，与铁含量呈极显著负相关；烟叶铁含量与土壤磷、钾、钙、镁含量均呈显著负相关；烟叶锰含量与土壤磷、钾、钙、镁、铁含量均呈极显著负相关，与锰含量呈极显著正相关。

表 2-5　土壤与烟叶矿质元素含量的简单相关分析

化学成分	土壤磷	土壤钾	土壤钙	土壤镁	土壤氯	土壤铁	土壤锰
烟叶磷	0.091	−0.02	−0.112*	−0.035	0.115*	0.034	0.016
烟叶钾	−0.029	0.170**	0.061	−0.041	−0.103	−0.006	−0.121*
烟叶钙	0.194**	0.195**	0.317**	0.429**	0.128*	0.234**	0.206**
烟叶镁	−0.08	−0.437**	−0.426**	−0.321**	0.066	−0.299**	−0.033
烟叶氯	0.110*	0.073	0.253**	0.150**	0.032	−0.157**	−0.075
烟叶铁	−0.117*	−0.108*	−0.132*	−0.108*	0.036	0.022	0.091
烟叶锰	−0.193**	−0.437**	−0.496**	−0.491**	0.220	−0.249**	0.179**

注："*"代表在 0.05 水平相关性显著，"**"代表在 0.01 水平相关性显著；下同

四、小结

河南烟区土壤中，以周口与商丘的磷、镁和氯含量较高，三门峡的钾、钙、铁和锰含量较高，济源的钾、铁含量较高，南阳的锰含量较高；郑州的磷、镁、铁和锰含量最低，信阳的钾和钙含量最低，三门峡的氯含量最低。河南不同地区土壤磷、钙、氯、锰 4 种矿质元素含量差异较大。

河南烟区多数烟叶钾含量偏低，可以通过增施钾肥、增加钾肥追施比例来提高烟叶钾含量；磷、钙、镁、氯、铁、锰含量较为适宜。三门峡、洛阳、济源三地烟叶镁含量偏低，应当适量增施镁肥；济源烟叶锰含量偏低；漯河烟叶磷含量较低。全省烟叶锰、氯、钙、镁含量的变异系数较大，受栽培措施、生态环境条件的影响较大。

土壤钾、钙、镁含量分别对烟叶中 7 种矿质元素含量中的 5 种、6 种、5 种有较大影响；土壤磷、铁、锰含量分别对烟叶中 7 种矿质元素含量中的 4 种、4 种、3 种有较大影响；土壤氯含量分别对烟叶中 7 种矿质元素含量中的 2 种有较大影响。

第二节　河南初烤烟叶物理特性与土壤属性的典型相关分析

烟叶物理特性是反映烟叶质量及其加工工艺性能的重要参数，直接影响卷烟的质量、风格、成本、安全性和其他经济指标，常用烟叶的平衡含水率、填充值、叶质重、含梗率、单叶重、叶片厚度、机械强度等指标来表征。土壤特性、生态气候、栽培技术、品种及烘烤调制等都是烟叶物理特性的影响因素，在这些方面已有相关研究，但关于土壤属性与烟叶物理特性关系的研究还较少。因此，我们

通过对河南主要烟区的土壤属性、矿质元素和烟叶物理特性指标进行分析，系统研究了烟叶物理特性与土壤属性的相关关系，以探讨土壤属性对烟叶物理特性的影响，进而为优质烟叶生产提供理论依据和技术参考。

采用 DPS 软件进行典型相关分析。为了便于分析，将土壤属性指标包括 pH(x_1)、有机质(x_2)、全氮(x_3)、有效氮(x_4)、速效磷(x_5)、速效钾(x_6)、氯离子(x_7)、全钾(x_8)、全磷(x_9)含量看作一组变量，将土壤矿质元素包括铝(y_1)、钙(y_2)、铁(y_3)、镁(y_4)、锰(y_5)、钠(y_6)、硅(y_7)、钛(y_8)含量看作一组变量，将烟叶物理特性包括平衡含水率(t_1)、填充值(t_2)、叶质重(t_3)、含梗率(t_4)、单叶重(t_5)、叶片厚度(t_6)、抗张力(t_7)、抗张强度(t_8)看作一组变量。

一、土壤属性、矿质元素与烟叶物理特性指标的数量特征

(一)土壤属性指标的数量特征

土壤属性各指标描述性统计分析结果见表 2-6。土壤 pH 平均值为 7.17，变幅为 5.15～8.30，部分土壤偏弱碱性，变异系数最小，为 10.55%，其次为全钾 11.92%，速效磷变异系数最大，为 74.43%。按照变异系数划分等级：变异系数<10%为弱变异，变异系数 10%～100%为中等变异，变异系数>100%为强变异，由此可知，土壤属性各项指标的变异强度均为中等变异。土壤 pH 的峰度系数<0，为平阔峰，数据比较分散，其他指标峰度系数均>0，为尖峭峰，数据较为集中。pH 和全钾的偏度系数<0，为负向偏态峰，其他指标偏度系数>0，为正向偏态峰。

表 2-6　第一组土壤变量的描述性统计分析(样本数=353)

统计项目	pH	有机质/(g/kg)	全氮/(g/kg)	有效氮/(mg/kg)	速效磷/(mg/kg)	速效钾/(mg/kg)	氯离子/(mg/kg)	全钾/(g/kg)	全磷/(g/kg)
最小值	5.15	5.40	0.23	23.16	2.13	32.35	7.10	9.89	0.24
最大值	8.30	36.10	2.03	102.06	101.21	868.22	88.24	27.54	5.99
平均值	7.17	12.78	0.73	59.55	13.56	142.08	35.86	18.28	0.60
标准差	0.76	3.38	0.18	14.76	10.10	77.02	14.92	2.18	0.35
CV/%	10.55	26.43	24.08	24.79	74.43	54.21	41.61	11.92	57.90
峰度系数	−0.54	10.91	9.18	0.03	18.15	28.41	1.21	1.76	168.69
偏度系数	−0.67	2.02	1.67	0.29	3.12	4.07	1.00	−0.08	10.95

(二)土壤矿质元素指标的数量特征

土壤矿质元素各指标描述性统计分析结果见表 2-7。硅的变异系数最小，仅为

7.45%，变异强度属于弱变异，其他指标变异强度均属于中等变异。铝、钙和铁的峰度系数<0，为平阔峰，数据比较分散，其他 5 种矿质元素的峰度系数均>0，为尖峭峰，数据大多集中在平均值附近。铝和硅的偏度系数小于 0，为负向偏态峰，其余指标的偏度系数均大于 0，为正向偏态峰。

表 2-7　第二组土壤变量的描述性统计分析(样本数=353)

统计项目	铝/(g/kg)	钙/(g/kg)	铁/(g/kg)	镁/(g/kg)	锰/(g/kg)	钠/(g/kg)	硅/(g/kg)	钛/(g/kg)
最小值	34.77	2.28	15.81	3.65	0.27	3.09	180.59	2.17
最大值	87.66	16.21	49.11	23.47	3.6	31.19	390.96	8.17
平均值	65.15	6.86	31.12	8.59	0.63	11.17	296.78	4.41
标准差	8.87	3.03	6.8	2.52	0.25	4.12	22.12	0.54
CV/%	13.62	44.13	21.87	29.34	39.81	36.93	7.45	12.15
峰度系数	−0.04	−0.51	−0.60	2.45	59.15	7.06	3.89	8.92
偏度系数	−0.23	0.65	0.1	0.74	5.86	2.19	−0.68	0.84

(三)烟叶物理特性指标的数量特征

由表 2-8 可知，烟叶物理特性各项指标相对比较稳定，变异强度均为中等变异，叶片厚度的变异系数最大，为 20.68%。含梗率的峰度系数<0，为平阔峰，数据相对比较分散，其他 7 项指标的峰度系数均>0，为尖峭峰，数据大多集中在平均值附近。含梗率的偏度系数<0，为负向偏态峰，其他 7 项指标的偏度系数>0，均为正向偏态峰。

表 2-8　烟叶物理特性指标的描述性统计分析(样本数=353)

统计项目	平衡含水率/%	填充值/(cm³/g)	叶质重/(g/m²)	含梗率/%	单叶重/g	叶片厚度/μm	抗张力/N	抗张强度/(cN/mm²)
最小值	8.69	2.01	48.85	0.22	6.28	48.53	1.21	80.90
最大值	14.37	10.86	139.68	0.39	17.22	151.92	3.43	228.57
平均值	10.55	5.46	71.72	0.30	10.52	85.91	2.00	133.51
标准差	1.25	1.12	10.72	0.03	1.97	17.77	0.33	22.12
CV/%	11.85	20.49	14.95	11.04	18.73	20.68	16.57	16.57
峰度系数	1.04	1.94	4.74	−0.26	0.24	0.90	1.04	1.04
偏度系数	1.35	0.46	1.30	−0.11	0.62	0.70	0.69	0.69

二、土壤属性与烟叶物理特性关系分析

(一)土壤属性与烟叶物理特性的典型相关分析

土壤属性与烟叶物理特性的典型相关分析结果见表 2-9，得到 8 组典型变量，其中，第 1 组的典型相关系数达到了 $P<0.01$ 的极显著相关水平，相关系数 λ 为 0.5257；第 2 组的典型相关系数达到了 $P<0.05$ 的显著相关水平，相关系数 λ 为 0.3139；后 6 组的典型相关系数则均未达到显著相关水平。因此，选择前两组典型变量进行主要分析。

由于原始变量的计量单位不同，不宜进行直接比较，这里通过标准化的典型系数给出典型相关变量 m 和相关系数 r，由表 2-9 可知，第 1 组典型变量为

$$u_1=-0.6649x_1-0.0644x_2+0.0721x_3+0.0912x_4+0.1133x_5+0.2138x_6-0.0155x_7$$
$$-0.4419x_8+0.0339x_9$$

$$v_1=-0.1399t_1-0.2887t_2-0.2769t_3+0.6086t_4+0.3897t_5-0.0254t_6-0.1867t_7-0.0418t_8$$

在极显著相关典型变量 I 中，由 u_1 与原始数据 x_i 的相关系数可以看出，u_1 与 pH(x_1)、全钾(x_8)呈较显著负相关，相关系数分别为 -0.8753、-0.7211，因此 u_1 可以理解为主要描述土壤 pH 和全钾含量的综合指标。同样，由 v_1 与 t_i 的相关系数可知，v_1 与含梗率(t_4)呈显著正相关，相关系数为 0.8053，因此 v_1 可以理解为主要描述烟叶含梗率的综合指标。这一线性组合说明土壤 pH 和全钾含量与烟叶含梗率关系密切，具体表现为在一定范围内，随着 pH 和全钾含量的升高，烟叶含梗率呈降低趋势。

第 2 组典型变量为

$$u_2=0.2308x_1-0.2141x_2+0.1998x_3-0.4203x_4+0.2922x_5-0.4549x_6-0.2401x_7$$
$$-0.2883x_8-0.4350x_9$$

$$v_2=-0.7362t_1+0.2155t_2-0.1538t_3-0.4416t_4+0.5783t_5+0.1297t_6-0.1285t_7+0.2699t_8$$

在显著相关典型变量 II 中，由 u_2 与原始数据 x_i 的相关系数可得，u_2 与速效钾(x_6)、全磷(x_9)呈较显著负相关，相关系数分别为 -0.5637、-0.5157，因此 u_2 可以理解为主要描述土壤速效钾和全磷含量的综合指标。由 v_2 与 t_i 的相关系数可知，v_2 与单叶重(t_5)存在较高的正相关性，相关系数为 0.5754，与平衡含水率(t_1)呈显著负相关，相关系数为 -0.5646，因此 v_2 可以理解为主要描述烟叶单叶重和平衡含水率的综合指标。此线性组合说明土壤速效钾、全磷含量与烟叶单叶重、平衡含水率关系密切，表现为在一定范围内，随着土壤速效钾和全磷含量的升高，烟叶单叶重呈降低趋势，平衡含水率呈增加趋势。

表 2-9　土壤属性与烟叶物理特性的典型相关分析

指标	典型变量 I		典型变量 II		典型变量 III		典型变量 IV		典型变量 V		典型变量 VI		典型变量 VII		典型变量 VIII	
	m	r	m	r	m	r	m	r	m	r	m	r	m	r	m	r
x_1	-0.6649	-0.8753	0.2308	-0.0543	0.5575	0.2760	-0.4621	-0.2269	-0.0078	-0.0604	0.4697	0.1502	-0.2985	-0.2737	-1.1408	-0.8080
x_2	-0.0644	0.1213	-0.2141	-0.4394	-0.1306	0.0801	0.0938	0.1749	-0.1106	-0.4126	0.2711	0.5298	-0.1866	-0.1283	1.7926	0.8468
x_3	0.0721	0.1802	0.1998	-0.2654	0.3074	0.2797	-0.0459	0.0519	-0.1683	-0.4232	0.6433	0.6581	-0.5496	-0.2860	-1.6238	-0.1216
x_4	0.0912	0.3078	-0.4203	-0.4867	0.2924	0.4067	0.5437	0.4495	0.3833	0.2036	0.1993	0.2743	0.5981	0.4891	-0.1738	0.1383
x_5	0.1133	0.4054	0.2922	-0.0714	-0.2388	-0.1555	-0.4207	-0.3067	-0.3218	-0.5136	0.4030	0.1765	0.9909	0.9634	0.5735	0.9751
x_6	0.2138	0.1163	-0.4549	-0.5637	0.2351	0.2025	-0.0804	-0.1024	-0.2223	-0.4359	-0.6923	-0.2810	-0.0187	0.3051	0.3220	0.7262
x_7	-0.0155	0.0690	-0.2401	-0.3028	0.4746	0.4874	-0.3705	-0.3443	-0.0240	-0.0822	-0.3418	-0.2335	0.3074	0.5378	0.9885	1.0545
x_8	-0.4419	-0.7211	-0.2883	-0.3718	-0.4885	-0.3292	0.3473	0.1271	0.1620	-0.0888	-0.0218	-0.0821	0.8447	0.5330	1.4246	0.9780
x_9	0.0339	-0.2030	-0.4350	-0.5157	-0.3232	-0.2768	0.1913	0.0997	-0.5649	-0.6802	-0.3085	-0.0535	-0.0631	0.0997	-0.5794	-0.1565
t_1	-0.1399	-0.3993	-0.7362	-0.5646	-0.3906	-0.4651	0.1537	0.0739	-0.5825	-0.5124	0.1889	0.1920	-0.0154	0.0199	-0.0905	-0.0113
t_2	-0.2887	-0.2238	0.2155	0.0675	-0.1088	-0.0967	-0.4270	-0.3631	-0.2679	-0.2384	-0.7804	-0.7413	-0.1725	0.1025	-0.3017	-0.4327
t_3	-0.2769	-0.6541	-0.1538	0.1679	0.5972	0.1101	-0.8681	-0.4392	-0.1972	-0.1655	0.2128	0.4021	0.4521	0.2627	0.5653	0.2843
t_4	0.6086	0.8053	-0.4416	-0.2375	0.5308	0.2827	-0.3491	-0.1129	-0.3990	-0.1487	0.2414	-0.2291	0.6424	0.2187	-0.2510	-0.2828
t_5	0.3897	0.2324	0.5783	0.5754	-0.5047	-0.4137	-0.2621	-0.2605	-0.4641	-0.4408	0.1868	0.4226	-0.2978	-0.0450	0.0865	0.0306
t_6	-0.0254	-0.3687	0.1297	0.3045	-0.4306	-0.3701	0.2823	0.0029	0.3990	0.0560	0.1273	0.2220	0.9176	0.6924	-0.3279	-0.3201
t_7	-0.1867	-0.4666	-0.1285	0.3226	0.3037	0.3200	-0.2786	0.0976	0.2109	-0.2480	0.6381	0.4706	-0.6154	-0.0837	-1.1127	-0.5257
t_8	-0.0418	-0.4666	0.2699	0.3226	0.2300	0.3207	0.5622	0.0976	-0.4979	-0.2475	-0.2889	0.4707	0.2870	-0.0833	0.3777	-0.5254
λ	0.5257**		0.3139*		0.2517		0.1524		0.1344		0.0939		0.0388		0.0253	
P	0.0001		0.0382		0.5359		0.9572		0.9678		0.9872		0.9937		0.8962	

注：表中 λ 为典型相关系数，下同

（二）土壤矿质元素与烟叶物理特性的典型相关分析

土壤矿质元素与烟叶物理特性的典型相关分析结果见表2-10，得到8组典型变量，其中第1组、第2组的典型相关系数达到了极显著相关水平，相关系数 λ 分别为0.5196和0.3412；第3组的典型相关系数达到了显著相关水平，相关系数 λ 为0.2755；其他5组的典型相关系数则未达到显著相关水平。因此，选择前三组典型变量进行主要分析。

第1组典型变量为

$$u_1 = 0.0284y_1 - 0.1312y_2 - 0.9835y_3 - 0.0544y_4 + 0.2007y_5 - 0.7496y_6 + 0.1301y_7 + 0.3032y_8$$

$$v_1 = -0.5538t_1 - 0.1959t_2 - 0.0251t_3 + 0.3426t_4 + 0.4591t_5 - 0.1329t_6 - 0.2375t_7 - 0.1079t_8$$

在极显著相关典型变量 I 中，由 u_1 与原始数据 x_i 的相关系数可以看出，u_1 与镁（y_4）呈显著负相关，相关系数为-0.6661，因此 u_1 可以理解为主要描述土壤镁含量的综合指标。由 v_1 与 t_i 的相关系数可知，v_1 与平衡含水率（t_1）呈显著负相关，相关系数为-0.6943，与含梗率（t_4）呈显著正相关，相关系数为0.5907，因此 v_1 可以理解为主要描述烟叶平衡含水率和含梗率的综合指标。这一组线性组合说明土壤镁含量对烟叶平衡含水率和含梗率影响较大，具体表现为在一定范围内，随着土壤镁含量的升高，烟叶平衡含水率呈增加趋势，烟叶含梗率呈降低趋势。

第2组典型变量为

$$u_2 = 1.2801y_1 + 0.5803y_2 - 0.0708y_3 - 1.2328y_4 - 0.1846y_5 - 0.4176y_6 + 0.0917y_7 - 0.6126y_8$$

$$v_2 = -0.5846t_1 - 0.1738t_2 + 0.0564t_3 - 0.8409t_4 + 0.0618t_5 - 0.2826t_6 + 0.3125t_7 - 0.1644t_8$$

在极显著相关典型变量 II 中，由 u_2 与原始数据 x_i 的相关系数可得，u_2 与钠（y_6）存在较高的负相关性，相关系数为-0.4432，因此 u_2 可以理解为主要描述土壤钠含量的综合指标。由 v_2 与 t_i 的相关系数可知，v_2 与含梗率（t_4）呈显著负相关，相关系数为-0.7038，因此，v_2 可以理解为主要描述烟叶含梗率的综合指标。此线性组合说明土壤钠含量和烟叶含梗率关系密切，表现为在一定范围内，随着土壤钠含量的升高，烟叶含梗率呈增加趋势。

第3组典型变量为

$$u_3 = -0.5989y_1 + 0.0183y_2 + 0.5019y_3 + 0.5612y_4 - 0.0249y_5 - 0.3410y_6 - 0.2519y_7 + 0.6161y_8$$

$$v_3 = 0.4039t_1 - 0.2763t_2 + 0.3095t_3 - 0.0755t_4 - 0.2455t_5 - 0.4118t_6 - 0.3256t_7 - 0.2924t_8$$

表 2-10 土壤矿质元素与烟叶物理特性的典型相关分析

指标	典型变量 I		典型变量 II		典型变量 III		典型变量 IV		典型变量 V		典型变量 VI		典型变量 VII		典型变量 VIII	
	m	r	m	r	m	r	m	r	m	r	m	r	m	r	m	r
y_1	0.0284	-0.5427	1.2801	0.3863	-0.5989	0.5039	-0.4985	0.0013	1.5110	0.4052	-1.2344	0.0575	-2.1854	-0.7377	1.4146	-0.9993
y_2	-0.1312	-0.5760	0.5803	0.1185	0.0183	0.2371	-0.2565	-0.5695	-0.9806	-0.3910	0.1132	0.0055	-1.0247	0.0697	-0.2342	0.4980
y_3	-0.9835	-0.4987	-0.0708	0.2850	0.5019	0.6663	1.4541	0.0821	-1.4842	0.3051	1.4524	0.2836	2.3293	-0.7558	-2.3114	-1.2047
y_4	-0.0544	-0.6661	-1.2328	-0.0675	0.5612	0.5060	-0.8104	-0.5219	0.6009	0.0811	-0.2794	0.0082	0.6701	0.0715	0.7637	0.0633
y_5	0.2007	0.0040	-0.1846	-0.0467	-0.0249	0.4779	-0.3173	-0.0221	0.8366	0.5675	0.0955	0.3042	0.3874	-0.5092	0.9301	-0.5495
y_6	-0.7496	-0.4849	-0.4176	-0.4432	-0.3410	-0.5260	0.5686	0.1331	0.0432	-0.1319	-0.7902	-0.9934	1.7088	1.4382	2.1599	1.9969
y_7	0.1301	-0.0360	0.0917	-0.0804	-0.2519	-0.1561	-0.5119	-0.2746	-0.0949	0.1116	-0.1523	-0.6130	0.1415	-0.1427	-1.3837	-0.8227
y_8	0.3032	0.1025	-0.6126	-0.2242	0.6161	0.5197	0.2325	0.3821	-0.3595	0.1583	-0.3272	-0.0842	-1.6162	-1.1212	-0.5551	-1.3621
t_1	-0.5538	-0.6943	-0.5846	-0.3728	0.4039	0.3457	0.4105	0.2232	-0.1855	-0.2000	-0.0686	-0.1653	-0.1219	-0.2127	0.2949	0.3114
t_2	-0.1959	-0.2351	-0.1738	-0.4061	-0.2763	-0.3183	-0.6668	-0.6221	0.3565	0.3108	0.1648	0.0557	0.1919	0.2430	0.5873	0.3644
t_3	-0.0251	-0.4314	0.0564	0.3625	0.3095	-0.0234	-0.7651	-0.4072	-0.9980	-0.6969	0.2856	-0.0836	0.0675	-0.1525	-0.2269	-0.0135
t_4	0.3426	0.5907	-0.8409	-0.7038	-0.0755	-0.0812	0.0309	0.0656	-0.7538	-0.0285	0.1686	0.1937	0.3435	0.3064	-0.3412	-0.1121
t_5	0.4591	0.2994	0.0618	0.0871	-0.2455	-0.3511	0.0880	0.1003	-0.1918	-0.4332	-0.2071	-0.3132	-0.4280	-0.4124	0.7815	0.5601
t_6	-0.1329	-0.3736	-0.2826	-0.0788	-0.4118	-0.5185	-0.0297	-0.1767	0.1223	-0.1660	-0.8100	-0.6534	-0.2105	-0.2026	-0.6513	-0.2422
t_7	-0.2375	-0.4558	0.3125	0.3010	-0.3256	-0.6284	0.5724	0.2929	-0.2578	-0.3697	-0.2326	0.0826	1.2122	0.2636	0.3347	0.0891
t_8	-0.1079	-0.4556	-0.1644	0.3013	-0.2924	-0.6283	-0.0061	0.2928	0.0791	-0.3700	0.5891	0.0828	-0.6898	0.2638	-0.2161	0.0882
λ	0.5196**		0.3412**		0.2755*		0.2229		0.1318		0.0747		0.0439		0.0109	
P	0.0001		0.0001		0.0318		0.3996		0.9273		0.9773		0.9510		0.8400	

在显著相关典型变量 II 中，由 u_3 与原始数据 x_i 的相关系数可得，u_3 与铁 (y_3) 呈较显著正相关，相关系数为 0.6663，因此 u_3 可以理解为主要描述土壤铁含量的综合指标。由 v_3 与 t_i 的相关系数可知，v_3 与抗张力 (t_7)、抗张强度 (t_8) 呈显著负相关，相关系数分别为 –0.6284、–0.6283，因此，v_3 可以理解为主要描述烟叶抗张力和抗张强度的综合指标。这一线性组合说明土壤铁含量与烟叶抗张力和抗张强度关系密切，表现为在一定范围内，随着土壤铁含量的升高，烟叶抗张力和抗张强度呈降低趋势。

三、小结

本研究结果表明，在一定范围内，烟叶含梗率与土壤 pH、全钾含量和镁含量呈显著负相关，与钠含量呈显著正相关；烟叶平衡含水率与土壤速效钾、全磷和镁含量呈显著正相关；烟叶单叶重与土壤速效钾和全磷含量呈显著负相关；烟叶抗张力和抗张强度与土壤铁含量呈显著负相关。这与前人的研究结果一致，即生态条件和土壤养分供应情况对烟叶含梗率、平衡含水率和单叶重等影响较大。

含梗率指烟叶里烟梗所占的比例。初烤烟叶的含梗率不仅是重要的物理特性指标，还是一个重要的技术经济指标，直接影响打叶复烤的出梗率和出片率。罗海燕等 (2005) 研究认为，烟叶含梗率并非越低越好，过低则造碎更大，出片率更低。汤朝起等 (2009) 研究表明，初烤烟叶的含梗率受生态条件、品种、栽培措施等诸多因素的影响。本研究结果表明，在一定范围内，烟叶含梗率随土壤 pH、全钾和镁含量的降低及钠含量的升高呈增加趋势。

在烟叶物理特性中，烟叶平衡含水率代表了烟叶的吸湿性，烟叶的吸湿性是指烟叶自身含水量随周围空气温湿度变化而变化的性质，烟叶的吸湿性影响其含水量，而烟叶的含水量将影响烟叶的运输贮存、醇化加工及卷烟的可燃性、烟气成分与感官特性等 (黎洪利等，2010)。本研究结果表明，在一定范围内，烟叶平衡含水率随着土壤速效钾、全磷和镁含量的升高呈增加趋势。

单叶重由叶面积和叶质重两个因素构成，主要受土壤肥力水平和留叶数影响，直接反映了叶片发育程度和营养状况。本研究结果表明，在一定范围内，烟叶单叶重随着土壤速效钾和全磷含量的升高呈降低趋势。本研究发现，河南中部烟叶单叶重在 6.28～17.22g，平均值为 10.52g，中上部叶单叶重适宜范围一般在 7～12g，因此河南烟区单叶重偏高，这可能是由于产区未能有效控制施肥水平或留叶数偏少，因此烟株生长后期土壤养分过高，叶片干物质积累过多。

烟叶抗张力和抗张强度是衡量烟叶机械强度的主要指标，机械强度与烟叶平衡含水率关系密切，在一定范围内，烟叶的机械强度随烟叶的平衡含水率提高而增强，但平衡含水率过高时，烟叶的机械强度反而降低。烟叶的机械强度增大，可以减少烟叶在加工过程中造碎，提高烟叶原料的利用率，减少卷烟的单箱耗丝量。本研究结果表明，在一定范围内，烟叶抗张力和抗张强度随着土壤铁含量的增加呈降低趋势。

第三节 烤烟类胡萝卜素类致香物质与土壤理化性状关系的分析

烟叶质量包括外观质量、内在质量、化学成分、物理特性、吸食品质和安全性等方面，是一个综合性的概念，受生态因子的影响较大。土壤、营养及其相互作用是影响烟叶品质的首要因素，这些因素必须相互补充才能生产出优质烟叶。香气质量是评价烟叶品质和工业可用性的一个重要指标。类胡萝卜素类色素是烟叶中重要致香物质的前体物，类胡萝卜素类物质降解成的香气物质的种类与含量直接决定烟叶的品质，因此对类胡萝卜素类致香物质进行研究在国内外烟草行业一直是热点。本节对烤后烟叶类胡萝卜素类致香物质含量与土壤理化性状的关系进行了系统研究，旨在为烟叶香气提质增量提供理论依据。

采用 DPS 软件进行典型相关分析。为了便于分析，将土壤 pH (x_1)、有机质 (x_2)、全氮 (x_3)、有效氮 (x_4)、速效磷 (x_5)、速效钾 (x_6)、氯离子 (x_7)、全钾 (x_8)、全磷 (x_9) 含量看作第一组变量，将土壤阳离子交换量 (y_1) 和粒径＞0.1mm 颗粒（较粗砂粒或石砾）(y_2)、粒径 0.1～0.05mm 颗粒（细砂粒）(y_3)、粒径 0.05～0.01mm 颗粒（粗粉粒）(y_4)、粒径 0.01～0.001mm 颗粒（细粉粒和粗黏粒）(y_5)、粒径＜0.001mm 颗粒（黏粒）(y_6) 含量看作第二组变量（以上土粒分级参照中国粒级制分级标准），将土壤矿质元素包括铝 (z_1)、钙 (z_2)、铁 (z_3)、镁 (z_4)、锰 (z_5)、钠 (z_6)、硅 (z_7)、钛 (z_8) 含量看作第三组变量，将类胡萝卜素类致香物质包括 6-甲基-5-庚烯-2 酮 (t_1)、β-大马酮 (t_2)、假紫罗兰酮 (t_3)、香叶基丙酮 (t_4)、β-紫罗兰酮 (t_5)、二氢猕猴桃内酯 (t_6)、巨豆三烯酮 1 (t_7)、巨豆三烯酮 2 (t_8)、巨豆三烯酮 3 (t_9)、巨豆三烯酮 4 (t_{10})、3-羟基-β-二氢大马酮 (t_{11})、法尼基丙酮 (t_{12}) 含量看作一组变量。

一、烟叶类胡萝卜素类致香物质的数量特征

由表 2-11 可知，类胡萝卜素类致香物质含量在样品间均存在较大变异，其中以巨豆三烯酮 3 的变异系数最大，达到 183.66%，其次为 3-羟基-β-二氢大马酮（158.09%）、巨豆三烯酮 1（149.05%），β-大马酮的变异系数最小，但也达到了 45.60%。类胡萝卜素类致香物质的峰度系数均大于 0，为尖峭峰，数据分布比较集中。12 种致香物质的偏度系数均为正值，为正向偏态峰。

表 2-11 烟叶中类胡萝卜素类致香物质的描述性统计分析(样本数=337)

致香物质	最小值/(μg/g)	最大值/(μg/g)	平均值/(μg/g)	标准差/(μg/g)	CV/%	峰度系数	偏度系数
6-甲基-5-庚烯-2-酮	0.00	8.41	1.42	0.98	69.21	8.08	2.11
β-大马酮	2.15	95.30	31.58	14.40	45.60	0.26	0.94
假紫罗兰酮	2.82	113.89	23.17	15.15	65.38	3.11	1.44
香叶基丙酮	2.70	89.88	8.86	6.18	69.80	87.07	7.05
β-紫罗兰酮	0.00	40.44	2.94	2.98	101.48	86.75	7.76
二氢猕猴桃内酯	0.00	94.06	8.90	6.85	76.98	81.52	7.35
巨豆三烯酮1	0.00	88.56	4.29	6.39	149.05	116.07	9.82
巨豆三烯酮2	4.59	113.89	16.59	12.46	75.09	20.89	3.44
巨豆三烯酮3	0.79	90.04	3.68	6.76	183.66	128.23	10.71
巨豆三烯酮4	4.46	235.65	20.83	19.54	93.81	54.68	5.81
3-羟基-β-二氢大马酮	0.00	99.79	3.50	5.54	158.09	273.46	15.73
法尼基丙酮	0.00	250.66	24.30	22.63	93.14	46.98	5.30

二、第一组土壤性状(属性)与类胡萝卜素类致香物质关系分析

(一)土壤属性的数量特征

由表 2-12 可知,土壤样品的 pH 变化范围为 5.15~8.30,平均值为 7.18,土壤相对集中在中性至偏碱性,其变异系数最小,为 10.57%,其次为全钾,变异系数为 12.01%,速效磷变异系数最大,为 75.45%。pH 的峰度系数小于 0,为平阔峰,数据比较分散,其余指标的峰度系数均大于 0,为尖峭峰,数据分布相对集中。pH 和全钾的偏度系数小于 0,为负向偏态峰,其余指标均大于 0,为正向偏态峰。

表 2-12 土壤属性的描述性统计分析(样本数=337)

统计项目	pH	有机质/(g/kg)	全氮/(g/kg)	有效氮/(mg/kg)	速效磷/(mg/kg)	速效钾/(mg/kg)	氯离子/(mg/kg)	全钾/(g/kg)	全磷/(g/kg)
最小值	5.15	5.40	0.23	23.16	2.13	32.35	7.10	9.89	0.24
最大值	8.30	36.10	2.03	102.06	101.21	868.22	88.24	27.54	5.99
平均值	7.18	12.77	0.73	59.45	13.53	142.69	35.91	18.28	0.60
标准差	0.76	3.41	0.18	14.92	10.21	78.21	14.86	2.20	0.35
CV/%	10.57	26.69	24.37	25.10	75.45	54.81	41.39	12.01	58.77
峰度系数	-0.49	11.03	8.99	0.01	18.21	27.84	1.22	1.77	162.86
偏度系数	-0.70	2.06	1.66	0.31	3.15	4.06	0.98	-0.07	10.78

(二)土壤属性与烟叶类胡萝卜素类致香物质的典型相关分析

土壤属性与烟叶类胡萝卜素类致香物质的典型相关分析结果见表 2-13,得到

表 2-13　土壤属性与烟叶类胡萝卜素类致香物质的典型相关分析

指标	典型变量 I		典型变量 II		典型变量 III		典型变量 IV		典型变量 V		典型变量 VI		典型变量 VII		典型变量 VIII		典型变量 IX	
	m	r	m	r	m	r	m	r	m	r	m	r	m	r	m	r	m	r
x_1	-0.7127	-0.8651	-0.5137	-0.3904	0.6325	0.2438	0.1202	0.1588	-0.4165	-0.0363	-0.1229	0.1083	0.0462	0.0206	-0.026	-0.0242	0.2933	0.0212
x_2	0.3003	0.4401	-0.7812	-0.7201	-0.5921	-0.0899	0.1289	0.1630	-0.3458	0.0361	0.3128	0.2305	0.3546	0.3932	-0.1401	-0.2099	1.0155	0.0025
x_3	0.0196	0.3704	0.1332	-0.4513	0.6537	0.3274	-0.1041	0.1162	0.5994	0.2142	-0.4034	0.0310	0.6006	0.5210	-0.0034	-0.1964	-0.9889	-0.4262
x_4	0.1438	0.4106	-0.1802	-0.2393	-0.0393	0.0875	0.7381	0.7311	-0.2442	-0.2050	-0.4007	-0.2220	-0.5058	-0.2810	0.0765	0.0217	-0.3186	-0.2476
x_5	0.0827	0.4210	-0.2577	-0.1834	0.1946	0.2050	-0.5582	-0.3933	-0.9059	-0.6310	-0.0897	0.2446	-0.0660	-0.0617	0.1596	0.0395	-0.2739	-0.3593
x_6	0.1756	0.2186	-0.0564	-0.3915	0.3712	0.3239	0.0025	0.0133	0.5627	0.2312	0.6945	0.689	-0.5582	-0.3255	0.2189	0.1707	0.0482	-0.1750
x_7	-0.0062	0.0819	0.4790	0.4024	0.1195	0.1848	0.4537	0.4636	-0.2941	-0.3867	0.5456	0.5053	0.4713	0.3939	0.0778	0.1306	0.1351	-0.0726
x_8	-0.1856	-0.5073	-0.0922	-0.2828	-0.7269	-0.5010	0.0148	0.0397	0.0890	0.0494	0.0668	0.3361	0.1388	0.0864	0.5907	0.3071	-0.6710	-0.4393
x_9	-0.0931	-0.1952	0.2105	-0.1630	-0.2055	-0.1732	0.0637	0.0294	0.0115	-0.0746	0.2811	0.3914	-0.2597	-0.0816	-0.9594	-0.7634	-0.2933	-0.3952
t_1	0.1354	0.5510	0.3665	0.4135	-0.5611	-0.2971	0.4371	-0.2005	-1.0815	-0.3733	-0.3011	-0.1820	0.4816	0.2339	0.0413	-0.1586	0.2111	0.2764
t_2	0.3745	0.7877	-0.3281	0.1554	-0.7173	-0.1888	1.5480	0.0973	0.0889	0.2604	-0.1809	0.0906	-1.1848	-0.0770	-0.4668	-0.4188	0.2981	0.0568
t_3	0.3468	0.8475	0.4580	0.1592	0.6523	-0.0045	0.7349	0.0100	0.5139	0.3000	-0.4777	0.1455	2.1274	0.2311	0.0606	-0.2100	-0.9937	-0.0810
t_4	0.1005	0.4889	0.5019	0.2660	2.2847	0.0634	-1.1117	-0.1266	0.1778	0.1984	0.6097	0.3009	-0.3737	0.0022	-0.8424	-0.5167	2.1511	0.1002
t_5	-0.0764	0.3902	-0.6440	0.1710	-3.2583	-0.0108	-2.1647	-0.0725	-1.0394	0.1471	0.7713	0.5901	-0.9515	0.1076	-0.1926	-0.4444	-4.6424	-0.0696
t_6	-0.8498	0.3678	0.2204	0.1711	0.1370	0.0551	-0.6180	-0.0834	1.1306	0.2345	-1.7673	0.3895	0.8802	0.1162	-1.6463	-0.4809	0.0022	0.0506
t_7	1.3275	0.3220	-3.4155	-0.0928	0.9219	0.1162	0.0934	0.0356	-2.9515	0.0211	-0.4760	0.6932	-0.7374	0.2080	-1.4204	-0.3423	-0.5200	0.0239
t_8	1.0172	0.6621	1.2656	0.2025	0.7819	0.0111	1.3415	-0.0614	-2.3592	0.1778	-0.0224	0.4916	-2.9356	0.0421	0.3799	-0.1658	-1.3790	0.0543
t_9	-1.2048	0.2040	4.2782	0.0894	1.0955	0.0900	4.8724	0.0671	0.4042	0.0876	0.7461	0.7338	1.4641	0.1789	-0.0721	-0.3401	1.2263	0.0143
t_{10}	-0.6367	0.5399	-1.7317	0.1065	-1.6540	-0.0014	-4.5812	-0.0650	4.5408	0.1362	1.6003	0.6053	2.0757	0.1730	2.2640	-0.2385	3.9908	0.0743
t_{11}	0.0748	0.1846	-0.8223	0.0487	-0.7805	0.0789	0.5632	0.0571	0.3080	0.3197	-0.0373	0.3008	-0.0526	0.0038	1.1334	-0.2638	0.4965	0.0627
t_{12}	0.2872	0.3638	0.1903	0.1791	1.1670	0.3070	-0.0277	-0.0910	-0.2353	-0.0033	-0.2116	0.3929	-0.3668	0.1055	0.4805	-0.2028	-0.4563	-0.1049
λ	0.6687**		0.4640**		0.3030		0.2194		0.1848		0.1642		0.1270		0.1053		0.0819	
P	0.0001		0.0001		0.2254		0.7288		0.8370		0.8653		0.8901		0.8309		0.7010	

9 组典型变量，其中，第 1 组、第 2 组的典型相关系数均达到了 $P<0.01$ 的极显著相关水平，相关系数 λ 分别为 0.6687 和 0.4640；后 7 组的典型相关系数则均未达到显著相关水平。因此，选择前两组典型变量进行主要分析。

由于原始变量的计量单位不同，不宜进行直接比较，通过标准化的典型系数给出典型相关模型 m 和相关系数 r，由表 2-13 可知，第 1 组典型变量为

$$u_1 = -0.7127x_1 + 0.3003x_2 + 0.0196x_3 + 0.1438x_4 + 0.0827x_5 + 0.1756x_6$$
$$- 0.0062x_7 - 0.1856x_8 - 0.0931x_9$$

$$v_1 = 0.1354t_1 + 0.3745t_2 + 0.3468t_3 + 0.1005t_4 - 0.0764t_5 - 0.8498t_6 + 1.3275t_7$$
$$+ 1.0172t_8 - 1.2048t_9 - 0.6367t_{10} + 0.0748t_{11} + 0.2872t_{12}$$

在典型变量 I 中，由 u_1 与原始数据 x_i 的相关系数可以看出，u_1 与 x_1 即 pH 呈较显著负相关，相关系数为 -0.8651，因此 u_1 可以理解为主要描述土壤 pH 的综合指标。同样，由 v_1 与 t_i 的相关系数可知，v_1 与假紫罗兰酮(t_3)、β-大马酮(t_2)和巨豆三烯酮 2(t_8)存在较高的正相关性，相关系数分别为 0.8475、0.7877、0.6621，因此 v_1 可以理解为主要描述烟叶假紫罗兰酮、β-大马酮和巨豆三烯酮 2 含量的综合指标。由于 u_1 与 v_1 呈极显著相关，说明土壤 pH 对烤烟中假紫罗兰酮和 β-大马酮、巨豆三烯酮 2 含量影响较大，具体表现为在一定范围内，随着土壤 pH 的升高，烟叶假紫罗兰酮、β-大马酮和巨豆三烯酮 2 含量有降低趋势。

第 2 组典型变量为

$$u_2 = -0.5137x_1 + 0.7812x_2 + 0.1332x_3 - 0.1802x_4 - 0.2577x_5 - 0.0564x_6$$
$$+ 0.4790x_7 - 0.0922x_8 + 0.2105x_9$$

$$v_2 = 0.3665t_1 - 0.3281t_2 + 0.4580t_3 + 0.5019t_4 - 0.6440t_5 + 0.2204t_6 - 3.4155t_7$$
$$+ 1.2656t_8 + 4.2782t_9 - 1.7317t_{10} - 0.8223t_{11} + 0.1903t_{12}$$

在典型变量 II 中，由 u_2 与原始数据 x_i 的相关系数可得，u_2 与有机质(x_2)呈较显著负相关，相关系数为 -0.7201，因此 u_2 可以理解为主要描述土壤有机质含量的综合指标。由 v_2 与 t_i 的相关系数可知，v_2 与 6-甲基-5-庚烯-2-酮(t_1)存在较高的正相关性，相关系数为 0.4135，因此 v_2 可以理解为主要描述烟叶 6-甲基-5-庚烯-2-酮含量的综合指标。此线性组合说明土壤中有机质含量和烟叶 6-甲基-5-庚烯-2-酮含量关系密切，表现为在一定范围内，随着土壤有机质含量的升高，烟叶 6-甲基-5-庚烯-2-酮含量呈降低趋势。

三、第二组土壤性状(阳离子交换量及颗粒组成)与类胡萝卜素类致香物质关系分析

(一)土壤阳离子交换量及颗粒组成的数量特征

由表 2-14 可知，土壤阳离子交换量及颗粒组成的变异系数均较大，其中粒径>

0.1mm 颗粒和粒径 0.1～0.05mm 颗粒含量的变异系数最大，分别为 175.26%和 108.15%，其他指标变异系数较为接近。阳离子交换量的峰度系数小于 0，为平阔峰，数据比较分散，其余指标的峰度系数均大于 0，为尖峭峰，数据分布相对集中。粒径 0.05～0.01mm 颗粒的偏度系数小于 0，为负向偏态峰，其余指标均大于 0，为正向偏态峰。

表 2-14　土壤阳离子交换量及颗粒组成的描述性统计分析(样本数=337)

统计项目	阳离子交换量/(cmol/kg)	粒径>0.1mm/(g/kg)	粒径 0.1～0.05mm/(g/kg)	粒径 0.05～0.01mm/(g/kg)	粒径 0.01～0.001mm/(g/kg)	粒径<0.001mm/(g/kg)
最小值	2.40	0.01	0.02	4.04	2.02	1.87
最大值	29.01	80.03	32.65	82.83	58.59	52.32
平均值	13.97	5.61	4.49	44.68	23.53	21.70
标准差	4.94	9.84	4.86	11.54	7.46	9.99
CV/%	35.37	175.26	108.15	25.82	31.72	46.03
峰度系数	-0.35	25.48	6.13	0.40	1.81	0.12
偏度系数	0.09	4.49	2.13	-0.33	0.21	0.66

（二）土壤阳离子交换量及颗粒组成与烟叶类胡萝卜素类致香物质的典型相关分析

土壤阳离子交换量及颗粒组成与烟叶类胡萝卜素类致香物质的典型相关分析结果见表 2-15，得到 6 组典型变量，其中，第 1 组、第 2 组的典型相关系数均达到了极显著($P<0.01$)相关水平，相关系数 λ 分别为 0.3874 和 0.3170；后 4 组的典型相关系数则未达到显著相关水平。因此，选择前两组典型变量进行主要分析。

表 2-15　土壤阳离子交换量及颗粒组成与烟叶类胡萝卜素类致香物质的典型相关分析

指标	典型变量 I		典型变量 II		典型变量 III		典型变量 IV		典型变量 V		典型变量 VI	
	m	r	m	r	m	r	m	r	m	r	m	r
y_1	0.0496	-0.1275	-0.6786	0.1969	0.3151	-0.0842	-0.0731	-0.1159	1.1928	0.9512	0.1670	0.1401
y_2	0.4761	0.0300	-1.3606	-0.0398	-0.1996	0.8277	-1.1013	0.4653	-0.8682	-0.2412	7.2064	0.1942
y_3	0.0913	-0.3599	-1.0272	-0.4354	-0.0384	0.3320	-1.6361	-0.6508	-0.4619	-0.3339	3.2850	-0.1889
y_4	0.4104	0.2893	-1.9465	-0.6484	-1.4766	-0.6381	-1.4922	0.1816	-1.0484	-0.1798	8.1025	-0.1531
y_5	0.9525	0.6748	-0.4646	0.5542	-0.6123	-0.2088	-1.6531	-0.3019	-0.8149	0.3174	5.3151	0.0464
y_6	-0.3749	-0.7027	-0.6563	0.5675	-1.2419	-0.1082	-1.3976	-0.1511	-1.2311	0.3478	7.0347	0.1694
t_1	0.1641	0.3918	-0.0696	-0.5170	-0.2825	-0.5464	-0.0262	-0.0228	0.0815	-0.0910	0.1187	-0.0135
t_2	0.6351	0.6506	0.2697	-0.2354	0.1105	-0.4913	-0.1378	0.0330	1.4648	0.1412	-1.2077	-0.3852
t_3	0.0424	0.5872	0.3420	-0.0463	-0.5648	-0.5848	1.1020	0.1916	-0.5687	-0.1316	0.7470	-0.2256
t_4	0.4267	0.4375	-1.4145	-0.2362	1.2793	-0.3203	0.5121	0.0451	-2.5292	-0.3297	-0.7294	-0.2678

续表

指标	典型变量 I		典型变量 II		典型变量 III		典型变量 IV		典型变量 V		典型变量 VI	
	m	r	m	r	m	r	m	r	m	r	m	r
t_5	-0.0651	0.2301	0.9001	-0.1330	-1.9610	-0.3711	-1.4736	-0.0753	1.7214	-0.0450	3.6441	-0.2142
t_6	0.3364	0.2759	-1.6666	-0.2284	1.2497	-0.262	-0.5263	-0.0739	0.6764	-0.0004	0.4140	-0.2864
t_7	3.4425	0.1833	2.0387	0.0400	1.8713	-0.1936	-0.9128	-0.1741	0.4189	0.0660	1.8045	-0.2220
t_8	1.3456	0.3467	0.7260	-0.1121	1.6636	-0.4298	2.8512	0.0739	1.4313	0.0176	-0.1781	-0.3915
t_9	-2.1374	0.0272	-1.1844	-0.0392	0.8018	-0.2047	3.5178	-0.1058	0.0292	0.0443	-3.1778	-0.2865
t_{10}	-3.0411	0.2433	-1.2475	-0.1228	-3.5343	-0.4292	-4.9250	-0.0885	-2.9787	0.0571	-1.7467	-0.3307
t_{11}	-0.3479	0.1547	1.4496	0.1829	-0.8896	-0.2023	-0.6435	-0.0124	-0.0580	-0.3221	-0.8042	-0.3398
t_{12}	-0.1474	0.0864	0.0984	-0.1681	-0.3106	-0.3975	1.0902	0.1641	0.3786	0.1764	0.3893	-0.055
λ	0.3874^{**}		0.3170^{**}		0.2985		0.2243		0.1324		0.0639	
P	0.0001		0.0025		0.0637		0.6323		0.9711		0.9875	

第 1 组典型变量为

$$u_1 = 0.0496y_1 + 0.4761y_2 + 0.0913y_3 + 0.4104y_4 + 0.9525y_5 - 0.3749y_6$$

$$v_1 = 0.1641t_1 + 0.6351t_2 + 0.0424t_3 + 0.4267t_4 - 0.0651t_5 + 0.3364t_6 + 3.4425t_7$$
$$+ 1.3456t_8 - 2.1374t_9 - 3.0411t_{10} - 0.3479t_{11} - 0.1474t_{12}$$

在典型变量 I 中，由 u_1 与原始数据 x_i 的相关系数可以看出，u_1 与粒径＜0.001mm 颗粒(y_6)存在较高的负相关性，相关系数为-0.7027，和粒径 0.01～0.001mm 颗粒(y_5)存在较高的正相关性，相关系数为 0.6748，因此 u_1 可以理解为主要描述土壤粒径＜0.001mm 颗粒和粒径 0.01～0.001mm 颗粒含量的综合指标。由 v_1 与 t_i 的相关系数可知，v_1 与 β-大马酮(t_2)、假紫罗兰酮(t_3)存在较高的正相关性，相关系数分别为 0.6506 和 0.5872，因此 v_1 可以理解为主要描述烟叶 β-大马酮和假紫罗兰酮含量的综合指标。由于 u_1 与 v_1 呈极显著相关，说明土壤粒径＜0.001mm 颗粒和粒径 0.01～0.001mm 颗粒含量对烟叶 β-大马酮与假紫罗兰酮含量影响较大，具体表现为在一定范围内，随着土壤粒径＜0.001mm 颗粒含量的升高，烟叶 β-大马酮和假紫罗兰酮含量呈降低趋势；随着土壤粒径 0.01～0.001mm 颗粒含量的升高，烟叶 β-大马酮和假紫罗兰酮含量呈增加趋势。

第 2 组典型变量为

$$u_2 = -0.6786y_1 - 1.3606y_2 - 1.0272y_3 - 1.9465y_4 - 0.4646y_5 - 0.6563y_6$$

$$v_2 = -0.0696t_1 + 0.2697t_2 + 0.3420t_3 - 1.4145t_4 + 0.9001t_5 - 1.6666t_6 + 2.0387t_7$$
$$+ 0.7260t_8 - 1.1844t_9 - 1.2475t_{10} + 1.4496t_{11} + 0.0984t_{12}$$

在典型变量 II 中，由 u_2 与原始数据 x_i 的相关系数可得，u_2 与粒径 0.05～0.01mm 颗粒 (y_4) 呈较显著负相关，相关系数为 -0.6484，因此 u_2 可以理解为主要描述土壤粒径 0.05～0.01mm 颗粒含量的综合指标。由 v_2 与 t_i 的相关系数可知，v_2 与 6-甲基-5-庚烯-2-酮 (t_1) 存在较高的负相关性，相关系数为 -0.5170。因此 v_2 可以理解为主要描述烟叶 6-甲基-5-庚烯-2-酮含量的综合指标。此线性组合说明土壤粒径 0.05～0.01mm 颗粒含量和烟叶 6-甲基-5-庚烯-2-酮含量关系密切，表现为在一定范围内，随着土壤粒径 0.05～0.01mm 颗粒含量的升高，烟叶 6-甲基-5-庚烯-2-酮的含量呈增加趋势。

由表 2-15 可知，阳离子交换量与类胡萝卜素类致香物质间关系不显著。

四、第三组土壤性状(全量矿质元素)与类胡萝卜素类致香物质关系分析

(一)土壤全量矿质元素指标的数量特征

由表 2-16 可知，硅含量的变异系数最小，仅为 7.53%，其次为钛和铝含量，分别为 12.14%和 13.66%，钙含量的变异系数最大，为 43.89%。铝、钙和铁的峰度系数小于 0，为平阔峰，数据比较分散，其他 5 种矿质元素的峰度系数均大于 0，为尖峭峰，数据较为集中。铝和硅的偏度系数小于 0，为负向偏态峰，其余指标的偏度系数均大于 0，为正向偏态峰。

表 2-16　土壤全量矿质元素指标的描述性统计分析(样本数=337)

矿质元素	最小值 /(mg/kg)	最大值 /(mg/kg)	平均值 /(mg/kg)	标准差 /(mg/kg)	CV/%	峰度系数	偏度系数
铝	34.77	87.66	65.06	8.89	13.66	−0.05	−0.25
钙	2.28	16.21	6.90	3.03	43.89	−0.56	0.60
铁	15.81	49.11	31.05	6.84	22.02	−0.63	0.09
镁	3.65	23.47	8.62	2.55	29.58	2.40	0.73
锰	0.27	3.60	0.63	0.24	38.07	71.82	6.27
钠	3.09	31.19	11.24	4.18	37.18	6.81	2.17
硅	180.59	390.96	296.89	22.37	7.53	3.89	−0.70
钛	2.17	8.17	4.39	0.53	12.14	9.49	0.87

(二)土壤全量矿质元素与烟叶类胡萝卜素类致香物质的典型相关分析

土壤全量矿质元素与烟叶类胡萝卜素类致香物质的典型相关分析结果见表 2-17，得到 8 组典型变量，其中，第 1 组、第 2 组的典型相关系数均达到了极显著($P<0.01$)相关水平，相关系数 λ 分别为 0.5426 和 0.4899；后 6 组的典型相关系数则未达到显著相关水平。因此，选择前两组典型变量进行主要分析。

表2-17　土壤全量矿质元素指标与烟叶类胡萝卜素类致香物质的典型相关分析

指标	典型变量I		典型变量II		典型变量III		典型变量IV		典型变量V		典型变量VI		典型变量VII		典型变量VIII	
	m	r	m	r	m	r	m	r	m	r	m	r	m	r	m	r
z_1	-0.0091	-0.7644	0.5937	-0.1275	0.9073	0.4118	2.4124	-0.0615	0.3566	-0.2820	-2.4723	-0.3587	0.4387	0.1305	0.0042	-0.0290
z_2	-0.1961	-0.6241	0.5010	0.1866	-0.8141	-0.6057	-0.4735	0.0938	0.1259	-0.2266	-0.9315	-0.1492	-0.5063	-0.1881	0.4301	0.3017
z_3	-0.7881	-0.8256	0.0568	-0.2369	-0.3734	0.3585	-3.6144	-0.2451	-0.2063	-0.1882	2.2376	-0.1892	0.6309	-0.0031	0.0537	-0.0497
z_4	-0.1566	-0.8096	-0.7987	-0.1525	0.2636	-0.1296	1.3252	0.2837	-0.5784	-0.4015	1.0113	0.1286	-0.3436	-0.0538	0.1384	0.2082
z_5	-0.1324	-0.4768	-0.2312	-0.3652	-0.3988	0.0109	0.3938	-0.1053	0.1150	-0.0284	-0.2072	-0.2373	-0.1352	-0.2668	-1.1546	-0.7070
z_6	-0.1961	0.1524	0.9217	0.8248	0.1987	-0.0212	-0.0916	0.1458	-0.1632	-0.3995	0.4817	0.2580	-0.0496	-0.0900	-0.4636	-0.2011
z_7	0.3228	0.2339	-0.3658	-0.0682	-0.3627	0.0829	-0.5587	-0.1780	-0.8892	-0.8940	-0.0180	-0.2815	0.4276	0.0462	-0.0706	-0.1464
z_8	0.1967	-0.0793	-0.0209	-0.2024	0.5678	0.5987	0.3802	-0.2987	-0.0043	-0.2630	-0.3397	-0.2615	-1.3246	-0.5818	0.4443	-0.1702
t_1	0.1238	0.7018	0.1403	0.4122	-0.2236	-0.0405	-0.9154	-0.2500	0.5342	0.2265	-0.0943	0.0784	0.3314	0.1122	0.6535	0.2728
t_2	-0.0058	0.7433	-0.5553	-0.1014	0.7294	0.2975	0.3452	0.3885	0.6765	0.1657	-0.6808	0.0997	1.0774	0.2748	-0.0634	0.1757
t_3	0.0645	0.7401	-0.5149	-0.2278	0.0907	0.2475	0.5328	0.2982	1.3052	0.2150	0.0727	0.2488	-0.7612	0.0245	-0.2738	0.2368
t_4	0.8662	0.5670	0.5357	-0.0274	-1.1676	-0.0512	0.2447	0.3170	-0.6775	-0.0337	2.1714	0.3422	-0.3074	0.3899	-2.6726	0.1779
t_5	-0.4179	0.4262	0.3582	-0.0349	1.2880	0.0677	0.6685	0.3560	-2.9280	-0.1228	-3.0459	0.2632	-1.5730	0.4523	3.6639	0.4269
t_6	0.0530	0.4598	0.3348	-0.0310	-1.3600	-0.0762	1.3744	0.3757	-0.2820	-0.0537	-0.1002	0.2866	0.8870	0.5409	0.1603	0.4083
t_7	-0.0698	0.2536	-2.3404	-0.1419	-2.5460	0.0078	0.2523	0.3058	-0.3044	-0.0765	0.7908	0.3990	-1.5408	0.3768	2.3930	0.4917
t_8	1.4182	0.6738	-3.5330	-0.1990	-1.4438	0.1737	-2.4043	0.1253	-1.4718	-0.0844	-2.0130	0.2924	0.8218	0.3266	0.4245	0.3732
t_9	-0.1932	0.2189	-1.0902	-0.0827	0.9492	0.0457	-1.4206	0.2727	2.4893	-0.1053	-0.3591	0.3274	3.6549	0.5225	-3.6518	0.4024
t_{10}	-0.8527	0.5344	6.0425	-0.0551	3.6624	0.1720	1.5208	0.2297	0.0083	-0.0602	4.1238	0.3497	-1.6935	0.3546	-0.8536	0.4372
t_{11}	-0.7476	0.1204	0.0284	-0.1760	0.6516	-0.0762	-0.6313	0.2143	1.1306	0.0985	0.2792	0.3380	0.2699	0.4761	1.0149	0.3186
t_{12}	0.3994	0.4570	0.1429	0.1296	-0.7411	-0.1996	0.1447	0.3021	0.6594	0.1404	-0.8128	0.0014	-0.2710	0.3284	-0.1937	0.3719
λ	0.5426**		0.4899**		0.3084		0.2313		0.1998		0.1560		0.0706		0.0603	
P	0.0001		0.0001		0.0984		0.6005		0.8412		0.9660		0.9967		0.9462	

第 1 组典型变量为

$$u_1 = -0.0091z_1 - 0.1961z_2 - 0.7881z_3 - 0.1566z_4 - 0.1324z_5$$
$$\quad - 0.1961z_6 + 0.3228z_7 + 0.1967z_8$$

$$v_1 = 0.1238t_1 - 0.0058t_2 + 0.0645t_3 + 0.8662t_4 - 0.4179t_5 + 0.0530t_6 - 0.0698t_7$$
$$\quad + 1.4182t_8 - 0.1932t_9 - 0.8527t_{10} - 0.7476t_{11} + 0.3994t_{12}$$

在典型变量 Ⅰ 中，由 u_1 与原始数据 x_i 的相关系数可以看出，u_1 与铁(z_3)、镁(z_4)、铝(z_1)、钙(z_2)均存在较高的负相关性，相关系数分别为 -0.8256、-0.8096、-0.7644、-0.6241，因此 u_1 可以理解为主要描述土壤铁、镁、铝、钙含量的综合指标。由 v_1 与 t_i 的相关系数可知，v_1 与 β-大马酮(t_2)、假紫罗兰酮(t_3)、6-甲基-5-庚烯-2-酮(t_1)、巨豆三烯酮 2(t_8)均存在较高的正相关性，相关系数分别为 0.7433、0.7401、0.7018 和 0.6738，因此 v_1 可以理解为主要描述烟叶 β-大马酮、假紫罗兰酮、6-甲基-5-庚烯-2-酮和巨豆三烯酮 2 含量的综合指标。由于 u_1 与 v_1 呈极显著相关，说明土壤铁、镁、铝、钙含量对烟叶 β-大马酮、假紫罗兰酮、6-甲基-5-庚烯-2-酮和巨豆三烯酮 2 含量影响较大，具体表现为在一定范围内，随着土壤铁、镁、铝、钙含量的升高，烟叶 β-大马酮、假紫罗兰酮、6-甲基-5-庚烯-2-酮和巨豆三烯酮 2 含量呈降低趋势。

第 2 组典型变量为

$$u_2 = 0.5937z_1 + 0.5010z_2 + 0.0568z_3 - 0.7987z_4 - 0.2312z_5 + 0.9217z_6$$
$$\quad - 0.3658z_7 - 0.0209z_8$$

$$v_2 = 0.1403t_1 - 0.5553t_2 - 0.5149t_3 + 0.5357t_4 + 0.3582t_5 + 0.3348t_6 - 2.3404t_7$$
$$\quad - 3.5330t_8 - 1.0902t_9 + 6.0425t_{10} + 0.0284t_{11} + 0.1429t_{12}$$

在典型变量 Ⅱ 中，由 u_2 与原始数据 x_i 的相关系数可得，u_2 与钠(z_6)存在较高的正相关性，相关系数为 0.8248，因此 u_2 可以理解为主要描述土壤钠含量的综合指标。由 v_2 与 t_i 的相关系数可知，v_2 与 6-甲基-5-庚烯-2-酮(t_1)存在较高的正相关性，相关系数为 0.4122，因此，v_2 可以理解为主要描述烟叶 6-甲基-5-庚烯-2-酮含量的综合指标。此线性组合说明土壤钠含量和烟叶 6-甲基-5-庚烯-2-酮含量的关系密切，表现为在一定范围内，随着土壤钠含量的升高，烟叶 6-甲基-5-庚烯-2-酮含量呈增加趋势。

五、小结

从以上分析结果来看，烟叶类胡萝卜素类致香物质中始终有某几个指标与土壤理化性状中的指标存在较高的相关性，分别是 β-大马酮、假紫罗兰酮、6-甲基-5-庚烯-2-酮和巨豆三烯酮 2，而土壤铁、镁、铝、钙含量与这 4 个指标均关系密切，且呈一致的负相关。此外，土壤其他指标如 pH、有机质含量、颗粒组成、钠含量也对烟叶类胡萝卜素类致香物质中这 4 个指标有很大影响。

土壤 pH 和有机质含量是评价土壤肥力水平的重要指标，它们的变化将直接影响整个烟田的土壤环境及烟叶生产。土壤 pH 对土壤养分转化及其有效性有巨大影响，不适宜的土壤 pH 还可能会降低土壤微生物的活性，进而影响烤烟对养分的吸收。本试验结果表明：土壤 pH 在 5.15～8.30，随着 pH 的升高，假紫罗兰酮、β-大马酮和巨豆三烯酮 2 含量呈降低趋势，这说明土壤呈弱酸性有助于烟叶假紫罗兰酮、β-大马酮和巨豆三烯酮 2 含量的提高。相对而言，我国清香型烤烟的植烟土壤一般酸性较高，赵铭钦等(2007)研究发现，云南等地清香型烤烟 β-大马酮和巨豆三烯酮 2 含量明显高于河南、湖南等地浓香型烤烟及贵州、吉林等地中间香型烤烟，这与我们的研究结果基本一致。

土壤有机质含量是衡量土壤肥力的一个重要指标，它和矿物质紧密地结合在一起，尽管它占土壤总量的比例很小，但它对土壤的形成、肥力和理化性质及结构的影响很大，并且是微生物活动所需能量的源泉，能协调均衡营养的供给，保证烟株正常生长发育。本试验结果表明：土壤有机质含量在 5.40～36.10g/kg，随着有机质含量的升高，烟叶 6-甲基-5-庚烯-2-酮含量呈降低趋势。有机质含量过高会导致在烟叶生长中后期土壤氮素矿化过多，超出烟叶适宜营养水平，进而对烟叶品质产生不良影响，这可能是导致 6-甲基-5-庚烯-2-酮含量呈降低趋势的原因。因此，我们在研究如何提高土壤有机质含量时，为使烤烟有较好的香气质量，应该保持土壤有机质含量在适宜范围内。

土壤颗粒组成情况与土壤的蓄水、导水、保肥、供肥、保温、导温和耕性等联系紧密，甚至起决定性作用，因此会对烟株生长和烟叶品质产生一定的影响。本试验结果表明：在一定范围内，土壤粒径<0.001mm 颗粒含量与烟叶 β-大马酮和假紫罗兰酮含量呈负相关；土壤粒径 0.01～0.001mm 颗粒含量与烟叶 β-大马酮和假紫罗兰酮含量呈正相关；土壤粒径 0.05～0.01mm 颗粒含量与烟叶 6-甲基-5-庚烯-2-酮含量呈正相关。因此，土壤粒径 0.001～0.05mm 颗粒含量的增加有助于烟叶香气物质含量的增加，粒径<0.001mm 颗粒含量的增加将导致香气物质含量降低。中国粒级制中土壤粒径 0.05～0.001mm 颗粒属于粗粉粒、细粉粒和粗黏粒，粒径<0.001mm 颗粒属于黏粒(黄昌勇，2000)。本试验结果中土壤粒径 0.05～0.001mm 颗粒百分含量变化范围在 8.08%～92.93%，随着其含量增加，土壤由黏土组中的重黏土逐渐过渡到壤土组，烟叶 β-大马酮、假紫罗兰酮和 6-甲基-5-庚烯-2-酮含量也随之增加。黏土类由于含黏粒多，粒间孔隙很小，因此通气不良、透水性差，而且养分供应迟缓，烟株在前中期生长缓慢，烟叶贪青晚熟，不利于优质烟叶的生产。而壤土黏粒、砂粒、粉粒的比例适当，保水保肥，又有一定的排水通气性，是烟叶生产中比较理想的土壤质地。

　　矿质元素对烟叶产量、质量有重大影响，在烟株生长发育过程中有着重要的生理作用。例如，铁在光合作用和呼吸作用电子传递中都有不可替代的作用，而且缺铁会使叶绿素、类胡萝卜素和核酸含量减少；镁是叶绿素的组成成分、多种酶的活化剂，而且能增加类胡萝卜素含量；钙能稳定膜结构，活化多种酶，促进根毛形成，除此之外还有助于保持烟草生长的理想土壤 pH；铝是植物生长发育的有益元素；钠能够影响植物水分平衡和细胞伸展。本试验结果表明：在一定范围内，随着土壤铁、镁、铝、钙含量升高，烤烟 β-大马酮、假紫罗兰酮、6-甲基-5-庚烯-2-酮和巨豆三烯酮 2 含量呈降低趋势；随着土壤钠含量升高，烤烟 6-甲基-5-庚烯-2-酮含量呈增加趋势。这可能是由于河南烟区土壤的成土母质基本均是黄土或黄土性物质，石灰性较强，土壤富含钙、镁等元素。

　　本研究结果表明：①河南烤烟类胡萝卜素类致香物质中 β-大马酮、假紫罗兰酮、6-甲基-5-庚烯-2-酮和巨豆三烯酮 2 与土壤性状中铁、镁、铝、钙含量关系密切，且呈一致的负相关。此外，土壤其他指标如 pH、有机质含量、颗粒组成、钠含量也对类胡萝卜素类致香物质中这 4 个指标有很大影响。②总体上看，在弱酸性、有机质含量适中、矿质元素协调的壤土土质上种植烤烟可一定程度上增加烤烟中类胡萝卜素类致香物质的含量。③如何剥离烤烟类胡萝卜素类致香物质中 β-大马酮、假紫罗兰酮、6-甲基-5-庚烯-2-酮和巨豆三烯酮 2 与土壤 pH、有机质、颗粒组成、铁、镁、铝、钙、钠属性之间单一对应的关系，将是下一步研究的重点和难点。

第四节　烤烟巨豆三烯酮类物质与土壤理化性状的典型相关分析

　　巨豆三烯酮是烟草天然香气的重要成分，于 1972 年从白肋烟及香料烟中分离并鉴定了其结构（刘金等，2006）。巨豆三烯酮化学名称是 3,5,5-三甲基-4-(2-亚丁烯基)-2-环己烯-1-酮，有 4 种同分异构体 a、b、c、d（图 2-1）。

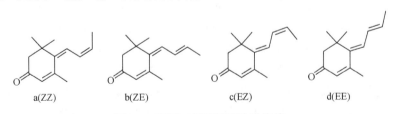

　　　　　　a(ZZ)　　　　　　b(ZE)　　　　　　c(EZ)　　　　　　d(EE)

图 2-1　巨豆三烯酮的同分异构体

　　巨豆三烯酮存在于烟草中并起着主要的致香作用，业已发现在卷烟中加入少量的该化合物可以大大提高卷烟香味的品质，使卷烟产生一种类似于可可和白肋烟一样的宜人香味。更为有意义的是该化合物是卷烟自身存在的一类香料，其香气与烟草香气协调一致，在对卷烟增香提质、去除杂气等方面有明显的作用，而且不会对人体产生副作用。

巨豆三烯酮是四萜化合物类胡萝卜素的代谢产物(Wanger，1999)，而类萜代谢产生的重要致香物质及其前体物是烟草叶面化学研究的主要对象(史宏志和刘国顺，1998)。烟叶香味品质是评定烟叶及其制品品质的重要指标，优质烟叶要求在燃吸过程中产生的香气量大、质纯、香型突出、吃味醇和。烟叶香味品质的优劣是由遗传因素和环境因素共同决定的，烟叶香气不足是当前影响烟叶品质和商品品质的主要因素之一。因此，近年来人们对烟叶香气物质的研究较多集中在烟叶香气成分的分离鉴定、生理生化代谢、遗传育种及其与生态条件和栽培条件有关的方面，但土壤理化性质与烟叶香气物质关系的研究相对较少。因此，本研究系统分析了烤后烟叶巨豆三烯酮含量与土壤理化性状的关系，以期为提高我国烟叶香气质量找出新的技术途径。

本节共采用了 363 个样点的土壤和烟叶样品数据。为了便于分析，把土壤属性指标包括 pH(x_1)、有机质(x_2)、有效氮(x_3)、速效磷(x_4)、速效钾(x_5)、氯离子(x_6)、全钾(x_7)、全磷(x_8)含量看作一组变量，把土壤阳离子交换量及颗粒组成包括阳离子交换量(y_1)、粒径>0.1mm 颗粒(y_2)、粒径 0.1～0.05mm 颗粒(y_3)、粒径 0.05～0.01mm 颗粒(y_4)、粒径 0.01～0.001mm 颗粒(y_5)、粒径<0.001mm 颗粒(y_6)含量看作一组变量，把土壤矿质元素包括铝(z_1)、钙(z_2)、铁(z_3)、镁(z_4)、锰(z_5)、钠(z_6)、硅(z_7)、钛(z_8)含量看作一组变量，把巨豆三烯酮类物质包括巨豆三烯酮 1(t_1)、巨豆三烯酮 2(t_2)、巨豆三烯酮 3(t_3)、巨豆三烯酮 4(t_4)含量看作一组变量，采用 DPS 软件进行典型相关分析。

一、土壤属性与巨豆三烯酮类物质的典型相关分析

土壤属性与巨豆三烯酮类物质的典型相关分析结果见表 2-18，从中可以看出，第 1 和第 2 个典型相关系数都达到了极显著($P<0.01$)相关水平，后面的 2 个则未达到显著相关水平，其中前 2 个典型相关系数所包含的相关信息占两组变量间总相关信息的 77.25%，因此对前 2 对典型变量的系数进行分析基本上反映了这两组变量间的主要相关信息。

表 2-18 土壤属性与巨豆三烯酮类物质的典型相关分析

序号	典型相关系数(λ)	卡方值(χ^2)	自由度(df)	P 值(α)
1	0.5972**	220.296	32	0.000
2	0.3596**	63.295	21	0.000
3	0.1431	14.171	12	0.290
4	0.1386	6.841	5	0.233

由于原始变量的计量单位不同，不宜进行直接比较，这里采用标准化的典型系数给出典型相关变量 m_i 和 l_i，并计算原始变量与典型变量之间的相关系数 r_i，结果见表 2-19。由表 2-19 可知，典型变量 I 的构成为

$$u_1 = 0.917x_1 - 0.264x_2 - 0.123x_3 - 0.072x_4 - 0.230x_5 + 0.050x_6 + 0.075x_7 + 0.096x_8$$

$$v_1 = -0.311t_1 - 0.357t_2 + 0.811t_3 - 0.344t_4$$

在第 1 对典型变量 (u_1, v_1) 中，由 u_1 与原始数据 x_i 的相关系数可以看出，它与土壤 pH (x_1) 存在较高的正相关性，相关系数为 0.917，故 u_1 可理解为主要描述土壤 pH 的综合性状，即随着土壤 pH 的提高，u_1 存在明显的增加趋势。由 v_1 与原始数据 t_i 的相关系数可以看出，它与巨豆三烯酮 2 (t_2) 和巨豆三烯酮 4 (t_4) 的相关性较高，相关系数分别为 −0.738 和 −0.602，因此 v_1 可以理解为主要描述烤后烟叶巨豆三烯酮 2 和巨豆三烯酮 4 含量的综合性状，即随着烟叶巨豆三烯酮 2 和巨豆三烯酮 4 含量的提高，v_1 存在明显的降低趋势。这一线性组合说明土壤 pH 与烤后烟叶巨豆三烯酮 2 和巨豆三烯酮 4 含量关系密切，反映出在一定范围内，随着土壤 pH 提高，烤后烟叶巨豆三烯酮 2 和巨豆三烯酮 4 含量呈现降低趋势。

典型变量 II 的构成为

$$u_2 = 0.575x_1 + 0.688x_2 + 0.137x_3 + 0.351x_4 + 0.014x_5 - 0.063x_6 - 0.096x_7 - 0.201x_8$$

$$v_2 = 0.792t_1 - 0.092t_2 - 0.593t_3 - 0.113t_4$$

在第 2 对典型变量 (u_2, v_2) 中，由 u_2 与原始数据 x_i 的相关系数可以看出，它与土壤有机质 (x_2) 存在较高的正相关性，相关系数为 0.799，故 u_2 可理解为主要描述土壤有机质含量的综合性状，即随着土壤有机质含量的提高，u_2 存在明显的增加趋势。由 v_2 与原始数据 t_i 的相关系数可以看出，它与巨豆三烯酮 1 (t_1) 存在较高的正相关性，与巨豆三烯酮 2 (t_2) 存在较高的负相关性，相关系数分别为 0.199 和 −0.161，因此 v_2 可以理解为主要描述烤后烟叶巨豆三烯酮 1 和巨豆三烯酮 2 含量的综合性状，即随着烤后烟叶巨豆三烯酮 1 含量的提高和巨豆三烯酮 2 含量的降低，v_2 存在明显的增加趋势。这一线性组合说明土壤有机质含量与烤后烟叶巨豆三烯酮 1 和巨豆三烯酮 2 含量关系密切，反映出在一定范围内，随着土壤有机质含量提高，烤后烟叶巨豆三烯酮 1 含量呈现增加趋势，而巨豆三烯酮 2 含量呈现降低趋势。

表 2-19　典型变量和与典型变量有关性状的相关系数

指标	典型变量 I $\lambda_1=0.5972^{**}$		典型变量 II $\lambda_2=0.3596^{**}$		典型变量III $\lambda_3=0.1431$		典型变量IV $\lambda_4=0.1386$	
	m_i	r_{ui}	m_i	r_{ui}	m_i	r_{ui}	m_i	r_{ui}
x_1	0.917	0.907	0.575	0.382	0.018	0.108	−0.321	−0.064
x_2	−0.264	−0.372	0.688	0.799	−0.311	−0.040	0.433	0.350
x_3	−0.123	−0.345	0.137	0.336	−0.002	0.136	−0.618	−0.539
x_4	−0.072	−0.403	0.351	0.387	−0.225	0.085	−0.177	−0.013
x_5	−0.230	−0.220	0.014	0.427	0.600	0.596	−0.114	−0.024
x_6	0.050	−0.058	−0.063	0.108	0.479	0.574	0.372	0.332
x_7	0.075	0.385	−0.096	0.103	−0.358	−0.147	0.343	0.430
x_8	0.096	0.201	−0.201	0.158	0.369	0.345	0.162	0.314
	l_i	r_{vi}	l_i	r_{vi}	l_i	r_{vi}	l_i	r_{vi}
t_1	−0.311	−0.340	0.792	0.199	0.219	0.798	−0.276	0.455
t_2	−0.357	−0.738	−0.092	−0.161	0.438	0.612	−0.536	0.237
t_3	0.811	−0.225	−0.593	−0.011	0.360	0.848	0.045	0.480
t_4	−0.344	−0.602	−0.113	−0.039	−0.794	0.641	0.796	0.473

二、土壤阳离子交换量及颗粒组成与巨豆三烯酮类物质的典型相关分析

土壤阳离子交换量及颗粒组成与巨豆三烯酮类物质的典型相关分析结果见表 2-20，从中可以看出，第 1 个典型相关系数达到了极显著（$P<0.01$）相关水平，第 2 个典型相关系数达到了显著相关水平，后面的 2 个则未达到显著相关水平，其中前 2 个典型相关系数所包含的相关信息占两组变量间总相关信息的 78.39%，因此对前 2 对典型变量的系数进行分析基本上反映了这两组变量间的主要相关信息。

表 2-20　土壤阳离子交换量及颗粒组成与烤烟巨豆三烯酮类物质的典型相关分析

序号	典型相关系数（λ）	卡方值（χ^2）	自由度（df）	P 值（α）
1	0.3344^{**}	70.887	24	0.000
2	0.2479^{*}	28.522	15	0.019
3	0.1239	5.957	8	0.652
4	0.0366	0.474	3	0.925

由表 2-21 可知，典型变量 I 的构成为

$$u_1 = 0.191y_1 + 0.104y_2 + 0.310y_3 + 0.212y_4 − 0.714y_5 + 0.550y_6$$

$$v_1 = −0.633t_1 − 0.381t_2 + 0.549t_3 + 0.390t_4$$

在第 1 对典型变量（u_1, v_1）中，由 u_1 与原始数据 y_i 的相关系数可以看出，它与

土壤粒径 0.01～0.001mm 颗粒(y_5)存在较高的负相关性，相关系数为-0.838，故 u_1 可理解为主要描述土壤粒径 0.01～0.001mm 颗粒含量的综合性状，即随着土壤粒径 0.01～0.001mm 颗粒含量的提高，u_1 存在明显的降低趋势。由 v_1 与原始数据 t_i 的相关系数可以看出，它与巨豆三烯酮 2(t_2)和巨豆三烯酮 4(t_4)的相关性较高，相关系数分别为-0.475 和-0.340，因此 v_1 可以理解为主要描述烤后烟叶巨豆三烯酮 2 和巨豆三烯酮 4 含量的综合性状，即随着烤后烟叶巨豆三烯酮 2 和巨豆三烯酮 4 含量的提高，v_1 存在明显的降低趋势。这一线性组合说明土壤粒径 0.01～0.001mm 颗粒含量与烤后烟叶巨豆三烯酮 2 和巨豆三烯酮 4 含量关系密切，反映出在一定范围内，随着土壤粒径 0.01～0.001mm 颗粒含量提高，烤后烟叶巨豆三烯酮 2 和巨豆三烯酮 4 含量呈现增加趋势。

典型变量 II 的构成为

$$u_2 = 0.108y_1 + 0.322y_2 + 0.258y_3 + 0.775y_4 + 0.274y_5 + 0.379y_6$$

$$v_2 = -0.506t_1 - 0.289t_2 + 0.028t_3 + 0.812t_4$$

在第 2 对典型变量(u_2, v_2)中，由 u_2 与原始数据 y_i 的相关系数可以看出，它与土壤粒径 0.05～0.01mm 颗粒(y_4)存在较高的正相关性，相关系数为 0.903，故 u_2 可理解为主要描述土壤粒径 0.05～0.01mm 颗粒含量的综合性状，即随着土壤粒径 0.05～0.01mm 颗粒含量的提高，u_2 存在明显的增加趋势。由 v_2 与原始数据 t_i 的相关系数可以看出，它与巨豆三烯酮 2(t_2)和巨豆三烯酮 4(t_4)的相关性较高，相关系数分别为 0.551 和 0.534，因此 v_2 可以理解为主要描述烤后烟叶巨豆三烯酮

表 2-21　典型变量和与典型变量有关性状的相关系数

指标	典型变量 I $\lambda_1 = 0.3344^{**}$		典型变量 II $\lambda_2 = 0.2479^{*}$		典型变量 III $\lambda_3 = 0.1239$		典型变量 IV $\lambda_4 = 0.0366$	
	m_i	r_{ui}	m_i	r_{ui}	m_i	r_{ui}	m_i	r_{ui}
y_1	0.191	0.021	0.108	-0.019	-0.039	-0.285	-0.054	0.210
y_2	0.104	0.128	0.322	-0.661	-0.433	0.381	-0.558	-0.609
y_3	0.310	0.516	0.258	0.039	-0.384	-0.547	-0.256	-0.196
y_4	0.212	-0.158	0.775	0.903	-0.498	0.328	-0.571	-0.063
y_5	-0.714	-0.838	0.274	-0.067	-0.460	-0.371	-0.361	0.269
y_6	0.550	0.463	0.379	-0.325	-0.453	-0.272	-0.405	0.526
	l_i	r_{vi}	l_i	r_{vi}	l_i	r_{vi}	l_i	r_{vi}
t_1	-0.633	-0.280	-0.506	0.209	-0.304	-0.344	0.018	0.872
t_2	-0.381	-0.475	-0.289	0.551	0.577	0.079	0.349	0.681
t_3	0.549	-0.086	0.028	0.244	0.386	-0.214	0.658	0.942
t_4	0.390	-0.340	0.812	0.534	-0.652	-0.179	-0.667	0.753

2 和巨豆三烯酮 4 含量的综合性状,即随着烤后烟叶巨豆三烯酮 2 和巨豆三烯酮 4 含量的提高,v_2 存在明显的增加趋势。这一线性组合说明土壤粒径 0.05～0.01mm 颗粒含量与烤后烟叶巨豆三烯酮 2 和巨豆三烯酮 4 含量关系密切,反映出在一定范围内,随着土壤粒径 0.05～0.01mm 颗粒含量提高,烤后烟叶巨豆三烯酮 2 和巨豆三烯酮 4 含量呈现增加趋势。

三、土壤矿质元素与巨豆三烯酮类物质的典型相关分析

土壤矿质元素与巨豆三烯酮类物质的典型相关分析结果见表 2-22,从中可以看出,第 1 和第 2 个典型相关系数都达到了极显著($P<0.01$)相关水平,后面的 2 个则未达到显著相关水平,其中前 2 个典型相关系数所包含的相关信息占两组变量间总相关信息的 83.93%,因此对前 2 对典型变量的系数进行分析基本上反映了这两组变量间的主要相关信息。

表 2-22　土壤矿质元素与烤烟巨豆三烯酮类物质的典型相关分析

序号	典型相关系数(λ)	卡方值(χ^2)	自由度(df)	P 值(α)
1	0.4868**	178.357	32	0.000
2	0.4389**	81.969	21	0.000
3	0.1155	6.100	12	0.911
4	0.0618	1.351	5	0.930

由表 2-23 可知,典型变量 I 的构成为

$$u_1 = 0.102z_1 + 0.360z_2 + 0.621z_3 - 0.192z_4 + 0.050z_5 + 0.458z_6 - 0.434z_7 - 0.195z_8$$

$$v_1 = -0.243t_1 - 0.765t_2 + 0.300t_3 + 0.515t_4$$

在第 1 对典型变量(u_1, v_1)中,由 u_1 与原始数据 z_i 的相关系数可以看出,它与土壤钙(z_2)、镁(z_4)、铁(z_3)、铝(z_1)存在较高的正相关性,相关系数分别为 0.658、0.591、0.530、0.486,故 u_1 可理解为主要描述土壤钙、镁、铁、铝含量的综合性状,即随着土壤钙、镁、铁、铝含量的提高,u_1 存在明显的增加趋势。由 v_1 与原始数据 t_i 的相关系数可以看出,它与巨豆三烯酮 2(t_2)和巨豆三烯酮 4(t_4)存在较高的负相关性,相关系数分别为 -0.768 和 -0.557,因此 v_1 可以理解为主要描述烤后烟叶巨豆三烯酮 2 和巨豆三烯酮 4 含量的综合性状,即随着烤后烟叶巨豆三烯酮 2 和巨豆三烯酮 4 含量的提高,v_1 存在明显的降低趋势。这一线性组合说明土壤钙、镁、铁、铝含量与烤后烟叶巨豆三烯酮 2 和巨豆三烯酮 4 含量关系密切,反映出在一定范围内,随着土壤钙、镁、铁、铝含量提高,烤后烟叶巨豆三烯酮 2 和巨豆三烯酮 4 含量呈现降低趋势。

典型变量 II 的构成为

$$u_2 = -0.557z_1 - 0.111z_2 + 0.308z_3 + 0.476z_4 + 0.248z_5 - 0.446z_6 + 0.225z_7 - 0.214z_8$$

$$v_2 = 0.445t_1 + 0.401t_2 - 0.029t_3 - 0.800t_4$$

在第 2 对典型变量 (u_2, v_2) 中，由 u_2 与原始数据 x_i 的相关系数可以看出，它与土壤钠 (z_6) 存在较高的负相关性，相关系数为 -0.723，故 u_2 可理解为主要描述土壤钠含量的综合性状，即随着土壤钠含量的提高，u_2 存在明显的降低趋势。由 v_2 与原始数据 t_i 的相关系数可以看出，它与巨豆三烯酮 4 (t_4) 和巨豆三烯酮 2 (t_2) 存在较高的负相关性，相关系数分别为 -0.243 和 -0.180，因此 v_2 可以理解为主要描述烤后烟叶巨豆三烯酮 4 和巨豆三烯酮 2 含量的综合性状，即随着烤后烟叶巨豆三烯酮 4 和巨豆三烯酮 2 含量的提高，v_2 存在明显的降低趋势。这一线性组合说明土壤钠含量与烤后烟叶巨豆三烯酮 4 和巨豆三烯酮 2 含量关系密切，反映出在一定范围内，随着土壤钠含量提高，烤后烟叶巨豆三烯酮 4 和巨豆三烯酮 2 含量呈现增加趋势。

表 2-23 典型变量和与典型变量有关性状的相关系数

指标	典型变量 I $\lambda_1 = 0.4868^{**}$		典型变量 II $\lambda_2 = 0.4389^{**}$		典型变量 III $\lambda_3 = 0.1155$		典型变量 IV $\lambda_4 = 0.0618$	
	m_i	r_{ui}	m_i	r_{ui}	m_i	r_{ui}	m_i	r_{ui}
z_1	0.102	0.486	−0.557	0.261	0.270	−0.322	−0.417	−0.492
z_2	0.360	0.658	−0.111	0.299	−0.222	0.117	0.424	0.150
z_3	0.621	0.530	0.308	0.405	−0.704	−0.412	−0.259	−0.308
z_4	−0.192	0.591	0.476	0.528	0.589	0.304	−0.037	−0.225
z_5	0.050	0.223	0.248	0.493	−0.042	−0.471	0.141	0.101
z_6	0.458	0.241	−0.446	−0.723	0.019	0.261	−0.046	−0.114
z_7	−0.434	−0.336	0.225	−0.040	−0.164	−0.257	−0.419	−0.488
z_8	−0.195	−0.127	−0.214	−0.021	0.079	−0.500	0.617	0.102
	l_i	r_{vi}	l_i	r_{vi}	l_i	r_{vi}	l_i	r_{vi}
t_1	−0.243	−0.328	0.445	0.024	0.654	0.830	0.563	−0.451
t_2	−0.765	−0.768	0.401	−0.180	−0.421	0.466	−0.134	−0.401
t_3	0.300	−0.265	−0.029	−0.023	−0.469	0.710	−0.783	−0.652
t_4	0.515	−0.557	−0.800	−0.243	0.419	0.668	0.227	−0.428

四、小结

土壤 pH 对烤烟养分吸收的影响是两方面的。一是土壤 pH 对烤烟根细胞表面电荷产生作用，间接影响烤烟对养分的吸收；二是土壤 pH 对土壤中养分离子有效性产生作用而影响烤烟对养分的吸收 (刘国顺，2003)。本试验结果表明，土壤

pH 与烤后烟叶巨豆三烯酮 2 和巨豆三烯酮 4 含量关系密切，随着土壤 pH(5.15～8.30)的提高，烤后烟叶巨豆三烯酮 2 和巨豆三烯酮 4 含量呈现降低的趋势。这证明烟草在弱酸性的土壤环境中生长会更有利于提高巨豆三烯酮 2 和巨豆三烯酮 4 的含量。

我国烟田长期大量施用化肥，导致土壤容重增高，总孔隙率降低，通透性不良，有机质含量下降显著，养分有效性差，意味着需要更大的施肥量而陷入一种化肥施用量不断加大、土壤供肥量不断下降的不良循环(刘国顺，2003)。本试验表明，土壤有机质含量与烤后烟叶巨豆三烯酮 1 和巨豆三烯酮 2 含量关系密切，反映出在一定范围内(0.54%～3.61%)，随着土壤有机质含量的提高，烤后烟叶巨豆三烯酮 1 含量呈现增加的趋势，而巨豆三烯酮 2 含量呈现降低的趋势。因此，结合我国国情，宜采用有机肥和化肥配合施用、秸秆还田、绿肥翻压和烟田轮作等技术措施来提高烟田有机质含量，但为了有较好的香气质量，应使土壤有机质含量保持在适当的范围，这有待于进一步的研究。

本试验结果表明，土壤粒径 0.05～0.001mm 颗粒含量与烤后烟叶巨豆三烯酮 2 和巨豆三烯酮 4 含量关系密切，反映出在一定范围内，随着土壤粒径 0.05～0.001mm 颗粒含量的提高，烤后烟叶巨豆三烯酮 2 和巨豆三烯酮 4 含量呈现增加的趋势。世界著名烟草专家左天觉(1993)指出，烟草最适宜生长在砂质土和砂壤土中。中国粒级制中土壤粒径 0.05～0.001mm 颗粒属于粗粉粒、中粉粒、细粉粒和粗黏粒。本试验测定结果中土壤粒径 0.05～0.001mm 颗粒含量变化范围在8.08%～92.93%，随着其含量的增加，土壤由黏土组中的重黏土逐渐过渡到壤土组，也逐渐提高了烟叶巨豆三烯酮 2 和巨豆三烯酮 4 的含量。黏土由于颗粒组成和土壤结构等原因，养分有效性低、土壤物理结构差，不适宜优质烟叶生长。

矿质营养元素在植物生长发育中起着重要的生理作用，如钙能稳定细胞膜、稳固细胞壁，镁在叶绿素合成及光合作用中起重要作用，但是如果土壤中元素浓度过高则会产生毒害作用。本试验结果表明，土壤钙、镁、铁、铝、钠含量与烤后烟叶巨豆三烯酮 2 和巨豆三烯酮 4 含量关系密切，反映出在一定范围内，随着土壤钙、镁、铁、铝含量的提高和钠含量的降低，烤后烟叶巨豆三烯酮 2 和巨豆三烯酮 4 含量呈现降低的趋势。这可能是由于所采集土壤样品多为石灰性土壤，富含钙、镁等元素，因此烟叶巨豆三烯酮 2 和巨豆三烯酮 4 含量较低。

第五节　烤烟苯丙氨酸类致香物质与土壤理化性状的典型相关分析

苯丙氨酸是烟叶中重要致香物质苯甲醇、苯乙醇等的前体物。烟叶中苯丙氨酸的代谢转化是影响其香味的重要过程之一，苯丙氨酸的代谢产物如苯甲醇、苯乙醇、苯甲醛、苯乙醛是烟草中含量较丰富的香味成分(赵铭钦，2008)。烟叶的中性致香成分很多，虽然大多物质含量很少，但可能是某些特征香气的重要来源，并对烟叶香吃味有较大的影响，进而影响烟叶的评吸质量。苯丙氨酸类致香物质对烤烟香气具有积极作用，尤其是对烤烟的果香、清香贡献最大(杨虹琦等，2005)。苯甲醇具有弱花香，苯乙醇带有辛香、坚果香和玫瑰花香，苯甲醛散发杏仁香和樱桃香，苯乙醛具有皂香和焦香香味特征(史宏志和刘国顺，1998)。苯丙氨酸类致香物质作为烟叶中重要的香味物质和香气前体物，赋予烟叶特别的香味，在改善烟草香味方面很有益处。

　　土壤养分状况是影响烟叶品质和烟叶香吃味的重要因素，但关于土壤理化性状与苯丙氨酸类致香物质关系的研究较少。周冀衡等(2004)研究发现，苯丙氨酸类致香物质在北方烟区具有浓香型特色的烟叶中含量较高。本节系统研究了烤后烟叶苯丙氨酸类致香物质与土壤理化性状的关系，旨在为提高和改善我国浓香型烟叶香气品质提供理论依据。

　　为了研究烤后烟叶苯丙氨酸类致香物质与土壤理化形状指标间的相关关系，将所有指标分为 4 组变量。第一组变量为苯丙氨酸类致香物质，包括苯甲醛(t_1)、苯甲醇(t_2)、苯乙醛(t_3)、苯乙醇(t_4)含量，第 2 组变量为土壤属性指标，包括pH(x_1)、有机质(x_2)、全氮(x_3)、全磷(x_4)、全钾(x_5)、有效氮(x_6)、速效磷(x_7)、速效钾(x_8)、氯离子(x_9)含量，把土壤阳离子交换量及颗粒组成，包括阳离子交换量(y_1)、粒径＞0.1mm 颗粒(y_2)、粒径 0.1～0.05mm 颗粒(y_3)、粒径 0.05～0.01mm颗粒(y_4)、粒径 0.01～0.001mm 颗粒(y_5)、粒径＜0.001mm 颗粒(y_6)含量看作第三组变量，第四组变量为土壤矿质元素指标，包括铝(z_1)、钙(z_2)、铁(z_3)、镁(z_4)、锰(z_5)、钠(z_6)、硅(z_7)、钛(z_8)含量，采用 DPS 软件对第四组变量与其他 3 组变量进行典型相关分析。

一、烟叶苯丙氨酸类致香物质的描述性统计分析

　　表 2-24 是烟叶苯丙氨酸类致香物质的描述性统计分析，从中可以看出，烟叶样品中苯甲醛、苯甲醇、苯乙醛和苯乙醇的平均含量分别为 1.18μg/g、8.20μg/g、5.50μg/g 和 4.92μg/g。苯丙氨酸类致香物质含量的差异较大，苯甲醛含量的变异系数最大(67.61%)，苯乙醇次之(66.34%)，苯乙醛含量的变异系数最小，但也达到了 51.58%。苯甲醛、苯甲醇、苯乙醛和苯乙醇的偏度系数均为正值，为正向偏态峰。4 种致香物质的峰度系数均大于 0，为尖峭峰，数据大多数集中在平均值附近。

表 2-24　烟叶苯丙氨酸类致香物质的描述性统计分析(样本数=335)

致香物质	编号	最小值/(μg/g)	最大值/(μg/g)	平均值/(μg/g)	标准差/(μg/g)	CV/%	偏度系数	峰度系数
苯甲醛	t_1	0.00	4.93	1.18	0.80	67.61	1.21	2.47
苯甲醇	t_2	2.14	31.46	8.20	5.39	65.80	1.53	2.41
苯乙醛	t_3	0.99	15.74	5.50	2.84	51.58	1.17	1.06
苯乙醇	t_4	0.98	17.40	4.92	3.26	66.34	1.28	1.00

二、土壤属性与苯丙氨酸类致香物质关系分析

(一)土壤属性指标的描述性统计分析

由表 2-25 可见，土壤样品 pH 的平均值为 7.17，土壤有机质、全氮、全磷和全钾的平均含量分别为 12.75g/kg、0.73g/kg、0.60g/kg 和 18.28g/kg，有效氮、速效磷、速效钾和氯的平均含量分别为 59.49mg/kg、13.53mg/kg、142.32mg/kg 和 35.85mg/kg。速效磷含量的变异系数最大(75.63%)，全磷含量的变异系数次之(58.76%)，pH 和全钾含量的变异系数相对较小，分别为 10.60%和 12.03%。pH 和全钾的偏度系数小于 0，为负向偏态峰，其他 7 项指标的偏度系数均大于 0，为正向偏态峰。pH 的峰度系数小于 0，为平阔峰，其他 8 项指标的峰度系数均大于 0，为尖峭峰，数据大多集中在平均值附近。

表 2-25　土壤属性指标的描述性统计分析(样本数=335)

统计项目	pH	有机质/(g/kg)	全氮/(g/kg)	全磷/(g/kg)	全钾/(g/kg)	有效氮/(mg/kg)	速效磷/(mg/kg)	速效钾/(mg/kg)	氯离子/(mg/kg)
编号	x_1	x_2	x_3	x_4	x_5	x_6	x_7	x_8	x_9
最小值	5.15	5.40	0.23	0.24	9.89	23.16	2.13	32.35	7.10
最大值	8.30	36.10	2.03	5.99	27.54	102.06	101.21	868.22	88.24
平均值	7.17	12.75	0.73	0.60	18.28	59.49	13.53	142.32	35.85
标准差	0.76	3.40	0.18	0.35	2.20	14.92	10.24	78.28	14.82
CV/%	10.60	26.70	24.43	58.76	12.03	25.08	75.63	55.00	41.33
偏度系数	−0.69	2.09	1.68	10.75	−0.06	0.31	3.15	4.08	0.98
峰度系数	−0.51	11.23	9.12	162.00	1.77	0.02	18.12	27.99	1.27

(二)土壤属性与烤后烟叶苯丙氨酸类致香物质的典型相关分析

对土壤属性与苯丙氨酸类致香物质进行典型相关分析，分析结果见表 2-26。从中可以看出，第 1 个和第 2 个典型相关系数都达到了 $P<0.01$ 的极显著相关水平，相关系数分别为 0.6258 和 0.2710，其余 2 个典型相关系数则未达到显著相关水平。因此，选择第 1 组和第 2 组典型变量进行主要分析。

表 2-26　土壤属性与苯丙氨酸类物质的典型相关分析

序号	典型相关系数(λ)	卡方值(χ^2)	自由度(df)	P 值(α)
1	0.6258**	208.5625	36	0.000
2	0.2710**	46.0778	24	0.004
3	0.2291	21.1312	14	0.098
4	0.1031	3.4958	6	0.745

采用标准化的典型系数得出典型相关变量 m_i 和 l_i，然后分别计算原始变量与典型变量之间的相关系数 r_{ui} 和 r_{vi}。结果见表 2-27，典型变量 I 的构成为

$$u_1 = -0.878x_1 + 0.154x_2 + 0.005x_3 - 0.027x_4 - 0.105x_5 + 0.057x_6$$
$$+ 0.001x_7 + 0.236x_8 + 0.095x_9$$

$$v_1 = 0.414t_1 - 0.023t_2 - 0.205t_3 + 0.833t_4$$

表 2-27　典型变量和与典型变量有关性状的相关系数

指标	典型变量 I $\lambda=0.6258^{**}$		典型变量 II $\lambda=0.2710^{**}$		典型变量III $\lambda=0.2291$		典型变量IV $\lambda=0.1031$	
	m_i	r_{ui}	m_i	r_{ui}	m_i	r_{ui}	m_i	r_{ui}
x_1	−0.878	−0.932	0.376	0.335	0.115	0.080	−0.018	−0.027
x_2	0.154	0.298	0.351	0.570	−0.123	0.045	0.129	−0.188
x_3	0.005	0.253	−0.054	0.461	0.570	0.271	−0.528	−0.426
x_4	−0.027	−0.188	0.137	0.300	−0.529	−0.354	−0.628	−0.559
x_5	−0.105	−0.463	−0.315	0.014	−0.112	−0.037	0.301	0.140
x_6	0.057	0.311	0.332	0.493	−0.826	−0.606	0.278	0.099
x_7	0.001	0.379	−0.283	0.008	−0.010	0.056	0.071	−0.085
x_8	0.236	0.201	0.666	0.742	0.432	0.329	0.383	0.222
x_9	0.095	0.160	0.059	0.109	0.137	0.060	−0.565	−0.527
	l_i	r_{vi}	l_i	r_{vi}	l_i	r_{vi}	l_i	r_{vi}
t_1	0.414	0.854	0.793	0.409	−0.733	−0.304	0.946	0.105
t_2	−0.023	0.787	−1.307	−0.561	−1.443	−0.248	1.099	−0.067
t_3	−0.205	0.628	0.193	−0.018	−0.751	−0.467	−1.257	−0.622
t_4	0.833	0.952	0.242	−0.223	2.346	0.029	−0.927	−0.207

在第 1 对典型变量(u_1, v_1)中，由 u_1 与原始数据 x_i 的相关系数可以看出，u_1 与土壤 pH(x_1)存在较高的负相关性，相关系数为−0.932，故 u_1 可理解为主要描述土壤 pH 的综合性状，即随着土壤 pH 的提高，u_1 存在明显的降低趋势。由 v_1 与原始数据 t_i 的相关系数可以看出，它与苯乙醇(t_4)和苯甲醛(t_1)的相关性较高，相关系数分别为 0.952 和 0.854。因此，v_1 可以理解为描述烤后烟叶苯乙醇和苯甲醛含量的综合性状，即随着烤后烟叶苯乙醇和苯甲醛含量的提高，v_1 存在明显的增高趋势。上述的线性组合说明土壤 pH 与烤后烟叶苯乙醇和苯甲醛含量关系密切，反映出在一定范围(5.15~8.30)内，随着土壤 pH 提高，烤后烟叶苯乙醇和苯甲醛含量呈现降低趋势。

典型变量 II 的构成为

$$u_2 = 0.376x_1 + 0.351x_2 - 0.054x_3 + 0.137x_4 - 0.315x_5$$
$$+ 0.332x_6 - 0.283x_7 + 0.666x_8 + 0.059x_9$$

$$v_2 = 0.793t_1 - 1.307t_2 + 0.193t_3 + 0.242t_4$$

在第 2 对典型变量 (u_2, v_2) 中，由 u_2 与原始数据 x_i 的相关系数可以看出，u_2 与土壤速效钾 (x_8) 存在较高的正相关性，相关系数为 0.742，故 u_2 可理解为主要描述土壤速效钾含量的综合性状，即随着土壤速效钾含量的提高，u_2 存在明显的增加趋势。由 v_2 与原始数据 t_i 的相关系数可以看出，u_2 与苯甲醇 (t_2) 存在较高的负相关性，与苯甲醛 (t_1) 存在较高的正相关性，相关系数分别为 −0.561 和 0.409，因此 v_2 可以理解为主要描述烤后烟叶苯甲醇和苯甲醛含量的综合性状，即随着烤后烟叶苯甲醇含量的降低和苯甲醛含量的增加，v_2 存在明显的增加趋势。上述线性组合说明土壤速效钾含量与烤后烟叶苯甲醇和苯甲醛含量关系密切，反映出在一定范围 (32.35～868.22mg/kg) 内，随着土壤速效钾含量提高，烤后烟叶苯甲醇含量呈降低趋势，而苯甲醛含量呈现增加趋势。

三、土壤阳离子交换量及颗粒组成与苯丙氨酸类致香物质关系分析

(一)土壤阳离子交换量及颗粒组成的描述性统计分析

由表 2-28 可知，土壤性状指标 y_1、y_2、y_3、y_4、y_5 和 y_6 的平均值分别为 13.93cmol/kg、5.63%、4.48%、44.76%、23.55% 和 21.59%。土壤阳离子交换量及颗粒组成含量的变异系数均较大，粒径 >0.1mm 颗粒 (y_2) 含量的变异系数最大 (175.15%)，粒径 0.05～0.01mm 颗粒 (y_4) 含量的变异系数相对较小，但也达到了 25.75%。粒径 0.05～0.01mm 颗粒 (y_4) 的偏度系数为负值，为负向偏态峰，其他 5 项指标的偏度系数均为正值，为正向偏态峰。阳离子交换量 (y_1) 的峰度系数小于 0 (−0.32)，为平阔峰，其他 5 项指标的峰度系数均大于 0，为尖峭峰，数据大多集中在平均值附近。

表 2-28　土壤阳离子交换量及颗粒组成的描述性统计分析(样本数=335)

统计项目	阳离子交换量 /(cmol/kg)	>0.1mm 颗粒/%	0.1～0.05mm 颗粒/%	0.05～0.01mm 颗粒/%	0.01～0.001mm 颗粒/%	<0.001mm 颗粒/%
编号	y_1	y_2	y_3	y_4	y_5	y_6
最小值	2.40	0.01	0.02	4.04	2.02	1.87
最大值	29.01	80.03	32.64	82.83	58.59	52.32
平均值	13.93	5.63	4.48	44.76	23.55	21.59
标准差	4.93	9.86	4.85	11.52	7.48	9.90
CV/%	35.39	175.15	108.27	25.75	31.76	45.86
偏度系数	0.10	4.48	2.15	−0.35	0.20	0.66
峰度系数	−0.32	25.32	6.20	0.43	1.80	0.15

(二) 土壤阳离子交换量及颗粒组成与苯丙氨酸类致香物质的典型相关分析

对土壤阳离子交换量及颗粒组成与苯丙氨酸类致香物质进行典型相关分析, 分析结果见表 2-29。从中可以看出, 第 1 个和第 2 个典型相关系数均达到了 $P<0.01$ 的极显著相关水平, 相关系数分别为 0.3806 和 0.3034, 后面的 2 组则未达到显著相关水平。因此, 选择第 1 组和第 2 组典型变量进行主要分析。

表 2-29　土壤阳离子交换量及颗粒组成与烤烟苯丙氨酸类致香物质的典型相关分析

序号	典型相关系数(λ)	卡方值(χ^2)	自由度(df)	P 值(α)
1	0.3806**	92.119	24	0.000
2	0.3034**	40.705	15	0.000
3	0.1502	8.979	8	0.344
4	0.0672	1.488	3	0.685

由表 2-30 可知, 典型变量 I 的构成为

$$u_1 = 0.006y_1 + 0.992y_2 - 0.053y_3 + 0.794y_4 + 1.191y_5 + 0.234y_6$$

$$v_1 = 0.915t_1 + 0.045t_2 - 0.765t_3 + 0.541t_4$$

表 2-30　典型变量和与典型变量有关性状的相关系数

指标	典型变量 I $\lambda=0.3806$**		典型变量 II $\lambda=0.3034$**		典型变量III $\lambda=0.1502$		典型变量IV $\lambda=0.0672$	
	m_i	r_{ui}	m_i	r_{ui}	m_i	r_{ui}	m_i	r_{ui}
y_1	0.006	0.036	-0.187	0.104	-1.027	-0.268	-0.290	-0.739
y_2	0.992	0.155	-0.661	0.609	-4.865	-0.354	-2.216	0.449
y_3	-0.053	-0.664	-0.543	0.002	-2.610	-0.249	-0.758	0.544
y_4	0.794	0.072	-1.903	-0.951	-5.140	0.087	-2.909	0.186
y_5	1.191	0.723	-0.667	0.038	-3.174	0.197	-1.775	-0.326
y_6	0.234	-0.460	-0.801	0.450	-3.754	0.154	-2.924	-0.738
	l_i	r_{vi}	l_i	r_{vi}	l_i	r_{vi}	l_i	r_{vi}
t_1	0.915	0.849	0.745	-0.029	-0.882	-0.134	0.247	0.510
t_2	0.045	0.483	-0.787	-0.849	-1.990	-0.188	-0.644	0.099
t_3	-0.765	0.207	-0.282	-0.560	-0.036	-0.033	1.248	0.801
t_4	0.541	0.665	-0.291	-0.672	2.585	0.196	-0.237	0.262

在第 1 对典型变量(u_1, v_1)中, 由 u_1 与原始数据 y_i 的相关系数可以看出, u_1 与土壤粒径 0.01~0.001mm 颗粒(y_5)存在较高的正相关性, 相关系数为 0.723, 故

u_1 可理解为主要描述土壤粒径 0.01～0.001mm 颗粒含量的综合性状，即随着土壤粒径 0.01～0.001mm 颗粒含量的提高，u_1 存在明显的增加趋势。由 v_1 与原始数据 t_i 的相关系数可以看出，它与苯甲醛(t_1)和苯乙醇(t_4)的相关性较高，相关系数分别为 0.849 和 0.665，因此 v_1 可以理解为主要描述烤后烟叶苯甲醛和苯乙醇含量的综合性状，即随着烤后烟叶苯甲醛和苯乙醇含量的提高，v_1 存在明显的增加趋势。这一线性组合说明，土壤粒径 0.01～0.001mm 颗粒含量与烤后烟叶苯甲醛含量关系密切，反映出在一定范围(2.02%～58.59%)内，随着土壤粒径 0.01～0.001mm 颗粒含量提高，烤后烟叶苯甲醛和苯乙醇含量呈现增加趋势。

典型变量Ⅱ的构成为

$$u_2 = -0.187y_1 - 0.661y_2 - 0.543y_3 - 1.903y_4 - 0.667y_5 - 0.801y_6$$

$$v_2 = 0.745t_1 - 0.787t_2 - 0.282t_3 - 0.291t_4$$

在第 2 对典型变量(u_2, v_2)中，由 u_2 与原始数据 y_i 的相关系数可以看出，u_2 与土壤粒径 0.05～0.01mm 颗粒(y_4)存在较高的负相关性，相关系数为 -0.951，故 u_2 可理解为主要描述土壤粒径 0.05～0.01mm 颗粒含量的综合性状，即随着土壤粒径 0.05～0.01mm 颗粒含量的提高，u_2 存在明显的降低趋势。由 v_2 与原始数据 t_i 的相关系数可以看出，它与苯甲醇(t_2)的相关性较高，相关系数为 -0.849，因此 v_2 可以理解为主要描述烤后烟叶苯甲醇含量的综合性状，即随着烤后烟叶苯甲醇含量的提高，v_2 存在明显的降低趋势。这一线性组合说明土壤粒径 0.05～0.01mm 颗粒含量与烤后烟叶苯甲醇含量关系密切，反映出在一定范围(4.04%～82.83%)内，随着土壤粒径 0.05～0.01mm 颗粒含量提高，烤后烟叶苯甲醇含量呈现增加趋势。

四、土壤矿质元素与苯丙氨酸类致香物质关系分析

(一)土壤矿质元素指标的描述性统计分析

由表 2-31 可知，土壤样品中铝、钙、铁、镁、锰、钠、硅和钛矿质元素的平均含量分别为 64.98mg/kg、6.89mg/kg、30.99mg/kg、8.60mg/kg、0.63mg/kg、11.23mg/kg、296.91mg/kg 和 4.39mg/kg。矿质元素含量的变异系数由大到小的顺序为钙>锰>钠>镁>铁>铝>钛>硅。铝和硅的偏度系数为负值，为负向偏态峰，其他 6 种矿质元素的偏度系数均为正值，为正向偏态峰。铝、钙和铁的峰度系数小于 0，为平阔峰，数据比较分散，其他 5 种矿质元素的峰度系数均大于 0，为尖峭峰，数据大多数集中在平均值附近。

表 2-31　土壤矿质元素指标的描述性统计(样本数=335)

土壤性状	编号	最小值 /(mg/kg)	最大值 /(mg/kg)	平均值 /(mg/kg)	标准差 /(mg/kg)	CV/%	偏度系数	峰度系数
铝	z_1	34.77	87.66	64.98	8.85	13.62	−0.25	−0.03
钙	z_2	2.28	16.21	6.89	3.03	44.02	0.61	−0.56
铁	z_3	15.81	49.11	30.99	6.81	21.98	0.10	−0.60
镁	z_4	3.65	23.47	8.60	2.53	29.47	0.73	2.49
锰	z_5	0.27	3.60	0.63	0.24	38.21	6.26	71.47
钠	z_6	3.09	31.19	11.23	4.16	37.07	2.21	6.99
硅	z_7	180.59	390.96	296.91	22.43	7.55	−0.70	3.86
钛	z_8	2.17	8.17	4.39	0.53	12.18	0.87	9.43

(二)土壤矿质元素与苯丙氨酸类致香物质的典型相关分析

对土壤矿质元素与苯丙氨酸类致香物质进行典型相关分析,分析结果见表 2-32。从中可以看出,第 1 个和第 2 个典型相关系数都达到了 $P<0.01$ 的极显著相关水平,相关系数分别为 0.5084 和 0.4257;后面的 2 组则未达到显著相关水平。因此,选择第 1 组和第 2 组典型变量进行主要分析。

表 2-32　土壤矿质元素与烤烟苯丙氨酸类致香物质的典型相关分析

序号	典型相关系数(λ)	卡方值(χ^2)	自由度(df)	P 值(α)
1	0.5084**	183.244	32	0.000
2	0.4257**	85.291	21	0.000
3	0.2055	19.810	12	0.071
4	0.1311	5.674	5	0.339

由表 2-33 可知,典型变量 I 的构成为

$$u_1 = 0.126z_1 - 0.519z_2 - 0.958z_3 + 0.121z_4 - 0.138z_5 - 0.262z_6 + 0.162z_7 + 0.322z_8$$

$$v_1 = 0.159t_1 + 0.051t_2 - 0.202t_3 + 0.978t_4$$

在第 1 对典型变量 (u_1, v_1) 中,由 u_1 与原始数据 z_i 的相关系数可以看出,u_1 与土壤镁(z_4)、钙(z_2)、铁(z_3)、铝(z_1)存在较高的负相关性,相关系数分别为−0.792、−0.782、−0.720、−0.675,故 u_1 可以解释为主要描述土壤镁、钙、铁、铝含量的综合性状,即随着土壤镁、钙、铁、铝含量的提高,u_1 存在明显的降低趋势。由 v_1 与原始数据 t_i 的相关系数可以看出,它与苯乙醇(t_4)和苯甲醇(t_2)存在较高的正相关性,相关系数分别为 0.988 和 0.860,因此 v_1 可以理解为主要描述烤后烟叶苯乙醇和苯甲醇含量的综合性状,即随着烤后烟叶苯乙醇和苯甲醇含量的提高,v_1 存在明显的增加趋势。这一线性组合说明,土壤镁、钙、铁、铝含量与烤后烟叶

苯乙醇和苯甲醇含量关系密切，反映出在一定范围内，随着土壤镁、钙、铁、铝含量提高，烤后烟叶苯乙醇和苯甲醇含量呈现降低趋势。

典型变量Ⅱ的构成为

$$u_2 = -0.970z_1 - 0.825z_2 + 0.762z_3 + 0.923z_4 + 0.056z_5 - 0.662z_6 + 0.131z_7 - 0.131z_8$$

$$v_2 = 0.836t_1 - 1.333t_2 - 0.297t_3 + 0.725t_4$$

在第 2 对典型变量 (u_2, v_2) 中，由 u_2 与原始数据 z_i 的相关系数可以看出，u_2 与土壤钠 (z_6) 存在较高的负相关性，相关系数为 -0.790，故 u_2 可以理解为主要描述土壤钠含量的综合性状，即随着土壤钠含量的提高，u_2 存在明显的降低趋势。由 v_2 与原始数据 t_i 的相关系数可以看出，它与苯甲醛 (t_1) 存在较高的正相关性，与苯甲醇 (t_2) 存在较高的负相关性，相关系数分别为 0.476 和 -0.464，因此 v_2 可以理解为主要描述烤后烟叶苯甲醛和苯甲醇含量的综合性状，即随着烤后烟叶苯甲醛含量的降低和苯甲醇含量的增加，v_2 存在明显的降低趋势。这一线性组合说明土壤钠含量与烤后烟叶苯甲醛和苯甲醇含量关系密切，反映出在一定范围（3.09～31.19mg/kg）内，随着土壤钠含量提高，烤后烟叶苯甲醛的含量呈现降低趋势，而苯甲醇的含量呈现增加趋势。

表 2-33　典型变量和与典型变量有关性状的相关系数

指标	典型变量Ⅰ $\lambda=0.5084^{**}$		典型变量Ⅱ $\lambda=0.4257^{**}$		典型变量Ⅲ $\lambda=0.2055$		典型变量Ⅳ $\lambda=0.1311$	
	m_i	r_{ui}	m_i	r_{ui}	m_i	r_{ui}	m_i	r_{ui}
z_1	0.126	−0.675	−0.970	0.244	−0.311	−0.322	2.247	−0.032
z_2	−0.519	−0.782	−0.825	−0.238	−0.864	−0.094	0.117	0.274
z_3	−0.958	−0.720	0.762	0.393	0.263	−0.334	−3.774	−0.140
z_4	0.121	−0.792	0.923	0.261	0.800	0.089	1.071	0.293
z_5	−0.138	−0.413	0.056	0.321	−0.021	−0.393	0.479	0.126
z_6	−0.262	0.018	−0.662	−0.790	0.505	0.328	−0.362	−0.071
z_7	0.162	0.140	0.131	−0.152	−0.427	−0.527	−0.619	−0.169
z_8	0.322	0.032	−0.131	0.161	−0.633	−0.687	0.930	0.007
	l_i	r_{vi}	l_i	r_{vi}	l_i	r_{vi}	l_i	r_{vi}
t_1	0.159	0.739	0.836	0.476	−0.315	0.158	−1.187	−0.450
t_2	0.051	0.860	−1.333	−0.464	−0.801	0.004	−1.605	−0.213
t_3	−0.202	0.630	−0.297	−0.153	1.440	0.730	−0.139	−0.217
t_4	0.978	0.988	0.725	−0.085	0.015	0.125	2.374	0.039

五、小结

土壤 pH 对土壤养分的存在形态、转化和有效性及土壤的物理性质都有很大的影响。全国烟草种植区划研究认为，烟草适宜的土壤 pH 为 5.0～7.0，最适宜的土壤 pH 为 5.5～6.5。本试验结果表明，土壤 pH 与烤后烟叶苯乙醇和苯甲醛含量关系密切，反映出在一定范围(5.15～8.30)内，随着土壤 pH 的提高，烤后烟叶苯乙醇和苯甲醛含量呈现降低趋势。这说明烟草生长在弱酸性到中性的土壤环境中，更有利于提高烤后烟叶苯乙醇和苯甲醛的含量。

钾是烟草的品质元素，钾含量是国际上衡量烟叶质量的重要指标之一。刘国顺等(2004)研究表明，烟叶的中性香气成分含量与土壤钾含量和烤后烟叶钾含量都呈正相关关系。本研究结果表明，土壤速效钾含量与烤后烟叶苯甲醛和苯甲醇含量关系密切，反映出在一定范围(32.35～868.22mg/kg)内，随着土壤速效钾含量的提高，烤后烟叶苯甲醛含量呈现增加而苯甲醇含量呈现降低的趋势。因此，对植烟土壤速效钾含量正确评价，以及结合土壤养分状况有针对性地施用钾肥，对生产优质烤烟和提高烟叶苯丙氨酸类致香物质含量显得尤为重要。

土壤质地是土壤肥力水平的重要评价指标之一，是决定土壤蓄水、导水、保肥、供肥、保温、导温和耕性等的重要因素。本试验结果表明，土壤粒径 0.05～0.001mm 颗粒含量与烤后烟叶苯甲醛、苯乙醇和苯甲醇含量关系密切，反映出在一定范围(8.08%～92.93%)内，随着土壤粒径 0.05～0.001mm 颗粒含量的提高，烤后烟叶苯甲醛、苯乙醇和苯甲醇含量呈现增加的趋势。根据国际制土壤质地三角图可以判断，随着土壤粒径 0.05～0.001mm 颗粒含量的增加，土壤质地由黏土逐步过渡到黏壤土，同时烤后烟叶苯甲醛、苯乙醇和苯甲醇的含量逐渐提高。黏土由于质地较重，其排水、通气性较差，而且养分供应迟缓，烟株在前中期生长缓慢，导致烟叶贪青晚熟，不利于优质烟叶的生产。壤质土则兼具砂土类和黏土类的优点，耕层疏松，透气性良好，养分协调性好，壤土类是理想的植烟土壤类型。

矿质营养元素是烟草生长必不可少的物质，矿质营养元素状况与烟叶的产量和品质密切相关，不同的矿质元素有不同的生理功能，但如果土壤中某种元素浓度过高则会产生相应的毒害作用。本结果表明，土壤镁、钙、铁、铝、钠含量与烤后烟叶苯乙醇和苯甲醛含量关系密切，反映出在一定范围内，随着土壤中镁、钙、铁、铝、钠含量的升高，烤后烟叶苯乙醇和苯甲醛含量呈现降低趋势。这可能是由于土壤镁和钾、钙存在拮抗作用，钙和镁存在协同作用，亚铁离子存在毒害作用，铝磷酸盐沉淀形成等，因此烟叶苯乙醇和苯甲醛含量呈现降低的趋势。

第六节 烤烟茄酮与土壤化学性状关系的分析

茄酮是烟叶中重要致香物质西柏烷类的降解产物，是烟叶中重要的致香物质之一。美国化学家 Johnson 和 Nicholson（1965）从调制后的烟叶中分离得到了茄酮，并确定其化学名称为 8-甲基-5-异丙基-6,8-壬二烯-2-酮。茄酮及其降解产物赋予烟叶类似胡萝卜的香味和甘草香味，在改善烟草香味方面大有益处。茄酮的香气与烟草本香较为协调，其在卷烟的增香、醇和性和烟气改善等方面发挥着十分重要的作用（毛多斌等，1998）。近年来，关于不同基因型品种、不同生态地区和生态条件、栽培措施、成熟度、调制方法等因子对烤烟茄酮含量的影响已有大量的研究报道，但关于烟叶茄酮与土壤化学性状定量关系的研究则鲜见于文献。本研究通过偏相关分析、逐步回归分析、通径分析等方法对烤烟叶片茄酮含量与土壤化学性状指标的关系进行了研究，旨在为有效调控土壤养分、改善烟叶质量提供参考依据。

本研究选择许昌市的襄城县、许昌县、鄢陵县、长葛市和禹州市 5 个烟区的 45 个样点。将每组烤烟叶片茄酮含量和土壤化学性状各项指标作为平行变量，土壤化学性状指标作为自变量（X_i），叶片茄酮含量作为因变量（Y），运用 SPSS 19.0 和 DPS 7.05 统计软件进行分析处理。

一、土壤化学性状指标与茄酮含量的描述性统计分析

由表 2-34 可以看出，许昌烟区烟叶茄酮的平均含量为 61.23μg/g，在不同取样点间差异较大（变异系数为 35.30%），峰度系数和偏度系数均大于 0，为尖峭峰和正向偏态峰，说明数据大多分布在平均值附近。土壤 pH、有机质、全氮、全磷、全钾、有效氮、速效磷、速效钾和氯离子含量的平均值分别为 7.20、10.55g/kg、0.72g/kg、0.62g/kg、19.35g/kg、51.78mg/kg、7.39mg/kg、101.05mg/kg 和 40.04mg/kg。这 9 项土壤化学性状指标中，以速效磷含量的变异系数最大（58.36%），全钾含量的变异系数最小（3.61%），变异系数排序依次为速效磷＞氯离子＞有效氮＞速效钾＞全氮＞有机质＞全磷＞pH＞全钾。土壤阳离子交换量、全铝、全钙、全铁、全镁、全锰、全钠和全硅含量的平均值分别为 11.01cmol/kg、63.65g/kg、8.75g/kg、27.95g/kg、8.89g/kg、0.51g/kg、19.37g/kg 和 307.70g/kg。这 8 项土壤化学性状指标中，以全钠含量的变异系数最大（37.30%），阳离子交换量和全钙含量次之（分别为 21.74%和 20.94%），其他 5 项指标的变异系数相对较小，均小于 20%。速效磷、速效钾、阳离子交换量、全镁、全锰和全钠的偏度系数均大于 0，为正向偏态峰；其他 10 项化学性状指标的偏度系数均为负值，为负向偏态峰。全氮、全磷、全钾、速效磷和全镁的峰度系数均大于 0，为尖峭峰，数据大多集中在平均值附近；其他 11 项化学性状指标的峰度系数均为负值，为平阔峰，数据较为分散。

表 2-34　　河南许昌烤烟茄酮含量与土壤化学性状指标的描述性统计结果

统计项目	茄酮/(μg/g)	pH	有机质/(g/kg)	全氮/(g/kg)	全磷/(g/kg)	全钾/(g/kg)	有效氮/(mg/kg)	速效磷/(mg/kg)	速效钾/(mg/kg)
最小值	36.18	6.22	6.40	0.41	0.45	17.92	26.46	2.75	65.48
最大值	110.47	8.10	13.30	0.98	0.71	20.39	68.04	17.00	139.68
平均值	61.23	7.20	10.55	0.72	0.62	19.35	51.78	7.39	101.05
标准差	21.61	0.57	2.18	0.18	0.08	0.70	14.88	4.31	26.76
CV/%	35.30	7.80	20.69	24.31	12.78	3.61	28.74	58.36	26.49
偏度系数	1.30	0.26	−0.35	−0.83	−0.84	−0.65	−0.86	1.08	0.02
峰度系数	1.43	−0.53	−0.56	0.22	0.68	0.55	−0.89	1.06	−1.54

统计项目	氯离子/(mg/kg)	阳离子交换量/(cmol/kg)	全铝/(g/kg)	全钙/(g/kg)	全铁/(g/kg)	全镁/(g/kg)	全锰/(g/kg)	全钠/(g/kg)	全硅/(g/kg)
最小值	19.45	7.93	56.72	5.85	22.69	7.58	0.43	12.19	290.81
最大值	56.52	14.74	68.28	11.43	31.62	10.58	0.61	31.19	322.61
平均值	40.04	11.01	63.65	8.75	27.95	8.89	0.51	19.37	307.70
标准差	13.24	2.39	4.22	1.83	3.02	0.81	0.06	7.23	11.50
CV/%	33.06	21.74	6.63	20.94	10.82	9.15	11.01	37.30	3.74
偏度系数	−0.37	0.17	−0.50	−0.09	−0.63	0.44	0.11	0.59	−0.33
峰度系数	−1.15	−1.39	−1.19	−0.84	−0.79	1.20	−0.35	−1.61	−1.42

二、土壤化学性状指标与茄酮含量的逐步回归分析

以烤烟茄酮含量为因变量(Y)，以 pH(X_1)、有机质(X_2)、全氮(X_3)、全磷(X_4)、全钾(X_5)、有效氮(X_6)、速效磷(X_7)、速效钾(X_8)、氯离子(X_9)含量和土壤阳离子交换量(X_{10})及铝(X_{11})、钙(X_{12})、铁(X_{13})、镁(X_{14})、锰(X_{15})、钠(X_{16})、硅(X_{17})含量为自变量，进行逐步回归分析，进而建立最优回归方程。土壤化学性状各项指标与茄酮含量的逐步回归方程为

$$Y = 11.8278 + 14.0885X_2 - 71.6601X_3 + 3.1281X_5 - 1.4063X_6 - 6.0293X_{10}$$
$$+ 1.1092X_{11} - 3.2197X_{14} - 0.5451X_{16}$$

该回归方程的相关系数为 0.9999，检验后达到了极显著相关水平。对其分析后结果表明，有机质(X_2)、全氮(X_3)、全钾(X_5)、有效氮(X_6)含量和土壤阳离子交换量(X_{10})及铝(X_{11})、镁(X_{14})和钠(X_{16})含量综合影响着烤烟的茄酮含量。8 项指标与烤烟茄酮含量呈现出显著或极显著的线性关系，其他各项土壤化学性状指标与茄酮含量无明显线性相关关系。

三、土壤化学性状指标与茄酮含量的偏相关分析

表 2-35 表明，烤烟叶片茄酮(Y)含量与有机质(X_2)和全钾(X_5)含量呈极显著正相关，偏相关系数分别为 0.9998、0.9818，与铝含量(X_{11})呈显著正相关，偏相关系数为 0.9586，说明随着土壤有机质、全钾和铝含量的增加，烤烟叶片茄酮含量呈现增加趋势。烤烟叶片茄酮含量(Y)与土壤全氮(X_3)、有效氮(X_6)含量及阳离子交换量(X_{10})和镁(X_{14})、钠(X_{16})含量呈极显著负相关，偏相关系数分别为 −0.9996、−0.9998、−0.9978、−0.9782 和−0.9988，说明土壤中全氮、有效氮含量及土壤阳离子交换量和镁、钠含量的升高制约着烤烟叶片中茄酮含量的增加。

表 2-35　河南许昌烤烟叶片茄酮含量与土壤化学性状指标的偏相关分析

指标	样本数	偏相关系数	t-检验值	P 值
X_2	45	0.9998**	73.1225	0.0001
X_3	45	−0.9996**	49.7776	0.0001
X_5	45	0.9818**	7.3132	0.0053
X_6	45	−0.9998**	69.9192	0.0001
X_{10}	45	−0.9978**	21.5108	0.0002
X_{11}	45	0.9586*	4.7628	0.0176
X_{14}	45	−0.9782**	6.6594	0.0069
X_{16}	45	−0.9988**	28.5192	0.0001

四、土壤化学性状指标与茄酮含量的通径分析

为了探索上述 8 项土壤化学性状指标对烤烟叶片茄酮含量的影响，进一步对筛选出的土壤化学性状指标(X_i)与烤烟叶片茄酮含量(Y)的相关系数进行通径分析，从而分别确定起直接作用和间接作用的指标，结果如表 2-36 所示。从中可以看出，有机质(X_2)对烤烟茄酮(Y)含量的直接影响最大，然后依次为有效氮(X_6)、阳离子交换量(X_{10})、全氮(X_3)、铝(X_{11})、钠(X_{16})、镁(X_{14})和全钾(X_5)。有机质(X_2)、铝(X_{11})和全钾(X_5)对烤烟叶片茄酮(Y)含量的影响是正面的，而有效氮(X_6)、阳离子交换量(X_{10})和全氮(X_3)、钠(X_{16})、镁(X_{14})对烤烟叶片茄酮(Y)含量的影响是负面的。有机质(X_2)、有效氮(X_6)、铝(X_{11})、钠(X_{16})和全钾(X_5)对烤烟叶片茄酮(Y)含量的直接作用均大于各自的间接作用的总和；而阳离子交换量(X_{10})、全氮(X_3)和镁(X_{14})对烤烟叶片茄酮(Y)含量的间接作用总和均大于各自的直接作用。阳离子交换量(X_{10})对烤烟叶片茄酮(Y)含量的间接作用主要通过土壤有机质(X_2)和全氮(X_3)的影响进而产生。全氮(X_3)对烤烟叶片茄酮(Y)含量的间接作用主要通过土壤有机质(X_2)和阳离子交换量(X_{10})的影响进而产生。镁(X_{14})对烤烟叶片茄酮(Y)含量的间接作用主要通过土壤阳离子交换量(X_{10})和有机质(X_2)的

影响进而产生。从土壤化学性状指标与烤烟茄酮含量的通径分析结果可以看出，土壤有机质、有效氮、阳离子交换量3项指标是影响烤烟茄酮含量的首要因素。在其他土壤化学性状指标保持一定水平的条件下，土壤有机质含量增加，有效氮含量和阳离子交换量适当减少，将有利于烤烟叶片茄酮含量的增加。

表2-36　河南许昌烤烟叶片茄酮含量与土壤化学性状指标的通径分析

指标	直接作用系数	间接作用系数总和	相关系数	间接作用系数							
				X_2	X_3	X_5	X_6	X_{10}	X_{11}	X_{14}	X_{16}
X_2	1.4224	−1.1436	0.2788	0	−0.4585	−0.0416	−0.2200	−0.4550	−0.0151	−0.0252	0.0717
X_3	−0.5839	0.8309	0.2470	1.1170	0	−0.0584	−0.0116	−0.2379	−0.0528	−0.0140	0.0885
X_5	0.1011	0.0515	0.1526	−0.5848	0.3370	0	0.1549	0.0129	0.1362	−0.0395	0.0348
X_6	−0.9684	0.1815	−0.7869	0.3231	−0.0070	−0.0162	0	−0.0267	−0.0876	0.0048	−0.0090
X_{10}	−0.6677	0.8662	0.1985	0.9693	−0.2081	−0.0020	−0.0387	0	0.1220	−0.0593	0.0828
X_{11}	0.2165	0.1002	0.3167	−0.0994	0.1423	0.0636	0.3918	−0.3764	0	−0.0884	0.0668
X_{14}	−0.1212	0.2122	0.0910	0.2955	−0.0674	0.0330	0.0387	−0.3265	0.1580	0	0.0810
X_{16}	−0.1822	−0.0652	−0.2474	−0.5598	0.2836	−0.0193	−0.0476	0.3035	−0.0794	0.0538	0

五、土壤化学性状指标对茄酮含量的决策因素分析

在实际生产中，当多个因素共同作用并且这多个因素之间相互关联时，决定系数还应包含因子间的互作效应，即 $d_{ij}=2r_{ij}P_iP_j$（d 表示决定系数，r 表示相关系数，P 表示通径系数）。由此可以得出，土壤有机质等8项具有显著作用的土壤化学性状指标及它们之间的互作效应对烤烟叶片茄酮（Y）含量的总决定系数为 $R^2=0.9887$。

决策系数是反映自变量与因变量间综合作用大小的一项参数，在对通径分析结果进行判别时，可以有效利用决策系数，进而明确主要决定性变量和限制性变量。决策系数的计算公式为 $R^2_{(i)}=2P_ir_{iy}-P_i^2$。利用该公式，可以得出上述8项化学性状指标的决策系数，分别为

$$R^2_{(2)}=2\times1.4224\times0.2788-1.4224^2=-1.2301$$

$$R^2_{(3)}=2\times(-0.5839)\times0.2470-(-0.5839)^2=-0.6294$$

$$R^2_{(5)}=2\times0.1011\times0.1526-0.1011^2=0.02064$$

$$R^2_{(6)}=2\times(-0.9684)\times(-0.7869)-(-0.9684)^2=0.5863$$

$$R^2_{(10)}=2\times(-0.6677)\times0.1985-(-0.6677)^2=-0.7109$$

$$R^2_{(11)}=2\times0.2165\times0.3167-0.2165^2=0.090\,26$$

$$R^2_{(14)}=2\times(-0.1212)\times0.0910-(-0.1212)^2=-0.036\,74$$

$R^2_{(16)} = 2 \times (-0.1822) \times (-0.2474) - (-0.1822)^2 = 0.056\ 96$

按照决策系数的大小排序为 $R^2_{(6)} > R^2_{(11)} > R^2_{(16)} > R^2_{(5)} > R^2_{(14)} > R^2_{(3)} > R^2_{(10)} > R^2_{(2)}$，且 $R^2_{(14)} < 0$。有效氮（X_6）、铝（X_{11}）、钠（X_{16}）和全钾（X_5）对应的决策系数大于 0，说明这 4 项土壤化学性状指标对烤烟叶片茄酮含量的综合作用较大，可以作为烤烟叶片茄酮含量的主要决策因素，且 $R^2_{(6)}$ 最大，说明土壤有效氮（X_6）是烤烟叶片茄酮含量最主要的决策因素，其次为铝（X_{11}）、钠（X_{16}）和全钾（X_5）。而镁（X_{14}）、全氮（X_3）、土壤阳离子交换量（X_{10}）和有机质（X_2）对应的决策系数小于 0，说明这 4 项化学性状指标是烤烟叶片茄酮含量的主要限制因子，且 $R^2_{(2)}$ 最小，说明土壤有机质（X_2）是烤烟茄酮含量的首要限制因子，其次为土壤阳离子交换量（X_{10}）、全氮（X_3）和镁（X_{14}）。

六、小结

许昌烟区烤烟叶片茄酮含量与土壤化学性状指标的逐步回归分析结果显示，土壤有机质、全氮、全钾、有效氮含量及阳离子交换量和铝、镁、钠含量 8 项指标的综合作用决定着茄酮含量的高低，而其他土壤化学性状指标对茄酮含量的作用较小。烤烟叶片茄酮含量与土壤化学性状指标的最优回归方程为预测和估计许昌烟区烟叶茄酮含量提供了一定的参考依据。利用同样方法也可以探索土壤化学性状指标与烟叶化学成分含量、感官质量及其他致香物质成分含量等质量指标的预测方程，这可以为烟草指纹图谱的合理构建及修正提供参考依据。

偏相关分析结果表明，烤烟叶片茄酮含量与有机质、全钾含量呈极显著正相关，与铝含量呈显著正相关；与有效氮、全氮含量及阳离子交换量和镁、钠含量呈极显著负相关。在一定的范围内，土壤有机质、全钾和铝含量适当提高，全氮（0.41~0.98g/kg）、有效氮（26.46~68.04mg/kg）含量及阳离子交换量（7.93~14.74cmol/kg）和镁（7.58~10.58g/kg）、钠（12.19~31.19g/kg）含量适当减少，将有利于烤烟叶片茄酮积累。

通径分析结果显示，土壤有机质对烤烟叶片茄酮含量的直接影响最大，其次为有效氮、阳离子交换量、全氮、全钾、铝、钠和镁。其中土壤有机质对烤烟叶片茄酮含量产生明显的直接正面效应，而土壤有效氮、阳离子交换量对烤烟叶片茄酮含量产生直接的负面效应。由此可见，土壤有机质、有效氮和阳离子交换量是影响烤烟叶片茄酮含量的重要因子。由决策因素分析可以得出，烤烟叶片茄酮含量最主要的决策因素为土壤有效氮，而土壤有机质是烤烟叶片茄酮含量最主要的限制因素，并且土壤有机质的综合影响力最强。为此，在河南许昌烟区烟草生产中，应采取相应的栽培和施肥措施，适当降低土壤有效氮，同时增加有机质，这样才有利于烟叶茄酮含量的增加。

有机质、全氮、全钾、有效氮含量及阳离子交换量和铝、镁、钠含量是影响许昌烟区烤烟茄酮含量的主要土壤化学性状指标，8 项指标彼此关联、联合决策，进而对许昌烟区烤烟叶片茄酮含量产生综合影响，并决定着烤烟茄酮含量 98.87% 的变化。其中，土壤有效氮和有机质分别是烤烟叶片茄酮含量最主要的决策因素和限制因素。许昌烟区土壤有机质含量的变异系数较大(20.69%)，35% 左右的植烟土壤有机质低于 10g/kg。在烟叶生产中，可以运用"生态平衡施肥"技术，通过提高土壤有机质，平衡土壤有效氮和矿质元素供给，为生产优质烟叶提供良好的土壤环境，进而达到综合调控烟叶茄酮含量和提高烟叶工业可用性的目的。

第七节　烤烟有机酸与土壤理化性状关系的分析

有机酸是植物光合作用和呼吸作用的中间产物，是植物在生长发育过程中产生的一类重要物质。烟草中的有机酸主要是指除氨基酸以外的有机酸，它们是三羧酸循环的中间产物，又是合成糖类、氨基酸和脂类的中间产物。烟草中有机酸大多与碱金属结合成盐，一部分与生物碱结合，少部分呈游离态存在。烟草有机酸含量是评价烤烟烟气是否醇和、评定烟叶品质及可用性的主要指标。不同有机酸对烟草吸食品质影响不同，烟叶的有机酸中绝大部分是二元酸和三元酸，烤烟中含量较多的是苹果酸和草酸，有机酸可以增加烟气酸性，使烟气醇和，使烟味变得甜润舒适。

有机酸的合成和代谢受到多种土壤理化性状的影响。在硝态氮的同化过程中，随着 NO_3^- 转变为氨，机体常常需要通过合成有机酸来补偿电荷以达到电中性，有机酸在此过程中起着重要调节作用，其调节方式为有机酸根(主要是苹果酸根)与 K^+ 一同从植株地上部向根系转移，有机酸脱羧后以 HCO_3^- 形式释放到根际介质中去。这表明钾有促进有机酸代谢的功能。NO_3^- 可以作为信号诱导有机酸代谢。磷可促进植物的呼吸作用，增加有机酸和 ATP 含量。镁被植物吸收后能够激活植物体内若干种重要酶类，其中可以激活苹果酸合成酶促进苹果酸的合成，也能激活苹果酸酶，使苹果酸盐分解形成丙酮酸，促进苹果酸的代谢；镁还能够激活丙酮酸激酶，使异柠檬酸转化成草酰琥珀酸。有机酸的合成和代谢受到多种酶的影响，如琥珀酸氧化为富马酸就受到琥珀酸-泛醌氧化还原酶的催化，其主要成分之一是 3 个 Fe-S 蛋白。有机酸积累过多时对植物有害，Ca^{2+} 与有机酸结合为不溶性的钙盐(如草酸钙、柠檬酸钙)，可起解毒作用。

在烟草上，已有研究集中在品种、施肥、外源有机酸的施用等对烟叶有机酸含量的影响，在生态环境对烟叶有机酸含量影响的方面主要研究了经纬度、海拔、大田气温等，而关于土壤理化性状与烟叶有机酸关系研究的报道较少。为此，结合土壤常规成分、机械组成和大、中、微量营养元素等 23 个指标，本节系统研究了烤烟烟叶有机酸含量与土壤理化性状的关系，以期为提高烟叶有机酸水平、改善烟叶品质找出技术途径。

为了便于分析，把土壤属性指标包括 pH、有机质、有效氮、速效磷、速效钾含量和阳离子交换量看作一组变量，为土壤常规成分；把粒径＞0.1mm 颗粒、粒径 0.1～0.05mm 颗粒、粒径 0.05～0.01mm 颗粒、粒径 0.01～0.001mm 颗粒、粒径＜0.001mm 颗粒含量看作一组变量，为土壤机械组成；把土壤营养元素指标包括全氮、全磷、全钾、钙、镁、氯含量看作一组变量，为大、中量营养元素；把土壤营养元素指标包括铝、铁、锰、钠、硅、钛含量看作一组变量，为土壤微量营养元素。采用 SPSS 13.0 软件，把烟叶各种有机酸含量看作一组变量与土壤各组变量进行相关分析和逐步回归分析。

一、河南省烤烟烟叶有机酸含量概况

对 18 种有机酸进行分类，乙二酸、丙二酸、γ-戊酮酸、富马酸、丁二酸、苹果酸、柠檬酸、异柠檬酸和壬二酸属于多元羧酸；十四酸、十五酸、软脂酸、十七酸、十八酸和二十酸属于饱和脂肪酸；亚油酸、油酸和亚麻酸属于不饱和脂肪酸。如表 2-37 所示，软脂酸含量的变异系数最小，为 17.48%，富马酸和 γ-戊酮酸含量的变异系数分别为 90.02% 和 59.16%，相比之下，有机酸总量的变异系数为 13.70%，这说明河南省不同产区烤烟烟叶有机酸总量基本接近，但是不同种类有机酸的含量差异较大。各种有机酸中，以苹果酸的含量最高，平均为 26.20mg/kg；柠檬酸含量次之，平均为 7.48mg/kg。三类有机酸总量中，以多元羧酸的含量最高，平均为 42.48mg/kg；不饱和脂肪酸次之，平均为 5.62mg/kg；饱和脂肪酸含量最低，平均为 4.76mg/kg。

表 2-37　河南省烤烟烟叶有机酸含量统计描述结果

有机酸	样本数	平均值/(mg/kg)	标准差/(mg/kg)	CV/%
乙二酸	379	4.20	1.23	29.38
丙二酸	379	1.91	0.49	25.79
γ-戊酮酸	379	2.02	1.20	59.16
富马酸	379	0.19	0.17	90.02
丁二酸	379	0.24	0.07	28.68
苹果酸	379	26.20	6.09	23.24
柠檬酸	379	7.42	2.15	28.92
异柠檬酸	379	0.23	0.07	29.18
壬二酸	379	0.08	0.03	40.15
十四酸	379	0.23	0.07	30.66
十五酸	379	0.07	0.02	26.68
软脂酸	379	3.41	0.60	17.48
十七酸	379	0.16	0.04	27.13
亚油酸	379	1.87	0.64	34.02

有机酸	样本数	平均值/(mg/kg)	标准差/(mg/kg)	CV/%
油酸和亚麻酸	379	3.74	0.81	21.63
十八酸	379	0.77	0.18	23.15
二十酸	379	0.12	0.04	28.17
饱和脂肪酸	379	4.76	0.84	17.73
不饱和脂肪酸	379	5.62	1.20	21.45
多元羧酸	379	42.48	7.48	17.60
有机酸总量	379	52.86	7.24	13.70

二、烤烟烟叶有机酸含量与土壤常规成分指标的相关关系分析

鉴于共有 23 个土壤指标和 18 种有机酸，因此以"达到显著相关的指标个数与有机酸总种类之比"来表达土壤理化形状与烟叶有机酸之间的密切程度。从表 2-38 可知，有机质和速效钾含量分别与 11 种、12 种有机酸含量达到显著或者极显著相关关系，相关程度分别为 61.11%和 66.67%；pH 与 10 种有机酸含量达到显著或者极显著相关关系，相关程度为 55.56%。有效氮、速效磷含量和阳离子交换量分别与 5 种、2 种、3 种有机酸含量达到显著或者极显著相关关系。

表 2-38　烤烟烟叶有机酸含量与土壤常规成分指标的相关系数矩阵

有机酸	pH	有机质	有效氮	速效磷	速效钾	阳离子交换量
乙二酸	-0.186^{**}	0.073	0.154^{**}	0.123^{*}	0.088	-0.046
丙二酸	-0.296^{**}	-0.013	0.138^{**}	0.088	-0.061	-0.122^{*}
γ-戊酮酸	-0.172^{**}	-0.119^{*}	-0.047	-0.015	-0.184^{**}	0.042
富马酸	0.099	0.225^{**}	0.116^{*}	0.016	0.073	0.083
丁二酸	-0.404^{**}	-0.003	0.128^{*}	0.170^{**}	0.034	0.003
苹果酸	0.282^{**}	0.065	0.019	-0.067	0.208^{**}	0.078
柠檬酸	0.274^{**}	0.045	0.006	-0.041	0.140^{**}	0.127^{*}
异柠檬酸	0.153^{**}	-0.072	0.005	0.085	0.041	0.056
壬二酸	0.061	-0.128^{*}	-0.064	-0.049	-0.155^{**}	-0.018
十四酸	-0.051	-0.153^{**}	-0.033	0.017	-0.147^{**}	-0.026
十五酸	-0.125^{*}	-0.154^{**}	-0.002	-0.083	-0.183^{**}	0.019
软脂酸	0.054	-0.164^{**}	-0.081	-0.099	-0.139^{**}	0.106^{*}
十七酸	-0.043	-0.168^{**}	-0.105^{*}	-0.055	-0.219^{**}	-0.032
亚油酸	-0.140^{**}	-0.119^{*}	-0.066	-0.010	-0.117^{*}	-0.055
油酸和亚麻酸	0.076	-0.110^{*}	-0.046	-0.078	-0.126^{*}	0.046
十八酸	0.120^{*}	-0.153^{**}	-0.065	-0.093	-0.128^{*}	0.073
二十酸	-0.078	-0.179^{**}	-0.025	0.025	-0.102^{*}	-0.023
相关程度/%	55.56	61.11	27.78	11.11	66.67	16.67

三、烤烟烟叶有机酸含量与土壤机械组成指标的相关关系分析

土壤质地由粒径大小不同的矿物质颗粒组成，除了具有保持部分土壤矿质养分供给，它还具有调节水、肥、气、热的功能。所以，土壤质地在生产实践中被视为最重要的一种土壤特性。根据烤烟生长发育和养分需求规律可知，最适宜的植烟土壤是砂壤土和壤砂土。根据土壤机械组成可以确定土壤质地，土壤质地对土壤性质和肥力有极为重要的影响，进而对烟叶品质产生重要影响。土粒越小，土壤越黏重，越不适宜于种植烟草。从表 2-39 可以看出，土粒粒径 0.05～0.01mm和 0.01～0.001mm 颗粒含量分别与 6 种、8 种有机酸含量达到显著或者极显著相关关系，相关程度分别为 33.33%和 44.44%；土壤粒径＞0.1mm、0.1～0.05mm 和＜0.001mm 颗粒含量分别与 1 种、3 种、5 种有机酸含量达到显著或者极显著相关关系。

表 2-39　烤烟烟叶有机酸含量与土壤机械组成指标的相关系数矩阵

有机酸	土壤机械组成				
	＞0.1mm	0.1～0.05mm	0.05～0.01mm	0.01～0.001mm	＜0.001mm
乙二酸	−0.027	−0.090	0.050	0.122*	−0.093
丙二酸	0.018	0.010	0.103*	0.045	−0.186**
γ-戊酮酸	0.022	−0.008	0.062	−0.021	−0.077
富马酸	−0.019	0.022	−0.134**	0.117*	0.074
丁二酸	0.001	−0.108*	0.084	0.121*	−0.141**
苹果酸	−0.005	0.021	−0.158**	0.064	0.126*
柠檬酸	−0.022	−0.063	−0.154**	0.099	0.153**
异柠檬酸	0.078	0.026	−0.068	−0.050	0.020
壬二酸	−0.004	0.073	0.095	−0.097	−0.060
十四酸	0.116*	0.040	0.080	−0.133**	−0.126*
十五酸	0.042	−0.017	0.055	−0.012	−0.088
软脂酸	−0.021	−0.019	0.005	−0.052	0.063
十七酸	0.007	0.116*	0.101*	−0.152**	−0.063
亚油酸	−0.005	0.023	0.089	−0.069	−0.058
油酸和亚麻酸	−0.014	0.088	0.026	−0.133**	0.036
十八酸	−0.032	0.102*	0.012	−0.127*	0.065
二十酸	0.015	0.084	0.125*	−0.137**	−0.096
相关程度/%	5.56	16.67	33.33	44.44	27.78

四、烤烟烟叶有机酸含量与土壤大、中量营养元素含量的相关关系分析

水的光解需要 Cl⁻参与，Mn²⁺和 Cl⁻都存在于放氧系统中，组成光系统 II 的电子供体。土壤全氮、全磷、全钾含量基本反映了土壤养分供应潜力，氯含量则通过影响烟叶氯含量来影响烟叶的燃烧性。从表 2-40 可知，土壤全氮、全磷和镁含量分别与 11 种、13 种、11 种有机酸含量达到显著或者极显著相关关系，相关程度分别为 61.11%、72.22%和 61.11%；土壤全钾和钙含量分别与 8 种、9 种有机酸含量达到显著或者极显著相关关系，相关程度分别为 44.44%和 50.00%；土壤氯含量与 2 种有机酸含量关系达到显著或者极显著相关关系。

表 2-40　烤烟烟叶有机酸含量与土壤大、中量营养元素含量的相关系数矩阵

有机酸	全氮	全磷	全钾	钙	镁	氯
乙二酸	0.086	0.114*	−0.128*	−0.095	0.054	0.035
丙二酸	0.053	−0.127*	−0.345**	−0.264**	−0.260**	0.128*
γ-戊酮酸	−0.129*	−0.171**	−0.124*	−0.257**	−0.303**	−0.137**
富马酸	0.128*	0.008	−0.009	0.010	0.051	−0.031
丁二酸	0.032	−0.115*	−0.234**	−0.309**	−0.284**	0.029
苹果酸	0.074	0.110*	0.167**	0.183**	0.304**	0.088
柠檬酸	−0.015	0.179**	0.223**	0.141**	0.325**	0.006
异柠檬酸	−0.083	−0.011	0.050	−0.016	0.061	0.021
壬二酸	−0.117*	−0.064	0.043	0.026	−0.082	−0.023
十四酸	−0.141**	−0.122*	−0.083	−0.116*	−0.214**	−0.031
十五酸	−0.189**	−0.212**	−0.101*	−0.225**	−0.284**	−0.011
软脂酸	−0.222**	−0.115*	0.102*	−0.055	−0.097	−0.046
十七酸	−0.159**	−0.181**	−0.096	−0.125*	−0.249**	−0.082
亚油酸	−0.114*	−0.121*	−0.063	−0.133**	−0.168**	0.003
油酸和亚麻酸	−0.160**	−0.110*	0.050	−0.032	−0.108*	−0.044
十八酸	−0.175**	−0.094	0.085	−0.003	−0.069	−0.064
二十酸	−0.156**	−0.105*	−0.054	−0.092	−0.157**	−0.014
相关程度/%	61.11	72.22	44.44	50.00	61.11	11.11

五、烤烟烟叶有机酸含量与土壤微量营养元素含量的相关关系分析

微量营养元素在烟草生长发育中起着重要作用。业已证明，铁的运输是以柠檬酸螯合物的形式进行的。也有报道称，铁能够和柠檬酸或苹果酸等有机酸形成络合物并在导管中移动。在三羧酸循环中，Mn²⁺可以活化许多脱氢酶(如柠檬酸脱氢酶、苹果酸脱氢酶和草酰琥珀酸脱氢酶等)，因而对有机酸代谢影响较大。土壤

铝、铁、钠含量分别与 7 种、8 种、10 种有机酸含量达到显著或者极显著相关关系，相关程度分别为 38.89%、44.44%和 55.56%；土壤锰、硅、钛含量分别与 4 种、1 种、3 种有机酸含量达到显著或者极显著相关关系(表 2-41)。

表 2-41　烤烟烟叶有机酸含量与土壤微量营养元素含量的相关系数矩阵

有机酸	铝	铁	锰	钠	硅	钛
乙二酸	−0.061	−0.006	0.171**	−0.131*	0.078	0.137**
丙二酸	−0.294**	−0.330**	−0.088	0.013	0.105*	−0.065
γ-戊酮酸	−0.042	−0.037	0.097	−0.009	0.051	0.206**
富马酸	0.013	0.058	0.311**	−0.058	−0.067	0.041
丁二酸	−0.161**	−0.165**	0.074	−0.077	0.082	0.178**
苹果酸	0.167**	0.154**	0.087	−0.090	0.003	−0.087
柠檬酸	0.270**	0.261**	0.170**	−0.142**	0.029	0.004
异柠檬酸	0.079	0.056	0.068	0.064	−0.002	−0.006
壬二酸	−0.041	−0.088	−0.038	0.196**	0.063	−0.011
十四酸	−0.111*	−0.164**	−0.024	0.120*	0.031	0.007
十五酸	−0.062	−0.094	−0.045	0.126*	0.037	0.068
软脂酸	0.120*	0.088	0.005	0.081	−0.004	0.052
十七酸	−0.102*	−0.140**	−0.108*	0.241**	−0.007	−0.008
亚油酸	−0.085	−0.116*	−0.093	0.145**	0.010	−0.026
油酸和亚麻酸	0.029	0.014	−0.013	0.192**	−0.053	0.003
十八酸	0.073	0.059	0.006	0.217**	−0.014	0.060
二十酸	−0.075	−0.102*	−0.037	0.246**	0.043	0.047
相关程度/%	38.89	44.44	22.22	55.56	5.56	16.67

六、烤烟烟叶三大类有机酸含量及总量与土壤理化性状指标的相关关系分析

从表 2-42 可以看出，土壤有机质、速效钾、全氮、全磷、镁、钠含量 6 项指标与饱和脂肪酸含量的相关关系达到显著或者极显著水平；与不饱和脂肪酸含量相关关系达到显著或者极显著水平的土壤指标有有机质、速效钾、粒径 0.01～0.001mm 颗粒、全氮、全磷、镁、钠含量 7 项；土壤 pH、速效钾、土粒径 0.05～0.01mm 颗粒、粒径 0.01～0.001mm 颗粒、粒径＜0.001mm 颗粒、铝、钙、铁、全钾、镁、锰、钠、全磷含量 13 项指标与多元羧酸的相关关系达到显著或者极显著水平；土壤 pH、速效钾含量及阳离子交换量和粒径 0.05～0.01mm 颗粒、粒径＜0.001mm 颗粒、铝、铁、全钾、镁、锰含量 10 项指标与有机酸总量的相关关系达到显著或者极显著水平。

表 2-42　烤烟烟叶三大类有机酸含量及总量与土壤性状相关系数矩阵

土壤指标	饱和脂肪酸	不饱和脂肪酸	多元羧酸	有机酸总量
pH	0.051	−0.023	0.231**	0.240**
有机质	−0.180**	−0.137**	0.062	0.020
有效氮	−0.080	−0.066	0.048	0.029
速效磷	−0.091	−0.058	−0.040	−0.061
速效钾	−0.157**	−0.146**	0.192**	0.156**
阳离子交换量	0.086	0.002	0.094	0.107*
粒径＞0.1mm 颗粒	−0.010	−0.012	−0.010	−0.013
粒径 0.1～0.05mm 颗粒	0.020	0.071	−0.016	−0.003
粒径 0.05～0.01mm 颗粒	0.025	0.064	−0.150**	−0.142**
粒径 0.01～0.001mm 颗粒	−0.089	−0.126*	0.104*	0.076
粒径＜0.001mm 颗粒	0.038	−0.006	0.107*	0.114*
全氮	−0.224**	−0.168**	0.055	0.003
全磷	−0.129*	−0.138**	0.123*	0.089
全钾	0.074	0.001	0.135**	0.148**
钙	−0.065	−0.092	0.112*	0.093
镁	−0.127*	−0.161**	0.283**	0.251**
氯	−0.053	−0.028	0.065	0.057
铝	0.081	−0.026	0.177**	0.187**
铁	0.047	−0.052	0.171**	0.173**
锰	−0.005	−0.058	0.166**	0.161**
钠	0.138**	0.206**	−0.137**	−0.091
硅	−0.001	−0.030	0.038	0.034
钛	0.053	−0.012	−0.016	−0.012

七、烤烟三大类有机酸含量及总量与土壤理化形状性状指标的回归分析

采用 SPSS 13.0 软件，将所有土壤理化形状指标和有机酸含量进行多元逐步回归分析，优化的多元线性回归方程分别列于表 2-43 和表 2-44，偏回归系数不显著的指标不引入方程。所有回归方程经 F 检验均达到极显著水平。在全部 21 个逐步回归方程中，土壤钠含量被引入 14 次，镁含量被引入 13 次，pH 被引入 9 次，全氮含量被引入 7 次，钙含量被引入 6 次，硅和铁含量均被引入 5 次，速效钾、硅和铝含量均被引入 4 次，阳离子交换量被引入 3 次，氯和钛含量均引入 2 次，土壤全磷、全钾和速效磷含量均被引入 1 次。

表 2-43　烤烟有机酸含量与土壤性状逐步回归方程

有机酸	逐步回归方程
乙二酸	$\hat{y}=6.772-0.381\times\text{pH}+0.266\times\text{镁}+1.23\times\text{锰}-0.062\times\text{铝}-0.105\times\text{钙}+0.427\times\text{全磷}$ $-0.041\times\text{钠}+0.007\times\text{硅}$
丙二酸	$\hat{y}=1.778-0.086\times\text{全钾}+0.005\times\text{硅}-0.033\times\text{铁}+0.004\times\text{氯}+0.018\times\text{铝}$
γ-戊酮酸	$\hat{y}=1.548-0.144\times\text{镁}+0.458\times\text{钛}-0.008\times\text{氯}$
富马酸	$\hat{y}=0.041+0.27\times\text{锰}-0.004\times\text{铝}+0.036\times\text{pH}-0.006\times\text{钙}$
丁二酸	$\hat{y}=0.394-0.029\times\text{pH}+0.047\times\text{锰}-0.003\times\text{铁}+0.021\times\text{钛}$
苹果酸	$\hat{y}=10.879+0.394\times\text{镁}+1.45\times\text{pH}+0.11\times\text{速效钾}$
柠檬酸	$\hat{y}=2.322+0.325\times\text{镁}-0.059\times\text{钠}-0.167\times\text{钙}+0.577\times\text{pH}$
异柠檬酸	$\hat{y}=0.046+0.027\times\text{pH}+0.001\times\text{速效磷}-0.004\times\text{钙}$
壬二酸	$\hat{y}=0.072+0.001\times\text{钠}-4.717\times10^{-5}\times\text{速效钾}$
十四酸	$\hat{y}=0.258-0.006\times\text{镁}+0.002\times\text{钠}$
十五酸	$\hat{y}=0.073-0.003\times\text{镁}+0.001\times\text{钠}-0.012\times\text{全氮}$
软脂酸	$\hat{y}=3.485-0.711\times\text{全氮}+0.02\times\text{阳离子交换量}+0.016\times\text{钠}$
十七酸	$\hat{y}=0.096-0.007\times\text{镁}+0.002\times\text{钠}+0.001\times\text{铝}+0.007\times\text{pH}-6.006\times10^{-5}\times\text{速效钾}$
亚油酸	$\hat{y}=1.995-0.041\times\text{镁}+0.02\times\text{钠}$
油酸和亚麻酸	$\hat{y}=4.979+0.05\times\text{钠}-0.827\times\text{全氮}-0.005\times\text{硅}+0.025\times\text{阳离子交换量}$
十八酸	$\hat{y}=0.591+0.013\times\text{钠}-0.104\times\text{全氮}-0.001\times\text{硅}+0.009\times\text{铁}-0.024\times\text{镁}+0.044\times\text{pH}$
二十酸	$\hat{y}=0.135+0.002\times\text{钠}-0.002\times\text{镁}-0.022\times\text{全氮}$

表 2-44　烤烟三大类有机酸含量及总量与土壤性状逐步回归方程

有机酸	逐步回归方程
饱和脂肪酸	$\hat{y}=4.797-0.869\times\text{全氮}+0.031\times\text{钠}+0.031\times\text{阳离子交换量}-0.001\times\text{速效钾}$
不饱和脂肪酸	$\hat{y}=7.283+0.08\times\text{钠}-0.922\times\text{全氮}-0.125\times\text{镁}+0.039\times\text{铁}-0.007\times\text{硅}$
多元羧酸	$\hat{y}=30.279+1.487\times\text{镁}-0.658\times\text{钙}+1.689\times\text{pH}-0.237\times\text{钠}-0.269\times\text{铁}+4.683\times\text{锰}$
有机酸总量	$\hat{y}=34.727+0.903\times\text{镁}-0.591\times\text{钙}+2.022\times\text{pH}$

八、小结

河南省不同产区烤烟烟叶有机酸总量基本接近，但是不同种类有机酸的含量差异较大。以软脂酸含量的变异系数最小，为 17.48%；富马酸含量的变异系数最大，为 90.02%，相比之下，有机酸总量的变异系数较小，为 13.70%。各种有机酸中，以苹果酸的含量最高，平均为 26.20mg/kg；柠檬酸含量次之。三类有机酸总量中，以多元羧酸的含量最高，平均为 42.48mg/kg；不饱和脂肪酸含量次之，饱和脂肪酸含量最低。

经过对 23 种土壤性状指标与 18 种烟叶有机酸含量进行简单的相关分析表明，全磷、速效钾、有机质、全氮、镁含量 5 个指标分别与 13 种、12 种、11 种、11 种和 11 种有机酸含量达到显著或者极显著相关；pH、钠、钙、粒径 0.01～0.001mm 颗粒、全钾、铁、铝、粒径 0.05～0.01mm 颗粒含量 8 个指标分别与 10 种、10 种、9 种、8 种、8 种、8 种、7 种和 6 种有机酸含量达到显著或者极显著相关；有效氮、粒径＜0.001mm 颗粒、锰、钛含量及阳离子交换量和粒径 0.1～0.05mm 颗粒、速效磷、氯、粒径＞0.1mm 颗粒、硅含量 10 个指标分别与 5 种、5 种、4 种、3 种、3 种、3 种、2 种、2 种、1 种和 1 种有机酸含量达到显著或者极显著相关。

土壤速效钾和镁含量与三大类有机酸含量和总量，全磷和钠含量与三大类有机酸含量，pH、粒径 0.05～0.01mm 颗粒、粒径＜0.001mm 颗粒、全钾、铝、铁、锰含量 7 个指标与多元羧酸和有机酸总量，有机质、全氮含量与饱和脂肪酸及不饱和脂肪酸含量的相关关系均达到显著或者极显著水平。

将所有土壤理化形状指标和有机酸含量进行多元逐步回归分析后所得的回归方程经 F 检验显示均达到显著水平。在全部 21 个逐步回归方程中，土壤钠和镁含量、pH 和全氮含量被引入的次数较多，分别是 14 次、13 次、9 次和 7 次。

综合来看，土壤的 23 项理化形状指标和烟叶有机酸含量有不同程度的相关关系，其中以全磷、速效钾、有机质、全氮、镁、钠含量和 pH 7 个指标与烟叶有机酸含量关系较密切。因此，在烟叶生产过程中，要注意采取土壤改良措施，合理施肥，协调土壤养分供应，进而达到调节烟叶有机酸含量、提高烟叶品质的目的。

第三章 秸秆还田对植烟土壤改良效果及烟叶品质的影响

秸秆还田是当今全球普遍重视的一项培肥地力的增产措施，在杜绝了秸秆焚烧所造成的大气污染的同时有增肥增产作用。秸秆还田能增加土壤有机质，改良土壤结构，使土壤疏松，孔隙度增加，容重降低，提高微生物活性和促进作物根系发育。秸秆中含有大量的新鲜有机物料，在归还于农田之后，经过一段时间的腐解，就可以转化成有机质和速效养分，既改善土壤理化性状，也可供应一定的养分。秸秆还田可促进农业节水、节成本、增产、增效，在环保和农业可持续发展中也受到充分重视。秸秆还田增肥增产作用显著，但若方法不当，会导致土壤病原增加，作物病害加重及缺苗(僵苗)等不良现象。因此只有采取合理的秸秆还田措施，才能起到良好的还田效果。

第一节 土壤 C/N 对烤烟碳氮代谢关键酶活性和烟叶品质的影响

近年来，我国烟区在生产中过分依赖化肥，忽视有机肥的施用，导致植烟土壤生态破坏，表现为土壤结构变差、养分失调、有机质含量下降、微生物大量减少、酶活性降低、碳氮不平衡、生物多样性遭到破坏等，这些因素使烟叶的碳氮代谢失调，香气质差，香气量不足，质量难以提高。碳氮代谢是烤烟最基本的代谢过程，碳氮代谢强度、协调程度及其在烟叶生长和成熟过程中的动态变化模式，直接或间接影响烟叶各类化学成分的含量和组成比例，对烟叶品质可产生重大影响。烟叶各种生理生化代谢过程都是在酶催化下进行的，对酶促反应研究有利于掌握碳氮代谢的过程和碳氮代谢相互转化的过程，通过有针对性地对酶活性进行促进或抑制，可以有效地调节物质代谢，促进协调发展，以提高烟叶品质。有机物料是作物所需的多种养分的重要来源，如作物秸秆富含纤维素、木质素等富碳物质，它是土壤有机质的主要来源，研究表明作物秸秆的施入，可提高或维持土壤有机质的含量。

当前，围绕烟田施用有机物料开展了大量研究，主要集中在秸秆还田、施用有机肥、种植绿肥等对土壤物理、化学和生物学性状的影响方面，但是以调节土壤 C/N 为基础的研究较少。为此，本试验通过向植烟土壤中添加腐熟小麦秸秆来调节土壤 C/N，进而研究其对烤烟关键碳氮代谢酶活性及烟叶品质的影响，以期为基本烟田治理提供支撑。

试验采用盆栽方式，于 2009 年在河南农业大学科教园区进行。供试品种为 K326，按 120cm×50cm 的行株距盆栽，每盆装土 25kg，秸秆为充分腐熟的小麦秸秆。试验设 6 个处理：处理 1 对照(CK)——土壤 C/N 值=7，腐熟秸秆添加量为 0g/盆；处理 2(T1)——土壤 C/N 值=16，腐熟秸秆添加量为 200g/盆；处理 3(T2)——土壤 C/N 值=20，腐熟秸秆添加量为 400g/盆；处理 4(T3)——土壤 C/N 值=24，腐熟秸秆添加量为 600g/盆；处理 5(T4)——土壤 C/N 值=28，腐熟秸秆添加量为 800g/盆；处理 6(T5)——土壤 C/N 值=32，腐熟秸秆添加量为 1000g/盆。

一、土壤 C/N 对烟叶酶活性的影响

(一)土壤 C/N 对烤烟叶片硝酸还原酶(NR)活性的影响

硝酸还原酶(NR)是一种诱导酶，是高等植物氮素同化过程的限速酶，其活性强弱反映氮代谢的强弱，并直接影响烟株对氮素的同化利用。由图 3-1 可看出，随着土壤 C/N 的提高，叶片硝酸还原酶活性有增加的趋势，但碳氮比增加到一定程度(处理 T3)，NR 活性的增加幅度减小，处理 T3 到 T5 变化幅度比较小，甚至有所降低。说明土壤 C/N 值在 24～28 时 NR 活性最大，有利于烟叶的氮代谢。从烟草生育期的总体变化来看，移栽后 30d 烟叶硝酸还原酶活性开始增加，60d 达到最大值，然后迅速降低，在移栽后 75～90d，各个处理酶活性都接近对照，说明碳氮比增加在烟株生长前期对氮代谢有明显的促进作用，可加快烟叶中氮代谢，而当烟株从物质积累较快的旺长阶段过渡到以物质转化和分解为主的成熟阶段时，NR 活性迅速下降，这有利于烤烟正常成熟和内在物质转化。

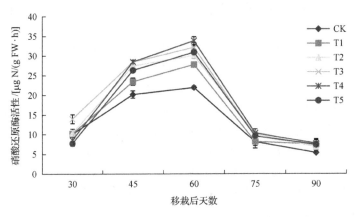

图 3-1　土壤 C/N 对烤烟叶片硝酸还原酶活性的影响

(二)土壤 C/N 对烤烟叶片转化酶活性的影响

碳代谢在优质烟叶生产中具有重要意义，碳水化合物是烟叶内在化学成分中

的主要物质，其所占比例影响着烟叶品质。同时，碳代谢又是联系细胞内其他生物大分子代谢的枢纽，除了要供给细胞能量，还与许多合成和分解代谢途径相连接。烟草生长过程中，转化酶和淀粉酶是与碳代谢关系比较密切的两种酶，它们是衡量碳代谢强度的重要指标。

转化酶又称蔗糖酶，能催化蔗糖水解为等分子量葡萄糖和果糖的混合物，可以供给呼吸作用消耗，或者作为碳源及能源合成许多其他化合物。从图 3-2 可以看出，在烟叶功能盛期以前，转化酶活性是缓慢增加的，在烟叶功能盛期、接近现蕾期时转化酶活性逐渐增大，达到最大值后迅速降低。不同碳氮比处理之间，除 30d 之外，转化酶的活性都不同程度地高于对照，特别是处理 T3 和 T4 明显高于对照，移栽后 60d 处理 T3 和 T4 与对照相比分别增加了 72.22%和 65.81%，说明增加土壤碳氮比可以提高烟叶转化酶活性，促进烟株的碳代谢，从而有效调节库细胞糖含量，协调烟株库源关系，促进光合产物合理分配，有利于优良的烟叶品质形成。

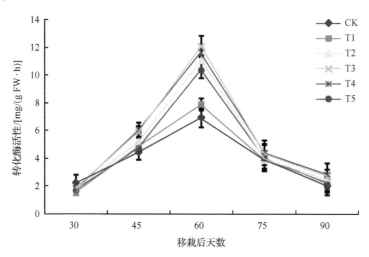

图 3-2　土壤 C/N 对烤烟叶片转化酶活性的影响

(三)土壤 C/N 对烤烟叶片淀粉酶活性的影响

淀粉酶可将叶绿体中积累的淀粉转化为单糖，其活性直接影响烟叶中淀粉的积累量，进一步影响整个光合碳固定作用强度，其活性高时光合速率也高，为烟叶生长和其他有机化合物形成提供较多碳架。从图 3-3 看出，烟株移栽后前 45d，烟叶淀粉酶活性处于较低水平，随着叶片定长和进入功能盛期，淀粉酶活性迅速升高，在移栽后 60d 达到最大值，之后淀粉酶活性逐渐降低，随着烟叶进入成熟期淀粉酶活性又有所升高。表明现蕾期之前淀粉在逐渐积累，积累量较小，各处理之间差异不显著，之后淀粉积累增多，在成熟期淀粉由积累向分解转化。总体看来，增加土壤碳氮比可以提高烟叶淀粉酶活性(除成熟期)，处理 T4 在移栽后 60d 和 75d 淀粉酶活性最大，处理 T5 与 T4 相比有所降低，说明土壤碳氮比增加到一定程度，淀粉酶的活性增加减缓甚至有所降低。

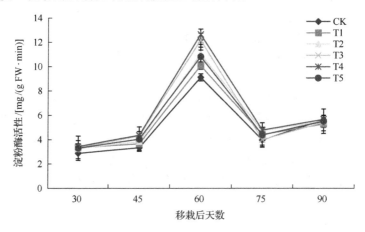

图 3-3　土壤 C/N 对烤烟叶片淀粉酶活性的影响

二、土壤 C/N 对烤后烟叶品质的影响

(一)土壤 C/N 对烤后烟叶化学成分的影响

由表 3-1 可知，与对照相比，土壤碳氮比提高的处理总糖、还原糖含量均不同程度的增加。处理 T3、T4 和 T5 的还原糖/总糖和石油醚提取物含量大于对照，处理 T4 的还原糖/总糖值最大，且大于 0.9，说明两糖含量适中，较为协调。随着土壤碳氮比的提高，叶片中烟碱和总氮含量及氮碱比是逐渐减少的。还原糖/烟碱随着碳氮比的增加逐渐增加，处理 T4 和 T5 的值最大。因此可知，随着土壤碳氮比的增加，烟叶内在化学成分趋向协调，烟叶品质有所提高，但处理 T3 之后即土壤碳氮比值大于 24 的处理变化幅度减缓。

表 3-1　土壤 C/N 对中部烤后烟叶化学成分的影响

处理	总糖/%	还原糖/%	还原糖/总糖	烟碱/%	总氮/%	氮碱比	还原糖/烟碱	石油醚提取物/%
CK	18.17	15.58	0.86	2.89	3.20	1.11	5.39	7.42
T1	20.29	16.95	0.84	2.73	2.99	1.10	6.21	6.89
T2	21.85	18.26	0.84	2.56	2.82	1.10	7.13	7.22
T3	22.62	20.18	0.89	2.31	2.52	1.09	8.74	8.02
T4	22.28	20.46	0.92	2.01	1.98	0.99	10.18	8.38
T5	19.15	17.20	0.89	1.89	1.85	0.98	10.18	7.98

(二)土壤 C/N 值对烤后烟叶香气成分含量的影响

随着土壤碳氮比的增加,中性香气成分总量是提高的,与对照相比每种香气成分含量都有不同程度的增加(表 3-2)。香气成分总量以处理 T4 最高,变化趋势为处理 T4＞T1＞T3＞T5＞T2＞CK。茄酮、巨豆三稀酮 3、新植二烯、β-大马酮等 12 种香气成分的含量以处理 T4 最高,处理 T3 有 6 种香气物质的含量是最高的,处理 T1 和 T2 均有 4 种含量最高。土壤 C/N 值在 28 时更有利于香气成分含量的提高。

表 3-2　土壤 C/N 值对烤后中部烟叶香气成分含量的影响　　(单位：μg/g)

烟叶香气成分	CK	T1	T2	T3	T4	T5
糠醛	12.29	13.33	14.79	14.85	14.23	11.96
糠醇	4.03	2.74	6.37	6.12	6.40	3.93
2-乙酰呋喃	0.66	0.65	0.62	0.66	0.64	0.69
5-甲基糠醛	1.25	1.14	1.59	1.50	1.64	1.32
苯甲醛	2.43	2.74	3.37	2.71	2.86	2.69
6-甲基-5-庚烯-2-酮	1.38	1.77	1.64	2.13	2.36	1.94
苯甲醇	5.95	12.10	10.87	9.12	12.37	9.83
苯乙醛	0.60	1.08	0.97	1.02	1.07	0.82
3,4-二甲基-2,5-呋喃二酮	8.12	6.94	10.91	16.19	15.43	12.79
2-乙酰基吡咯	0.37	0.93	0.36	0.63	0.74	0.61
芳樟醇	3.66	3.89	3.72	4.59	4.57	3.38
苯乙醇	3.57	6.54	7.85	5.19	7.93	6.48
氧化异佛尔酮	0.18	0.21	0.19	0.17	0.22	0.18
4-乙烯基-2-甲氧基苯酚	0.37	0.24	0.30	0.73	0.75	0.43
茄酮	97.65	109.70	97.70	161.40	176.54	120.69
β-大马酮	21.69	21.11	24.04	23.39	24.74	22.60
香叶基丙酮	7.59	9.59	7.62	9.69	6.84	7.83
脱氢 β-紫罗兰酮	0.21	0.09	0.37	0.04	0.28	0.22
二氢猕猴桃内酯	0.42	0.71	0.54	0.48	0.45	0.50
巨豆三烯酮 1	1.42	1.39	2.02	1.33	1.92	1.62
巨豆三烯酮 2	5.81	5.19	8.75	4.81	6.29	4.96
巨豆三烯酮 3	0.21	0.46	0.64	0.39	0.66	0.49
巨豆三烯酮 4	2.95	4.41	4.25	6.73	6.41	5.63
3-羟基-β-二氢大马酮	0.37	0.40	0.36	0.36	0.45	0.37
螺岩兰草酮	2.04	2.56	1.97	3.94	3.25	2.73
新植二烯	856.07	1017.00	904.87	920.82	1095.76	908.00
法尼基丙酮	10.57	17.85	14.43	14.46	15.45	14.28
总量	1051.86	1244.76	1131.12	1213.47	1410.25	1146.97

三、小结

通过往土壤中添加腐熟小麦秸秆来提高土壤碳氮比，可以明显提高烟叶硝酸还原酶、转化酶、淀粉酶活性，尤其以土壤 C/N 值在 24～32 时酶活性增加明显。但是 C/N 值为 32 时的酶活性小于 C/N 值为 28 时的酶活性，这可能是因为 C/N 值为 32 时（处理 T5）添加的小麦秸秆较多，秸秆施入土壤后进一步转化促使土壤中微生物大量繁殖，而微生物大量繁殖需要消耗一部分氮素，就会出现微生物与烟株共同竞争土壤中氮素的现象，因此影响烟株对养分的吸收，不利于烟株碳氮代谢的转化和协调，不利于优质烟叶的形成。所以，从烟株碳氮代谢关键酶活性的角度看，土壤 C/N 值为 24～28 有利于碳氮代谢的协调。

随着土壤 C/N 的提高，烟叶总糖和还原糖含量、中性香气成分总量、还原糖/烟碱有不同程度增加，烟碱和总氮含量及氮碱比逐渐减少。在 C/N 值为 24～28 时烟叶还原糖/总糖和石油醚提取物含量大于对照，所测定的 26 种中性香气成分中共有 18 种含量最高，且以 C/N 值为 28（处理 T4）时还原糖/总糖值最大且大于 0.9。因此，随着土壤 C/N 的增加，烟叶内在化学成分趋向协调，烟叶品质有所提高。

在本试验条件下，综合分析烟叶碳氮代谢关键酶活性和内在化学成分可知，土壤 C/N 值在 24～28 时最有利于烟株生长过程中碳氮代谢和提高烟叶内在化学成分的协调性，改善烟叶品质。土壤改良工作是持续开展的，不能一蹴而就。根据本试验结果，按照耕层土壤为 2250t/hm^2 计算，土壤 C/N 值在 24～28 时需施加腐熟秸秆 54～72t/hm^2，年度添加量较大，且容易产生副作用，因此，可设定阶段目标，持续添加秸秆来改良土壤，最终达到适宜的土壤 C/N。

第二节　施加腐熟小麦秸秆对土壤容重及烤烟根系生长的影响

近年来，我国农业生产中由于不合理地采用农作措施和大量施用化学肥料，土壤物理性状劣化，土壤肥力衰退。尤其是我国部分示范区，因有一定的机械化生产基础，耕整地、播种、施肥、收割均采用小型拖拉机等配套农机具作业，耕作层变浅，犁底层坚硬，土壤容重增加，土壤变得板结坚硬，耕层有机质等养分不易向深土层渗入，所以深层土壤中有机质含量下降，阻碍了烟草根系生长。根系是植物重要的器官，它影响着植物对土壤养分和水分的吸收。由于耕层有机肥投入量逐年减少，土壤中有机质得不到归还，土壤容重增大，肥力逐渐下降。多年来，不少学者对多种作物的根系构型、动态建成规律，以及不同根群的功能和调控机制与烟草根系的生长规律等方面进行了研究，然而关于土壤容重对烟草根系生长及分布影响的研究还鲜见报道。为此，本试验通过添加腐熟小麦秸秆来调节烟田土壤容重，进而采用掘根法对烤烟根系的生长分布进行研究，旨在通过降低土壤容重来达到促进根系发育的目的，从而促进烟株健壮生长，彰显浓香型烟叶风格特色。

本试验采用大田原位观察法，于 2012 年在许昌襄城县进行。供试品种为中烟 100，土壤类型为黄褐土，株行距为 55cm×110cm。试验设 4 个处理，对照 CK 按当地习惯施肥；处理 T1 在对照的基础上施用腐熟小麦秸秆 3000kg/hm²；处理 T2 在对照的基础上施用腐熟小麦秸秆 6000kg/hm²；处理 T3 在对照的基础上施用腐熟小麦秸秆 9000kg/hm²。每次测定根系指标时，将根系以主茎基部为原点，水平（取距离主茎基部 0~10cm、10~20cm 和 20~30cm）和垂直（取距离主茎基部 0~10cm、10~20cm、20~30cm 和 30~40cm）切出剖面，取出根系，冲净泥土后进行测量。

一、秸秆用量对耕层土壤容重及含水率的影响

由表 3-3 可知，在各测定时期，施用秸秆处理均降低了耕层土壤容重，且多数测定时期施用秸秆处理与对照之间土壤容重的差异达到显著或极显著水平。在移栽后 30d 之后，随秸秆用量的增加，土壤容重呈降低趋势。表 3-3 表明，烟田施用腐熟小麦秸秆可以提高土壤的保水性能，增大水分库容，且随秸秆用量增加土壤含水率呈增加趋势，尤其在严重干旱的时期（移栽后 40d 时），施用秸秆处理与对照之间土壤含水率的差异均达到极显著水平。

表 3-3　大田期土壤容重及含水率

项目	处理	移栽当天	移栽后天数							
			20d	30d	40d	50d	60d	70d	80d	90d
容重/(g/cm³)	CK	1.34aA	1.26aA	1.23aA	1.30aA	1.24bAB	1.13aA	1.27aA	1.39aA	1.36aA
	T1	1.27bA	1.24bB	1.13bB	1.31aA	1.17cBC	1.11aAB	1.21bAB	1.29cB	1.29bA
	T2	1.30abA	1.24bB	1.15bAB	1.24bB	1.29aA	1.03bB	1.19bAB	1.34bAB	1.27bA
	T3	1.29abA	1.19cC	1.08cB	1.24bB	1.12dC	1.02bB	1.17bB	1.26cB	1.27bA
含水率/%	CK	12.83aB	12.06aA	20.14aB	4.63cC	10.36aA	19.20aB	17.13bB	9.79cB	12.32bC
	T1	13.40aA	12.44aA	22.00aB	6.59aA	8.12bB	20.89aB	17.86bB	12.85aA	11.68bC
	T2	13.33aA	12.14aA	24.06aA	5.60bB	11.59aA	21.15aA	18.82aA	11.22bB	14.53aA
	T3	13.33aA	12.40aA	23.56aA	6.58aA	10.10aA	21.18aA	19.02aA	14.11aA	13.28aB

注：同一项目下同列中，大写字母表示在 0.01 水平差异显著，小写字母表示在 0.05 水平差异显著，下同

二、施加秸秆对烤烟根系生长发育的影响

（一）烤烟最大根长动态变化

由图 3-4 可知，在生长过程中，各处理最大根长持续增加，且均可以用对数

函数 $y=b_0 b_1 \ln x$ 进行模拟，不同处理的参数 b_0 和 b_1 不同。移栽后 30～60d 最大根长大幅度增加，T2、T3 处理均大于 T1 处理，T1 处理大于 CK，T2、T3 处理之间无明显差异。结合表 3-3 可知，容重大的土壤，烤烟根系长度短，这是因为土壤容重越大，土壤的坚硬度越大，对根系生长穿插的阻力越大，阻碍了根系的生长。

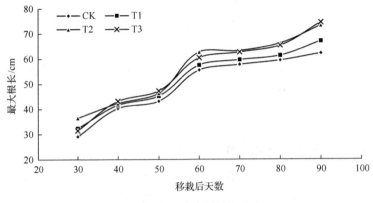

图 3-4　烤烟最大根长的变化

(二)烤烟总根干重动态变化

如图 3-5 和图 3-6 所示，烤烟在大田生长过程中，根系总根干重持续增加，总根干重的增加有两个高峰期，即移栽后 50～60d、70～80d，且第二高峰期的增长率明显高于第一高峰期。移栽后 80～90d 烟株总根干重增长缓慢，各处理总根干重的变化表现为 T3＞T2＞T1＞CK。

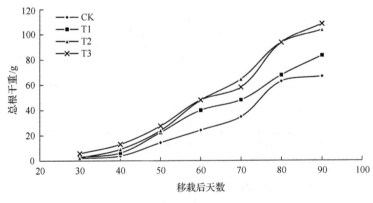

图 3-5　烤烟总根干重的变化

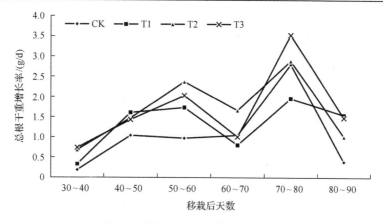

图 3-6　烤烟总根干重增长率的变化

(三)烤烟根体积动态变化

由图 3-7 可知,烤烟在大田生长过程中根体积快速增加,根体积的增长速率除 CK 外均有两个高峰期,即移栽后 50~60d 和 80~90d,这与最大根长、总根干重的增长基本相一致,只是第二个高峰期出现的时间稍晚,这可能是由于 CK 处理后期根系老化、活力下降,因此根体积增加幅度较小,而施用腐熟小麦秸秆的处理由于根系活力仍然较强,能够从土壤中吸收较多的水分和矿质营养等物质促进地上部叶片中物质积累,因此根系可获得较多的光合产物继续保持体积快速增长状态。

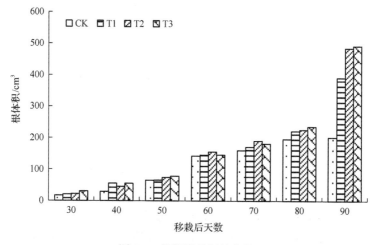

图 3-7　烤烟根体积的变化

三、施加秸秆对烤烟根系时空分布的影响

（一）垂直方向烤烟根系时空分布变化

结合图 3-5 与表 3-4 的数据，可以得出烤烟在垂直方向上各层次的根系生物量。从中可知，烤烟在垂直方向上根系生物量主要集中在 0～30cm 处。0～10cm 和 30～40cm 处的根系生物量各处理间基本表现为 T3＞T2＞T1＞CK；10～20cm 及 20～30cm 处表现为 T2＞T3＞T1＞CK。经拟合 0～10cm 和 20～30cm 处根系生物量均符合"S"形曲线变化，10～20cm 处根系生物量均符合幂函数增长曲线，30～40cm 处根系生物量均可以用线性函数和二次函数经行拟合，但不同处理的 b 值不同，这表明在烟田施用腐熟麦秸秆不能改变烟草的根系生长，但可以有效调节根系在土壤中的发育。

表 3-4　垂直方向上各层次根系生物量占总根系生物量的比例分布 （单位：%）

距离/cm	处理	移栽后天数						
		30d	40d	50d	60d	70d	80d	90d
0～10	CK	49.3	37.3	38.2	24.6	19.0	16.7	14.6
	T1	33.5	38.2	33.9	21.9	20.0	18.2	17.6
	T2	33.1	45.4	41.9	28.6	22.1	15.7	13.6
	T3	49.5	33.4	20.7	34.0	34.3	35.5	30.7
10～20	CK	43.6	36.9	39.1	37.2	49.3	47.3	44.5
	T1	55.1	44.9	38.0	40.3	41.6	46.8	37.8
	T2	47.6	29.3	26.1	42.1	36.7	41.2	41.6
	T3	49.5	33.4	20.7	34.0	34.3	35.5	30.7
20～30	CK	7.0	25.6	15.1	25.4	20.6	27.1	30.4
	T1	11.2	16.5	19.6	29.9	26.7	26.2	33.9
	T2	18.4	24.8	21.7	20.9	28.5	33.4	31.9
	T3	6.3	34.0	23.9	28.1	28.8	39.9	40.3
30～40	CK	0.1	0.3	7.6	12.8	11.1	8.9	10.5
	T1	0.2	0.5	8.4	7.9	11.7	8.8	10.7
	T2	0.9	0.5	10.3	8.4	12.7	9.7	13.0
	T3	1.8	0.8	17.7	16.3	15.4	9.2	11.7

由表 3-4 可以看出，各处理移栽后前 50d，垂直方向上 0～20cm 的根系生物量占总根系生物量的比例很大。在移栽后 60d 之后，0～10cm 的根系生物量占总根系生物量的比例呈减小趋势；而 10～30cm 的根系生物量在总根系生物量中占主要地位；30～40cm 的根系生物量占总根系生物量的比例依然很小，但较前 60d 的比例来看已有大幅度增加，这表明在烟叶大田生产过程中，打顶能够有效促进下层根系生长发育，对提高烟叶品质有着积极意义。

由表3-4还可以看出,试验各处理垂直方向上20~30cm的根系生物量占总根系生物量的比例基本表现为T3>T2>T1>CK,这表明在大田中添加腐熟的秸秆可有效地促进烤烟根系下扎,使其吸收更多的矿质营养元素和水分。

（二）水平方向烤烟根系时空分布变化

由表3-5可知,水平方向上根系主要集中在0~10cm处,随着大田生育期的延长,0~10cm处的根干重基本呈直线增加;10~20cm处的根干重在移栽后前80d持续增加,全生育期中这一层的根干重增长高峰在移栽后50~80d,移栽后80~90d这一层的根干重几乎不再增加,处理间基本表现为T3>T2>T1>CK;20~30cm处,在移栽后30d仅有T3出现了极为少量的根系,其他处理均未有根系产生,从移栽后40d开始根干重逐渐增加,其中在移栽后50~80d根干重增加速度较快,在移栽后80~90d除T3的根干重保持增加以外其余各处理可能由于根系老化等均出现明显的负增长。

表3-5　水平方向上各层次根干重　　　　　（单位：g）

距离/cm	处理	移栽后天数						
		30d	40d	50d	60d	70d	80d	90d
0~10	CK	1.90	3.33	12.76	21.64	30.67	57.93	62.02
	T1	2.79	5.30	20.49	35.34	42.04	59.38	76.26
	T2	2.24	8.43	22.55	42.86	57.42	82.96	93.53
	T3	5.50	12.24	24.90	42.95	50.98	81.88	96.65
10~20	CK	0.08	0.37	0.80	1.59	2.29	2.73	2.91
	T1	0.19	0.43	1.12	2.97	3.82	5.65	5.12
	T2	0.10	0.43	0.71	3.06	4.63	6.63	6.77
	T3	0.18	0.48	1.79	3.11	5.20	7.38	6.91
20~30	CK	0.00	0.19	0.78	0.89	1.67	2.01	1.67
	T1	0.00	0.59	0.81	1.47	2.07	2.51	1.66
	T2	0.00	0.34	0.67	1.76	2.32	3.70	3.17
	T3	0.10	0.44	0.83	1.80	1.82	4.04	4.58

四、施加秸秆对烤烟根冠比的影响

由表3-6可以看出,在大田生长期各处理烤烟的根冠比在移栽后40~60d急剧增大,即这个时期产生了大量的根系,可能与当年在移栽后40d时发生干旱而刺激了根系生长有关,这也是植物对环境适应的一种表现,这时期根系的快速增加对于旺长期根系吸收水分和养分供叶片发育具有重要作用。移植后60~90d时,根冠比变化较小,这时期叶片光合产物主要用于地上部的生长发育。表3-6表明,施用秸秆处理除移栽后30d外各时期均有较高的根冠比,且与对照之间的差异达到显著或极显著的水平,表明烟田施用腐熟秸秆既有利于根系生长,也有利于叶片生长发育。

表 3-6　大田生长期间各处理根冠比的变化

处理	移栽后天数						
	30d	40d	50d	60d	70d	80d	90d
CK	0.14bB	0.11dB	0.13dC	0.18cC	0.19dC	0.22bA	0.20cC
T1	0.16aA	0,13cB	0.17cB	0.25bB	0.23cB	0.21bA	0.23bBC
T2	0.13bB	0.16bA	0.18bB	0.28aA	0.26aA	0.25aA	0.24bB
T3	0.16aA	0.18aA	0.19aA	0.28aA	0.24bB	0.25aA	0.29aA

五、施加秸秆对氮素利用率的影响

氮素收获指数是指叶片氮素积累量占整株氮素积累量的比例。氮素表观利用率是指施氮区烟株氮素积累量与空白区氮素积累量的差占施氮量的百分比，反映了烟株整体对氮素的利用效率。氮肥农艺利用率是指施用氮肥后增加的产量与施氮量的比值，该值反映了施用每千克纯氮促进烟叶增产的能力。氮肥生理利用率是指作物因施用氮肥而增加的产量与相应的氮素积累量的增量的比值，反映了作物对其所吸收氮素的利用率。氮肥偏生产力是指施氮后烟株产量与施氮量的比值，其值反映了作物吸收肥料氮和土壤氮后所产生的边际效应。土壤氮素依存率是指土壤基础供氮量占施氮处理烟株吸氮量的百分比，反映了土壤对作物氮用量的贡献。由表 3-7 可知，随秸秆用量的增加，氮素收获指数与表观利用率均呈现先增加后降低的趋势，氮肥农艺利用率和偏生产力呈增加的趋势，土壤氮素依存率有先降低后增加的趋势，氮肥生理利用率在试验中无明显规律，以 T3 处理最低，这可能对降低烟碱含量有一定作用。

表 3-7　腐熟小麦秸秆用量对氮素利用率的影响

处理	氮素收获指数	氮素表观利用率/%	氮肥农艺利用率/(kg/kg)	氮肥生理利用率/(kg/kg)	氮肥偏生产力/(kg/kg)	土壤氮素依存率/%
CK	0.66					
T1	0.67	46.49	11.72	25.22	49.93	0.67
T2	0.71	54.16	13.89	25.65	52.10	0.64
T3	0.72	65.81	15.47	23.51	53.68	0.59
T4	0.69	62.48	15.56	24.91	53.77	0.61

六、小结

容重是土壤的重要物理性质，主要表现在土壤含水量、通气性及矿质元素的运移等方面，它影响土壤的孔隙度与孔隙大小分布及土壤的穿透阻力，进而影响植物根系的生长。已有研究结果表明，玉米根干重、根体积、根吸收总表面积、对氮磷钾的吸收量随容重的增加而降低，土壤酸性磷酸酶和中性磷酸酶活性随容重的增加而降低。因此，通过降低土壤容重能够在一定程度上达到促进根系发育的目的。

根系是植物重要的器官，它影响植物对土壤养分和水分的吸收，而烟草的根系更是合成烟碱的主要部位，且对烟叶的产量与品质有重要的调节作用。马新明等（2002）的研究表明烟草在整个生育期中，其根系生长无论是与生长着的地上部还是与烤后烟叶的品质都有显著的相关性。根系小、分布浅致使烟株发育不良是我国烟叶生产中普遍存在的问题之一，因此可采取一些积极的农艺措施促进根系发育，达到优质适产的目的。

根冠比是反映地下部与地上部生长协调状况的重要指标，是在环境因素作用下，作物经自我适应、自我调节后表现出的综合指标。根冠比增加有利于作物抗旱性增加，然而过分庞大的根系会影响地上部的生物学产量，出现根系冗余。因此，适宜的根冠比可以给作物带来高产。由于烟草是一种特殊的作物，并非只追求高产，而是更注重品质，因此不能仅依据根系指标来判定哪个处理最好。

添加腐熟的小麦秸秆可以有效降低烟田土壤容重，保持土壤水分。秸秆用量在 $6000 \sim 9000 kg/hm^2$，可以使土壤保持较低的容重和较高的含水量。增施秸秆促进了烤烟根系发育，尤其对垂直方向 $20 \sim 30cm$、水平方向 $0 \sim 10cm$ 处的根干重有明显的促进作用。随腐熟小麦秸秆用量的增加，烤烟根冠比呈增加趋势，从根系发育来看，腐熟小麦秸秆的用量在 $6000 \sim 9000 kg/hm^2$ 较适宜。

腐熟小麦秸秆用量不同对烟株氮素利用率的影响不同，但与常规施肥相比均提高了氮素收获指数、表观利用率和氮肥农艺利用率、偏生产力，降低了土壤氮素依存率，对氮肥生理利用率的影响无明显规律。

第三节　施加腐熟小麦秸秆对烤烟产质量的影响

当前我国烟叶生产普遍存在依赖化肥提高产量的现象，造成土壤有机质含量低，土壤板结，地力衰退，烟叶香气成分不足，降低了烟叶的使用价值，减少了烟农经济收入，制约着我国烟草农业的可持续发展。为此，本节通过研究腐熟小麦秸秆还田对烤烟产量、质量等指标的影响来探讨腐熟秸秆还田的实践意义，旨在为研究农业资源再利用及烟草农业可持续发展提供理论依据。

本试验的材料与方法和第二节相同。

一、施加腐熟小麦秸秆对烤烟产量和产值的影响

由表 3-8 可知，施用腐熟小麦秸秆能够提高上、中等烟比例，降低下等烟比例，处理 T2、T3 的上等烟比例较对照提高较多，分别提高了 3.53 个、3.34 个百分点，下等烟比例分别较对照减少了 5.23 个、5.18 个百分点，但处理间差异均未达到显著水平。处理 T2、T3 的产量差异不显著，但与其他处理之间的差异达到极显著水平，分别较对照 CK 增产 10.42%、10.69%。T2、T3 处理的均价较对照分别增加 1.39 元和 1.25 元；T2、T3 处理的产值较对照 CK 分别增加 9539.40 元/hm² 和 9264.40 元/hm²，增幅分别为 18.61% 和 18.08%。

表 3-8　试验各处理的经济性状

处理	上等烟/%	中等烟/%	下等烟/%	产量/(kg/hm²)	均价/(元/kg)	产值/(元/hm²)
CK	40.24	46.93	12.83	2 737.58cC	18.72dC	51 247.50cC
T1	41.36	48.51	10.13	2 842.54bB	19.13cB	54 377.79bB
T2	43.77	48.63	7.60	3 022.72aA	20.11aA	60 786.90aA
T3	43.58	48.77	7.65	3 030.14aA	19.97bA	60 511.90aA

二、施加腐熟小麦秸秆对烤后烟叶物理特性的影响

由表 3-9 可以看出，随着叶位升高，叶质重和单叶重增大，含梗率降低。各叶位的叶质重和单叶重均以 T2、T3 处理最高。在秸秆施用量 6000kg/hm² 之内，随着秸秆施用量的增加，烟叶含梗率有随之降低的趋势，超过 6000kg/hm²，烟叶含梗率又随之增大，除上部叶之外，含梗率以 T2 处理最小，且与其他各处理差异均达到极显著水平。

表 3-9　试验各处理烤后烟叶物理特性

部位	处理	叶质重/(g/dm²)	单叶重/g	含梗率/%
上部叶	CK	0.87bB	23.81cC	20.49bB
	T1	0.95bB	26.45bB	17.58dD
	T2	1.20aA	27.80aA	17.97cC
	T3	1.09aAB	28.16aA	21.91aA
中部叶	CK	0.75bB	19.97cC	24.38aA
	T1	0.82bAB	21.40bB	24.06bB
	T2	0.97aA	21.46bAB	22.44dD
	T3	0.99aA	21.56aA	23.10cC
下部叶	CK	0.64cC	15.04cC	26.76aA
	T1	0.68bcA	15.41bB	26.09bB
	T2	0.72abA	15.69aA	24.84dD
	T3	0.78aA	15.75aA	25.93cC

三、施加腐熟小麦秸秆对烤后烟叶常规化学成分含量的影响

从表 3-10 可以看出，试验各处理除下部叶氯含量以外其余各项指标基本都在

优质烟叶适宜值的范围内。从部位来看，总氮含量表现为中部＞下部＞上部，总糖和烟碱含量表现为上部＞中部＞下部，还原糖和钾含量基本表现为下部＞中部＞上部，中、上部的氯含量要小于下部烟叶。施用秸秆能降低中、上部叶总氮、烟碱含量，提高烟叶总糖、还原糖及钾含量，但施用秸秆各处理间差异不大。

表 3-10　试验各处理烤后烟叶的化学成分含量

部位	处理	总氮/%	还原糖/%	总糖/%	烟碱/%	Cl⁻/%	K⁺/%
上部叶	CK	1.88aA	16.99cC	23.47dD	2.81aA	0.50bB	1.43dD
	T1	1.70cB	18.00bB	24.45bB	2.41cC	0.44cB	2.12cC
	T2	1.75bcAB	18.05bB	24.70aa	2.77aA	0.53bB	2.20bB
	T3	1.82abAB	18.31aa	24.24cC	2.55bB	0.81aA	2.60aA
中部叶	CK	2.18aA	17.81cC	19.81dD	2.68aA	0.68bB	2.64dC
	T1	2.01cB	18.86bB	22.51aA	2.12cC	0.44cC	3.12cB
	T2	2.10bAB	18.88bB	21.78cC	2.45bB	0.64bB	3.43bA
	T3	2.08bcAB	19.91aa	22.31bB	2.08cC	0.99aA	3.47aA
下部叶	CK	2.10aA	14.26dC	16.03dD	1.45cC	1.28aA	2.29dC
	T1	1.90bB	20.02aA	27.04aA	1.86bB	1.17bB	3.42cB
	T2	1.93bB	20.23aA	21.39bB	1.87bAB	1.02cC	4.20aA
	T3	2.10aA	17.82cB	19.57cC	1.91aA	1.29aA	3.47bB

四、施加腐熟小麦秸秆对烤后烟叶石油醚提取物及中性致香物质含量的影响

由表 3-11 可知，各处理烟叶石油醚提取物含量在各叶位表现为相同趋势，即上部(B2F)＞中部(C3F)＞下部(X2F)。施用秸秆的处理均提高了烤后烟叶石油醚提取物含量，且与对照的差异达到极显著水平。中、下部叶石油醚提取物含量随着秸秆用量的增加而增加，上部叶的石油醚提取物含量在秸秆用量为 6000kg/hm² 时达到最高。

表 3-11　烤后烟叶石油醚提取物含量　　　　　　　　　　(单位：%)

处理	B2F	C3F	X2F
CK	7.42dC	7.03dD	6.71dD
T1	8.55cB	7.98cC	6.98cC
T2	8.96aA	8.44bB	7.68bB
T3	8.82bA	8.57aA	8.22aA

由表 3-12 可知，施用秸秆的处理中性致香物质含量均高于对照，棕色化反应产物、西柏烷类降解产物及中部叶新植二烯、苯丙氨酸类降解产物的含量均随着秸秆用量的提高而增加；在一定范围内，类胡萝卜素类降解产物及上部叶新植二

烯、苯丙氨酸类降解产物的含量随着秸秆用量的增加而增加，当秸秆用量超过 6000kg/hm² 时，其含量有降低趋势。总体看来，中性致香物质总量以秸秆用量 6000kg/hm² 处理最高。

表 3-12　试验各处理中上部烟叶中性致香物质含量　　（单位：μg/g）

部位	处理	类胡萝卜素类降解产物	苯丙氨酸类降解产物	棕色化反应产物	西柏烷类降解产物	新植二烯	致香物质总量
上部叶	CK	42.39dD	9.72cC	5.70dD	7.50dD	585.42dD	650.73dD
	T1	49.36cC	9.76cC	17.88cC	9.14cC	615.97cC	702.10cC
	T2	57.74aA	14.69aA	19.21bB	13.05bB	1008.00aA	1112.69aA
	T3	50.51bB	10.68bB	23.70aA	13.89aA	650.76bB	749.53bB
中部叶	CK	52.52bB	14.83cB	19.11dD	10.29dD	775.93dD	872.68dD
	T1	60.90aA	16.00bcB	21.66cC	11.90cC	892.19cC	1002.65cC
	T2	62.25aA	16.25bB	22.59bB	14.72bB	904.83bB	1020.64bB
	T3	61.22aA	18.72aA	29.33aA	16.91aA	1014.00aA	1140.19aA

五、施加腐熟小麦秸秆对烤后烟叶感官质量的影响

由图 3-8 和图 3-9 可知：试验各处理烤后烟叶香韵以甘草香、正甜香、焦甜香、木香、焦香为主，坚果香、辛香为辅，上部叶的香韵标度值明显高于中部叶。就叶片香韵而言，以秸秆用量 6000kg/hm² 处理最为突出。烟气状态均表现为沉溢，这是豫中烟区浓香型烤烟的重要风格。

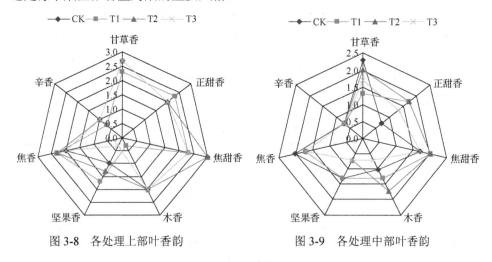

图 3-8　各处理上部叶香韵　　　　　图 3-9　各处理中部叶香韵

由表 3-13 可知，上部叶的沉溢程度及浓香特色均高于中部叶，且均以 T2 处理最佳。施用秸秆降低了中部烟叶的劲头，但与对照差异不显著。

表 3-13　烤后烟叶的风格特色

部位	处理	沉溢	浓香型	烟气浓度	劲头
	CK	3.00	3.00	3.00	3.00
上部叶	T1	3.33	3.00	3.33	3.33
	T2	3.67	3.67	3.67	3.33
	T3	3.00	2.67	3.00	3.00
	CK	2.67	2.67	3.00	3.00
中部叶	T1	2.67	2.67	3.00	2.67
	T2	3.00	3.00	3.33	2.67
	T3	2.67	2.67	3.00	2.67

注：表 3-13 和表 3-14 中数据均为标度值

表 3-14 是各处理烤后烟叶的品质特征。综合中、上部叶可知，香气质和香气量以秸秆用量 6000kg/hm² 为最高，各处理烟气透发性无明显差异。在一定范围内，通过施用秸秆，能够降低烟叶的青杂气、枯焦气，但增加了烟叶的生青气。综合考虑烟叶部位及不同类型杂气，以秸秆用量 6000kg/hm² 处理杂气最轻。

表 3-14　烤后烟叶品质特征

部位	处理	香气质	香气量	透发性	青杂气	生青气	枯焦气	木质气	细腻程度	柔和度	圆润感	刺激性	干燥感	余味
	CK	3.00	2.67	3.00	1.33	0.67	2.33	2.00	2.67	2.67	2.33	3.00	2.67	2.67
上部叶	T1	4.00	3.33	3.00	1.00	0.67	1.67	2.00	3.33	3.00	3.00	2.33	2.33	3.00
	T2	4.00	3.67	3.00	0.73	1.00	1.67	1.67	3.33	2.67	3.00	2.33	2.67	3.33
	T3	3.00	2.00	2.67	2.00	1.33	2.33	2.00	3.00	3.00	2.67	2.67	2.67	2.00
	CK	3.33	3.00	3.33	1.00	0.67	1.33	0.67	3.00	3.00	3.00	2.33	2.67	3.33
中部叶	T1	3.00	3.00	3.33	1.33	1.33	0.67	1.00	3.00	3.00	2.67	2.33	2.67	3.33
	T2	3.33	3.33	3.33	1.00	1.00		0.67	3.33	3.00	3.00	2.33	3.00	3.33
	T3	3.33	3.00	3.33	1.00	1.33	1.00	1.00	3.67	3.00	3.33	2.33	2.33	3.00

烟气特征中细腻程度、柔和度及圆润感在各叶位均表现为中部叶优于上部叶，通过添加适量秸秆能够提高烟叶细腻程度及圆润感，对烟气的柔和度影响不大，综合烟气特征各指标来看，上部叶以秸秆用量 6000kg/hm² 为最佳，中部叶以秸秆用量 9000kg/hm² 为最佳。

口感特征包括刺激性、干燥感、余味三个方面，各叶位刺激性和余味基本表现为中部叶优于上部叶，干燥感在各叶位间无明显差异。施用秸秆降低了上部叶刺激性，改善了上部叶的余味，从口感特征来看，各叶位仍以秸秆用量 6000kg/hm² 为最佳。

六、小结

已有研究表明，秸秆还田能够增加土壤的保温保墒能力，提高土壤有机碳含量，降低土壤容重，增加土壤孔隙度，改善土壤理化性状，增强土壤微生物和土壤酶活性，提高土壤原生动物丰度。然而由于新鲜秸秆含有纤维素、木质素等化合物，很难被植物吸收利用，且秸秆 C/N 较高，施入土壤后在腐熟过程中滋生大量微生物，对氮素有一定的固定作用，影响烤烟在生长前期对氮素的吸收，这与烟株的需氮规律相矛盾，影响烤烟的碳氮代谢强度，进而影响烟叶的产量及品质，因此新鲜秸秆还田应与烟草移栽间隔一段时间，或者充分腐熟后还田。

秸秆经腐熟后施入土壤，会直接增加土壤微生物数量，微生物自身与周围环境发生物质周转交换，增强土壤养分的矿化强度，同时微生物自身发生新陈代谢、死亡等也会增加土壤中能够直接被植物吸收利用的营养元素，在一定程度上能够缓解施入新鲜秸秆后出现的前期微生物与作物争氮的现象。

施加腐熟小麦秸秆能够不同程度地提高烟叶产量及经济性状，增加烟叶单叶重和叶质重，一定程度上降低烟叶含梗率，协调烟叶化学成分，更加彰显烟叶香韵，增强品质特征。综合各项指标，以施用腐熟小麦秸秆 $6000kg/hm^2$ 为最佳。

第四节　不同烟草类型秸秆化学组分分析比较

我国年产烟草秸秆约 450 万 t，以往对烟草秸秆的处理主要采取焚烧、丢弃等粗放手段，既不经济又影响环境，不当的处理方式还易引发烟草病虫害的发生与流行。国外通过对烟秆理化性质分析，从制备纸浆、乙醇、生物质液体等方面对烟秆综合利用进行了研究。近年来，国内的科技工作者从提取烟碱、生产有机肥、制备生物质燃料和活性炭等方面进行了多元化的探索，也取得了一定成果，但仍然存在资源利用不合理及综合利用率较低的问题。因此，作者对湖北省不同烟草类型秸秆的化学组分进行了综合分析，以期为挖掘烟草秸秆使用价值，合理利用烟草秸秆，减少环境污染提供参考。

所研究的烟草秸秆于 2011 年取自湖北省襄樊、十堰、宜昌、恩施等烟草产区，烟草类型包括烤烟、白肋烟和马里兰烟等。共计 38 个样品，其中烤烟秸秆 18 个，白肋烟秸秆 12 个，马里兰烟秸秆 6 个、晒烟和香料烟秸秆各 1 个。

一、不同烟草类型秸秆常规化学成分含量分析

由表 3-15 可知，不同烟草类型秸秆中，以还原糖含量的变异系数最高（87.16%），总糖次之，而氯含量的变异系数最低（24.73%）。不同烟草类型秸秆中还原糖、总糖和烟碱含量以白肋烟最高，而钾和氯含量以晒烟最高。马里兰烟秸秆的还原糖

和总糖含量，香料烟秸秆的烟碱、钾和氯含量最低。

表 3-15　不同烟草类型秸秆中的化学成分含量　　（单位：%）

指标	烤烟	白肋烟	晒烟	香料烟	马里兰烟	平均值	CV
还原糖	2.43	4.05	2.68	0.30	0.13	1.92	87.16
总糖	3.16	4.26	3.95	0.48	0.46	2.46	75.70
烟碱	0.38	0.47	0.20	0.15	0.17	0.28	50.92
钾	1.80	1.35	2.56	1.10	1.66	1.69	33.00
氯	0.44	0.36	0.48	0.27	0.29	0.37	24.73

二、不同烟草类型秸秆矿质元素含量分析

由表 3-16 可知，各烟草类型秸秆中磷、镁、铜、铁和锌含量的变异系数较高，其他元素均低于 40%。钙、钾、镁和磷含量的变幅差异较大，其他元素含量的变幅则差异较小。烤烟秸秆中钾含量相对最高，但不足 2%，晒烟、白肋烟和香料烟秸秆中钾含量次之，而马里兰烟秸秆中钾含量最低；各烟草类型秸秆中钙含量烤烟略高于香料烟，马里兰烟和白肋烟次之，晒烟秸秆中钙含量最低；香料烟秸秆含有较多的镁和磷；晒烟秸秆中除了钾和钙元素之外，镁、铁、钠和磷含量均较低；硼、铜、锰和锌含量在不同烟草类型秸秆中差异不大。

表 3-16　不同烟草类型秸秆中的矿质元素含量

烟草类型	磷 /(g/kg)	钾 /%	钙 /(g/kg)	镁 /(g/kg)	硼 /(g/kg)	铜 /(g/kg)	铁 /(g/kg)	锰 /(g/kg)	钠 /(g/kg)	锌 /(g/kg)
烤烟	1.06	1.59	7.27	1.03	0.02	0.01	0.27	0.03	0.52	0.02
白肋烟	0.95	1.31	5.72	0.59	0.02	0.01	0.31	0.02	0.49	0.01
晒烟	0.49	1.44	2.64	0.43	0.02	0.01	0.1	0.02	0.51	0.01
香料烟	1.54	1.29	7.01	1.44	0.02	0.01	0.18	0.02	0.55	0.04
马里兰烟	0.69	0.99	6.11	0.66	0.01	未检出	0.12	0.03	0.64	0.01
平均值	0.95	1.32	5.75	0.83	0.02	0.01	0.2	0.02	0.54	0.02
CV/%	42.08	16.82	32.19	48.89	22.36	44.72	45.91	27.39	10.91	65.19

三、不同烟草类型秸秆有机碳、纤维素和总氮含量分析

由表 3-17 可知，不同烟草类型秸秆中纤维素含量的变异系数、变幅均最大，C/N 的变异系数和变幅次之。马里兰烟秸秆有机碳平均含量略高于晒烟，烤烟、白肋烟和香料烟之间差异不大；晒烟和香料烟秸秆中的纤维素含量较高，而马里兰烟秸秆含量最低，烤烟秸秆纤维素含量低于平均值；白肋烟和香料烟秸秆的总氮含量高于平均值，烤烟和马里兰烟秸秆则与平均值相近，晒烟秸秆总氮含量最低；C/N 值以晒烟最高，白肋烟和香料烟较低。

表 3-17　不同烟草类型秸秆中有机碳、纤维素和总氮含量

烟草类型	有机碳/%	纤维素/%	总氮/%	C/N
烤烟	45.02	43.45	0.85	52.96
白肋烟	45.40	54.98	1.01	44.95
晒烟	46.31	68.40	0.54	85.76
香料烟	45.42	61.93	1.01	44.97
马里兰烟	46.67	22.00	0.84	55.56
平均值	45.76	50.15	0.85	53.84
CV/%	1.52	36.39	22.58	31.29

四、不同烟草类型秸秆氨基酸含量分析

从表 3-18 可以看出，不同烟草类型秸秆中各氨基酸组分含量的变异系数以 Met 最高，其他组分含量的变异系数在 29.00%～45.64%。除 Asp 和 Glu 含量的变幅相对较大外，其他组分含量的变幅均较小。各氨基酸组分含量均表现为烤烟最高，香料烟最低。从氨基酸总量来看，烤烟秸秆最高，白肋烟略高于晒烟，香料烟最低。不同烟草类型秸秆中 Asp 和 Glu 平均含量较高，Met 和 His 较低。

表 3-18　不同烟草类型秸秆中氨基酸含量　　　　　（单位：%）

指标	烤烟	白肋烟	晒烟	香料烟	马里兰烟	平均值	CV
天冬氨酸(Asp)	0.54	0.37	0.28	0.18	0.34	0.34	38.93
苏氨酸(Thr)	0.27	0.16	0.15	0.11	0.20	0.18	33.66
丝氨酸(Ser)	0.29	0.17	0.15	0.10	0.18	0.18	38.77
谷氨酸(Glu)	0.57	0.40	0.30	0.20	0.37	0.37	36.93
甘氨酸(Gly)	0.23	0.16	0.14	0.10	0.19	0.17	29.00
丙氨酸(Ala)	0.25	0.16	0.12	0.10	0.20	0.17	35.68
缬氨酸(Val)	0.26	0.15	0.13	0.09	0.20	0.17	38.71
甲硫氨酸(Met)	0.05	0.03	0.02	0.02	0.05	0.03	50.55
异亮氨酸(Ile)	0.21	0.13	0.12	0.08	0.18	0.15	34.19
亮氨酸(Leu)	0.32	0.18	0.17	0.13	0.26	0.21	36.48
酪氨酸(Tyr)	0.15	0.09	0.08	0.05	0.17	0.11	45.64
苯丙氨酸(Phe)	0.22	0.14	0.12	0.08	0.19	0.15	37.12
赖氨酸(Lys)	0.25	0.16	0.13	0.09	0.15	0.16	36.87
组氨酸(His)	0.08	0.05	0.04	0.04	0.05	0.05	32.86
精氨酸(Arg)	0.25	0.13	0.16	0.08	0.16	0.16	38.68
脯氨酸(Pro)	0.31	0.19	0.16	0.15	0.24	0.21	31.41
总量	4.25	2.65	2.27	1.61	3.14	2.79	33.95

五、不同烟草类型烟草秸秆重金属含量分析

从表 3-19 可知,不同烟草类型秸秆间铬含量的相对变幅最大,砷次之,铅和镉变幅较小。各重金属成分平均含量在不同烟草类型秸秆中依次为铬>砷>铅>镉。烤烟和马里兰烟秸秆的镉含量偏高,而马里兰烟铅含量和晒烟镉、铬与砷含量较低。

表 3-19 不同烟草类型秸秆中重金属含量

烟草类型	铅/(mg/kg)	镉/(mg/kg)	铬/(mg/kg)	砷/(mg/kg)
烤烟	1.92	1.14	11.35	5.23
白肋烟	1.47	0.87	6.21	3.56
晒烟	1.07	0.5	3.12	1.14
香料烟	1.3	0.92	4.8	2.52
马里兰烟	0.61	1.57	4.55	1.82
平均值	1.27	1	6.01	2.85
CV/%	38.15	39.3	52.95	56.2

六、小结

不同烟草类型秸秆中化学组分含量差异明显,表现为常规成分中的还原糖、总糖、烟碱、钾含量,矿质元素中的钙、镁、铜、铁、磷、锌含量及纤维素含量、C/N,氨基酸组分中的 Asp、Thr、Ser、Glu、Ala、Val、Met、Ile、Leu、Tyr、Phe、Lys、His、Arg、Pro 含量,重金属中的铅、镉、铬、砷含量的变异系数均大于 30%。这可能是由于不同烟草基因型不同,以及部分烟草类型秸秆的后期干燥方式不同,烤烟和香料烟秸秆一般在田间自然干燥,而白肋烟和马里兰烟秸秆与烟叶的调制相似,即通过晾晒结合的方式干燥。

白肋烟秸秆中两糖(还原糖和总糖)、烟碱、总氮含量最高,C/N 最低;烤烟秸秆中钙、钾、镁、氨基酸各组分含量最为丰富,铅、铬、砷含量较高;晒烟秸秆中钾、氯和纤维素含量丰富,C/N 高,钙与锌含量最低;香料烟秸秆中磷、锌、总氮含量丰富,烟碱、氯、钾、氨基酸各组分含量均最低;马里兰烟秸秆中有机碳和镉含量最高,还原糖、总糖、硼、铜、锌、纤维素和铅含量最低。

本研究结果显示晒烟秸秆中纤维素含量最高,适宜用于制备纸浆、乙醇、生物质燃料、活性炭等;白肋烟秸秆中烟碱含量最高,适宜用于提取烟碱;生产有机肥要求秸秆氮磷钾含量≥4%,有机质含量≥30%,氨基酸、矿物质丰富,而香料烟、烤烟秸秆中氮磷钾含量相对丰富,烤烟、马里兰烟秸秆中氨基酸含量丰富,烤烟与香料烟秸秆中矿物质相对丰富,同时我国烤烟秸秆资源在各烟草类型秸秆中比例最大,但烤烟重金属含量偏高,应针对不同类型烟草秸秆进行合理利用,以提高综合效益。

第五节　秸秆还田对植烟土壤碳库及烟叶品质的影响

我国是世界上秸秆资源最丰富的国家之一，每年秸秆资源量占全世界总量的30%。在农业生产过程中，秸秆还田作为秸秆利用的一种方式，可通过增加土壤有机碳的直接输入实现固碳，维持土壤有机质平衡。土壤有机碳是表征土壤质量的关键指标之一，直接或间接影响土壤的特性和养分循环。目前，秸秆还田在强化土壤有机碳积累方面备受关注（王改玲等，2012；田慎重等，2010），随着土壤养分循环和有机碳动态变化研究的深入，活性有机碳与土壤碳库管理指数逐渐成为土壤质量评价和土壤管理的重要指标。碳库管理指数综合了土壤碳库指标和土壤碳库活度两个方面的内容，能够比较全面和动态地反映外界条件对土壤有机碳性质的影响（徐明岗等，2006）。

河南省作为植烟大省，由于化肥常年大量施用，土壤养分失衡，烤烟品质受到影响。烟草作为一种特殊的经济作物，要实现烟草的优质适产，就必须为烟草生长创造一个良好的土壤环境。秸秆是农作物的主要副产品，是含碳丰富的有机资源。秸秆还田通过增加土壤的保温保墒能力，提高土壤有机碳含量，降低土壤容重，增加土壤孔隙度，从而改善土壤的理化性状，提高作物产质量。曾宇等（2014）研究表明，施用腐熟小麦秸秆能够不同程度地提高烟叶产量及上等烟比例，提高烟叶的经济性状。秸秆还田对烤烟生长发育及土壤理化性状的影响已有较多报道，但关于秸秆还田对植烟土壤碳库影响的研究还较少。因此，本节通过研究腐熟小麦秸秆还田对土壤碳库的影响，来分析其改良土壤的效果，为烟田土壤保育技术研究提供参考。

试验于 2017 年在洛阳市汝阳县内埠镇罗洼村进行，供试品种为中烟 100。试验在常规施肥的基础上设 4 个处理：CK 为无秸秆还田，T1 为秸秆还田量 6000kg/hm², T2 为秸秆还田量 9000kg/hm², T3 为秸秆还田量 12 000kg/hm²。在 4 月 7 日（烤烟移栽前一个月）将腐熟秸秆均匀撒施到试验田内，使用旋耕机将秸秆翻入土壤，均匀浇水并沉降 1 周后，再次使用旋耕机旋耕，深度约为 20cm。

土壤碳库管理指数（CPMI）计算方法如下（沈宏等，2000）。

稳态碳（g/kg）=总有机碳（g/kg）-活性有机碳（g/kg）

碳库指数（CPI）=农田土壤有机碳（g/kg）/参照农田土壤有机碳（g/kg）

碳库活度（A）=活性碳（g/kg）/稳态碳（g/kg）

碳库活度指数（AI）=农田碳库活度/参照土壤碳库活度

碳库管理指数（CPMI）=碳库指数×碳库活度指数×100

参考土壤为试验田附近未耕作的森林土壤。

一、秸秆还田对土壤微生物生物量碳和氮的影响

土壤微生物生物量碳（MBC）是土壤有机碳中活性最高的部分，其所占比例虽

然较低，但对土壤有机碳的动态过程具有重要影响。由图 3-10 可以看出，随生育期的延长，各处理 MBC 含量呈现先增加后降低的趋势，均在移栽后 60d 达到最大值。移栽后 45d 和 60d，处理 T1、T2、T3 的 MBC 含量均显著高于 CK，但三个处理间差异不显著；移栽后 75d，处理 T2 的 MBC 含量最高，略高于 T3，显著高于 CK 和处理 T1；移栽后 90d，各处理 MBC 含量随秸秆还田量的增加明显升高，整体趋势为 T3>T2>T1>CK。

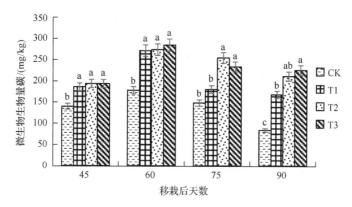

图 3-10　秸秆还田对土壤微生物生物量碳的影响

不同小写字母表示差异达到显著水平（$P<0.05$），下同

王淑平等（2003）的研究表明，土壤微生物生物量氮（MBN）是重要的土壤活性氮"库"和"源"，直接调节土壤氮素的供给，一定程度上反映了土壤的供氮能力，其周转率比土壤有机氮快 5 倍，是土壤矿化氮的主要来源。根据图 3-11 可知，随着时间的推移，土壤 MBN 含量整体呈先上升后下降的趋势，各处理土壤 MBN 含量在移栽后 60~75d 达到最大。移栽后 75~90d，各处理土壤 MBN 含量均为 T3>T2>T1>CK；移栽后 75d，处理 T1、T2、T3 土壤 MBN 含量分别是 CK 的 1.75 倍、1.92 倍和 2.42 倍。

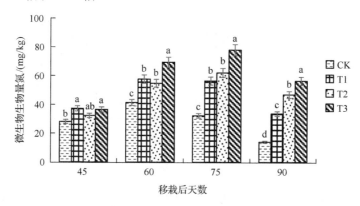

图 3-11　秸秆还田对土壤微生物生物量氮的影响

土壤微生物生物量碳氮比(MBC∶MBN)可作为土壤氮素供应能力和有效性的评价指标(王利利等，2013)。如图 3-12 所示，随着烤烟的生长发育，土壤微生物生物量碳氮比呈现先降后升的趋势，移栽后 45d，处理 T2 显著高于其他处理。移栽后 60d，处理 T2＞T1＞T3＞CK。在烤烟生长发育后期，秸秆还田使土壤微生物生物量碳氮比降低，移栽后 90d，整体趋势为 CK＞T1＞T2＞T3。

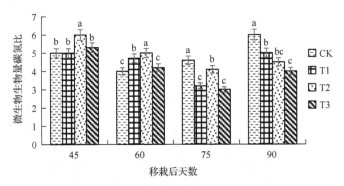

图 3-12　秸秆还田对土壤微生物生物量碳氮比的影响

二、秸秆还田对土壤总有机碳、可溶性有机碳及微生物熵的影响

土壤总有机碳(TOC)是反映土壤肥力状况的重要指标之一，直接影响土壤肥力和作物产量。从图 3-13 可以看出，随着生育期的延长，土壤总有机碳含量变化平稳。秸秆还田后增加了土壤总有机碳含量，移栽后 45d，处理 T1、T2、T3 土壤总有机碳含量分别是 CK 的 1.06 倍、1.19 倍和 1.28 倍。移栽后各时期，处理 T3 的土壤有机碳含量均较高，移栽后 90d，处理 T3 土壤总有机碳含量为14.84g/kg。

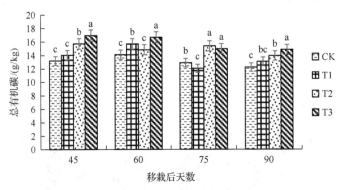

图 3-13　秸秆还田对土壤总有机碳的影响

土壤可溶性有机碳(DOC)在微生物生化循环中起着关键作用，直接影响生态

系统中土壤养分的有效性和流动性。由图 3-14 可以看出，随着秸秆还田量的增加，土壤可溶性有机碳含量增加。移栽后 45d，处理 T3 可溶性有机碳含量显著大于其他处理，CK 最小。移栽后 60d，处理 T1、T2 和 T3 可溶性有机碳含量分别较对照提高了 44.01%、68.37% 和 79.26%。移栽后 90d，施用腐熟小麦秸秆的各处理 DOC 含量均显著大于 CK，处理 T3 最大，为 33.95mg/kg。

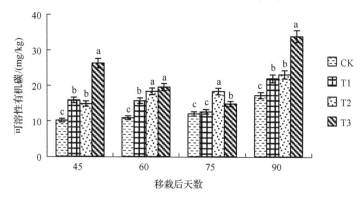

图 3-14　秸秆还田对土壤可溶性有机碳的影响

土壤可溶性有机碳占总有机碳的比例是反映土壤碳库质量的重要指标，可以用来指示总有机碳的稳定性、有效性和水溶性。由图 3-15 可以看出，随着秸秆还田量的增加，土壤可溶性有机碳占总有机碳的比例整体呈增加趋势。移栽后 45d，处理 T3 可溶性有机碳占总有机碳的比例最大，约为 0.15%，CK 最小。移栽后 60d，处理 T2 和 T3 比例差异较小，但都显著大于处理 T1 和 CK。移栽后 90d，各处理可溶性有机碳所占比例整体趋势为 T3＞T1＞T2＞CK。

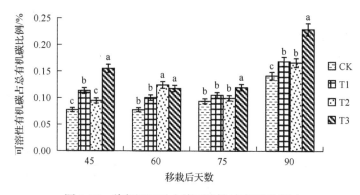

图 3-15　秸秆还田对土壤可溶性/有机碳的影响

微生物熵（qMB）是指土壤微生物生物量碳与土壤总有机碳的比值，qMB 的变化反映了土壤中输入的活性有机碳（SOC）向 MBC 转化的效率、土壤中碳的损失和土壤矿物对有机碳的固定。qMB 值越大，SOC 分解越快，活性有机碳转化得越快，土壤微生物越活跃。从图 3-16 可以看出，处理 T1、T2、T3 的 qMB 值均显著大于对照。移栽后 60d，各处理的 qMB 均达到较大值，整体趋势为 T3＞T2＞T1＞CK，施用秸秆的土壤 qMB 值在 1.73%～1.89%。

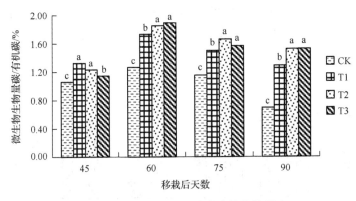

图 3-16　秸秆还田对土壤微生物熵的影响

三、秸秆还田对土壤碳库管理指数的影响

土壤活性有机碳是指土壤中有效性较高、易被土壤微生物分解利用、对植物养分供应有最直接作用的有机碳。秸秆还田可影响土壤碳库活度指数（表 3-20），从而影响土壤碳库管理指数。移栽后 45d，与对照相比，T1、T2 和 T3 处理活性有机碳碳库活度指数分别提高了 70.00%、116.67% 和 125.00%，碳库管理指数分别提高了 82.41%、160.75% 和 189.63%，中活性有机碳碳库管理指数分别提高了 10.36%、3.11% 和 58.31%，高活性有机碳碳库管理指数分别提高了 195.16%、129.22% 和 226.21%，活性有机碳的碳库管理指数与活度指数整体趋势为 T3＞T2＞T1＞CK。移栽后 90d，处理 T3 活性、中活性和高活性有机碳碳库管理指数和活度指数均大于其他处理，高活性有机碳碳库管理指数和活度指数的整体趋势为 T3＞T2＞T1＞CK。由表 3-20 整体可以看出，与 CK 相比，施用腐熟秸秆，提高了土壤碳库指数，且随着秸秆还田量的增加，碳库活度指数和碳库管理指数均增加。

表 3-20　秸秆还田对碳库管理指数的影响

移栽后天数	处理	活性有机碳		中活性有机碳		高活性有机碳		碳库指数 (CPI)
		碳库活度指数 (AI)	碳库管理指数 (CPMI)	碳库活度指数 (AI)	碳库管理指数 (CPMI)	碳库活度指数 (AI)	碳库管理指数 (CPMI)	
45d	CK	0.60c	46.85d	1.56b	122.88c	0.58c	45.89c	0.79c
	T1	1.02b	85.46c	1.62b	135.61b	1.62a	135.45ab	0.84b
	T2	1.30ab	122.16b	1.35c	126.70b	1.12b	105.19b	0.94a
	T3	1.35a	135.69a	1.93a	194.53a	1.48a	149.70a	1.01a

续表

移栽后天数	处理	活性有机碳		中活性有机碳		高活性有机碳		碳库指数(CPI)
		碳库活度指数(AI)	碳库管理指数(CPMI)	碳库活度指数(AI)	碳库管理指数(CPMI)	碳库活度指数(AI)	碳库管理指数(CPMI)	
60d	CK	0.57c	47.50d	0.97c	81.13d	1.34b	112.59c	0.84b
	T1	0.81b	64.44c	1.37a	128.06b	1.58a	147.72a	0.94a
	T2	0.89a	78.28b	1.11b	97.77c	1.42b	125.18b	0.88b
	T3	0.92a	90.93a	1.48a	137.25a	1.60a	158.81a	0.99a
75d	CK	1.10b	84.18c	1.05c	157.76b	0.99c	76.15c	0.77b
	T1	1.38a	99.21b	1.24c	161.03b	0.91c	65.66c	0.72b
	T2	1.15b	105.40a	1.71b	156.80b	1.49a	136.70a	0.92a
	T3	1.40a	110.35a	2.86a	255.40a	1.30b	115.53b	0.89a
90d	CK	1.10b	86.44c	1.11b	87.43c	0.36d	46.10c	0.79b
	T1	1.27a	104.18b	1.00c	77.99c	0.70c	54.60c	0.78b
	T2	1.17b	101.55b	1.22b	106.74b	1.02b	88.92b	0.87a
	T3	1.28a	112.68a	1.40a	124.02a	1.53a	135.26a	0.88a

四、不同活性有机碳与全氮、全碳的相关分析

土壤有机碳氧化的实质是微生物通过酶的催化作用将有机碳氧化成 CO_2 的过程。Logninow 等(1987)和 Conteh 等(1997)利用化学方法模拟这种生物学过程，由表 3-21 相关分析可知，中活性有机碳与全碳、全氮呈显著正相关关系，高活性有机碳与全碳呈极显著正相关关系，不同活性有机碳与全氮、全碳的相关系数大小均表现为高活性有机碳＞中活性有机碳＞活性有机碳，总有机碳与全碳和低活性、中活性、高活性有机碳呈显著或极显著相关关系。

表 3-21　土壤活性有机碳与全氮、全碳的相关系数

指标	全氮	全碳	碳氮比	活性有机碳	中活性有机碳	高活性有机碳	总有机碳
全氮	1.000						
全碳	0.590[*]	1.000					
碳氮比	0.648[**]	0.225	1.000				
活性有机碳	0.335	0.255	−0.226	1.000			
中活性有机碳	0.517[*]	0.561[*]	−0.126	0.442	1.000		
高活性有机碳	0.576[*]	0.726[**]	0.265	0.377	0.413	1.000	
总有机碳	0.309	0.710[**]	0.267	0.515[*]	0.624[*]	0.842[**]	1.000

五、秸秆还田对烤后烟叶中部叶化学成分含量的影响

由表 3-22 可知，随着秸秆还田量的增加，烤烟总糖、还原糖含量和两糖比呈上升趋势。秸秆还田降低了烤烟 Cl^- 含量，提高了 K^+ 含量和钾氯比。烤烟烟碱含量表现为 T3＞CK＞T1＞T2。秸秆还田对烤烟总氮含量影响不显著，但提高了氮碱比。

表 3-22 秸秆还田对烤烟中部叶化学成分的影响

等级	处理	总糖/%	还原糖/%	Cl^-/%	K^+/%	烟碱/%	总氮/%	两糖比	钾氯比	氮碱比
C3F	CK	22.84c	17.62c	0.88a	1.33b	2.18b	1.42a	0.77c	1.51d	0.65b
	T1	22.93c	18.11c	0.81ab	2.56a	1.96c	1.51a	0.79b	3.16c	0.77a
	T2	24.87b	19.55b	0.57c	2.68a	1.95c	1.49a	0.79b	4.70a	0.76a
	T3	27.26a	21.85a	0.71b	2.76a	2.73a	1.79a	0.80a	3.89b	0.66b

六、秸秆还田对烤后烟叶经济性状的影响

由表 3-23 可以看出，秸秆还田后，上、中等烟比例和烟叶产量、产值提高，并且随着秸秆还田量的增加，产量、产值呈现增加趋势，T3 总产值达到 55 192.06 元/hm²。在烟叶等级中，T3 处理上等烟比例最高（46.11%），上、中等烟比例的整体趋势为 T3＞T2＞T1＞CK。

表 3-23 烤后烟叶经济性状分析

处理	产量/(kg/hm²)	产值/(元/hm²)	上等烟比例/%	中等烟比例/%
CK	1 978.75	39 968.38	37.85	43.64
T1	2 032.35	45 088.50	43.13	45.95
T2	2 248.80	52 255.37	45.77	47.37
T3	2 344.05	55 192.06	46.11	48.34

七、小结

作物秸秆的主要组成成分是各种含碳化合物，秸秆还田后一部分碳被矿化分解释放，在微生物作用下，其余部分被逐步分解转化形成腐殖质存在于土壤中。土壤腐殖质是土壤有机质的重要组成部分，是有机物料在微生物、酶的作用下形成的特殊类型的高分子有机化合物的混合物。路文涛等(2011)研究表明，秸秆还田能显著增加 TOC 含量，随秸秆还田量的增加，TOC 含量分别较 CK 提高 29.30%、40.76%和 30.57%。本研究表明，秸秆还田后，与处理 CK 相比，显著提高了植烟土壤总有机碳含量，随着秸秆还田量的增加，有机碳含量增加。主要原因一方面是秸秆还田增加了土壤有机碳输入量，促进了土壤中水稳性团聚体结构的形成，

加速土壤有机碳积累,另一方面是秸秆还田处理的土壤水溶性物质、胡敏酸、富里酸、胡敏素等腐殖物质增加,提高了土壤总有机碳、可溶性有机碳的含量。秸秆还田不仅增加了土壤有机碳含量,也增加了土壤微生物生物量。土壤微生物生物量碳、氮是土壤碳素和氮素的重要来源,在微生物作用下土壤有机物质分解成为植物可利用的有效养分,同时土壤微生物对无机营养元素也起到一定的固持作用。本研究表明,随着秸秆还田量的增加,土壤 MBC、MBN 含量均增加。这是因为秸秆还田增加了外源有机物的投入,为土壤中微生物提供了大量的碳源物质,微生物加快繁殖,土壤微生物活性提高,而微生物分解的有机物质及秸秆腐解物是活性碳组分的主要来源,所以土壤中活性碳组分含量均增加。

土壤中活性碳组分占有机碳的比例可在一定程度上反映土壤有机碳的质量和稳定程度。该比例越高表示碳素有效性越高,越易被微生物分解矿化及周转期越短或活性越高,比例低则表示土壤有机碳较稳定,不易被生物所利用(李新华等,2016)。本研究表明,不同秸秆还田量均显著影响了土壤活性碳组分占有机碳比例,提高了土壤 DOC 和 MBC 在总有机碳中的比例,提高了微生物熵,改变了土壤质量。这是因为秸秆作为外源有机物料进入土壤,腐烂分解后增加了土壤微生物的数量,提高了微生物活性,土壤微生物在分解过程中对碳素进行固定,养分进入土壤活性碳库,有助于土壤活性碳库的积累,从而增加了土壤微生物生物量碳和可溶性有机碳的含量。但从土壤固碳的角度看,土壤中 DOC/TOC 值大则降低土壤有机碳的稳定性,不利于碳的保存。这可能是因为秸秆还田减少了土壤表面的径流,并增加了土壤温度,有利于提高土壤 DOC 含量。柏彦超等(2011)研究发现,秸秆还田增加了土壤可溶性有机碳含量,在应对不良自然条件时,还田的秸秆聚集在土壤表面,在土壤和大气之间形成一层屏障,减少了土壤水分蒸发。高云超等(1994)研究发现秸秆还田能降低土壤表面风速,使水分和热量交换速率降低,更有利于养分的矿化和吸收。

土壤活性有机碳虽然占总有机碳比例很小,但由于它是土壤微生物的能源物质及土壤养分的驱动力,可以直接参与土壤生物化学过程,因此在维持土壤肥力、改善土壤质量、保持土壤碳库平衡等方面具有重要意义。相关分析表明,高活性有机碳与全碳、总有机碳呈显著或极显著相关关系,中活性有机碳与全碳、总有机碳呈显著相关关系,而活性有机碳仅与总有机碳呈显著相关关系,说明有机碳的活性越高,对土壤质量变化越敏感。这与王改玲等(2017)的结论相似。碳库管理指数综合了人为影响下土壤碳库指标和土壤碳库活度两方面的内容,一方面反映了外界条件对土壤有机碳数量变化的影响,另一方面反映了土壤活性有机碳数量的变化,所以能够较全面和动态地反映外界条件对土壤有机碳的影响。本研究表明,秸秆还田提高了活性、中活性和高活性有机碳碳库活度和管理指数,高活性有机碳碳库管理指数提高幅度较大。因此,秸秆还田能够提高土壤碳库管理指数，对提高土壤肥力、增加土壤碳库容量、减少碳库损失及平衡该区农田土壤碳库意义重大。

植物碳水化合物的生物合成受到多因素的影响。大量的研究表明，光照、温度、干旱、海拔等生态环境因素对烟草叶片碳水化合物的含量也会产生影响。本试验研究表明，添加腐熟秸秆，有利于烟叶品质形成，随着秸秆还田量的增加，烤后烟叶总糖、还原糖及两糖比有不同程度的增加，这是因为土壤添加腐熟秸秆有利于成熟期烟叶碳代谢的进行，降低了烤后烟叶的淀粉含量，增加了总糖和还原糖含量，对提高烟叶品质具有重要意义。同时，随着秸秆还田量的增加，烤后烟叶上、中等烟比例提高，与对照相比，烟叶产量、产值得到明显提高，可能是由于秸秆的腐解，增加了土壤有机质，降低了土壤容重，改善了土壤物理化学性质，促进了烟株生长和根系发育，提高了烟株抗逆性，并有效改善了烟叶品质，从而提高了作物的产量、产值。

综上所述，秸秆还田显著提高了土壤总有机碳、可溶性有机碳、不同活性组分有机碳含量及各组分碳库管理指数。通过秸秆还田，烤后烟叶品质和经济效益得到提高，以常规施肥配施秸秆还田 12 000kg/hm^2 效果最好。

第四章　农家肥对植烟土壤改良效果及烟叶品质的影响

烤烟是需肥量较大的作物，为满足烤烟生长需求，农民在烟叶生产过程中往往大量、过量施用化肥。长期大量施用化肥导致烟田土壤板结、有机质含量下降、养分失衡和土壤酸化、盐渍化等。土壤退化已经开始制约我国烟叶生产的可持续发展。针对农田土壤，我国农业部提出了"一控两减三基本"的原则，国家烟草专卖局也将土壤保育列为烟草行业"十三五"重大专项之一，凸显行业对烟田土壤修复的重视。

有机肥是指主要来源于植物和（或）动物，经过发酵腐熟的含碳有机物料。例如，饼肥已广泛用于烟叶生产，并对烟叶品质提升起到良好的作用，但其成本高，施用量小，改良烟田土壤的效果甚微。农家肥是指就地取材，主要由植物和（或）动物残体、排泄物等富含有机物料制作而成的肥料（NY/T 394－2013），其成本低廉，且营养均衡、养分全面，还能活化土壤中潜在养分，提高土壤微生物多样性和土壤生物活性，改善土壤理化性质，提高土壤肥力。本章研究主体为基地单元合作社就地取材堆沤的农家肥，并从农家肥堆沤过程中养分变化、腐熟农家肥在田间的养分矿化规律、施用农家肥的田间培肥效果及其对烤后烟叶品质的影响四个方面进行研究，以期为烟田土壤保育、农家肥规范生产和施用提供参考。

第一节　农家肥堆沤过程中养分变化

重庆地区玉米种植量大，奶牛、肉牛和生猪养殖普遍，具有自制农家肥的条件。同时，玉米秸秆、牛粪纤维含量高，对提高土壤通透性、改善其耕性等非常有利，而猪粪营养高、C/N 低，与玉米秸秆和牛粪混合发酵有利于提高堆肥发酵速度与农家肥肥效。目前，重庆烟区已经开始大范围推广农家肥的示范应用，但常出现堆沤发酵不彻底、不均匀、产品质量不一等问题，严重影响了农家肥在烟叶生产中的应用效果。施用未腐熟农家肥会导致烟叶生长不良、病害高发等，进而影响烟农的经济效益。所以，研究农家肥的发酵过程具有突出的现实意义。本节研究农家肥在堆沤发酵过程中的养分变化，为农家肥堆沤腐熟提供技术参考。

农家肥堆沤试验于 2015 年在重庆市彭水县进行。供试材料为玉米秸秆、牛粪、猪粪，发酵菌剂为成都华隆生物科技公司生产的黄金宝贝肥料发酵剂。将玉米秸秆粉碎成 3～5cm 段状，按照玉米秸秆：猪粪：牛粪：石灰=50：25：20：5 的比例物料混合均匀，发酵物初始 C/N 值为 22.03。将发酵剂 5kg 加入 300kg 水中混匀后，浇淋于发酵堆并调节发酵堆含水率在 50%～60%。采用条垛式好氧高温堆肥方式发酵，物料堆底部宽为 1.5～2m，高度为 1m，长度为 10m。试验设置 3 次重复，堆沤 7d 后开始翻堆。待发酵堆体无明显臭味、无白色菌毛、秸秆变成易碎的黑褐色后即表明发酵完成。

一、农家肥堆沤过程中发酵堆温度的变化

农家肥发酵过程中微生物分解有机物进行代谢，同时释放出热量，堆体温度发生改变，微生物的种群结构与代谢活力也随之发生相应的改变。因此，温度可以作为反映堆肥系统微生物活性和有机质降解速度的指标，是堆肥过程的核心参数。发酵堆温度呈现出"M"形变化趋势(图 4-1)。堆肥开始时温度为 5℃，5d 左右上升至 59.0℃。在堆沤的第 10～16d，由于翻堆，发酵堆温度下降为 41.6～47.3℃。堆温在堆沤第 17～22d 维持在 48.0～53.7℃。发酵至第 26d 时堆温下降至 30.5℃。此后，发酵堆温度一直缓慢下降。堆温发酵至第 3d 即达到 50.0℃以上，且持续了 8d 后又持续了 4d，符合卫生学标准。

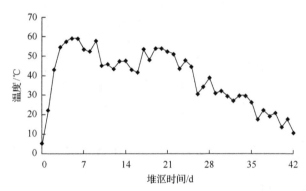

图 4-1　农家肥堆沤过程中发酵堆中心温度变化

二、农家肥堆沤过程中有机质和总氮含量的变化

(一)农家肥堆沤过程中有机质含量的变化

农家肥发酵腐熟过程中，微生物分解和转化原料中可降解的有机物并产生 CO_2、H_2O 和热量，微生物对有机物的降解是堆肥中碳元素损失的主要原因。堆体有机质含量呈现持续下降的趋势(图 4-2)。在堆沤第 0～14d 时，有机质含量下降速度较快，降幅达到 27.75%。经过 20d 发酵后，堆体有机质含量下降逐渐趋缓。发酵第 42d 时，堆体的有机质含量下降至 352.20g/kg。

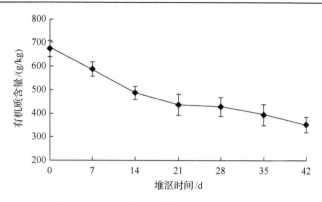

图 4-2　农家肥堆沤过程中有机质含量变化

所测农家肥养分含量以干基计，下同

（二）农家肥堆沤过程中总氮含量的变化

农家肥在堆沤过程中氮素和有机质含量的变化趋势不同。堆沤前期总氮含量有少量下降（图 4-3），之后随着堆肥物料中有机物质的分解，总氮含量逐渐上升。堆沤第 7d 时，发酵堆总氮含量处在相对较低的水平，为 15.12g/kg。堆沤第 14d 时，发酵堆总氮含量上升至 17.12g/kg。第 21d 时发酵堆的总氮含量达到最高水平，之后氮素含量变化较小。发酵第 42d 时，农家肥总氮含量为 21.24g/kg。值得说明的是，在堆沤过程中，堆体中总氮含量降低速率比总碳稍慢，总氮含量在堆沤后期略有升高。

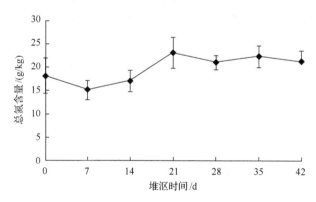

图 4-3　农家肥堆沤过程中总氮含量变化

三、农家肥堆沤过程中 C/N 和 *T* 值的变化

发酵过程中，C/N 是决定有机物料发酵速度和质量的重要因素。C/N 过高，微生物的生长受到限制，有机物料分解速度慢，发酵过程长；C/N 过低，有机物

料分解速度快，温度上升迅速，堆肥周期短，但易导致氮元素大量流失而降低肥效（黄国锋等，2003）。从图4-4可以发现，发酵堆的C/N变化趋势与有机质含量变化趋势类似，堆沤第7d后，发酵堆C/N呈逐渐下降趋势。发酵第35d时，C/N值为11.55。发酵第42d时，C/N值下降为9.86。

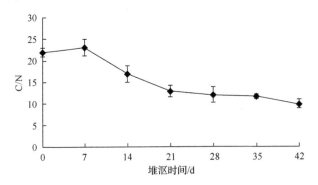

图4-4　农家肥堆沤过程中有机物料C/N变化

C/N是最常用于评价堆肥腐熟度的参数，理论上腐熟的堆肥C/N值约为10，但有些堆肥原料C/N较低，此时C/N就不宜直接作为判定参数（Hirai et al.，1983）。Morel等（1985）建议采用T值[T=（终点C/N）/（初始C/N）]来评价腐熟度，认为T值小于0.6时堆肥达到腐熟。Vuorinen和Saharinen（1997）认为腐熟的堆肥T值应在0.49～0.59。发酵堆T值在堆沤初始阶段略有升高，堆沤第7d时为1.05（图4-5），此后呈下降趋势；发酵堆T值在堆沤第21d时降至0.58，堆沤第35d时降至0.52，堆沤第21～35d时在0.49～0.59，堆沤第42d时降至0.45（<0.49），较低。

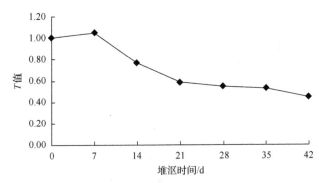

图4-5　农家肥堆沤过程中有机物料T值变化

在堆沤前期，堆温迅速升高，微生物开始大量分解有机物来进行自身代谢。此后堆体有机质含量、C/N开始迅速下降，碳素的消耗速率大于氮素。在发酵后期，碳素消耗速率与氮素接近，故氮素含量在发酵后期变化较小。堆体C/N达到平衡状态表明农家肥几近发酵完成。

四、农家肥堆沤过程中腐殖酸组分含量的变化

(一)农家肥堆沤过程中腐殖酸含量的变化

腐殖酸是动植物遗骸等有机物经过微生物分解和转化而形成的一类有机高分子弱酸，由碳、氢、氧、氮、硫等元素组成，以芳香核为中心，具有脂肪族环状结构。腐殖酸有提高肥料利用率、改良土壤结构等作用。从图 4-6 可以看出，农家肥在堆沤过程中，腐殖酸含量呈现出先降后升的趋势。发酵初始时堆体腐殖酸含量为 201.57g/kg，发酵第 14d 时降至 155.10g/kg，之后腐殖酸含量又呈现稳步上升的趋势，至堆肥第 42d 时，腐殖酸含量升至 188.13g/kg。

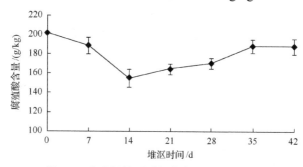

图 4-6　农家肥堆沤过程中腐殖酸含量变化

(二)农家肥堆沤过程中富里酸含量的变化

富里酸相对分子量低，结构相对简单，有较高的酸度，羧酸类和酮类降解中间产物含量较高，比胡敏酸溶解性高，能有效迁移农药和其他有机污染物。富里酸比胡敏酸能更大程度传递到作物茎尖，其进入植物体内可以提高叶绿素含量，促进光合作用和呼吸作用(窦森，2010)。在整个堆沤过程中富里酸含量呈现出先上升后下降最后趋于稳定的趋势(图 4-7)。在堆沤第 7d 时，发酵堆中富里酸的含量达到最大值 123.70g/kg，在堆沤第 28d 时降至最低含量 67.27g/kg，降幅达到 45.67%，之后富里酸的含量变化幅度较小，总量趋于稳定。

(三)农家肥堆沤过程中胡敏酸含量的变化

胡敏酸含有丰富的脂肪类和蛋白类化合物，是土壤腐殖酸中最活跃的部分，对提高土壤肥力和改善土壤环境有重要影响，其理化性质可直接反映出土壤的肥力水平和土壤抵御污染及抗退化的能力(吴景贵和姜岩，1999)。胡敏酸含量在整个堆沤过程中呈现出先下降后上升的趋势(图 4-8)，与富里酸变化趋势相反。在堆肥的初期，胡敏酸含量迅速下降，大约在第 14d 时发酵堆中胡敏酸含量降至最低值 15.70g/kg，之后胡敏酸含量开始上升。说明堆体原有胡敏酸结构不稳定，易被微

生物分解利用，而后期重新合成的胡敏酸芳香化程度提高，稳定性增加。从堆沤第14d到堆沤结束是胡敏酸快速积累的阶段。

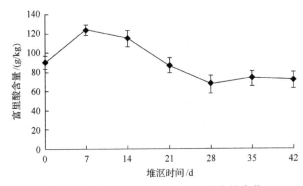

图 4-7　农家肥堆沤过程中富里酸含量变化

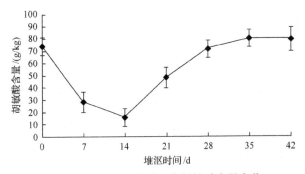

图 4-8　农家肥堆沤过程中胡敏酸含量变化

堆肥过程中，腐殖酸不同组分之间可以相互转化，同一组分的性质也会发生变化。富里酸含量在堆沤初期呈现上升趋势，表明在微生物迅速繁殖期富里酸的合成速度大于消耗速度，也表明此时堆肥腐殖化程度较低。新形成的胡敏酸结构相对不稳定，容易被微生物利用，故胡敏酸含量在堆沤发酵前期呈下降趋势。在发酵后期，胡敏酸含量稳步上升，而富里酸含量则无明显变化，表明此时胡敏酸结构趋于稳定且富里酸处在合成与转化平衡状态下。在堆沤第35d时，堆体胡敏酸含量较高，富里酸含量也处在相对稳定状态。在堆肥过程中，胡敏酸缩合度、氧化度升高，含氮量减少，总体变成熟，但与正常耕作土壤相比仍较年轻，施入土壤后对土壤腐殖质的更新和活化十分有利（王玉军等，2009）。

五、农家肥堆沤过程中氨基酸含量的变化

从表 4-1 可以看出，农家肥经过腐熟发酵后，氨基酸含量较发酵前增加。在农家肥氨基酸总量中，中性氨基酸所占比例最大，且远远高于其他类型氨基酸，碱性氨基酸次之，含硫氨基酸含量最低，与 Campbell 等（1991）的研究结果一致。

开始堆沤时酸性氨基酸的含量为 830.12μg/g，在发酵过程中呈现出"W"形变化趋势，并在发酵 28d 时达到最大值，之后保持相对稳定的状态；谷氨酸含量大于天冬氨酸。碱性氨基酸变化趋势类似于酸性氨基酸，也表现出"W"形趋势；组氨酸在堆沤发酵第 28d 时出现大幅度下降，这是造成碱性氨基酸总量在发酵过程中急剧降低的主要原因；在发酵第 35～42d 时碱性氨基酸含量保持相对稳定，维持在较高的水平。中性氨基酸占氨基酸总量比例最高，在堆沤过程中也呈现出"W"形变化趋势，但变化幅度小于酸性、碱性氨基酸；堆沤第 7d 时，中性氨基酸含量降至发酵过程中最低水平 10 111.51μg/g，堆沤第 14d 时小幅上升至 12 364.59μg/g，至第 21d 时又小幅下降，之后保持稳定；脯氨酸、丙氨酸和缬氨酸含量变化对中性氨基酸总量变化的影响较大。含硫氨基酸只检测到甲硫氨酸，其含量在整个发酵过程中保持稳定状态。不同氨基酸在农家肥堆沤过程中的变化趋势是不尽相同的，或许是由不同微生物对堆体中各种氨基酸的利用能力不同造成的。

表 4-1　农家肥堆沤过程中氨基酸含量变化　　　（单位：μg/g）

氨基酸		堆沤天数						
		0d	7d	14d	21d	28d	35d	42d
酸性氨基酸	天冬氨酸(Asp)	380.22	232.25	516.77	340.80	725.80	509.15	502.47
	谷氨酸(Glu)	449.89	264.48	991.34	399.52	873.74	1 070.53	939.69
	合计	830.11	496.73	1 508.11	740.32	1 599.54	1 579.68	1 442.16
碱性氨基酸	赖氨酸(Lys)	296.69	218.61	261.03	295.18	224.97	255.36	236.34
	组氨酸(His)	1 006.04	831.74	1 134.36	849.90	132.37	1 261.50	1168.05
	精氨酸(Arg)	113.58	—	178.34	102.23	—	158.61	178.18
	合计	1 416.31	1 050.35	1 573.73	1 247.31	357.34	1 675.47	1 582.57
中性氨基酸	苏氨酸(Thr)	164.95	111.32	228.15	165.29	335.28	239.88	234.55
	丝氨酸(Ser)	200.40	128.51	286.43	177.19	353.18	323.45	286.55
	脯氨酸(Pro)	206.42	109.29	470.86	184.84	401.59	385.83	401.55
	甘氨酸(Gly)	270.55	171.34	359.79	253.98	112.57	320.28	354.66
	丙氨酸(Ala)	226.83	124.81	401.76	214.20	481.88	412.31	382.56
	缬氨酸(Val)	9 827.92	9 312.11	9 915.04	9 754.75	9 656.58	9 883.81	10 003.69
	异亮氨酸(Ile)	—	—	—	—	—	—	—
	酪氨酸(Tyr)	—	—	—	—	—	—	—
	亮氨酸(Leu)	151.39	67.31	266.59	119.36	228.25	279.92	244.18
	苯丙氨酸(Phe)	194.87	86.84	435.96	170.02	565.59	442.52	383.76
	合计	11 243.33	10 111.53	12 364.58	11 039.63	12 134.92	12 288.00	12 291.50
含硫氨基酸	甲硫氨酸(Met)	163.60	160.09	164.84	171.26	151.71	162.57	165.70
	胱氨酸(Cys)	—	—	—	—	—	—	—
	合计	163.60	160.09	164.84	171.26	151.71	162.57	165.70
氨基酸总量		13 653.35	11 818.70	15 611.26	13 198.52	14 243.51	15 705.72	15 481.93

注："—"表示痕量或未检测出

六、小结

在判定农家肥腐熟程度时常使用温度、颜色、味道、C/N、T 值进行综合判定（李承强等，1999）。当腐熟不彻底农家肥施入烟田时，由于此时 C/N 较高，会出现微生物与烟株共同竞争土壤氮素的局面。同时，未腐熟彻底的农家肥在熟化过程中产生的有机酸会影响作物种子萌发或产生烧根、熏苗的问题，也可能会在烟株成熟期释放较多氮素，致使烟叶落黄困难或落黄延迟。当施入农家肥的土壤 C/N 处在较低水平时，会加快发酵性微生物对土壤中有机态氮的分解和氮的矿化，从而提高土壤供氮潜力和供氮能力。但腐熟过于彻底、C/N 过低会使农家肥养分大量流失，降低农家肥肥效。一般认为堆料的 C/N 值在 20～30 最好，玉米秸秆的 C/N 较高，猪粪的 C/N 值较低，牛粪介于两者之间，采用玉米秸秆：猪粪：牛粪= 50：25：20 的比例满足堆料的 C/N 需求。农家肥发酵第 21d 时其 T 值降至 0.58，C/N 值为 12.83，堆体呈褐色，堆体物料较黏结，堆体内依然有明显的秸秆和粪团，有明显异味，堆温为 52.2℃，仍处于较高温度，表明堆料发酵不彻底。堆沤第 28d 时，堆体呈深褐色，有少部分呈黄色，堆体表面依然有少量粪团和玉米秸秆，堆体较为蓬松，堆体上有少许菌丝分布，稍有臭味，无蚊虫，堆温为 38.8℃，发酵仍未彻底完成。堆沤第 35d 时，堆体呈黑褐色，较为松散，无粪团和秸秆存在，有泥土芳香味，无蚊虫出现，堆体中总氮、腐殖酸、富里酸、胡敏酸含量较高且趋于稳定，酸解氨基酸总量达到最大值，堆体 C/N 值为 11.55，T 值为 0.52，满足判定农家肥腐熟物理和化学条件。第 42d 时，堆体有机质总量有略微下降趋势，发酵堆温度进一步降低，微生物发酵活性降低。故农家肥经过 35d 发酵后，各项指标均达到最佳状态，继续堆沤发酵，会使农家肥养分消耗散失。应至少在整地施用前 35d 开始着手农家肥堆沤工作。堆沤时间过早，农家肥施用时易过度腐解，肥效降低；堆沤过晚则易发酵不彻底、不均匀，影响农家肥品质，甚至对烟叶生长产生副作用。

发酵初期，堆温迅速上升，堆体中有机质含量、腐殖酸含量、胡敏酸含量及氨基酸总量迅速下降，小分子的富里酸含量则快速上升。发酵中期，微生物代谢层次变高，大分子物质合成旺盛，胡敏酸含量增加，有机物料腐殖化程度升高，氨基酸总量开始增加。发酵后期，堆体中各种有机分子含量趋于稳定，总氮含量较发酵前有所提高，发酵第 35d 左右达到最佳状态。堆沤第 35d 时，堆体 C/N 值为 11.55，T 值为 0.52，堆体蓬松、黑褐色、无异味，满足判定农家肥腐熟的化学和物理条件，可判定农家肥腐熟完全。

当采用玉米秸秆：猪粪：牛粪：石灰=50：25：20：5 的比例进行堆沤，且堆料满足 C/N 值为 20～30 的原则，经 35d 可以完成发酵。

第二节　腐熟农家肥在田间的养分矿化规律

烤烟是一种对氮素敏感的作物，全生育期吸收的氮素约 2/3 来自土壤矿化氮。烟株在生长后期，氮素需求量较少，过多氮素会造成烟叶落黄困难、耐烤性差，上部叶烟碱含量过高，烟叶香气差等问题，降低烟叶品质。研究农家肥在矿化过程中的养分释放规律及其对烟叶品质的影响对指导烟草农业生产及土壤保育具有重大意义。目前，研究农家肥氮素矿化常用室内培养的方法。室内培养虽然可以精确控制温度和湿度对土壤微生物活性的影响，估算出有机氮矿化率，但是该方式无法真实反映农家肥在烟田的矿化情况。因此，本节在大田进行了农家肥矿化研究，对深入了解农家肥在烟田的养分释放规律及其土壤培肥效果和科学指导烟农合理施肥具有重要意义。

试验于 2015 年在重庆市彭水县进行，供试品种为云烟 97，土壤为黄棕壤。土壤有机质含量为 25.47g/kg，碱解氮含量为 148.33mg/kg，速效磷含量为 19.17mg/kg，速效钾含量为 512.59mg/kg，pH 为 5.59。所用农家肥为第一节堆沤发酵完成的农家肥。

农家肥养分释放规律及其土壤培肥效果研究设置 2 个处理：CK 为在尼龙网袋中装入过 10 目筛烟田原土 200.00g；T 为在 CK 基础上每个尼龙网袋中再装入烘干磨碎过 10 目筛农家肥 20.00g，农家肥与土壤混匀。尼龙网袋为由 300 目尼龙纱网制成的 20cm×20cm 可封口袋子，具有透气、透水和不易降解的特点，可有效阻隔植物根系对尼龙网袋内养分进行吸收。4 月 15 日整地起垄，起垄时埋入尼龙网袋，5 月 5 日移栽(烟株于尼龙网袋掩埋 20d 后移栽)。尼龙网袋埋入烟田垄体距垄体表面 10cm 处，浇少量的原土悬浊液，使之与土壤接触，设置 3 次重复。尼龙网袋掩埋处在两个移栽苗穴位置中间。烟田整地起垄后，垄体上盖膜待栽。从尼龙网袋掩埋日算起，每隔 10d 在两处理中各取 3 个尼龙网袋，用于测量各项指标。

一、农家肥有机碳和有机氮矿化特征

(一)农家肥有机碳矿化特征

有机碳矿化是重要的生物化学过程，直接影响农家肥施入土壤后其养分元素的释放与供应及土壤质量的保持(崔萌，2008)。农家肥 C/N 相对较低，装入尼龙网袋掩埋后分解速度较快，掩埋 30d 后有机碳矿化率达到 52.32%，此时矿化量占 110d 总矿化量的 62.91%(图 4-9)；掩埋 40d 后，有机碳矿化率增长趋缓，表明已逐渐进入复杂物质分解阶段；掩埋 50d 时，农家肥矿化率达到 63.63%，

此时矿化量占 110d 总矿化量的 76.51%；掩埋 70d 时，农家肥矿化率达到 71.95%，此时矿化量占 110d 总矿化量的 86.51%；掩埋 110d 时，农家肥有机碳矿化率达到 83.17%。

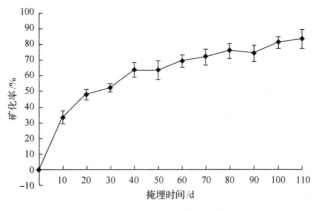

图 4-9　农家肥有机碳矿化特征

(二)农家肥有机氮矿化特征

土壤或农家肥中大多数有机态氮不能被植物直接利用，只有经过矿化作用转化成小分子有机氮或矿质态氮才能被作物吸收利用，所以有机氮的矿化程度表征着土壤供氮潜力(Fioretto et al.，1998)。从图 4-10 可以看出，农家肥中的氮在尼龙网袋掩埋过程中其净矿化率变化趋势与有机碳矿化率类似，表现为掩埋前期净矿化率增长较快，后期净矿化率增长较慢。农家肥在掩埋 30d 时其有机氮净矿化率达到 32.84%，此时矿化量占 110d 总矿化量的 70.34；掩埋 50d 和 70d 时，净矿化率分别为 37.29%和 42.30%，此时矿化量分别占 110d 总矿化量的 79.87%和 90.59%；在掩埋 110d 时，农家肥中有 46.69%的有机氮被矿化。

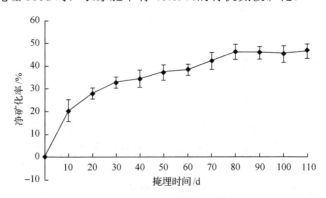

图 4-10　农家肥有机氮矿化特征

二、农家肥矿化对土壤速效养分含量的影响

(一)农家肥矿化对土壤速效磷含量的影响

土壤速效磷是植物可以直接利用的磷素，其含量可以反映土壤供磷能力。在掩埋期两处理土壤速效磷含量均呈现波动式上升趋势(图 4-11)。尼龙网袋掩埋 10～20d，CK 和处理 T 土壤速效磷含量稍有下降，20d 时达到最小值。此后，两处理的土壤速效磷含量均开始呈上升趋势，但上升轨迹不尽相同。处理 T 速效磷含量在掩埋 40d 时达到第一个峰值后略有下降，50～70d 时处理 T 土壤速效磷含量在 22.90～25.73mg/kg，而后呈上升趋势；CK 则持续上升至掩埋 70d 时达到第一个峰值，略有下降后持续升高。在整个掩埋期，处理 T 速效磷含量均高于 CK，施用农家肥有助于提高土壤速效磷含量。

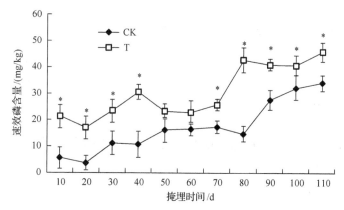

图 4-11　农家肥矿化对土壤速效磷含量的影响

*表示同一时期内两处理间差异达到显著水平(P<0.05)，下同

(二)农家肥矿化对土壤速效钾含量的影响

速效钾含量为衡量土壤钾素供应能力的重要指标。尼龙网袋掩埋 10d 时，CK 和处理 T 速效钾含量差异不显著(图 4-12)。掩埋 20～40d，处理 T 速效钾含量稳步上升，且显著高于 CK。掩埋 30～70d，处理 T 速效钾含量在 591.96～783.52mg/kg。掩埋 80～110d，处理 T 和 CK 速效钾含量均出现"V"形变化趋势。CK 速效钾含量变化波动幅度较大，且在整个掩埋阶段均低于处理 T，说明添加农家肥可以显著增加烟株生育期土壤速效钾含量，且对土壤速效钾含量变化起缓冲作用。

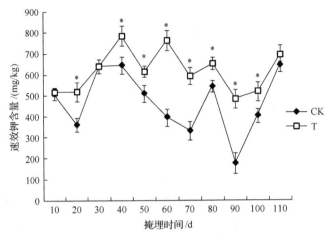

图 4-12　农家肥矿化对土壤速效钾含量的影响

(三)农家肥矿化对土壤硝态氮含量的影响

植物可以直接利用的氮素为硝态氮、交换态铵态氮和极少量的小分子有机态氮(张金波和宋长春, 2004)。从图 4-13 可以看出, 在整个掩埋期, CK 和处理 T 硝态氮含量呈逐渐升高的趋势。掩埋 30d 内, 处理 T 硝态氮含量略低于 CK; 掩埋 30d 后处理 T 硝态氮含量逐渐高于 CK, 且差距逐渐增大; 掩埋 110d 时处理 T 的硝态氮含量比 CK 高 24.06mg/kg。农家肥在掩埋前期供给土壤的硝态氮量较少, 而后供给量逐渐增加。

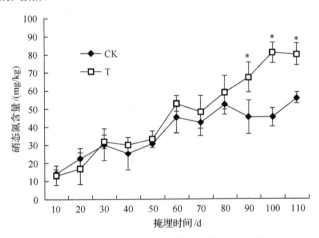

图 4-13　农家肥矿化对土壤硝态氮含量的影响

(四)农家肥矿化对土壤铵态氮含量的影响

在掩埋过程中, 土壤铵态氮含量总体呈现出先快速下降后趋于平稳的趋势

（图 4-14）。掩埋 10d 时，处理 T 铵态氮含量达到 68.14mg/kg，远高于 CK，之后处理 T 和 CK 铵态氮含量均迅速下降。掩埋 50d 时，处理 T 和 CK 的铵态氮含量没有显著差异，此后两处理间铵态氮含量差异较小。

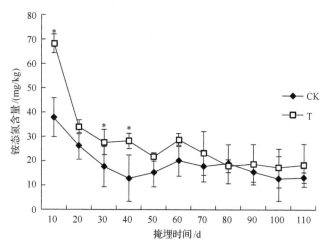

图 4-14 农家肥矿化对土壤铵态氮含量的影响

有机氮在土壤动物和微生物的作用下转化成无机态氮（主要是铵态氮），铵态氮可进一步发生硝化作用生成硝态氮（李贵才等，2001）。在通气不良条件下和反硝化细菌作用下，硝态氮被还原成氮气，造成氮素损失。该烟田土壤 pH 为 5.59，低于 6.50，偏酸性，不利于反硝化作用的发生。此外，游离的氨和亚硝酸根对反硝化作用也有抑制效果。试验中硝态氮积累的时期是在 5～9 月，或许是由烟区温度升高，土壤中硝化酶活性提高，同时土壤游离氨含量升高而抑制反硝化过程造成的。在掩埋 10～20d 时，土壤中铵态氮含量迅速下降，而硝态氮含量上升幅度却较小，可能是由烟株生长吸收大量铵态氮造成的。此外，降水导致土壤中氧气含量降低，反硝化作用增强，土壤中的部分无机氮以气体形式散失，对硝态氮的生成产生影响。

三、农家肥矿化对土壤腐殖酸组分含量的影响

（一）农家肥矿化对土壤腐殖酸含量的影响

在整个掩埋期，处理 T 腐殖酸含量整体显著高于 CK，可见施用农家肥提高了土壤的腐殖酸含量（图 4-15）。处理 T 的腐殖酸含量在整个掩埋期相对稳定，含量为 20.38～27.85g/kg；而 CK 中腐殖酸含量在掩埋后期波动较大，含量为 12.03～23.70g/kg。

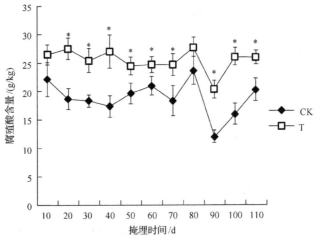

图 4-15　农家肥矿化对土壤腐殖酸含量的影响

（二）农家肥矿化对土壤胡敏酸含量的影响

从图 4-16 可以看出，处理 T 在掩埋 80d 内胡敏酸含量保持稳定，为 7.92～8.72g/kg，而 CK 胡敏酸含量变化较大，为 6.07～8.55g/kg，之后两个处理均呈现先下降后上升的趋势。处理 T 和 CK 胡敏酸含量在掩埋 90d 时达到最低，分别为 6.73g/kg 和 4.54g/kg，之后两个处理胡敏酸含量均呈上升趋势。在整个掩埋期，处理 T 的胡敏酸含量呈高于 CK 的趋势。

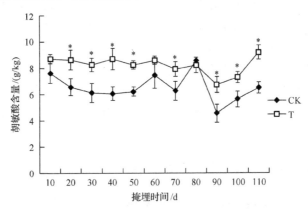

图 4-16　农家肥矿化对土壤胡敏酸含量的影响

（三）农家肥矿化对土壤富里酸含量的影响

从图 4-17 可以看出，尼龙网袋掩埋 40d 内，处理 T 富里酸含量呈波动变化但幅度较小，CK 富里酸含量则呈下降趋势。掩埋 40～80d 时，处理 T 富里酸含量先下降后升高，CK 呈波动升高趋势。两个处理富里酸含量在掩埋 80d 时达到最大值，分别为 19.60g/kg 和 16.15g/kg，此后均呈"V"形变化趋势。处理 T 富里酸含量在尼龙网袋整个掩埋过程中均高于 CK 且变化幅度相对较小，说明施用农家肥可以提高土壤富里酸含量并对土壤富里酸变化起缓冲作用。

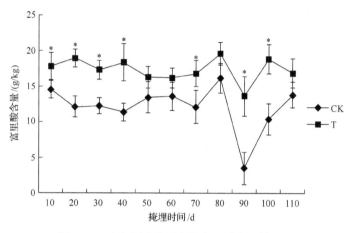

图 4-17　农家肥矿化对土壤富里酸含量的影响

有机物料在土壤中分解是形成新腐殖质的前提。农家肥施入土壤后，土壤胡敏酸和富里酸的绝对数量增加，且最初富里酸的形成速度大于胡敏酸。在土壤中，影响腐殖质稳定性的因素很多。王彦辉和 Rademacher (1999) 认为森林土壤有机质的分解速率在很大程度上受控于环境条件，其中含水率起着关键作用，干旱和水分过多都会限制土壤微生物的活动。高氧条件有利于土壤中富里酸的分解与转化，一方面，高氧有利于富里酸的氧化、聚合，使其向胡敏酸转化；另一方面，高氧可能不利于富里酸本身形成 (于水强等，2005)。重庆烟区在烟株生长后期，为除膜下杂草，撕破部分地膜，垄体土壤含水率和通气性均得到提高，但易受雨水淋蚀，且新形成的胡敏酸和富里酸氧化程度和芳香程度低，脂族性较高，分子结构简单，易被氧化分解，这或是尼龙网袋掩埋 90d 时，两处理土壤腐殖酸含量出现降低趋势，尤其是富里酸含量呈下降趋势最为主要的原因。农家肥施入土壤初期主要是以农家肥本身所含类胡敏酸物质为基础，腐解产物发生聚合作用形成新的胡敏酸，一段时间后碳水化合物和酰胺化合物以木质素分解的残体为核心发生聚合作用形成新的胡敏酸，这使土壤胡敏酸得到补充。此外，农家肥施入土壤会活化土壤原有有机质，且新形成的富里酸比原有土壤中富里酸的分解速度快，向胡敏酸转化的速度也比原有富里酸快。故处理 T 在受到外界环境影响时土壤腐殖酸含量变化表现出一定的缓冲性，而 CK 土壤腐殖酸含量易受外界环境的影响。

(四)农家肥矿化对土壤胡富比的影响

胡富比可以反映土壤腐殖物质腐殖化程度，胡富比越大表明土壤腐殖物质腐殖化程度越高。在掩埋 40d 内，CK 土壤腐殖化程度显著高于处理 T，处理 T 土壤腐殖化程度相对较低(图 4-18)。掩埋 40～60d 时处理 T 土壤腐殖物质腐殖化程度增加；掩埋 60～70d 时两个处理土壤腐殖化程度均呈下降趋势；掩埋 80～90d 时处理 T 土壤腐殖物质腐殖化程度超过 CK；掩埋 110d 时处理 T 胡富比为 0.55，高于 CK。

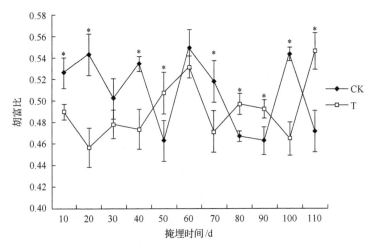

图 4-18　　农家肥矿化对土壤胡富比的影响

四、小结

试验所用农家肥 C/N 较低，养分释放较快。烤烟移栽 20d 后对氮素的吸收速率急剧增加，移栽 40d 前后对氮素的吸收量最多，移栽 55d 时烟株已吸收总氮量的 91%，之后吸收量急剧减少。所以，烟草栽培上施肥措施通常为"前促后控"。本研究结果表明，农家肥中氮素释放规律与烤烟需氮规律基本吻合，即农家肥在掩埋 70d(烟株移栽 50d)内释放了掩埋期 90.59% 的氮素。农家肥腐熟过程中，微生物将无机态氮和有机碳氮化合物进行转化分解，部分氮素参与较稳定的大分子有机物质如腐殖酸的形成，增加了农家肥中碳氮的稳定性，同时腐熟处理可以降低农家肥有机氮的矿化量，而且腐熟程度越充分降低幅度越大。此外，农家肥矿化也受原料组成、温度、水分、土壤质地等多种因素影响。有研究表明，农家肥在烟株生育期内有机氮矿化率在 30%～60%。本试验中，农家肥在掩埋 110d 时，农家肥中仅有 46.69% 的有机氮被矿化，并且有机氮总矿化量中 80% 以上的氮素是农家肥在施入土壤后 50d 内释放的。因而本试验结果表明，合理施用农家肥可在改良烟田整体土壤状况的同时，避免烟株吸收过多氮素，即农家肥的养分释放规律在符合烤烟需肥规律的同时也避免了对烟叶正常落黄产生负面影响。

充分腐熟的农家肥施入土壤后，有机碳、有机氮迅速矿化，在掩埋 70d 内矿化的有机碳和有机氮分别占整个掩埋期矿化量的 86.51% 和 90.59%。充分腐熟的农家肥施入土壤有机碳与有机氮遵循"前期矿化快、后期矿化慢"的特点，符合烤烟"前促后控"的需肥规律，但硝态氮释放具有一定延迟性。因此，应注意使农家肥的施用时间和烟草移栽时间相协调。

第三节 施用农家肥的田间培肥效果

随着土地的不断开发和集约化利用，土壤退化成为当今全球普遍关注的紧迫问题之一。土壤结构退化及土壤碳库损失是导致土壤退化的重要因素，其最明显的特征表现为土壤团聚体稳定性下降及团聚结构比例失调。土壤团聚体是土壤结构的最基本单元，是土壤的重要组成部分，对土壤许多性质如地表径流、渗透性及土壤孔隙分布有重要影响。

有研究认为土壤团聚体湿润破碎后，破碎团聚体有机碳含量和 C/N 随着粒级的增大而提高。植被恢复过程中有机碳可以促进土壤团聚体的形成，并提高土壤团聚体的稳定性。也有学者提出小团聚体中有机碳比大团聚体中有机碳老化，新形成的有机碳更受利用方式的影响。有学者认为中、高量农家肥处理可以显著增加粒径＞1mm 大团聚体含量及有机碳在大团聚体中的分配，其中粒径 0.25～1mm和 1～2mm 团聚体中有机碳含量均略高于其余粒径组。有学者对紫色土、红壤水稳性团聚体研究时发现水稳性团聚体的数量与稳定性均和土壤有机质含量呈正相关。本节从烟田培肥入手，研究施用农家肥对烟田土壤团聚体结构和碳库的影响，以期为改善我国烟田土壤状况提供参考。

试验于 2015 年和 2016 年连续在重庆市彭水县同一试验田进行，供试品种为云烟 97，土壤为黄棕壤。土壤有机质为 25.47g/kg，碱解氮为 148.33mg/kg，速效磷为 19.17mg/kg，速效钾为 512.59mg/kg，pH 为 5.59。4 月 15 日整地时施入农家肥，供试农家肥与第二节农家肥相同。

试验设置 5 个处理：CK 为未施肥，T1 为常规施肥(纯 N 103kg/hm^2，N：P_2O_5：K_2O=1：1：1.5)；T2 为在 T1 基础上条施农家肥 1500kg/hm^2，T3 为在 T1基础上撒施农家肥 7500kg/hm^2，T4 为在 T1 基础上撒施农家肥 15 000kg/hm^2。株行距为 115cm×55cm，每个试验小区 500 株烟，3 次重复。两年试验所用农家肥相同。农家肥均匀施于烟田后翻压，此后条施化肥，肥料施用后起垄。

土壤团聚体测量方法：用环刀以五点取样法在烟田垄体上采集原状土，每个处理重复 3 次，将土壤样品装入硬质盒内带回室内，在室温下风干，当土壤含水量达到土块塑限(相对含水率为 22%～25%)时，用手轻轻地把土块沿着自然脆弱带掰成大小不同的土块，去除石块和植物根系。把盛有土样的筛子置于摇床(型号HY-5A)上，在 270r/min 的转速下振荡 2min 分离土壤各粒径团聚体。水稳性团聚体测量采用 Yoder 法。具不同孔径的筛子按孔径大小排列(大孔径在上，小孔径在下），将风干的 200g 土样放入具最大孔径的筛子中，然后将整套筛子放到装满自来水的桶中，静置 5min，然后上下振荡 3min，振幅 3cm。将各个筛子中的土壤洗出，在 50℃ 下烘干，放入干燥器内，冷却后称重，即得到相应粒径的土壤团聚体重量。

一、施用农家肥对土壤团聚体结构的影响

(一)施用农家肥对土壤团聚体结构(干筛)的影响

Six 等(2000)提出粒径大于 0.25mm 的团聚体是土壤中最好的结构体，其数量与土壤的肥力呈正相关，故粒径大于 0.25mm 的团聚体含量可以反映土壤结构的优劣和土壤团聚体数量变化。从表 4-2 可以看出，整地过程对土壤团聚体结构破坏很大，整地后土壤 $R_{0.25}$ 均表现出下降趋势，其中粒径大于 5mm 部分下降明显，而粒径小于 0.25mm 部分则有增加趋势。试验进行第一年，施用农家肥的处理土壤粒径大于 5mm 团聚体比例增加明显，处理 T3、T4 土壤 $R_{0.25}$ 有显著增加趋势，其中处理 T3 土壤 $R_{0.25}$ 最大为 92.05%。试验进行第二年，土壤中粒径小于 0.25mm 和 1～2mm 团聚体比例有增加趋势，处理 T3、T4 粒径大于 5mm 部分显著高于其他处理。除施用农家肥量最多的处理 T4 外，其余各处理 $R_{0.25}$ 相较于第一年均略有下降。平均质量直径(MWD)和几何平均直径(GMD)是反映土壤团聚体粒径分布状况的常用指标，MWD 和 GMD 越大表示团聚体的平均粒径团聚程度越高，土壤团聚体结构稳定性越强。耕地后土壤 MWD 和 GMD 均呈下降趋势，施用农家肥第一年处理 T2、T3、T4 土壤 MWD 和 GMD 显著高于 CK，试验第二年处理 T4 土壤 MWD 和 GMD 最大，分别为 3.04mm 和 1.37mm，处理 T2、T3 次之，且显著高于未施用农家肥的处理。

表 4-2　施用农家肥对土壤团聚体结构(干筛)的影响

时间	处理	< 0.25mm/%	0.25～0.5mm/%	0.5～1mm/%	1～2mm/%	2～5mm/%	> 5mm/%	$R_{0.25}$/%	MWD/mm	GMD/mm
整地前		5.83f	4.60e	10.79d	6.42f	21.80c	50.55a	94.17a	3.50a	1.51a
2015 年	CK	16.00ab	6.98d	14.38a	8.14e	28.07a	26.44e	84.00d	2.60d	1.23d
	T1	13.42c	7.22cd	12.54bc	6.66f	25.10b	35.06d	86.58cd	2.89c	1.30c
	T2	10.44d	8.34bc	13.61ab	6.45f	20.40cd	40.77b	89.56bc	3.01bc	1.34bc
	T3	7.95e	7.17cd	12.74bc	6.96f	23.17bc	42.02b	92.05ab	3.16b	1.40b
	T4	9.98d	10.13a	10.17d	11.13d	18.66de	39.93bc	90.02b	2.96c	1.33c
2016 年	CK	17.23a	7.27cd	9.88de	17.14a	19.04d	29.44e	82.77d	2.54d	1.21d
	T1	15.39b	8.70b	9.31be	16.91ab	21.06c	28.62e	84.61d	2.56d	1.23d
	T2	12.02c	4.79e	10.55d	16.03b	18.98d	37.64cd	87.98c	2.91c	1.33c
	T3	12.72c	7.70b	7.95f	12.70c	18.83d	40.10b	87.28c	2.97c	1.33c
	T4	9.29d	7.05d	8.09f	16.75ab	17.25e	41.56b	90.71b	3.04bc	1.37bc

注：$R_{0.25}$ 为粒径大于 0.25mm 的部分所占比例，同列不同小写字母表示差异显著($P<0.05$)；2015 年、2016 年土壤取样时间均为烟株移栽后 120d；整地前土壤为在烟田翻耕起垄前所取试验田土壤，下同

农田翻耕对土壤团聚体结构破坏较大，土壤粒径大于 5mm 团聚体所占比例显著下降，施用农家肥对促进土壤团聚体结构形成作用明显，增加了土壤中大粒径团聚体所占比例，显著提高了土壤 $R_{0.25}$、MWD、GMD，但仍未使土壤团聚体结构恢复到耕作前。

（二）施用农家肥对土壤水稳性团聚体结构（湿筛）的影响

良好的土壤结构要求有较多的土壤团聚体及适当的粒径分配，尤其是水稳性团聚体的数量和分布状况反映了土壤结构的稳定性、持水性、通透性和抗侵蚀能力（Yoder，1936）。烟田经翻耕后会降低土壤大粒径团聚体比例，但耕作后的土壤水稳性团聚体比例增加。从表 4-3 可以看出，试验第一年，粒径在 0.106～0.25mm 水稳性团聚体所占比例有下降趋势，粒径大于 0.5mm 水稳性团聚体所占比例有增加的趋势，除处理 T2 外，其余处理土壤 MWD、GMD 均增高，且农家肥施用量大的处理 T3、T4 增加幅度较大。试验进行第二年，除处理 T2 外，其余处理 $R_{0.25}$ 相较上年均有小幅下降但仍高于试验前土壤水平。处理 T2 土壤粒径大于 1mm 水稳性团聚体含量增加是造成其 $R_{0.25}$ 升高的主要原因。处理 T4 土壤水稳性团聚体的 MWD、GMD 显著高于其他处理，表明大量施用农家肥可以显著增加土壤水稳性团聚体数量、提升土壤水稳性团聚体结构稳定性。

表 4-3　施用农家肥对土壤水稳性团聚体结构（湿筛）的影响

时间	处理	0.106～0.25mm/%	0.25～0.5mm/%	0.5～1mm/%	1～2mm/%	>2mm/%	$R_{0.25}$/%	MWD/mm	GMD/mm
移栽前		23.95a	19.47b	15.36cd	12.02e	29.20cd	76.05c	1.00c	0.81c
2015 年	CK	19.47c	19.10bc	14.00de	9.56e	37.87b	80.53bc	1.11b	0.89b
	T1	11.23e	17.64d	16.11bc	15.91cd	39.11b	88.77a	1.23a	0.96a
	T2	22.48ab	21.01a	18.79a	17.03c	20.68e	77.52c	0.93c	0.83c
	T3	16.03d	5.60e	18.98a	29.02a	30.37c	83.97b	1.23a	0.98a
	T4	11.65e	15.79d	15.29cd	10.88e	46.39a	88.35a	1.29a	0.99a
2016 年	CK	20.13b	20.14ab	14.57d	15.05d	30.11c	79.87c	1.05c	0.87c
	T1	15.09d	18.00cd	17.20ab	23.78b	25.92d	84.91b	1.10bc	0.91bc
	T2	19.69c	19.60b	13.20e	20.46bc	27.05d	80.31bc	1.06c	0.88c
	T3	16.17d	19.26b	13.50e	16.55cd	34.51bc	83.83b	1.14b	0.92b
	T4	15.08d	16.71d	13.98de	18.50c	37.78b	84.92b	1.23a	0.95a

二、施用农家肥对土壤全碳、全氮的影响

施用农家肥的处理土壤全氮、全碳含量呈高于 CK 的趋势（表4-4）。在烟株移栽后 30d 时，处理 T3 和 T4 的土壤全氮含量分别为 0.262%、0.250%，显著高于其他处理，说明施用农家肥短时间内可以提高烟田土壤全氮水平。在移栽后 90～

120d，施用农家肥的处理之间土壤全氮含量没有表现有显著差异。处理 T1 和 T2 在烟株移栽后 120d，土壤全碳含量相比之前有下降的趋势，而处理 T3 和 T4 土壤全碳含量维持在较高水平。土壤 C/N 可以反映土壤养分可利用情况，从表 4-4 中可以看出，在烟株移栽后 60d，处理 T1 和 CK 土壤 C/N 高于其他处理，在烟株移栽后 90d，施用农家肥的处理 T3、T4 土壤 C/N 有增加的趋势。土壤全碳含量降低是处理 T1、T2、CK 土壤 C/N 降低的主要原因。

表 4-4　施用农家肥对土壤全碳、全氮的影响

移栽后天数	处理	全氮/%	全碳/%	C/N
30d	CK	0.184c	1.526c	8.271a
	T1	0.220b	1.833ab	8.335a
	T2	0.192c	1.598bc	8.327a
	T3	0.262a	2.079a	7.930b
	T4	0.250a	1.721b	6.879c
60d	CK	0.170d	1.501bc	8.823ab
	T1	0.231a	2.093a	9.055a
	T2	0.202bc	1.477c	7.322c
	T3	0.189c	1.403c	7.440c
	T4	0.210ab	1.733b	8.249b
90d	CK	0.150b	1.227d	8.153c
	T1	0.251a	2.327b	9.276b
	T2	0.247a	1.957c	7.933c
	T3	0.237a	3.215a	13.553a
	T4	0.242a	2.134b	8.829b
120d	CK	0.148b	1.330c	8.964b
	T1	0.213a	1.823b	8.539bc
	T2	0.212a	1.697b	7.989c
	T3	0.221a	2.331a	10.529a
	T4	0.216a	2.399a	11.134a

三、施用农家肥对土壤碳库的影响

(一)施用农家肥对土壤碳库指数的影响

从表 4-5 可以看出，未施用农家肥的 CK 其土壤碳库指数在烟株整个生育期均保持在较稳定且较低的水平。处理 T1、T3、T4 土壤碳库指数在烟株生育期内表现出先升高后降低的趋势。施用农家肥后，土壤碳库指数呈增加的趋势，尤其是用量较大的处理 T3 和 T4 的土壤碳库指数在移栽后 30～90d 均高于处理 T1 与 CK。

在移栽后 90d 时，处理 T3、T4 土壤碳库指数达到最大值，分别为 1.40 和 1.32。

表 4-5　施用农家肥对土壤碳库指数 (CPI) 的影响

处理	移栽后天数			
	30d	60d	90d	120d
CK	0.77c	0.80c	0.79c	0.80c
T1	0.82c	0.90b	1.22b	1.15a
T2	1.11ab	0.92b	1.17b	0.92b
T3	1.21a	1.26a	1.40a	1.11a
T4	1.04b	1.32a	1.32ab	1.18a

（二）施用农家肥对土壤碳库活度指数的影响

在烟株生长前期，处理 T1 的碳库活度指数高于其他处理，但在烟株生长发育过程中其土壤碳库活度指数呈下降趋势（表 4-6）。CK 与处理 T1 变化趋势相反，在烟株生长发育过程中其土壤碳库活度指数呈升高的趋势。处理 T3 土壤碳库活度指数在烟株整个生育期内均相对较低，但表现出随着生育进程推进而增加的趋势。

表 4-6　施用农家肥对土壤碳库活度指数 (AI) 的影响

处理	移栽后天数			
	30d	60d	90d	120d
CK	0.97b	1.07b	1.30a	1.23a
T1	1.48a	1.17ab	0.95b	0.85c
T2	0.95b	1.30a	0.74c	1.04b
T3	0.70c	0.72c	0.77c	0.84c
T4	0.98b	0.70c	0.75c	0.88c

（三）施用农家肥对土壤碳库管理指数的影响

碳库管理指数是反映土壤管理措施引起土壤有机质变化的指标，能有效地监测土壤碳的动态变化，能够反映土壤肥力和土壤质量的变化（黄文昭等，2007）。从表 4-7 可以看出，在烟株移栽后 30d 时，处理 T1 土壤碳库管理指数较高（109.74），施用农家肥的处理土壤碳库管理指数较低；烟株移栽后 60d 时，处理 T2 的碳库管理指数升高，并超越处理 T1 达到 119.17，处理 T3 的碳库管理指数也有上升；烟株移栽后 90d 时，处理 T3、T4 土壤碳库管理指数上升，而处理 T2 土壤碳库管理指数则呈下降趋势；烟株移栽后 120d 时，处理 T4 土壤碳库管理指数最大，并显著高于其他处理。在移栽初期，施用农家肥的处理碳库管理指数相对于常规施肥处理较低，但随着时间的推移，施用农家肥的处理土壤碳库管理指数均出现一个峰值，并且农家肥施用量越高，峰值出现时期越晚。

表 4-7　施用农家肥对土壤碳库管理指数（CPMI）的影响

处理	移栽后天数			
	30d	60d	90d	120d
CK	73.58e	83.93d	102.22b	92.76c
T1	109.74a	105.43b	114.31a	96.29b
T2	93.69c	119.17a	81.92c	94.06bc
T3	80.60d	85.63d	103.85b	93.47c
T4	98.83b	91.96c	98.64b	102.03a

　　土壤微生物的活动是影响有机质矿化过程的主要原因。当有机质添加到土壤中时，土壤微生物种群结构会立即发生变化。不同土壤微生物对有机质的分解能力不同，根据土壤微生物对不同有机质的分解能力不同，将它们分为两大类，即受碳源限制的土著性微生物和受氮源限制的发酵性微生物（Potthoff et al.，2003）。Hamer 和 Marschner（2005）认为，加入外源有机质促进或者抑制土壤原有有机质的分解是由微生物活性、数量和组成发生改变引起的，但其中的机理还不清楚。Falchini 等（2003）认为添加不同有机质会促进土壤不同微生物种群生长，如加入谷氨酸和葡萄糖后引起的土壤菌群变化是不同的，向土壤中加入纤维不溶物，某种真菌会迅速活跃起来。激发效应的正负取决于土著性微生物和发酵性微生物竞争能量物质与营养物质的剧烈程度。Fontaine 等（2003）认为，发酵性微生物能利用有机质中简单易分解的部分来完成迅速生长繁殖，但不能利用有机质中难分解的部分。外源有机质施入土壤后，发酵性微生物迅速生长，与土著性微生物竞争营养物质，抑制土著性微生物的生长，使土壤原有有机质分解速率降低，产生负激发效应；随着易被分解的有机质含量降低，发酵性微生物活性降低，土著性微生物的数量和活性增加，成为优势群体，提高了土壤有机质的降解率（黄文昭等，2007）。施用农家肥的处理土壤碳库管理指数前期低于处理 T1 也是由土壤有机质分解的负激发效应造成的。处理 T3、T4 土壤碳库活度指数在整个生育期内均相对较低，或是因为这两处理施用了大量农家肥，增加了土壤全碳含量基数，而其中活性碳部分的增加比例低于土壤全碳含量的增加比例，故土壤碳库活度指数降低。

四、施用农家肥对土壤腐殖酸组分的影响

　　施用农家肥量较大的处理在烟株移栽后 120d 时土壤腐殖酸总量显著高于未施用农家肥的处理（表 4-8），其中处理 T4 土壤腐殖酸总量在整个烟株生长发育过程中均处于较高水平。处理 T2、T3、T4 土壤腐殖酸总量呈现出先下降后升高的趋势，或是由于前期农家肥的施入对有机质的分解产生负激发效应。处理 T1 和 CK 土壤腐殖酸总量波动较大，受外界环境条件影响较大。胡敏酸被认为是土壤有机质的替代品，在土壤有机质演化进程中胡敏酸的官能团组成可以反映腐殖化程度。处理 T3、T4 土壤胡敏酸含量在烟株移栽后 60d 后显著提高。施用农家肥后，土壤胡敏酸含量

显著增加，并表现出持续增加的趋势。有学者提出新形成的腐殖酸结构更趋向于富里酸，富里酸也被认为是形成腐殖酸的前体物。在烟株生长发育过程中，除处理 CK 和 T4 外，其他处理富里酸含量整体均呈现出先下降后又小幅上升的趋势。处理 T4 土壤富里酸含量相对稳定，表明大量施用农家肥可以维持土壤富里酸含量处于较高水平且不易受外界环境条件影响。胡富比是衡量土壤腐殖质质量的重要指标，胡富比大表明土壤中腐殖物质腐殖化程度高。施用农家肥的处理，土壤腐殖物质腐殖化程度明显高于未施用农家肥的处理，施用农家肥可以促进土壤的腐殖化程度。

表 4-8　施用农家肥对土壤腐殖酸组分含量的影响

移栽后天数	处理	腐殖酸/(g/kg)	胡敏酸/(g/kg)	富里酸/(g/kg)	胡富比
30d	CK	9.06c	2.86c	6.20c	0.46b
	T1	11.40a	3.54b	7.86a	0.45b
	T2	10.58b	3.30b	7.28b	0.45b
	T3	10.68b	4.05a	6.63c	0.63a
	T4	10.68b	4.29a	7.05b	0.62a
60d	CK	10.43a	3.10b	7.33a	0.43d
	T1	9.74b	3.46a	6.27b	0.54c
	T2	8.68c	3.06b	5.61c	0.56c
	T3	8.60c	3.78a	4.82d	1.24a
	T4	10.52a	3.48a	7.04a	0.62b
90d	CK	10.50c	2.14d	8.36b	0.32c
	T1	12.83a	3.43c	9.40a	0.38c
	T2	10.36cd	3.68c	6.68c	0.60b
	T3	10.20d	4.57a	5.63d	0.82a
	T4	12.33b	4.19b	8.14b	0.55b
120d	CK	8.85c	2.15d	6.70c	0.40c
	T1	10.90b	2.77c	8.13a	0.36c
	T2	11.44b	3.92b	7.52b	0.76a
	T3	13.20a	5.07a	8.13a	0.63b
	T4	12.92a	5.34a	7.25b	0.74a

五、施用农家肥对土壤常规肥力的影响

（一）施用农家肥对土壤 pH 的影响

从表 4-9 可以看出，在烟株整个生长发育过程中，土壤 pH 有升高的趋势，其中施用农家肥的处理 pH 升高较为明显。移栽后 30d 时，烟田土壤 pH 较低。移栽后 60d 时，施用农家肥量较大的处理 T3 和 T4 土壤 pH 升高。移栽后 90d 时，施用农家肥的处理土壤 pH 高于未施用农家肥的 CK 和 T1 处理。移栽后 120d 时，土壤 pH 整体升高，并且土壤 pH 表现出随着农家肥施用量的增加而增加的趋势。

表 4-9　施用农家肥对土壤 pH 的影响

处理	移栽后天数			
	30d	60d	90d	120d
CK	4.71c	5.01bc	4.98b	5.99b
T1	5.80a	5.28b	4.34c	6.28b
T2	5.46ab	4.73c	5.02b	6.63a
T3	5.01bc	5.24b	5.17b	6.71a
T4	4.65c	6.00a	5.69a	6.82a

(二)施用农家肥对土壤速效养分的影响

碱解氮、有效磷和速效钾是土壤中易于被植物吸收利用的营养元素。烟株移栽后 30d 时，施用农家肥的处理显著增加了土壤碱解氮、速效磷和速效钾水平，其中处理 T2 的速效磷和速效钾含量最高，分别达到 39.76mg/kg 和 576.63mg/kg，处理 T3 的碱解氮含量最高，达到 193.28mg/kg（表 4-10）。烟株移栽后 60d，施用农家肥的处理土壤速效磷和速效钾含量高于未施用农家肥的处理，土壤碱解氮含量表现为处理 T2 和 T4 较高。烟株移栽后 90d，处理 T4 土壤速效磷和速效钾含量显著高于其他处理，处理 T2 土壤速效磷含量略有下降，处理 T1 和 T4 土壤碱解氮含量较高。烟株移栽后 120d，处理 T3 土壤碱解氮含量依然上升，达到 195.38mg/kg。在烟株整个生育期，处理 T2 土壤速效钾含量降低幅度较小，其余处理土壤速效钾含量大幅度降低。

表 4-10　施用农家肥对土壤速效养分的影响　　　（单位：mg/kg）

速效养分	处理	移栽后天数			
		30d	60d	90d	120d
碱解氮	CK	171.76b	167.23c	166.32c	139.25c
	T1	138.36c	169.45c	197.15a	149.24b
	T2	145.62c	193.93a	176.59b	121.14d
	T3	193.28a	150.39d	175.84b	195.38a
	T4	185.65ab	181.61b	200.21a	157.14b
速效磷	CK	19.10c	16.72b	10.81d	29.94c
	T1	24.43b	13.15b	21.97c	39.41b
	T2	39.76a	27.62a	17.20c	27.80c
	T3	36.14a	27.24a	81.03b	53.37a
	T4	28.79b	24.01a	97.05a	42.42b
速效钾	CK	330.47d	304.78c	249.57d	214.75c
	T1	445.27c	343.80b	248.88d	234.97c
	T2	576.63a	523.35a	593.62b	503.56a
	T3	518.76b	436.31b	487.39c	264.01b
	T4	508.25b	524.42a	1039.04a	232.23c

六、施用农家肥对土壤生物学特性的影响

(一)施用农家肥对土壤微生物数量的影响

从表 4-11 可以看出，烟株移栽前期，土壤中微生物数量总体表现为放线菌＞细菌＞真菌，随时间推移，土壤中细菌数量增多，表现为细菌＞放线菌＞真菌。烟株移栽后 30～60d 时，施用农家肥的处理土壤三大菌落的数量有升高的趋势，并且三大菌落数量均有随着农家肥施用量的增加而增加的趋势。烟株移栽 90d 时，处理 T1 土壤中细菌数量增加明显且超过施用农家肥的处理，真菌和放线菌数量依然表现为施用农家肥的处理高于未施用农家肥的处理。烟株移栽 120d 时，处理 T4 土壤细菌数量最大，为 61.17×10^6cfu/g，此时土壤真菌数量各处理间没有表现出有显著差异，并且相对前期土壤真菌数量有略微下降的趋势。农家肥用量较大时可以明显提高土壤三大菌落数量。

表 4-11　施用农家肥对土壤微生物数量的影响　　　(单位：$\times 10^6$cfu/g)

土壤微生物	处理	移栽后天数			
		30d	60d	90d	120d
细菌	CK	1.86c	1.83d	2.51c	22.83d
	T1	2.40b	2.68bc	10.30a	52.63b
	T2	2.47b	2.25cd	8.75ab	26.49d
	T3	2.77b	3.23ab	7.18b	44.80c
	T4	3.47a	3.80a	7.10b	61.17a
真菌	CK	0.16b	0.11d	0.09c	0.11a
	T1	0.18b	0.13cd	0.13b	0.11a
	T2	0.16b	0.20a	0.14ab	0.12a
	T3	0.25a	0.15bc	0.16a	0.11a
	T4	0.24a	0.18ab	0.16a	0.10a
放线菌	CK	1.51c	1.87d	0.46c	2.83d
	T1	3.79b	2.73c	0.63c	5.08b
	T2	3.28b	1.84d	0.93c	3.28c
	T3	3.84b	3.62b	9.52a	6.16a
	T4	6.33a	5.91a	1.51b	6.77a

(二)施用农家肥对土壤微生物生物量碳的影响

土壤微生物生物量碳可以反映土壤主要活性碳组分含量的变化。从表 4-12 可以看出，CK 在整个取样期内土壤微生物生物量碳含量处在相对较低的水平。烟株移栽后 30d 时，处理 T1 土壤微生物生物量碳含量显著高于其他处理，达到 316.45μg/g，施用农家肥的处理 T2、T3、T4 土壤微生物生物量碳含量次之。烟株移栽后 60d 时，施用农家肥的处理土壤微生物生物量碳含量显著高于未施用农家肥的处理，其中处理 T4 土壤微生物生物量碳含量达到 401.01μg/g，处理 T2、T3 次之。烟株移栽后 90d

时，处理 T2、T3 土壤微生物生物量碳含量分别为 436.21μg/g 和 422.96μg/g，显著高于其他处理，处理 T4 次之。烟株移栽后 120d 时，处理 T4 土壤微生物生物量碳含量为 444.63μg/g。施用农家肥有提升土壤微生物生物量碳含量的作用。

表 4-12　施用农家肥对土壤微生物生物量碳含量的影响　　（单位：μg/g）

处理	移栽后天数			
	30d	60d	90d	120d
CK	204.16d	159.00d	309.60c	229.98c
T1	316.45a	249.33c	279.36d	147.08d
T2	285.35b	342.73b	436.21a	348.06b
T3	290.72b	324.86b	422.96a	256.44c
T4	268.72c	401.01a	366.09b	444.63a

（三）施用农家肥对土壤微生物生物量氮的影响

从表 4-13 可以看出，CK 土壤微生物生物量氮含量在整个烟株生育期内保持在相对较低的水平。烟株移栽后 30d 时，处理 T2 土壤微生物生物量氮含量最高，达到 38.86μg/g，处理 T4 次之。烟株移栽后 60d 时，施用农家肥的处理土壤微生物生物量氮含量显著高于处理 T1 和 CK，且处理 T4 土壤微生物生物量氮含量最高，达到 55.93μg/g。烟株移栽后 90d 时，处理 T3 土壤微生物生物量氮含量最高且显著高于其他处理，达到 43.92μg/g，处理 T4、T2 土壤微生物生物量氮含量相对较低。烟株移栽后 120d 时，施用农家肥的处理土壤微生物生物量氮含量依然显著高于处理 T1 和 CK，以处理 T4 含量最高。土壤微生物生物量氮含量易受环境的影响呈现出动态变化，但施用农家肥后，土壤微生物生物量氮含量有增加趋势。

表 4-13　施用农家肥对植烟土壤微生物生物量氮的影响　　（单位：μg/g）

处理	移栽后天数			
	30d	60d	90d	120d
CK	15.97d	22.55d	29.41c	22.33cd
T1	28.41b	26.69d	26.38c	16.96d
T2	38.86a	43.77b	35.07b	30.80b
T3	23.97c	34.67c	43.92a	25.19c
T4	29.24b	55.93a	28.39c	37.01a

七、小结

土壤有机质主要通过形成并加强黏团之间及石英颗粒与黏团之间的键来稳定团聚体。Edwards 和 Bremner（2006）提出，大团聚体（粒径大于 0.25mm）由黏粒-多价金属-有机质复合组成，其中黏粒通过多价金属与腐殖化有机质键合，故腐殖质的含量对土壤团聚体的形成有重要影响。移栽后 120d 时，施用农家肥的处理土壤腐殖酸总量显著高于未施用农家肥的处理，此时土壤 $R_{0.25}$ 和团聚体 MWD、GMD

也高于未施用农家肥的处理。处理 T2、T3、T4 之间，水稳性团聚体的变化规律不一致或许是因为土壤水稳性团聚体与有机质含量之间相关性不好：仅有部分有机质对水稳性团聚体的构成有作用；当土壤有机质超过一定量后，水稳性团聚体数量不再随着有机质含量的增加而增加；有机质的排列相较于有机质数量和类型对土壤水稳性团聚体的影响更大（卢金伟和李占斌，2002）。

施用农家肥可以增加土壤 $R_{0.25}$ 比例，提高土壤腐殖酸、胡敏酸、全碳、全氮含量和 C/N，并且有增加干筛土壤团聚体 GMD 的趋势；单施化肥降低了土壤水稳性团聚体 GMD。移栽后 30d 时，施用农家肥的处理土壤碳库管理指数低于常规施肥处理，但随着时间推移，施用农家肥的处理土壤碳库管理指数均出现一个峰值，并随农家肥施用量的增加峰值出现时间推迟；农家肥施用量较大时提高了碳库管理指数。常规施肥配施 7500kg/hm² 农家肥处理在烟株生长中期可以提高土壤胡富比；常规施肥配施 15 000kg/hm² 农家肥可增加土壤水稳性团聚体结构的稳定性及土壤碳库管理指数，使土壤腐殖酸总量维持在较高水平。施用农家肥对植烟土壤有较好的培肥效果，其中常规施肥配施 15 000kg/hm² 农家肥改良土壤效果最好。

第四节　施用农家肥对烤后烟叶品质的影响

在我国传统烟叶生产中，靠施用化肥提高烟叶产量，不仅造成土壤有机质含量降低、土壤理化性质变差，还严重影响烟叶品质，使其香气成分不足，风格特征消失，降低烟叶的价值。有研究表明，施用农家肥可以促进烟株生长，并增加烟叶内含物含量，提升烟叶品质。本节将从烟叶常规化学成分、中性香气物质含量、烟叶感官质量及经济性状等方面阐述施用农家肥对烤后烟叶品质的影响。

试验于 2015 年在重庆彭水县进行，供试品种为云烟 97。试验条件与本章第三节一致：S1 为常规施肥；S2 为常规施肥+7500kg/hm² 农家肥；S3 为常规施肥+15 000kg/hm² 农家肥。4 月 15 日整地时施入农家肥，5 月 5 日移栽，即农家肥于烟株移栽前 20d 施入。

一、施用农家肥对烤后烟叶常规化学成分的影响

从表 4-14 可以看出，处理 S2、S3 烟叶两糖含量均低于处理 S1，施用农家肥降低了烟叶两糖含量。3 个处理上部叶中，处理 S3 烟碱含量显著高于处理 S1、S2，超出优质烟叶要求范围；中部叶烟碱含量各处理间表现出没有显著差异，且处于优质烟叶要求范围内；下部叶烟碱含量偏高，其中处理 S3 烟碱含量显著高于其他处理。施用农家肥后，改善了烟叶 Cl⁻水平（重庆部分烟叶产区 Cl⁻含量偏低）。处理 S1 下部叶 K⁺含量偏低，处理 S2、S3 烟叶 K⁺含量较适宜。各试验处理下部叶两糖比均在适宜范围内，处理 S2 中部叶两糖比略低于要求水平，各处理上部叶两糖比没有显著差异，均低于要求水平。处理 S2、S3 中、下部叶糖碱比均在适

宜范围内，处理 S1 显著高于处理 S2、S3，各处理上部叶糖碱比均低于要求水平，但处理 S1、S2 烟叶糖碱比呈高于处理 S3 的趋势，这是由于施用农家肥后降低了两糖含量而增加了烟碱含量。试验中 3 个处理烟叶钾氯比均在适宜范围内。

表 4-14　施用农家肥对烟叶常规化学成分和协调性的影响

等级	处理	总糖/%	还原糖/%	烟碱/%	总氮/%	Cl⁻/%	K⁺/%	两糖比	糖碱比	钾氯比
	S1	28.79a	24.85a	3.37b	1.63b	0.16ab	3.10a	0.86a	7.37a	19.38a
B2F	S2	27.04b	22.92b	3.36b	1.67b	0.15b	3.04a	0.85a	6.82ab	20.27a
	S3	27.67ab	22.77b	3.98a	2.29a	0.18a	2.66b	0.82a	5.72b	14.78b
	S1	28.06a	27.67a	2.62a	1.71b	0.14b	3.20a	0.99a	10.56a	22.86a
C3F	S2	27.70a	23.85c	2.59a	2.05a	0.14b	2.56b	0.86b	9.21b	18.29b
	S3	27.12a	24.81b	2.66a	1.97a	0.19a	3.34a	0.91b	9.33b	17.58b
	S1	31.86a	29.63a	2.30b	1.70ab	0.05c	1.84c	0.93a	12.88a	36.80a
X2F	S2	27.80c	26.84b	2.43b	1.62b	0.15a	3.22a	0.97a	11.05b	21.47b
	S3	29.55b	27.35b	2.67a	1.80a	0.11b	2.46b	0.93a	10.24b	22.36b

二、施用农家肥对烟叶香气物质含量的影响

根据形成致香物质的前体物，可以将烤烟中性致香物质分为苯丙氨酸类、棕色化反应类、西柏烷类、类胡萝卜素类等，有些物质含量虽然较低，但对烟叶香气特征的形成具有重要影响（史宏志和刘国顺，1998）。类胡萝卜素类降解产物是构成烟叶香气物质的重要成分，其香气产生阈值较低，但对烟叶香气质量的贡献较大。从表 4-15 可以看出，施用农家肥的处理 S2、S3 的 β-大马酮、法尼基丙酮含量均低于处理 S1。上部叶中香叶基丙酮、二氢猕猴桃内酯、巨豆三烯酮 1、巨豆三烯酮 4、β-二氢大马酮、螺岩兰草酮含量及类胡萝卜素类致香物质总量表现为处理 S2 含量较高，S1 次之，S3 含量最低；中部叶中，处理 S2 螺岩兰草酮含量最高，处理 S1 次之，S3 含量最低。处理 S3 中二氢猕猴桃内酯、巨豆三烯酮 1、巨豆三烯酮 3 含量较高。中部叶类胡萝卜素类中性致香物质总量呈现出随农家肥施用量增多而下降的趋势。茄酮是西柏烷类物质降解产生的主要产物之一，可赋予烟叶一种醛和酮类物质的味道。处理 S2、S3 烟叶西柏烷类致香物质含量明显增多。其中，处理 S2 烟叶茄酮含量最高，S3 次之，S1 烟叶中茄酮含量较低，甚至在上部叶中未检测到茄酮存在。因此，施用农家肥可以增加烟叶茄酮含量。棕色化反应类致香物质也是烟叶香气物质的重要组成部分。从表 4-15 可以看出，处理 S2 烟叶中糠醛、3,4-二甲基-2,5-呋喃二酮含量较高，处理 S1 含量次之，处理 S3 含量较低。棕色化反应类致香物质在 3 个处理烟叶中的分布规律与西柏烷类致香物质类似，适当施用农家肥可以提高烟叶棕色化反应类致香物质含量，施用过多农家肥会影响该物质合成。苯丙氨酸类香气致香对烤烟香气具有正面影响，尤其是对烤烟的果香、清香贡献最大。从苯丙氨酸类致香物质含量看，上部叶中处理 S2 含量较高，处理 S3 次之，处理 S1 含量最低；中部叶中处理 S2 含量依然最高，

处理 S1 次之，处理 S3 则表现最低。其他类型致香物质总量在上部叶中表现出随农家肥施用量增加而降低的趋势，在中部叶则呈现出相反的规律。上部叶处理 S1 新植二烯含量较高，处理 S2 次之，S3 最低。中部叶处理 S1 新植二烯含量依然最高，处理 S3 新植二烯含量略高于处理 S2。由于新植二烯在中性致香物质中所占比例较大，因此 3 个处理中性致香物质总量变化趋势与新植二烯变化趋势一致。

表 4-15　施用农家肥对烟叶中性致香物质含量的影响　（单位：µg/g）

香气物质种类		B2F			C3F		
		S1	S2	S3	S1	S2	S3
类胡萝卜素类	6-甲基-5-庚烯-2-酮	3.67	3.40	3.07	3.04	3.40	3.56
	香叶基丙酮	0.78	0.83	0.46	0.64	0.60	0.51
	二氢猕猴桃内酯	0.63	0.76	0.43	0.44	0.66	0.77
	巨豆三烯酮 1	1.12	1.14	1.01	0.95	0.94	1.06
	巨豆三烯酮 2	3.33	3.09	3.20	3.37	3.07	2.95
	巨豆三烯酮 3	0.42	0.07	0.34	0.29	0.11	0.36
	巨豆三烯酮 4	3.29	4.09	3.06	3.18	3.14	2.68
	3-羟基-β-二氢大马酮	—	—	—	—	—	—
	法尼基丙酮	3.18	1.08	2.37	3.77	1.52	2.38
	氧化异佛尔酮	0.13	0.10	0.07	—	—	0.09
	β-大马酮	13.03	12.93	9.04	15.27	13.43	13.30
	β-二氢大马酮	1.44	7.74	0.67	0.58	4.04	1.94
	螺岩兰草酮	1.74	1.91	0.80	1.54	1.93	1.19
	总量	32.76	37.14	24.52	33.07	32.84	30.79
西柏烷类	茄酮	—	79.19	15.57	5.77	38.09	21.06
棕色化反应类	糠醛	11.18	16.36	7.85	8.12	12.02	8.23
	糠醇	0.64	2.88	0.87	0.65	2.07	0.45
	2-乙酰基吡咯	0.08	0.33	0.17	0.08	0.29	—
	5-甲基糠醛	0.92	1.22	0.74	0.72	0.64	0.55
	3,4-二甲基-2,5-呋喃二酮	0.09	0.22	0.09	—	0.15	—
	总量	12.91	21.01	9.72	9.57	15.17	9.23
苯丙氨酸类	苯甲醛	0.35	0.38	0.24	0.35	0.27	0.22
	苯甲醇	0.62	4.59	1.73	0.36	4.48	0.27
	苯乙醛	0.76	1.37	0.70	1.19	0.63	0.40
	苯乙醇	3.00	3.48	3.73	3.08	3.03	2.99
	总量	4.73	9.82	6.40	4.98	8.41	3.88
其他	愈创木酚	1.00	0.93	0.81	0.58	0.64	0.68
	2,6-壬二烯醛	0.15	0.14	0.09	0.15	0.10	0.42
	藏花醛	28.74	0.07	0.06	—	—	0.06
	β-环柠檬醛	—	0.15	—	—	0.10	0.06
	新植二烯	390.10	356.39	307.39	678.55	302.47	343.41
中性致香物质总量		470.39	425.65	348.99	726.90	359.73	388.53

注："—"表示痕量或未检测出

三、施用农家肥对烟叶感官质量的影响

适量施用农家肥可以改善烟叶的感官质量。烟叶感官质量评价采用标度值法，参照《烟叶质量风格特色感官评价方法（试用稿）》，具体内容参见第一章。从表4-16可以看出，上部叶处理 S2 香气量充足，透发性较好，柔和度高；处理 S3 余味充足，圆润感差，刺激性、干燥感强，影响烟叶感官质量；处理 S1 香气质、细腻程度、圆润感好，刺激性强，余味稍显不足。中部叶中，处理 S2 在香气质、细腻程度、柔和度、余味等方面表现较好且标度值最高；处理 S3 香气量充足，透发性、圆润感好，但刺激性和干燥感强，影响了其标度值。综上可知处理 S2 烟叶感官质量最好，S1 次之，S3 最差。

表 4-16　施用农家肥对烟叶感官质量评价

等级	处理	香气质	香气量	透发性	细腻程度	柔和度	圆润感	余味	刺激性	干燥感	标度值
	S1	3.00	3.25	2.50	3.20	2.70	3.00	2.50	2.75	2.75	4.65
B2F	S2	2.93	3.27	3.00	2.93	3.00	2.67	2.33	2.50	2.67	4.96
	S3	2.50	3.25	2.25	2.50	2.75	2.25	2.75	2.75	3.00	2.50
	S1	2.95	2.70	2.30	3.20	2.95	2.50	2.50	2.25	2.25	4.60
C3F	S2	3.00	2.75	2.25	3.25	3.50	2.50	2.75	2.50	2.50	5.00
	S3	2.95	3.00	2.45	2.95	2.95	2.75	2.50	2.55	2.75	4.25

四、农家肥对烟叶经济性状的影响

施用农家肥可以显著提高烟叶产量和产值。处理 S2 均价和上等烟比例最高，S3 次之，S1 最低（表4-17）。下等烟比例则表现为处理 S1 最高，S2 最低。施用农家肥提高烟叶产量、产值和上等烟比例的效果明显，但过量施用农家肥有降低烟叶均价和产值的趋势。

表 4-17　施用农家肥对烟叶经济性状的影响

处理	产量/(kg/hm²)	产值/(元/hm²)	均价/(元/kg)	下等烟/%	中等烟/%	上等烟/%
S1	1 687.05b	38 889.30b	23.05b	4.58a	61.84ab	32.78b
S2	1 813.65a	45 413.40a	25.05a	4.09b	60.76b	34.94a
S3	1 873.05a	44 461.50a	23.76b	4.24b	62.15a	33.21ab

五、小结

烟叶常规化学成分含量与烟叶代谢密切相关。当烟株吸收较多氮素时，会促使烟株合成较多氨基酸等含氮化合物，增加叶片内有机酸消耗，使得烟叶内碳水化合物积累量降低。农家肥养分均衡，可补充土壤微量元素，缓解连作带来的土

壤微量元素失衡效应，而且其肥效较长，具有保肥性；而化肥养分单一，释放较快且易流失。施用农家肥处理较对照增施了氮肥，故处理 S2、S3 烟叶两糖含量有降低趋势，而处理 S3 烟叶烟碱和总氮含量呈上升趋势。此外，农家肥含有大量氨基酸，氨基酸可促进烟株生长，增加叶片腺毛分泌物，改善烟叶品质，对烟叶香味品质影响较好（武雪萍等，2004；尹宝军和高保昌，1999）。施用农家肥可以提升叶片碳代谢强度，促进烤烟后期同化物形成小分子有机酸、醛类、酮类等叶片致香物质或向其转化。草酸、苹果酸等挥发性有机酸及肉豆蔻酸、棕榈酸、油酸、亚油酸等半挥发性高级脂肪酸含量均能影响烟气的香气量（彭艳等，2011），故处理 S2 西柏烷类、苯丙氨酸类、棕色化反应类致香物质含量较高。新植二烯的形成与叶绿素的降解密切相关，处理 S2、S3 烟叶含氮化合物含量较高，影响了叶绿素降解，故对新植二烯的形成产生负面影响。

施用农家肥可增加土壤有机碳含量，活化土壤有机质，对土壤有机质产生激发效应。同时，施用农家肥可以促进土壤团聚体结构形成，增强土壤通透性，促进烟株根系、烟株生长，故施用农家肥的处理烟叶产量较高。处理 S3 或因为施氮量相对较多，烟叶采烤时成熟度不够，烤后烟叶品质不及处理 S2，故其产值反而稍低于处理 S2。

综上，在常规施肥的基础上，撒施 $7500kg/hm^2$ 农家肥，对于提升烟叶品质及产量、产值有较好的效果。在农家肥施用过多的情况下应适量减少氮肥施用量，以避免烟株在生长后期吸收氮素过多对烟叶品质产生负面作用。

第五节　重庆地区合作社堆沤农家肥养分及重金属含量分析

随着国家和烟草行业对土壤改良的重视，各个烟叶产区越来越重视农家肥的施用，由合作社堆沤是制作农家肥的主要形式之一。由于合作社堆沤农家肥时所采用原料来源复杂、堆沤方式不规范，因此农家肥养分差异较大且存在带入外源重金属的风险。因此，规范农家肥生产是当务之急。重金属在土壤中迁移性较差，降解性低，半衰期长，残留性高，不能被微生物分解，易被植物吸收和在生物体内富集，且具有沿食物链传递的特性，所以重金属污染比有机物污染的危害更严重（王美和李书田，2014；孔文杰，2011）。烟草属于易于吸收和富集重金属的植物。当烟叶含有过量重金属时，在抽吸过程中，重金属就会以气溶胶或金属氧化物的形式通过主流烟气进入人体，对人体造成潜在危害。从源头控制烟草重金属已成为行业共识。

目前，国内对商品有机肥料中重金属含量的要求主要依据 2012 年颁布的 NY 525—2012《有机肥料》，具体内容如表 4-18 所示。合作社堆沤农家肥依据 GB 8172—1987《城镇垃圾农用控制指标》，具体内容如表 4-19 所示。

表 4-18　有机肥料中重金属的限量指标(以烘干基计)(NY 525—2012)

项目	限量指标/(mg/kg)
总砷(As)	≤15
总铅(Pb)	≤2
总镉(Cd)	≤3

注:本有机肥重金属限量标准适用于以禽畜粪便、动植物残体和以动植物产品为原料加工业的下脚料为原料,并经发酵腐熟后制成的有机肥料,本标准不适用绿肥、农家肥和其他由农民自积自造的有机粪肥

表 4-19　城镇垃圾农用控制指标(GB 8172—1987)

项目	限量指标
总砷(As)/(mg/kg)	≤30
总铅(Pb)/(mg/kg)	≤100
总镉(Cd)/(mg/kg)	≤3
有机质/%	≥10
总氮/%	≥0.5
总磷/%	≥0.3
总钾/%	≥1.0
pH	6.5~8.5
含水率/%	25~35

注:该标准适用于供农田施用的各种腐熟的城镇生活垃圾和城镇垃圾堆肥工厂产品

一、合作社堆沤农家肥常规指标分析

表 4-20 所分析农家肥均为于 2015 年大田整地前采集。从中可知,除一处合作社堆沤农家肥略微偏酸外,其他合作社所堆沤农家肥均呈碱性,其中有两处 pH 超出标准要求,分别达到 9.06 和 8.80。不同合作社堆沤的农家肥含水率差别较大,分布在 23.54%~52.07%,平均值为 36.22%,其中有 4 处农家肥含水率较高,在农家肥堆沤后期需要适当翻堆,调节发酵堆含水率。农家肥有机质含量在 22.16%~44.14%,平均值为 32.77%,均符合标准要求,但有个别合作社堆沤的农家肥有机质含量相对较低,建议调整有机物料配比或控制堆沤时间。农家肥总氮含量分布较集中,在 1.43%~2.17%,平均值为 1.90%;农家肥磷含量在 0.62%~3.07%,平均值为 1.82%,分布相对集中;农家肥钾含量在 2.77%~8.50%,平均值为 4.90%。不同合作社堆沤的农家肥养分含量均满足标准要求,但含量差距稍大,建议堆沤时在选材、配料、堆沤方式和堆沤时间上进行统一,以便在大田施用时可以统一规范化施肥。

二、合作社堆沤农家肥重金属含量

从表 4-21 可以看出,农家肥铅含量在 0.63~21.06mg/kg,平均值为 6.25mg/kg。由农家肥重金属参考标准(GB 8172—1987,下同)可知,所有合作社堆沤的农家肥

铅含量均在要求范围内，其中有两处合作社堆沤的农家肥铅含量相对稍高，分别达到 21.06mg/kg 和 17.26mg/kg。农家肥镉含量在 0.41～3.58mg/kg，除一处合作社堆沤的农家肥镉含量达到 3.58mg/kg 超出要求范围外，其他农家肥镉含量均较低。农家肥砷含量在 0.06～1.78mg/kg，分布较集中，且含量较低，均符合要求。农家肥在堆沤时，需注意原材料和堆沤场地的选择，严控原材料的重金属含量。

表 4-20　合作社堆沤农家肥肥力

处理	pH	含水率/%	有机质/%	氮/%	磷/%	钾/%
农家肥 1	7.81	47.13	36.41	1.54	1.52	3.79
农家肥 2	7.85	41.74	41.26	2.10	0.62	5.27
农家肥 3	6.54	46.45	44.14	2.17	1.83	2.77
农家肥 4	8.45	52.07	22.76	1.99	2.32	8.50
农家肥 5	9.06	25.05	36.46	2.01	1.99	5.22
农家肥 6	8.80	28.49	30.36	1.43	1.51	4.55
农家肥 7	7.12	23.54	27.87	2.03	3.07	4.32
农家肥 8	7.32	33.22	33.47	1.78	1.50	4.91
农家肥 9	7.97	28.33	22.16	2.01	2.02	4.78
最小值	6.54	23.54	22.16	1.43	0.62	2.77
最大值	9.06	52.07	44.14	2.17	3.07	8.50
平均值	7.88	36.22	32.77	1.90	1.82	4.90
标准差	0.81	10.74	7.68	0.26	0.67	1.56

表 4-21　合作社堆沤农家肥重金属含量　　　（单位：mg/kg）

肥料类别	铅	镉	砷
农家肥 1(2014 年)	4.06	0.41	0.06
农家肥 2(2014 年)	4.72	0.76	0.11
农家肥 3	1.78	0.67	0.47
农家肥 4	5.08	0.95	1.62
农家肥 5	0.63	0.63	0.85
农家肥 6	3.53	0.66	1.78
农家肥 7	4.56	1.27	1.04
农家肥 8	2.63	1.04	0.83
农家肥 9	21.06	3.58	0.71
农家肥 10	3.47	0.77	0.77
农家肥 11	17.26	1.57	1.15
最小值	0.63	0.41	0.06
最大值	21.06	3.58	1.78
平均值	6.25	1.12	0.85
标准差	6.57	0.88	0.54

注：研究中所采农家肥样品包含重庆两产区所有合作社堆沤样品

三、小结

烟用物资质量对烟叶生产有至关重要的影响。合作社堆沤的农家肥中有一处镉含量超标，有两处铅含量虽满足标准要求但含量相对较高，生产时需远离重金属污染区及避免使用污染动物粪便，或进行异地选材、异地堆沤。产区农家肥养分均满足标准要求，但存在不同合作社堆沤的农家肥养分含量差别大，个别农家肥 pH 超标，部分农家肥含水率较高的问题，建议堆沤时在选材、配料、堆沤方式和堆沤时间上进行统一，以便在大田施用时可以统一规范化施肥。

第五章　种植绿肥翻压还田技术研究

本章着重围绕绿肥养分释放规律、土壤养分供应规律与烟株对矿质营养吸收规律的协调作用机理进行研究，并对翻压绿肥后土壤微生物菌落及微生物生物量、土壤酶活性、土壤理化性质、烤后烟叶品质及产值效益等的变化进行了深入分析，形成了关于绿肥对植烟土壤培肥效果及对烤后烟产质量影响的系列理论与实践成果，对指导烟区生产实践具有重要意义。近年来，大量施用化肥对土壤的不利影响越来越突出，而施用有机肥料来改良土壤一直是土壤学界研究的热点，许多学者对不同作物根际或非根际土壤微生物生物量碳、氮、磷及土壤酶活性、土壤理化性状等进行了深入研究(周文新等，2008；马冬云等，2007；王光华等，2007a；武雪萍等，2005；刘添毅和熊德中，2000)，但涉及绿肥及植烟土壤方面的研究较少。绿肥作为一种重要的有机肥料，其在减少化肥用量、提高作物产量、培肥土壤地力等方面起到了积极的作用。烤烟作为一种特殊的经济作物，其对肥料的要求异常严格。在烤烟种植中，长期施用化肥造成了我国植烟土壤板结、地力衰退、有机质含量下降，这已成为我国烟叶质量进一步提高的重要限制因素。在烟区利用烟田冬季休闲空间种植绿肥，翻压后不仅可迅速提高土壤有机质含量、降低土壤容重，而且绿肥在生长过程中能通过养分吸收、根系分泌物和细胞脱落等方式起到调节土壤养分平衡、活化和富集土壤养分、增加土壤微生物活性、抑制土传病害和消除土壤中不良成分的作用。因此，烟区利用冬季休闲空间种植和翻压绿肥，对于恢复和提高土壤肥力、实现烟叶生产的可持续发展既有现实性，又有必要性。

由于绿肥种类不同，其养分含量和 C/N 等也不同，因此绿肥翻压后对土壤理化性状和土壤微生物生物量将产生不同影响，进而影响烟株生长发育和烤后烟叶品质。本研究通过在重庆烟区种植和翻压黑麦草，研究了黑麦草翻压量及翻压年限对烟田土壤的改良效果，同时研究了绿肥翻压减氮效应，旨在为改善烟田土壤环境和进一步提高我国烟叶质量提供技术参考和理论依据。

大田试验于 2005～2009 年在重庆市武隆县赵家乡新华村老街自然村进行(海拔 1036m，东经 107°33.588′，北纬 29°16.593′)。供试土壤类型为水稻土，2005 年测定土壤基础肥力为有机质24.19g/kg，碱解氮124.63mg/kg，速效磷21.88mg/kg，速效钾 150.78mg/kg，pH5.43。烤烟品种为云烟 87，烤烟大田行距 1.20m，株距 0.55m，移栽时间均为每年 5 月 5 日左右(不同年份间稍有差异)，供试绿肥品种为黑麦草。2005 年 10 月烟叶采收结束后，在试验地种植绿肥，2006 年 4 月进行绿肥翻压，同时测得鲜草平均含水率为 87.38%、干草平均含碳量为 38.26%、平均含氮量为 1.03%、C/N 值为 37.14（根据试验需要，不同年份间测定的含水率、含碳量、含氮量等稍有差异）。试验地全年降水量多在 1000mm 以上，4～6 月降水量占全年的 39%左右，属亚热带季风气候区，立体气候明显，年平均气温 15～18℃，无霜期 240～285d。试验中常规施肥标准：基肥施用烤烟专用复合肥 600kg/hm²，过磷酸钙 75kg/hm²；追肥施用硝酸钾 150kg/hm²。取土样时，均为随机选取烟垄上两株烤烟正中位置（距烟株 27.50cm 处）0～20cm 土层采集 5 个土样，混匀，阴凉处风干。实验室内测定土壤酶活性及土壤肥力相关指标，土壤容重、孔隙度等物理指标均在每次取样时现场测定。烟样取样按照烟草常规试验进行。

第一节　绿肥翻压还田后碳氮矿化规律研究

一、重庆烟区绿肥种类选择

在重庆烟区首次开展种植绿肥翻压还田研究时，绿肥选择了黑麦草、燕麦、紫云英和光叶紫花苕子 4 个物种，播种时分别安排 3 个播期（播期 1 为 2005 年 10 月 15 日，播期 2 为 2005 年 10 月 22 日，播期 3 为 2005 年 10 月 29 日），各播期在绿肥翻压当天（2006 年 3 月 20 日）的鲜草生物量见表 5-1。

表 5-1　各绿肥品种不同播期翻压时生物量　　　（单位：×10⁴kg/hm²）

物种	黑麦草			燕麦			紫云英			苕子		
	播期 1	播期 2	播期 3	播期 1	播期 2	播期 3	播期 1	播期 2	播期 3	播期 1	播期 2	播期 3
生物量	2.75	2.60	2.45	3.10	3.00	2.80	1.00	—	—	0.60	—	—

注："—"表示该播期的绿肥量太少，未予统计

在绿肥翻压前，可采用多点取样的方式进行绿肥鲜草量确定：在绿肥生长均匀且能代表全田生长状况的地方，取若干（≥3）个 1m² 的样点，将绿肥全部拔出去掉土壤等杂物后称重即可推算每亩的鲜草产量。

由不同播期试验（表 5-1）可知，只有黑麦草和燕麦 3 个播期的鲜草生物量较大，黑麦草最大鲜草量达到 27 500kg/hm²，燕麦最大鲜草量达到 31 000kg/hm²。鉴于此，选择以黑麦草和燕麦为试验材料。限于篇幅，后续内容仅以黑麦草为例进行说明。

二、黑麦草翻压还田后碳氮矿化规律研究

试验于 2006 年在重庆市武隆县赵家乡新华村老街自然村进行，供试土壤类型为水稻土，海拔 1036m，东经 107°33.588′，北纬 29°16.593′，土壤肥力中等。烤

烟品种为云烟 87。于 3 月下旬翻压黑麦草，翻压后 45d 移栽烤烟，在移栽的同时，将装有肥料、黑麦草和土壤混合物的尼龙网袋掩埋入土壤，黑麦草和土壤的重量比为 3∶10，埋入深度分别为 5cm、10cm、15cm 和 20cm。

经测定，黑麦草鲜草含水率为 87.03%，碳含量为 35.60%，氮含量为 1.13%，C/N 值为 31.50，磷含量为 0.22%，钾含量为 2.50%，钙含量为 0.52%，镁含量为 0.11%，铁含量为 0.20%，硼含量为 6.80mg/kg，铜含量为 5.10mg/kg，锰含量为 118.00mg/kg，钠含量为 17.10mg/kg，锌含量为 24.10mg/kg。

研究绿肥的分解矿化规律，对于指导绿肥翻压、确定绿肥翻压后烟苗移栽时期等都有着重要的意义。从黑麦草翻压还田后有机碳和有机氮矿化特征曲线（图 5-1，图 5-2）可知，黑麦草在翻压后的 13 周内持续分解，1～6 周为快速分解期，6～9 周为缓慢分解期，9～13 周为平稳分解期。

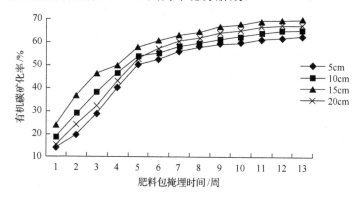

图 5-1　黑麦草不同翻埋深度有机碳矿化规律

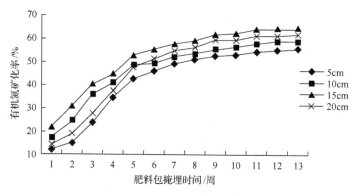

图 5-2　黑麦草不同翻埋深度有机氮矿化规律

在翻压后的 13 周内，不同深度的黑麦草都释放了 60%～70% 的碳和 55%～65% 的氮。整个腐解过程中，无论是有机碳还是有机氮，都在 15cm 深度分解最快，5cm 深度分解最慢。在翻压后的 1～5 周，10cm 深度的分解速度大于 20cm 深度；

而在 6～13 周，则是 20cm 深度的分解速度快于 10cm 深度的分解速度，这可能与不同土层水分含量、水分运移及微生物活动不同有关。

三、小结

若绿肥翻压过早，生物量太小，翻压后改良土壤的作用较小；若绿肥翻压过迟，绿肥木质化和纤维化严重，翻压后不易快速分解，可能会对烤烟生长产生不利影响。绿肥翻埋深度不同，造成其翻压还田后所处的土壤条件不同，绿肥腐解的速度也不一样，为土壤供应养分的量也不同。绿肥分解得越充分，当季释放和被作物吸收利用的养分也就越多。

在翻压还田后的 13 周内，不同深度的黑麦草都释放了 60%～70%的碳和55%～65%的氮。无论是有机碳还是有机氮，均以 15cm 深度分解最快。不同深度的有机碳和有机氮分解都经历了 3 个周期：1～6 周为快速分解期，6～9 周为缓慢分解期，9～13 周为平稳分解期。黑麦草最佳的翻埋深度为 15cm。

根据黑麦草在不同深度的分解矿化规律，从理论上讲，烟苗的移栽时间至少应在快速分解期过后，也就是翻压绿肥至少在烟苗移栽前 5 周进行，这样能够保证烟苗移栽后有充足的养分供应。但在实践中，绿肥翻压时间不仅要综合考虑绿肥养分释放规律、使用绿肥后土壤养分供应规律、烟株生长发育规律、烟株不同生育阶段需肥规律的协调性，同时要因地制宜地考虑不同地区气候条件，尤其是降雨对养分流失的影响。这样，既可保证绿肥分解过程有充足的营养供应，又可避免或者减轻绿肥翻压后养分释放对初期烟苗生长的影响。从烟株的生长发育规律和不同生育阶段需肥规律来看，烟株在伸根期以后需肥量逐步增大，而移栽初期需肥量相对较少，因此绿肥翻压后，只要翻压时间能够保证烟株在伸根期以后得到充足营养供应，即可确定为合适的翻压期。根据以上分析可知，结合重庆武隆烟区 4～6 月雨季的特征，武隆烟区绿肥翻压的时间最迟必须在烟苗移栽前 20d 左右完成。

第二节　翻压绿肥对植烟土壤理化性状及烤后烟叶品质的影响

施肥是提高作物产量的重要措施。随着经济的发展，我国农业生产上单纯依赖化肥、忽视有机肥投入的现象十分严重，农田对化肥的依赖性越来越大，造成了土壤板结、肥力下降等问题。合理施肥，尤其是合理施用有机肥是维持和提高地力的最有效方式，也是实现农业可持续发展的根本保证。烟草作为一种特殊的农作物，相比其他农作物对肥料的要求更加严格。国内外大量实践证明，要实现烟草生产的可持续发展，就必须为烟草的生长发育创造一个良好的土壤环境。

试验于 2008～2009 年进行。烤烟品种为云烟 87，移栽行距 1.20m，株距 0.55m，密度 15 000 株/hm²。移栽时间为 5 月 5 日。基肥施用烤烟专用复合肥 600kg/hm²，过磷酸钙 75kg/hm²，追肥施用硝酸钾 150kg/hm²。以不翻压绿肥的地块为 CK（对照），设置绿肥翻压量处理 T1（翻压绿肥 7500kg/hm²）、T2（翻压绿肥 15 000kg/hm²）、T3（翻压绿肥 22 500kg/hm²）和 T4（翻压绿肥 30 000kg/hm²），每个处理小区面积 334m²，常规施肥。绿肥在烟苗移栽前 20d 左右翻压。每个处理重复 3 次，随机区组排列。

一、翻压绿肥对土壤物理性状的影响

（一）翻压绿肥对土壤容重的影响

移栽后 30d 测定的土壤容重如图 5-3 所示，结果表明，翻压绿肥后土壤容重都有了一定程度的降低，且随着翻压量的增加降低的趋势愈加明显。T1 处理降低幅度较小，与对照相比差异不显著，其余处理与对照相比差异均达到显著水平。翻压量较大的 T3、T4 处理容重降低幅度较大，分别降至 1.297g/cm³ 和 1.292g/cm³，较对照降低了 0.064g/cm³ 和 0.069g/cm³。

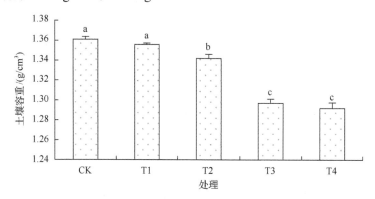

图 5-3　翻压绿肥对移栽后 30d 土壤容重的影响

（二）翻压绿肥对土壤孔隙度的影响

不同翻压量对土壤孔隙度的影响与对土壤容重的影响相反（图 5-4）。在移栽后 30d，随着翻压量的增加，土壤孔隙度呈现增加趋势，而且翻压量越大，增幅越明显，所有处理与对照相比均差异达到显著水平。处理 T1 增加幅度较小，处理 T3、T4 土壤孔隙度分别为 51.23% 和 51.25%，与对照相比分别增加了 2.48 个百分点和 2.50 个百分点。

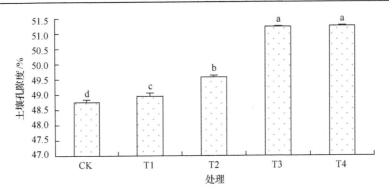

图 5-4　翻压绿肥对移栽后 30d 土壤孔隙度的影响

(三)翻压绿肥对土壤含水率的影响

重庆烟区在烟草大田生育期经常受到降雨时空分布不均的影响。在移栽后 30d 持续无降雨的情况下取不同处理土样进行了含水率的比较测定。结果表明(图 5-5),翻压绿肥有一定的蓄水保墒作用,随着翻压量的增加,土壤含水率有增加趋势,除处理 T1 外,其余处理与对照差异均达到显著水平,其中,处理 T3 的含水率显著高于其他处理。处理 T3、T4 土壤含水率分别为 17.72% 和 16.33%,比对照的 14.01% 分别增加了 3.71 个百分点和 2.32 个百分点。

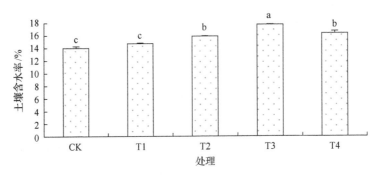

图 5-5　翻压绿肥对移栽后 30d 土壤含水率的影响

二、翻压绿肥对土壤化学性状的影响

(一)翻压绿肥对土壤 pH 的影响

翻压绿肥对酸性土壤 pH 提升有重要作用(表 5-2),在烟株整个生育期内,除旺长至打顶阶段(移栽后 30～60d)土壤 pH 有明显降低外,其余阶段 pH 均有提升。对照的 pH 在烤烟生育期内变化相对平稳,基本上在 4.64～5.14,但翻压绿肥各处理的土壤 pH 变化幅度较大。从翻压绿肥各处理和对照 pH 的动态变化来看，移栽后 30～60d 对照 pH 也有所降低，说明这一阶段内翻压绿肥与 pH 降低相关性不大，可能是烟株在旺盛生长期根系分泌小分子有机酸导致了 pH 降低。同时可以看出，处理 T3、T4 除移栽后 60d 与对照差异不显著外，其余生育期与对照相比差异均显著。因此，翻压绿肥对于改良偏酸性土壤有一定作用。

表 5-2 翻压绿肥对土壤 pH 的影响

处理	移栽后天数					
	10d	30d	45d	60d	75d	90d
CK	5.14b	5.02c	4.81b	4.64a	4.81c	4.79d
T1	5.11b	5.15c	4.82b	4.41b	5.21b	5.22c
T2	5.23b	5.35b	5.01a	4.43b	5.42a	5.39b
T3	5.42a	5.61a	5.11a	4.55a	5.45a	5.61a
T4	5.41a	5.42b	5.09a	4.61a	5.44a	5.63a

(二)翻压绿肥对土壤有机质含量的影响

移栽后 45d 以后，翻压绿肥处理的土壤有机质含量均高于不翻压绿肥处理（表 5-3）。处理 T2、T3、T4 的有机质含量与对照相比，在各个时期差异均显著，总体上 T3、T4 含量较高，其中以 T3 最高。所有翻压绿肥处理的土壤有机质含量在烤烟生育期内呈现相似的规律，即先迅速下降，移栽后 30d 降至最低，而后迅速上升，并在移栽后 45d 开始缓慢降低。除 T1 在移栽后 10d、30d 时低于对照外，其余所有翻压绿肥处理的土壤有机质含量都高于 CK。各个时期土壤有机质含量基本随翻压量的增加而增加。T3 和 T4 之间土壤有机质含量差异较小，整个生育期内分别比对照增加 12.18%～30.84% 和 7.36%～29.50%。土壤有机质含量变化较大可能是由于翻压绿肥后，初期对有机质产生了激发效应，促进了有机质的分解，随后则是纤维素在微生物的作用下转化为有机质，因而变化趋于平缓。

表 5-3 翻压绿肥对土壤有机质含量的影响 （单位：g/kg）

处理	移栽后天数					
	10d	30d	45d	60d	75d	90d
CK	31.85b	28.65c	27.40d	26.75c	25.97c	24.68c
T1	30.03c	28.32c	31.24c	31.16b	30.31b	29.34b
T2	33.67a	29.71b	32.56c	30.92b	30.56b	29.52b
T3	35.78a	32.14a	35.21a	34.21a	33.98a	32.05a
T4	34.86a	30.76b	33.81b	33.59a	32.56a	31.96a

(三)翻压绿肥对土壤碱解氮含量的影响

翻压绿肥能够明显提升土壤碱解氮含量(表 5-4),尤其翻压量较大的 T2、T3、T4 处理与对照相比在各生育时期差异均显著,T1 处理只有在移栽后 90d 时与对照相比差异不显著。整个生育期内,T3 和 T4 的土壤碱解氮含量相对较高,尤以 T3 最高,T3 和 T4 分别比对照增加了 6.80%~21.45%和 6.33%~17.06%,两处理之间在移栽后 45d、60d 时无显著差异,但高于 T1 和 T2。同时可以看出,CK 在整个生育期总体上呈降低趋势,而翻压绿肥所有处理的土壤碱解氮含量在烤烟生育期内呈现波动性的变化,在移栽后 10d 出现峰值,随后逐渐下降,这可能是由于绿肥 C/N 较高,腐解过程中存在微生物与烟株争夺氮素的竞争现象,微生物活性增强,其固氮作用也增强,从而能够加速绿肥腐解。

表 5-4　翻压绿肥对土壤碱解氮含量的影响　　　　　　(单位: mg/kg)

处理	移栽后天数					
	10d	30d	45d	60d	75d	90d
CK	124.92e	121.18e	123.50c	121.12c	119.22d	108.34c
T1	128.91d	123.82d	127.3b	124.08b	126.56c	110.51c
T2	136.05c	126.73c	130.5b	127.89a	131.44b	113.82b
T3	151.71a	133.56a	139.16a	129.36a	131.43b	118.37a
T4	146.23b	129.68b	137.31a	128.79a	133.51a	118.35a

(四)翻压绿肥对有效磷含量的影响

翻压绿肥能够明显提升土壤有效磷含量(表 5-5),除移栽后 90d 处理 T1 与对照相比差异不显著外,翻压绿肥各处理在整个生育期与对照相比差异均显著。翻压绿肥各处理的有效磷含量都高于 CK,但并不是绿肥翻压量最大的 T4 含量最高,而是处理 T2、T3 的含量较高。在烤烟各生育期内,处理 T2 的土壤有效磷含量明显高于其他处理,处理 T2、T3 土壤有效磷含量分别比对照提高了 75.94%~143.60%和 62.19%~119.20%。所有处理的土壤有效磷含量在烤烟生育期内呈现有规律的变化,前期含量较低,随后逐渐升高,在移栽后 45d 左右达到高峰,与对照相比,在 45d 时 T1、T2、T3、T4 分别比对照提高了 61.99%、106.38%、100.83%、71.35%,随后所有处理都逐渐降低。有效磷含量在烟株生育期有这种动态变化规律可能是因为随着烟株生长进入旺长阶段,根系分泌物增多,土壤酶活性增强,尤其土壤磷酸酶活性增强,对土壤有效磷的富集起到了一定的作用。

表 5-5　翻压绿肥对土壤有效磷含量的影响　　　　（单位：mg/kg）

处理	移栽后天数					
	10d	30d	45d	60d	75d	90d
CK	14.84e	19.89d	20.52c	16.83d	15.88c	14.25b
T1	20.15d	27.64c	33.24b	21.24c	22.37b	17.28b
T2	36.15a	36.04a	42.35a	37.62a	27.94a	29.31a
T3	32.53b	32.26b	41.21a	27.64b	27.69a	28.95a
T4	25.03c	28.52c	35.16b	23.51c	24.58b	28.34a

（五）翻压绿肥对土壤速效钾含量的影响

翻压绿肥处理明显提高了土壤速效钾含量（表 5-6），翻压绿肥处理的速效钾含量都高于 CK，而且在各生育阶段与对照相比差异均显著。T2、T3 处理的速效钾含量高于 T1、T4，尤其是 T3 在烤烟各生育阶段都是最高的。在整个生育期内，T3 处理土壤速效钾含量与对照相比提高了 40.02%～85.44%。所有处理的土壤速效钾含量在烤烟生育期内呈现有规律的变化，总体表现为前期高，后期低。除对照外，翻压绿肥的各处理的土壤速效钾含量均表现为先上升，在移栽后 30d 达最高峰，而后下降。

表 5-6　翻压绿肥对土壤速效钾含量的影响　　　　（单位：mg/kg）

处理	移栽后天数					
	10d	30d	45d	60d	75d	90d
CK	173.64e	169.43d	152.34e	135.21d	117.37d	91.34e
T1	198.61d	205.68c	189.37d	176.34c	157.69c	134.21d
T2	230.15b	254.18a	223.78b	188.35a	175.31a	163.27b
T3	246.24a	262.92a	231.71a	189.32a	177.98a	169.38a
T4	218.57c	235.75b	215.32c	183.29b	163.27b	156.31c

三、翻压绿肥对烤后烟叶品质的影响

（一）翻压绿肥对烤后烟叶常规化学成分的影响

中部叶翻压绿肥各处理总糖和还原糖含量与对照相比均有所升高，尤其是处理 T3、T4 含量相对较高（表 5-7）；翻压绿肥各处理的淀粉含量均比对照低，以 T3 最低；总氮含量 T1 略高于对照，其余翻压绿肥处理均低于对照；各处理烟碱含量均低于对照；各处理氮碱比在 0.85～0.94，还原糖与总糖比在 0.86～0.92，与 CK 相比，翻压绿肥各处理氮碱比、两糖比均略有上升；各处理石油醚提取物含量在 8.91%～9.44%，与 CK 相比，基本上呈现出随翻压量的增加，石油醚提取物含量随之增加的趋势。同时可以看出（表 5-7），两糖比、总氮含量、氮碱比各处理

之间差异均不显著，其余指标 T3、T4 处理与对照相比差异均显著。

表 5-7　翻压绿肥对烤后烟叶常规化学成分的影响（中部叶）

处理	总糖/%	还原糖/%	两糖比	淀粉/%	总氮/%	烟碱/%	氮碱比	石油醚提取物/%
CK	22.44b	19.65c	0.86a	7.80a	1.76a	2.08a	0.85a	8.91d
T1	23.46b	21.63b	0.92a	7.60a	1.78a	1.93b	0.92a	9.01d
T2	23.75b	21.26b	0.90a	7.31a	1.65a	1.81b	0.91a	9.16c
T3	26.73a	24.44a	0.91a	6.24b	1.71a	1.88b	0.91a	9.44a
T4	25.61a	22.31b	0.87a	6.25b	1.74a	1.86b	0.94a	9.21b

（二）不同前茬作物对烤后烟叶感官质量的影响

不同前茬作物对烤后烟叶的感官评吸质量影响较大（图 5-6）。本部分参考 YC/T 138——1998《烟草及烟草制品　感官评价方法》标准进行评吸鉴定，从单个评吸指标来看，以绿肥前茬的烤后烟叶品质指标（包括香气质、香气量、杂气、刺激性、透发性、柔和度、甜度、余味）和特征指标（包括浓度和劲头）评分相对最高，以玉米前茬相对最低。其中，绿肥前茬仅有余味指标的分值与烤烟前茬相比略低，烤烟前茬余味指标为 5.84 分，绿肥前茬余味指标为 5.75 分，仅低 0.09 分。在影响评吸质量的一些关键指标中，水稻前茬的刺激性最小，为 5.52 分；玉米前茬的杂气最小，为 5.10 分。从各品质指标的综合评价来看，绿肥前茬的总分最高，为 47.75 分；玉米前茬的总分最低，为 43.45 分。说明翻压绿肥不仅在培肥改良植烟土壤方面有重要的作用，而且在改善烤烟品质方面也有重要的意义。

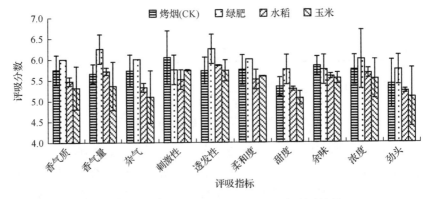

图 5-6　不同前茬作物烤后烟叶评吸指标得分比较

四、小结

已有研究表明，种植绿肥还田能够提高土壤有机质含量、各化学成分含量，显著改善土壤微生物活性和微生物功能多样性(刘国顺等，2006)。翻压绿肥能促进土壤中真菌、细菌、放线菌三大类群微生物的总量成倍或成十几倍增加。微生物数量增加及活性增强能够加速绿肥分解，促进养分释放，满足烟株生长对养分的需求。本研究结果表明，翻压绿肥能够明显降低土壤容重，提高土壤孔隙度和土壤含水率，且能调节土壤 pH，同时提高土壤有机质、碱解氮、有效磷、速效钾含量。总体上绿肥翻压量在 15 000～30 000kg/hm^2 效果较好，尤其在 22 500～30 000kg/hm^2，这说明翻压绿肥只有达到一定量的时候，施用绿肥的优势和肥效才能发挥出来。从绿肥对土壤理化形状指标影响的综合分析结果来看，翻压绿肥必须结合实际情况，总体考虑绿肥对土壤物理性状、化学性状的综合影响，绿肥翻压量并不是越高越好，翻压绿肥必须注意量的控制。

翻压绿肥能够明显提高中部叶总糖、还原糖、石油醚提取物含量，降低淀粉、总氮和烟碱含量，氮碱比在 0.91～0.94，两糖比在 0.86～0.92，说明翻压绿肥后中部叶化学成分更加协调。从不同前茬作物对烤后烟叶感官评吸指标的影响来看，翻压绿肥后烟叶感官评吸质量与其他前茬相比更优。

综上所述，从不同绿肥翻压量对土壤理化性状指标和烟叶品质指标的影响来看，翻压绿肥能够明显改善土壤理化性状，提升烟叶品质，翻压量在 15 000～30 000kg/hm^2 时对土壤和烟叶均有明显的促进作用，以翻压量在 22 500～30 000kg/hm^2 时总体化学成分指标更优，以 22 500kg/hm^2 最好。

第三节　翻压绿肥对植烟土壤微生物生物量及酶活性的影响

土壤微生物和土壤酶共同参与及推动土壤中各种有机质转化与物质循环过程，使土壤表现出正常代谢机能，其可对土壤生产性能和土地经营产生很大影响，当前采用其作为评价土壤生态环境质量的重要指标越来越受到人们的重视。据前人研究(韩晓日等，2007；胡诚等，2006；Singh et al.，1989)，土壤微生物生物量碳含量与土壤有机质含量具有良好的相关性，施用有机物料对其影响很大，当氮肥作为基肥施用时，作物苗期从土壤中吸收的氮素非常少，易导致氮素损失。与此同时，土壤微生物对氮的固定对防止氮素损失十分重要，随着作物的生长，这些固定的养分又被释放出来供作物吸收利用。而土壤酶促作用直接影响土壤有机物质的转化、合成及植物的生长发育，土壤酶活性是反映土壤肥力的重要指标。

近年来，土壤微生物和土壤酶活性的研究已成为土壤学界的热点，许多学者(王丽宏等，2008；王光华等，2007b；张洁等，2007)对不同作物根际或非根际土壤微生物生物量碳、微生物生物量氮、微生物生物量磷及土壤酶活性进行了深入的研究，主要集中在保护性耕作、不同土地利用方式、施用化肥和秸秆还田等处理下土壤微生物量与酶活性的变化，涉及绿肥及植烟土壤方面的研究较少，而且已有的研究主要集中在微生物数量、类群与绿肥对土壤微生物数量和理化性质影响方面。绿肥作为一种重要的有机肥料，其在减少化肥用量、提高作物产量、培肥土壤地力等方面起到了积极的作用。关于翻压绿肥对植烟土壤微生物生物量及酶活性的影响，尤其是翻压绿肥后烟株在整个生长期内系统动态变化的研究相对较少。通过研究翻压绿肥对植烟土壤微生物生物量碳、微生物生物量氮和酶活性的影响，阐明绿肥养分释放过程和烟株对矿质营养吸收过程的协调作用机理，为植烟土壤改良提供理论依据。

试验于 2007～2008 年进行，各处理及田间管理措施均与本章第二节保持一致。

一、翻压绿肥对土壤微生物生物量的影响

(一)翻压绿肥对土壤微生物生物量碳的影响

土壤微生物生物量碳的消长反映了微生物利用土壤碳源进行自身细胞建成并大量繁殖和微生物细胞解体使有机碳矿化的过程。微生物生物量碳在土壤全碳中所占比例很小，一般只占土壤有机碳的 1.30%～6.40%，但它是土壤有机质的活性部分，可反映土壤有效养分状况和生物活性，能在很大程度上反映土壤微生物数量，是评价土壤微生物数量和活性及土壤肥力的重要指标之一。翻压绿肥所有处理微生物生物量碳含量均显著高于对照(表 5-8)，说明翻压绿肥提高了土壤中微生物数量。从绿肥不同翻压量的改良效果来看，处理 T3 的土壤微生物生物量碳含量在各生育时期均显著高于其他处理，与对照相比，处理 T3 在不同生育时期提高幅度为 66.09%～161.28%，所有处理微生物生物量碳含量的动态变化表现出相似的规律，即在移栽后 30d 和 60d 出现峰值，T1、T2、T3、T4 在 30d 时分别比对照提高了 21.80%、33.13%、66.09%和 41.78%，在 60d 时较对照分别提高了 42.26%、98.02%、127.21%和 106.17%。这可能与绿肥腐解规律及烟株吸肥规律有关，在移栽初期，由于化肥的施入尤其氮肥的增加，较低的 C/N 加速了绿肥的分解，绿肥翻入土壤后为微生物的生存提供了大量有机碳源，移栽后 30d 左右，微生物的数量迅速上升；随后，绿肥中易分解的有机物质逐渐减少，并逐渐进入相对复杂的有机物质分解阶段，烟草进入旺长期后，微生物生命活动旺盛，消耗土壤中大量的碳源，同时作物生长正处旺盛季节对碳源需求较多，构成微生物体的碳源减少；随着绿肥中复杂有机物被进一步分解，构成微生物体的碳源增加，微生物生物量碳在 60d 左右达到第二个高峰，随后逐渐下降，圆顶以后，除对照微生物生物量碳继续下降外，翻压绿肥的处理都略有回升。

表 5-8　翻压绿肥对土壤微生物生物量碳含量的影响　　　（单位：mg/kg）

处理	移栽后天数					
	10d	30d	45d	60d	75d	90d
CK	102.11c	135.67d	70.53d	104.24e	86.32d	78.81d
T1	157.89b	165.24c	123.37c	148.29d	118.28c	125.21c
T2	159.72b	180.62b	154.48b	206.42c	150.75b	170.15b
T3	207.15a	225.34a	184.28a	236.84a	186.68a	197.09a
T4	173.68b	192.35b	159.57b	214.91b	157.49b	173.68b

（二）翻压绿肥对土壤微生物生物量氮的影响

土壤微生物生物量氮是指活的微生物体内所含有的氮，不同土壤类型及生态环境条件下其差异很大，土壤微生物生物量氮一般为 20～200mg/kg，占土壤全氮的 2.50%～4.20%，低于或接近作物吸氮量，但在土壤氮素循环与转化过程中起着重要的调节作用。由于微生物生物量氮的周转率比土壤有机氮快 5 倍之多，因此大部分矿化氮来自于土壤微生物生物量氮。翻压绿肥的各处理微生物生物量氮含量都高于对照（表 5-9），处理 T1 在烟株移栽后 10d 和 45d 与对照差异不显著，其余处理与对照在各时期差异均显著；处理 T3 在移栽后 10d 和 75d 与 T4 差异不显著，其余时期均显著高于其他处理；与对照相比，处理 T3 在不同生育时期提高了 76.88%～257.10%。微生物生物量氮和微生物生物量碳含量的动态变化呈现相似的规律，随着烟株的生长，微生物生物量氮含量的变化也呈现双峰曲线，在移栽后 30d 和 75d 出现峰值，T1、T2、T3、T4 在 30d 时较对照分别提高了 84.98%、109.14%、148.41%和125.58%，在 75d 时较对照分别提高了 139.67%、149.58%、178.43%和165.79%。这可能是因为在烤烟移栽前施入了化肥作基肥，而在移栽初期，烟株对矿质营养的吸收量较小，一部分氮素被微生物固定，微生物生物量氮在 30d 左右达到高峰，烟株团棵以后，吸氮量增加，随着烟草的生长，被微生物固定的微生物生物量氮又释放出来，以供烟草生长发育需要，烟株圆顶以后对氮素的需求量明显减少，多余氮素被微生物再次固定。因此，微生物生物量氮在旺长期、现蕾期均保持较低水平，在圆顶期达到峰值，成熟期则明显降低。

表 5-9　翻压绿肥对土壤微生物生物量氮含量的影响　　　（单位：mg/kg）

处理	移栽后天数					
	10d	30d	45d	60d	75d	90d
CK	22.93c	28.22e	6.83d	14.88e	27.07d	26.34e
T1	23.66c	52.20d	8.05d	22.93d	64.88c	28.78d
T2	41.22b	59.02c	14.88c	29.02c	67.56bc	32.20c
T3	56.59a	70.10a	24.39a	38.78a	75.37a	46.59a
T4	56.10a	63.66b	17.80b	31.95b	71.95ab	43.17b

二、翻压绿肥对土壤酶活性的影响

土壤微生物活性与土壤酶活性密切相关。酶作为土壤的组成部分，其活性的大小可较敏感地反映土壤中生化反应的方向和强度。

(一)翻压绿肥对土壤脲酶活性的影响

土壤脲酶直接参与土壤中含氮有机化合物的转化，其活性高低在一定程度上反映了土壤供氮水平。翻压绿肥的各处理土壤脲酶活性与对照相比均有不同程度的提高(图 5-7)，说明翻压绿肥有利于土壤中氮素的转化。处理 T3 除在移栽后 60d 时土壤脲酶活性低于 T4 外，其余时期均高于其他处理，与对照相比，T3 处理在不同生育时期的提高幅度为 31.33%～53.65%。所有处理土壤脲酶活性的动态变化规律相似，均在移栽后 45d 时出现峰值，T1、T2、T3、T4 在 45d 时分别比对照提高了 24.83%、35.99%、54.05%和 41.70%。这可能是由于绿肥在腐解过程中为微生物提供了大量的有机碳源，微生物活性增强，而烟株团棵以后，对营养物质尤其氮素的吸收量剧增，根系活动强烈。土壤脲酶活性在移栽后 45d 植株进入旺长期时最强，使土壤能水解出更多的有效氮供烟株吸收，促进了土壤中氮素向烟株可以直接利用的氮素形态转化，土壤供氮能力增强，这可能就是烟草追肥主要在团棵以前，一般在移栽后 25～30d 施入的重要原因。

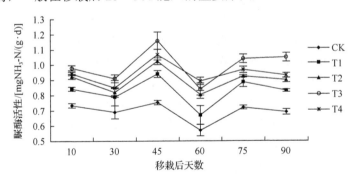

图 5-7　翻压绿肥对土壤脲酶活性的影响

(二)翻压绿肥对土壤酸性磷酸酶活性的影响

酸性磷酸酶活性是评价土壤磷元素生物转化方向与强度的指标。土壤酸性磷酸酶活性的高低可以反映土壤速效磷的供应状况。土壤有机磷转化受多种因子制约，酸性磷酸酶的参与可加快有机磷的脱磷速度。在 pH 为 4～9 的土壤中均有酸性磷酸酶，积累的酸性磷酸酶对土壤磷素的有效性具有重要影响。翻压绿肥使土壤酸性磷酸酶活性增强(图 5-8)，T3 和 T4 的土壤酸性磷酸酶活性在整个生育期内大致相近，高于T1、T2和对照，与对照相比，T3、T4在整个生育时期提高幅度分别为11.15%～17.62%和11.54%～19.27%。不同处理酸性磷酸酶活性在烟株生育期的动态变化大致相同，呈先上升后下降的趋势。在移栽后45d时酸性磷酸酶活性最高，T1、T2、T3、T4分别比对照提高了6.51%、12.95%、17.62%和14.18%，随后所有处理酸性磷酸酶活性都逐渐降低，这可能与烟株进入旺长期后需要大量的磷素营养来满足植株茎秆生长有关。绿肥不但能通过自身所带磷的循环再利用改善磷素营养、降低土壤对磷的解吸及通过将无机磷向有机磷转化来提高磷肥的利用率，而且还能通过还原、酸溶、络合作用，促进解磷微生物增殖等过程来活化土壤中难利用的磷为可利用磷，同时翻压绿肥使土壤酸性磷酸酶活性增强，能促进土壤中有机磷化合物水解，生成能为植物所利用的无机态磷。因而，翻压绿肥显著提高了土壤中磷的有效性。

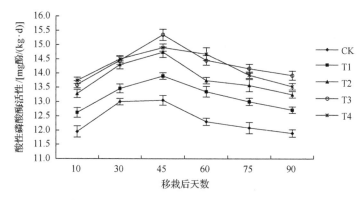

图5-8　翻压绿肥对土壤酸性磷酸酶活性的影响

(三)翻压绿肥对土壤蔗糖酶活性的影响

蔗糖酶的活性强弱反映了土壤的熟化程度和肥力水平，是评价土壤中碳转化与呼吸强度的重要指标之一，对增加土壤中易溶性营养物质起到重要作用。翻压绿肥各处理土壤蔗糖酶活性高于对照(图5-9)，随着烟株的生长，不同处理蔗糖酶活性的动态变化呈相似的规律，在移栽后前60d，所有处理蔗糖酶活性变化幅度较小，但总体上有降低的趋势，T2、T4处理此时期活性接近，T3处理降低趋势最为明显。60d以后所有处理蔗糖酶活性逐渐升高，T3、T4在此时期变化幅度较接近，说明烟株移栽后60d左右，随着绿肥的腐解和养分的积累，土壤的熟化程度和肥力水平逐渐提高，有利于土壤中碳的转化和烟株对肥料的吸收，这对确定绿肥的翻压时间具有重要意义。在整个生育期内，T3和T4处理蔗糖酶活性的变化比较明显，与对照相比，在整个生育期提高幅度分别为16.05%～101.06%和15.98%～131.69%。

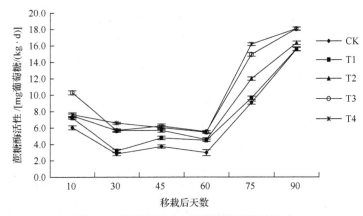

图 5-9　翻压绿肥对土壤蔗糖酶活性的影响

(四)翻压绿肥对土壤过氧化氢酶活性的影响

过氧化氢酶广泛存在于土壤中和生物体内，直接参与生物呼吸过程中的物质代谢，同时可以解除在呼吸过程中产生的过氧化氢对活细胞的有害作用，某活性可以表示土壤氧化过程的强度，过氧化氢酶与土壤有机质的转化有密切关系。翻压绿肥的各处理土壤过氧化氢酶活性显著高于对照(图 5-10)，说明翻压绿肥促进了土壤中有机物质的转化，这可能与翻压绿肥为土壤微生物提供了大量营养，增加了其转化底物，造成微生物数量大幅增加，活性提高有关。总体来看，T3 处理土壤过氧化氢酶活性在整个生育期内都高于其他处理，与对照相比在整个生育期提高了 41.38%～71.43%，T2、T4 在整个生育期内变化幅度接近，所有处理都是在烟株移栽后 45d 和 75d 时出现峰值，T1、T2、T3、T4 在 45d 时较对照分别提高了 25.36%、31.07%、45.36%、34.64%，在 75d 时分别比对照提高了 29.63%、51.85%、55.56%、44.44%，这可能是由于烟草在移栽后 35d 内，植株地上部生长

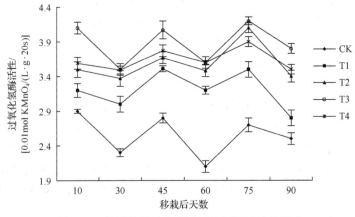

图 5-10　翻压绿肥对土壤过氧化氢酶活性的影响

缓慢，叶面积较小，光合产物少，但此时期对氮素的吸收量较大，是烟株积累氮素的阶段，移栽后 35～70d 这一阶段是烟株生长最旺盛、干物质积累最快的时期，是烟草对氮、磷、钾和其他营养元素吸收量最大的阶段。土壤积累了大量的过氧化氢，而过氧化氢酶活性在移栽后 45d 和 75d 达到高峰，从而解除了旺盛生长积累的过氧化氢等有毒物质对烟株和土壤产生的毒害作用，说明过氧化氢酶活性与烟株生长发育进程密切相关。

三、小结

前人研究表明，秸秆还田、施用饼肥等培肥措施均能提高土壤微生物生物量和土壤酶活性(周文新等，2008；曹志平等，2006；宋日等，2002)。本研究结果表明，翻压绿肥能显著提高土壤微生物生物量碳、微生物生物量氮含量和土壤脲酶、酸性磷酸酶、蔗糖酶、过氧化氢酶活性。本研究通过对烟株生育期内土壤微生物生物量碳、微生物生物量氮含量和酶活性的动态变化研究还发现，峰值均出现在烟株生长最旺盛的时期。绿肥能促进土壤中真菌、细菌、放线菌三大类群微生物总量成倍或成十几倍的大幅度增加。但从不同处理综合效果来看，绿肥翻压量并不是越高越好，以 22 500kg/hm^2 效果最好，这是因为绿肥腐解过程需要大量微生物参与，同时为微生物的生存提供大量的有机碳源。而木质素含量高的禾本科绿肥，由于 C/N 较高，其有机物矿化比较缓慢，绿肥腐解过程和烟株生长过程同步进行，绿肥腐解需要利用土壤中相当的氮素来降低自身的 C/N，绿肥翻压量越高，腐解过程和烟株生长过程争夺氮素的矛盾越突出，而 22 500kg/hm^2 的翻压量可能正是腐解过程和烟株生长过程中氮素"固定-释放-吸收"达到平衡的阈值。翻压绿肥可提高土壤酶活性的可能原因在于绿肥腐解提供了大量的有机营养，能促进烟株根系发育，使根系分泌物增多，微生物活性增强，繁殖速度加快，从而促进了土壤酶活性的提高。

本研究结果表明，翻压绿肥后微生物生物量碳、微生物生物量氮含量的动态变化均出现两次峰值，微生物生物量碳的高峰出现在团棵时和现蕾时，而微生物生物量氮的高峰出现在团棵时和圆顶时。这是由于团棵时绿肥腐解迅速，土壤有机碳源充足，微生物大量繁殖。同时，由于化肥基施和追施的作用，在移栽初期土壤中氮含量较高，而烟株此时期对其利用较少，其中一部分被微生物固定，因此土壤微生物生物量氮增加。随着烟草的生长发育，土壤中氮素被大量消耗，且绿肥腐解程度越来越高，土壤微生物生物量氮逐渐降低，表明一部分微生物生物量氮又被重新释放出来。从旺长到圆顶期，由于当地处于多雨季节，高温高湿促使土壤中残存的有机物料进一步发酵分解，微生物活性增强，微生物数量再度增加，同时有机物料分解使土壤中氮含量增加，而烟株生育后期对氮素需求减少，多余的氮素再次被微生物固定，因此，微生物生物量碳在移栽后 60d 左右达到第二个高峰，而微生物生物量氮在 75d 左右达到第二个高峰。成熟期以后微生物生物量碳、微生物生物量氮含量明显降低，但微生物生物量碳与对照相比，施用绿肥的所有处理圆顶以后都略有回升，说明施用绿肥后土壤具有了一定的保肥性。而微生物生物量氮的变化则反映出土壤微生物生物量氮在协调土壤氮素供应及烟株对氮素吸收方面有重要作用。可见，绿肥的翻压时期非常关键，如果翻压过晚，到烟草生长后期会导致氮素供应量过大，不符合烟草对氮"少时富老来贫"的需求规律，从而影响烟叶的品质。

从不同酶活性来看，土壤脲酶、酸性磷酸酶、过氧化氢酶活性均在烟株生长旺盛、需肥量大的旺长期出现峰值，蔗糖酶活性在移栽后 60d 以后逐渐升高，说明土壤酶活性与翻压绿肥后绿肥的腐解规律、土壤养分供应规律和烟株的吸肥规律密切相关。翻压绿肥能够为微生物提供充足的有机营养，促进土壤微生物大量繁殖，使微生物活性增强，同时，由于翻压绿肥的处理明显改善了土壤的理化性状，烟株地上、地下部生长旺盛，旺长期发达的根系产生大量的根系分泌物，而翻压绿肥后土壤酶可能主要来源于土壤微生物、动植物残体及烟株根系分泌物，因此微生物的活动和烟株的旺盛生长共同促进了土壤酶活性在移栽后 45d 左右明显增强。

总体来看，翻压绿肥后土壤微生物生物量碳、微生物生物量氮含量和不同土壤酶活性的动态变化反映出了绿肥腐解过程中土壤养分供应和烟草生长发育之间的协调性。通过研究翻压绿肥对植烟土壤微生物生物量及土壤酶活性的影响，阐明土壤的生化变化过程和矿质营养在烟草生长期间的供应状况，可为进一步研究绿肥修复植烟土壤机理提供理论依据。

第四节　绿肥对植烟土壤酶活性及土壤肥力的影响

近年来，对土壤酶活性和土壤肥力的研究已成为土壤学界的热点，许多学者从不同角度开展了相关领域的研究工作，尤其对土壤酶活性与土壤养分关系进行了深入的探讨。然而土壤酶活性能否作为评价土壤肥力的指标尚无定论，多数研究者认为土壤酶活性与土壤主要肥力因子有显著相关关系，可作为评价土壤肥力的指标之一（徐华勤等，2010；唐玉姝等，2008；邱莉萍等，2004），也有研究表明土壤酶活性与土壤的营养水平并不存在显著相关关系（周瑞莲等，1997）。尽管如此，土壤酶能够促进土壤中物质转化与能量交换是不争的事实。因此，对土壤酶活性与土壤肥力之间关系的进一步研究在理论和实践上都有着重要意义。本节在本章第二节、第三节的研究基础上，研究翻压绿肥后植烟土壤酶活性与土壤肥力关系，并采用简单相关分析、典型相关分析和主成分分析来探讨施用绿肥情况下土壤酶活性与土壤肥力的关系，以及将土壤酶活性作为评价土壤肥力指标的可行性。本节以烟株移栽后 30d 的土壤数据为依据，根据绿肥翻压时间和绿肥腐解规律可知，绿肥中大部分养分能够在移栽后 30d 左右释放，而此时烟株尚未进入旺长期，对养分吸收较少，根系分泌物也较少，因此此时期的土壤酶活性和土壤肥力指标更能近似地检验绿肥的供肥能力。

试验始于 2005 年，每年各处理与本章第二节和第三节保持一致，均在固定田块上进行，各处理配施化肥量均采用当地常规施肥量(表 5-10)，试验以 2009 年各处理的测定结果进行数据分析。连年翻压绿肥后，每个处理于 2009 年烟株移栽后30d(团棵期)左右随机选取烟垄上两株烤烟正中位置(距烟株 27.5cm 处)0～20cm土层采集 5 个土样，混匀，阴凉处风干。实验室内测定土壤酶活性及相关土壤肥力指标，每次取样时测定土壤容重，计算土壤孔隙度。

表 5-10　2005～2009 年大田施用化肥情况

年份	基肥/(kg/hm^2)			追肥/(kg/hm^2)	
	烤烟专用复合肥	过磷酸钙	油枯	硝酸钾	硝铵锌
2005	750	75	150	150	45
2006	600	75	0	150	0
2007	600	75	0	150	0
2008	600	75	0	150	0
2009	600	75	0	150	0

一、翻压绿肥对土壤酶活性和土壤肥力的影响

根据绿肥的矿化腐解规律可知，绿肥中养分释放主要集中在前 6 周，因此，烟株移栽后 30d 左右的土壤肥力指标最能反映绿肥对植烟土壤的培肥效应。翻压绿肥处理均能够明显提高土壤酶活性和土壤养分含量，改善土壤的物理性状(表5-11，表 5-12)，尤其是处理 T2～T4(15 000～30 000kg/hm^2)显示翻压绿肥对土壤酶活性和土壤肥力各项指标的影响更加明显，4 种土壤酶活性随着绿肥翻压量的增加而增强，土壤养分指标则以翻压量在 15 000～30 000kg/hm^2 效果较好，翻压绿肥后，土壤脲酶、酸性磷酸酶、蔗糖酶、过氧化氢酶提高幅度分别为 13.10%～23.81%、12.92%～29.38%、75.35%～234.51%、29.17%～37.08%；土壤有机质、全氮、碱解氮、有效磷、速效钾含量和 pH、孔隙度的增幅分别为 13.01%～70.41%、6.42%～27.52%、1.14%～10.99%、15.97%～34.99%、10.28%～38.30%、2.74%～7.05%、0.39%～5.13%，容重降幅为 1.47%～5.15%。处理 T2、T3、T4 的土壤酶活性和土壤肥力指标与对照相比差异均显著；处理 T1 除碱解氮、速效钾含量和容重外，其余指标与对照相比均差异显著。此外，处理 T1 与其他处理相

比，土壤各指标相对较差，说明绿肥翻压的量达到一定程度后对土壤酶活性和肥力的影响才能发挥出来。

表 5-11　翻压绿肥对土壤酶活性的影响

处理	脲酶活性 /[mg NH₃-N/(g·d)]	酸性磷酸酶活性 /[mg 酚/(kg·d)]	蔗糖酶活性 /[mg 葡萄糖/(kg·d)]	过氧化氢酶活性/[0.01mol KMnO₄/(L·g·20s)]
T4	1.04a	15.72a	9.50a	3.29a
T3	1.03a	15.65a	8.95a	3.28a
T2	0.98b	14.52b	6.22b	3.17b
T1	0.95c	13.72b	4.98c	3.10b
CK	0.84d	12.15c	2.84d	2.40c

表 5-12　翻压绿肥对土壤养分含量的影响

处理	有机质/(g/kg)	全氮/(g/kg)	碱解氮/(mg/kg)	有效磷/(mg/kg)	速效钾/(mg/kg)	pH	容重/(g/cm³)	孔隙度/%
T4	33.40a	1.26b	122.80ab	28.82a	208.97a	5.37a	1.29d	51.28a
T3	29.30b	1.34a	125.99a	27.22b	186.27b	5.47a	1.30c	51.23a
T2	24.12c	1.39a	119.42b	26.17c	172.27bc	5.38a	1.34b	49.59b
T1	22.15c	1.16c	114.80c	24.76d	166.63cd	5.25b	1.36a	48.97c
CK	19.60d	1.09d	113.51c	21.35e	151.10d	5.11c	1.36a	48.78d

二、土壤酶活性和土壤肥力因子关系的分析

土壤酶活性是全面反映土壤生物学肥力质量变化的潜在指标，土壤肥力水平在很大程度上受制于土壤酶的影响，因此要探究土壤酶活性和土壤肥力因子之间的关系，有必要进行简单相关分析、典型相关分析和主成分分析。

（一）简单相关分析

脲酶、酸性磷酸酶、蔗糖酶、过氧化氢酶 4 种土壤酶活性之间均呈极显著正相关，同时 4 种酶活性与土壤肥力因子均呈极显著相关（表 5-13）。其中，4种酶活性与容重呈极显著负相关，与其他肥力因子呈极显著正相关，说明 4 种酶在促进土壤养分转化、改良土壤理化性状方面发挥着重要作用。同时可以看出，一种酶的活性不仅与特定的土壤肥力因子有显著相关性，而且与多种土壤养分因子均有极显著的相关性，说明 4 种土壤酶不仅在单一土壤养分因子转化中发挥促进作用，而且均参与了其他土壤养分因子的转化过程，共同影响着土壤的理化性状。

表 5-13　土壤酶活性与主要养分含量的相关系数

项目	脲酶	酸性磷酸酶	蔗糖酶	过氧化氢酶
脲酶		0.89**	0.86**	0.91**
酸性磷酸酶	0.89**		0.89**	0.89**
蔗糖酶	0.86**	0.89**		0.81**
过氧化氢酶	0.91**	0.89**	0.81**	
有机质	0.83**	0.88**	0.88**	0.72**
全氮	0.72**	0.70**	0.63**	0.72**
碱解氮	0.75**	0.85**	0.88**	0.70**
有效磷	0.92**	0.90**	0.88**	0.91**
速效钾	0.83**	0.80**	0.88**	0.73**
pH	0.89**	0.74**	0.76**	0.80**
容重	−0.79**	−0.84**	−0.93**	−0.66**
孔隙度	0.82**	0.89**	0.94**	0.71**

（二）典型相关分析

典型相关分析是一种研究两组变量之间相关关系的多元分析方法，揭示两组指标间的内在联系，可更深刻地反映两组随机变量之间的线性相关情况。根据不同绿肥翻压量对土壤酶活性和土壤肥力因子的影响，本研究选择脲酶(X_1)、酸性磷酸酶(X_2)、蔗糖酶(X_3)、过氧化氢酶(X_4)活性 4 个土壤酶指标，与土壤有机质(Y_1)、全氮(Y_2)、碱解氮(Y_3)、有效磷(Y_4)、速效钾(Y_5)含量和 pH(Y_6)、容重(Y_7)、孔隙度(Y_8)8 个土壤养分因子（表 5-14），建立土壤酶活性典型变量(U)和土壤养分因子典型变量(V)的组合线性函数。由于只有第 1 对典型变量与第 2 对典型变量呈显著相关$(P<0.01)$（表 5-15），因此着重研究相关关系较大的第 1 对典型变量和第 2 对典型变量。

第 1 对典型变量为

$U_1 = -0.4468X_1 - 0.1449X_2 - 0.2741X_3 - 0.1812X_4$

$V_1 = -0.3373Y_1 + 0.1244Y_2 - 0.4432Y_3 - 0.5546Y_4 - 0.1067Y_5 - 0.3251Y_6 + 0.2162Y_7$
$\quad - 0.3275Y_8$

第 2 对典型变量为

$U_2 = -0.0534X_1 + 1.3127X_2 + 0.7737X_3 - 2.0415X_4$

$V_2 = 1.5118Y_1 + 0.7107Y_2 + 0.0998Y_3 - 2.8690Y_4 + 0.7671Y_5 - 0.4069Y_6 + 0.0465Y_7$
$\quad + 0.6098Y_8$

由典型变量组合线性函数可以看出，第 1 对典型变量线性函数中，4 种土壤酶之间呈正相关关系（特征向量均为负，符号相同，因此为正相关）；土壤综合养分因子中土壤全氮和容重与其他养分因子呈负相关（土壤全氮和容重特征向量为正，其他因子特征向量为负），土壤酶活性与全氮和土壤容重呈负相关，与其他肥力因子呈正相关；第 2 对典型变量线性函数中，脲酶、过氧化氢酶与其他两种酶呈负相关，有效磷、pH 与其他肥力因子呈负相关。从第 2 对典型变量线性函数还可以看出，土壤酶综合因子中起主要作用的是酸性磷酸酶和过氧化氢酶，土壤养分综合因子中起主要作用的是有机质和速效钾。

表 5-14　土壤酶活性与土壤肥力因子的典型变量

项目	土壤酶			土壤性质		
	第一变量	第二变量	第三变量	第一变量	第二变量	第三变量
特征值	0.9849	0.9545	0.8014	0.9849	0.9545	0.8014
典型相关系数	0.9924	0.9770	0.8952	0.9924	0.9770	0.8952
特征向量						
X_1	−0.4468	−0.0534	−1.3671			
X_2	−0.1449	1.3127	2.4194			
X_3	−0.2741	0.7737	−1.4234			
X_4	−0.1812	−2.0415	0.3950			
Y_1				−0.3373	1.5118	1.9184
Y_2				0.1244	0.7107	−0.2149
Y_3				−0.4432	0.0998	1.3374
Y_4				−0.5546	−2.8690	0.9291
Y_5				−0.1067	0.7671	−1.1048
Y_6				−0.3251	−0.4069	−0.8464
Y_7				0.2162	0.0465	3.2544
Y_8				−0.3275	0.6098	1.0749

注：下划线标注数据为典型变量中相关程度较大的特征向量

表 5-15　典型变量的显著性检验

序号	相关系数	特征值	Wilk's	卡方值 x^2	自由度 (df)	P 值
1	0.9924	0.9849	0.0001	73.4598	32	0.0001
2	0.9770	0.9545	0.0037	42.0282	21	0.0042
3	0.8952	0.8014	0.0809	18.8615	12	0.0919
4	0.7700	0.5929	0.4070	6.7414	5	0.2406

　　第 1 对和第 2 对典型变量的相关系数分别为 0.9924、0.9770（表 5-14），卡方检验结果表明第 1 对和第 2 对典型变量均呈极显著相关（$P<0.01$）（表 5-15），第 1 对典型变量的土壤酶综合因子中起主要作用的是脲酶（X_1）（特征向量为−0.4468，

绝对值最大，因此影响也最大，下同），第 1 对典型变量的土壤养分综合因子中起主要作用的是碱解氮（Y_3）和有效磷（Y_4），脲酶（X_1）与碱解氮（Y_3）和有效磷（Y_4）均呈正相关关系（特征向量均为负，因此为正相关）。同样，第 2 对典型变量的土壤酶综合因子中起主要作用的是酸性磷酸酶（X_2）和过氧化氢酶（X_4），第 2 对典型变量的土壤养分综合因子中起主要作用的是有机质（Y_1）和有效磷（Y_4）。

（三）主成分分析

主成分分析是一种采取降维，将多个指标化为少数几个综合指标的统计分析方法。这些综合指标尽可能地反映了原来变量的信息量，而且彼此之间互不相关。为了进一步探讨土壤酶活性与土壤肥力因子的关系，对翻压绿肥后土壤酶活性与土壤肥力因子进行主成分分析，以便筛选出产生影响的主要因子群。前两个主成分的累计方差贡献率为 89.2856%（大于 85%）（表 5-16），根据主成分分析原理，当累积方差贡献率大于 85%时，即可用于近似反映系统全部的变异信息。因此前两个主成分能完全反映土壤肥力系统的变异信息。两个主成分中第一主成分的方差贡献率达到 81.1474%，在全部因子中占主导地位，是土壤肥力的最重要方面，故第一主成分代表了土壤各项指标的大小，是反映"土壤肥力水平"的综合指标。因此，第一主成分可以近似地表示土壤的综合肥力（表 5-17）。用 Y_1 表示土壤综合肥力，用线性函数表示第一主成分，则土壤综合肥力和土壤各因子之间的关系为

$$Y_1 = 0.3030X_1 + 0.3054X_2 + 0.3078X_3 + 0.2835X_4 + 0.2937X_5 + 0.2336X_6 + 0.2770X_7$$
$$+ 0.3046X_8 + 0.2851X_9 + 0.2658X_{10} - 0.2935X_{11} + 0.3024X_{12}$$

式中，X_1 代表脲酶，X_2 代表酸性磷酸酶、X_3 代表蔗糖酶，X_4 过氧化氢酶，X_5 土壤有机质，X_6 代表全氮，X_7 代表碱解氮，X_8 代表有效磷，X_9 代表速效钾，X_{10} 代表 pH，X_{11} 代表容重，X_{12} 代表孔隙度。

表 5-16　供试土壤主成分特征值

项目	第一主成分	第二主成分	第三主成分
特征值	9.7377	0.9766	0.5395
方差贡献率/%	81.1474	8.1382	4.4961
累积方差贡献率/%	81.1474	89.2856	93.7817

除土壤容重（X_{11}）特征向量为负外，其余指标的特征向量均为正，即容重与土壤酶和其他土壤肥力因子呈负相关，这与简单相关分析和典型相关分析的结果相似。式中各变量（指标）的特征向量可以理解为各因子在土壤肥力系统所占的权重，第一主成分载荷越大，表明对土壤综合肥力水平的贡献越大。

表 5-17　供试土壤主成分的规格化特征向量

测定项目	第一主成分	载荷	第二主成分	载荷	第三主成分	载荷
脲酶	0.3030	<u>0.9455</u>	0.1761	0.1740	0.1661	0.1220
酸性磷酸酶	0.3054	<u>0.9530</u>	0.0241	0.0238	0.0013	0.0010
蔗糖酶	0.3078	<u>0.9605</u>	−0.1210	−0.1196	−0.1338	−0.0983
过氧化氢酶	0.2835	<u>0.8847</u>	0.2931	0.2897	0.2714	0.1993
有机质	0.2937	<u>0.9165</u>	−0.3189	−0.3151	0.1947	0.1430
全氮	0.2336	<u>0.7290</u>	0.5651	0.5584	−0.0003	−0.0002
碱解氮	0.2770	<u>0.8644</u>	−0.0069	−0.0068	−0.6414	−0.4711
有效磷	0.3046	<u>0.9505</u>	0.0238	0.0235	0.3971	0.2917
速效钾	0.2851	<u>0.8897</u>	−0.2869	−0.2835	0.3576	0.2627
pH	0.2658	<u>0.8294</u>	0.4196	0.4147	−0.2376	−0.1745
容重	−0.2935	<u>−0.9159</u>	0.3503	0.3462	0.1911	0.1404
孔隙度	0.3024	<u>0.9436</u>	−0.2552	−0.2522	−0.2301	−0.1690

注：下划线标注数据为绝对值最大的载荷值

同样，用 Y_2 表示第二主成分与土壤各因子的关系为

$$Y_2=0.1761X_1+0.0241X_2-0.1210X_3+0.2931X_4-0.3189X_5+0.5651X_6-0.0069X_7$$
$$+0.0238X_8-0.2869X_9+0.4196X_{10}+0.3503X_{11}-0.2552X_{12}$$

第二主成分并不能代表土壤综合养分信息，但第二主成分中，过氧化氢酶、有机质、全氮、速效钾、pH、容重、孔隙度均有相对较大的载荷，因而对第二主成分的影响也较大。第二主成分关系式还可反映出有机质不断分解减少时，全氮含量、pH、容重将增加，速效钾含量、孔隙度减少。因而，第二主成分主要反映了土壤内部生理生化过程的某些重要变化。

三、小结

本研究通过简单相关分析发现，4 种土壤酶活性之间及土壤酶活性与土壤肥力因子之间存在有极显著的相关关系。不同土壤酶在土壤中的作用不仅表现在其专性作用上，而且还表现在共性作用上，相关系数的大小反映了不同酶的专性作用或共性作用的大小，因而对土壤理化因子的影响不同。而典型相关分析结果表明，第 1 对典型变量线性函数基本上反映了土壤酶活性和土壤养分因子之间的关系，较为真实地反映了土壤酶综合因子和土壤养分综合因子对土壤肥力水平的影响，这与简单相关分析结果相似，但第 2 对典型变量线性函数反映的结果和简单相关分析结果差异较大，它反映了土壤酶活性综合因子和土壤养分综合因子之间的变异信息，说明典型相关分析比简单相关分析在更深层面上反映出了土壤酶活性和土壤养分因子之间的关系。而简单相关和典型相关存在差异可能是由于在具

多个变量的系统中,任意两个变量的线性相关关系都会受到其他变量的影响,因此,无论是简单相关还是复相关,都只是孤立考虑单个变量之间的相关,没有考虑变量组内各变量间的相关。但无论从简单相关还是典型相关分析都可以看出,土壤酶在促进土壤中碳、氮、磷、钾等矿质元素的转化,促进土壤中碳源、氮源、多糖类、有机物质等的转化中并不是孤立的,而是紧密联系且互相影响的。简单分析和典型相关分析的结果进一步说明了土壤酶在促进土壤有机物质转化中不仅显示有专性特性,还存在共性关系,酶的专性特性反映了土壤中与某类酶相关的有机化合物的转化过程,而有共性关系的土壤酶的总体活性在一定程度上反映着土壤肥力水平。

土壤酶是土壤中活跃的有机成分之一,在土壤养分循环及供给植物生长所需养分的过程中起到重要作用。土壤酶活性能否作为土壤肥力的评价指标一直是土壤学界争论的热点问题。本研究通过主成分分析发现,第一主成分的累积方差贡献率最大,对土壤肥力起着主要作用,土壤养分因子和土壤酶活性均在第一主成分中具有较大的载荷,对第一主成分的影响最大。因此,第一主成分能够近似地反映土壤的综合肥力。对第二主成分的研究发现,第二主成分虽然不能代表土壤的肥力水平,但其能够在更深层次上反映土壤内部重要生理生化过程的变化,如可反映土壤熟化过程的部分特征,同时说明有机物质的投入和分解对土壤理化性状、生物学性状具有明显的影响。综合简单相关分析、典型相关分析和主成分分析可以看出,第一主成分线性函数所表示的土壤酶活性及土壤养分因子对土壤综合肥力的影响结果与简单相关分析和典型相关分析中第1对典型变量线性函数所表示的结果一致。说明翻压绿肥能够明显影响土壤酶活性和土壤养分因子,通过绿肥的投入,不仅能够增强土壤酶活性,而且能够提升土壤养分因子含量,进而影响土壤的综合肥力水平。

第五节　绿肥与化肥配施对土壤微生物生物量及供氮能力的影响

土壤微生物是土壤有机质中最活跃和最易变化的部分,是活的土壤有机质成分,土壤中的细菌、真菌、放线菌和藻类等不仅参与土壤有机质的分解与矿化,促进土壤养分循环,提高土壤养分的有效性,而且其代谢产物也是植物的营养成分。土壤微生物对土壤有机质的矿化和转化是土壤有效氮、磷、钾的重要来源。而微生物本身所含有的碳、氮、磷和硫等,对土壤养分转化及作物养分吸收具有调节和补偿作用。本试验旨在研究绿肥与化肥配施后植烟土壤微生物生物量碳、微生物生物量氮及土壤供氮特性的动态变化,为改良植烟土壤、减少氮肥使用、改善生态环境、发展低碳烟草农业提供理论依据。

试验于2008~2009年进行。烤烟品种为云烟87,移栽行距1.20m,株距0.55m,

密度 15 000 株/hm²。移栽时间为 5 月 5 日。在翻压绿肥的基础上，设置 4 个翻压绿肥同时减少氮肥用量的处理，分别为 T1（翻压绿肥 7500kg/hm²，不减少氮肥用量）、T2（翻压绿肥 15 000kg/hm²，减少纯氮 7.5kg/hm²）、T3（翻压绿肥 22 500kg/hm²，减少纯氮 11.25kg/hm²）、T4（翻压绿肥 30 000kg/hm²，减少纯氮 15kg/hm²），其中各处理减少的氮肥量为纯氮所相当的烤烟专用复合肥量，其他施肥措施不变，每个处理小区面积 334m²。以不翻压绿肥只种植烤烟的空白地为 CK（对照），常规施肥。常规施肥标准为：基肥施用烤烟专用复合肥 600kg/hm²，过磷酸钙 75kg/hm²；追肥施用硝酸钾 150kg/hm²。绿肥在移栽前 20d 左右翻压。每个处理重复 3 次，随机区组排列。

一、绿肥与化肥配施对土壤微生物生物量的影响

（一）绿肥与化肥配施对土壤微生物生物量碳的影响

土壤微生物生物量碳对土壤条件的变化非常敏感，是土壤有机碳的灵敏指示因子，能在检测到土壤总碳量变化之前反映土壤有机质的变化。配施绿肥的各处理土壤微生物生物量碳含量均显著高于单施化肥的处理（图 5-11），与对照相比，各处理提高幅度达 7.07%～123.32%，这说明配施绿肥后促进了土壤微生物的大量繁殖，但土壤微生物生物量碳并没有完全随着绿肥配施量的增加而增加。在移栽后 60d 以前，绿肥量较大的 T4 处理微生物生物量碳含量较低，绿肥量较小的 T1 则较高，处理 T2 和 T3 在烟株整个生育期内均保持相对较高水平。这可能与禾本科绿肥 C/N 较高，腐解过程需要微生物吸收土壤中的氮素来降低 C/N 有关，而在此过程中存在烟株和微生物争夺氮源的矛盾。不同处理绿肥与化肥配比不同，处理 T1 氮素充足，绿肥腐解迅速，养分释放较快，而处理 T4 虽然有机物料充足，但氮源不足，绿肥腐解较慢，养分释放也慢。从烟株整个生育期的动态变化来看，所有处理微生物生物量碳均在移栽后 30d 和 60d 出现峰值，60d 以后对照逐渐降低，而配施绿肥的各处理先降低，在 75d 以后都略有回升，这说明配施绿肥增强了土壤的保肥性。

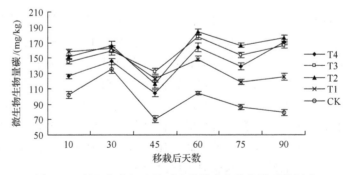

图 5-11　绿肥与化肥配施对土壤微生物生物量碳的影响

（二）绿肥与化肥配施对土壤微生物生物量氮的影响

微生物生物量氮是土壤氮素的重要储备库，对提高土壤有机质含量，增加氮、磷、钾、硫等养分供给及促进有机、无机养分转化起重要作用。配施绿肥的各处理提高了土壤微生物生物量氮含量(图 5-12)，与对照相比，提高幅度达 3.18%～278.48%，说明配施绿肥后微生物数量的增加促进了土壤中氮素的转化。对照的微生物生物量氮始终低于配施绿肥的各处理；处理 T1 在烟株生长过程中变化幅度最大，移栽后 45d 含量较低，30d 和 75d 时则在所有处理中最高；处理 T2、T3 整体变化幅度较小，相对含量较高；处理 T4 在移栽后 45d 之前含量较高，以后则低于 T2、T3。从烟株生育期的动态变化来看，所有处理均表现出相似的规律，在移栽后 30d 和 75d 出现峰值，45d 出现谷值，75d 以后明显降低。由于土壤微生物生物量氮的多少取决于土壤中微生物的数量，同时与土壤全氮、碱解氮含量呈显著或极显著的正相关关系，配施绿肥的各处理因为增加了有机物质的投入，为微生物生存提供了碳源，因此土壤微生物生物量氮含量提高。从 T1 和对照的差异可以看出，在施入等量化肥的情况下，施入绿肥对微生物生物量氮含量具有提升作用；但是在氮肥施入不足的情况下，微生物生物量氮含量并没有随着绿肥施用量的增加而增加(处理 T4 在移栽后 30d 以后微生物生物量氮含量较低)，这说明化肥与绿肥的配施比例对微生物生物量氮影响较大。

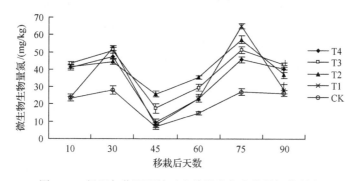

图 5-12　绿肥与化肥配施对土壤微生物生物量氮的影响

（三）绿肥与化肥配施对植烟土壤微生物生物量 C/N 的影响

由于微生物生物量 C/N 较低，在土壤中分解速度比土壤有机质快，对土壤有机质的分解及养分的转化循环等有重要的作用。处理 T1 的微生物生物量 C/N 平均值高于对照，其余配施绿肥处理均低于对照(表 5-18)。从烟株生育期的动态变化来看，所有处理微生物生物量 C/N 在移栽后 45～60d 时较高，说明此时期土壤养分充足，微生物分解较慢，利于土壤养分的转化保存；处理 T2、T3 在烟株生育期内微生物生物量 C/N 变化趋势较缓，说明微生物的合成与分解速度不至于过缓或过急，土壤养分的转化、循环、保存及绿肥后效作用发挥较好；处理 T1 在不同生育期内微生物生物量 C/N 变化幅度较大，说明微生物分解过于剧烈，有利于土壤养分的释放，但不利于养分的保存；处理 T4 和对照动态变化幅度较接近，说明单施化肥或过量施用绿肥都不利于土壤微生物活性的发挥。

表 5-18　绿肥与化肥配施对土壤微生物生物量 C/N 的影响

处理	移栽后天数						平均值
	10d	30d	45d	60d	75d	90d	
CK	4.46b	4.82a	10.53b	7.03a	3.20a	2.99b	5.51
T1	6.71a	3.11bc	15.56a	6.49a	1.82b	4.38a	6.35
T2	3.64bc	3.72b	4.50c	5.17b	2.90a	4.70a	4.11
T3	3.36c	3.12bc	7.64bc	6.00ab	3.00a	3.89ab	4.50
T4	3.07c	3.05c	11.21b	7.03a	3.05a	4.22a	5.27

二、绿肥与化肥配施对土壤脲酶活性的影响

由于土壤中存在着能生成脲酶的微生物，因此往土壤中添加促进微生物活动的有机物质能使土壤中的脲酶活性增强。配施绿肥的各处理土壤脲酶活性均高于对照(图 5-13)，与对照相比，提高幅度达 3.13%～50.00%。处理 T1 在前期脲酶活性较高，但移栽后 45d 以后低于其他配施绿肥的处理；处理 T2、T3 在烟株整个生育期脲酶活性均较高，但处理 T3 在移栽后 30d 前脲酶活性略低；处理 T4 在移栽后 45d 前低于其他配施绿肥的处理，但是在 45d 后则高于 T1 处理。这可能与绿肥带入土壤大量的酶，同时增加了底物有关。移栽初期烟株需氮较少，氮素供应充足，绿肥腐解迅速，养分释放较快，但处理 T1 配施绿肥较少，土壤保肥性较差，后期进入雨季，大部分速效养分被雨水冲刷流失；处理 T2、T3 绿肥配施量较大，同时氮肥施用量适中，因此绿肥既能快速腐解，后期雨季又能较多地保存土壤养分；而处理 T4 氮肥量较少，绿肥量较大，腐解过程中绿肥残留量大，绿肥后效较长。从烟株生育期的动态变化来看，所有处理酶活性呈有规律的变化，前期酶活性较低，在移栽后 45d 时达到高峰，随后逐渐降低，60d 以后又有所回升，75d 以后缓慢下降。这可能是在烟株旺长期以前，土壤酶主要来源于微生物和绿肥分解释放，而进入旺长期以后，烟株地上和地下部生长旺盛，土壤酶可能大部分来源于烟株根系分泌物，因此旺长期酶活性最强。脲酶活性的变化反映了绿肥对植烟土壤氮素转化、积累、供应与土壤产生的保肥能力之间的协调性。

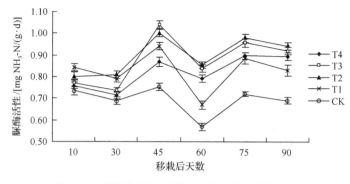

图 5-13　绿肥与化肥配施对土壤脲酶活性的影响

三、绿肥与化肥配施对土壤氮含量的影响

（一）绿肥与化肥配施对土壤全氮含量的影响

在烟株生长过程中，不同处理土壤全氮含量有较大的差异（图 5-14），对照土壤全氮含量在移栽初期较高，但随着烟株的生长呈下降趋势，而且在移栽后 45d以后均低于配施绿肥的处理，这是因为对照只有化肥的施用，在前期烟株吸氮量较少，土壤全氮含量较高，但随着烟株的生长，其吸氮量进一步增加，土壤全氮含量减少，后期由于雨水冲刷流失，全氮含量降低比较明显。绿肥与化肥配施的各处理，土壤全氮含量在烟株生长过程中呈有规律的变化，前期土壤全氮含量较低，移栽后 45d 土壤全氮含量达最高，随后土壤全氮含量逐渐下降，但降幅较缓。这是因为配施绿肥后，促进了微生物大量繁殖，前期施入土壤的氮素一部分被烟株吸收利用，一部分被微生物固定，但前期烟株利用较少，全氮含量降低较少。随后由于追肥的施入，增加了土壤中氮的含量，再加上绿肥腐解释放，土壤全氮含量在 45d 左右达最高。进入旺长期，烟株对氮素的需求量增大，土壤全氮含量逐渐减少，但是由于绿肥的施入对土壤氮素起到了一定的保存作用，因此配施绿肥的各处理土壤全氮含量在后期均高于对照。另外，绿肥对土壤氮素还具有明显的补充作用，与对照相比，配施绿肥的处理全氮含量最高升幅达 22.65%，但只有处理 T2 土壤全氮含量在烟株各生育期始终高于对照；T3 在移栽后 45d 左右为土壤提供了较多的氮素营养，但在 45d 前和 45d 后均较低；处理 T1 虽然施入了与对照等量的氮肥，但由于投入绿肥较少，对氮素的保存作用不显著；处理 T4虽然投入了较多的绿肥，但是由于化肥用量较少，化肥的肥效和绿肥的后效作用均不显著。因此，研究合适的绿肥和化肥配施比例，对提高土壤氮素供应能力具有重要意义。

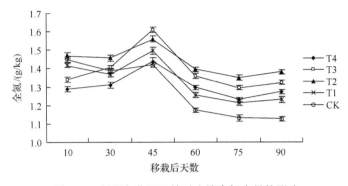

图 5-14 绿肥与化肥配施对土壤全氮含量的影响

(二)绿肥与化肥配施对土壤碱解氮含量的影响

土壤碱解氮是植物可直接吸收利用的氮素形态,其含量可以反映土壤近期的氮素供应状况。所有处理碱解氮含量的动态变化规律基本一致(图 5-15),分别在移栽后 45d、75d 出现峰值,前期土壤施入了化肥作基肥,此时烟株对氮素的吸收较少,因此碱解氮含量高。伴随着绿肥养分的释放,微生物活性提高,微生物对土壤氮素的固定和烟株生长吸氮的交叉作用,使微生物生物量氮增加,土壤有效氮在团棵时减少,由于追肥的施入和微生物生物量氮的释放,在旺长期土壤有效氮增加,现蕾以后,高温高湿促使土壤中绿肥残留物进一步分解释放氮素,因此碱解氮在圆顶时略有升高。T1、T2 在全生育期碱解氮含量均高于对照,T3、T4 在移栽后 45d 前低于对照,45d 以后均高于对照。与对照相比,配施绿肥的各处理碱解氮含量最高,提幅达 15.42%,这说明单施化肥能在短期内增加土壤有效氮,但由于抑制了微生物活性,微生物生物量氮增加有限,因而在烟株生长过程中没有足够的微生物生物量氮转化成土壤有效氮被烟株吸收利用。绿肥与化肥配施的处理土壤有效氮处于较高水平,可能与有机物质的投入促进了微生物活动有关,而施入氮(包括化肥氮和有机肥氮)被固持在微生物体内,从而避免了在烟株生长过程中过多的有效氮存在于土壤中而流失,当土壤中没有更多的能源物质来维持微生物的生命活动时,大量的微生物相继死亡,被固持在这些微生物体内的氮素释放出来供烟株吸收利用。由于作物和土壤微生物对土壤氮素存在竞争关系,在氮素胁迫条件下,竞争作用突出,竞争强度取决于氮源和碳源的供应量及土壤氮素转化过程。当土壤中微生物的碳源物质与氮源物质充足时,微生物对氮素的竞争能力较强,作物的竞争能力较弱,随着土壤氮素转化过程的改变,作物的竞争能力逐渐增强,并超过微生物,微生物生物量氮减少。因此,配施绿肥后,土壤中碳源增加,提高了微生物的活性,但由于不同处理配施比例不同,微生物对土壤氮素的转化、保存能力也不同。T1、T2 施入土壤的氮肥较多,绿肥相对较少,碱解氮含量在烟株全生育期均较高；而 T3、T4 施入的绿肥较多，氮肥不足，但碱解氮含量在后期仍显著高于对照，说明在缺乏外源无机氮的情况下，绿肥的投入能够促进土壤原有氮的矿化。

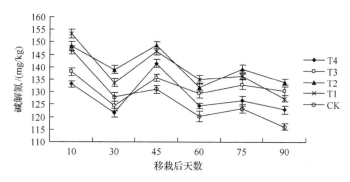

图 5-15　绿肥与化肥配施对土壤碱解氮含量的影响

四、土壤微生物生物量碳与土壤氮供应能力指标的相关性

　　土壤微生物生物量碳含量能在很大程度上反映土壤微生物数量，是评价土壤微生物数量和活性的重要指标之一。微生物生物量碳含量与微生物生物量氮含量在移栽后 60d 时呈极显著正相关，移栽后 90d 时呈显著正相关，与土壤脲酶活性在全生育期均呈显著或极显著正相关，与土壤全氮含量在 30d 以后的各生育期呈显著或极显著正相关，与土壤碱解氮含量在 75d 呈显著正相关（表 5-19）。这说明配施绿肥促进土壤微生物数量增加的同时，还促进土壤脲酶活性增强，而微生物数量的增加和脲酶活性的增强对土壤氮素的固定、转化、保存和释放具有重要意义，因为配施绿肥为土壤提供了大量的营养物质，土壤生物过程十分活跃，旺盛生长烟株的根系分泌物、微生物、绿肥都可能是土壤脲酶的重要来源，而脲酶活性的增强能促进土壤氮素的转化，提高土壤氮素供应水平。

表 5-19　土壤微生物生物量碳含量与土壤氮供应能力指标的相关性

相关指标	移栽后天数					
	10d	30d	45d	60d	75d	90d
微生物生物量氮	0.3	0.75	0.49	0.93**	0.61	0.90*
脲酶活性	0.89*	0.93**	0.95**	0.97**	0.97**	0.98**
全氮	0.04	0.51	0.83*	0.97**	0.97**	0.93**
碱解氮	0.33	0.61	0.52	0.59	0.84*	0.8

五、小结

　　前人研究表明，不同培肥措施均能提高土壤微生物生物量和酶活性，但施肥对微生物生物量的影响与施肥量、肥料类型和肥料配比有关(路磊等,2006;武雪萍等,2005)。一些研究认为单施化肥或化肥与有机肥配合施用都可提高土壤微生物生物量碳、微生物生物量氮水平,这是因为施肥后植物生长加快,根系生物量及根系分泌物增加,可促进土壤微生物生长,从而普遍提高土壤微生物生物量(陈留美等,2006;徐阳春等,2002)。也有研究表明(曹志平等,2006;路磊等,2006),化肥对微生物有直接的毒害作用,单施化肥会抑制土壤微生物的活性,降低土壤微生物生物量,同时长期施用化肥使土壤板结,pH下降,通气性变差,微生物活性减弱。还有研究表明,短期施用无机氮肥对土壤酶活性和微生物生物量只产生有限的影响,但长期施用无机氮肥会降低土壤微生物的活性。

　　本研究表明,绿肥与化肥配施能明显提高土壤微生物生物量碳和微生物生物量氮,这是因为配施绿肥的所有处理都增加了输入系统的碳量,而碳含量是微生物繁殖的限制因子。绿肥腐解过程需要大量微生物参与,同时为微生物的生长提供碳源和氮源,促进微生物大量繁殖,木质素含量高的禾本科绿肥,其有机物矿化比较缓慢,养分后效较长,为微生物的繁殖提供了有利条件,配施绿肥的各处理微生物数量明显增加,促进了土壤中有效养分的转化保存,从而减少了雨季有效态养分的淋溶。由于土壤微生物生物量氮与施入土壤的有机碳源种类和数量有关,因此施入绿肥为土壤补充了有机质,提高了土壤 C/N,进而增强了微生物对氮素的固持能力,微生物还可以对土壤中过量的氮素进行固定,形成微生物生物量氮,提高土壤的氮素供应能力。同时,土壤水分与微生物生物量密切相关,且在一定范围内土壤微生物生物量随着含水量的增加而增加,绿肥具有很强的防止水分蒸腾和持水的能力,使得土壤水分含量尽可能大,防止土壤氮素挥发,从而使土壤微生物生物量氮随之增加。

　　有研究表明,有机物投入量对微生物生物量有较大的影响,随着有机物的投入,微生物生物量增加,而且有机物质投入越多,微生物生物量增加越多(曹志平等,2006)。也有研究认为,施入的有机肥对土壤微生物生物量氮的贡献大,化肥对土壤微生物生物量氮的贡献较小,土壤氮仍是微生物生物量氮的主要来源(韩晓日等,2007)。本研究发现,绿肥作为一种重要的有机肥,和化肥配合施用还田时,不同配施比例对微生物生物量碳、微生物生物量氮的影响具有明显的差异。处理T1 在常规施肥的基础上配施绿肥,明显提高了土壤微生物生物量碳和微生物生物量氮水平,尤其是微生物生物量氮在烟株生育期内的变化较为明显,但是随着绿肥量的增加和化肥量的减少,微生物生物量碳和微生物生物量氮的变化出现了较大的差异,处理 T2 和 T3 在烟株各生育时期始终能保持较高的水平,随着绿肥量增加和化肥量减少的幅度进一步增大,处理 T4 表现出减少的趋势,这说明合适的绿肥与化肥配比对微生物生物量碳和微生物生物量氮含量具有明显的提升作用,单施化肥或限制化肥用量的前提下增加绿肥施用量,都会对微生物生物量的增加产生抑制作用。

本研究还发现，翻压绿肥后微生物生物量碳、微生物生物量氮含量的动态变化均呈现双峰曲线，微生物生物量碳含量的高峰出现在团棵时和现蕾时，而微生物生物量氮含量的高峰出现在团棵时和圆顶时。这可能是禾本科绿肥 C/N 高，分解过程相对较长，从移栽到团棵期，绿肥腐解迅速，为土壤微生物提供了有机碳源，促进了微生物的大量繁殖，同时由于化肥的施用，在移栽初期土壤中氮含量较高，其中一部分被微生物固定，使土壤微生物生物量氮大量增加。随着烟草的生长，土壤中氮素被大量消耗，土壤微生物生物量氮逐渐降低，表明一部分微生物生物量氮又被重新释放出来，以供烟草生长发育需要。从旺长到圆顶期，由于当地处于多雨季节，高温高湿促使土壤中残存的有机物料进一步分解，微生物数量增加，同时有机物料分解使土壤中氮含量增加，多余的氮素再次被微生物固定，因此微生物生物量碳含量在移栽后 60d 左右达到第二个高峰，而微生物生物量氮含量在 75d 左右达到第二个高峰。成熟期微生物生物量碳、微生物生物量氮含量明显降低，但翻压绿肥的各处理微生物生物量碳含量比圆顶期略有回升，说明翻压绿肥后，土壤具有了一定的保肥性，而微生物生物量氮含量的变化则反映出土壤微生物生物量氮在协调土壤氮素供应及烟株对氮素吸收方面有重要作用。

此外，本研究结果表明施用化肥或者施用绿肥均能明显提高土壤的全氮和碱解氮含量。在旺长期以前，对照的全氮和碱解氮含量相对较高，旺长期以后对照明显低于其他处理，说明化肥在短期内快速补充土壤氮素的效应明显，尤其对碱解氮的补充更明显，而绿肥供应氮素的长期效应较明显，同时使用绿肥可以减少氮素的淋溶，对土壤氮素的保存具有明显的促进作用。绿肥与化肥的配施比例对土壤氮素供应能力也有重要的影响，化肥量过多，绿肥量过少，能够在前期明显提高土壤的氮素供应能力，但后期不利于土壤氮素的保存；化肥过少，绿肥量过多，虽然在后期能够较好地保存土壤氮素，但是前期土壤氮素供应不足，而且整个生育期内绿肥中的养分不能充分发挥作用。

本试验通过对微生物生物量碳和土壤氮供应指标进行相关分析可知，绿肥与化肥配施对土壤氮素供应能力具有重要影响，虽然微生物生物量碳与微生物生物量氮只在移栽后 60d 和 90d 时显著相关，但是微生物生物量氮在烟株各生育期均增加，这可能是前期有基肥和追肥氮素施入，多余的化肥氮素被固定的结果。微生物生物量碳含量与脲酶活性在整个生育期均显著相关，说明尽管土壤酶主要来源于土壤微生物、植物根系分泌物和动植物残体，但配施绿肥后土壤微生物是脲酶的主要来源。土壤微生物生物量碳含量与土壤全氮含量在团棵以后均显著相关，与碱解氮只在 75d 时显著相关，说明施用绿肥后微生物数量的增加对后期土壤氮素的保存具有重要的意义。

总体来看，配施绿肥后土壤微生物生物量碳和氮、氮含量及土壤脲酶活性的动态变化反映出了绿肥与化肥配施比例对土壤氮素供应能力有重要影响。在适量减少氮肥施用量的前提下,绿肥配施量在 15 000～22 500kg/hm² 的综合效果较好,而绿肥配施量过多或过少都会影响土壤的氮素供应状况。绿肥能够固氮、吸碳,改善生态环境。因此,通过研究绿肥与化肥配施对植烟土壤微生物生物量及土壤供氮能力的影响,阐明土壤的生化变化过程和氮素营养在烟草生长期间的供应状况,进而研究绿肥在现代烟草农业中的重要作用,可为修复植烟土壤、改良土壤生态环境、探索发展低碳烟草农业、构建资源节约型和环境友好型农业、实现烟叶生产的可持续发展和特色烟叶开发提供理论依据。

第六节　连年翻压绿肥对土壤微生物生物量、酶活性及烤烟品质的影响

绿肥作为一种重要的有机肥料,其在减少氮肥用量、提高作物产量、培肥土壤地力等方面起到了积极的作用。关于连年翻压绿肥后烟株在整个生长期内系统的动态变化研究尚未见报道。因此,我们开展了连年翻压绿肥对植烟土壤微生物生物量碳、氮含量和酶活性在烟株生育期影响的研究,同时分析其对烤后烟叶品质的影响,旨在阐明绿肥养分释放过程和烟株对矿质营养吸收过程的协调作用机理,为植烟土壤改良和特色烟叶开发提供理论依据。

试验于 2005～2008 年进行。烤烟品种为云烟 87,移栽行距 1.20m,株距 0.55m,密度 15 000 株/hm²。移栽时间均为 5 月 5 日左右(不同年份间稍有差异)。基肥施用烤烟专用复合肥 600kg/hm²(其中,2005 年为 750kg/hm²,2006～2008 年均为 600kg/hm²),过磷酸钙 75kg/hm²,追肥施用硝酸钾 150kg/hm²。在 2005～2008 年连年种植绿肥的基础上,以不翻压绿肥(翻压绿肥量为 0)只种植烤烟的地块为对照,设置翻压 1 年、2 年、3 年处理(绿肥年翻压量均为 22 500kg/hm²),每个处理小区面积 334m²,常规施肥。绿肥在移栽前 20d 左右翻压。各处理分别用 CK、T1、T2、T3 表示,每个处理重复 3 次,随机区组排列。试验始于 2005 年,每年度各处理均在固定田块上进行,各处理配施化肥量均采用当地常规施肥量。在 2008 年对翻压 1 年、2 年、3 年的处理进行取样,试验以 2008 年各处理的测定结果进行数据分析,其他措施均按照当地优质烟叶生产技术进行。

一、连年翻压绿肥对土壤物理性状的影响

(一)连年翻压绿肥对土壤容重的影响

从移栽后 30d 测定的土壤容重结果(图 5-16)可以看出,随着绿肥翻压年限的增加,土壤容重逐年下降。与对照相比,翻压 1 年的处理降低幅度较小,而连续

3 年翻压绿肥的处理(T3)容重降至 1.316g/cm³，比翻压 1 年的处理(T1)降低了 0.031g/cm³，比对照降低了 0.044g/cm³。

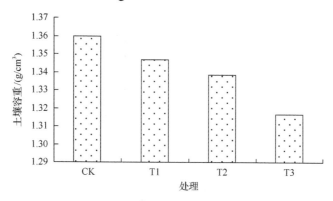

图 5-16　连年翻压绿肥对移栽后 30d 土壤容重的影响

（二）连年翻压绿肥对土壤孔隙度的影响

连年翻压绿肥对土壤孔隙度的影响与对土壤容重的影响相反(图 5-17)。随着翻压年限的增加，土壤孔隙度逐渐增加。与对照相比，翻压 1 年的处理增加幅度较小，翻压 3 年的处理土壤孔隙度为 50.32%，比对照增加了 1.63 个百分点。

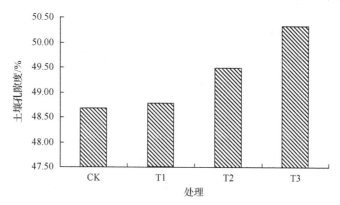

图 5-17　连年翻压绿肥对移栽后 30d 土壤孔隙度的影响

（三）连年翻压绿肥对土壤含水率的影响

在移栽后 30d 持续无降雨的情况下，翻压绿肥各处理含水率都要高于对照(图 5-18)，这说明翻压绿肥有一定的蓄水保墒作用。随翻压年限的增加，土壤含水率逐渐增加，连续翻压 3 年的处理土壤含水率为 15.68%，比对照增加了 1.68 个百分点。

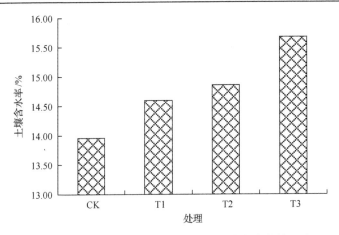

图 5-18　连年翻压绿肥对移栽后 30d 土壤含水率的影响

二、连年翻压绿肥对土壤微生物生物量的影响

(一)连年翻压绿肥对土壤微生物生物量碳的影响

翻压绿肥能够明显提高土壤微生物生物量碳的含量(表 5-20),翻压年限越长,提高幅度越大。翻压绿肥 2 年和 3 年的处理在烟株全生育期与对照相比差异显著;翻压绿肥 3 年的处理微生物生物量碳含量提高幅度为 31.0%~67.1%,全生育期内均显著高于翻压 1 年的处理;翻压 1 年的处理除移栽后 10d、75d 外,在其他生育期与对照相比均差异显著。所有处理的微生物生物量碳含量的动态变化呈现相似规律,各处理分别在移栽后 30d 和 60d 出现峰值,T1、T2、T3 处理微生物生物量碳含量在 30d 分别比 CK 提高了 12.2%、40.4%、67.1%,在 60d 分别提高了 20.2%、32.1%、49.9%,这可能与绿肥腐解规律及烟株吸肥规律有关。绿肥中大部分养分在前 6 周释放,而土壤中绝大多数微生物属于有机营养型,随着气温逐渐升高,绿肥释放的营养物质增多,而且烟株根系分泌物和脱落物逐渐增加,为土壤微生物提供了充足的有机碳源,促进了土壤微生物繁殖,在烟株团棵时达到最大值,此时正值绿肥分解达到高峰,该时期微生物区系以发酵性微生物为主,微生物主要利用易分解的简单有机物;烟株进入旺长期后,绿肥中复杂的有机物进一步分解,土壤中营养物质和能源增加,在移栽后 60d 左右微生物生物量碳出现第二个峰值,随后土壤微生物活性与数量降低,微生物生物量碳随之平缓下降;从圆顶到成熟,除对照继续下降外,翻压绿肥的各处理均略有回升。

表 5-20　连年翻压绿肥对土壤微生物生物量碳、氮的影响

处理	移栽后天数					
	10d	30d	45d	60d	75d	90d
	土壤微生物生物量碳/(mg/kg)					
CK	102.15c	116.52d	90.53c	110.94c	110.55c	105.21c
T1	105.89bc	130.79c	105.62b	133.34b	112.67c	121.67b
T2	110.53b	163.62b	123.34a	146.51b	122.65b	126.32b
T3	137.34a	194.74a	127.78a	166.32a	144.78a	156.27a
	土壤微生物生物量氮/(mg/kg)					
CK	32.93c	37.50c	14.83d	11.88c	31.17d	20.34c
T1	35.65b	45.24b	18.17c	15.67bc	41.37c	21.65c
T2	37.56b	54.39a	23.68c	22.77ab	53.66b	26.83b
T3	40.49a	60.25a	36.34a	27.56a	67.32a	49.27a

(二)连年翻压绿肥对土壤微生物生物量氮的影响

翻压绿肥后土壤微生物量生物量氮明显增加(表 5-20),且随着翻压年限的增加其增加幅度提高。翻压绿肥 2 年和 3 年的处理在烤烟全生育期,微生物生物量氮含量与对照相比差异显著,翻压 3 年比对照提高了 23.0%～145.0%。翻压 1 年的处理,在 45d 前和 75d 时与对照相比差异显著,60d 和 90d 时差异未达到显著水平。微生物生物量氮和微生物生物量碳的动态变化呈现相似的规律。随着烟株的生长,微生物生物量氮含量在移栽后 30d 和 75d 左右出现峰值,T1、T2、T3 处理在 30d 分别比 CK 提高了 20.6%、45.0%、60.7%,在 75d 分别提高了 32.7%、72.2%、116.0%,说明翻压绿肥后既补充了有机碳源,又改善了土壤的理化性状,大大提高了土壤微生物的活性。

三、连年翻压绿肥对土壤酶活性的影响

(一)连年翻压绿肥对土壤脲酶活性的影响

翻压绿肥后土壤脲酶活性明显提高(图 5-19),翻压年限越长,脲酶活性越强。翻压绿肥 3 年的处理,脲酶活性提高了 33.3%～51.5%,说明连年翻压绿肥后,土壤熟化程度提高,利于土壤中氮素的转化。在烟株生育期,所有处理土壤脲酶活性的动态变化规律相似,脲酶活性以旺长期最高,T1、T2、T3 处理分别比对照提高了 19.1%、33.8%、51.5%,现蕾期脲酶活性有所下降,随后又略有增加。土壤酶来源于土壤微生物、植物根系分泌物和动植物残体,翻压绿肥后,土壤微生物数量和酶活性增加。因此,脲酶活性的变化反映出了连年翻压绿肥对植烟土壤氮素转化、积累、供应效应与土壤产生的保肥性之间的协调性。

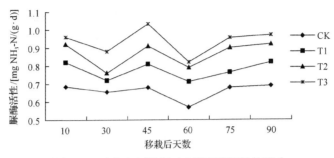

图 5-19　连年翻压绿肥对土壤脲酶活性的影响

(二)连年翻压绿肥对土壤酸性磷酸酶活性的影响

土壤酸性磷酸酶活性高低可以反映土壤速效磷的供应状况，是评价土壤磷素生物转化方向与强度的指标。翻压绿肥后，土壤酸性磷酸酶活性增强(图 5-20)，在烟株生育期内整体呈现先上升后下降趋势。所有处理均在 45d 左右出现峰值，此时烟株进入旺长期，T1、T2、T3 分别比 CK 提高了 6.6%、19.7%、14.2%，此时 T2 高于 T3 处理，而其他时期 T3 处理高于其他处理，整个生育期内 T3 比对照高 11.0%～18.6%。烟株进入旺长期后，对磷的需求量增加，酸性磷酸酶活性在移栽后 45d 出现峰值，说明翻压绿肥，尤其连年翻压提高了土壤中磷的有效性。

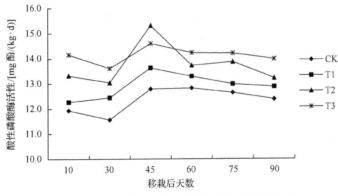

图 5-20　连年翻压绿肥对土壤酸性磷酸酶活性的影响

(三)连年翻压绿肥对土壤蔗糖酶活性的影响

蔗糖酶的活性强弱反映了土壤熟化程度和肥力水平，是表征土壤生物活性的重要酶之一。翻压绿肥的处理土壤蔗糖酶活性高于对照，而且翻压年限越长，活性越强(图 5-21)。在烟株生育期，所有处理土壤蔗糖酶活性表现出相似的规律，移栽后 60d 前活性较低，60d 后则迅速增加，75d 后增速变缓。其中，T3 处理在 60d 前明显高于其他处理，到 75d 则低于 T2 处理，90d 时达最高。在整个生育期，T3 处理蔗糖酶活性比 CK 提高了 58.0%～172.7%。

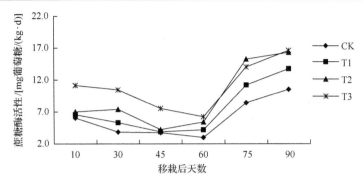

图 5-21　连年翻压绿肥对土壤蔗糖酶活性的影响

(四)连年翻压绿肥对土壤过氧化氢酶活性的影响

过氧化氢酶广泛存在于土壤中和生物体内，直接参与生物呼吸过程的物质代谢，同时可以解除在呼吸过程中产生的过氧化氢对活细胞的有害作用。翻压绿肥处理土壤过氧化氢酶活性高于对照，而且翻压年限越长，酶活性越强(图 5-22)。翻压绿肥 3 年的处理，除在移栽后 10d 时略低于翻压 2 年的处理外，在其余时期则明显高于翻压 1 年和 2 年的处理，与对照相比提高幅度达 24.0%～50.0%。这与绿肥提供了大量营养，使土壤微生物具有较高的活性有关。翻压年限越长，绿肥残留量越大，其转化成的底物也越多，使微生物数量大幅增加。在烟株整个生育期，过氧化氢酶活性分别在烤烟移栽后 45d、75d 出现峰值。这是由于在移栽后 35d 内，植株地上部生长缓慢，叶面积较小，光合产物少，但对氮素的吸收量较大，是烟株积累氮素的阶段，吸氮量约占总吸氮量的 40%，移栽后 35～70d 是烟株旺盛生长、干物质积累最快的时期，也是烟草对营养元素吸收量最大的阶段。绿肥翻压初期，过氧化氢酶活性即出现高峰，可以解除绿肥腐解及烟株旺盛生长积累的过氧化氢等物质产生的毒害作用，说明过氧化氢酶活性与烟株生长发育进程密切相关。

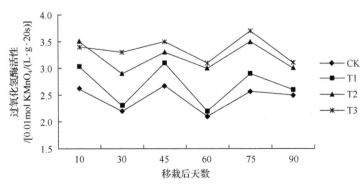

图 5-22　连年翻压绿肥对土壤过氧化氢酶活性的影响

四、连年翻压绿肥对烤后烟叶产量和品质的影响

(一)连年翻压绿肥对烤后烟叶常规化学成分的影响

不同翻压年限处理烤后烟叶(中部)常规化学成分变化无明显规律(表 5-21),总糖、还原糖含量都是有升有降;总氮含量低于对照;烟碱含量随着翻压年限增长逐渐增加,其中 3 年翻压处理烟碱含量高于对照;氮碱比都低于对照,随翻压年限增加有所降低;翻压绿肥处理的石油醚提取物含量都高于对照。

表 5-21　连年翻压绿肥对烤后烟叶(中部)常规化学成分的影响

处理	总糖/%	还原糖/%	淀粉/%	总氮/%	烟碱/%	氮碱比	石油醚提取物/%
CK	26.44	20.65	7.50	2.21	2.38	0.93	8.91
T1	27.50	22.66	8.32	2.01	2.29	0.88	9.17
T2	24.99	23.55	5.85	1.87	2.27	0.82	9.36
T3	26.73	20.44	9.24	2.01	2.49	0.81	9.12

(二)连年翻压绿肥对烤后烟叶经济性状的影响

各翻压年限处理产量、产值、均价都高于对照(表 5-22),而且随翻压年限的增加,产量、产值、均价呈逐渐增加的趋势,以连续翻压 3 年绿肥的处理最优。

表 5-22　连年翻压绿肥对烤后烟叶经济性状的影响

处理	产量/(kg/hm^2)	产值/(元/hm^2)	均价/元	上等烟比例/%	上中等烟比例/%
CK	1 768.20	16 516.35	9.34	10.68	51.23
T1	1 899.30	18 681.90	9.84	4.84	67.92
T2	1 920.45	18 788.85	9.78	22.41	60.34
T3	1 971.75	19 989.60	10.14	16.65	67.36

五、小结

许月蓉(1995)指出,施有机肥的土壤微生物生物量碳、氮、磷都比不施有机肥的高。有机肥分解产生的可利用的氮及其他营养元素可促进作物的生长、根的生长和增加根系分泌物,因而促进土壤微生物繁殖,提高了微生物的生物量。一般而言,较少的有机物施入土壤时,土壤微生物生物量碳、氮含量是相对稳定的,二者能较好地反映特定土壤的氮素肥力状况。但如果给土壤施以较多的有机物或前茬在土壤中留有较多的残体,则当季土壤微生物生物量会明显增加,所增加的微生物生物量在土壤中的维持时间则主要取决于有机物料的质和量及土壤的环境条件。

土壤微生物生物量碳、微生物生物量氮只占土壤有机碳、氮含量的 1.3%～

6.4%和 2.5%～4.2%（陈国潮和何振立，1998）。由于微生物生物量 C/N 较低，在土壤中分解速度比土壤有机质快，对土壤有机质的分解及养分的转化循环等有重要的作用。由本试验可看出，总体上微生物生物量 C/N 随着绿肥翻压年限的增加呈下降趋势，且均在移栽后 60d 左右出现峰值。说明翻压绿肥后，土壤中微生物生物量碳、氮的分解速度较快，土壤有效养分积累充分，但现蕾时植株的旺盛生长消耗了大量养分，此时翻压绿肥的处理土壤中仅剩下难分解的有机物料，微生物生物量碳、氮分解速度变慢，因而微生物生物量 C/N 较高。

本试验表明，翻压绿肥后微生物生物量碳、微生物生物量氮含量的动态变化均呈现双峰曲线，微生物生物量碳含量的高峰出现在团棵时和现蕾时，而微生物生物量氮含量的高峰出现在团棵时和圆顶时。这是由于前期绿肥腐解迅速，土壤微生物大量繁殖，部分氮素被微生物固定，使土壤微生物生物量氮大量增加，而后随着烟草的生长发育，土壤中氮素被大量消耗，被固定的微生物生物量氮又被重新释放出来，供烟草生长发育需要。从旺长到圆顶期，正值多雨季节，高温高湿促使土壤中残存的有机物料进一步分解，多余的氮素再次被微生物固定，因此微生物生物量碳含量在 60d 左右，微生物生物量氮含量在 75d 左右达到第二个高峰。成熟期微生物生物量碳、微生物生物量氮含量明显降低，但翻压绿肥的各处理微生物生物量碳比圆顶期略有回升，说明翻压绿肥后，提高了土壤的保肥性，而微生物生物量氮的变化则反映出土壤微生物生物量氮在协调土壤氮素供应及烟株对氮素吸收方面有重要作用。

本研究表明，随着绿肥翻压年限的增加，土壤容重逐年下降，土壤孔隙度和土壤含水率逐渐增加。连年翻压绿肥后，土壤微生物生物量碳、微生物生物量氮含量和土壤酶活性随翻压年限的增加其增加幅度提高，这是因为绿肥在腐解过程中需要大量微生物参与，同时为微生物的生长提供碳和氮源，微生物的活动促进了作物旺盛生长。翻压绿肥与化肥配合施用，加速绿肥腐解，增强微生物活性，从而促进了土壤酶活性的提高。同时，连年翻压绿肥后烤后烟叶总氮含量和氮碱比都低于对照，翻压绿肥 3 年后烤后烟叶的烟碱含量高于对照；所有翻压绿肥处理的烤后烟叶石油醚提取物含量都高于对照；随绿肥翻压年限增加，烤后烟叶的产量、产值、均价有逐渐增加的趋势，总体上以连续翻压 3 年绿肥处理最优。

本研究发现，在烟株生长过程中，不同土壤酶活性的动态变化规律并不一致，土壤脲酶、酸性磷酸酶、过氧化氢酶活性均在烟株需肥量较大的旺长期出现峰值，蔗糖酶活性在移栽后 60d 以后逐渐升高。总体来看，翻压绿肥后土壤微生物生物量碳、微生物生物量氮含量和不同土壤酶活性的动态变化反映出了绿肥腐解过程中土壤养分供应和烟株生长发育之间的协调性。绿肥翻压年限越长，微生物生物量碳、微生物生物量氮和酶活性提高的趋势越明显。本试验针对连续翻压 3 年的土壤微生物生物量碳、微生物生物量氮和土壤酶活性进行了研究，但连续翻压绿肥多少年，才能使土壤能够在没有绿肥投入的情况下仍然保持较高的肥力水平，有待进一步研究。

第七节　绿肥改良植烟土壤技术规程

(一)范围

本标准规定了植烟土壤绿肥种植翻压利用及配套的烟草施肥管理技术。

本标准适用于除北方烟区之外所有烟区的植烟土壤(云贵高原烟区海拔不超过 2400m，其他烟区海拔不超过 1300m)。

本标准适用于黑麦草、大麦、光叶紫花苕子、毛叶苕子、箭舌豌豆、油菜、燕麦、紫云英、苜蓿等绿肥作物。

(二)规范性引用文件

下列文件对于本文件的应用是必不可少的。凡是注日期的引用文件，仅所注日期的版本适用于本文件。凡是不注日期的引用文件，其最新版本(包括所有的修改单)适用于本文件。

GB/T 3543—1995《农作物种子检验规程》

GB/T 3543.4—1995《农作物种子检验规程　发芽试验》

GB 6141—2008《豆科草种子质量分级》

GB 6142—2008《禾本科草种子质量分级》

GB 4407.2—2008《经济作物种子　第 2 部分：油料类》

NY/T 393—2013《绿色食品　农药使用准则》

(三)术语和定义

下列术语和定义适用于本标准。

1. 绿肥及绿肥作物

一些作物，可以利用其生长过程中所产生的全部或部分鲜体，直接或间接翻压到土壤中作肥料；或者是通过它们与主作物的间套轮作，起到促进主作物生长、改善土壤性状等作用。这些作物称为绿肥作物，其鲜体称为绿肥。

2. 间作套种

在一块地上按照一定的行距、株距及占地宽窄比例种植几种作物，称为间作套种。

一般把几种作物同时期播种的称为间作，不同时期播种的称为套种。

在前季作物生长后期的株行间播种或移栽后季作物的种植方式，对比单作不仅能阶段性地充分利用空间，更重要的是还能延长对后季作物生长季节的利用，提高复种指数，提高年总产量，是一种集约利用时间的种植方式。

(四)烤烟-绿肥生产与利用方式

烤烟-绿肥生产与利用方式是在烤烟生长后期于垄间或垄体上套播或在烟叶收获后播种绿肥作物，翌年烤烟种植前翻压用作绿肥的生产利用方式。

烤烟-绿肥生产方式可以充分利用烤烟收获后的时空资源，合理利用耕地资源、提高复种指数，也能提高烟叶产量和品质，同时培肥地力，改善环境，减少水土流失，保证耕地的可持续利用和烟叶原料供应的安全。

(五)绿肥种子质量和种子处理

1. 种子质量要求

(1)一般要求

购买种子时应在正规种子供应商处选购。如果种子发芽率不明确，要求做发芽试验，以便准确掌握种子发芽率从而确定合理播种量。

禾本科绿肥种子质量参考 GB 6142—2008 中规定的三级良种要求，豆科绿肥种子质量参考 GB 6141—2008 中规定的三级良种要求，油菜种子质量参考 GB 4407.2—2008 中规定的三级良种要求。

种子经营单位提供的绿肥种子，应按照 GB/T 3543—1995 进行检验，并附有合格证。

种子采购后，由县级烟草公司或农户按照 GB/T 3543.4—1995 规定的方法检验发芽率，或者按(2)中的简易方法检验发芽率。

(2)简易发芽率检验方法

简易方法测定发芽率：先把种子放在清水中浸泡 24h，取 2 份，每份 100 粒。准备 2 条毛巾，用开水打湿后放凉，毛巾湿度以轻拧不滴水为宜。将 2 份种子分别摆放在毛巾上，边摆放边将毛巾卷起，把种子卷在毛巾里，放入干净塑料袋，系上袋口，放在室内较温暖处。放入后在第 5d 和第 7d 分 2 次数种子发芽数量，计算种子发芽率。一般绿肥种子发芽率达到 80%左右时，可以认为种子质量符合要求。

(3)种子质量等级评定办法

根据(1)规定的绿肥作物种子质量的要求，凡是有一项指标在规定指标以下，均属于等级外种子。

2. 种子处理

(1)晒种

播种前晒种 0.5～1d，可以提高种子活力。

（2）浸种

播种前，用 50～60℃温水浸泡，自然冷却并继续浸泡 12～24h，然后捞起晾干，可促进发芽。

（3）接种根瘤菌和磷肥拌种

豆科绿肥种子采用本措施进行处理。根瘤菌接种和磷肥拌种可以明显提高绿肥产草量。

方法如下：在室内或遮阴处，将根瘤菌剂按说明规定的用量倒入塑料盆等容器中，加入少量清水调成糊状后，分次倒入待处理种子中，轻轻搅拌，使所有种子都沾上菌剂。接种根瘤菌后的种子放在阴凉处摊开，待稍干后，每亩种子用钙镁磷肥 3～5kg 拌种。种子运往田间播种时应避免阳光直射，防治根瘤菌受伤害。

（六）种植技术

1. 种植方式

在烟叶收获整地后播种绿肥作物，或在烟叶采摘后期在烟田垄体上或垄沟内播种绿肥作物。绿肥作物种子可撒播、条播或点播。

2. 播种时期和播种量

绿肥适宜的播期范围很长，但最好在烟草采收中部叶后或采收结束的 8 月至 10 月中旬播种以保证绿肥生物量。低海拔烟区可适当早播，高海拔烟区可适当晚播。

重庆、山东烟区以种植黑麦草为主，播种量为 45kg/hm^2 左右，播期 9 月至 10 月中旬；河南烟区一般于 8 月下旬至 9 月中上旬播种大麦，播种量为 150～225kg/hm^2；四川烟区种植光叶紫花苕子和箭舌豌豆，凉山、泸州、宜宾、广元烟区在 8 月下旬至 9 月上旬播种，攀枝花烟区在 9 月下旬至 10 月上旬播种，光叶紫花苕子播种量为 75～90kg/hm^2，箭舌豌豆播种量为 60～75kg/hm^2；湖北恩施以苕子和箭舌豌豆为主，掺入适量的油菜、小麦等混播，苕子和箭舌豌豆占播种量的 70%～85%，油菜或禾本科作物占播种量的 15%～30%，苕子播种量为 30～90kg/hm^2，箭舌豌豆播种量为 45～120kg/hm^2；云南烟区种植光叶紫花苕子并与其他绿肥混播，在上部叶采烤时播种，播种量为 60～75kg/hm^2；贵州遵义在 8 月下旬至 9 月下旬播种，箭舌豌豆播种量为 60kg/hm^2 左右，光叶紫花苕子播种量为 45kg/hm^2 左右，均以撒播为主。

播种量的多少，应根据播种期的早晚、整地质量、千粒重和发芽率等综合决定。早播田适当减少播种量，晚播田适当增加播种量，土壤肥力高的烟田适当减少播种量，土壤肥力低的烟田适当增加播种量。

撒播可适当增加播种量，条播为正常播种量，点播可适当减少播种量。

3. 田间管理

播种时要保证整地质量和适宜的水分范围，注意抗旱防涝。掌握好播种深度，一般播种深度 3～5cm。通常绿肥作物不需要追肥。种植豆科绿肥时如果土壤缺磷，可在苗齐后施普钙 75～150kg/hm²，以促进绿肥生长。种植禾本科绿肥时一般不追肥。

绿肥主要病虫害有白粉病、蚜虫、棉铃虫等。白粉病一般在深秋和初春易发，蚜虫一般在冬春干旱时期易发，棉铃虫一般在开花结荚期易发，要加强监测与防治。在病虫害防治过程中，所使用的农药应当符合 NY/T 393—2013 的有关规定和烟草行业推荐农药使用意见要求。

防止牲畜对绿肥作物的啃食。

(七)绿肥翻压

1. 翻压时期

通常情况下，绿肥在烟草移栽前 30～45d 翻压，翻压 15～20d 后，再进行预整地，以保证绿肥充分腐熟分解。但如果绿肥播种早、冬前生物量大，也可在冬前结合深耕进行翻压，以利于绿肥的分解、冻垡和及早整地起垄。

2. 翻压量

按干重计，绿肥的翻压量宜控制在 4500kg/hm² 左右。翻压时绿肥含水量一般在 80% 左右，因此按鲜重计，绿肥翻压量宜控制在 22 500～30 000kg/hm²。如果绿肥鲜草产量过大，可将过多的绿肥割掉一部分用于其他地块翻压或用于饲养牲畜。

3. 翻压方式

翻压前先用旋耕机将绿肥打碎，再进行耕翻，有利于绿肥在土壤中分布均匀和腐烂分解；或者先将绿肥切成 10～15cm 长，均匀地撒在地面上或施在沟里，随后翻压入土 20cm 左右。

4. 翻埋深度

绿肥翻压深度以 10～20cm 为宜，有利于促进绿肥腐解和养分释放。凡绿肥柔嫩多汁易分解、土壤砂性较强、土温较高的地区，耕翻宜深些；反之，宜浅。

5. 施用方式

1)直接耕翻：耕翻绿肥要埋深、埋严，翻耕后随即耙地碎土，使土、草紧密结合，以利绿肥分解。翻耕时如土壤水分不足，可在耕翻前浅灌。生长繁茂的绿肥，耕翻时有缠犁现象，耕前要先用圆盘耙耙倒切断。翻压时若土壤墒情较差，翻压后要及时灌水以利于绿肥腐解。

2) 堆沤：绿肥生物量较大时，要对绿肥进行刈割。为便于贮存，可先把绿肥切断，长 10～15cm，再与适量人畜粪尿、石灰等拌匀后进行堆沤发酵，能加速绿肥分解，提高肥效。腐熟后作基肥施用。

6. 绿肥鲜草产量的估计

在绿肥翻压前，可采用多点取样的方式进行绿肥鲜草量确定：在绿肥生长均匀且能代表全田生长状况的地方，取若干(≥3)个 1m^2 的样点，将绿肥全部拔出去掉土壤等杂物后称重即可推算每亩的鲜草产量。

(八)种植翻压绿肥条件下烟草施肥量的确定

由于绿肥的翻压会带入土壤一定的养分，尤其是氮素。为防止烟草施用氮素过多，豆科绿肥翻压时应在总施氮量中扣除由绿肥带入的部分有效氮素(忽略带入的磷、钾养分)。扣除方法如下：扣除氮素量=翻压绿肥重(干)×绿肥含氮量(干)×当季绿肥氮素利用率。豆科绿肥当季氮素利用率按照 40%～50%计算。

第六章　生物炭理化特性研究及其田间应用

生物炭是在缺氧或低氧条件下,以相对较低温度(<700℃)对生物质进行热解而产生的含碳极其丰富的稳定的高度芳香化的固态物质。21 世纪以来,生物炭研究越来越受到重视,并取得了较大进展。生物炭作为肥料缓释载体施入土壤后不仅能改善土壤理化性质和生物学特性,还能增强土壤固碳能力,减少土壤向大气排放温室气体的量。

生物质热解是一个极其复杂的热化学过程,包括脱水、裂解和炭化 3 个反应阶段。通常,对于特定的生物质原材料,热解温度是影响生物炭物理化学结构特性的最重要因素,与生物炭的产率和特性都密切相关,主要体现在生物碳元素组成及含量、表面化学特性、孔性特征等方面。

第一节　不同热解温度下烟秆生物炭理化特性分析

我国年产烟草秸秆约 290 万 t,处理手段主要是焚烧(占 85%)、丢弃等,既不经济又影响环境,还易引发烟草病虫害的发生与流行。国外通过对烟秆理化性质的分析,从制备纸浆、乙醇、生物质液体等方面进行了综合研究,国内科技工作者从提取烟碱、生产有机肥、制备生物质燃料和活性炭等方面进行了探索,但在烤烟秸秆炭化及炭化后在烟草栽培上的综合利用方面尚鲜见相关研究报道。鉴于此,本研究进行了不同温度下烤烟秸秆炭化后的理化特性分析,以期为挖掘烟草秸秆的使用价值,为清洁烟田、改良土壤、减少环境污染提供参考。

本研究采用的试验材料为烤烟秸秆(地点为平顶山;品种为中烟 100),于 2013年当季收获,风干后取样。采用限氧裂解法制备秸秆生物炭,具体方法:分别将烤烟秸秆放入定制托盘内(铁制托盘:长 23cm、宽 18cm、高 8cm),每盘 0.20kg,盖上盖子置于马弗炉中,将马弗炉炉门密封好之后开始炭化。炭化温度分别设置为 100℃、200℃、300℃、400℃、500℃、600℃、700℃和 800℃,升温速度为 20℃/min,达到热解温度后炭化 2h,关闭马弗炉电源,自然冷却至常温,取出样品。制得的炭化产物粉碎,过筛待测。

采用程序控温马弗炉(KSW-4D-11,上海跃进医疗器械有限公司),产率为烤烟秸秆炭化前后质量比;采用碳氮元素分析仪(Vario MAX CN,德国 Elementar 公司)测定烤烟秸秆全碳含量(质量分数);用 pH 计(pHS-2F)测定 pH;采用乙酸钠交换法测定阳离子交换量(CEC);采用 Boehm 滴定法测定表面含氧官能团,其含量以通用耗碱量(mmol/g)表示；采用 SEM 电镜扫描观察分析微观结构：将少量的 100 目炭化样品镀金并黏在样品台上，然后使用扫描电镜观察样品形状和表面特征。矿质元素采用 ICP 光谱仪(VISTA-MPX)检测，土壤全碳和全氮采用 CNS 元素分析仪进行分析(Vario MACRO cube)，采用傅里叶变换红外光谱仪(AVATAR 360 FT-IR ESP，美国 Thermo Nicolet 公司)测定生物炭表面官能团。在液氮温度(77.4K)条件下用比表面积及孔径分布仪(全自动比表面积及微孔分析仪 Quadrasorb SI Four Station Surface Area Analyzer and Pore Size Analyzer，美国 Quantachrome Instruments 公司)测定生物质炭比表面积及孔径分布。

一、不同温度下烟秆炭化产率的变化

由烟秆炭化后的照片(图 6-1)可以看出，随着温度升高，秸秆炭化越来越彻底。由图 6-2 可知，烟秆炭化产率随温度的升高而降低，尤其是 100～400℃时下降趋势更加明显，500℃以上时产率变化较小。这可能是因为烤烟秸秆主要由纤维素、半纤维素和木质素组成，烤烟秸秆中纤维素总量为 43.45%，生物质的热解可归结于

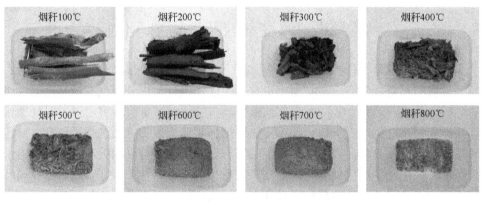

图 6-1　不同温度下烟秆炭化后形态(彩图请扫封底二维码)

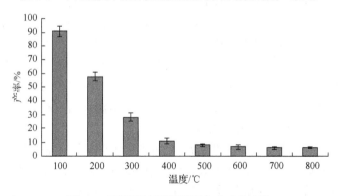

图 6-2　不同温度下烟秆炭化产率的变化

纤维素、半纤维素和木质素 3 种主要高聚物的热解。纤维素首先发生热解并快速失重，而半纤维素在 200℃左右开始发生热解而失重，在 270℃左右出现最大失重峰，木质素尽管在较低温度时就开始热解，但木质素是三组分中热阻力最大的，在 500℃纤维素、木质素已基本热解完，500℃以上主要是木质素的缓慢热解，因此，500℃后的产率变化较小。

二、烟秆生物炭化学性质的变化规律

(一)不同温度下烟秆炭化后全碳含量的变化

热解温度决定着热解过程中碳的损失，不同温度处理下的同种材料，生物炭的理化性质差异很大。由图 6-3 可知，烟秆炭化在 100～300℃条件下，全碳含量略有上升，与此时秸秆以水分损失为主，有机物并未开始大量分解有关，400℃以上处全碳含量明显下降，并随温度的升高而逐渐下降，主要原因是随热解温度升高，纤维素、半纤维素、木质素大量分解，甲烷、乙酸及其他氧化了的挥发性有机物(VOC)被释放出来，同时伴随着纤维素和半纤维素裂解产生的 CO_2、CO 及含氮气体释放，烟秆中残留碳含量开始大幅度减少。

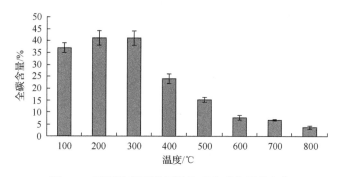

图 6-3 不同温度下烟秆炭化后全碳含量的变化

(二)不同温度下烟秆炭化后 pH 的变化

由图 6-4 可知，在热解温度 100～200℃条件下，烟秆炭化后 pH<7，偏酸性。在热解温度 300～800℃条件下，烟秆炭化后 pH 稳定上升，尤其在 300～400℃时 pH 增长趋势最为明显。从 300℃开始，烟秆炭化后 pH>7，显碱性，甚至呈强碱性(800℃时 pH 为 12.43)。

有研究发现在酸度较高的土壤上施用生物炭会有很好的改良作用。据统计，全球约 1/3 的土壤偏酸，生物炭在改良土壤酸度方面将发挥巨大作用。

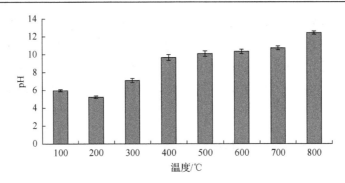

图 6-4　不同温度下烟秆炭化后 pH 的变化

(三)不同温度下烟秆炭化后 CEC 的变化

土壤阳离子交换量(CEC)是指土壤胶体所能吸附的各种阳离子的总量,其数值以每千克土壤中含有的各种阳离子的物质的量来表示。CEC 是评价土壤缓冲能力的指标之一,也是评价土壤保肥能力、改良土壤和合理施肥的重要依据,因此,生物炭 CEC 的高低在一定程度上反映了土壤的 CEC。由图 6-5 可知,烟秆炭化后 CEC 随热解温度升高的整体变化趋势表现为先增后降,在 400℃左右达到最大,为 85.65cmol/kg,这表明若要获得具最大 CEC 的生物炭需要优化热解温度。有研究表明,生物炭的 CEC 与氧原子和碳原子的比值(O/C)相关,O/C 越高,CEC 越大。

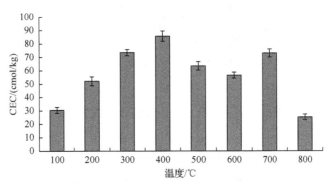

图 6-5　不同温度下烟秆炭化后 CEC 的变化

对玉米秸秆、树枝和树叶的研究发现,其炭化后物质不仅具有芳香化结构,而且在生物或非生物作用下可形成羧基官能团,对其自身的阳离子交换量影响较大,施加至土壤可提高土壤的阳离子交换量(CEC),对改良土壤有重大作用。

（四）不同温度下烟秆炭化后表面含氧官能团含量的变化

由表 6-1 可知，烟秆炭化后表面碱性官能团含量在热解温度 100～800℃条件下，随温度升高而增加，酸性官能团含量整体呈降低趋势。在酸性官能团中，以酚羟基含量较多，这也说明烟秆炭化后具有高度芳香化结构，内酯基在 600～800℃含量较高，在 100～500℃变化不大。

表 6-1　烟秆炭化后表面含氧官能团随热解温度的变化　（单位：mmol/g）

热解温度/℃	碱性官能团	酸性官能团	酚羟基	内酯基
100	0.10f	6.40b	5.00d	1.00d
200	1.10e	7.40a	5.50a	1.60c
300	3.40d	6.40b	5.20a	1.10d
400	8.90c	4.40c	3.90b	1.60c
500	11.30b	3.40c	3.80b	1.50c
600	12.40ab	2.90d	3.70b	2.30b
700	13.90a	2.10d	3.10c	2.50b
800	14.50a	3.10cd	4.60a	3.60a

（五）不同温度下烟秆炭化后矿质元素含量的变化

由表 6-2 和表 6-3 可知，热解温度对烟秆炭化后矿质元素含量的影响明显。从表 6-2 可以看出，磷、钾、钙、镁 4 种元素含量变化规律相似，随着温度的升高均呈现出先升高后降低的趋势，且均在 400～600℃达到较高水平，当温度达到 800℃时又呈现上升趋势。磷、钾、钙、镁含量均在 400℃时大幅度提高，与 300℃相比分别提高了 89.15%、109.30%、128.93%和 93.91%。由表 6-3 可知，锰、钠、锌含量整体表现为随热解温度的升高而升高，且均在 400～500℃较为稳定。硼含量在 600～700℃时较高。铁含量变化无明显规律，在 500℃和 800℃条件下达到较高水平。

表 6-2　烟秆炭化后大量矿质元素随热解温度的变化　（单位：mg/g）

热解温度/℃	磷	钾	钙	镁
100	1.123d	10.44d	14.05e	1.50d
200	2.786d	26.54d	26.56de	3.11d
300	4.941c	54.11c	42.45d	5.09c
400	9.346b	113.25b	97.18b	9.87b
500	10.707b	116.68b	97.18b	12.27b
600	10.178b	140.23a	104.84b	10.57b
700	7.715bc	112.58b	80.19c	7.43c
800	18.209a	115.86b	202.43a	22.01a

表 6-3　烟秆炭化后微量矿质元素随热解温度的变化　　（单位：mg/g）

热解温度/℃	硼	铁	锰	钠	锌
100	0.013cd	0.125de	0.008d	0.602c	0.016d
200	0.015cd	0.361d	0.026c	0.996bc	0.030cd
300	0.019c	0.285d	0.047b	1.201bc	0.055c
400	0.010d	0.821bc	0.090a	2.097b	0.091b
500	0.011d	1.152b	0.090a	2.072b	0.090b
600	0.067a	0.946b	0.095a	2.609a	0.094b
700	0.040b	0.811bc	0.065b	2.660a	0.064c
800	0.020c	1.862a	0.236c	2.626a	0.140a

总体上看，烟秆生物炭具有相对较为丰富的矿质元素种类，烟秆生物炭矿质元素的含量与烟秆对特定矿质元素的吸收积累量有关。将生物炭施入土壤后，经过一定时期生物炭与土壤融合，可能会释放一部分营养元素，促进农作物生长。

有研究表明，生物质原料含有一些矿质元素，随着热解过程推进，生物炭产率降低，但其矿质元素浓度逐渐提高，使生物炭呈碱性。本研究中，碱性矿质元素钾、镁、钙含量在中低温条件下持续上升且在 300～400℃上升幅度较大，与此时 pH 的变幅较大相吻合。

(六) 不同温度下烟秆炭化后 FTIR 谱

烟秆炭化后表面官能团的种类可以由 FTIR（傅里叶变换红外光谱）定性分析。由图 6-6 可知，不同热解温度下烟秆炭化后含氧官能团的特征吸收峰的位置和强度发生了改变，说明热解温度对烟秆炭化后表面官能团影响较大。

由图 6-6 可知，3418.52cm^{-1} 谱峰处 100～300℃吸收强度最强，到 400℃开始明显减弱，说明烟秆炭化后羟基在 300～400℃开始减少，羟基基团开始大量降解。2925.11cm^{-1} 谱峰处 100℃吸收强度为中等，200℃开始减弱，300℃变得很弱直至消失，说明部分甲基（—CH$_3$）和亚甲基（—CH$_2$）逐渐降解或改变。1624.33cm^{-1} 谱峰为水分子的变形振动和羧酸根的反对称伸缩振动，300℃后吸收强度大幅度减弱，说明 300℃之后水分子基本消亡、羧酸根大量降解转化，生物炭缩合度上升，表明随着热解温度升高生物炭逐渐形成芳香结构。1445.08cm^{-1} 谱峰处 100℃、200℃时的甲基（—CH$_3$）和亚甲基（—CH$_2$）的变形振动逐渐转变为 300℃时的羧酸根的伸缩振动，再到 400℃时的碳酸根离子的伸缩振动，最终转化为碳酸钙。

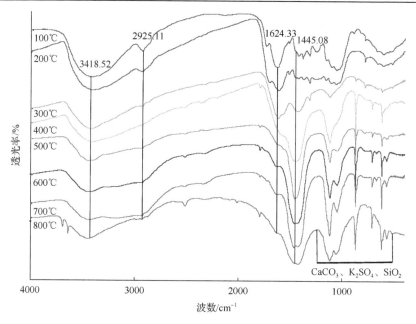

图 6-6 烟秆炭化后的红外吸收光谱

结合以上分析可知,烟秆在 100℃下热解后生成物质的主要成分为纤维素,同时有木质素等多糖物,200℃时纤维素初步分解为酸和羧酸盐,300~500℃时主要成分为腐殖酸盐及残留的多糖等,600℃时主要是残留的腐殖酸盐和少量的二氧化硅、碳酸钙,700~800℃时主要是碳酸钙、硫酸钾及少量的二氧化硅。

由此可知,随着热解温度逐渐升高烟秆炭化后芳香化程度提高,稳定性增强,正是由于生物炭具有高度的化学和生物惰性,在土壤中的半衰期长达千年,因此,将生物炭应用于农田可快速增加土壤碳库,这也是农业生产固碳减排极具价值的措施之一。

三、不同温度下烟秆炭化后微观结构的变化

根据孔的大小,可将孔分为微孔、中孔和大孔,其中微孔(<2nm)对生物炭的比表面积贡献最大,有利于其吸附更多的大分子及小分子物质,中孔(2~50nm)和大孔(>50nm)主要对土壤通透性和输水性产生作用。因此,虽然微孔比表面积明显大于大孔,但中孔和大孔体积较大,改良土壤的作用中孔和大孔可能会更加明显。生物炭的大孔一般来源于生物质原料热解后残留的细胞结构,因此孔结构较为相似。生物炭的孔隙变化较大,从 1nm 到几十纳米,甚至数十微米,这些丰富的孔隙结构可以储存水分和养分,为微生物提供了良好的微环境,促进微生物数量的增加及活性的提高,特别是丛枝状菌根真菌(AMF)或泡囊丛枝状菌根真菌(VAM)。基于烟秆生物炭的孔隙结构,其施入土壤可以改善土壤物理特性,如降

低容重、增加持水性能等，进而使得土壤矿质元素更多地处于溶解态，有利于养分运移，从而被作物更好地吸收利用，提高其利用效率。

N₂吸附方法已经广泛应用于固体样品表面特性的研究。由 Kelvin 公式可知，在温度为 77.4K 时，氮气在生物炭表面的吸附量与氮气的相对压力 (P/P_0) 有关，其中，P 为氮气的分压，P_0 为液氮温度下氮气的饱和蒸气压，当 P/P_0 在 0.05～0.35 时，吸附量与相对压力的关系符合 BET 方程，并通过 BET 方程计算得到样品的比表面积。

$$\frac{1}{W[(P_0/P)-1]} = \frac{1}{W_mC} + \left(\frac{C-1}{W_mC}\right)\left(\frac{P}{P_0}\right)$$

式中，W 为样品表面氮气的实际吸附量；W_m 为氮气单层饱和吸附量；C 为与样品吸附能力相关的常数。

W_m 可由 BET 直线的斜率 s 和 i 得到

$$s = \frac{C-1}{W_mC}; \quad i = \frac{1}{W_mC}$$

即

$$W_m = \frac{1}{s+i}$$

样品的总表面积表达式为

$$S_t = \frac{W_m \cdot N \cdot A_{cs}}{M}$$

式中，N 为阿伏伽德罗常数；M 为吸附质 (N₂) 的分子质量；A_{cs} 为吸附质分析的截面积，在 77.4K 时，以六边形紧密排列的 N₂ 分子单分子为例，其截面积为 16.20Å²。

样品的比表面积可以用总表面积 S_t 和样品质量 m 计算得到

$$S = \frac{S_t}{m}$$

利用 BJH 方程得到样品中孔和部分大孔范围的孔径分布。利用 t-Plot 方法得到样品的微孔数据。

(一)不同温度下烟秆炭化后 SEM 扫描图

烟秆在热解温度为 500℃时炭化后放大 2000 倍和 500 倍的 SEM 扫描图分别

如图 6-7 和图 6-8 所示，由其可知，烟秆炭化后孔隙结构发达，具有多孔结构，这是由炭化过程中挥发气体逃逸所致。除此之外，生物炭孔壁较褶皱，增大了比表面积，生物炭的孔隙度对生物炭保持养分离子有很重要的作用。

图 6-7　500℃烟秆炭化后 SEM 扫描图（2000×）（原图请扫封底二维码）

图 6-8　500℃烟秆炭化后 SEM 扫描图（500×）（原图请扫封底二维码）

（二）不同温度下烟秆炭化后等温线的变化

利用美国 Quantachrome Instruments 全自动比表面积及孔隙分析仪测得的样品氮气吸附-脱附等温线如图 6-9 所示。当 $P/P_0=1$，热解温度为 100～400℃时，氮气的吸附量 400℃＞300℃＞200℃＞100℃，热解温度为 500～800℃时，氮气的吸附量 500℃＞600℃＞700℃＞800℃，整体趋势为随着热解温度的升高氮气吸附量先增加后减少，在 400～500℃达到最高水平，说明在 100～400℃时，随着热解温度的升高，烟秆炭化后孔隙结构逐渐发育，比孔容逐渐增大。一方面是由于生物质本身具海绵状结构，很多原有生物质结构消失，而多孔炭架结构得以保留，炭化后外围轮廓清晰，孔隙结构更加丰富；另一方面是由于水分和挥发分在脱水与裂解时，从生物质表面及内部逸出，产生许多气泡与气孔。超过400℃时，比孔容有降低趋势，可能是因为在较高热解温度下，生物炭塑性变形，孔结构崩塌，同时由于熔化和聚变作用，生物炭的比表面积有所降低。也有研究表明，在较高热解温度条件下半析出状态的焦油堵塞了部分孔隙，生物炭比表面积减小，也有可能是表面张力作用导致孔结构发生变化，使得原有孔径变小甚至关闭。

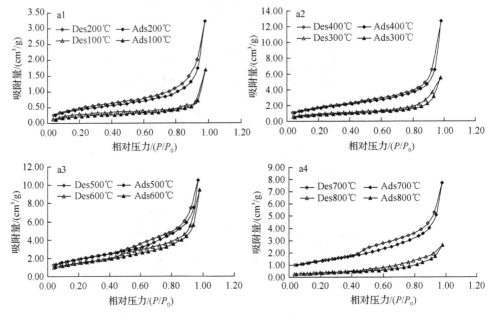

图6-9 烟秆炭化后的氮气吸附-脱附等温线

Ads. 吸附曲线，Des. 脱附曲线，下同

由图6-9可知，各曲线在相对压力较低时上升平缓，在后半段随着相对压力的增加等温线急剧上升，表明烟秆在不同温度下热解后含有一定量的中孔和大孔。图6-9中的a1和a2形态表现为无拐点的月牙形曲线，当相对压力P/P_0较低时，吸附与脱附曲线基本重合，表明烟秆炭化后具较小孔径的孔为一端封闭的Ⅱ型不透气性孔；当相对压力P/P_0较高达到0.8~0.9时，存在明显的吸附回线，表明烟秆炭化后含有一部分开放型Ⅰ类孔。图6-9中的a3和a4形态为带拐点的月牙形曲线，在P/P_0较高时，可看到明显的吸附回线，表明烟秆炭化后较大的孔中存在开放型Ⅰ类孔或"墨水瓶"型孔，同时可能存在一端封闭的Ⅱ类孔。

各个热解温度条件下烟秆炭化后的脱附曲线没有与吸附曲线完全重合，而是有相对轻微的滞后现象出现，当相对压力减少至0.14(小于0.30)时还有部分氮气未脱附，说明脱附滞后现象并不是由毛细凝聚导致的，而可能是烟秆炭化后其层状结构由于吸附使得层间距变大，层间距约为分子直径的几倍，原来氮气不能进入的小孔也产生了吸附作用，且很难脱离，因此在相对压力较低时小孔也不能完全闭合。

（三）不同温度下烟秆炭化后孔隙参数的变化

表 6-4 为烟秆炭化后的比表面积和孔结构参数，由其可知，不同热解温度下烟秆炭化后的比表面积和孔径分布差异明显。在烟秆热解过程中，BET 比表面积、平均孔径、比孔容都发生了剧烈变化，除平均孔径在 800℃ 条件下骤然上升外，另两个指标均随着热解温度的升高表现出先升高后降低的趋势。BET 比表面积、平均孔径、比孔容都在 300～400℃ 时上升明显，上升幅度分别达到 110.83%、56.80%和 80.00%，且均在 400～500℃ 达到较高水平，说明高的热解温度会增加材料的孔隙度。缺氧或少氧状态下经高温热解的材料具有相当大的比表面积是因为材料本身含有氧元素，在炭化过程中，氧元素发生氧化反应而造成生物炭蚀刻，发育出孔结构，但是温度过高时，孔隙结构变化，又导致 BET 比表面积和比孔容降低。

表 6-4　烟秆炭化后的比表面积和孔结构参数

热解温度/℃	BET 比表面积/ [m²/(nm·g)]	比孔容/ [cm³/(nm·g)]	平均孔径/nm	t-Plot 微孔比表面积/[m²/(nm·g)]	中孔比表面积/[m²/(nm·g)]	中孔孔容/[cm³/(nm·g)]
100	0.824	0.001	1.847	0.146	0.370	0.002
200	1.619	0.003	1.847	0.286	0.928	0.005
300	2.880	0.005	1.766	0.800	1.522	0.008
400	6.072	0.009	2.769	0.955	3.294	0.011
500	6.849	0.011	4.543	0.579	4.477	0.015
600	5.269	0.008	3.794	—	3.491	0.014
700	4.659	0.008	3.694	—	3.294	0.011
800	1.199	0.003	5.439	—	1.046	0.004

注：“—”表示未检测到

热解温度对烟秆炭化后物质孔结构的影响还表现在微孔比表面积上，在 100～400℃ 温度条件下微孔比表面积逐渐升高，400～500℃ 时微孔比表面积下降明显，而在 600～800℃ 时均未检测出微孔结构。利用 BJH 法计算所得的烟秆炭化后孔径分布如表 6-4 所示，中孔比表面积和孔容均表现出随温度升高先增加后降低的趋势，在 400～600℃ 达到最大，且中孔比表面积明显大于微孔，反映出了中孔所占比例较大。

由表 6-5 可知，温度与孔径呈极显著相关关系，与比表面积和比孔容呈正相关关系，但未达到显著水平，比表面积和比孔容呈极显著相关关系。

表 6-5　　烟秆炭化后孔隙参数的相关性分析

指标	温度	比表面积	孔径	比孔容
温度	1.000	0.321	0.900[**]	0.416
比表面积	0.321	1.000	0.308	0.989[**]
孔径	0.900[**]	0.308	1.000	0.393
比孔容	0.416	0.989[**]	0.393	1.000

（四）不同温度下烟秆炭化后孔径分布的变化

利用 BJH 法计算所得的烟秆炭化后孔径分布如图 6-10 和图 6-11 所示。由其可知，孔径分布随温度变化而变化非常明显。烟秆炭化后的孔峰主要在 3～4nm，热解温度为 100～400℃时，峰值表现为 400℃＞300℃＞200℃＞100℃，热解温度为 500～800℃时，峰值表现为 500℃＞600℃＞700℃＞800℃，呈现出先升高后降低的趋势，在 400～600℃达到最大值。这一现象与比表面积分布（图 6-11）结果一致，说明比孔容与孔径的变化规律是相一致的，与表 6-4 的分析结果相吻合。

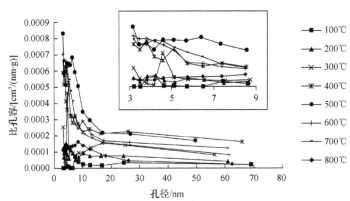

图 6-10　烟秆炭化后孔径-比孔容分布曲线

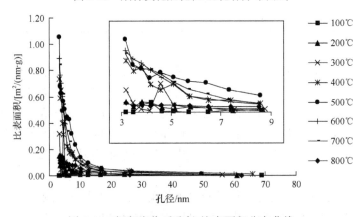

图 6-11　烟秆炭化后孔径-比表面积分布曲线

四、小结

烟秆炭化产率随温度升高而降低，尤其是在 100～400℃条件下，下降趋势更加明显，500℃以上产率变化较小。低温炭化对全碳含量影响较小，随着炭化温度的升高，全碳含量逐渐降低。低温热解时，烟秆炭化后呈弱酸性，随着温度升高（300～800℃），pH 持续上升呈现为碱性，甚至达到强碱性。烟秆炭化后 CEC 随热解温度的升高先增加后降低，在 400℃左右达到最大。随热解温度的升高，烟秆炭化后表面碱性官能团含量增加，酸性官能团含量减少。在热解温度从 100℃提高到 800℃的过程中，矿质元素含量整体呈现出先增加后降低的趋势，在 400～500℃达到较高水平。随着热解温度升高，烟秆炭化后的表面官能团不断缩合，结构芳香化程度逐渐升高。

烟秆炭化后的孔隙度整体呈现先增加后降低的趋势，BET 比表面积、平均孔径、比孔容均在 400～500℃条件下达到较高水平，在此热解温度下，生物炭孔隙结构较为丰富。对孔型的分析发现烟秆炭化后以中孔为主，中孔比表面积和孔容均随热解温度的升高先增加后降低。孔隙内部特征以墨水瓶状孔为主。

综合考虑炭化产率、全碳、CEC、微观结构和表面官能团、孔隙度等指标，烤烟秸秆炭化温度条件以 400～500℃较为理想。

第二节　不同热解温度下花生壳生物炭理化特性分析

花生是我国主要的油料作物和传统的出口农产品，其总产量和出口量均居世界首位。我国花生年总产量达 1450 万 t 以上，占世界花生总产量的 42%，每年约可产 450 万 t 花生壳。花生壳约占花生重量的 30%，其中含半纤维素和粗纤维素，还含蛋白质、粗脂肪、碳水化合物等营养物质，这些花生壳除少部分用作饲料外，绝大部分白白烧掉，造成了资源的极大浪费。在此形势下，利用切实可行的新工艺来充分利用花生壳这一资源具有重要现实意义。有研究利用甲醇、乙醇、丙酮、正己烷、氯仿等有机溶剂提取花生壳中抗氧化成分，也有研究提取新鲜花生壳中的黄酮，其纯度和产率均较高，还有研究从花生壳中提取天然黄色素，黄色素作为食品添加剂具有巨大开发价值。虽然目前研究人员已经开发出了很多关于花生壳的利用方法，但是工序普遍复杂，不易推广，而利用花生壳制备生物炭，程序简单且易得。

试验材料为花生壳，于 2013 年当季收获，风干后取样。制备方法同本章第一节。

一、不同温度下花生壳炭化产率的变化

由图 6-12 可以看出，随着热解温度升高，花生壳炭化越来越彻底。不同热解

温度下花生壳的炭化产率变化如图 6-13 所示，在 100℃、400℃、800℃条件下产率分别为 90.48%、14.14% 和 4.50%，从 100℃ 到 400℃ 产率下降 84.37%，从 500℃到 700℃ 产率下降 69.18%，表明随着热解温度的升高，产率逐步降低。

图 6-12　不同温度下花生壳炭化后形态（彩图请扫封底二维码）

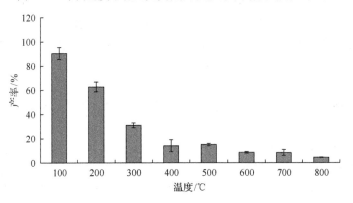

图 6-13　不同热解温度下花生壳炭化产率的变化

花生壳制备生物炭的产率随温度的升高而降低，尤其是在 300～500℃ 时下降趋势较为明显。生物质在热解过程中分为纤维素热解和木质素热解两个阶段，第一阶段纤维素首先发生热解呈现快速失重现象，接着是第二阶段木质素缓慢热解，反应速度较纤维素小。同时随着生物质中纤维素含量的增加，热解反应速率随之增加，这与纤维素和木质素的化学构成有关，纤维素是由糖类单体组成的碳水化合物，而木质素是由苯基丙烷单体构成的共聚物，这种芳香结构较纤维素热稳定性高，导致木质素热解较慢。半纤维素的热解温度为 200～260℃，纤维素的热解温度为 240～350℃，木质素的热解温度为 280～500℃。花生壳的主要成分为纤维素和木质素，纤维素为 45.60%，木质素为 35.70%。在 300～500℃ 的热解条件下，纤维素与半纤维素的大量热解导致了生物炭产率的急剧下降，500℃ 以后，大量的纤维素、木质素已基本热解完，因此 500℃ 后的产率变化较小。

二、花生壳生物炭化学性质的变化规律

(一)不同温度下花生壳炭化后阳离子交换量的变化

阳离子交换量(CEC)是生物炭的重要性质之一，有研究认为生物炭本身的CEC并不高，但在土壤中能长期提高其CEC。由图 6-14 可知，随着热解温度的升高，花生壳炭化后的 CEC 呈现先升高后降低的趋势，100℃时为 27.39cmol/kg，400℃时达到最高，为 93.91cmol/kg，提升了 242.86%，800℃时为 41.74cmol/kg。

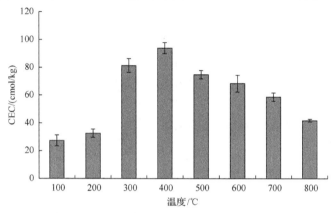

图 6-14　不同温度下花生壳炭化后 CEC 的变化

(二)不同温度下花生壳炭化后矿质元素含量和 pH 的变化

由表 6-6 和表 6-7 可知，热解温度对花生壳炭化后矿质元素含量的影响明显。由表 6-6 可知，磷、钾、钙、镁含量整体随着热解温度的升高呈升高趋势(除 800℃条件下略有下降以外)，且均在 300～400℃时含量大幅度提高，分别提高了243.83%、128.72%、78.26%和 79.05%。从表 6-7 可以看出，除硼和锌含量变化无明显规律外，其他各元素的含量均随着热解温度的升高整体呈增加趋势，且多在300～400℃增幅明显。

表 6-6　花生壳炭化后大量矿质元素随热解温度的变化　(单位：mg/g)

热解温度/℃	磷	钾	钙	镁
100	0.424	3.48	7.41	1.61
200	0.562	4.67	9.22	1.64
300	0.413	8.60	17.20	4.82
400	1.420	19.67	30.66	8.63
500	2.826	25.79	37.26	8.67
600	2.553	34.33	49.66	13.95
700	4.769	55.05	82.43	24.01
800	7.872	54.70	77.64	23.45

表 6-7　花生壳炭化后微量矿质元素随热解温度的变化　　（单位：mg/g）

热解温度/℃	铜	铁	锰	钠	锌	硼
100	0.012	0.354	0.029	0.308	0.012	0.015
200	0.013	0.311	0.030	0.193	0.078	0.020
300	0.026	1.071	0.087	1.092	0.093	0.021
400	0.054	1.050	0.179	2.010	0.268	0.026
500	0.064	1.881	0.162	2.171	0.367	0.048
600	0.085	3.088	0.290	2.618	0.342	0.020
700	0.135	4.921	0.447	4.589	0.568	0.019
800	0.138	4.729	0.432	3.336	0.712	0.068

　　由表 6-8 可知，花生壳炭化后表面碱性官能团含量随温度升高而增加，酸性官能团含量呈降低趋势。在酸性官能团中，以酚羟基含量较多，这也说明其炭化后具有高度芳香化结构，在 300℃ 以后酚羟基含量随温度升高呈下降趋势。花生壳炭化后 pH 的变化规律与表面官能团是一致的，在较高温度条件下生物炭显碱性甚至强碱性。

表 6-8　花生壳生物炭表面含氧官能团和 pH 随热解温度的变化

热解温度/℃	碱性官能团/(mmol/g)	酸性官能团/(mmol/g)	酚羟基/(mmol/g)	内酯基/(mmol/g)	羧基/(mmol/g)	pH
100	0.40	2.50	0.70	1.20	0.60	4.17
200	1.30	2.40	1.60	0.40	0.40	4.64
300	1.70	2.10	2.70	0.60	0.80	4.91
400	1.90	2.00	1.40	0.60	0.00	7.17
500	2.40	0.70	0.40	0.10	0.20	7.33
600	3.80	0.50	0.30	0.10	0.10	9.86
700	7.10	0.30	0.30	0.00	0.00	10.73
800	7.00	0.20	0.20	0.00	0.00	10.38

　　本研究中花生壳炭化后的 pH 随热解温度的升高而增加，产生该结果主要有以下两个原因：一方面随着热解温度的升高纤维素和木质素快速分解，发生挥发损失的同时，碱性矿质元素钾、钙、镁等以氧化物或碳酸盐的形式富集于灰分中，导致 pH 快速增大，这与本节中钾、钙、镁等元素含量增加的结果相一致；另一方面花生壳炭化后表面富含大量的含氧官能团，随着热解温度的升高，表面酸性官能团数量明显减少，碱性官能团数量增多。在低温热解条件下，由于纤维素等前体材料热解不完，炭化后保留了大量含氧官能团，而高温热解能使大量羧基和酚羟基高度酯化，减少可解离质子的含量，且生物炭表面具高度共轭的芳香结构，这些是其呈碱性的主要原因，因此花生壳炭化后的 pH 与表面含氧官能团的

种类和数量密切相关。由于高温热解产生的花生壳生物炭 pH 多呈碱性，因此在酸性土壤中施入生物炭改良土壤肥力的效果可能更明显。

(三)不同温度下花生壳炭化后 FTIR 谱

如图 6-15 所示，花生壳炭化后在 3420cm^{-1} 左右均有吸收峰，证实了酚羟基和醇羟基的存在，随着温度的升高，3420cm^{-1} 处的吸收峰逐渐减弱，说明随着热解温度升高—OH 基团有所减少；2941cm^{-1} 左右是烷烃中 C—H 的振动吸收峰，随着温度的升高该处吸收强度有减小的趋势，即随温度升高花生壳炭化后烷基基团丢失，说明炭化后芳香化程度逐渐升高。2927.46cm^{-1} 处谱峰代表亚甲基的伸缩振动，随着热解温度的升高，亚甲基逐渐降解或改变。随着热解温度的升高，花生壳炭化后的组分在类别上经历了过度炭、无定型炭、复合炭、乱层炭的依次过度，由于向乱层炭转变过程中会形成具无序结构的石墨微晶，导致一些基团在该过程中分解断裂，在 2280cm^{-1} 处吸收峰最大。1710cm^{-1} 左右为羧基中 C=O 的伸缩振动吸收峰，随温度升高谱峰强度逐渐下降直至为零。1450cm^{-1} 附近为苯环类的特征吸收区，随着温度的升高该吸收峰逐渐增强，表明其芳香化程度增强。1120.46cm^{-1} 和 618.55cm^{-1} 谱峰的出现和增强说明硫酸钠含量增加。

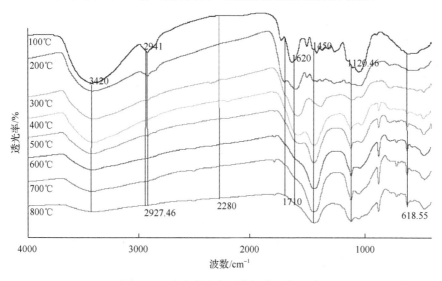

图 6-15 花生壳炭化后的红外吸收光谱

随着炭化温度的提高，生物炭的芳构化程度提高，脂族性降低，热稳定性提高，生物炭的多芳香环和非芳香环结构使其表现出了具高度的化学和生物惰性，与土壤中黑炭的结构和功能类似，在土壤中的半衰期长达千年，可快速地扩大土壤碳库，农田施用生物炭是农业固碳减排极具潜力的措施之一。

三、不同温度下花生壳炭化后微观结构的变化

(一)不同温度下花生壳炭化后等温线的变化

从图 6-16 可以看出,当 $P/P_0=1$,氮气吸附量在 $100\sim600$℃条件下随温度升高呈上升趋势,从 $0.58\mathrm{cm}^3$ 上升至 $42.52\mathrm{cm}^3$,说明在此阶段随着热解温度的升高,材料的孔隙结构逐渐丰富,比孔容逐渐增大,$600\sim700$℃时呈下降趋势,800℃条件下气体吸附量又略微提高。

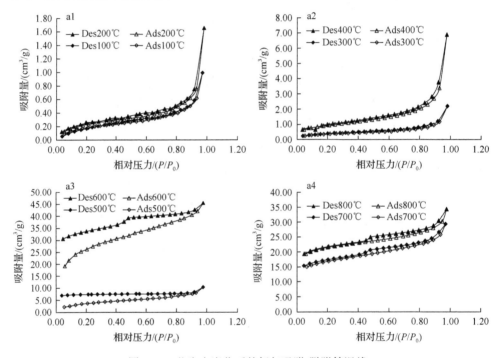

图 6-16　花生壳炭化后的氮气吸附-脱附等温线

花生壳炭化后吸附等温线形态均呈反"S"形,在相对压力较低时($P/P_0<0.2$),$100\sim500$℃下样品的氮气吸附量较少,此时出现一个拐点,表明孔隙完成单分子层吸附,而后随着相对压力的增加氮气吸附量虽略有增加,但增加量较小,曲线趋于水平状;当相对吸附压力较高时($P/P_0>0.8$),样品的氮气吸附量明显增加,表明此温度条件下生物炭孔隙结构主要以中孔和大孔为主。$600\sim800$℃时样品的低压区吸附量较快增长,反映了此时生物炭材料中有微孔存在,在接近饱和压力时,氮气吸附量增加趋势也较为明显,原因可能是发生了类似于大孔的毛细凝聚现象。

根据国际纯粹与应用化学联合会(International Union of Pure and Applied Chemistry,IUPAC)对具有不同孔径分布的吸附剂的典型吸附特征所做出的分类,

100～500℃样品倾向于表征了具有中孔和大孔的Ⅱ类吸附等温线，600～800℃样品吸附等温线为Ⅰ类等温线。100～500℃样品的迟滞回线属于H3型，表明孔隙结构主要由狭缝孔构成，较低的热解温度对花生壳结构破坏较小。600～800℃样品的迟滞回线属于H4型，表明孔隙结构主要是锥形孔，热解温度升高，大量挥发分析出，形成了复杂的孔隙结构。以图6-16中的a4为例，其形态表现为带拐点的月牙形曲线，在P/P_0较低时，吸附与脱附曲线基本重合，相对压力较高时（$P/P_0 >$ 0.45），吸附-脱附曲线分支出现明显的滞后环，根据Kelvin公式，当P/P_0= 0.45时，r_k= 0.19nm，表明对比表面积的贡献主要来自于半径小于0.19nm的孔隙。

(二)不同温度下花生壳炭化后孔隙参数的变化

由表6-9可知，不同温度下花生壳炭化后的比表面积和孔径分布差异明显。随着热解温度的升高，BET比表面积、比孔容均表现出先升高后降低在800℃又略微升高的趋势。热解温度对花生壳炭化的影响还表现在微孔和中孔孔径分布上。微孔的比表面积在100～400℃条件下较低，均低于1m^2/(nm·g)，在此阶段微孔所占比例均低于中孔。500～800℃条件下微孔数量较多，600℃条件下微孔比表面积与500℃相比增加810.51%，600～800℃条件下微孔比表面积占BET比表面积比例分别为60.61%、69.45%、81.52%，中孔所占比例为19.89%、16.86%、11.23%，说明高的热解温度会增加微孔的比例，提高材料的孔隙度，可能是因为材料本身含有氧元素，在炭化过程中，氧元素发生氧化反应而造成生物炭蚀刻，促进孔结构的生成。100～400℃条件下，未检测到微孔孔容，可能与此时微孔含量较少有关，比孔容与中孔孔容变化规律相一致，均逐渐增加，但比孔容、微孔孔容、中孔孔容均在700℃时有所下降，主要原因可能是出现了灰分熔融现象，部分孔坍塌或闭合。

表6-9　花生壳炭化后的比表面积和孔结构参数

热解温度/℃	BET比表面积/[m^2/(nm·g)]	平均孔径/nm	比孔容/[cm^3/(nm·g)]	t-Plot微孔比表面积/[m^2/(nm·g)]	t-Plot微孔孔容/[cm^3/(nm·g)]	中孔比表面积/[m^2/(nm·g)]	中孔孔容/[cm^3/(nm·g)]
100	0.702f	2.647a	0.002e	0.236d	—	0.368e	0.001d
200	0.884f	1.543d	0.003e	0.415d	—	0.459e	0.002d
300	1.280f	1.847b	0.004e	0.693d	—	0.698e	0.003d
400	3.328e	1.543d	0.010e	0.867d	—	1.901d	0.010c
500	13.887d	1.847b	0.017d	6.044c	0.003c	4.701c	0.011c
600	90.791a	1.614cd	0.060a	55.031a	0.027a	18.057a	0.033a
700	54.235c	1.614cd	0.047c	37.664b	0.019b	9.142b	0.021b
800	68.128b	1.688c	0.053b	55.537a	0.029a	7.654b	0.022b

注："—"表示未检测到

BJH 方法以 Kelvin 和 Halsey 方程为基础，用来描述中孔分布有较高的精度。利用 BJH 法计算所得的中孔孔径分布如图 6-17 和图 6-18 所示。由图 6-17 可知，花生壳炭化后的孔径分布随温度变化而变化非常明显。根据国际纯粹与应用化学联合会对孔的分类，按孔的宽度分为 3 类：小于 2nm 的为微孔，介于 2～50nm 的为中孔，大于 50nm 的为大孔。花生壳炭化后的孔峰主要在 3～5nm，接近微孔，100～600℃条件下峰值表现为升高趋势，600～800℃条件下峰值逐渐降低。而 20～50nm 孔的数量变化幅度不大及大孔范围内孔的比表面积变化不明显，说明大孔数量基本保持不变。这一现象与比表面积分布(图 6-18)结果相一致，说明比孔容与孔径的变化规律是相一致的，与表 6-9 的分析结果基本吻合。

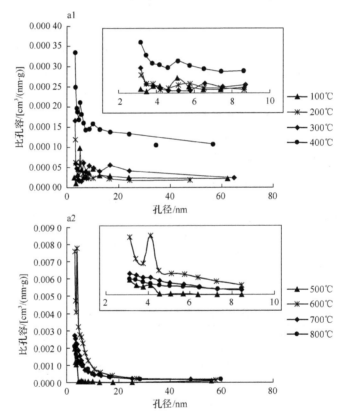

图 6-17　花生壳炭化后孔径-比孔容分布曲线

花生壳的主要成分为纤维素和木质素，纤维素为 45.60%，木质素为 35.70%，纤维素热解主要在 240～350℃，400℃时木质素才开始大量热解，挥发分大量析出，生物炭结构发生明显改变，微孔数量骤增，形成发达的微孔结构。随着热解温度升高达 700℃时，各孔结构参数均有所下降，原因可能是热解温度的增加会进一步促进生物炭的塑性变形，抑制微孔的形成，降低其结构的不规则程度。也

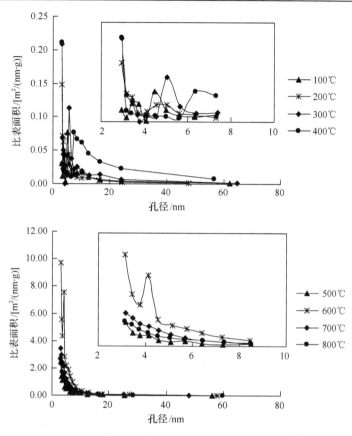

图 6-18　花生壳炭化后的孔径-比表面积分布曲线

有研究表明，较高热解温度下半析出状态的焦油堵塞了部分孔隙，生物炭比表面积减小，或者是原有的孔结构因为表面张力作用而变化，原有的各种形状的孔的孔径将减小甚至关闭，同时伴随着孔的坍塌与熔解贯通，导致生物炭比表面积和比孔容随热解温度的增加而减小。本节中当温度上升到 800℃ 时，孔隙度有升高趋势，原因可能是热解温度高于 800℃ 后，挥发分中主要为较轻物质，如 H_2 等，它们析出后留下很多小孔，这些孔的生成使孔面积增大很多。也有研究发现，当热解温度上升到 800℃ 时，生物炭的形貌结构均遭到严重的破坏，基本无法识别出完整的孔隙结构，这可能与生物质材料有机结构存在差异相关。

(三)孔隙 Frenkel-Halsey-Hill 分形特征

生物炭的孔隙结构由许多大小、形状各不相同的大孔、中孔、微孔相互交织成的立体网状通道构成，具有一定程度的自相似性且结构精细，表面积非常大，其气孔表面具备分形的大部分性质，在一定的尺度内，可以把它看成是一个分形。分形维数 D 是常用来定量表征多孔物质不规则程度的参数，数值越大，孔结构的不规则程度越大。目前，确定多孔物质分形维数常用的方法有吸附法、压汞法、SEM 图像分析法等。FHH 理论是 Frenkel、Halsey 及 Hill 提出的用以描述气体分子在分形介质表面发生多层吸附时的模型，其分形维数计算方法如下。

$$\ln\left(\frac{V}{V_0}\right)C + A\left\{\left[\ln\ln\left(\frac{P_0}{P}\right)\right]\right\}$$

式中，V 为平衡压力；V_0 为单分子层吸附气体的体积；P 为吸附时气体分子体积；P_0 为吸附时的饱和蒸气压；C 为常数；A 为系数，其大小与吸附机理和分形维数有关。

在低压下的多层吸附早期阶段，吸附剂与气体间的吸附作用主要受分子间的范德华力控制，这时吸附曲线的斜率 A 与分形维数 D 之间的关系如下。

$$D_1 = 3 + A$$

Pfeifer 研究斜率 A 与分形维数 D 之间的关系时发现，在发生多层吸附时毛细凝聚对吸附起主要作用，这时斜率 A 与分形维数 D 间的关系如下。

$$D_2 = 3(1 + A)$$

根据公式计算 600℃条件下花生壳生物炭的孔隙结构分形维数，拟合结果如图 6-19 所示。由其可知，存在 2 个不同的线性段，表明在不同压力范围内生物炭具有不同的分形特征，从而有 2 个不同的分形维数 D_1 和 D_2。当 P/P_0 较小时，N_2 在固体表面主要发生的是单分子层吸附，此吸附过程反映的是固体颗粒孔隙表面分形特征；当 P/P_0 较高时，生物炭内部孔隙开始逐步由小孔向大孔发生毛细凝聚，此阶段是生物炭内部空间逐步填充的过程，在此吸附段内计算得到的分形维数表征的是固体颗粒体积分形特征。

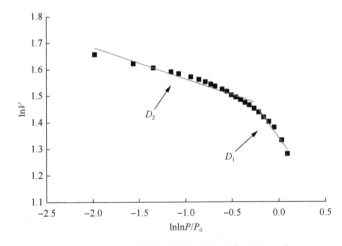

图 6-19　多层吸附多层覆盖阶段线性拟合曲线

从图 6-20 可以看出，生物炭孔隙表面分形维数 D_1 和体积分形维数 D_2 均在 600～800℃条件下较高，比表面积也均在此阶段较大，表明在较高热解温度条件下，孔隙大量生成，孔隙结构的复杂程度有所增加，孔表面更加粗糙。在热解温度为 100～800℃条件下，D_2 始终大于 D_1，但在较高温度下两者差值较小，说明随着热解温度的升高，花生壳炭化后以孔的生成与扩容为主，孔隙空间结构的发育较表面粗糙度的增长更为剧烈，当热解温度达到 700～800℃之后，各孔径孔隙开始融合，生物炭表面粗糙度的降低程度则较小。据此可知，分形维数与热解温度密切相关，且与比表面积之间存在一定的相关性。

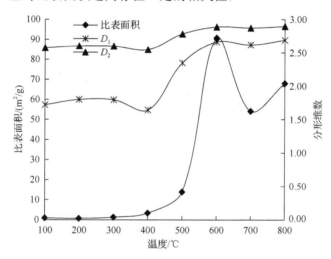

图 6-20　花生壳生物炭 BET 比表面积与分形维数

本研究中生物炭的分形维数与其比表面积有关，也有研究发现分形维数与生物炭的 BET 比表面积没有直接的关系，而与特征吸附能和极微孔相对含量的变化规律较为一致，分形维数也可用来表征极微孔的发育程度。对麻风树果壳活性炭研究的结果表明，活性炭的分形维数与活性炭的比表面积、比孔容、碘吸附值和微孔相对含量的变化趋势基本一致，与本试验研究结果相似。还有研究发现，生物炭的分形维数不仅与原材料和温度有关，也与粒度有关，随着细颗粒含量的增加，粒度分布分形维数逐渐增大。高的加热温度会促进炭的塑性变形，使形成的炭表面更为光滑，并形成球形的大孔，显然这些将使分形维数减小。

四、小结

随着热解温度的升高，花生壳炭化更加彻底，炭化产率逐渐下降。CEC 随着热解温度的升高先升高后降低。大量和微量矿质元素中除硼和锌含量变化无明显规律外，其他元素的含量均随着热解温度的升高而增加，在 300～400℃条件下增幅较大。热解温度的升高增加了花生壳炭化后表面碱性官能团的数量，降低了酸性官能团的数量。花生壳炭化后的 pH 随温度升高由酸性变成强碱性。随着热解温度的升高，花生壳炭化后芳香化程度升高，稳定性增强。

100～500℃条件下花生壳炭化后以中孔和大孔为主，其吸附等温线为 Ⅱ 类吸附等温线，迟滞回线属于 H3 型，孔隙结构主要由狭缝孔构成；600～800℃条件下制备的生物炭以微孔为主，其吸附等温线为 Ⅰ 类等温线，迟滞回线属于 H4 型，孔隙结构主要是锥形孔。在热解温度从 100℃上升至 600℃过程中，BET 比表面积、比孔容均呈上升趋势，同时微孔比表面积、微孔孔容、中孔比表面积、中孔孔容均在 600℃条件下基本达到最高水平。花生壳炭化后的孔径分布随温度变化而变化非常明显，孔峰主要在 3～5nm，100～600℃条件下峰值表现为升高趋势，600～800℃条件下峰值逐渐降低，与比表面积分布结果相一致。花生壳生物炭孔隙表面分形维数 D_1 和体积分形维数 D_2 均在 600～800℃条件下较高，在此热解温度条件下孔隙结构较为复杂，分形维数与热解温度密切相关，且与比表面积存在一定的相关性。

第三节　不同热解温度下玉米秸秆生物炭理化特性分析

随着我国玉米种植面积不断扩大和玉米良种的大面积推广使用，玉米秸秆可收集量大幅增加，对玉米秸秆合理使用已成为推进节能减排、治理大气污染、促进生态文明建设的重要举措。目前，玉米秸秆综合利用技术包括：有机肥化利用、能源化利用、栽培食用菌、工业原料化利用及饲料化利用等，除此之外，还有部分玉米秸秆充当了农村热效低的燃料、饲养动物的垫料。合理开发利用玉米秸秆，提高其综合利用水平，一直是国内外学者的研究热点，其中利用玉米秸秆制备生物炭并还田是极具前景的有效利用途径之一，可促进资源的再循环利用和污染减量化。本章第一节介绍的生物炭具有孔隙度和比表面积较大等优良的理化特性，施入土壤后能够增强土壤透气性，为土壤微生物提供更好的生存繁殖空间，同时利用生物炭的孔隙结构可以改善土壤物理特性，如降低容重，增强持水性等，伴随土壤含水量的提高作物根际范围内有更充足的水分，且土壤中更多的矿质元素处于可溶态，利于矿质养分运动，从而更好地被作物吸收利用，可以有效防止土壤养分流失。许燕萍等（2013）通过对比研究 300～500℃玉米和小麦秸秆生物炭的理化特性后发现，生物炭的 pH、碳含量、灰分含量、全磷含量等随制炭温度升高而升高。陆海楠等（2013）的研究表明，300～500℃条件下，水稻秸秆生物炭比玉米秸秆生物炭的芳环骨架更加明显，芳香化程度更高。上述这些性质均使生物炭具备较强的吸附力和抗氧化能力。由于生物质种类、制炭方式和条件参数不同，所获得生物炭的性质也不尽相同。因此，对采用不同方法、不同条件制备的秸秆生物炭的组成、结构和性质进行研究是生物炭研究的一个重要方面。目前关于玉米秸秆生物炭的制备已有报道，但关于其理化性质与炭化温度之间关系的系统研究较少。因此，本节对不同热解温度下所获得的玉米秸秆生物炭的理化性质进行对比，以期为确定优质玉米秸秆生物炭的生产条件提供理论参考。

玉米秸秆来自河南省郏县，品种为豫玉22。选取玉米秸秆的茎秆部分并剪切成2~3cm小段，在室温下自然风干。制备方法同本章第一节。

一、不同温度下玉米秸秆炭化产率的变化

不同热解温度下玉米秸秆炭化产率变化如图6-21所示。随着温度的升高，玉米秸秆炭化产率逐渐降低，尤其是在100~300℃时，玉米秸秆炭化产率下降幅度较大，从89.6%下降至35.0%。而400~800℃，玉米秸秆炭化产率下降趋势趋缓，逐渐趋于稳定，产率从26.9%下降至10.0%。进行回归分析发现，炭化产率(y)与热解温度(x)呈指数相关关系：$y=109.83\mathrm{e}^{-0.321x}$（$R^2$为0.9711），可以较为准确地表征产率与温度的关系。

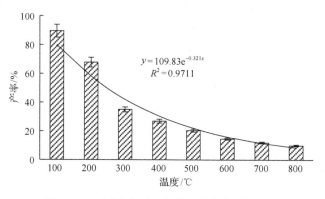

图6-21　不同温度下玉米秸秆炭化产率的变化

二、不同温度下玉米秸秆生物炭化学性质的变化规律

(一)不同温度下玉米秸秆炭化后碳、氮含量和碳氮比的变化

不同温度下玉米秸秆炭化后的全碳、全氮含量见图6-22。由其可知，玉米秸秆炭化后全碳含量随热解温度的升高明显增加，全碳量介于42.50%~83.10%。炭化后全氮含量随热解温度的升高呈现先升高后降低的趋势，在400℃时的含量最高，为1.40%，800℃时全氮含量最低。玉米秸秆炭化后的C/N随热解温度的升高明显增加，C/N值的范围在34.65~97.68，800℃时的C/N是100℃时的2.63倍。

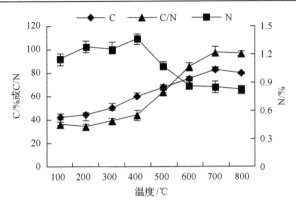

图 6-22　不同温度下玉米秸秆炭化后碳、氮含量及碳氮比的变化

(二)不同温度下玉米秸秆炭化后含氧官能团和矿质元素含量及 pH 的变化

由表 6-10 可知，玉米秸秆炭化后的 pH 随炭化温度升高呈升高趋势，热解温度在 100～300℃时，炭化后 pH 变化不大，且呈酸性，当热解温度由 300℃升高到 400℃时，pH 急剧升高，随着热解温度的继续升高，玉米秸秆炭化后呈碱性甚至强碱性。碱性官能团含量的变化规律与 pH 的变化规律相似，与酸性官能团的变化规律相反，且均在 400～500℃时达到平均水平。酸性官能团主要包括羧基、内酯基和酚羟基，从表 6-10 中可以看出酚羟基与酸性官能团含量呈相似的变化趋势，且酚羟基含量多于内酯基和羧基。内酯基含量在 400～500℃增幅最大，达到233.33%。羧基含量呈现递减趋势，当温度高于500℃时，未能再检测到羧基。温度高于500℃时，碱性官能团含量高于酸性官能团数量，这也是炭化后 pH 发生变化的一个重要原因。

表 6-10　玉米秸秆炭化后 pH 及表面含氧官能团随热解温度的变化

热解温度/℃	pH	碱性官能团/(mmol/g)	酸性官能团/(mmol/g)	酚羟基/(mmol/g)	内酯基/(mmol/g)	羧基/(mmol/g)
100	5.06c	0.99e	7.60b	5.60b	0.60de	1.40a
200	5.21c	3.80d	7.80b	3.60d	3.10a	1.10b
300	5.84c	3.10de	8.20a	7.10a	0.42e	0.72c
400	9.08b	4.20c	6.00c	5.20bc	0.30e	0.54cd
500	10.42a	5.70bc	5.50cd	4.30c	1.00cd	0.21d
600	10.44a	6.80ab	5.30d	4.10cd	1.20cd	—
700	10.47a	7.80a	4.60de	3.00de	1.60bc	—
800	10.48a	7.90a	4.00e	1.70e	2.30b	—

注：“—”表示未检测到

玉米秸秆炭化后矿质元素和灰分含量的变化如表6-11所示，矿质元素含量和灰分含量随热解温度的升高而逐渐增加，其中磷、钙、镁含量较高，分别为0.36～1.30g/kg、1.71～4.37g/kg、1.72～4.97g/kg；灰分含量由100℃的3.42%增加到700℃时的15.41%。说明随着热解温度的升高，生物炭的磷、钾、钙、镁等矿质元素相对富集，并转化为灰分。

表6-11 玉米秸秆炭化后矿质元素随热解温度的变化

热解温度/℃	磷/(g/kg)	钾/(g/kg)	钙/(g/kg)	镁/(g/kg)	锌/(mg/kg)	铜/(mg/kg)	铁/(mg/kg)	灰分/%
100	0.36c	0.14e	1.80d	1.72d	2.03bc	0.73d	1.37e	3.42d
200	0.43c	0.55e	1.71d	1.98d	3.10bc	0.62d	9.56d	4.13d
300	0.84b	1.89d	3.13c	4.19bc	3.85b	0.96c	25.54d	7.31c
400	1.01a	2.85cd	3.73b	4.12bc	3.93b	2.38b	31.44c	8.91c
500	1.10a	6.23bc	3.56bc	3.73bc	3.74b	3.01a	36.04b	10.57b
600	1.19a	15.03ab	3.83ab	4.97b	6.30a	2.28b	38.77ab	13.60a
700	1.09a	23.78a	4.37a	5.32a	6.98a	3.58a	39.88ab	15.41a
800	1.30a	20.16a	3.74ab	6.27a	5.63a	3.22a	42.75a	13.70a

（三）不同温度下玉米秸秆炭化后阳离子交换量的变化

生物炭的 CEC 增大对增加土壤中营养元素的吸附能力和改善土壤肥力具有重要作用。由图6-23可知，热解温度在100～300℃时，玉米秸秆炭化后 CEC 变化较小，当温度达到400℃时，CEC 骤然升高，增幅达到101.12%，温度在400～600℃，CEC 趋于稳定，继续升高炭化温度时，玉米秸秆炭化后的 CEC 表现出降低趋势，这主要与玉米秸秆炭化后芳香结构发生变化有关。有研究表明，生物炭的 CEC 与氧原子和碳原子的比值（O/C）相关，O/C 越高，CEC 越大，快速热解制备的生物炭具有高的 O/C 与其表面存在有羟基、羧基和羰基的现象相一致。

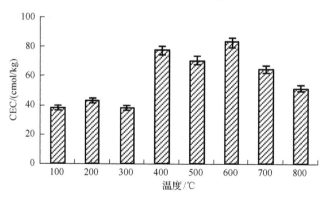

图6-23 不同温度下玉米秸秆炭化后 CEC 的变化

(四)不同温度下玉米秸秆炭化后 FTIR 谱

图 6-24 为玉米秸秆在 100~800℃条件下炭化后的红外吸收光谱。由其可知，不同热解温度下玉米秸秆炭化后的表面官能团存在一定差异。100~200℃条件下玉米秸秆炭化后的吸收峰相似，即在此温度条件下制备的物质与原材料含有大致相同的官能团。随着热解温度的升高，官能团会发生一定变化，主要表现为醚键(C—O—C)、甲基(—CH$_3$)和亚甲基(—CH$_2$)消失，但仍存有羟基(—OH)、烯烃(C=C)和芳香族化合物。不同温度下玉米秸秆炭化后均在 3431cm^{-1} 附近处有较大的吸收峰，该峰由—OH 的伸缩振动所引起，谱峰强度随着热解温度的升高而明显减弱，说明酸性官能团酚羟基减少。2919cm^{-1} 左右的吸收峰代表饱和脂肪烃—C—H 的伸缩振动，随温度升高峰的吸收强度有减小趋势，在温度为 500℃时该吸收峰已经较弱，即随热解温度升高，生物炭的烷基基团丢失，说明纤维素已经完全分解，生物炭的芳香化程度逐渐升高。1733cm^{-1} 处的吸收峰反映了半纤维素—C=O 基团的伸缩振动，400℃以上时此峰消失，说明半纤维素在此温度下已经完全分解。1636~1459cm^{-1} 处的吸收峰体现了芳香烃的伸缩振动，此区间内峰的强度并不随温度升高而减弱，说明玉米秸秆炭化后具有高度芳香化和杂环化结构，且其数目随温度的升高而逐渐增多。在 1141cm^{-1} 附近的吸收峰为—C=O 基团的伸缩振动或纤维素或半纤维素主链上—C—O—C 的逆对称及对称伸缩振动，随着温度的升高，谱峰逐渐减弱。1056cm^{-1} 附近的谱峰为 SiO$_2$ 的伸缩振动，随着温度的升高，谱峰变宽，说明 SiO$_2$ 增加。

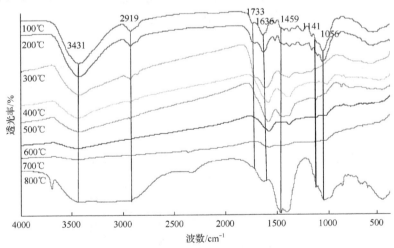

图 6-24　不同温度下玉米秸秆炭化后的红外吸收光谱

三、不同温度下玉米秸秆炭化后孔隙结构的变化

随着热解温度升高，玉米秸秆炭化后的孔隙参数均发生较大变化(表 6-12)。比

表面积和比孔容均随热解温度的升高先增加后减小，均在 600~700℃达到较高水平，可能与此时微孔和中孔的数量较多，增加了生物炭的孔隙度有关。平均孔径在 100~500℃较稳定，变幅较小，600~700℃时平均孔径较小，微孔（<2nm）和中孔（2~50nm）含量较高，当温度上升到 800℃时，平均孔径明显增加，而其他参数均呈下降趋势，这可能是因为炭化温度升高到 800℃时，生物炭的孔隙结构遭到严重破坏，大部分维管束被破坏，细胞解体，微孔变少，大孔（>50nm）变多，导致平均孔径变大。由表 6-13 的相关性分析可知，不同热解温度下玉米秸秆炭化后的比表面积和比孔容呈极显著正相关关系。

表 6-12　玉米秸秆炭化后的比表面积和孔结构参数

热解温度/℃	比表面积/[m²/(nm·g)]	平均孔径/nm	比孔容/[cm³/(nm·g)]	t-Plot 微孔比表面积/[m²/(nm·g)]	t-Plot 微孔孔容/[cm³/(nm·g)]	中孔比表面积/[m²/(nm·g)]	中孔孔容/[cm³/(nm·g)]
100	1.025d	1.847b	0.001d	0.484d	—	0.627c	0.001bc
200	1.169d	1.847b	0.001d	0.238d	—	0.544c	0.002b
300	1.559d	1.847b	0.002cd	1.267b	0.001	0.672c	0.003b
400	2.731c	1.766b	0.003c	0.857c	—	1.388b	0.008a
500	2.748c	1.847b	0.004bc	1.071b	—	1.150b	0.006a
600	4.017b	1.543c	0.005b	0.750c	—	2.133a	0.010a
700	6.429a	1.543c	0.007a	2.462a	0.001	2.541a	0.010a
800	2.676c	3.794a	0.004bc	0.428d	—	1.579b	0.008a

注："—"表示未检测到

表 6-13　玉米秸秆炭化后孔隙参数的相关性分析

指标	温度	比表面积	孔径	比孔容
温度	1.000	0.744*	0.447	0.833*
比表面积		1.000	−0.186	0.968**
孔径			1.000	−0.04
比孔容				1.000

四、小结

本研究中玉米秸秆制备生物炭的产率随热解温度的升高而降低，且先急速下降后缓慢下降。玉米秸秆由大量的纤维素、半纤维素和木质素组成，半纤维素的热解温度为 200~260℃，纤维素的热解温度为 240~350℃，木质素的热解温度为 280~500℃（Hamelinck et al.，2005），所以当热解温度升高到 500℃时，玉米秸秆所含有的纤维素、木质素等成分几乎全部热解，导致炭化产率急剧下降，温度继续升高到 500℃以上时，高沸点物质和难挥发物质缓慢分解，炭化产率缓慢下降。

因此，生物炭的特性在满足用途的前提下，应该实现产率最大化，根据不同温度下的产率确定最佳的热解温度。

当热解温度为 100～200℃ 时，由于有机物还未大量热解，损失的主要是水蒸气，因此全碳、全氮含量变化不大。当热解温度达到 300℃ 时，纤维素和半纤维素大量分解，尤其是半纤维素中羧基和羰基分解，并放出大量 H_2O、CO_2、CO，使全氮含量略有上升。随热解温度升高，有机物分解加剧，氧被消耗殆尽，剩下富含碳的残留物质，使玉米秸秆炭化后的相对全碳含量升高。C/N 是反映有机物质释放无机氮能力的重要指标，会因温度的不同发生较大变化。

pH 是生物炭的重要性质之一。本研究中玉米秸秆炭化后的 pH 随热解温度的升高而增加。产生该结果主要有以下两个原因：一方面随着热解温度的升高，纤维素和木质素快速分解，发生挥发损失的同时，碱性矿质元素 K、Ca、Mg 等以氧化物或碳酸盐的形式富集于灰分中，导致 pH 快速增大；另一方面玉米秸秆炭化后表面富含大量的含氧官能团，随着热解温度的升高，酸性官能团含量显著减少，碱性官能团含量增多，本研究中玉米秸秆炭化后表面官能团的变化与此结论一致。在低温热解条件下，由于纤维素等前体材料分解不完全，玉米秸秆炭化后保留了大量含氧官能团，高温热解则能使大量羧基和酚羟基高度酯化，减少可解离质子的含量，且生物炭表面具高度共轭的芳香结构，这些是其呈碱性的主要原因（Radovic et al.，2000）。玉米秸秆炭化后的 pH 也与生物炭表面的含氧官能团种类和数量密切相关，其在较高温度条件下产生的生物炭呈碱性这一特征对改良酸性土壤具有重大意义，并且玉米秸秆生物炭含有大量的矿质元素，由此可以推测，生物炭施入土壤中，还可以增加土壤中矿质营养元素的含量，提高土壤肥力和质量。

姚红宇等（2013）研究棉花秸秆生物炭发现，CEC 随炭化温度的升高而降低。Bird 等（2011）研究表明，不同种类的海藻在 300～500℃ 制备的生物炭 CEC 随温度升高而升高。本研究结果表明，玉米秸秆在 400～600℃ 下制备的生物炭具有较高的 CEC，而在 600～800℃ CEC 表现出降低趋势。这些研究结果不一致的原因，可能与生物质原料不同和生物炭的表面积及羟基、羧基和羰基官能团不同有关。生物炭的表面积在一定温度范围内最大，而大的表面积意味着含有较多的—COOH 和—OH 含氧官能团。本试验中，在 400～600℃ 条件下获得的生物炭具有较大的比表面积和较多的酸性官能团，这也正好与 CEC 的结果相吻合。

本研究显示，热解温度在 100～600℃，随着温度升高，玉米秸秆炭化后比表面积增加，比孔容变大，平均孔径变小，与在此温度条件下微孔结构的发育程度和中孔含量逐渐增加有关。在较低热解温度条件下，玉米秸秆炭化后的孔隙度升高，一方面是由于生物质本身具海绵状结构，很多原有生物质结构消失，主要留有由炭化木质素等支撑起的多孔炭架结构，炭化后外围轮廓清晰，孔隙结构变得非常丰富；另一方面是因为在脱水和裂解过程中，水分和挥发成分逐渐从生物质器官组织表面及内部逸出，形成许多气泡与气孔。李力等（2012）研究两种制炭温度下玉米秸秆制得的生物炭理化性质后得出，700℃下制得的生物炭比表面积及孔容、孔径比 350℃更大，该结果与本研究结果相近。林晓芬等（2009）在研究裂解温度对稻壳和梧桐叶生物炭影响时发现，提高裂解温度（850℃）会促进生物炭的塑性变形，抑制微孔的形成，这可能是本研究中生物炭在 800℃条件下孔隙度降低的原因。

综上所述，玉米秸秆生物炭具有较高的 pH，相对较大的比表面积，较高的 CEC 及丰富的孔隙结构，因此生物炭既可以作为优良的土壤改良剂，也可以作为一种生产长效缓释肥料的优良基质。陈温福等（2007）利用玉米芯秸秆生物炭研制出一种环保型高效玉米专用炭基缓释肥料。叶协锋等（2014）利用烟秆生物炭研制出烟草专用生物炭基缓释复合肥。生物炭直接应用于农田，不仅可以减少土壤养分流失，还能够钝化土壤中重金属，吸附土壤中有机污染物，从而改善土壤污染问题。

大田施用生物炭具有较大的固碳潜力与空间。应用生物炭可能是唯一的以输入稳定性碳源来调节生态环境系统中土壤碳库自然平衡、提高土壤碳库容量的技术方式。生物炭除本身可作为一种重要的"碳汇"形式外，施入土壤后还可减少 N_2O 等温室气体的排放，从而为实现固碳减排和农业可持续发展提供道路。

随着热解温度的升高，炭化产率逐渐下降。全碳含量和 C/N 随热解温度升高而升高，全氮含量随热解温度升高而降低。玉米秸秆生物炭 CEC 在 400～600℃达到较高水平，矿质元素和灰分含量随热解温度的升高而逐渐增加，在 700～800℃达到较高水平。表面含氧官能团变化会影响 pH，当热解温度高于 400℃时，玉米秸秆生物炭呈碱性。随着热解温度的升高，玉米秸秆炭化后的孔隙度发生变化，比表面积和比孔容均是先变大后变小，平均孔径先变小后变大，在 400～600℃条件下，玉米秸秆生物炭的孔隙结构相对较为丰富。综合玉米秸秆炭化后各项理化指标的变化，400～500℃炭化得到的玉米秸秆生物炭更适合作为土壤调理剂。

第四节　不同热解温度下小麦秸秆生物炭理化特性分析

我国是世界上农业废弃物产出量最大的国家，年排放量达到 40 多亿吨（陶思源，2013），而小麦是我国的主要粮食作物之一。据统计，每年我国小麦秸秆产量约有 $1.19 \times 10^8 t$，其中有 33%～40%废弃在田间或露地焚烧（李飞跃和汪建飞，2013），造成了生物质资源的严重浪费，同时导致了严重的大气环境污染。

如能将小麦秸秆加以利用制成价值较大的生物炭，则在农业和环境研究领域有很大的应用前景。前人已经做过很多相关研究，但主要集中在生物炭的应用上，如对重金属污染的控制及环境效应、对土壤的改良作用或者对农作物产量、品质的影响等。生物炭改良土壤的作用机制还不明确，研究生物炭的理化性质有助于从源头上对此加以理解。此外，不同种类的生物质材料、不同的制炭方式都会导致所获得的生物炭性质不尽相同，而关于小麦秸秆生物炭制备及其理化性质方面缺乏系统的研究。因此，本试验用100～800℃ 8个热解温度对小麦秸秆进行低氧炭化，并对炭化产率及其炭化后理化性质进行分析，以期为综合利用小麦秸秆、改良土壤、阐述其作用机理提供参考。

于2013年选择河南省平顶山市自然风干的冬小麦秸秆为试验材料。制备方法与第一节相同。

一、不同温度下小麦秸秆炭化产率的变化

不同热解温度下小麦秸秆炭化后如图6-25所示，由其可知，随着温度升高，小麦秸秆炭化越来越彻底。300℃之后小麦秸秆逐渐炭化为黑色，说明温度达到300℃时炭化效果才得以显现。

图6-25 不同温度下小麦秸秆炭化后形态(彩图请扫封底二维码)

由图6-26可知，小麦秸秆制备生物炭的产率随温度的升高而降低，尤其在100～400℃，小麦秸秆炭化产率下降趋势明显，从91.32%下降至18.52%，500℃以后的产率变化较小，基本稳定在15%左右。

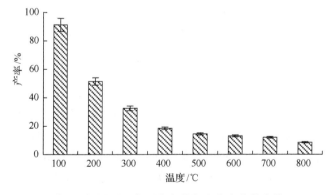

图6-26 不同温度下小麦秸秆炭化产率的变化

二、不同温度下小麦秸秆生物炭孔隙结构的变化规律

热解温度对小麦秸秆炭化后的孔隙结构有较大影响。由表 6-14 可知，随着热解温度升高，小麦秸秆炭化后的比表面积及比孔容均是先升高再下降，比表面积在 400℃达到最大值 $6.675m^2/(nm·g)$。温度在 100～600℃时，平均孔径随热解温度的升高先增大后减小，在 400℃达到最大值，在 700℃、800℃略有回升。据有关研究，生物炭的吸附性能主要由其孔结构(孔形状、孔径及分布)和表面官能团决定，孔结构对生物炭的性能有时甚至有决定性的影响，对生物炭保持养分离子具有重要作用。生物炭的比表面积主要来自于微孔的贡献，而中孔含量对比孔容有较大影响。从表 6-14 看到，微孔比表面积和中孔孔容均随热解温度的升高先增大后减小，400℃时均达到最大值。由此可知，400～500℃条件下形成的小麦秸秆生物炭保持养分离子的能力最强。从表 6-15 的相关性分析可知，不同热解温度下小麦秸秆炭化后的比表面积与比孔容、微孔比表面积、中孔比表面积及中孔孔容存在极显著相关关系；平均孔径与比孔容、微孔比表面积及中孔孔容显著相关；比孔容与微孔比表面积显著相关，与中孔比表面积及中孔孔容呈极显著相关。平均孔径越大，比表面积、比孔容越大。此外，微孔比表面积与中孔比表面积和中孔孔容分别达到显著正相关和极显著正相关，即微孔比表面积越大，中孔比表面积和中孔孔容越大，保持养分离子的能力就越强。

表 6-14　小麦秸秆炭化后的比表面积和孔结构参数

热解温度/℃	BET 比表面积/[m²/(nm·g)]	平均孔径/nm	比孔容/[cm³/(nm·g)]	t-Plot 微孔比表面积/[m²/(nm·g)]	t-Plot 微孔孔容/[cm³/(nm·g)]	中孔比表面积/[m²/(nm·g)]	中孔孔容/[cm³/(nm·g)]
100	1.119e	1.847c	0.001c	—	—	0.542e	0.002c
200	1.833d	1.847c	0.002c	0.719c	—	0.856d	0.004c
300	3.065c	1.847c	0.005b	0.964c	—	1.367c	0.007c
400	6.675a	13.992a	0.015a	2.217a	0.001a	3.955a	0.025a
500	6.601a	2.769b	0.010a	1.290b	0.001a	3.584a	0.017b
600	5.491b	1.543d	0.008b	1.183b	0.001a	2.817b	0.015b
700	3.871c	1.614d	0.005b	1.369b	0.001a	1.827b	0.011b
800	0.996e	1.847c	0.001c	0.469d	—	0.469e	0.003c

注："—"表示未检测到

表 6-15　小麦秸秆炭化后孔隙参数的相关性分析

指标	BET 比表面积	孔径	比孔容	t-Plot 微孔比表面积	t-Plot 微孔孔容	中孔比表面积	中孔孔容
BET 比表面积	1.000	0.542	0.948**	0.838*	a	0.992**	0.958**
孔径	0.542	1.000	0.774*	0.826*	a	0.629	0.745*
比孔容	0.948**	0.774*	1.000	0.931*	a	0.972**	0.989**
t-Plot 微孔比表面积	0.838*	0.826*	0.931*	1.000	a	0.864*	0.942**
t-Plot 微孔孔容	a	a	a	a	1.000	a	a
中孔比表面积	0.992**	0.629	0.972**	0.864*	a	1.000	0.978**
中孔孔容	0.958**	0.745*	0.989**	0.942**	a	0.978**	1.000

注：*表示在 0.05 水平（双侧）显著相关，**表示在 0.01 水平（双侧）显著相关；a 表示因为至少有一个变量为常量，所以无法进行计算

三、不同温度下小麦秸秆生物炭化学性质的变化规律

（一）不同温度下小麦秸秆炭化后全碳含量的变化

热解温度决定着热解过程中碳的损失，随着热解温度升高，纤维素、半纤维素、木质素等组分热解而失重，生物炭中残留碳含量有所减少。由图 6-27 可知，100～200℃时，炭化后的小麦秸秆重量减轻，全碳含量急剧增加，在 300℃达到最大值 39.48%，此时大量的结合水散失，半纤维素、纤维素部分热解。随着热解温度逐渐升高，有机物分解加剧，生物炭中残留碳含量逐渐减少。热解温度为 800℃时全碳含量略有增加。

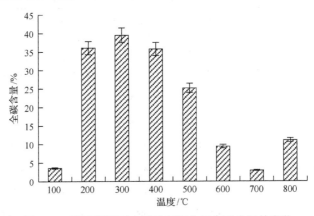

图 6-27　不同温度下小麦秸秆炭化后全碳含量的变化

（二）不同温度下小麦秸秆炭化后 CEC 的变化

土壤 CEC 是土壤缓冲性能的主要来源，可作为评价土壤保肥能力的指标，生物炭的 CEC 反映了生物炭与外界交换阳离子的能力。由图 6-28 可知，小麦秸秆

炭化后 CEC 整体表现出随着热解温度升高而增加的趋势。热解温度为 100～400℃，CEC 急剧升高，600℃时，CEC 达到最大值 84.35cmol/kg，之后趋于稳定。由此可见，400～800℃制备的生物炭 CEC 较高，更适合添加于矿物质匮乏的土壤中以提高土壤 CEC，从而改善土壤质量。

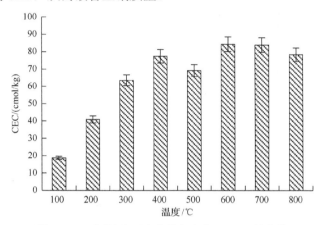

图 6-28　不同温度下小麦秸秆炭化后 CEC 的变化

（三）不同温度下小麦秸秆炭化后表面含氧官能团含量及 pH 的变化

随热解温度升高，小麦秸秆炭化后的碱性官能团含量逐渐增加，600～700℃达到最高水平；而酸性官能团含量表现出先增加后降低的趋势，300℃时达 3.50mmol/g，700～800℃略有回升（表 6-16）。生物炭的表面酸性官能团具有阳离子交换特性，有利于吸附各种极性较强的化合物，因此酸性官能团含量存在差异可能会影响生物炭的亲水性及其对重金属离子的吸附。分析表 6-16 可知，随着热解温度升高，小麦秸秆炭化后表面的酚羟基和羧基含量变化趋势与酸性官能团类似，400℃之后酚羟基和羧基显著减少；而内酯基所占的比例在逐渐增大，并占显著优势。

表 6-16　小麦秸秆炭化后表面含氧官能团随热解温度的变化　　　（单位：mmol/g）

热解温度/℃	碱性官能团	酸性官能团	酚羟基	内酯基	羧基
100	0.10e	1.90b	0.90b	0.65d	0.35b
200	1.10d	3.40a	1.80a	0.50d	1.10a
300	2.15d	3.50a	0.80b	2.60a	0.10c
400	3.30d	2.10b	0.80b	1.30c	——
500	4.60b	1.60b	0.10c	1.50c	——
600	5.60a	2.20b	——	2.20b	——
700	5.40a	2.05b	——	2.05b	——
800	4.10c	0.60c	0.30c	0.30d	——

注："——"表示未检测到

由图 6-29 可知，在热解温度为 100～300℃时，小麦秸秆炭化后 pH<7，呈酸性。热解温度为 300～500℃时，小麦秸秆炭化后 pH 增加明显，400℃后表现出呈强碱性。随着热解温度进一步升高，pH 变化较小，保持在 10 左右。700℃时小麦秸秆炭化后 pH 达到最大值，为 10.45。热解温度为 800℃时，pH 略有下降。结合表 6-16 可知，pH 的整个变化过程与生物炭表面含氧官能团含量的变化规律相似。

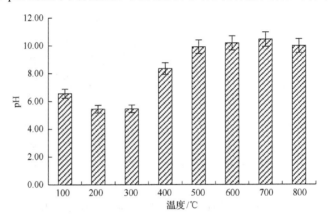

图 6-29 不同温度下小麦秸秆炭化后 pH 的变化

(四)不同温度下小麦秸秆炭化后 FTIR 谱

由图 6-30 可以看到，$3443cm^{-1}$ 左右谱峰强度随着热解温度的升高而减弱，说明羟基随热解温度升高逐渐减少，特别是 300～400℃时脱羟基作用更加明显。$2916cm^{-1}$ 和 $2852cm^{-1}$ 处谱峰分别代表亚甲基的反对称伸缩振动和对称伸缩振动

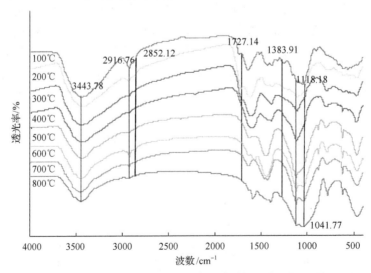

图 6-30 不同温度下小麦秸秆炭化后的红外吸收光谱

（郑庆福等，2014）。随着热解温度升高，亚甲基逐渐降解或改变，说明温度升高发生了脱甲氧基、脱甲基作用和木质素的脱水反应，意味着不稳定的脂肪族化合物随着热解温度升高而减少。在 1727～1383cm^{-1} 出现多个强度不等的峰，即芳香烃的伸缩振动，谱峰随热解温度升高而变宽变大，说明形成了大量的 π 共轭芳香结构，芳香化程度逐渐升高。1118cm^{-1} 处为纤维素、半纤维素中对称性 C—O 的伸缩振动吸收峰，随着温度的升高，谱峰逐渐减弱，说明纤维素、半纤维素在小麦秸秆的热解过程中大量分解。1041cm^{-1} 附近的谱峰为 SiO_2 的伸缩振动，随着温度的升高，谱峰变宽，500℃之后谱峰开始增强，意味着 SiO_2 增加，说明小麦秸秆炭化愈加完全。

四、小结

小麦秸秆炭化产率在 100～400℃随温度升高而降低，500℃以后产率变化较小，基本保持稳定。赵蒙蒙等（2011）研究表明，小麦秸秆中纤维素与半纤维素的含量占到 68.81%，木质素仅占 24.49%。纤维素在 52℃时开始热解，随着温度升高降解加剧，至 350～370℃时降解为低分子碎片，半纤维素在 225～325℃热解，其热解机理与纤维素相似，木质素由三种苯丙烷单体组成，是含有丰富支链结构的聚合体，受热时主要发生脱侧链和缩合反应。王宗华等（2011）也认为 400℃之前主要是半纤维素、纤维素和木质素强烈热解释放出大量挥发分，当温度高于 500℃时，半纤维素和纤维素的热解基本结束，木质素较难热解，其热解跨越整个热解过程。因此，200℃之前主要是小麦秸秆吸附水脱除，部分半纤维素和纤维素热解生成水挥发，秸秆快速失重，300℃时纤维素热解半完全，木质素开始热解，400℃之后就仅是木质素热解，因此产率变化较小，这与小麦秸秆组成中木质素比例较小的结果吻合。

热解温度在 100～400℃，随着温度升高，小麦秸秆炭化后比表面积增加，平均孔径变大，同时比孔容变大，尤其在 300～400℃热解温度，有助于生物炭的开孔作用，孔结构发育更完全。在 400℃的热解温度下微孔比表面积和中孔孔容出现了极大值，此时炭化后的小麦秸秆结构疏松，含有丰富的孔隙结构，极大地增大了孔隙度和比表面积。继 400℃之后平均孔径、微孔比表面积及中孔孔径等指标均随热解温度升高而减小，结合 FTIR 谱显示 300～400℃存在强烈的脱羟基作用可知，在 400℃之后更高的热解温度下，可能稠环结构发生协同变化，—OH 和—CH$_2$—的烧失引起孔变形。生物炭平均孔径在 700～800℃略有回升，微孔比表面积也在 700℃时略有升高，800℃时急剧减少，猜测是反应过于剧烈而造成孔隙过大，引起了部分结构的坍塌，800℃时炭化趋于完全导致孔结构破碎。侯建伟等（2014）的沙蒿生物炭电镜扫描照片也显示，炭化温度达到 700℃时，髓部孔隙增大并开始外化破裂，800℃时韧皮部、木质部及髓呈簇状脱落，主体部分被较大程度破坏。

热解温度在 300～700℃时，小麦秸秆生物炭 pH 基本保持稳定上升，表面含氧官能团组成发生变化，碱性官能团含量逐渐增多，酸性官能团逐渐减少，芳香化程度逐渐增大。这主要是因为高温热解能使大量羧基和酚羟基高度酯化，可解离质子减少，且生物炭表面具高度共轭的芳香结构，这些是其呈碱性的主要原因，由此可以解释 pH 的变化与小麦秸秆生物炭含氧官能团变化紧密相关的现象。此外，小麦秸秆高度炭化残留下大量的矿质元素也是生物炭呈碱性的重要原因。

　　随热解温度升高，小麦秸秆炭化程度逐渐增大，产率逐渐降低，表面碱性官能团增加，酸性官能团减少，芳香化程度逐渐升高，结构愈加稳定；在 200～400℃的热解温度下全碳含量较高；300～700℃下 pH 基本保持稳定上升，400℃之后表现出呈强碱性；平均孔径、比孔容和比表面积均表现出随温度升高先增大后减小的趋势，400℃时均达到最大值；CEC 随热解温度的升高而增加，400℃之后维持在较高水平。综合考虑小麦秸秆生物炭的各项指标及制备成本，以 400℃左右的热解温度较好。

第五节　不同热解温度下水稻秸秆生物炭理化特性分析

　　我国每年水稻秸秆的重量大约在 $1.826×10^6$ t，占秸秆资源量的 23.9%（高利伟等，2009）。因此，将水稻秸秆制备成生物炭并还田的方式可以减少秸秆焚烧，保护环境，同时可有效改良土壤，实现农田废弃物的综合利用。本节以水稻秸秆为原料，系统研究热解温度对水稻秸秆生物炭理化性状的影响，为水稻秸秆生物炭的生产提供科学依据。

　　水稻秸秆采自河南信阳，生物炭制备方法与第一节相同。

一、不同温度下水稻秸秆炭化产率的变化

　　由水稻秸秆炭化后的照片（图 6-31）可以看出，随着温度升高，水稻秸秆炭化越来越彻底。由图 6-32 可知，水稻秸秆炭化产率随温度的升高而降低，尤其是100～500℃时下降趋势比较明显，在 200℃时，产率下降了 25.93%，在 300℃时，产率下降了 31.50%，当热解温度达到 500℃以上时产率变化较小。

图 6-31　不同温度下水稻秸秆炭化后形态（彩图请扫封底二维码）

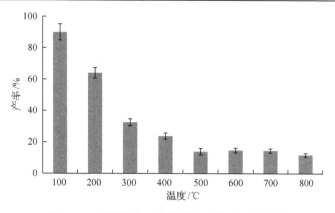

图 6-32 不同温度下水稻秸秆炭化产率的变化

二、不同温度下水稻秸秆生物炭化学性质的变化规律

(一)不同温度下水稻秸秆炭化后全碳含量的变化

由图 6-33 可知,当热解温度在 100～400℃时,全碳含量较高。随着温度升高,全碳含量整体呈下降趋势。与 400℃时全碳含量相比,热解温度达到 500℃时全碳含量下降了 87.89%,热解温度达到 800℃时,全碳含量下降了 98.57%,仅有 0.27%。

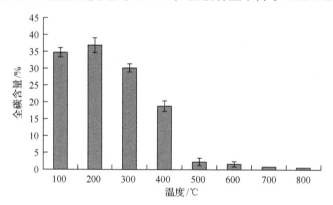

图 6-33 不同温度下水稻秸秆炭化后全碳含量的变化

(二)不同温度下水稻秸秆炭化后 CEC 的变化

由图 6-34 可知,水稻秸秆生物炭的 CEC 在热解温度为 300～500℃时达到较高水平,分别为 80.87cmol/kg、66.09cmol/kg 和 75.22cmol/kg,这表明若要获得具最大 CEC 的生物炭需要优化热解温度。

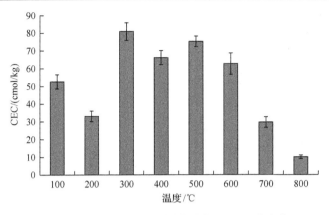

图 6-34　不同温度下水稻秸秆炭化后 CEC 的变化

(三)不同温度下水稻秸秆炭化后矿质元素含量的变化

由表 6-17 可知,水稻秸秆炭化后矿质元素含量随着热解温度升高大体呈现出先增加后降低的趋势。其中氮含量在 400℃时达到最大为 1.20%,磷、钾、钙、镁含量均在热解温度为 500℃时达到最大,当热解温度达到 600℃时,含量骤然下降。当热解温度达到 800℃时,除氮之外,其他矿质元素含量呈现出略有上升趋势,硼在此温度时含量达到最大。

表 6-17　水稻秸秆炭化后矿质元素随热解温度的变化

热解温度/℃	氮/%	磷/(mg/g)	钾/(mg/g)	钙/(mg/g)	镁/(mg/g)	硼/(mg/g)
100	0.71c	0.29e	2.62e	3.56d	1.28cd	0.018de
200	0.78c	0.39e	4.82e	3.46d	1.75cd	0.054cd
300	1.02b	0.48d	6.15de	5.66c	2.85c	0.035d
400	1.20a	1.17c	13.70c	8.99bc	4.66b	0.160b
500	0.02d	1.72a	26.71a	17.01a	7.90a	0.087c
600	0.01d	0.83cd	11.81cd	13.41ab	4.49b	0.003f
700	0.01d	1.00c	11.12cd	10.32b	5.43b	0.015de
800	0.00d	1.42b	16.86b	15.67a	7.18a	0.213a

(四)不同温度下水稻秸秆炭化后表面含氧官能团含量及 pH 的变化

由表 6-18 可知,水稻秸秆炭化后表面碱性官能团含量随热解温度升高而增加,酸性官能团含量随热解温度升高而降低。在酸性官能团中,以酚羟基含量较多,这也说明水稻秸秆炭化后具有高度芳香化结构,酚羟基含量呈现出先增加后降低的趋势。内酯基含量在 100～400℃相对较低,在 500～800℃较高。羧基含量随热解温度的升高而下降。

表 6-18 水稻秸秆炭化后表面含氧官能团随热解温度的变化 （单位：mmol/g）

热解温度/℃	碱性官能团	酸性官能团	酚羟基	内酯基	羧基
100	0.00c	2.50a	0.25c	0.25bc	2.00a
200	0.15c	3.20a	2.40a	0.20bc	0.60b
300	1.65b	3.70a	3.10a	0.00c	0.60b
400	2.95b	1.00b	0.65b	0.15c	0.20bc
500	4.95a	1.85b	1.10b	0.70a	0.05c
600	5.65a	0.83bc	0.35c	0.45b	0.03c
700	3.10b	1.01b	0.75b	0.25bc	0.01c
800	5.85a	1.31b	0.85b	0.45b	0.01c

由图 6-35 可知，在热解温度为 100～300℃时，水稻秸秆炭化后呈弱酸性，当热解温度从 300℃变化到 400℃时，生物炭 pH 变化幅度较大，分别为 5.13 和 9.14。当温度从 400℃到 800℃时，水稻秸秆生物炭呈碱性甚至强碱性。这与表 6-18 中酸碱官能团含量的变化规律相一致。

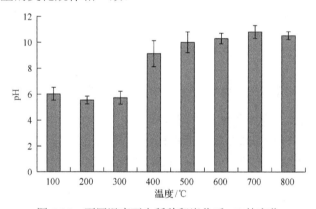

图 6-35 不同温度下水稻秸秆炭化后 pH 的变化

（五）不同温度下水稻秸秆炭化后 FTIR 谱

由图 6-36 可知，水稻秸秆在 100℃热解条件下炭化后含有丰富的官能团。$3669\sim3258cm^{-1}$ 宽吸收峰来自 O—H 的伸缩振动，$2923cm^{-1}$ 和 $2849cm^{-1}$ 处分别为脂肪性 CH_2 的不对称伸缩振动峰和 C—H 对称伸缩振动峰，$1740\sim1700cm^{-1}$ 处吸收峰主要是羧酸 C=O 的伸缩振动吸收，$1458cm^{-1}$ 和 $1375cm^{-1}$ 处吸收峰分别为木质素中芳香性 C=C 和 O—H 伸缩振动，$1162cm^{-1}$ 和 $1103cm^{-1}$ 处为纤维素或半纤维素 C—O—C 的振动吸收峰，$779.191\sim467.052cm^{-1}$ 处为多糖环呼吸的振动吸收峰，这些官能团在经 200℃炭化后的水稻秸秆中也十分丰富，但随着热解温度升高，官能团发生了显著改变。含氧官能团—OH、羧酸的 C=O、木质素的芳香性 C=C、纤维素或半纤维素的 C—O—C 随着热解温度的升高而逐渐消失，在 300～400℃时生物炭中的纤维素或半纤维素、脂肪组分急剧分解而被去除。特别是在

600℃时，这些含氧官能团几乎都消失，这与表 6-18 中的规律基本一致。脂肪性 CH_2 随着制备温度的上升而逐渐分解，在经 400℃制备的水稻秸秆生物炭的图谱中几乎观察不到在 $2923cm^{-1}$ 和 $2849cm^{-1}$ 处有吸收峰。

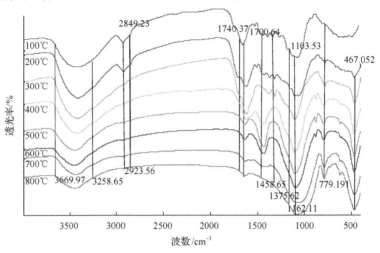

图 6-36   不同温度下水稻秸秆炭化后的红外吸收光谱

三、不同温度下水稻秸秆生物炭孔隙结构的变化规律

由表 6-19 可知，在水稻秸秆热解过程中，比表面积、平均孔径、比孔容都发生剧烈变化。在 100～200℃条件下水稻秸秆炭化后比表面积较小，热解温度为 300℃时，比表面积略有上升，在 400～600℃时，比表面积达到较高水平，在 500℃时达到最大，为 $13.127m^2/g$，600～800℃时，比表面积急剧下降。平均孔径在 100～200℃变化较小，热解温度达到 400～600℃时，平均孔径达到最高，700～800℃时急剧下降。在 100～200℃时几乎没有形成微孔结构，而在 400～600℃时比孔容较大，表明有较多的微孔结构，700～800℃时微孔结构迅速减少。由表 6-20 中相关性分析可知，比表面积、平均孔径、比孔容之间都呈极显著正相关关系。

表 6-19   水稻秸秆炭化后的比表面积和孔结构参数

热解温度/℃	BET 比表面积/[m²/(nm·g)]	平均孔径/nm	比孔容/[cm³/(nm·g)]
100	1.157d	1.847bc	0.001b
200	1.422d	1.857bc	0.002b
300	4.211c	4.152b	0.007b
400	9.138b	13.992a	0.023a
500	13.127a	13.377a	0.026a
600	12.279a	13.992a	0.026a
700	7.017bc	1.543bc	0.008b
800	2.502c	1.543bc	0.003b

表 6-20　水稻秸秆炭化后孔隙参数的相关性分析

指标	比表面积	孔径	比孔容
比表面积	1.000	0.886[**]	0.967[**]
孔径	0.886[**]	1.000	0.974[**]
比孔容	0.967[**]	0.974[**]	1.000

四、小结

水稻秸秆制备生物炭的产率随温度的升高而降低，尤其是在 100~400℃时，下降趋势较为明显，500℃以后的产率变化较小。水稻秸秆主要由纤维素、半纤维素和木质素组成，含量分别占到 39.06%、20.93%和 5.72%（李传友等，2014）。半纤维素的热解温度为 200~260℃，纤维素的热解温度为 240~350℃，木质素的热解温度为 280~500℃。生物质热解过程分为纤维素热解和木质素热解两个阶段，第一阶段纤维素首先发生热解，生物质呈现快速失重，接着是第二阶段木质素缓慢热解，反应速度较纤维素慢（Hamelinck et al.，2005）。同时随着生物质中纤维素含量的增加热解反应速率随之增加，这与纤维素和木质素的化学构成有关，纤维素是由糖类单体组成的碳水化合物，而木质素是由苯基丙烷单体构成的共聚物，这种芳香结构较纤维素热稳定性高，导致木质素热解较慢。

水稻秸秆在热解温度为 100~200℃时炭化后，全碳含量略有上升，与此时秸秆以水分损失为主，有机物并未开始大量分解有关。200~400℃时，纤维素、半纤维素、木质素大量分解，全碳含量急剧下降。随热解温度升高，有机物分解加剧，甲烷、乙酸及其他氧化了的挥发性有机物（VOC）在这个阶段被释放出来，同时伴随着纤维素和半纤维素裂解产生的 CO_2 和 CO 释放，水稻秸秆中残留碳含量开始大幅度减少（孙红文，2013）。热解温度超过 500℃时，全碳含量趋于稳定。

水稻秸秆生物炭制备过程中 pH 整体为升高趋势，原因主要有以下两点：①生物质材料含有多种植物酸，原料呈酸性（Lehmann，2007），在热解过程中，植物酸不断分解，导致生物炭 pH 升高；②生物质原料中含有矿质元素，随着热解过程推进，炭化产率降低，矿质元素浓度逐渐提高，使水稻秸秆炭化后呈碱性。这两个原因决定了水稻秸秆炭化后的 pH 随热解温度升高和热解时间延长而升高。这与本试验测得的结果相吻合：在热解温度为 100~300℃，水稻秸秆炭化后显酸性，碱性官能团增幅达到 165%，酸性官能团增幅为 48%，当温度上升到 400~800℃时，水稻秸秆生物炭显碱性甚至强碱性，碱性官能团继续升高，酸性官能团则表现出明显下降趋势，碱性矿质元素钾、镁、钙含量也在 100~400℃持续上升。

一般情况下，生物炭颗粒越小，表面微孔数目越多，比表面积越大，而在本研究中，热解温度在 100~600℃，随着温度的升高，水稻秸秆炭化后比表面积增加，平均孔径和比孔容变大，尤其是 400~600℃热解温度，有助于生物炭的开孔作用，孔结构发育更完全。生物炭因其多孔结构，在施入土壤后能够增强土壤透气性，可为土壤中微生物提供更好的生存繁殖空间，促进养分转化，并起到改良土壤物理结构的作用。

水稻秸秆生物炭性质受热解温度影响较大。其产率随热解温度升高而下降，达到 500℃后，产率趋于稳定；全碳含量随热解温度升高而下降，在 400～500℃时下降明显；CEC 在 300～500℃达到相对较高的水平；氮含量在 400℃时达到最大；磷、钾、钙、镁含量在 400～500℃达到较高水平；随着热解温度升高，表面碱性官能团持续增加，酸性官能团先稍有增加而后减少较多；热解温度在 100～300℃时水稻秸秆炭化后显酸性，当温度为 400～800℃时，生物炭显碱性甚至强碱性；随着温度升高，醚键(C—O—C)、甲基(—CH$_3$)和亚甲基(—CH$_2$)消失，芳香环结构增加，水稻秸秆炭化后芳香化程度增加。生物炭的比表面积、平均孔径和比孔容随着炭化温度升高均是先变大后变小，在 400～600℃达到较高水平。综合水稻秸秆炭化后各项理化指标的变化，最佳炭化温度为 400～500℃。

第六节　不同热解温度下油菜秸秆生物炭理化特性分析

我国是世界第二大油菜种植国，油菜种植面积和油菜籽产量均约占世界总量的 20%(FAO，2016)，种植油菜可在获得油菜籽的同时产生大量的油菜秸秆，因此，我国的油菜秸秆资源十分丰富。油菜秸秆有多种能源利用方式，包括发电、压缩成型燃料、发酵产沼气、气化、制备生物炭或生物油等(刘标等，2014；樊永胜等，2014)。其中，通过热解秸秆生产生物炭或生物油是当前备受关注的能源利用方式和研究热点。目前关于油菜秸秆生物炭的制备已有报道，但关于其理化性质与炭化温度之间的系统研究较少。本研究对不同热解温度(300～700℃)下所获得的油菜秸秆生物炭的理化性质进行了对比，从而为油菜秸秆资源进行高效利用和制备适宜的油菜秸秆生物炭及其推广利用提供理论依据。

油菜秸秆来自河南省郏县，品种为丰油 10 号。选取油菜秸秆的茎秆部分并剪切成 2～3cm 小段，在室温下自然风干。制备方法同本章第一节。热解温度分别设置为 300℃、400℃、500℃、600℃和 700℃。

一、不同温度下油菜秸秆炭化产率和营养元素含量的变化

不同热解温度下油菜秸秆炭化产率和营养元素含量的变化如表 6-21 所示。随着热解温度的升高，油菜秸秆炭化产率急剧下降，温度由 300℃升高到 400℃时，产率下降了 48.13%，当热解温度高于 500℃时，油菜秸秆炭化产率下降趋势趋缓，逐渐趋于稳定。由于生物质不同组分(纤维素、半纤维素、木质素等)具有不同的热解温度，在较低热解温度下，秸秆中半纤维素和纤维素开始大量分解，生物质

重量急剧下降，炭化产率变化较大，木质素主要在高温阶段分解，随着热解温度升高，原材料热解趋于完全，产率变化逐渐稳定，变化较平缓。

表 6-21　油菜秸秆炭化产率、营养元素及 pH 随热解温度的变化

温度/℃	产率/%	pH	全氮/%	钾/(g/kg)	钙/(g/kg)	镁/(g/kg)	钠/(g/kg)	铁/(g/kg)	磷/(g/kg)	铜/(mg/kg)	锰/(mg/kg)	锌/(mg/kg)
300	31.05a	6.32c	2.48a	28.82c	40.87d	4.80c	1.31c	0.51c	0.10c	12.71b	70.79c	51.55c
400	16.11b	8.08b	1.87b	50.16b	95.97c	11.29b	3.17b	0.88b	0.16c	19.25b	94.77c	101.44b
500	9.29c	10.33a	1.96ab	90.07a	136.96b	17.51b	4.16b	1.51b	0.40b	35.66a	181.11b	153.21b
600	7.76c	10.72a	1.49c	115.55a	195.60a	24.82a	5.11a	2.22a	0.52ab	55.85a	266.63a	225.38a
700	7.91c	10.77a	1.20c	102.57a	144.48b	18.86b	5.10a	1.86a	0.64a	56.94a	225.63a	217.15a

　　油菜秸秆生物炭全氮含量随热解温度升高呈下降趋势，热解温度由 300℃升高到 700℃时，全氮含量由 2.48%下降至 1.20%。随着热解温度升高，纤维素和半纤维素及含氮杂环化合物大量分解，并释放出大量 H_2O、CO_2、N_2O 等，因此全氮含量随热解温度的升高而降低。由表 6-21 可以看出，随着热解温度的升高，油菜秸秆生物炭 pH 呈升高趋势，温度高于 400℃时，油菜秸秆生物炭呈碱性至强碱性，且矿质元素含量随热解温度的升高大幅度增加，热解温度升高至 600℃时，大量元素钾、钙、镁含量分别是 300℃时的 4.01 倍、4.79 倍和 5.17 倍。由于炭化温度的提高，生物炭的产率大幅度降低，因此秸秆生物炭中钾、钙、镁和钠等矿质元素相对富集，且富集的矿质元素以氧化物或碳酸盐的形式存在于灰分中，溶于水后呈碱性，所以随着热解温度的升高，油菜秸秆生物炭的 pH 呈升高趋势。由此可以得知，在酸性土壤中施用生物炭，不仅可以提高土壤 pH，还可以提高土壤中矿质元素含量，尤其是钾，不同类型土壤的效果可能存在差异。例如，Yuan 等(2011)报道稻壳生物炭对红壤酸度的改良效果优于黄棕壤，这也表明生物炭对酸度较高的土壤改良效果更加显著。全球有约 30%的土壤酸度偏高，生物炭作为一种酸性土壤改良剂，其潜力巨大(袁金华和徐仁扣，2010)。

二、不同温度下油菜秸秆炭化后含氧官能团含量及 CEC 的变化

　　热解温度对油菜秸秆生物炭含氧官能团含量和 CEC 的影响如表 6-22 所示，随着热解温度升高，油菜秸秆生物炭中碱性官能团增加，酸性官能团减少。温度高于 400℃时碱性官能团含量高于酸性官能团含量，碱性官能团含量在 400～500℃迅速升高，由 2.85mmol/g 升高至 10.50mmol/g，酸性官能团、酚羟基和羧基含量均在 300～400℃快速降低，当温度高于 500℃时，未能再检测到羧基。油菜秸秆生物炭含氧官能团含量发生变化也是其 pH 变化的一个重要原因。

表 6-22　油菜秸秆炭化后含氧官能团及 CEC 随热解温度的变化

热解温度/℃	碱性官能团/(mmol/g)	酸性官能团/(mmol/g)	酚羟基/(mmol/g)	羧基/(mmol/g)	内酯基/(mmol/g)	CEC/(cmol/kg)
300	—	3.75a	3.55a	0.20a	—	80.00a
400	2.85c	2.10b	1.95b	0.15a	—	77.39a
500	10.50b	2.30ab	1.35b	—	0.95a	55.65b
600	11.75ab	1.70c	0.85c	—	0.85a	22.61c
700	13.95a	1.55c	0.80c	—	0.75a	20.87c

注：“—”表示未检测到

增加 CEC 对增加土壤中营养元素的吸附能力和改善土壤肥力具有重要作用。由表 6-22 可知，油菜秸秆生物炭的 CEC 随热解温度的升高呈现降低趋势，在热解温度为 300～400℃时表现出较高水平，分别为 80.00cmol/kg 和 77.39cmol/kg。叶协锋等(2017)研究表明，在 400～600℃下制备的玉米秸秆生物炭具有较高的 CEC。何云勇等(2016)研究表明，棉秆生物炭 CEC 在 350～650℃随温度的升高而降低，在 650～750℃表现出升高。这些研究结果不一致的原因可能与生物质原料不同有关。生物炭的表面积在一定的温度范围内最大，而大的表面积意味着含有较多的—COOH 和—OH 含氧官能团(Sevilla and Fuertes，2009)，而含氧官能团形成的碳骨架又与 CEC 密切相关。因此，若要获得具最大 CEC 的生物炭需要优化热解温度。本试验中，在 400～500℃下获得的生物炭具有较大的比表面积和较多的酸性官能团，这也正好与 CEC 的结果相吻合。

三、不同温度下油菜秸秆炭化后 FTIR 谱

秸秆在不同温度下炭化得到的生物炭具有不同种类的官能团。图 6-37 为油菜秸秆在 300～700℃炭化的红外吸收光谱，不同热解温度下，油菜秸秆生物炭主要在波数为 $3449cm^{-1}$、$2914cm^{-1}$、$1605cm^{-1}$、$1450cm^{-1}$、$1124cm^{-1}$ 和 $882cm^{-1}$ 等处有较明显的吸收峰。不同温度下油菜秸秆炭化后均在波数 $3449cm^{-1}$ 附近有较宽的吸收峰，该峰由—OH 的伸缩振动所引起，谱峰强度随着热解温度的升高而明显减弱，说明随热解温度升高，酸性官能团酚羟基减少，与表 6-22 得到的结果一致，随着热解温度升高，酚羟基含量减少。波数 $1450cm^{-1}$ 附近的峰由芳香族 C=C 的伸缩振动所引起。波数 $1124cm^{-1}$ 附近的峰为 Si—O—Si 的振动吸收峰，说明热解过程中产生了硅酸盐，波数 $717cm^{-1}$ 和 $882cm^{-1}$ 处的吸收峰为芳环 C—H 的伸缩振动，这三个波数均在热解温度高于 400℃时出现明显的吸收峰，且振动强度随温度的升高明显增强，说明 400℃下得到的生物炭已经有良好的芳香结构，且芳香化程度随温度的升高而增加，生物炭的稳定性增强。

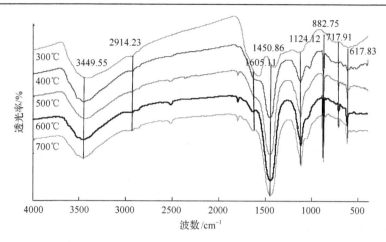

图 6-37　不同温度下油菜秸秆炭化后的红外吸收光谱

四、不同温度下油菜秸秆炭化后等温线的变化

不同热解温度下所得到的油菜秸秆生物炭的氮气吸附-脱附等温线如图 6-38 所示。由其可以看出，不同热解温度下得到的生物炭的吸附等温线形状相似，不同之处是氮气的吸附量。热解温度为 300℃时，油菜秸秆生物炭对氮气的吸附量最少，说明该温度下制备的油菜秸秆生物炭孔隙结构很少。根据 IUPAC 在 1985 年对具有不同孔径分布的吸附剂的典型吸附特征所做出的分类可知，在炭化温度 300～700℃下获得的生物炭其吸附等温线均为Ⅱ型，说明当热解温度高于 300℃ 时，生物炭与氮气之间具有较强的相互作用力。从图 6-38 可以看出，在较低相对压力下，生物炭对氮气的吸附量迅速上升，表明生物炭对氮气产生了强烈的吸附作用，预示着生物炭中有丰富的微孔结构存在，氮气吸附等温线在中压区（0.3～0.8）

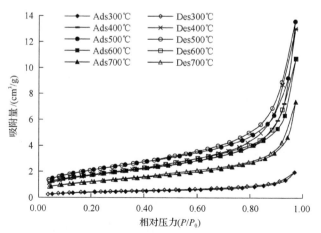

图 6-38　油菜秸秆炭化后的氮气吸附-脱附等温线

一直呈平稳上升的趋势，此时由于生物炭孔隙内单分子层吸附接近饱和，主要发生的是多分子层吸附，说明油菜秸秆生物炭内存在大量的中孔，并且中孔分布范围比较广；当压力升至高压区(0.9~1.0)时，氮气吸附等温线急剧上升，表明生物炭中可能含有一定数量的大孔和微裂缝，导致了氮气吸附量的陡增。相对压力较低时，随着热解温度的升高，油菜秸秆生物炭的氮气吸附量呈先增后减的趋势，说明生物炭中微孔的数量随温度的升高表现出先增加后降低的趋势。当 P/P_0 为 1时，油菜秸秆生物炭的氮气吸附量表现为 500℃＞400℃＞600℃＞700℃＞300℃，说明在 400~500℃条件下孔隙结构的发育和孔体积的形成比较好，且有一定数量的大孔形成，使生物炭具有较大的气体吸附量。

五、不同温度下油菜秸秆炭化后孔隙结构的变化

由图 6-39 可知，随着热解温度的升高，油菜秸秆生物炭的比表面积和比孔容均表现出先升高后降低的趋势，比孔容在 400℃达到较高水平，为 0.013cm³/(nm·g)，比表面积在 500℃时最大，为 7.71m²/(nm·g)。简敏菲等(2016)研究发现，稻秆生物炭的比表面积随热解温度的升高呈降低趋势，在 600℃时比表面积高达288.1m²/(nm·g)，远高于本研究所得到的油菜秸秆制备的生物炭比表面积，可能原因首先是不同原材料的结构不同，稻秆孔隙较油菜秸秆更发达，其次是构成原材料的纤维素和半纤维素含量不同，一般孔体积和比表面积的增加是由于微孔数量的增加，微孔数量增加是由于随着热解温度升高挥发物质析出，因此，在不同热解温度下热解存在的差异使比表面积存在较大差异。同时，本节所研究的生物炭过 20 目筛，而简菲敏等(2016)研究的稻秆生物炭过 100 目筛，过 100 目筛的生物炭粒径远远小于过 20 目筛。因此，要获得比表面积大的生物炭，除了适当的热解温度外，还应考虑原材料及所制备生物炭粒径的影响。

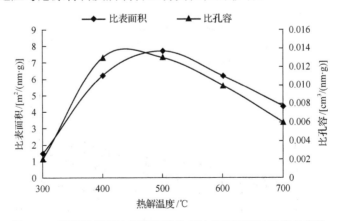

图 6-39　不同温度下油菜秸秆炭化后比表面积和比孔容的变化

　　根据国际纯粹与应用化学联合会对孔的分类，按孔的宽度分为 3 类(陈伟等，2014)：小于 2nm 的为微孔，介于 2～50nm 的为中孔，大于 50nm 的为大孔。图 6-40 为利用 BJH 计算得到的油菜秸秆生物炭中孔及部分大孔的孔径分布曲线(由于氮气吸附等温线检测的局限性，BJH 模型仅对 1.7nm 以上的孔径进行模拟计算)。由其可知，当热解温度为 300℃时，小于 10nm 的孔隙结构稍多，但与大于 10nm 的孔隙结构两者之间没有较大差异，当热解温度为 400～500℃时，小于 10nm 的孔隙结构大幅度提高，热解温度高于 600℃时，不同孔径的中孔数量均表现出不同程度的下降趋势，说明随着温度升高，伴随着孔的坍塌与熔解贯通，同时各种形状的孔的孔径将减小甚至关闭，导致比表面积和孔容积随热解温度的增加而减小。

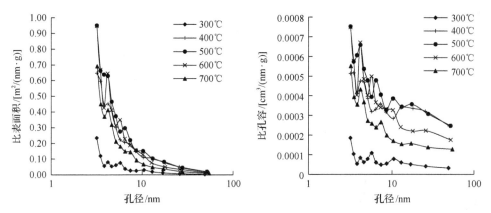

图 6-40　不同温度下油菜秸秆炭化后中孔及部分大孔孔径分布的变化

六、不同温度下油菜秸秆生物炭的分形特征

　　利用 FHH 模型得到不同热解温度下油菜秸秆生物炭的表面吸附特征，如图 6-41 所示，以 300℃条件下热解油菜秸秆为例分析生物炭的分形特征，在不同压力区间内存在两个不同的线性段，表明在不同相对压力范围内生物炭具有不同的分形特征，从而有两个不同的分形维数 D_1 和 D_2(图 6-41 中 D_1、D_2)，当 P/P_0 较小时，N_2 在固体表面主要发生的是单分子层吸附，此吸附过程反映的是固体颗粒孔隙表面分形特征，当 P/P_0 较高时，生物炭内部孔隙开始逐步由小孔向大孔发生毛细凝聚，此阶段是生物炭内部空间逐步填充的过程，在此吸附段内计算得到的分形维数表征的是固体颗粒体积分形特征。油菜秸秆生物炭在不同热解温度下的孔隙结构分形维数如图 6-42 所示。分形维数越大，表明孔隙表面越粗糙。从图 6-42 中分形维数随热解温度变化的曲线可以看出，生物炭孔隙表面分形维数 D_1 和体积分形维数 D_2 均在 500℃条件下水平较高，比表面积也在此时较大，表明在较高热解温度条件下，孔隙大量生成，孔隙结构的复杂程度有所增加，孔表面比

较粗糙。在热解温度为300～700℃条件下时，D_2始终大于D_1，说明油菜秸秆生物炭以孔的生成与扩容为主，孔隙空间结构的发育较表面粗糙度的增长更为剧烈，当热解温度达到700℃后，各孔径孔隙开始融合，生物炭表面粗糙度的降低程度则较小。

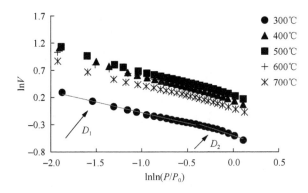

图6-41 不同热解温度下油菜秸秆生物炭表面吸附模型

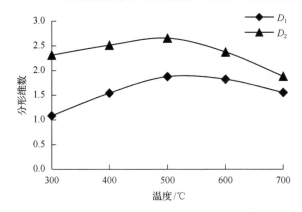

图6-42 不同热解温度下油菜秸秆生物炭的表面分形维数

七、小结

温度对油菜秸秆生物炭的产率和pH有较显著的影响。温度升高，产率减小，热解温度高于400℃时，油菜秸秆生物炭呈碱性甚至强碱性。随着热解温度的升高，钾、钙、镁和钠等矿质元素相对富集。CEC在400～500℃达到较大值。

随着热解温度的升高，油菜秸秆生物炭的碱性官能团含量增加，酸性官能团含量整体上减少。FTIR谱表明不同热解温度下制得的生物炭的表面官能团有一定差异，随着热解温度的升高，酸性官能团逐渐消失，形成大量芳香基团—C=C，芳香化程度增加。

油菜秸秆生物炭在400～500℃具有较大的比表面积和比孔容，在400～500℃条件下孔隙结构的发育和孔体积的形成比较好，有大量的中孔且有一定数量的大孔形成。500℃条件下形成的生物炭表面较粗糙，随着热解温度的进一步升高，生物炭表面趋于光滑。

综上所述，热解温度对生物炭表面特性及孔隙结构有显著影响，利用不同原材料制备的生物炭需要优化热解温度，本节得到400～500℃条件下制备的油菜秸秆生物炭芳香化程度高，稳定性强，具有较大的比表面积和丰富的孔隙结构。

第七节　不同热解温度下小麦、玉米、水稻秸秆 生物炭孔性特征及其差异

中国主要作物秸秆种类有近 20 种，其中水稻、玉米、小麦分别占到了秸秆总量的 23.9%、38.2%和 15.1%（高利伟等，2009）。利用秸秆制备生物炭是极具前景的有效途径之一，是对资源进行再使用、再循环利用和促使污染减量化的最好体现。

目前，生物炭在土壤改良、土壤微生态调控、农作物产量提高等方面的作用受到科研工作者极大的关注，而对秸秆生物炭的孔性特征研究相对较少。有研究人员认为不同的材料及炭化温度对生物炭的比表面积影响很大，一般来说炭化温度越高，生物炭比表面积越大（谢祖彬等，2011）。例如，梁桓等（2015）对玉米秸秆和沙蒿生物炭研究发现随着炭化温度的升高，生物炭的微观结构遭到破坏，灰分含量增加，pH 提高，比表面积增大。而俞花美等（2014）对甘蔗茎秆生物炭的研究，认为随着裂解温度的升高微孔数量增加。也有研究发现，生物炭的热解速率对生物炭的孔结构也有较大影响，慢速制炭方式下，生物质在热解炉中停留的时间较长，挥发分释放彻底，有利于生物炭形成丰富的微孔结构（林晓芬等，2009）。从 Cetin 等（2004）的研究结果来看，高的加热速率会促进炭的塑性变形，使形成的炭表面更为光滑，并形成球形大孔。综合前人研究发现，热解条件和材料对生物炭的结构影响较大，为拓宽这种廉价易得的植物基生物质资源的利用途径，本研究对小麦、玉米、水稻三种作物秸秆在不同热解温度下得到的生物炭的孔性特征进行分析，为生物炭的应用提供理论参考。

材料与方法和前述第三节、第四节及第五节相同。炭化温度分别设置为300℃、500℃和700℃（用 RC 代表水稻秸秆生物炭；CC 代表玉米秸秆生物炭；WC 代表小麦秸秆生物炭）。制得的炭化产物粉碎，过 20 目筛后待测。比表面积分析方法与第一节相同。

一、生物炭孔容和比表面分布规律

表 6-23 为三种生物炭的比表面积和孔结构参数。由其可知，在不同温度下和由不同材料制备的生物炭的比表面积和平均孔径差异明显。在水稻秸秆和小麦秸秆热解过程中，生物炭 BET 比表面积、比孔容、平均孔径均随着热解温度的升高

表现出先升高后降低的趋势，与300℃时BET比表面积、比孔容、平均孔径相比，水稻秸秆生物炭在500℃时的上升幅度分别为211.73%、271.43%和222.18%，小麦秸秆生物炭在500℃的上升幅度分别为115.37%、100.00%和49.92%。而玉米秸秆生物炭的BET比表面积和比孔容随着热解温度的升高而升高。

表6-23 三种生物质炭的比表面积和孔结构参数

热解温度/℃	BET比表面积/[m²/(nm·g)]	比孔容/[cm³/(nm·g)]	平均孔径/nm	t-Plot微孔比表面积/[m²/(nm·g)]	t-Plot微孔孔容/[cm³/(nm·g)]	中孔比表面积/[m²/(nm·g)]	中孔孔容/[cm³/(nm·g)]
RC300	4.211	0.007	4.152	0.877	—	2.561	0.010
RC500	13.127	0.026	13.377	3.298	0.002	6.969	0.038
RC700	7.017	0.008	1.543	3.141	0.002	2.708	0.012
CC300	1.559	0.002	1.847	1.081	0.001	0.672	0.003
CC500	2.748	0.003	1.847	1.085	—	1.150	0.006
CC700	6.429	0.007	1.543	2.473	0.001	2.541	0.010
WC300	3.065	0.005	1.847	1.084	0.001	1.367	0.007
WC500	6.601	0.010	2.769	1.258	0.001	3.584	0.017
WC700	3.871	0.005	1.614	1.222	0.001	1.827	0.011

注："—"表示未检测到

温度和材料对生物炭的影响还表现在微孔和中孔结构上，生物炭的比表面积主要来自于微孔的贡献，而中孔含量对比孔容有较大影响（林晓芬等，2009）。水稻秸秆和小麦秸秆生物炭在300℃时微孔较少，500℃和700℃时较为丰富，说明高的热解温度会增加材料的孔隙度，缺氧或少氧状态下高温热解的材料具有相当大的比表面积是因为材料本身含有氧元素，在炭化过程中，氧元素发生氧化反应而造成生物炭蚀刻(Cetin et al.，2004)，发育出孔结构，但是温度过高时，孔隙结构变化，又导致BET比表面积和比孔容的降低。随着热解温度的升高玉米秸秆生物炭的微孔数量增加，在700℃条件下结构最丰富，这可能与玉米秸秆本身的材料特性相关。例如，徐勇等(2015)研究发现有机碳含量对微孔发育程度影响较大。中孔比表面积和孔容与BET比表面积及比孔容的变化规律是相一致的，水稻秸秆和小麦秸秆热解过程中，生物炭中孔比表面积和孔容均随着热解温度的升高表现出先升高后降低的趋势，玉米秸秆生物炭中孔比表面积和孔容随着热解温度的升高而升高。

二、吸附与脱附等温线

由图6-43可知，当P/P_0为1时，水稻秸秆生物炭的氮气吸附量表现为500℃>700℃>300℃，整体趋势：随着热解温度的上升，氮气吸附量先增加后减少，在500℃达较高水平，说明随着制备温度的升高，水稻秸秆生物炭的孔隙结构逐渐发育，比孔容逐渐增大，超过500℃时，比孔容有降低趋势。

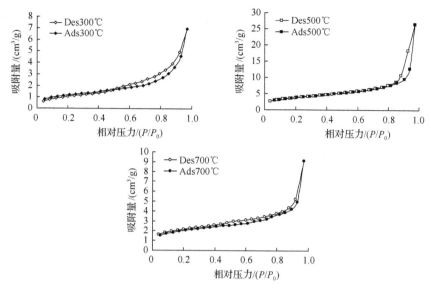

图 6-43　水稻秸秆生物炭的氮气吸附-脱附等温线

由图 6-44 可知，当 P/P_0 为 1 时，玉米秸秆生物炭的氮气吸附量表现为 700℃＞500℃＞300℃，整体趋势为：随着热解温度的升高，玉米秸秆生物炭的孔隙结构逐渐丰富。

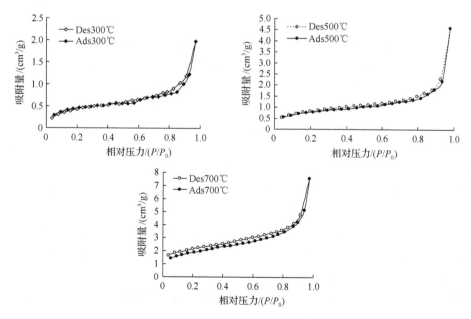

图 6-44　玉米秸秆生物炭氮气吸附-脱附等温线

由图 6-45 可知，当 P/P_0 为 1 时，小麦秸秆生物炭氮气吸附量表现为 500℃＞

700℃＞300℃，整体趋势与水稻相似，在较低和较高热解温度条件下孔隙结构丰富度降低。

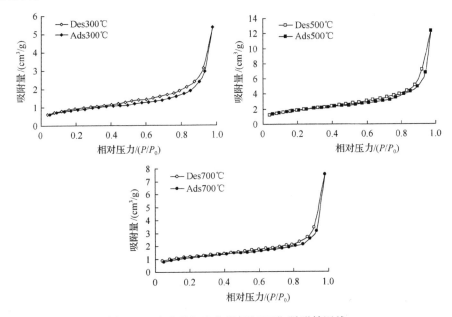

图 6-45　小麦秸秆生物炭氮气吸附-脱附等温线

由图 6-43～图 6-45 可以看出，在相对压力较低时（$P/P_0 < 0.2$），样品氮气吸附量较少，随着相对压力的增加吸附量略有增加，当相对压力较高时（$P/P_0 > 0.8$），样品的吸附量明显增加，表明生物炭孔隙结构主要以中孔和大孔为主。根据 IUPAC 对具有不同孔径分布的吸附剂的典型吸附特征所做出的分类，此三种生物炭的吸附等温线倾向于表征了具有中孔和大孔的 II 类吸附等温线。由图 6-43～图 6-45 可以看出，吸附-脱附等温线在相对压力小于 0.45 时接近重合，而在相对压力较高（$P/P_0 > 0.45$）时，吸附-脱附等温线分支出现明显的 H2 型滞后环，具 H2 型滞后环的吸附等温线分支由于发生毛管凝聚而逐渐上升，脱附等温线分支在相对压力较低时突然下降，反映孔隙以墨水瓶状孔为主。以图 6-45 中 a1 为例，其形态表现为不带拐点的月牙形曲线，在 P/P_0 较低时，吸附与脱附等温线基本重合，表明该生物炭样品具较小孔径的孔为一端封闭的 II 型不透气性孔，当 P/P_0 为 0.8 左右时，存在明显的吸附回线，说明该样品中存在一定量的开放型 I 类孔。根据 Kelvin 公式，当 $P/P_0=0.8$ 时，$r_k=4.28nm$，表明比表面积主要来自于半径小于 4.28nm 的一端封闭的 II 型不透气性孔的贡献，且开放型 I 类孔的孔半径都大于 4.28nm。

各个样品的脱附等温线并没有与吸附等温线完全重合（图 6-44a1），有略微的滞后现象，在相对压力（P/P_0）为 0.14（小于 0.30）时仍旧有部分氮气未脱附，表明脱附滞后不是由毛细凝聚现象产生的，可能原因是吸附导致生物炭中层状结构的层间距扩大，原来氮气不能进入的细孔也发生了吸附作用，层间距约为分子直径的几倍，其大小与微孔接近，进入到层间距中的氮气分子很难脱离，所以相对压力很低时层间距也不能发生完全闭合。

　　BJH 方法以 Kelvin 和 Halsey 方程为基础，用来描述中孔分布有较高的精度。利用 BJH 计算所得中孔孔径分布如图 6-46 所示。由其可知，生物炭的孔径分布随温度变化而变化非常明显。三种生物炭的孔径主要在 3～5nm，峰值表现为 RC500℃＞RC700℃＞RC300℃、CC700℃＞CC500℃＞CC300℃、WC500℃＞WC700℃＞WC300℃，表明玉米秸秆生物炭在 700℃时具有更多且集中的微孔分布，说明较高热解温度有助于玉米秸秆生物炭微孔的开孔，而中间温度 500℃有助于水稻秸秆和小麦秸秆生物炭的微孔发育。这一现象与比表面积分布(图 6-47)结果相一致，说明比孔容与孔径的变化规律是相一致的，与表 6-23 中的分析结果相吻合。

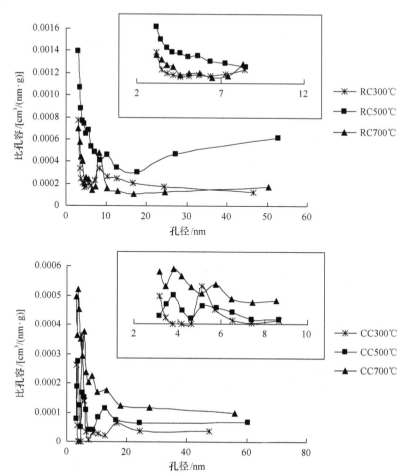

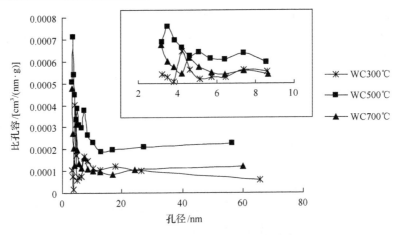

图 6-46　生物炭孔径-比孔容分布曲线

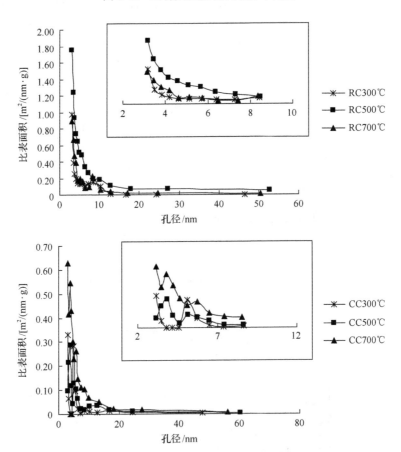

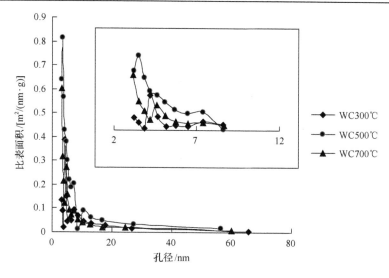

图 6-47　生物炭孔径-比表面积分布曲线

三、孔隙 Frenkel-Halsey-Hill 分形特征

分形维数 D 是常用来定量表征多孔物质不规则程度的参数，数值越大，孔结构的不规则程度越大。目前，确定多孔物质分形维数常用的方法有吸附法、压汞法、SEM 图像分析法等。

本研究中，主要是大孔和中孔在高压条件下发生多层吸附，如图 6-48 所示。

生物炭样品的分形维数见表 6-24，可以看到拟合曲线的相关系数 R^2 非常接近 1，说明这种线性相关性是十分显著的，因此可以确认，这三种生物炭气孔的表面确实具有分形的物质特征。比较样品的 D_2 与表 6-23 中的比表面积和比孔容可知，分形维数与比表面积和比孔容的变化规律基本相似。样品 RC300℃、CC300℃、WC300℃时比表面积和比孔容最小，其分形维数 D 最小（CC300℃除外）；RC500℃、

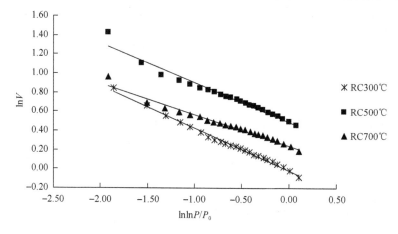

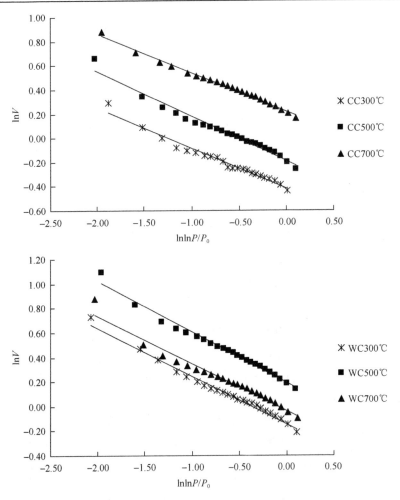

图 6-48　多层吸附多层覆盖阶段线性拟合曲线

表 6-24　基于分形 FHH 模型理论的分形维数

样品热解温度/℃	斜率(A)	D_2	R^2
RC300	−0.455	2.5454	0.997
RC500	−0.331	2.6693	0.974
RC700	−0.431	2.5691	0.976
CC300	−0.358	2.6417	0.983
CC500	−0.370	2.6297	0.987
CC700	−0.310	2.6895	0.994
WC300	−0.423	2.5773	0.993
WC500	−0.403	2.5972	0.987
WC700	−0.408	2.5920	0.972

CC700℃、WC500℃时比表面积和比孔容最大，其分形维数最大。分形维数 D 值介于 2～3，D 值越接近于 2，则生物炭表面越光滑；而 D 值越接近于 3，则表面越不规整(林晓芬等，2009)。从物理意义上讲，分形维数描述了微观表面结构的空间立体结构的发展状况，一般分形维数越大，所对应的表面的立体结构发展越显著。

四、小结

本研究表明，热解温度为 300～500℃时三种生物炭的孔隙度均表现出随温度升高而增加的趋势。在较低热解温度条件下，生物炭的孔隙度升高，一方面是由于生物质本身具海绵状结构，很多原有生物质结构消失，主要留有由炭化木质素等支撑起的多孔碳架结构，炭化后外围轮廓清晰，孔隙结构变得非常丰富；另一方面是因为在脱水和裂解过程中，水分和挥发分逐渐从生物质器官组织表面及内部逸出，形成许多气泡与气孔。郭平等(2014)研究认为随着制备温度的升高，纤维素等有机质分解，烷基基团逐渐缺失，生成气态烃 CH_4、C_2H_4 和 C_2H_6 等。还有研究者认为热解温度升高，有机物分解加剧，甲烷、乙酸和 CO_2、CO 及含氮气体释放(孙红文，2013)。随着热解温度升高为 700℃，水稻秸秆生物炭和小麦秸秆生物炭孔隙度均表现出下降趋势，而玉米秸秆生物炭的孔隙度则增加，原因可能是热解温度的增加会进一步促进生物炭的塑性变形，抑制微孔的形成，减少其结构的不规则程度。也有研究表明，在较高热解温度条件下半析出状态的焦油堵塞了部分孔隙，生物炭比表面积减小。也有可能是因为原有的孔结构受表面张力作用而变化，原有的各种形状的孔的孔径将减小甚至关闭，同时可能伴随着孔的坍塌与熔解贯通，导致比表面积和比孔容随着热解温度的增加而减小。有研究发现，当热解温度上升到 800℃时，两种生物炭的形貌结构均遭到严重的破坏，基本无法识别出其完整孔隙结构。但是不同生物质由于其有机结构存在差异，因此在热解过程中的塑性变形能力亦不同。黄华等(2014)研究表明，与其他植物原料相比，玉米秸秆天然孔隙较少，热解温度从 350℃上升到 700℃的过程中，玉米秸秆生物炭孔结构发育更加完全，与本研究中玉米秸秆生物炭在较低热解温度下孔隙度较低而在 700℃达到最大的结果相似。

生物炭的孔隙结构由许多大小、形状各不相同的大孔、中孔、微孔相互交织成的立体网状通道构成，它具有一定程度的自相似性且结构精细，表面积非常大，其气孔表面具备分形的大部分性质，在一定的尺度内，可以把它看成是一个分形物质。本研究中生物炭的分形维数与其比表面积和比孔容有关。赵瑞方等(2008)对麻风树果壳活性炭研究的结果表明，活性炭的表面分形维数与活性炭的比表面积、比孔容、碘吸附值和微孔相对含量的变化趋势基本一致，与本试验研究结果相似。还有研究发现，生物炭的表面分形维数不仅与原材料和温度有关，也与粒度有关，随着细颗粒含量的增加，粒度分布分形维数逐渐增大。

水稻秸秆、玉米秸秆、小麦秸秆制备的生物炭主体孔隙为中孔，同时含有一定的微孔和大孔，孔隙内部特征以墨水瓶状孔为主。水稻秸秆和小麦秸秆制备的生物炭均在中间温度(500℃)条件下发育出丰富的孔隙结构。玉米秸秆生物炭则随着热解温度的升高孔隙结构增加，相比较下在700℃孔隙结构最丰富。

水稻秸秆、玉米秸秆、小麦秸秆制备的生物炭都具有很好的分形特征，分形维数分别为 2.5454～2.6693、2.6297～2.6895、2.5773～2.5972，反映了这三种生物炭孔隙具结构复杂和非均质性强的特性。水稻秸秆生物炭和小麦秸秆生物炭均在 500℃条件下有较高的表面分形维数，玉米秸秆生物炭则在 700℃条件下有较高的表面分形维数。

第七章 生物炭对植烟土壤改良效果及烟叶品质的影响

我国人口众多，耕地面积广阔但人均不足，人均耕地面积只相当于世界平均水平的33%。为使作物生长满足人们需求，农田复种和大量施用化肥现象特别普遍。人们盲目追求短期效益，不重视土地改良和养护，导致土壤板结、碳库库容下降、养分不均衡、次生盐渍化等问题层出不穷，改良农田土壤已经是我国农业可持续发展亟待解决的问题。

巴西亚马孙河流域考古者发现，具有生物炭的土壤生产力比周边没有生物炭的高得多。这一发现，使得学者对利用生物炭改良土壤理化性质和作物品质的研究热情高涨。鉴于前述生物炭良好的理化特性，可知其具备较强的吸附力、抗氧化能力和抗生物分解能力。生物炭含有大量植物所需的营养元素，可以促进土壤养分循环和植物生长；生物炭具有较强的吸附能力，可以吸附铵、硝酸盐，还可以吸附磷和其他水溶性盐离子，具有较好的保肥性能。为此，本章在多个产区分别开展了生物炭用量、生物炭类型对植烟土壤的改良效果及对烟叶品质的影响研究，以进一步探索生物炭的应用效果。

第一节 生物炭用量对植烟土壤碳库及烤烟质量的影响

土壤有机质含量高低可表征土壤肥力的变化，其影响土壤的物理、化学及生物学特性，是土壤质量优劣的重要评价指标之一。土壤有机质中的碳即为有机碳，它的变化与烟叶产量和质量风格特色密切相关。因此，研究土壤有机碳含量的变化对烟叶生产具有重要意义。受气候条件、农业管理和土地利用不合理等因素的影响，土壤有机质和养分贫瘠化现象相当普遍，而土壤有机碳的含量和质量在很大程度上对维持和提高土壤肥力具有重要作用。因此，土壤有机碳库水平低已成为我国众多植烟区土壤生产力的限制性因子。鉴于此，本试验探索施用生物炭对植烟土壤碳库和烤后烟叶品质的影响，以期找出一条既能改良植烟土壤、提高烟叶品质，又能固碳减排、综合利用秸秆资源的新技术途径。

大田试验于2013年在陕西省汉中市南郑县进行，供试品种为云烟97，土壤为黄棕壤。5月1日移栽，株行距为50cm×120cm。试验设置5个处理：对照CK(不施肥)、T1(常规施肥)、T2(T1+生物炭300kg/hm²)、T3(T1+生物炭600kg/hm²)、

T4（T1+生物炭 900kg/hm²）。在小南海镇选择三块常年植烟田进行试验，每个小区面积 67m²。供试生物炭为花生壳生物炭，移栽时穴施。T1～T4 施纯 N 105kg/hm²，N：P₂O₅：K₂O=1：1.5：2。大田管理采用当地优质烟叶生产技术。

一、生物炭用量对植烟土壤碳库的影响

土壤有机碳矿化速率是表征土壤有机碳分解速率的指标。由表 7-1 可以看到，T3 和 T4 与其他处理相比土壤碳的矿化速率显著提高，T3 的矿化速率最大，为 24.28～25.86mg C/（kg·d），与 CK 和 T1、T2 差异达到显著水平。

表 7-1　生物炭用量对植烟土壤碳库的影响

	处理	矿化速率 /[mg C/(kg·d)]	易氧化有机碳 /(g/kg)	可溶性有机碳 /(mg/kg)	微生物生物量碳 /(mg/kg)	全碳 /(g/kg)
试验地一	CK	3.41b	1.65c	66.40ab	147.50c	12.57d
	T1	5.36b	2.24b	61.74b	268.77a	13.79c
	T2	3.58b	2.86a	52.09c	125.01d	13.11c
	T3	24.28a	2.61a	67.95ab	123.59d	16.10b
	T4	22.93a	2.27b	70.45a	181.81b	18.99a
试验地二	CK	2.61b	1.69c	56.99c	126.43c	11.63d
	T1	5.30b	2.06b	62.31b	300.91a	12.34cd
	T2	6.74b	2.61a	58.52c	130.64c	13.46c
	T3	25.86a	2.52a	67.78ab	125.15c	15.37b
	T4	24.38a	2.15b	73.49a	170.33b	17.32a
试验地三	CK	4.20b	1.61c	58.09c	164.16c	11.84d
	T1	4.40b	2.40b	57.64c	258.50a	11.85d
	T2	5.40b	3.08a	57.31c	113.44d	12.79c
	T3	24.69a	2.60ab	61.49b	150.00c	16.88b
	T4	21.47a	2.87a	69.70a	192.45b	18.29a

易氧化有机碳是微生物通过酶促作用将有机碳氧化成 CO_2 过程所利用的碳。Logninow 等（1987）和 Lefroy 等（1997）利用化学方法模拟这种生物学过程，将能够被 333mmol/L $KMnO_4$ 氧化的有机碳称作易氧化有机碳（活性有机碳），不能被氧化的称为非活性有机碳（惰性有机碳）。徐明岗等（2006）在研究土壤活性有机碳时，根据活性有机碳被氧化时 $KMnO_4$ 的三种不同浓度（33mmol/L、167mmol/L、333mmol/L），分别将其分为高活性有机碳、中活性有机碳和活性有机碳。施用生物炭后各处理易氧化活性有机碳均有增加趋势，且试验地一及试验地二的处理 T2 和 T3 与其他处理间存在显著差异。

可溶性有机碳是土壤中移动较快、易分解矿化、微生物可以直接利用的有机碳。从表 7-1 可以看出，处理 T3 和 T4 的可溶性有机碳含量较 CK 和处理 T1 有增加趋势。微生物生物量碳是土壤中体积小于 5～10μm³ 的微生物活体内所含的碳，

是土壤有机碳库中最活跃和最容易变化的部分。从表 7-1 可以看到，施用生物炭后土壤微生物生物量碳含量比 T1 的含量低。土壤全碳包括无机碳和有机碳，反映的是土壤整体碳含量水平，施用生物炭有增加土壤全碳含量的趋势，尤其是处理 T3 和 T4 的全碳含量显著高于对照与处理 T1。

二、生物炭用量对植烟土壤碳库管理指数的影响

土壤碳库管理指数(CPMI)是由 Lefroy 等于 1993 年首次提出的，CPMI 是评价由土壤管理措施引起的土壤有机质变化的指标，能有效地监测土壤碳的动态变化，反映土壤肥力和土壤质量的变化。徐明岗等(2006)认为 CPMI 是评价施肥和耕作措施对土壤质量影响的最好指标。沈宏等(1999)认为运用 CPMI 可以及时准确地进行土壤碳库动态监测。

表 7-2　生物炭用量对植烟土壤碳库有关指数的影响

	处理	碳库指数(CPI)	碳库活度(A)	碳库活度指数(AI)	碳库管理指数(CPMI)
试验地一	CK	0.60c	0.15cd	0.54cd	32.25d
	T1	0.94a	0.13d	0.46d	42.88cd
	T2	0.62c	0.28a	1.00a	61.97a
	T3	0.77b	0.19c	0.66bc	50.64b
	T4	0.62c	0.21b	0.76b	46.65bc
试验地二	CK	0.55d	0.17c	0.61d	33.63e
	T1	0.59cd	0.20b	0.72b	42.06d
	T2	0.64c	0.24a	0.86a	55.07a
	T3	0.73b	0.20b	0.70b	51.27c
	T4	0.82a	0.18c	0.66b	53.93b
试验地三	CK	0.56d	0.16d	0.56c	31.69d
	T1	0.56d	0.25b	0.91a	51.19c
	T2	0.61c	0.32a	1.14a	69.00a
	T3	0.80ab	0.18c	0.65b	52.27bc
	T4	0.87a	0.18c	0.64b	55.52b

由表 7-2 看出，施用生物炭后，土壤碳库活度、碳库活度指数和碳库管理指数都优于 CK；施用生物炭的三个处理，在同一地块内，均以处理 T2 的土壤碳库活度、碳库活度指数和碳库管理指数最高，且与其他处理的差异达到显著水平。

三、生物炭用量对烤后烟叶化学成分及协调性的影响

一般认为优质烟的总糖含量为 18%～22%，还原糖为 16%～18%，还原糖与总糖的比值应≥0.9，Nic(烟碱)为 1.5%～3.5%，K$^+$含量在 2%以上，Cl$^-$含量在 1%以下。

从表 7-3 可知，各处理烟叶总糖和还原糖含量略高于或者低于优质烟叶指标要求，两糖比有随着生物炭用量增加而增加的趋势，且均大于或等于 CK 和处理

T1。烟碱和总氮含量是烤烟内在质量和感官质量的主要影响因子，随着烟碱和总氮含量的提高烟叶的香气增加，但含量过高时烟叶刺激性增强。钾素对烤烟的外观和内在品质均有影响，较高的钾含量有利于提高烟叶的品质，有利于烟制品的燃烧。氯是烟草的一种必需微量元素，与烟叶的吸湿性和燃烧性有关。本试验中烤后烟叶 Cl 含量整体处于优质烟叶要求范围但偏低。施用生物炭增加了 Nic、K^+ 和 Cl^- 的含量，且呈现出随着生物炭用量增加而增加的趋势。施用生物炭降低了烤后烟叶的糖碱比。

表 7-3 生物炭用量对烤后烟叶化学成分及协调性的影响

等级	处理	总糖(TS)/%	还原糖(RS)/%	烟碱(Nic)/%	K^+/%	Cl^-/%	RS/TS	糖碱比	钾氯比
试验地一									
C3F	CK	28.05a	23.70a	2.02c	1.57d	0.08b	0.84d	11.73a	19.63c
	T1	26.72b	21.97b	2.18b	1.68c	0.03c	0.82d	10.08b	56.00a
	T2	22.99c	20.93c	2.76a	1.85b	0.07b	0.91b	7.58c	26.43b
	T3	18.93d	16.75e	2.86a	2.01ab	0.10a	0.88c	5.86e	20.10c
	T4	19.54d	18.54d	2.89a	2.07a	0.11a	0.95a	6.42d	18.82cd
B2F	CK	25.49a	22.00a	1.84d	1.03d	0.15a	0.86c	13.04a	6.87f
	T1	16.52c	13.79d	2.23c	1.39c	0.09c	0.83d	6.18b	15.44e
	T2	17.73b	15.46b	3.01a	1.87a	0.09c	0.87c	5.14c	20.78c
	T3	16.25c	14.51c	3.11b	1.84b	0.14a	0.89b	4.67c	13.14e
	T4	15.97c	14.53c	3.58a	2.04a	0.11b	0.91a	4.06d	18.55cd
试验地二									
C3F	CK	27.66a	22.68a	1.97d	1.47c	0.09bc	0.82d	11.51a	16.33d
	T1	25.82b	21.17b	2.03c	1.55c	0.08c	0.82d	10.43b	19.38c
	T2	24.39b	21.71b	2.58c	1.83b	0.08c	0.89b	8.41c	22.88b
	T3	20.63c	17.95c	2.73b	2.02a	0.12b	0.87c	6.57d	16.83d
	T4	19.84d	18.45c	2.92a	2.05a	0.14a	0.93a	6.32d	14.64e
B2F	CK	24.49a	20.57a	2.32d	1.12e	0.07c	0.84c	8.87a	16.00de
	T1	17.32b	14.72c	2.24d	1.42d	0.09bc	0.85c	6.65b	15.78e
	T2	17.93b	15.24b	2.98c	1.78c	0.10b	0.85c	5.11c	17.80d
	T3	16.25c	14.46c	3.02b	1.88b	0.13a	0.89b	4.79c	14.46e
	T4	15.83c	14.72c	3.13a	1.98a	0.13a	0.93a	4.70c	15.23e
试验地三									
C3F	CK	28.65a	24.07a	1.88e	1.52c	0.07b	0.84c	12.80a	21.71bc
	T1	26.82ab	21.72b	2.12c	1.51c	0.06c	0.81d	10.25b	25.17b
	T2	24.93b	20.94c	2.34c	1.87b	0.08b	0.84c	8.95bc	23.38b
	T3	21.53c	18.52d	2.67a	2.05a	0.12a	0.86b	6.93cd	17.08d
	T4	19.78d	17.60d	2.94a	2.03a	0.11a	0.89a	5.99d	18.45cd
B2F	CK	25.36a	21.05a	2.27c	1.35c	0.08c	0.83c	9.27a	16.88d
	T1	18.33b	15.58b	2.23c	1.51c	0.07d	0.85bc	6.99b	21.57bc
	T2	16.77c	14.25c	2.98b	1.85b	0.10b	0.85bc	4.78c	18.50cd
	T3	16.25c	14.46c	3.10a	1.83b	0.09c	0.89ab	4.67c	20.33c
	T4	16.32c	15.01b	3.11a	2.02a	0.13a	0.92a	4.83c	15.54e

四、生物炭用量对烤后烟叶单料烟评吸质量的影响

表 7-4 所示为生物炭用量对烤后烟叶单料烟评吸质量的影响，标度值越高表明烟叶的综合评吸品质越好。上部叶单料烟评吸质量以处理 T3 最好，CK 标度值最低，处理 T3 的香气质、香气量、透发性、细腻程度、柔和度、圆润感和余味得分均最高。中部叶单料烟评吸质量以处理 T3 最高，处理 T2 次之，处理 T4 略优于 CK，处理 T3 的香气质、香气量、圆润感和余味得分均最高，刺激性较小，干燥感较弱。

表 7-4　生物炭用量对烤后烟叶单料烟评吸质量的影响

等级		处理	香气质	香气量	透发性	细腻程度	柔和度	圆润感	余味	刺激性	干燥感	标度值
试验地一	B2F	CK	2.40	2.67	2.40	3.00	2.60	2.60	2.80	2.20	1.80	4.47
		T1	3.00	2.60	2.80	3.00	2.60	2.60	3.00	2.20	2.20	5.20
		T2	2.67	3.00	2.60	2.80	2.60	2.40	2.80	1.70	2.00	5.17
		T3	3.00	3.00	2.80	3.00	3.00	2.60	3.00	2.00	2.80	5.60
		T4	2.80	2.80	2.60	3.00	2.60	2.40	2.60	1.50	2.30	5.00
	C3F	CK	2.80	3.00	2.60	3.00	2.80	2.60	3.00	2.30	2.20	5.30
		T1	3.00	3.00	2.40	3.20	3.40	2.80	3.00	2.60	1.80	6.40
		T2	3.00	3.00	3.40	3.00	3.00	2.75	3.00	2.25	2.25	6.65
		T3	3.00	3.00	2.40	3.00	3.20	2.80	3.00	1.80	1.80	6.80
		T4	3.00	2.80	2.40	3.20	3.00	2.60	2.80	2.20	2.20	5.40
试验地二	B2F	CK	2.40	2.40	2.80	2.60	2.60	2.60	2.00	1.60	4.00	
		T1	3.00	2.60	2.60	2.67	2.60	3.00	2.00	2.00	5.47	
		T2	2.67	3.00	2.60	2.80	2.80	2.60	2.80	1.70	2.20	5.37
		T3	3.00	3.00	3.00	3.00	3.00	2.80	3.20	2.00	2.67	7.33
		T4	2.67	3.00	2.60	2.80	2.70	2.40	2.60	1.70	2.30	4.77
	C3F	CK	2.40	2.80	2.60	3.00	2.80	2.60	2.80	2.20	2.00	4.80
		T1	2.67	3.00	2.40	3.00	3.00	2.67	3.00	2.60	2.00	5.14
		T2	3.00	3.00	3.40	3.00	3.00	2.75	3.00	2.40	2.25	6.50
		T3	3.00	3.00	2.60	3.20	3.20	2.80	3.20	1.80	1.80	7.40
		T4	3.00	2.80	2.60	3.20	3.00	2.67	2.80	2.00	2.40	5.67
试验地三	B2F	CK	2.40	3.00	2.40	2.60	2.60	2.67	2.80	2.00	1.60	4.87
		T1	3.00	3.00	2.80	2.80	2.60	2.80	2.00	2.00	5.60	
		T2	2.40	2.80	2.60	2.80	2.80	2.67	3.00	1.70	2.20	5.17
		T3	3.00	3.00	3.00	3.00	3.00	2.80	3.00	2.00	2.67	6.13
		T4	2.80	3.00	2.60	2.80	2.70	2.40	2.60	1.70	2.30	4.90
	C3F	CK	2.67	2.40	2.40	3.00	2.80	2.40	2.80	2.20	2.00	4.27
		T1	2.67	3.00	2.40	3.00	3.00	2.67	3.00	2.60	2.00	5.14
		T2	3.00	2.80	3.40	3.20	3.20	2.40	2.80	2.40	2.25	6.15
		T3	3.00	3.00	3.00	3.40	3.20	2.80	3.20	1.80	1.80	8.00
		T4	3.00	3.00	2.60	3.00	3.00	2.67	3.00	2.00	2.40	5.87

注：感官评吸方法中标度值=(香气质得分+香气量得分+透发性得分+细腻程度得分+柔和度得分+圆润感得分+余味得分)−刺激性得分−干燥感得分−10，标度值越大，品质越好，下同

五、生物炭用量对烤烟经济性状的影响

由表 7-5 可以看出,三块试验地施用生物炭后,总产量、产值均得到明显提高,并且有随着生物炭施用量增加而增加的趋势。在烟叶等级结构中,施加生物炭后,上等烟所占比例较处理 CK 高,随着生物炭施用量的增加,上等烟所占比例增加。

表 7-5 烤后烟叶经济性状分析

| | 处理 | 总产量/(kg/hm²) | 总产值/(元/hm²) | 等级结构比例/% | | |
				上等烟	中等烟	下等烟
试验地一	CK	1 425.60d	29 871.00d	31.90b	58.70a	9.40c
	T1	2 432.55c	55 140.00c	52.90a	33.60c	13.50a
	T2	2 496.00c	57 594.00bc	51.10a	36.90b	12.00b
	T3	2 568.00b	58 999.50ab	52.00a	37.00b	11.00b
	T4	2 700.00a	62 805.00a	53.00a	38.00b	9.00c
试验地二	CK	1 530.30d	28 170.00d	32.80c	56.70a	10.50b
	T1	2 357.55c	47 002.50c	45.90b	41.80b	12.30a
	T2	2 658.60b	52 510.50b	50.10a	38.70c	11.20ab
	T3	2 516.25bc	57 357.50b	53.30a	34.00d	12.70a
	T4	2 824.95a	59 988.00a	53.00a	37.80c	9.20c
试验地三	CK	1 308.30c	31 174.50d	35.00c	51.50a	13.50a
	T1	2 380.95b	53 526.00c	48.20b	40.20b	11.60b
	T2	2 480.70b	56 898.00bc	50.50b	39.70b	9.80c
	T3	2 697.60a	58 836.00ab	51.80b	37.90c	10.30c
	T4	2 640.45a	61 530.00a	54.00a	36.60c	9.40c

六、小结

生物炭施入土壤后,可以提高土壤有机碳矿化速率,尤其是施入量较高的处理,土壤有机碳矿化速率显著提高,增加了土壤易氧化活性有机碳和可溶性有机碳含量。陈涛等(2008)对水稻土土壤有机碳的研究表明,秸秆还田和施用有机肥可以增加土壤的 CO_2 和 CH_4 排放量,但有机碳矿化比例与总有机碳含量并不呈线性增加关系。王志明等(1998)在研究秸秆碳在淹水土壤中的转化与平衡时,观察到土壤中加入秸秆后最初几天出现正激发,以后既出现微弱的正激发,也出现负激发,这一结果被认为不仅与土壤本身性质有关,还和秸秆的组分有关,即易分解组分如热水溶性物质等产生正激发,而纤维素等组分产生负激发(陈春梅等,2006)。因此,添加生物炭后植烟土壤有机碳可能被激发而增加了有机碳的矿化速率。

土壤碳库主要是由有机碳库和无机碳库两部分组成。其中土壤有机碳以固体

形态、生物形态和溶解态存在于土壤中，包括动植物残体、腐殖质、微生物及各级代谢产物等含碳化合物。有机碳库在土壤碳库中占有重要地位，也是陆地生态系统最活跃的碳库。试验添加的生物炭经过 400℃无氧热解产生，生物炭中残留碳含量、挥发性有机物含量有所减少，且难分解碳比例较高。因此，添加生物炭后植烟土壤全碳含量有明显增加，这可能与添加的生物炭含有碳组分有关。

碳库管理指数综合了人为影响下土壤碳库指标和土壤碳库活度两方面的内容，一方面反映了外界条件对土壤有机质数量的影响，另一方面反映了土壤活性有机质数量的变化，所以能够较全面和动态地反映外界条件对土壤有机质的影响。土壤碳库管理指数上升，表明施肥耕作对土壤有培肥作用，土壤性能向良性发展；碳库管理指数下降，则表明施肥耕作使土壤肥力下降，土壤性质向不良方向发展，其管理和施肥方式是不科学的。处理 T3 的碳库管理指数达到 61.97，显著高于其他处理，表明常规施肥配施生物炭 600kg/hm^2 能较好改善土壤性质。添加生物炭后提高了土壤有机碳的矿化速率，同时增加了土壤易氧化活性有机碳和可溶性有机碳含量，这为进一步提高土壤碳库管理指数奠定了基础。

植烟土壤施用生物炭后，表征土壤碳库质量的多数指标，如土壤全碳、易氧化有机碳、可溶性有机碳含量、有机碳矿化速率、土壤碳库活度、碳库活度指数，尤其是土壤碳库管理指数都整体优于不施肥和常规施肥的处理，烤后烟叶品质、产量、经济效益得到了进一步提高，以常规施肥配施生物炭用量 600kg/hm^2 的处理效果最好。加入过多的生物炭可能会对烤后烟叶品质造成负面影响，因此，需要进一步开展生物炭用量增加后减少氮肥用量的研究。

第二节 生物炭类型对植烟土壤碳库及烤烟质量的影响

鉴于生物炭的理化特性受原材料和热解温度影响较大，本研究旨在探索施用不同原材料制成的生物炭对植烟土壤的改良效果，以进一步分析不同类型生物炭改良土壤时的差异，筛选适合当地土壤的最佳生物炭类型。

大田试验于 2013 年在陕西省汉中市南郑县进行，供试品种为云烟 97，土壤为黄棕壤。5 月 1 日移栽，株行距为 50cm×120cm。试验设置 4 个处理：T1（常规施肥）、T2（常规施肥+花生壳生物炭 600kg/hm^2）、T3（常规施肥+稻壳生物炭600kg/hm^2）、T4（常规施肥+麦秸生物炭 600kg/hm^2）。在南郑县选择 3 块常年植烟田进行试验，每个试验小区面积 67m^2，重复 3 次。大田管理采用当地优质烟叶生产技术。供试生物炭为花生壳生物炭、稻壳生物炭、麦秸生物炭，移栽时穴施。

一、生物炭类型对植烟土壤碳库的影响

试验结果表明（表 7-6），施用生物炭有增加土壤全碳含量的趋势。与处理 T1

相比，施用稻壳生物炭(T3)后土壤全碳含量略有增加，但施用麦秸生物炭(T4)显著增加了土壤全碳含量。可溶性有机碳具有一定的溶解性，在土壤中移动比较快、易分解，受植物和微生物影响强烈。本试验结果表明施用生物炭后土壤可溶性有机碳含量有增加趋势，且处理 T4 的土壤可溶性有机碳含量显著高于其他处理，比处理 T1 增加了 48%～92%。土壤微生物生物量碳含量的动态变化可以反映土壤耕作制度和土壤肥力的变化。T1 处理的土壤微生物生物量碳含量明显高于其他处理，施用生物炭后土壤微生物生物量碳含量有所降低，总体表现为处理 T4>T3>T2。施用生物炭后，土壤易氧化有机碳含量有明显增加的趋势，处理 T2 和 T4 的易氧化有机碳含量显著高于处理 T1，比 T1 增加了 14%～42%。施用生物炭后，土壤碳矿化速率得到了显著提高，与处理 T1 相比提高了 2.81～7.01 倍。

表 7-6　生物炭类型对植烟土壤碳库的影响

	处理	全碳/(g/kg)	可溶性有机碳/(mg/kg)	微生物生物量碳/(mg/kg)	易氧化有机碳/(g/kg)	矿化速率/[mg C/(kg·d)]
试验地一	T1	15.25b	60.27c	232.55a	1.93c	5.35c
	T2	17.07a	78.16b	185.14b	2.61a	20.38b
	T3	15.88b	90.50a	188.33b	2.02bc	28.46a
	T4	16.79ab	92.49a	215.67a	2.34b	31.56a
试验地二	T1	14.59b	61.27c	248.73a	1.79c	4.22d
	T2	17.27a	80.35b	145.29d	2.55a	26.03c
	T3	15.03b	79.32b	167.36c	2.02b	33.79a
	T4	18.47a	90.52a	199.32b	2.26ab	30.10b
试验地三	T1	13.79bc	61.74b	268.77a	2.24b	5.36c
	T2	16.10b	67.94b	123.59d	2.61a	24.28b
	T3	13.57c	70.51b	173.25c	1.65c	30.72a
	T4	19.65a	118.27a	215.19b	2.55a	23.10b

二、生物炭类型对植烟土壤碳库管理指数的影响

由表 7-7 可以看出，施用生物炭后，试验地一与试验地二的土壤碳库指数和碳库管理指数均有升高趋势。试验地一和试验地二中，处理 T2 的碳库活度、碳库活度指数和碳库管理指数均显著高于其他处理。处理 T2 的 CPMI 最高，处理 T4 次之，分别比处理 T1 高 18%～47%和 16%～26%。这表明施用花生壳生物炭及麦秸生物炭对农田土壤的改良效果要显著优于稻壳生物炭，当然更优于未加生物炭的对照。

表 7-7　生物炭类型对植烟土壤碳库管理指数的影响

	处理	碳库指数(CPI)	碳库活度(A)	碳库活度指数(AI)	碳库管理指数(CPMI)
试验地一	T1	0.72b	0.14c	0.52c	37.58c
	T2	0.81a	0.18a	0.65a	52.40a
	T3	0.75b	0.15bc	0.52c	39.36c
	T4	0.80a	0.16b	0.58b	46.24b
试验地二	T1	0.69c	0.14c	0.50c	34.70d
	T2	0.82b	0.17a	0.62a	50.88a
	T3	0.71c	0.16b	0.56b	39.69c
	T4	0.88a	0.14c	0.50c	43.80b
试验地三	T1	0.94a	0.13c	0.46c	42.88b
	T2	0.77b	0.19a	0.66a	50.64a
	T3	0.64c	0.14bc	0.50bc	32.00c
	T4	0.93a	0.15b	0.53b	49.81a

三、生物炭类型对烤后烟叶化学成分及协调性的影响

从表 7-8 中可以看出，施用生物炭的处理烤后烟叶烟碱含量显著增加，其中处理 T4 烟碱增加尤其明显，处理 T3 次之。施用生物炭后，烟叶总糖和还原糖含量下降。在施用生物炭的处理中，处理 T4 总糖、还原糖含量较 T2、T3 高。施用花生壳生物炭的处理 T2 增加了 K^+ 的含量，且与其他处理差异显著。试验中所有处理 Cl^- 含量都在正常含量范围内，但总体偏低。施用生物炭后，烟叶的两糖比整体有增加趋势，糖碱比显著降低，钾氯比整体呈降低趋势，其中试验地一和试验地三中，处理 T3 的钾氯比稍高于 T2、T4 处理。

表 7-8　生物炭类型对烤烟化学成分和协调性的影响

	等级	处理	Nic/%	RS/%	TS/%	K^+/%	Cl^-/%	两糖比	糖碱比	钾氯比
试验地一	C3F	T1	2.36c	23.86a	24.82a	1.51b	0.08c	0.96a	10.11a	18.88a
		T2	2.68b	19.73b	21.65b	1.87a	0.19a	0.91b	7.36b	9.84c
		T3	2.94ab	19.82b	22.75ab	1.31c	0.09c	0.87c	6.74b	14.56b
		T4	3.05a	20.33b	24.61a	1.31c	0.16b	0.83d	6.67b	8.19c
	B2F	T1	2.57c	21.23a	24.31a	1.51bc	0.09d	0.87b	8.26a	16.78a
		T2	2.77b	18.31b	19.52b	1.85a	0.27a	0.94a	6.61b	6.85c
		T3	2.69bc	17.56b	18.75b	1.46c	0.15c	0.94a	6.53b	9.73b
		T4	3.02a	17.21b	18.57b	1.57b	0.18b	0.93a	5.70b	8.72b
试验地二	C3F	T1	2.21b	24.33a	25.82a	1.55bc	0.08c	0.94ab	11.01a	19.38a
		T2	2.75b	17.85c	18.66c	1.83a	0.20a	0.96a	6.49b	9.15b
		T3	3.22a	17.38c	18.97c	1.49c	0.13b	0.92b	5.40b	11.46b
		T4	3.46a	19.27b	20.33b	1.61b	0.08c	0.95a	5.57b	20.13a

续表

	等级	处理	Nic/%	RS/%	TS/%	K⁺/%	Cl⁻/%	两糖比	糖碱比	钾氯比
试验地二	B2F	T1	2.56c	20.37a	22.43ab	1.42b	0.12c	0.91b	7.96a	11.83a
		T2	3.27a	18.54b	19.29c	1.88a	0.23a	0.96a	5.67b	8.17b
		T3	3.01b	18.78b	20.68bc	1.38b	0.15bc	0.91b	6.24b	9.20a
		T4	3.23a	20.35a	23.41a	1.29c	0.17b	0.87c	6.30b	7.59b
试验地三	C3F	T1	2.18c	21.97a	26.72a	1.68b	0.03c	0.82c	10.08a	56.00a
		T2	2.86b	16.75c	18.93c	2.01a	0.10a	0.88b	5.86b	20.10b
		T3	3.56a	18.67b	21.00bc	1.69b	0.08b	0.89b	5.24b	21.13b
		T4	3.35a	19.97b	22.05b	1.49c	0.08b	0.91a	5.96b	18.63c
	B2F	T1	2.23c	13.79b	16.52b	1.39b	0.09bc	0.83b	6.18b	15.44b
		T2	3.11b	14.51b	16.25b	1.87a	0.14a	0.89b	4.67c	13.36c
		T3	3.21a	20.88a	22.03a	1.45b	0.08c	0.95a	6.50a	18.13a
		T4	3.31a	20.85a	23.35a	1.21c	0.10b	0.89b	6.30b	12.10c

四、生物炭类型对烤烟经济性状的影响

由表 7-9 可以看出，施用生物炭后，烤烟的产量、产值和上等烟比例均有增加趋势。与处理 T1 比，施用生物炭处理的产值和产量分别增加了 5%～12% 和 6%～22%，并且中、上等烟比例均有增加趋势，中等烟比例增加了 3%～33%。

表 7-9　生物炭类型对烤烟经济性状的影响

	处理	产值/(元/hm²)	产量/(kg/hm²)	等级结构比例/%		
				下等烟	中等烟	上等烟
试验地一	T1	56 285.00b	2 097.00b	16.64a	36.79b	46.57b
	T2	58 963.50ab	2 395.73ab	15.39a	37.83ab	46.78b
	T3	59 283.00a	2 496.33a	12.41b	40.27a	47.32ab
	T4	59 895.50a	2 567.41a	10.77c	39.84a	49.39a
试验地二	T1	53 780.00b	2 369.47b	19.61a	32.03c	48.36b
	T2	60 027.25a	2 703.22a	8.75c	42.47a	48.78b
	T3	59 271.00a	2 657.84a	13.95b	37.03b	49.02ab
	T4	58 927.00a	2 502.70ab	13.58b	36.29b	50.13a
试验地三	T1	55 140.00b	2 432.55a	13.50b	33.60b	52.90a
	T2	58 999.50a	2 568.00a	11.00b	37.00ab	52.00a
	T3	60 078.00a	2 640.00a	11.20b	39.00a	49.80ab
	T4	58 870.50a	2 595.00a	11.40b	40.00a	48.60b

五、小结

施用生物炭直接增加了土壤全碳含量。3 块试验田的土壤全碳含量均为施用

稻壳生物炭处理处于较低水平,也正与稻壳生物炭全碳含量较低相一致。研究中发现施用麦秸生物炭处理的土壤微生物生物量碳含量相对较高,可能与麦秸生物炭具较大的比表面积有关。3 块试验地中,施用生物炭后土壤可溶性有机碳含量和易氧化有机碳含量均高于对照,一方面可能是生物炭表面含有微量易氧化的有机碳成分,另一方面为生物炭存在较丰富的孔隙结构,不仅可以吸附较多的微生物,还能够提供较多的碳源,为土壤微生物提供良好的生存环境。因此,施用生物炭可使土壤可溶性有机碳和易氧化有机碳含量升高,且比表面积相对较大的麦秸生物炭的提升作用更显著。

本试验表明施用生物炭后,土壤碳矿化速率明显提升,尤其是稻壳生物炭的提升作用更为明显。通常认为,土壤施入外源有机物后,土壤微生物数量、组成和活性发生变化,进而促进土壤有机质矿化。添加生物炭后,植烟土壤因其正激发效应而提高了有机碳的矿化速率,添加花生壳生物炭的土壤有机碳矿化速率相对较低,是由于花生壳含有大量的纤维素,对土壤的正激发效应较弱。

不同种类的秸秆所含的碳素结构与组成不同,烧制成的生物炭结构也有所不同。不同裂解方式对产生的生物炭的比表面积也影响很大,有的可以高达每克几百平方米,而有的可能只有 $0.7 \sim 15 m^2/g$。所以,不同材料来源的生物炭,对土壤碳库的影响效果不尽相同。试验中麦秸生物炭比表面积和比孔容较大,可以减少土壤中氮损失。Maestrini 等(2014)研究水稻秸秆生物炭时发现,水稻秸秆生物炭的添加可以促进红壤水稻土铵态氮的减少和硝态氮的积累,提升土壤 pH,有利于铵态氮向硝态氮转化。故施用生物炭后,烟叶烟碱含量升高,特别是麦秸生物炭对烟叶烟碱积累的促进效果更为明显。

植烟土壤施用生物炭后,表征土壤碳库质量的多项指标,如土壤易氧化有机碳含量、土壤有机碳矿化速率、土壤可溶性有机碳含量、碳库管理指数均优于常规施肥处理。施用生物炭对烟叶品质的影响也较显著,两糖比、烟碱含量均高于正常施肥处理,两糖含量、钾氯比、糖碱比有不同程度降低。花生壳生物炭对土壤的改良效果比较明显。麦秸生物炭促进土壤全碳含量增加的作用显著,但是显著地增加了烤后烟叶烟碱的含量。

第三节 生物炭对酸性植烟土壤改良效果及烤烟感官质量的影响

自 20 世纪 80 年代以来我国主要农田土壤出现显著酸化,氮肥过量施用是农田土壤酸化的最主要原因(Guo et al., 2010)。在使用大量化肥的同时,还存在烟田连作现象,导致土壤理化性质下降(娄翼来等,2007),健康程度降低,养分协调性变差，进一步影响了烟叶品质和产量。土壤酸度增加对烤烟生长发育有直接和间接影响，直接影响表现在土壤酸化对根部有害，影响根系的生长，进而影响根系的吸收功能（王丽红等，2013）；间接影响是改变了土壤养分形态，降低了某些营养元素的有效性（曾敏等，2006），更为青枯病、黑腐病等土传病害提供了传播的温床。因此，提高酸性植烟土壤 pH、改善其理化性状是提高烟叶质量的当务之急。

较高温度热解产生的生物炭拥有较高的 pH、CEC，丰富的表面含氧官能团和巨大的比表面积，较大的比表面积和孔隙度可以为微生物提供良好的栖息环境（Lehmann and Joseph, 2009）。生物炭能够通过改变土壤中有机质（SOM）腐殖化、矿质化等进程，改良土壤肥力，提高土壤有效性营养元素的含量，从而改善土壤理化性质（Atkinson et al., 2010），同时生物炭可以作为肥料缓释的载体来提高肥料利用率，增强土壤固碳能力，减少土壤向大气排放温室气体的量（Hidetoshi et al., 2009）。因此，施入生物炭后不仅可为作物生长提供所需的营养元素，还可调节土壤 pH 和水、肥、气、热状况。鉴于此，选用高温热解后的花生壳生物炭施用于烟田，研究其对植烟土壤的改良效果和对烤后烟叶感官质量的影响，为烟田土壤改良和农田废弃物利用探索一条新的技术途径。

试验于 2014～2015 年在重庆市石柱县南宾基地单元进行，海拔 1180m，前作为烟草。土壤类型为黄棕壤，烤烟品种为云烟 87。生物炭由花生壳在密闭低氧条件下经 400℃炭化而成，pH 为 7.17。试验分两年完成，其中，2014 年试验设置 CK-1（常规施肥）、T1-1（常规施肥+生物炭 3t/hm²）、T2-1（常规施肥+生物炭 6t/hm²）、T3-1（常规施肥+生物炭 9t/hm²）。2015 年试验在 2014 年基础上进行，分为 2015 年继续施用生物炭和不继续施用两部分，2015 年不继续施用生物炭试验设置 CK-2（原 CK-1 试验地）、T1-2（原 T1-1）、T2-2（原 T2-1）、T3-2（原 T3-1），不继续施用生物炭的试验田 2015 年均进行常规施肥；2015 年继续施用生物炭试验在 2014 年施用生物炭基础上再施加与 2014 年等量的生物炭，试验设置 CK-3（即 CK-2）、T1-3（T1-2+生物炭 3t/hm²）、T2-3（T2-2+生物炭 6t/hm²）、T3-3（T3-2+生物炭 9t/hm²）。

一、生物炭对土壤容重和总孔隙度的影响

（一）一次性施用生物炭当年对土壤容重和总孔隙度的影响

土壤容重越大，总孔隙度越小，土壤越紧实，土壤耕作性越差。由图 7-1 可知，在整个生育期土壤容重大小均为 CK-1＞T1-1＞T2-1＞T3-1，移栽后 30d、60d、90d T3-1 较对照分别下降 7.02%、13.07%、9.12%，后期土壤容重增加，可能是降雨、重力和农事操作造成了土壤紧实度增加。因此，一次性施用生物炭在当年能够降低土壤容重，减轻土壤紧实程度，随着生物炭用量的增加土壤容重降低量增加。

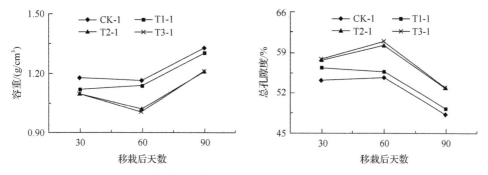

图 7-1　一次性施用生物炭当年对土壤容重和总孔隙度的影响

一次性施用生物炭当年对土壤总孔隙度的影响如图 7-1 所示，分析可知，在整个生育期土壤总孔隙度大小均为 T3-1＞T2-1＞T1-1＞CK-1，移栽后 30d、60d、90d T3-1 较对照分别增加 6.88%、11.38%、9.80%，土壤总孔隙度越高，土壤通透性越好，土质越疏松，说明一次性施用生物炭在当年能够增加土壤总孔隙度，且随着生物炭用量的增加土壤总孔隙度增加量增加。

（二）一次性施用生物炭次年对土壤容重和总孔隙度的影响

由图 7-2 可知，在整个生育期施用生物炭处理次年土壤容重比对照有所降低；移栽后 30d 施用生物炭处理土壤容重较对照下降了 0.13%～3.87%，移栽后 60d 下降了 3.09%～7.31%，移栽后 90d 下降了 2.48%～9.73%，说明一次性施用生物炭在次年能够继续降低土壤容重。施用生物炭处理的土壤总孔隙度在整个生育期均大于对照。

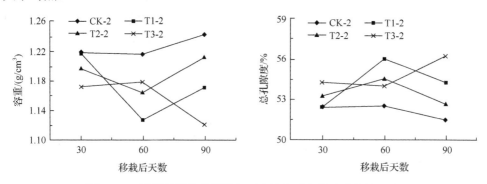

图 7-2　一次性施用生物炭次年对土壤容重和总孔隙度的影响

（三）连续施用生物炭对土壤容重和总孔隙度的影响

由图 7-3 可知，在整个生育期施用生物炭处理土壤容重均低于对照。移栽后 30d 施用生物炭处理土壤容重较对照下降 0.48%～3.92%，移栽后 60d 下降 4.44%～

12.03%，移栽后 90d 下降 5.77%～10.14%，说明连续施用生物炭能够降低土壤容重，减轻土壤紧实程度。烟株移栽后 30d 和 90d 时，土壤容重随着生物炭用量的增加而降低。

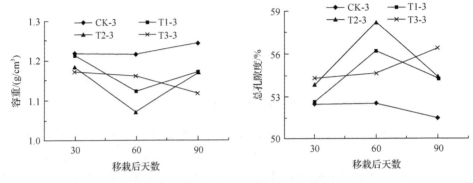

图 7-3　连续施用生物炭对土壤容重和总孔隙度的影响

土壤总孔隙度变化与土壤容重相反。移栽后 30d 施用生物炭处理土壤总孔隙度较对照增加 0.43%～3.56%，移栽后 60d 增加 4.02%～10.88%，移栽后 90d 增加 5.44%～9.56%，说明连续施用生物炭能够增加土壤总孔隙度，提高土壤通透性。

(四) 生物炭一次性施用与连续施用对土壤容重和总孔隙度的影响

由图 7-4 可知，连续施用生物炭处理土壤容重均比其对应的一次性施用生物炭处理低，烟株移栽后 30d、60d 和 90d 时降幅分别为 0.06%～1.14%、0.45%～8.11%、0.01%～3.64%，说明连续施用生物炭较一次性施用生物炭降低土壤容重的效果更显著。土壤总孔隙度变化规律与土壤容重相反，烟株移栽后 30d、60d 和 90d 时土壤总孔隙度增幅分别为 0.05%～1.00%、0.35%～6.71%、0.01%～3.27%，说明连续施用生物炭比一次性施用生物炭更能提高土壤总孔隙度，增强土壤通透性。

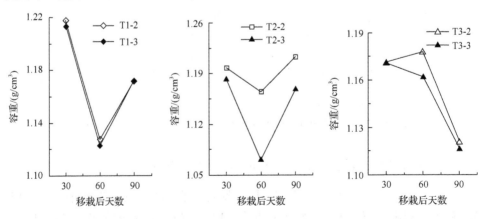

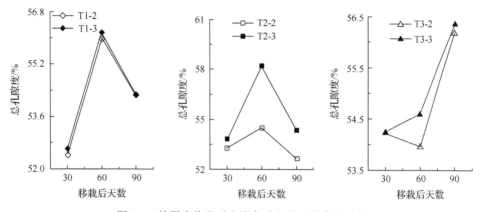

图 7-4　施用生物炭对土壤容重和总孔隙度的影响

二、生物炭对土壤有机质含量和 pH 的影响

(一)一次性施用生物炭当年对土壤有机质含量和 pH 的影响

一次性施用生物炭在当年对土壤有机质含量的影响如图 7-5 所示,在整个生育期土壤有机质含量表现为 T3-1>T2-1>T1-1>CK-1;移栽后 30d、60d 和 90d 时施用生物炭的处理 T3-1 土壤有机质含量较对照分别增加了 5.20%、24.08%和 29.74%。一次性施用生物炭在当年能够有效提高土壤有机质含量,且随着生物炭用量的增加有机质含量提高越明显。

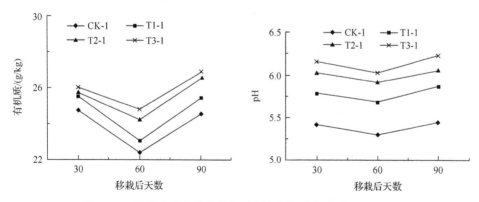

图 7-5　一次性施用生物炭当年对土壤有机质含量和 pH 的影响

土壤 pH 的变化规律与土壤有机质含量的变化规律相似,施用生物炭 9t/hm²的处理 T3-1 土壤 pH 最高,移栽后 30d、60d 和 90d 时较对照分别提高了 25.00%、15.57%和 19.16%。一次性施用生物炭在当年能够有效提高酸性土壤 pH,且随着生物炭用量的增加 pH 增加越多。

（二）一次性施用生物炭次年对土壤有机质含量和 pH 的影响

由图 7-6 可知，土壤 pH 的变化规律与土壤有机质含量的变化规律相似，在整个生育期土壤有机质含量和土壤 pH 均表现为 T3-2＞T2-2＞T1-2＞CK-2，且随着生物炭用量增加土壤有机质含量和土壤 pH 增加量均呈上升趋势。移栽后 30d、60d 和 90d 时施用生物炭处理 T3-2 土壤 pH 较对照分别提高 20.96%、21.21% 和 16.70%。一次性施用生物炭在次年能够增加土壤有机质含量，提高土壤 pH，且随着生物炭用量的增加土壤有机质含量和土壤 pH 提高越多。

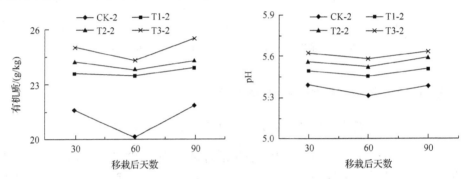

图 7-6　一次性施用生物炭次年对土壤有机质含量和 pH 的影响

（三）连续施用生物炭对土壤有机质含量和 pH 的影响

由图 7-7 可知，连续施用生物炭使土壤有机质含量大幅度提高，且随着生物炭用量的增加，有机质含量提高越明显。移栽后 30d、60d 和 90d 时施用生物炭处理土壤有机质含量较对照最大分别增加了 164.77%、140.63% 和 97.51%。

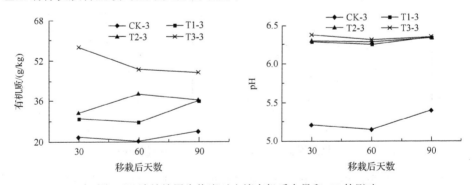

图 7-7　连续施用生物炭对土壤有机质含量和 pH 的影响

与对照 CK 相比，连续施用生物炭明显提高了土壤 pH，移栽后 30d、60d 和 90d 连续施用生物炭处理 T3-3 土壤 pH 较对照分别提高了 22.50%、22.76% 和 17.81%。

(四)生物炭一次性施用与连续施用对土壤有机质含量和 pH 的影响

如图 7-8 所示，连续施用生物炭处理土壤有机质含量较其对应的一次性施用生物炭处理有所提高，烟株移栽后 30d、60d 和 90d 时提高幅度分别为 2.80%～4.49%、0.81%～4.47%、1.30%～4.52%。连续施用生物炭，土壤 pH 在移栽后 30d、60d 和 90d 时相对于一次性施用的提高幅度分别为 0.91%～4.63%、0.91%～4.84%、0.72%～4.80%。生物炭连续施用较一次性施用更有利于提高土壤 pH。

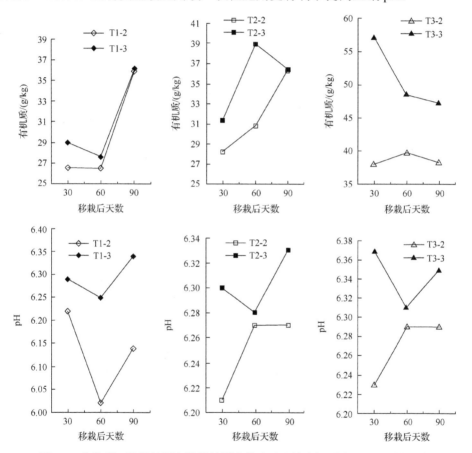

图 7-8　生物炭一次性施用与连续施用生物炭对土壤有机质含量和 pH 的影响

三、生物炭对土壤速效钾含量的影响

(一)一次性施用生物炭对土壤速效钾含量的影响

由图 7-9 可知，一次性施用生物炭处理当年土壤速效钾含量随生物炭用量增加而提高，移栽后 30d、60d 和 90d 时施用生物炭处理速效钾含量较对照最大分别提高了 10.57%、14.98%和 102.84%。由图 7-10 可知，一次性施用生物炭处理次年土壤速效钾含量随着生物炭用量增加而增加，移栽后 30d、60d 和 90d 时施用生物炭处理速效钾含量较对照最大分别提高了 81.12%、24.68%和 25.62%。

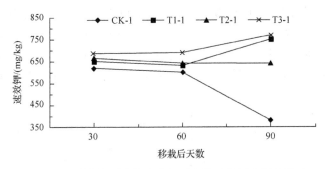

图 7-9　一次性施用生物炭当年对土壤速效钾含量的影响

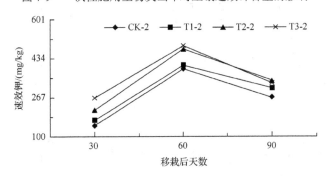

图 7-10　一次性施用生物炭次年对土壤速效钾含量的影响

(二)连续施用生物炭对土壤速效钾含量的影响

连续施用生物炭能够有效提高土壤速效钾的含量，如图 7-11 所示，移栽后 30d、60d 和 90d 时施用生物炭处理的速效钾含量较对照分别增加了 39.86%～103.86%、6.17%～28.30%、23.24%～56.46%。

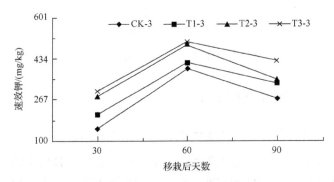

图 7-11　连续施用生物炭对土壤速效钾含量的影响

（三）生物炭一次性施用与连续施用对土壤速效钾含量的影响

如图 7-12 所示，生物炭连续施用较一次性施用更能提高土壤速效钾含量，移栽后 90d，处理 T3-3 比处理 T3-2 提高了 28.81%。

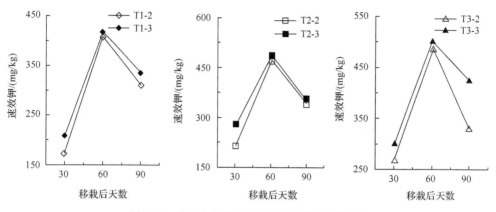

图 7-12　施用生物炭对土壤速效钾含量的影响

四、生物炭对土壤微生物生物量碳含量的影响

（一）一次性施用生物炭当年对土壤微生物生物量碳含量的影响

分析一次性施用生物炭当年对微生物生物量碳（MBC）的影响（图 7-13）可知，在整个生育期 MBC 大小依次为 T3-1＞T2-1＞T1-1＞CK-1；移栽后 30d 时施用生物炭处理 MBC 含量较对照分别提高了 13.57%、16.51% 和 25.10%；移栽后 60d 时施用生物炭处理 MBC 含量较对照分别提高了 30.37%、36.00% 和 42.44%；移栽后 90d 时施用生物炭处理 MBC 含量较对照分别提高了 63.54%、80.96% 和 87.82%。一次性施用生物炭在当年能够有效提高 MBC 含量，随着生物炭用量的增加 MBC 增加越多。

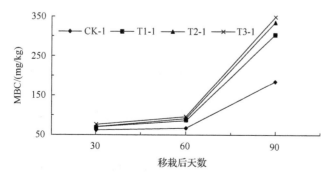

图 7-13　一次性施用生物炭当年对 MBC 含量的影响

(二)一次性施用生物炭次年对土壤微生物生物量碳含量的影响

由图 7-14 可知,MBC 含量随生物炭施用量的增加而升高,在整个生育期 MBC 大小依次为 T3-2>T2-2>T1-2>CK-2,移栽后 30d、60d 和 90d 时施用大量生物炭的处理 T3-2 土壤 MBC 含量较对照提高了 64.04%、75.22%和 81.00%。

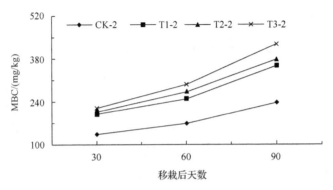

图 7-14　一次性施用生物炭次年对土壤微生物生物量碳含量的影响

(三)连续施用生物炭对土壤微生物生物量碳含量的影响

如图 7-15 所示,连续施用生物炭能够有效提高 MBC 含量,且随着生物炭用量的增加 MBC 增加越多;移栽后 30d、60d 和 90d 时施用生物炭处理土壤 MBC 含量较对照分别提高了 57.98%~91.80%、70.76%~81.57%、56.86%~89.48%。

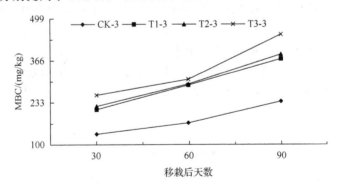

图 7-15　连续施用生物炭对土壤微生物生物量碳含量的影响

(四)生物炭一次性施用与连续施用对土壤微生物生物量碳含量的影响

如图 7-16 所示,连续施用生物炭处理 MBC 含量均较其对应的一次性施用生物炭处理有所提高,烟株移栽后 30d、60d 和 90d 时最大提高了 16.93%(T3-3 对 T3-2)、14.90%(T1-3 对 T1-2)、4.68%(T3-3 对 T3-2)。

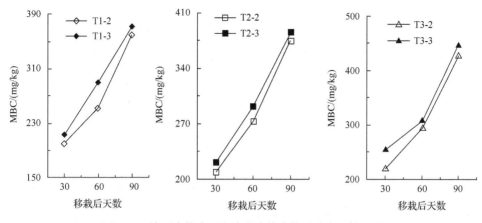

图 7-16 施用生物炭对土壤微生物生物量碳含量的影响

五、生物炭对上部叶评吸质量的影响

(一)一次性施用生物炭当年对上部叶评吸质量的影响

采用标度值法对烤后烟叶感官质量进行评吸。如表 7-10 所示,从风格特征分析,4 个处理劲头得分一致,施用生物炭处理烟气浓度得分均低于对照;与对照相比,施用生物炭的处理烟叶香气特征得分最大提高 12.82%,处理 T2-1 香气特征最佳;一次性施用生物炭处理在当年降低了上部叶杂气量得分,最大降低 9.42%;烟气特征得分较对照最大提升 7.69%;余味为促进因素,口感特征总体较好的是处理 T2-1、T3-1,其次是 T1-1。标度值整体分析,施用生物炭处理上部叶评吸得分较对照提高 66.67%(T1-1)、80.00%(T2-1)和 60.00%(T3-1)。一次性施用生物炭在当年能够提高上部叶评吸质量,处理 T2-1 最佳。

表 7-10 一次性施用生物炭当年对上部叶评吸质量的影响

特征	指标	CK-1	T1-1	T2-1	T3-1
风格特征	烟气浓度	3.80	3.00	3.00	3.00
	劲头	2.80	2.80	2.80	2.80
香气特征	香气质	2.60	2.60	3.00	3.00
	香气量	2.80	3.00	3.20	2.80
	透发性	2.40	3.00	2.60	2.80
杂气	杂气量	1.38	1.31	1.25	1.25
烟气特征	细腻程度	2.60	2.80	2.80	2.40
	柔和度	2.60	3.00	2.80	2.60
	圆润感	2.60	2.60	2.60	2.80

续表

特征	指标	CK-1	T1-1	T2-1	T3-1
口感特征	刺激性	2.80	2.20	2.20	2.40
	干燥感	2.40	2.40	2.20	2.20
	余味	2.60	2.60	2.80	3.00
标度值		3.00	5.00	5.40	4.80

（二）一次性施用生物炭次年对上部叶评吸质量的影响

表7-11所示为一次性施用生物炭次年对上部叶评吸质量的影响。与对照相比，施用生物炭处理的风格特征得分最大提高4.17%，香气特征得分最大提高20.88%，杂气量得分最大降低18.80%，烟气特征得分最大提升12.50%；刺激性、干燥感和余味表现均较好的是处理T2-2。标度值整体分析，施用生物炭处理上部叶评吸得分较对照提高46.15%（T1-2）、89.85%（T2-2）和46.15%（T3-2）。一次性施用生物炭在次年能够提高上部叶评吸质量，处理T2-2最佳。

表7-11　一次性施用生物炭次年对上部叶评吸质量的影响

特征	指标	CK-2	T1-2	T2-2	T3-2
风格特征	烟气浓度	3.50	3.50	3.50	3.50
	劲头	2.50	2.75	2.75	2.75
香气特征	香气质	2.75	3.00	3.00	3.00
	香气量	2.75	3.00	3.67	3.00
	透发性	2.50	3.00	3.00	2.75
杂气	杂气量	1.33	1.08	1.25	1.25
烟气特征	细腻程度	3.00	3.00	3.25	3.00
	柔和度	2.75	3.00	3.00	3.00
	圆润感	2.25	2.50	2.75	2.75
口感特征	刺激性	2.75	2.75	2.75	3.00
	干燥感	2.75	3.00	2.75	2.75
	余味	2.75	3.00	3.00	3.00
标度值		3.25	4.75	6.17	4.75

（三）连续施用生物炭对上部叶评吸质量的影响

如表7-12所示，施用生物炭处理的风格特征得分较对照最大提高4.17%，各处理烟气浓度得分一致,对照劲头得分稍低。与对照相比,施用生物炭处理的香气特征得分最大提高 21.88%,杂气量得分最大降低 6.02%,烟气特征得分最大提升 12.50%。刺激性、干燥感和余味表现均较好的是处理 T3-3。标度值整体分析,施用生物炭处理上部叶评吸得分较对照提高 53.85%(T1-3)、92.31%(T2-3) 和107.69%(T3-3)。连续施用生物炭能够显著提高上部叶评吸质量,处理 T3-3 最佳。

表 7-12　连续施用生物炭对上部叶评吸质量的影响

特征	指标	CK-2	T1-3	T2-3	T3-3
风格特征	烟气浓度	3.50	3.50	3.50	3.50
	劲头	2.50	2.75	2.75	2.75
香气特征	香气质	2.75	3.25	3.25	3.00
	香气量	2.75	3.00	3.50	3.25
	透发性	2.50	3.00	3.00	3.50
杂气	杂气量	1.33	1.25	1.25	1.25
烟气特征	细腻程度	3.00	3.00	3.25	3.00
	柔和度	2.75	3.00	3.00	3.00
	圆润感	2.25	2.50	2.50	3.00
口感特征	刺激性	2.75	2.75	2.75	2.50
	干燥感	2.75	3.00	2.50	2.50
	余味	2.75	3.00	3.00	3.00
标度值		3.25	5.00	6.25	6.75

(四)生物炭一次性施用与连续施用对上部叶评吸质量的影响

如表 7-13 所示,处理 T1-3 与处理 T1-2 相比,二者风格特征、烟气特征和口感特征得分一致,香气特征得分提高 2.78%,杂气量得分提高 15.74%;处理 T2-3 与处理 T2-2 对比,二者风格特征和杂气量得分一致,香气特征得分提高 0.83%,烟气特征得分降低 2.78%,口感特征得分提高;处理 T3-3 与处理 T3-2 对比,二者风格特征和杂气量得分一致,香气特征得分提高 11.43%,烟气特征得分提高 2.86%,口感特征有所改善。从标度值来看,连续施用生物炭处理与其对应的一次性施用生物炭处理对比,上部叶评吸质量提高 5.26%(T1-3 对 T1-2)、1.30%(T2-3 对 T2-2)和42.11%(T3-3 对 T3-2),说明连续施用生物炭处理较其对应的一次性施用生物炭处理的上部叶评吸质量得到了进一步改善。

表 7-13　生物炭一次性施用与连续施用对上部叶评吸质量的影响

特征	指标	T1-2	T1-3	T2-2	T2-3	T3-2	T3-3
风格特征	烟气浓度	3.50	3.50	3.50	3.50	3.50	3.50
	劲头	2.75	2.75	2.75	2.75	2.75	2.75
香气特征	香气质	3.00	3.25	3.00	3.25	3.00	3.00
	香气量	3.00	3.00	3.67	3.50	3.00	3.25
	透发性	3.00	3.00	3.00	3.00	2.75	3.50
杂气	杂气量	1.08	1.25	1.25	1.25	1.25	1.25
烟气特征	细腻程度	3.00	3.00	3.25	3.25	3.00	3.00
	柔和度	3.00	3.00	3.00	3.00	3.00	3.00
	圆润感	2.50	2.50	2.75	2.50	2.75	3.00
口感特征	刺激性	2.75	2.75	2.75	2.75	3.00	2.50
	干燥感	3.00	3.00	2.75	2.50	2.75	2.50
	余味	3.00	3.00	3.00	3.00	3.00	3.00
标度值		4.75	5.00	6.17	6.25	4.75	6.75

六、小结

施用生物炭能降低土壤容重、增加土壤总孔隙度。一次性施用生物炭在当年随着生物炭用量的增加，土壤容重降低幅度增大、土壤总孔隙度升高幅度增大；连续施用生物炭也表现出相似规律；连续施用生物炭与其对应的一次性施用生物炭处理，土壤容重的降低幅度更大；连续施用生物炭用量越大，土壤容重降低量越大、总孔隙度增加量越大。这主要是由于生物炭具有较高的孔隙度且结构稳定，能够为土壤提供稳定的支架，可以长期保证土壤有较低的容重和较高的孔隙度，有利于烟株根系发育，为烟叶优质适产奠定基础。

施用生物炭能够提高土壤有机质含量。一次性施用生物炭在当年和次年均随着生物炭用量的增加，土壤有机质含量增加幅度增大；连续施用生物炭时随着用量的增加土壤有机质含量增加；连续施用生物炭与其对应的一次性施用生物炭对比，有机质含量增加幅度更大。虽然生物炭的化学结构不同于有机质或土壤腐殖质，但是生物炭与有机质或腐殖质一样可以改良培肥土壤。施用生物炭可以提高土壤有机碳含量水平，其提高的幅度取决于生物炭的用量及稳定性。土壤有机碳含量增高可提高土壤的 C/N，从而提高土壤对氮素及其他养分元素的吸持容量，有利于通过配合施肥培肥土壤。然而，生物炭对土壤有机质含量的影响有着冲突的报道。Wardle 等(2008)和 Contina 等(2010)分别报道生物炭施用可引起土壤有机质损失，但前者的土壤埋袋培养试验方法受到质疑(Lehman and Sohi，2008)。而 Bruun 等(2009)采用 ^{14}C 标记生物炭及作物秸秆的 2 年土壤培养试验发现：生物炭(低温和高温碳损失分别为 9.3%、3.1%)远远低于秸秆(56%)施用造成的碳损失，生物炭施用初期的碳损失可能与生物炭颗粒表面氧化有关。Deenik 等(2009)则发现碳损失可能与生物炭中挥发分被微生物分解有关。

施用生物炭能够提高土壤 pH。一次性施用生物炭在当年和次年对提高土壤pH 有积极作用，随着生物炭施用量增加，土壤 pH 提高量增加；连续施用生物炭与其对应的一次性施用生物炭对比，土壤 pH 提高幅度更大。生物炭的酸碱性取决于生物炭原料及生产工艺，但是大部分生物炭显碱性。因此，生物炭施入土壤通常可提高酸性土壤 pH，这主要是因为生物炭中灰分含有更多的盐基离子，如钙、镁、钾、钠。盐基离子可以交换降低土壤氢离子及交换性铝离子水平，生物炭配合NPK 化肥降低酸性土可交换性铝离子水平更明显(Steiner et al.，2007)，从而提高土壤盐基离子如钙、钾、钠等(Zwieten et al.，2010)的饱和度而导致土壤 pH 增高。这种作用针对酸性土壤效果明显，但对碱性土壤作用不显著(Zwieten et al.，2010)。

生物炭不仅可产生负电荷，也可产生正电荷，因而生物炭不仅可以吸持土壤有机质吸持的养分，还可吸持土壤有机质不吸持的磷素养分。尽管如此，生物炭吸持养分还是有一定选择性的，其选择性与生物炭本身所含矿物质含量及种类有关。生物炭富含有机碳，但矿质养分含量通常偏低，生物炭对补充土壤养分的作用不如肥料明显，但是不同材料来源的生物炭矿质养分含量有较大差异。本试验结果表明，施用生物炭能够提高土壤中速效钾含量。一次性施用生物炭在当年和次年均可提高土壤速效钾含量，连续施用生物炭处理随着生物炭用量的增加土壤速效钾含量增加幅度增大，与其对应的一次性施用生物炭处理对比，速效钾含量也有所增加。烟草属喜钾植物，土壤中钾含量及其有效性是优质烟叶形成的关键影响因素之一。

生物炭的孔隙具有很大变异性，小到不足 1nm，大到几十纳米甚至数十微米。生物炭孔隙能够贮存水分和养分，因而生物炭的孔隙和表面成为微生物可栖息生活的微环境(Yoshizawa and Tanaka，2008；Hockaday，2006；Ogawa，1994)，其数量增加可使微生物数量及活性提高。生物炭对土壤微生物的影响与生物炭类型有关(Steinbeiss et al.，2009)，低温制备的生物炭通常含较多的挥发分(Gheorghe et al.，2009)，挥发分是一些低分子易降解有机化合物，是微生物易降解碳源，有利于微生物活动，这可能是生物炭可提高土壤微生物生物量、活性(Kolb et al.，2009；Steinbeiss et al.，2009)的另一原因。生物炭用量增大，其挥发分量就增大(Deenik et al.，2009)，因而基础呼吸速率、微生物生物量、群落生长及微生物呼吸效率(以呼吸熵表示)随生物炭用量线性显著增长(Steiner et al.，2008)。本研究结果表明，施用生物炭能够提高土壤 MBC 含量；一次性施用生物炭在当年和次年均随着生物炭用量的增加，土壤中 MBC 含量增加幅度增大。连续施用生物炭也表现出此趋势。

烤烟评吸质量是决定烟叶品质和卷烟配方的关键。一次性施用生物炭在当年和次年均能够提高上部叶评吸质量，生物炭用量为 $6t/hm^2$ 时（处理 T2-1、T2-2）上部叶评吸质量最高；连续施用生物炭时，随着生物炭施用量的增加上部叶评吸质量提高；连续施用生物炭处理与其对应的一次性施用生物炭对比，评吸质量得到了进一步改善。

第四节　两种生物炭对植烟土壤生物学特性的影响

烟草是不耐连作的作物，连作后病害发生严重，连作时间过长引起土壤养分严重失调，从而降低烟叶产量和品质。烟草生产在产出大量烟叶的同时，也产出巨量的烟秆，如何合理利用烟秆进行土壤改良是烟草生产的重要课题之一。前述有关章节对烟草秸秆的元素组成，以及烟秆生物炭和花生壳生物炭的理化特性进行了分析，为本节研究奠定了较好的基础。本研究采用田间试验，研究添加花生壳生物炭和烟秆生物炭对植烟土壤生物学特性的影响，以期为生物炭改良烟田土壤提供理论依据。

试验于 2014 年在河南省郏县进行。试验设 4 个处理：CK 为不施肥，处理 T1 为常规施肥，处理 T2 为常规施肥+花生壳生物炭（以下简称"花生壳炭"），处理 T3 为常规施肥+烟秆生物炭（以下简称"烟秆炭"）。花生壳炭与烟秆炭的用法用量均为 $5250kg/hm^2$（撒施）+$750kg/hm^2$（穴施）。常规施肥纯氮用量为 $52.5kg/hm^2$，$N：P_2O_5：K_2O=1：2：3$。每个处理小区面积 $86.4m^2$，重复 3 次。撒施在移栽前一个月进行，将生物炭撒匀后机械翻地，深度为 0～20cm，然后起垄；穴施在移栽时进行。供试品种为中烟 100。其他管理措施与当地优质烟叶生产管理措施相同。

一、生物炭对土壤微生物数量的影响

如表 7-14 所示，除 CK 外，细菌数量在整个大田生育期表现为先增加后减少。CK、处理 T1 和 T3 均在移栽后 75d 达到最大，此时的细菌数量表现为 T3>T2>T1>CK，处理 T2 在移栽后 45d 达到最大。移栽后 75～105d，细菌数量开始明显下降。

表 7-14　生物炭对植烟土壤细菌的影响　　（单位：$\times 10^6 cfu/g$）

处理	移栽后天数					
	30d	45d	60d	75d	90d	105d
CK	24.77ab	19.25c	33.54c	39.53d	5.38c	23.88a
T1	26.85a	27.29c	33.30c	88.92c	71.97ab	14.87b
T2	20.45b	162.95a	126.91b	136.47b	82.72a	9.24c
T3	31.32a	138.19b	234.46a	236.31a	61.10b	17.61ab

由表 7-15 可知，移栽后 30～45d，除 CK 真菌数量略有下降以外，其他处理均有所增加；在 45d 时，真菌数量表现为 T3＞T2＞CK＞T1。移栽后 45～75d，除了 T1，其他处理真菌数量均逐步下降，在移栽后 75d 时真菌数量表现为 T3＞T2＝T1＞CK。移栽后 75～105d，各处理真菌数量整体提高，尤其是在移栽后 90～105d，真菌数量增长较快。施用生物炭增加了土壤真菌数量，烟秆炭在烟株生长前期作用明显，而花生壳炭在烟株生长后期作用明显。

表 7-15　生物炭对植烟土壤真菌的影响　（单位：×10⁶cfu/g）

处理	移栽后天数					
	30d	45d	60d	75d	90d	105d
CK	0.52a	0.20bc	0.15b	0.13b	0.17b	1.82b
T1	0.10c	0.19c	0.20a	0.15ab	0.14bc	1.66c
T2	0.15c	0.24b	0.18ab	0.15ab	0.49a	2.53a
T3	0.29b	0.5＞7a	0.20a	0.16a	0.16b	1.60c

如表 7-16 所示，与 CK 相比，施用生物炭明显增加了土壤放线菌数量。移栽后 30～45d，各处理放线菌数量均有所增加。移栽后 45～75d，CK 和处理 T1 放线菌数量表现出先增加后下降，处理 T2 和 T3 则逐步下降。移栽后 75～105d，处理 T1 和 T2 放线菌数量逐渐增加，CK 和处理 T3 则在 105d 时略有下降。施用烟秆炭有增加放线菌数量的趋势，而花生壳炭对放线菌数量影响不明显。

表 7-16　生物炭对植烟土壤放线菌的影响　（单位：×10⁶cfu/g）

处理	移栽后天数					
	30d	45d	60d	75d	90d	105d
CK	2.34bc	2.82c	5.87b	5.46b	7.56b	6.65c
T1	1.56c	7.34b	8.03a	4.39b	8.24b	9.95a
T2	2.92b	7.08b	5.95b	4.91b	7.65b	8.35b
T3	3.70a	8.24a	7.92a	7.37a	12.55a	7.60b

二、生物炭对植烟土壤微生物生物量碳和氮含量的影响

如图 7-17 所示，植烟土壤 MBC 含量在整个大田期呈现出先增加后降低再增加的趋势，移栽后 45d 时含量最高。在移栽后 45d 时，MBC 含量表现为 T2＞T3＞T1＞CK。CK、处理 T1 和 T2 的最小值出现在移栽后 75d，而处理 T3 的最小值出现在移栽后 90d。在 105d 时，T2＞T1＞CK＞T3。施用花生壳炭增加了植烟土壤微生物生物量碳含量，而烟秆炭降低了烟株生长后期的微生物生物量碳含量。

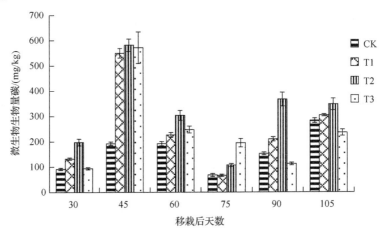

图 7-17　生物炭对植烟土壤微生物生物量碳含量的影响

如图 7-18 所示，各处理植烟土壤 MBN 含量在整个大田生育期均表现为先增加后降低的趋势。处理 T1 和 T2 的最大值出现在移栽后 45d，CK 和处理 T3 的最大值出现在移栽后 60d。与 CK 相比，施用生物炭明显增加了植烟土壤 MBN 含量；与处理 T1 相比，施用生物炭有增加植烟土壤 MBN 含量的趋势，尤其以烟秆炭增加趋势明显。

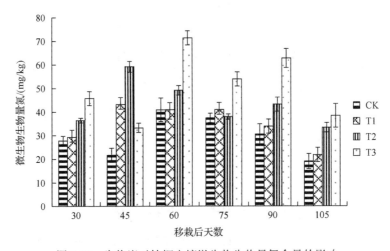

图 7-18　生物炭对植烟土壤微生物生物量氮含量的影响

如图 7-19 所示，随着烟草的生长发育，土壤 MBC/MBN 呈现出"N"形升降变化趋势，这与土壤 MBC 含量的变化规律相对应。整体来看，施用生物炭有增加土壤 MBC/MBN 的趋势，其中移栽后 30d、60d、75d、90d 时处理 T2 的 MBC/MBN 高于 CK 和处理 T1，移栽后 45d 和 75d 时处理 T3 的 MBC/MBN 高于 CK 与处理

T1。在烤烟生育后期，即移栽后 105d 时，施用生物炭降低了土壤 MBC/MBN。因此，施用生物炭增加了前期 MBC/MBN，降低了后期 MBC/MBN。

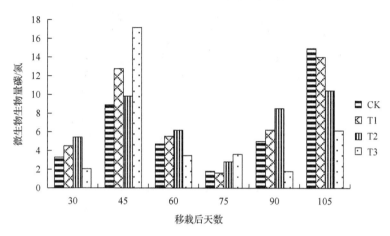

图 7-19　生物炭对植烟土壤微生物生物量碳氮比值的影响

三、生物炭对植烟土壤全碳和全氮含量的影响

由图 7-20 和图 7-21 可知，土壤全碳和全氮含量在整个大田生育期均有先升高后下降再升高的趋势。移栽后各时期，处理 T2 的土壤全氮含量均高于处理 T1。处理 T2 的土壤全碳和全氮含量整体上均优于处理 T3，即施用花生壳炭提高土壤全碳和全氮含量的效果优于烟秆炭。

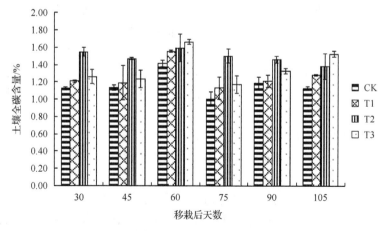

图 7-20　生物炭对植烟土壤全碳含量的影响

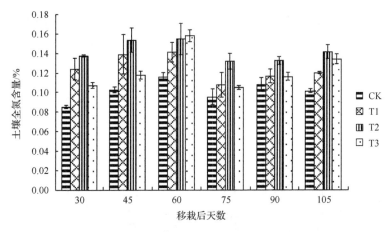

图 7-21　生物炭对植烟土壤全氮含量的影响

四、小结

烟田施入生物炭后可明显提高土壤微生物的数量，原因可能是生物炭发达的孔隙结构和较大的比表面积对水肥有强烈的吸附作用，改善了土壤的物理性质，为微生物生存提供了良好环境；同时，生物炭可以提高土壤的盐基饱和度，其较高的阳离子交换量对提高土壤肥力与生产性能具有重要作用，进而影响土壤微生物的数量；土壤中添加生物炭可以明显改变土壤酶活性，影响微生物的生长繁殖。施用花生壳炭和烟秆炭对土壤微生物的影响是不同的，这可能是由生物炭原材料组成存在差异等所致。

施用花生壳炭增加了植烟土壤微生物生物量碳含量，而烟秆炭降低了烟株生长后期的微生物生物量碳含量，增加了微生物生物量氮含量。土壤微生物生物量氮对土壤氮素有效性有重要影响，也是土壤碱解氮的重要来源之一。本研究结果表明，烟秆炭对土壤微生物生物量氮有明显提高作用，表明有较多的氮素通过同化作用进入微生物体内暂时固定，从而减少通过 NH_3 挥发和 NO_3^- 淋失及反硝化脱氮等途径造成的氮素损失。

土壤微生物生物量碳与微生物生物量氮的比值一般小于土壤碳氮比，一定程度上也说明土壤微生物生物量氮是植物有效氮的重要储备。一般认为土壤微生物的组成不同会导致土壤微生物生物量碳与微生物生物量氮的比值发生变化。本试验中土壤微生物生物量碳与微生物生物量氮的比值因施用生物炭种类的不同而有明显差异。土壤全碳、全氮是影响土壤微生物生物量碳和微生物生物量氮的主要因素，因为土壤全碳和全氮是土壤微生物在进行自身合成与代谢过程的主要碳源及氮源。土壤碳、氮的矿质化和腐殖化处于动态平衡，在种植作物后这种动态变化更加复杂。本试验中，施加生物炭明显提高了土壤全碳和全氮含量，以花生壳炭效果更明显。生物炭发达的孔隙结构和较大的比表面积使土壤具有较强的保肥保水能力，降低了淋溶土壤的营养损失。

施用生物炭增加了土壤微生物数量，提高了土壤微生物生物量碳与微生物生物量氮含量，增加了土壤全碳和全氮含量。施用花生壳炭和烟秆炭对植烟土壤的生物学特性有较好的改良作用，但两者所产生的效果略有不同。

第五节　基于盆栽试验的施用烟秆生物炭对植烟土壤呼吸速率的影响

土壤呼吸量占陆地生态系统总呼吸量的 66.7%以上，土壤呼吸是大气和土壤间进行 CO_2 交换的重要方式之一。土壤呼吸相对微小的变化也会导致大气中 CO_2 浓度发生巨大改变。在陆地生态系统中，农田生态系统最易受人为因素的影响，农业源排放的 CO_2 量几乎达到人为排放量的 1/4(林而达，2001)。所以，研究农田生态系统土壤呼吸速率对评估陆地生态系统碳收支平衡具有重要意义。生物炭可以改变土壤微生物的生存环境，影响微生物的活性，进而影响 CO_2 的排放。由于生物炭中含有微量元素、自由基及一些化学反应的催化剂等，因此对土壤的微生物活性具有提高作用。吴志丹等(2012)研究报道，施入生物炭提高了茶园土壤呼吸速率，但关于土壤呼吸速率的影响因素目前尚不完全清楚。张博等(2013)研究油松人工林时发现土壤呼吸速率受温度影响较大，且土壤日均呼吸速率与土壤温度存在极显著的指数关系。赵吉霞等(2015)对云南松林土壤研究的结果表明，土壤呼吸速率与土壤全氮、水解氮、易氧化有机碳含量及 pH 均呈显著正相关，且与土壤全磷含量呈极显著正相关，而与土壤 C/N 则呈极显著负相关。以往的研究主要集中在森林和草原，而对农田土壤的研究较少，尤其是烟田。因此，本节基于盆栽试验研究了不同生物炭用量下的植烟土壤呼吸，分析烟草生育期植烟土壤呼吸速率与土壤温度和含水率的关系，旨在为植烟土壤呼吸的准确判断及生物炭的合理施用提供依据。

一、试验材料与方法

(一)试验地概况

试验设置于河南农业大学科教园区，属温带季风气候，年均太阳总辐射量 $4900MJ/(m^2 \cdot 年)$，平均气温 14.0℃，年均降雨量 640.9mm，无霜期 220d，全年日照时数约 2400h。土壤质地为壤土，pH 7.12，有机质 13.65g/kg，碱解氮 42.12mg/kg，速效磷 38.67mg/kg，速效钾 77.23mg/kg。在每次取样前记录近一周的平均气温和天气状况，见表 7-17。

表 7-17　试验区天气状况

日期(年-月-日)	平均气温/℃	天气状况
2015-5-26 至 2015-6-1	27.50～20.57	晴—多云—雨
2015-6-8 至 2015-6-14	30.71～25.00	晴—多云
2015-6-27 至 2015-7-1	28.25～21.86	晴—多云—雨
2015-7-9 至 2015-7-15	33.50～24.25	晴—多云—雨
2015-7-27 至 2015-8-1	32.50～26.29	晴—多云—雨
2015-8-8 至 2015-8-14	32.86～23.00	晴—多云
2015-8-27 至 2015-9-1	30.00～20.86	晴—多云—雨
2015-9-9 至 2015-9-15	25.71～18.25	晴—多云

(二)试验设计

试验于 2015 年 5～10 月进行(5 月 1 日移栽)，供试品种为中烟 100，采用盆栽，土壤自然风干过 5mm 筛，每盆(直径 30cm)装土量 25kg。共设 6 个处理：不施肥(CK)；常规施肥(T1)；常规施肥+12g/kg 生物炭(T2)；常规施肥+24g/kg 生物炭(T3)；常规施肥−纯氮 5%+12g/kg 生物炭(T4)；常规施肥−纯氮 10%+24g/kg 生物炭(T5)。每处理 20 株，常规施肥为硝酸铵 10g/盆，$N：P_2O_5：K_2O=1：2：3$，肥料和生物炭与土壤混匀后装入盆中。烟株在旺长期每 2d 浇水 1 次，伸根期和成熟期每 5～7d 浇水 1 次，每次 3L。生物炭为烟秆生物炭。

采用便携式光合作用测量仪的土壤气室(Li-6400XT-09，美国 LI-COR 公司)测定土壤呼吸速率。从烟苗移栽后 30d 起到烟叶收获每 15d 测定 1 次，测定时间为 11:00～14:00。测量气室放置在事先已经放入土壤中的聚氯乙烯(polyvinylchlorid，PVC)环上进行测量，为避免安置 PVC 环引起土壤扰动而造成短期呼吸速率的波动，第 1 次测定在安置 24h 后进行。PVC 环直径 5.07cm，高 4cm，PVC 环埋入土壤后露出地表 2cm 以保证测量气室的密闭性，每个处理选取 3 盆分别安置 1 个环，每次测定 3 次重复，仪器自动记录。在测定土壤呼吸速率的同时，在 PVC 环附近选择 1 个点，将土壤温度探针插入土壤，深度固定为 10cm。

(三)数据处理

采用指数方程对土壤温度和土壤呼吸速率的关系进行拟合(王小国等，2007)，拟合方程为

$$R_s = a \cdot e^{bT}, \quad Q_{10} = e^{10b}$$

式中，R_s 为土壤呼吸速率[μmol/(m²·s)]；Q_{10} 为温度敏感系数；T 为土壤温度（℃）；a、b 为待定参数。

采用线性和非线性两种模型拟合土壤温度与土壤含水率对土壤呼吸速率的影响（张红星等，2009），拟合方程为

$$R_s = a + bT + cW, \quad R_s = a \cdot e^{bT} \cdot Wc$$

式中，R_s 为土壤呼吸速率[μmol/(m²·s)]；T 为土壤温度（℃）；W 为土壤含水率（%）；a、b、c 为待定参数。

二、植烟土壤呼吸速率的变化

不同生物炭用量条件下，植烟土壤呼吸速率的变化趋势（图 7-22）与土壤温度的变化趋势（图 7-23）相似。6 月上旬土壤温度呈上升趋势，下旬呈下降趋势，其间各处理土壤呼吸速率也呈现先上升后下降的趋势；7 月外界温度的升高导致土壤微生物活性提高，土壤呼吸速率增加；8 月初土壤温度最高时各处理土壤呼吸速率最大，此阶段之后土壤温度开始下降，土壤呼吸速率逐渐减弱，尤其是 8 月中下旬土壤呼吸速率急剧降低，至 9 月 15 日左右下降至相对较低水平。原因可能是此阶段烟叶进入成熟期，开始采收，导致叶面积系数迅速降低，根系获得的光合产物水平下降，同时地表温度呈下降趋势，微生物活性降低，共同导致了土壤呼吸速率的降低。土壤温度受周围环境影响，处理间差异不大；处理 T3 和 T4 土壤呼吸速率在各时期均较高。

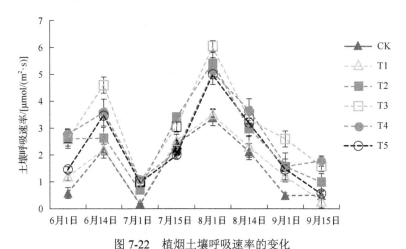

图 7-22　植烟土壤呼吸速率的变化

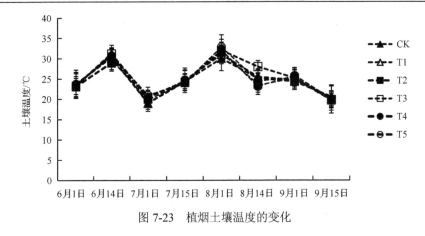

图 7-23　植烟土壤温度的变化

三、土壤呼吸速率与土壤温度、土壤含水率的关系

(一)植烟土壤呼吸速率与温度的关系

采用方程拟合土壤呼吸速率与土壤温度的关系，见表 7-18。决定系数 R^2 为 0.5447～0.8512，表明不同处理间的拟合水平略有差异。Q_{10} 为温度敏感系数，为温度每升高 10℃土壤呼吸速率增加的倍数，通常用来表示土壤呼吸速率对温度的敏感程度。各处理的 Q_{10} 排序依次为 T1＞CK＞T5＞T2＞T3＞T4，处理 T3 和 T4 的 Q_{10} 值分别为 3.17 和 2.36，相对小于其他处理，说明这两种施肥方式下土壤呼吸速率对土壤温度的敏感程度小于其他方式。

表 7-18　土壤呼吸速率与土壤温度的关系方程参数(n=24)

处理	拟合方程	a	b	R^2	Q_{10}
CK	$R_s = 0.0067e^{0.2028T}$	0.0067	0.2028	0.6809	7.60b
T1	$R_s = 0.0044e^{0.2242T}$	0.0044	0.2242	0.7643	9.41a
T2	$R_s = 0.0829e^{0.1321T}$	0.0829	0.1321	0.6217	3.75c
T3	$R_s = 0.1435e^{0.1154T}$	0.1435	0.1154	0.8512	3.17d
T4	$R_s = 0.2810e^{0.0859T}$	0.2810	0.0859	0.5447	2.36d
T5	$R_s = 0.0483e^{0.1443T}$	0.0483	0.1443	0.7894	4.23c

(二)植烟土壤呼吸速率与含水率的关系

土壤含水率测定结果见图 7-24。由其可知，6 月上旬土壤含水率相对较低，7 月及 9 月初土壤含水率相对较高，与此时间段降雨较多和大气温度较低均有较大关系。采用指数模型及一元二次函数模型对土壤呼吸速率与土壤含水率间的关系拟合，结果见表 7-19。土壤含水率与土壤呼吸速率拟合的决定系数分别为 0.0174～0.2157 和 0.0399～0.3482，一元二次函数模型的决定系数相对较高，但总体来看各处理两种模型的拟合程度依然较低，表明仅用含水率不能准确表征土壤呼吸速率的变化规律。根据一元二次函数的数学意义可知，土壤含水率对土壤呼吸具有双向调节作用，在含水率较低条件下增加土壤水分会促进土壤呼吸，而含水率过高时则抑制土壤呼吸。通过对抛物线函数求导得出土壤呼吸速率不再随着土壤含水率增加而增加的界限值，即土壤呼吸速率对土壤含水率的响应阈值。利用决定系数较高的 T5 处理的方程式得出植烟土壤呼吸速率对土壤含水率的响应阈值为11.21%。本试验中，土壤呼吸速率与土壤含水率之间的拟合系数均相对较小，这可能是因为土壤含水率并未产生极端变化，对微生物与烟草根系影响较小。

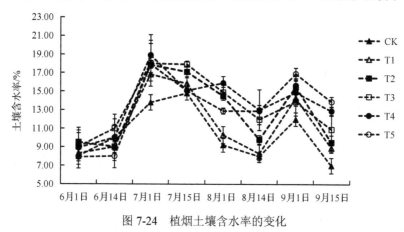

图 7-24　植烟土壤含水率的变化

表 7-19　土壤呼吸速率与土壤含水率的方程参数($n = 24$)

处理	指数模型			一元二次函数模型		
	$R_s = ae^{bW}$	R^2	P 值	$R_s = aW^2 + bW + c$	R^2	P 值
CK	$R_s = 1.6378e^{-4.709W}$	0.0174	0.0735	$R_s = -412.62W^2 + 89.369W - 3.046$	0.0399	0.0726
T1	$R_s = 3.2383e^{-8.956W}$	0.0874	0.0290	$R_s = -936.98W^2 + 225.090W - 10.760$	0.2591	0.0191
T2	$R_s = 3.0770e^{-2.899W}$	0.0259	0.0592	$R_s = -1388.80W^2 + 365.760W - 19.806$	0.3482	0.0690
T3	$R_s = 4.4946e^{-3.726W}$	0.0474	0.0021	$R_s = -910.23W^2 + 247.640W - 12.862$	0.2379	0.0032
T4	$R_s = 6.6816e^{-7.410W}$	0.2157	0.0734	$R_s = -280.56W^2 + 64.583W - 0.617$	0.1344	0.0874
T5	$R_s = 4.8914e^{-7.417W}$	0.1452	0.0685	$R_s = 547.51W^2 + 122.740W - 3.747$	0.3009	0.0785

(三)植烟土壤温度、含水率与土壤呼吸速率的复合关系

前人的研究结果表明，土壤呼吸速率受土壤温度和含水率共同影响，将土壤温度和含水率与土壤呼吸速率进行方程拟合能够增加预测土壤呼吸速率的准确性。表7-20中CK的线性模型的决定系数 R^2 值略低于表7-18中的 R^2 值，分别为0.6498和0.6809。除CK之外其他处理的两种复合模型的 R^2 值均高于表7-18和表7-19中的 R^2 值，与王小国等(2007)对林地、草地和轮作旱地 3 种土地类型的土壤呼吸速

率与温度、含水率的拟合结果一致。由表 7-20 可知，处理 T1、T2 和 T3 线性模型的 R^2 值均高于非线性模型，而 CK、T4 和 T5 处理线性模型的 R^2 值均低于非线性模型，所以不同施肥措施条件下，应采用不同的模型来表征三者的关系。

表 7-20　土壤呼吸速率与土壤温度和土壤含水率的复合关系方程（$n=24$）

处理	线性模型			非线性模型		
	$R_s = a + bT + cW$	R^2	P 值	$R_s = a \cdot e^{bT} \cdot W^c$	R^2	P 值
CK	$R_s = 0.2310T + 4.7756W - 4.7278$	0.6498	0.0726	$R_s = 0.0055e^{-0.0878T} \cdot W^{0.2027}$	0.6814	0.0573
T1	$R_s = 0.2566T + 4.5844W - 5.2293$	0.7949	0.0191	$R_s = 0.0052e^{0.1038T} \cdot W^{0.2266}$	0.7650	0.0268
T2	$R_s = 0.3030T + 1.3414W - 5.0671$	0.6569	0.0690	$R_s = 0.0476e^{0.2688T} \cdot W^{0.1318}$	0.6354	0.0803
T3	$R_s = 0.3372T + 0.6557W - 5.5874$	0.8999	0.0032	$R_s = 0.0843e^{-0.2731T} \cdot W^{0.1145}$	0.8654	0.0067
T4	$R_s = 0.2264T - 6.5720W - 2.0628$	0.6228	0.0874	$R_s = 0.0855e^{-0.6655T} \cdot W^{0.0799}$	0.6440	0.0756
T5	$R_s = 0.3118T + 0.2254W - 5.6307$	0.8416	0.0100	$R_s = 0.0455e^{-0.0423T} \cdot W^{0.1432}$	0.7897	0.0203

四、植烟土壤呼吸速率与土壤理化性状的关系

由图 7-25 可知，随着烟株的生长发育，土壤 pH 呈升高趋势，尤其是添加生物炭的土壤，其 pH 普遍高于 CK 和 T1，9 月 15 日处理 T3 和 T5 的土壤 pH 分别为 8.20 和 8.19，pH 升高的原因是本试验所用的生物炭呈碱性（9.67）。由图 7-26 可知，有机碳含量随烟株生长发育呈升高趋势，尤其是处理 T3，其次是处理 T5，主要原因是生物炭中富含大量的碳，其中有结构稳定的碳和大量具有活性的碳，因此土壤有机碳含量升高。图 7-27 表明，在 8 月 1～14 日土壤 CEC 较低，在 7 月和 9 月施用生物炭的处理土壤 CEC 较高。

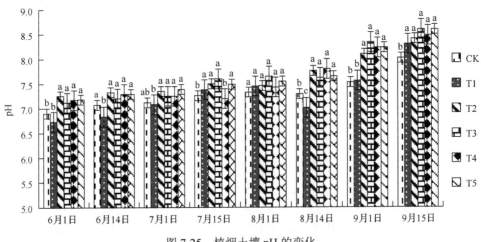

图 7-25　植烟土壤 pH 的变化

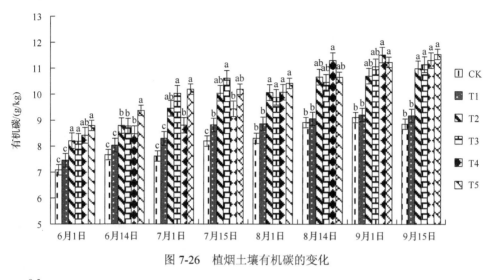

图 7-26　植烟土壤有机碳的变化

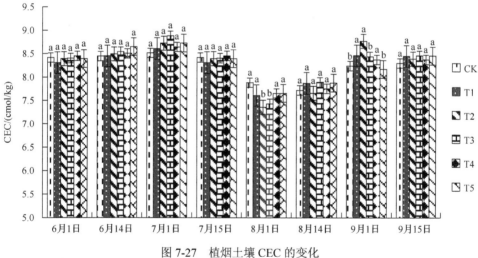

图 7-27　植烟土壤 CEC 的变化

由表 7-21 可知，不同施肥方式下，各因素对土壤呼吸速率的贡献不同。处理 T1、T3 和 T5 中土壤呼吸速率与土壤温度呈极显著正相关，相关系数最高达 0.949；CK 及处理 T2 和 T4 中土壤呼吸速率与土壤温度呈显著正相关；处理 T1、T2、T3、T4 中土壤呼吸速率与 CEC 呈显著负相关，其相关系数绝对值最高为 0.806。土壤 pH、有机质(除 CK 外)和碱解氮含量、CEC 均与土壤呼吸速率呈负相关，其中碱解氮含量的负相关系数绝对值相对较高，处理 T4 达到 0.639，表明土壤养分含量与土壤呼吸速率间关系密切。

表 7-21　植烟土壤呼吸速率与土壤理化性状的相关性

指标	处理	土壤含水率	土壤温度	pH	有机碳	碱解氮	速效磷	速效钾	CEC
土壤呼吸速率	CK	-0.022	0.798*	-0.174	0.088	-0.619	-0.266	-0.122	-0.539
	T1	-0.208	0.882**	-0.246	-0.218	-0.111	-0.033	-0.177	-0.798*
	T2	-0.005	0.810*	-0.400	-0.003	-0.327	0.087	-0.064	-0.806*
	T3	-0.095	0.949**	-0.224	-0.034	-0.501	0.084	-0.068	-0.774*
	T4	-0.290	0.774*	-0.262	-0.172	-0.639	0.074	-0.218	-0.784*
	T5	-0.357	0.917**	-0.393	-0.119	-0.296	-0.049	0.011	-0.659
土壤含水率	CK	1.000	-0.169	-0.264	0.096	0.085	-0.028	-0.065	0.463
	T1	1.000	-0.374	0.083	0.163	0.675	-0.303	0.335	0.414
	T2	1.000	-0.047	-0.143	0.476	0.053	-0.399	0.630	0.212
	T3	1.000	-0.115	-0.052	-0.010	-0.205	-0.140	0.759*	0.101
	T4	1.000	-0.177	0.033	0.504	0.428	-0.551	0.712*	-0.062
	T5	1.000	-0.394	0.449	0.752*	0.585	-0.663	0.446	-0.018
土壤温度	CK		1.000	-0.281	-0.280	-0.483	0.065	-0.386	-0.342
	T1		1.000	-0.307	-0.395	-0.349	0.204	-0.396	-0.617
	T2		1.000	-0.359	-0.163	-0.423	0.250	-0.298	-0.522
	T3		1.000	-0.288	-0.057	-0.407	0.082	-0.122	-0.671
	T4		1.000	-0.319	-0.305	-0.538	0.194	-0.293	-0.410
	T5		1.000	-0.358	-0.221	-0.323	0.097	-0.156	-0.486
pH	CK			1.000	0.790*	0.664	-0.723*	0.944**	-0.203
	T1			1.000	0.915**	0.188	-0.662	0.864**	0.055
	T2			1.000	0.635	0.937**	-0.749*	0.503	0.100
	T3			1.000	0.876**	0.807*	-0.867**	0.362	-0.088
	T4			1.000	0.738*	0.609	-0.733*	0.558	-0.152
	T5			1.000	0.791*	0.932**	-0.701	0.672	-0.125
有机碳	CK				1.000	0.284	-0.964**	0.925**	-0.457
	T1				1.000	0.229	-0.866**	0.978**	-0.063
	T2				1.000	0.783*	-0.967**	0.939**	-0.245
	T3				1.000	0.732*	-0.983**	0.560	-0.418
	T4				1.000	0.685	-0.954**	0.958**	-0.359
	T5				1.000	0.866**	-0.950**	0.877**	-0.360

指标	处理	土壤含水率	土壤温度	pH	有机碳	碱解氮	速效磷	速效钾	CEC
碱解氮	CK					1.000	-0.128	0.565	0.523
	T1					1.000	-0.208	0.349	0.431
	T2					1.000	-0.844**	0.734*	0.064
	T3					1.000	-0.736*	0.191	0.187
	T4					1.000	-0.660	0.674	0.216
	T5					1.000	-0.844**	0.655	-0.246
速效磷	CK						1.000	-0.834*	0.618
	T1						1.000	-0.920**	0.299
	T2						1.000	-0.887**	0.187
	T3						1.000	-0.640	0.334
	T4						1.000	-0.910**	0.492
	T5						1.000	-0.809*	0.589
速效钾	CK							1.000	-0.261
	T1							1.000	-0.053
	T2							1.000	-0.078
	T3							1.000	-0.292
	T4							1.000	-0.288
	T5							1.000	-0.360

五、小结

本试验结果表明，不施肥和常规施肥的土壤呼吸速率较低，施用生物炭的土壤均具有较大的呼吸速率，一方面由于生物炭具多孔结构及较大的比表面积，不仅对水肥有强烈的吸附作用，从而促进烟株根系生长，而且能够为土壤微生物的活动和生长繁殖提供更大的空间，从而提高了土壤呼吸速率；另一方面施用生物炭可以降低土壤容重，促进植物根系和好氧微生物活动，提高土壤微生物的丰度（陈述悦等，2004）。而当生物炭施用量过多时，导致土壤结构被破坏，易对土壤呼吸速率产生负面影响。

本研究结果显示，土壤有机碳含量与土壤呼吸速率呈负相关，与赵吉霞等（2015）对松林土壤呼吸速率和张俊丽等（2012）对种植玉米土壤呼吸的研究结果一致。施用生物炭降低了土壤呼吸速率对土壤温度的敏感性，这与土壤呼吸底物增加、土壤呼吸速率对土壤温度敏感性升高的结果不同。目前，有关土壤呼吸速率的温度敏感性研究仍存在不精确性（杨庆朋等，2011）。与全球生态系统 Q_{10} 的平均值 2.4 相比(张东秋等,2006),本研究结果中 Q_{10} 值范围为 2.36~9.41,均值为 5.09,相差较大的原因可能与本试验采用盆栽的种植方式有关,且由不同土层温度计算的土壤 Q_{10} 值差异显著(Graf et al.,2008),本研究中利用地表 10cm 土壤温度计算的 Q_{10} 值,采用地表 20cm 土壤温度计算的 Q_{10} 值则显著高于 10cm 和 5cm(Graf et al.,2008)。由于土壤呼吸与土壤养分、土层和种植方式的关系复杂,而本试验仅为一年烤烟盆栽结果,因此生物炭对土壤呼吸速率的影响还需要多年份、不同试验点的重复验证。

采用不同施肥措施的植烟土壤的呼吸速率表现出明显的季节变化,峰值出现在 8 月 1 日(移栽后 90d)前后,最小值出现在 7 月 1 日(移栽后 60d)左右。土壤含水率和温度双因素模型能够更好地表征土壤呼吸速率的变化。施肥方式对土壤呼吸速率有明显的影响。施用生物炭的土壤呼吸速率均大于不施用生物炭和常规施肥;施用生物炭降低了土壤呼吸速率对土壤温度的敏感性。土壤呼吸速率受土壤含水率、温度和养分等多个因素的综合调控。土壤 pH、碱解氮含量、CEC 均与土壤呼吸速率呈负相关关系。

第六节　生物炭与化肥配施对土壤特性及烤烟品质和经济性状的影响

近年来,中国烟区烟叶生产中存在过度依赖化肥的现象,导致植烟土壤生态被破坏,土壤质量和结构变差,从而使烟草生理代谢失调、烟叶质量下降。改良植烟土壤、提高烟叶品质已经成为我国烟草行业可持续发展亟待解决的问题。鉴于生物炭良好的理化特性,其被广泛应用于农田土壤改良。目前,关于生物炭对土壤肥力影响的研究较多集中在风化土及典型热带贫瘠土上,对作物生长影响的研究集中在牧草、水稻、玉米等作物上。本节通过田间对比试验,研究施用生物炭对植烟土壤化学特性、烟叶品质等的影响,以期为生物炭改良植烟土壤及提高烤烟品质和经济性状提供参考依据。

大田试验于 2015 年在河南省郏县进行。土壤类型为褐土,供试烤烟品种为中烟 100,试验所用生物炭为花生壳生物炭。试验设 6 个处理,分别为:对照 CK(不施肥);T1(常规施肥)、T2(常规施肥+生物炭 4.5t/hm²)、T3(常规施肥+生物炭 9.0t/hm²)、T4(常规施肥+生物炭 4.5t/hm²−纯氮 5%)、T5(常规施肥+生物炭 9.0t/hm²−纯氮 10%)。处理 T1、T2、T3 施肥情况:N、P_2O_5、K_2O 用量分别为 45kg/hm²、90kg/hm²、135kg/hm²。处理 T4 施肥情况:N、P_2O_5、K_2O 用量分别为 42.75kg/hm²、85.5kg/hm²、128.25kg/hm²。处理 T5 施肥情况:N、P_2O_5、K_2O 用量分别为 40.5kg/hm²、81kg/hm²、121.5kg/hm²。配施生物炭时,其中 1.5t/hm² 的生物炭与窝肥充分混匀后穴施,另一部分在起垄前撒施,撒匀后机械翻地,深度为 0~20cm。试验采用随机区组设计,每个处理 3 次重复,每个小区面积 66.7m²,株行距为 50cm×120cm,于 5 月 1 日移栽,大田管理按照当地优质烟叶生产技术规程执行。

一、生物炭与化肥配施对土壤特性的影响

(一)生物炭与化肥配施对土壤碱解氮含量的影响

如图 7-28 所示,各处理土壤碱解氮含量变化趋势一致,均随着烤烟生育期推进而增加。移栽后 30d 时,处理 T3 碱解氮含量为 68.50mg/kg,略高于处理 T2,但高出 T1 55.08%,且处理 T3 与 T1 间差异显著。移栽后 60d 时,处理 T4 碱解氮含量最低,仅为 70.26mg/kg。移栽后 90d 时,处理 T3 碱解氮含量最高,达到 117.06mg/kg,T2 次之,处理 T3 与 T2 间无显著差异,但与其他处理间差异达到显著水平,此时处理 T4 和 T5 碱解氮含量均低于 T1,且差异显著。可以看出,生物炭与化肥配施可以显著增加土壤碱解氮含量,尤其是在烤烟生长前期。

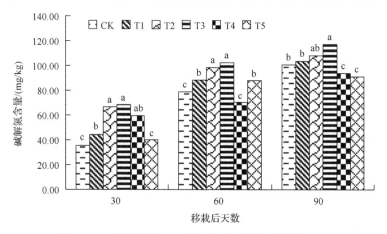

图 7-28　生物炭与化肥配施对土壤碱解氮含量的影响

(二)生物炭与化肥配施对土壤速效磷含量的影响

从图 7-29 可以看出,除处理 T3 以外,其他处理土壤速效磷含量随烟株生育期推进呈现先增加再降低的趋势。移栽后 30d 时,处理 T2、T3、T4、T5 速效磷含量分别占 T1 的 92.69%、85.81%、63.66%、59.32%,移栽后 60d 时,处理 T2、T3、T4、T5 速效磷含量分别占 T1 的 95.28%、95.78%、93.80%、76.68%。在移栽前 60d,施加生物炭的处理速效磷含量均低于常规施肥处理,且差异达到显著水平,说明生物炭对土壤速效磷表现出抑制作用,随着烤烟生长,这种抑制作用减弱。移栽后 90d 时,处理 T2、T3 和 T4 速效磷含量超过 T1,其中处理 T3 速效磷含量高达 98.71mg/kg,高出处理 T1 33.34%,且处理 T3 与其他处理间差异显著,

此时生物炭对土壤速效磷表现出促进作用。

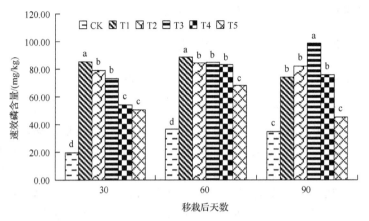

图 7-29　生物炭与化肥配施对土壤速效磷含量的影响

（三）生物炭与化肥配施对土壤速效钾含量的影响

图 7-30 所示为生物炭与化肥配施对土壤速效钾含量的影响。整体来看，土壤速效钾含量在整个生育期内表现为先增加后降低，处理 T2 速效钾含量在各时期均为最高，T3 次之，说明生物炭施入量过多会减弱其对土壤速效钾的促进作用。移栽后 60d 时，各处理速效钾含量达到峰值，处理 T2、T3 速效钾含量分别为235.27mg/kg 和 211.38mg/kg，分别高出 T1 53.02%和 37.48%，且处理 T2 与 T1 间差异达到显著水平。

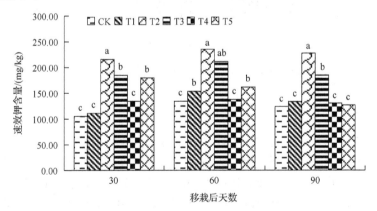

图 7-30　生物炭与化肥配施对土壤速效钾含量的影响

（四）生物炭与化肥配施对土壤有机质含量的影响

如图 7-31 所示，在整个大田生育期，各处理土壤有机质含量呈现持续增加的趋势。移栽前 60d，处理 T2、T3 和 T4 有机质含量均大于 T1，其中处理 T3 有机质含量最高，与 T1 之间差异显著。移栽后 90d 时，处理 T3 有机质含量高达16.88g/kg，T2 次之，为 16.62g/kg，分别高出处理 T1 7.65%和 5.99%，此时处理T3、T2 与 T1 间差异达显著水平。分析得出，生物炭可以显著提高土壤有机质含量，且土壤有机质含量随生物炭用量增加而增加。

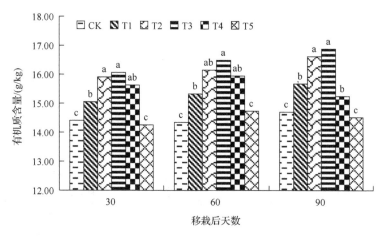

图 7-31 生物炭与化肥配施对土壤有机质含量的影响

(五) 生物炭与化肥配施对土壤 pH 的影响

土壤 pH 对植物的生长发育及土壤养分的有效性影响很大，也是衡量植烟土壤适宜性的重要指标之一。由图 7-32 可知，随着大田生育期推进，各处理 pH 整体上呈现升高趋势。移栽后 30d 时，施加生物炭的处理 pH 均高于 T1，处理 T3

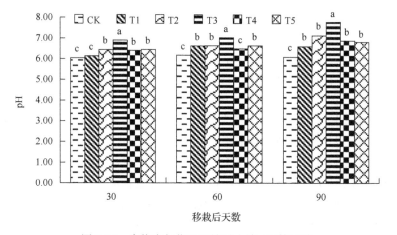

图 7-32 生物炭与化肥配施对土壤 pH 的影响

高出 T1 0.76 个单位,且二者间差异显著。移栽后 60d 时,各处理 pH 均有不同程度增加。移栽后 90d 时,pH 在各处理间表现为 T3>T2>T4>T5>T1>CK,其中处理 T3 的 pH 达 7.77,高出 T1 1.18 个单位,与其他处理间差异达到显著水平。因此,生物炭能够显著提高植烟土壤 pH,尤其是在烤烟生长后期。

(六)生物炭与化肥配施对土壤 CEC 的影响

CEC 是土壤基本特性和肥力的重要影响因素之一,它可直接反映土壤保蓄、供应和缓冲阳离子养分(K^+、NH_4^+)的能力,同时影响多种其他土壤理化性质。由图 7-33 可以看出,除 CK 以外,其他处理土壤 CEC 在整个生育期整体上表现出持续升高趋势。处理 T3 一直保持最高水平,T2 次之。可以看出,生物炭能够增加土壤 CEC,且土壤 CEC 随生物炭用量增加呈现递增的趋势。

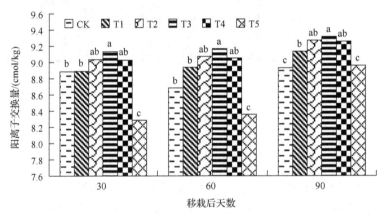

图 7-33　生物炭与化肥配施对土壤阳离子交换量的影响

(七)生物炭与化肥配施对土壤微生物数量的影响

如表 7-22 所示,细菌数量在整个大田生育期表现为先增加后减少。移栽后 30d 和 90d 时,细菌数量规律均是 T3>T2>T4>T1>T5>CK。移栽后 60d 之前,处理 T3 与 T1 间差异达到显著水平。施加生物炭可以提高细菌数量,且细菌数量随生物炭用量增加呈现上升趋势。在真菌方面,移栽后 30d 时,施加生物炭的处理真菌数量均低于常规施肥处理;移栽后 60d 时,各处理真菌数量均有所增加(T5 除外),处理 T2 和 T3 增加幅度较大,分别为 31.82% 和 43.48%,此时处理 T2 和 T3 真菌数量大于 T1,且处理 T3 与 T1 间差异达显著水平;移栽后 90d 时,处理 T2 和 T3 真菌数量呈上升趋势,而其他处理均有所减少。随大田生育期推进,放线菌数量整体表现出先增加后减少的趋势,不同时期放线菌数量规律均呈现 T3>T2>T1>T4>CK>T5。移栽后 60d 时,处理 T3 放线菌数量高达 5.20×10^6 cfu/g,与其他处理差异达显著水平。

表 7-22　生物炭与化肥配施对土壤微生物数量的影响　（单位：×10⁶cfu/g）

移栽后天数	处理	细菌	真菌	放线菌
0d		18.31	0.11	1.04
30d	CK	20.24c	0.17c	1.73c
	T1	24.78b	0.25a	2.38b
	T2	29.83ab	0.22b	2.66a
	T3	33.06a	0.23b	2.87a
	T4	27.03b	0.15c	1.89c
	T5	21.44c	0.22b	1.67c
60d	CK	21.63c	0.20c	2.35c
	T1	48.41b	0.27b	3.47b
	T2	52.55b	0.29ab	4.12b
	T3	70.25a	0.33a	5.20a
	T4	36.51bc	0.19c	3.44b
	T5	28.70c	0.18c	1.79c
90d	CK	18.25c	0.15c	1.98c
	T1	32.46b	0.24bc	2.31b
	T2	50.31a	0.32b	3.35ab
	T3	65.03a	0.37a	3.97a
	T4	35.3b	0.17c	2.28b
	T5	25.95c	0.15c	1.66c

二、生物炭与化肥配施对烤烟品质和经济性状的影响

（一）生物炭与化肥配施对烤后烟叶化学成分及协调性的影响

烤烟烟叶内在化学成分含量及其协调性是评价烤烟品质的重要指标。由表 7-23 可知，处理 T2～T5 烟碱含量均高于 T1，说明生物炭可以提高烟叶的烟碱含量。烟草是喜钾作物，烟叶钾含量不仅影响卷烟燃烧性和焦油释放量，而且对烟叶香气量、香吃味及外观和内在品质均有明显影响。处理 T2～T5 烟叶钾含量均高于 T1，其中处理 T3 钾含量高于 T2，且二者间差异显著，说明生物炭能够提升烟叶钾含量，烟叶钾含量随生物炭用量增加呈现递增趋势。整体来看，处理 T2～T5 两糖含量均小于 T1，但在各处理间无明显规律。处理 T2～T5 中部叶总糖含量处于优质烟叶 18%～22%的要求，而上部叶总糖含量均高于优质烟叶要求范围。处理 T2 和 T3 氯含量低于 T1，T3 与 T1 间差异不显著，而 T2 与 T1 间存在显著差异，处理 T4 和 T5 氯含量高于 T1。处理 T2、T3、和 T4 的钾氯比均高于 T1，且它们与 T1 间差异显著，而处理 T5 钾氯比略低于 T1。

表 7-23　生物炭与化肥配施对烤后烟叶化学成分及协调性的影响

等级	处理	烟碱/%	总氮/%	还原糖/%	总糖/%	K⁺/%	Cl⁻/%	糖碱比	氮碱比	钾氯比	两糖比
B2F	CK		1.98c	18.00c	20.24c	1.05c	0.88b	8.37b	0.92a	1.19c	0.89b
	T1	2.71b	2.12b	25.02a	27.77a	1.09c	0.89b	9.23a	0.78b	1.22c	0.90b
	T2	2.77b	1.90c	19.37bc	23.32b	1.20b	0.39c	6.99c	0.69c	3.08a	0.83c
	T3	3.02a	2.13b	20.46b	23.18b	1.68a	0.87b	6.77c	0.71c	1.93b	0.88b
	T4	2.76b	2.24a	24.77a	27.56a	1.85a	1.00ab	8.97ab	0.81ab	1.85b	0.90b
	T5	3.38a	2.32a	20.80b	22.61bc	1.25b	1.24a	6.15c	0.69c	1.01c	0.92a
C3F	CK	2.32c	1.95c	20.39a	22.68a	1.15c	0.80c	8.79a	0.84a	1.44b	0.90c
	T1	2.74b	1.96c	20.30a	22.62a	1.25c	0.92b	7.41b	0.72b	1.36c	0.90c
	T2	2.76b	2.00b	20.14ab	21.92b	1.69b	0.66c	7.30b	0.72b	2.56a	0.92b
	T3	2.80ab	2.21a	18.03c	20.00c	1.87a	0.87bc	6.44c	0.79ab	2.15b	0.90c
	T4	2.81ab	2.13b	19.36b	20.69b	2.03a	0.93b	6.89c	0.76b	2.18b	0.94a
	T5	3.01a	1.92c	18.61c	20.19bc	1.30c	1.12a	6.18c	0.64c	1.16c	0.92b

(二) 生物炭与化肥配施对烤后烟叶单料烟评吸质量的影响

由表 7-24 可以看出，中、上部烟叶评吸标度值均呈现 T3＞T2＞T4＞T1＞T5＞CK 的规律。处理 T3 香气质、香气量、透发性、细腻程度、柔和度、圆润感和余味得分均最高，且刺激性和干燥感较弱，处理 T2 在柔和度上略低于 T3。处理 T5 在柔和度和圆润感方面得分较低，刺激性较大，从而导致标度值低于 T1。

表 7-24　生物炭与化肥配施对烤后烟叶单料烟评吸质量的影响

等级	处理	香气质	香气量	透发性	细腻程度	柔和度	圆润感	余味	刺激性	干燥感	标度值
B2F	CK	2.80	2.60	3.00	2.60	2.60	2.80	2.80	2.40	2.60	4.20
	T1	2.80	2.80	3.00	2.60	2.80	3.00	3.00	2.20	2.60	5.20
	T2	3.00	3.00	3.20	3.00	2.80	3.00	3.00	2.40	2.40	6.20
	T3	3.00	3.00	3.20	3.00	3.00	3.00	3.00	2.40	2.20	6.60
	T4	2.80	3.00	3.00	3.00	3.00	2.60	2.80	2.40	2.00	6.00
	T5	3.00	3.20	3.00	2.60	2.60	2.60	2.80	2.40	2.60	4.80
C3F	CK	2.80	2.80	2.80	2.60	2.60	2.80	2.80	2.40	2.40	4.40
	T1	3.00	2.80	3.00	2.80	3.00	3.00	2.80	2.00	2.80	5.60
	T2	3.00	3.20	3.40	3.00	3.00	3.00	3.00	2.20	2.60	6.80
	T3	3.00	3.20	3.20	3.00	3.20	3.20	3.00	2.20	2.40	7.20
	T4	2.80	3.00	3.20	3.00	3.00	3.00	3.00	2.40	2.40	6.20
	T5	2.80	3.00	3.00	2.60	2.80	2.80	2.80	2.40	2.40	5.00

（三）生物炭与化肥配施对烤烟经济性状的影响

如表 7-25 所示，各项经济性状指标在不同处理呈现出一致的规律，即 T3＞T2＞T4＞T1＞T5＞CK。在产量方面，处理 T2、T3、T4 相对于处理 T1 分别提高了 8.00%、18.15% 和 2.15%，处理 T4 与 T1 间无显著差异，处理 T2、T3 与 T1 间差异达到显著水平。处理 T3 产值高达 41 241.60 元/hm²，相对于 T1 提高了 24.41%，且二者间差异显著。在均价方面，处理 T2 和 T3 相对于 T1 分别提高了 4.41% 和 5.29%，处理 T3 与 T2 间无显著差异，但它们与 T1 间差异达到显著水平。处理 T3 上中等烟比例高达 88.03%，比 T2 高出了 2.41 个百分点，但差异不显著；T3 相对于 T1 提高了 8.62 个百分点，二者差异达到显著水平。总体而言，以处理 T3 烟叶产量和经济效益最高，T2 次之。

表 7-25　生物炭与化肥配施对烤烟经济性状的影响

处理	产量/(kg/hm²)	产值/(元/hm²)	均价/(元/kg)	上中等烟比例/%
CK	2 167.50c	27 917.40c	12.88c	71.20c
T1	2 437.50b	33 150.00b	13.60c	79.41b
T2	2 632.50a	37 381.50ab	14.20ab	85.62a
T3	2 880.00a	41 241.60a	14.32a	88.03a
T4	2 490.00b	34 884.90b	14.01b	81.50b
T5	2 227.50c	29 247.08c	13.13c	72.10c

三、小结

生物炭固有的结构特征与理化特性，使其施入植烟土壤后对土壤基础肥力和土壤微生物等产生一定的影响。生物炭的化学结构虽然不同于有机质，但其分子结构为稳定芳香环结构，施入土壤中一样可以提高土壤有机碳含量，而且生物炭提高土壤有机质含量的幅度与生物炭用量有关。本研究结果表明，施入生物炭显著提高了土壤有机质含量，有机质含量随生物炭用量增加呈现递增的趋势，这与 Schmidt 和 Noack（2000）的研究结果一致。生物炭不仅能稳定土壤有机碳库，还能有效减少土壤养分淋失（何绪生等，2011）。袁金华和徐仁扣（2010）研究发现，生物炭可以不同程度地增加红壤和黄棕壤的 pH、土壤交换性盐基数量和盐基饱和度等，有效截留土壤养分以保持土壤肥力。本研究结果表明，施入生物炭对土壤 pH、CEC 及碱解氮和速效钾含量有提高作用，主要是因为生物炭具有较多的官能团和较强的吸附能力，可以吸附硝酸盐、铵盐及其他水溶性盐离子，增加土壤 CEC，降低土壤养分的淋溶损失。生物炭灰分中含有的盐基离子可以交换降低土壤中的氢离子及可交换性铝离子水平（Zwieten et al.，2010；Novak et al.，2009），提高土壤盐基离子的饱和度，从而提高土壤 pH。此外，生物炭的施入引起土壤有机碳含量增加，进而导致土壤 C/N 升高，使土壤对氮素及其他养分元素的吸持容量增大。有研究发现（赵殿峰等，2014），植烟土壤碱解氮含量随烤烟生育期推进表现为先升高后降低，在旺长期达到峰值。而本研究中土壤碱解氮含量呈现持续升高的趋势，造成这种现象的原因可能与生物炭和肥料存在互补或协同作用有关，生物炭可以延缓肥料养分在土壤中的释放和降低养分淋失（Khan et al.，2008）。虽然大部分生物炭不能被土壤微生物利用，但是生物炭特殊的结构能改善微生物细胞的附着性能，为土壤微生物提供良好的栖息环境。本研究结果表明，施加生物炭增加了土壤真菌、细菌和放线菌数量，且土壤微生物数量随生物炭用量增加而递增，这与吕伟波（2012）的研究结果一致。生物炭巨大的比表面积、发达的孔隙结构为土壤微生物栖息与繁殖提供了良好场所，生物炭吸附的肥料又为微生物提供了养分，而且生物炭可以明显改变土壤酶的活性，从而加速微生物的生长繁殖。

本研究结果显示，生物炭提高烟叶钾含量的同时也降低了氯含量，增强了烟叶化学成分的协调性，而且提高了单料烟评吸质量与经济性状，随着生物炭用量增加，单料烟感官质量、烟叶产量与产值及上中等烟比例等呈现递增趋势。这可能是由于生物炭可以吸附肥料并起到缓释作用，促进烟株对养分的充分吸收，所以在后期可以促进烟叶产量的提高。

植烟土壤施加生物炭后，其化学特性得到了明显改善，土壤速效养分含量、有机质含量、pH、CEC 及土壤微生物数量均有增加；烤后烟叶品质及经济性状也得到了进一步提高。配施生物炭条件下减纯氮则会对植烟土壤化学特性和烤后烟叶品质及经济性状造成一定的负面影响，生物炭 9.0t/hm^2 条件下减纯氮 10%不仅减少了土壤速效养分含量、有机质含量、CEC 和微生物数量，还降低了烟叶品质和经济性状。综上所述，以常规施肥配施生物炭 9.0t/hm^2 对植烟土壤的改良效果和对烟叶品质及经济性状的提高作用最佳。关于施用生物炭后配施化肥的量有待进一步从生物炭的长效性和化肥减少数量两个方面开展深入研究。

第八章 降低烟草重金属镉含量的机制及技术初探

随着工业、城市污染的加剧和农用化学物质种类、数量的增加，土壤重金属污染日益严重。2014 年 4 月 17 日我国环境保护部和国土资源部联合发布了《全国土壤污染状况调查公报》，指出我国重金属污染主要涉及镉、砷、铅等污染物质，其中土壤重金属污染超标率最高的是镉，达到 7.0%。镉作为生物体的非必需元素，生物毒性极强，它可以沿着食物链传递进而危害人类健康。作者在对基地单元植烟土壤重金属含量分析时发现，部分植烟土壤存在镉含量超标现象，如何缓解镉对烟草生长发育的影响，并降低烟叶镉含量成为当务之急。

第一节 生物炭对酸性土壤中烤烟镉累积分配及转运富集特征的影响

重金属污染在土壤污染中面积大，持续时间长。烤烟中的重金属会通过抽吸过程产生的烟气进入人体，而烤烟烟叶的重金属含量与植烟土壤中有效态重金属含量呈正相关。因此，治理植烟土壤的镉污染是降低烟叶镉含量的关键。目前，关于土壤镉污染治理方法的研究比较多，主要有工程治理方法、化学法、生物法及农业治理法，其中生物炭作为一种新兴改良剂成为近年来研究的热点。生物炭可以作为一种吸附质来吸附重金属，减少污染物在土壤中的富集，减轻污染程度。生物炭还可以通过提高土壤 pH，降低重金属在土壤中的移动性，对重金属起到固定作用(毕丽君等，2014)。陈坦等(2014)研究表明，污泥基生物炭对重金属具有较好的吸附性能，在重金属含量高的矿区附近土壤施用生物炭后，油菜的产量提高且油菜对镉的富集系数降低。还有研究发现在镉污染土壤中施用生物炭后，花生籽粒镉含量降低(曹莹等，2015)。作者的前期研究表明，施用生物炭可以较好地改良植烟土壤，改善烤后烟叶品质(叶协锋等，2015a)。在此基础上，利用农业废弃物烟秆炭化后的固体产物——烟秆生物炭，作为镉污染土壤的改良剂，研究在不同浓度镉胁迫和不同用量烟秆生物炭处理下，烤烟各部位镉含量，重点研究生物炭对烤烟镉迁移转运及富集的影响，以期明确生物炭在烤烟吸收累积镉过程中、调控烟草镉含量的效应，为镉污染烟田土壤改良提供技术参考。

采用盆栽试验(每盆装土 25kg)，供试土壤为红壤，pH 为 4.52，碱解氮含量为 124.32mg/kg，速效磷含量为 10.45mg/kg，速效钾含量为 344.00mg/kg，有效态镉含量为 0.11mg/kg。供试品种为云烟 87。试验设置外源添加镉：0mg/kg（G0）、30mg/kg（G1）、60mg/kg（G2），外源添加烟秆生物炭：0g/kg（T0）、10g/kg（T1）、20g/kg（T2），二因素试验共计 9 个处理，分别为 G0T0、G0T1、G0T2、G1T0、G1T1、G1T2、G2T0、G2T1、G2T2。烟株移栽后 80d，分别采集土壤和烤烟植株样品用于分析其镉含量。土壤有效态镉含量测定参照国标 GB/T 23739—2009，采用 DTPA 浸提剂浸提，ICP-OES 电感耦合等离子体发射光谱仪测定。烟株镉含量采用国标 GB 5009.15—2014 中干法灰化法，并通过 ICP-OES 电感耦合等离子体发射光谱仪测定。

一、生物炭对镉污染土壤的影响

（一）生物炭对镉污染土壤 pH 的影响

在镉污染植烟土壤中施加生物炭后，土壤的 pH 变化如图 8-1 所示。镉添加量相同时，随生物炭施用量增加，土壤 pH 呈现增加趋势。其中不施镉处理的土壤 pH 随生物炭施用量的增加增幅最大，处理 G0T1 和 G0T2 的土壤 pH 分别比处理 G0T0 升高了 2.03 个和 2.59 个单位。施加生物炭 10g/kg 时，土壤 pH 均接近 7；而施加生物炭 20g/kg 时，土壤 pH 均大于 7。土壤被镉污染后，pH 升高，如处理 G0T0、G1T0 和 G2T0 的土壤 pH 分别是 4.72、5.32、5.14。处理 G1T2 的土壤 pH 最大，为 7.45。

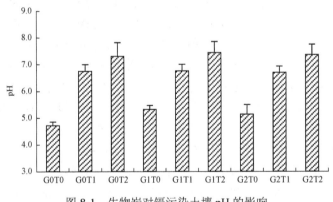

图 8-1　生物炭对镉污染土壤 pH 的影响

（二）生物炭对镉污染土壤有效态镉含量的影响

由图 8-2 可知，外源施加等量镉的土壤中，土壤有效态镉含量随生物炭施用量的增加而降低。未外源施加镉的土壤中，土壤有效态镉含量随生物炭施用量的增加降低幅度增大，处理 G0T1 和处理 G0T2 分别比处理 G0T0 降低 35.21% 和

57.61%。外源施加镉 60mg/kg 的土壤中，土壤有效态镉含量达到 34.69mg/kg，施加生物炭后，处理 G2T1 和处理 G2T2 分别比处理 G2T0 降低了 8.52%和 32.55%，说明在镉污染严重的土壤中，施用大量生物炭能明显降低土壤有效态镉含量，缓解土壤镉污染状况。

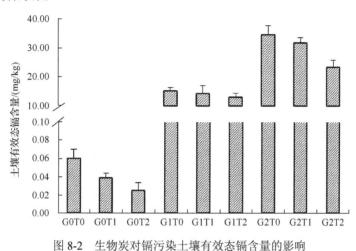

图 8-2 生物炭对镉污染土壤有效态镉含量的影响

二、生物炭对镉污染土壤中烟株干物质积累及镉吸收累积的影响

(一)生物炭对镉污染土壤中烟株各部位干物质积累量的影响

由表 8-1 可以看出，烟株各部位的干物质积累量均是叶＞茎＞根。施加生物炭的处理 G0T1 的烟株总干物质积累量最大，为 186.61g。在镉污染土壤中，烟株干物质积累量显著降低，尤其是处理 G2T0 的干物质积累量是处理 G0T0 的 16.90%，结合处理 G2T0 烟株在该时期生长发育状况，即烟株瘦弱且烟叶变黄明显，说明仅添加镉 60mg/kg 时，对烟株具有致死或半致死效应，导致烟株生长缓慢，干物质积累量较小。在同一镉污染水平下，施加生物炭后，烟株各部位干物质积累量显著升高，对于烟株总干物质积累量，处理 G2T1 和处理 G2T2 分别是处理 G2T0 的 2.49 倍、3.48 倍。说明在镉污染情况下，施加生物炭可使烟株受到的毒害作用减弱。

表 8-1　生物炭对镉污染土壤中烟株干物质积累量的影响　　　　(单位：g)

处理	根	茎	叶	叶			总量
				上部叶	中部叶	下部叶	
G0T0	27.09bD	41.02bC	88.65aB	20.2bD	38.79aC	29.66aD	156.76aA
G0T1	32.06aD	49.15aC	105.4aB	29.67aD	42.98aC	32.75aD	186.61aA
G0T2	29.55aD	36.91bC	97.68aB	28.71aD	41.80aC	27.17aD	164.15aA

处理	根	茎	叶	叶			总量
				上部叶	中部叶	下部叶	
G1T0	8.00dD	11.00cCD	29.78cB	6.98cD	14.74cCD	8.06cD	48.78dA
G1T1	9.56dD	21.04cC	52.52bB	14.50bD	21.34bC	16.67C	83.11cA
G1T2	14.29cD	29.63cC	58.78bB	15.43bD	19.87bC	23.49bC	102.7bA
G2T0	4.50eCD	6.30eC	17.69dB	3.68dD	8.58dC	5.43cCD	26.49eA
G2T1	9.99dCD	15.73dC	33.33cB	7.67cD	11.68cCD	13.99cC	66.06cA
G2T2	13.62cD	25.29cC	53.24bB	8.49cD	19.58bCD	25.18bC	92.15bA

（二）生物炭对镉污染土壤中烟株各部位镉含量的影响

生物炭与镉配施后烟株各部位镉含量的变化如表 8-2 所示。施用生物炭后，烟株各部位镉含量显著降低。未施加镉的处理 G0，烟株各部位镉含量表现为根＞茎＞下部叶＞中部叶＞上部叶，外源施加镉的处理 G1，烟株各部位镉含量表现为下部叶＞中部叶＞上部叶＞根＞茎。说明镉污染条件下，烟株叶吸收较多的镉，根和茎吸收的镉相对较少。

表 8-2　生物炭对镉污染土壤中烟株各部位镉含量的影响

外源添加镉 /(mg/kg)	生物炭施用量 /(g/kg)	处理	根/(mg/kg)	茎/(mg/kg)	叶/(mg/kg)		
					上部叶	中部叶	下部叶
0	0	G0T0	6.26aA	4.05aB	1.07aC	1.87aC	4.52aB
	10	G0T1	3.68bA	1.99bB	0.67bC	0.99bC	1.97bB
	20	G0T2	2.49cA	1.25bB	0.40cC	0.63bC	1.23bB
30	0	G1T0	120.15aC	41.54aD	161.35aC	237.87aB	735.09aA
	10	G1T1	48.93bC	18.48bD	50.07bC	70.65bB	318.53bA
	20	G1T2	29.86cC	10.58bD	37.80bC	56.87bB	198.29cA
60	0	G2T0	223.55aC	84.83aD	218.63aC	400.37aB	949.38aA
	10	G2T1	136.96bC	52.21bD	140.40bC	212.11bB	493.18bA
	20	G2T2	90.80cB	26.78cD	78.65cC	106.47cB	267.45cA

施用生物炭后，对于烟株上部叶镉含量，处理 G0T1 和 G0T2 分别是处理 G0T0 的 62.62%、37.38%，处理 G1T1 和 G1T2 分别是处理 G1T0 的 31.03%、23.43%，处理 G2T1 和 G2T2 分别是处理 G2T0 的 64.22%、35.97%。对于烟株中部叶镉含量，处理 G0T1 和 G0T2 分别比 G0T0 降低了 47.06%、66.31%，处理 G1T1 和 G1T2 分别比 G1T0 降低了 70.30%、76.09%，处理 G2T1 和 G2T2 分别比 G2T0 降低了 47.02%、73.41%。说明外源施加镉 30mg/kg 时，施用生物炭 10g/kg 就能大幅度降低烟株叶片镉含量，而外源施加镉 60mg/kg 时，只有施用生物炭 20g/kg 才能明显

降低烟株叶片镉含量。外源添加镉后，叶片中镉含量升高，根和茎镉含量增加的幅度低于叶片，如处理 G0T0 中，下部叶镉含量是根的 72.20 倍，而处理 G1T0 中，下部叶镉含量是根的 6.12 倍。

(三)生物炭对镉污染土壤中烟株各部位镉累积量和分配率的影响

不同处理烟株各部位的镉累积量(重金属累积量=植株各部位重金属含量×相应部位生物量)如表 8-3 所示。在添加等量镉条件下，随生物炭施用量的增加，烟株各部位镉累积量有明显降低的趋势(处理 G2 除外)。烟株各部位镉累积量表现为叶>根>茎，其中处理 G0T2 根和叶镉累积量差异较小。添加镉的处理，烟株叶镉累积量远远高于根和茎，如处理 G1T0 和 G2T0 叶中镉的累积量分别是根的 10.98 倍和 8.94 倍，而对于处理 G0T0，叶镉的累积量是根的 1.35 倍。施加生物炭 20g/kg 后，处理 G0T2 烟株根、茎、叶镉的累积量分别是处理 G0T0 的 43.35%、27.69%、31.17%。对于处理 G1，施加生物炭 10g/kg 后，烟株根、茎、叶镉的累积量显著降低，施加生物炭 20g/kg 后烟株各部位镉累积量依然呈降低趋势，但处理 G1T2 与 G1T1 相比，根和叶镉累积量差异不显著。对比处理 G0 和 G1(图 8-3)，施加生物炭后，烟株的镉总累积量降低，而处理 G2 中，烟株的镉总累积量处理 G2T1 大于处理 G2T0，是由于施加镉 60mg/kg 时，镉的毒害作用对烟株产生致死或半致死效应，因此处理 G2T0 烟株生长缓慢，干物质积累较少(表 8-1)，而施加生物炭后，土壤中有效态镉含量降低，烟株受到的镉毒害作用减缓，生长趋于正常，干物质积累增大，故吸收累积的镉较多。由土壤有效态镉含量与烟株各部位镉含量和烟株各部位镉累积量的相关性分析可知(表 8-4)，土壤有效态镉含量与烤烟各部位镉含量均呈极显著相关关系，与烤烟根和各部位叶的镉累积量也呈极显著相关关系，与茎的镉累积量呈显著相关关系。

表 8-3 生物炭对镉污染土壤中烟株各部位镉累积量的影响

外源添加镉/(mg/kg)	生物炭施用量/(g/kg)	处理	根/μg	茎/μg	叶/μg	叶/μg		
						上部叶	中部叶	下部叶
0	0	G0T0	169.45aAB	166.33aAB	227.96aA	21.63aD	72.38aC	133.95aB
	10	G0T1	117.99bA	97.69bAB	126.93bA	19.75aD	42.70bC	64.49bB
	20	G0T2	73.45cA	46.05cB	71.06cA	11.39bD	26.21cC	33.46cB
30	0	G1T0	961.70aD	457.00aE	10 558.87aA	1 125.65aD	3 505.67aC	5 927.55aB
	10	G1T1	467.76bE	388.82bE	7 544.62bA	726.21bD	1 507.87bC	5 310.54bB
	20	G1T2	426.51bD	313.61cD	6 369.93bA	583.24bD	1 129.75bC	4 656.94cB
60	0	G2T0	1 050.51bD	534.11bE	9 392.72bA	805.4bE	3 436.94aC	5 150.38bB
	10	G2T1	1 368.56aD	821.35aD	10 452.23aA	1 076.44aD	2 476.68bC	6 899.10aB
	20	G2T2	1 236.49aD	677.13bE	9 486.48bA	667.43cE	2 084.19bC	6 734.86aB

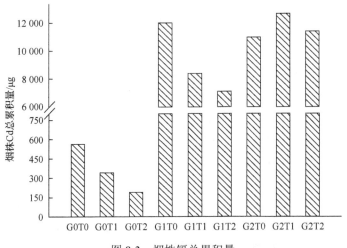

图 8-3　烟株镉总累积量

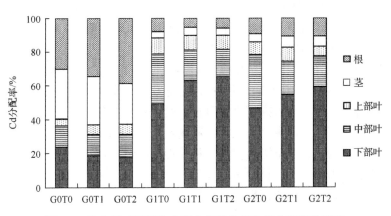

图 8-4　生物炭对镉污染土壤中烟株各部位镉分配率的影响

表 8-4　土壤有效态镉含量与烟株各部位镉含量和镉累积量的相关性分析

指标	土壤有效态镉含量	根含量	茎含量	上部叶含量	中部叶含量	下部叶含量	根累积量	茎累积量	上部叶累积量	中部叶累积量	下部叶累积量
土壤有效态镉含量	1.000	0.904**	0.897**	0.865**	0.8478**	0.806**	0.919**	0.920*	0.821**	0.841**	0.854**
根含量		1.000	0.996**	0.979**	0.987**	0.950**	0.817**	0.739*	0.750*	0.910*	0.686*
茎含量			1.000	0.974**	0.988**	0.947**	0.790*	0.720*	0.737*	0.890*	0.656
上部叶含量				1.000	0.998**	0.983**	0.819**	0.730*	0.828**	0.962**	0.720*

续表

指标	土壤有效态镉含量	根含量	茎含量	上部叶含量	中部叶含量	下部叶含量	根累积量	茎累积量	上部叶累积量	中部叶累积量	下部叶累积量
中部叶含量					1.000	0.978**	0.757*	0.664	0.753*	0.920**	0.644
下部叶含量						1.000	0.735*	0.647	0.822**	0.958**	0.697*
根累积量							1.000	0.973**	0.857**	0.859**	0.891**
茎累积量								1.000	0.850*	0.780*	0.915**
上部叶累积量									1.000	0.920*	0.939**
中部叶累积量										1.000	0.841**
下部叶累积量											1.000

重金属在烟株各部位的分配率是指烟株不同部位重金属累积量与烟株总累积量的比值。由图 8-4 可知，烤烟对镉的分配率，均是地上部大于根部，施加镉后，90%的镉分配在烟株的地上部。未外源施加镉的处理 G0，镉在烟株根的分配率随生物炭施用量的增加而增加，在茎和各部位叶的分配率呈现相反的变化趋势，处理 G1 和 G2 中，随生物炭施用量的增加，镉在烟株下部叶的分配率呈现增加趋势，镉在中部叶的分配率呈降低趋势，镉在根和茎的分配率差异不明显。

（四）生物炭对镉污染土壤中烟株各部位镉转运系数的影响

转运系数指植株后一部位中重金属含量与前一部位中重金属含量的比值（包括根到茎、茎到叶及根到叶），转运系数越大，表明烟株后一部位对重金属的转运能力越强。烟株各部位对重金属的转运能力差异很大。从表 8-5 中可以看出，施加镉的处理，烟株根到上、中、下部叶的镉转运系数较大，其中根到下部叶的转运系数最大，处理 G1T2 达到 6.641，根到上部叶和中部叶的转运系数远小于根到下部叶的转运系数。对于未施加镉的处理 G0，根到各部位叶的转运系数均较小，其中根到上部叶的转运系数最小。施用生物炭后有降低根到上、中、下部叶转运系数的趋势，在镉污染严重时，根到中、下部叶的转运系数随生物炭用量的增加而降低。在镉污染的土壤中，施加生物炭对烟株茎到上、中、下部叶的转运系数没有显著影响。

表 8-5　生物炭对镉污染土壤中重金属在烟株各部位间转运系数的影响

处理	根到上部叶	根到中部叶	根到下部叶	根到茎	茎到上部叶	茎到中部叶	茎到下部叶
G0T0	0.171cE	0.298dD	0.722dBC	0.648aC	0.264cD	2.173aA	0.898aB
G0T1	0.181cE	0.270dDE	0.535dC	0.540bC	0.335cD	2.001aA	1.009aB
G0T2	0.160cE	0.252dD	0.495dDC	0.502bBC	0.318cD	1.989aA	1.013aB
G1T0	1.343aC	1.980aC	6.118aA	0.346cdD	3.884aB	0.175bD	0.057bE
G1T1	1.023aBC	1.444cB	6.510aA	0.378cCD	2.709abB	0.262bD	0.058bE
G1T2	1.266aC	1.905aC	6.641aA	0.355cE	3.571aB	0.186bE	0.053bF
G2T0	0.936aD	1.714bC	4.065bA	0.363cE	2.577abB	0.212bE	0.089bF
G2T1	1.025aC	1.549cBC	3.601cA	0.381cD	2.689abAB	0.246bDE	0.106bE
G2T2	0.866bB	1.173cB	2.946cA	0.295dC	2.937aA	0.251bC	0.100bD

(五)生物炭对镉污染土壤中烟株各部位镉富集系数的影响

富集系数是指作物某一部位中某一元素的浓度与土壤中该元素浓度之比,可代表土壤-作物体系中元素迁移的难易程度。富集系数越高,这种元素在土壤-作物体系中越易迁移;反之,富集系数越低,这种元素越难以迁移(朱维等,2015)。由表 8-6 可知,未外源添加镉的处理,烟株各部位对镉的富集系数均较大,其中处理 G0T0 根对镉的富集系数达到 103.72,且根>下部叶>茎>中部叶>上部叶。施加镉的处理,下部叶对镉的富集系数较大,茎对镉的富集系数最小,其中处理 G1T2 茎对镉的富集系数最小,为 0.82。因此,在未外源施加镉的土壤中,镉相对易迁移至烟株的根;在镉污染的土壤中,镉易迁移到烟株下部。添加等量镉的处理中,烟株各部位对镉的富集系数均随生物炭施用量的增加而降低,如烟株上部叶对镉的富集系数,处理 G1T1 和 G1T2 分别比处理 G1T0 降低了 67.29%、72.52%,处理 G2T1 和 G2T2 分别比处理 G2T0 降低了 33.97%、46.67%。说明施加生物炭降低了烟株各部位对镉的富集能力。

表 8-6　生物炭对镉污染土壤中烟株各部位镉富集系数的影响

处理	根	茎	叶		
			上部叶	中部叶	下部叶
G0T0	103.72aA	67.23aB	17.75aD	30.94aC	74.87aB
G0T1	94.16aA	50.86bB	17.03aD	25.42bC	50.39abB
G0T2	97.21aA	48.78bB	15.52bD	24.52bC	48.16bB
G1T0	7.97bC	2.75cD	10.70cBC	15.77cB	48.75bA
G1T1	3.42cdCD	1.29cdD	3.50efCD	4.94eBC	22.26bcA
G1T2	2.32dBC	0.82dC	2.94fBC	4.43eB	15.44cA
G2T0	6.73bC	2.45cD	6.30dC	11.54cB	27.37bcA
G2T1	4.06bcC	1.55cD	4.16eC	6.29dB	14.62cA
G2T2	3.88cC	1.14cdD	3.36fC	4.55eB	11.43dA

三、小结

随着生物炭施用量的增加，土壤 pH 大幅度升高，原因可能是生物炭中的阳离子 Ca^{2+}、K^+、Mg^{2+}、Si^{4+} 等经热解生成碱性氧化物或碳酸盐，当生物炭施入土壤后，这些氧化物可与 H^+ 及 Al 单核羟基化合物发生反应，降低土壤可交换性酸含量，进而提升土壤 pH。土壤中有效态镉含量很大程度上受土壤 pH 的调节，当土壤 pH 提高时，土壤胶体负电荷增加，H^+ 的竞争能力减弱，氢氧根离子浓度增加，镉离子可与氢氧根离子等结合生成难溶的氢氧化物或碳酸盐及磷酸盐，导致镉的有效性大大降低。同时生物炭具有很大的比表面积，含有丰富的含氧官能团和较高的阳离子交换量，且表面呈负电荷状态，能增加土壤对重金属离子的静电吸附量，含氧官能团与重金属形成稳定的金属络合物，促进污染土壤中的镉由活性较高的可交换态向活性低的残渣态转化，从而降低镉的活性和迁移性。故添加外源镉的土壤中施用生物炭，土壤有效态镉含量降低，与已有研究棉秆生物炭对土壤镉的影响结果一致（周建斌等，2008）。

有研究表明，烤烟各部位镉含量与土壤有效态镉含量有关，该研究中土壤有效态镉含量与烤烟各部位镉含量呈极显著相关关系（Baker et al.，1994）。向镉污染土壤中施加生物炭后，土壤中有效态镉含量显著降低，从而使烟株各部位镉含量降低。镉胁迫下烟株叶片的镉累积量显著增加，而烟株整体的镉累积量随生物炭施用量的增加而降低。未外源施加镉时，烟株吸收累积的镉主要分配在根和茎，外源施加镉的情况下，镉在烟株下部叶的分配率较大，且随生物炭施用量的增加而增大，镉在烟株中部叶的分配率随生物炭施用量的增加而降低。研究表明，在镉污染的水稻土中添加蚕沙生物炭和水稻秸秆生物炭显著减少了玉米植株中镉的累积，降低了其生物富集系数，抑制植株根部镉向地上部转运，降低了玉米植株内镉的转运系数（杨惟薇，2014）。本研究结果也表明，在镉污染土壤中施加生物炭后，烟株各部位对镉的富集系数均降低，但下部叶的富集系数较大，表明在镉污染的情况下，土壤中的镉易迁移到烟株下部叶，在未外源施加镉的土壤中，土壤中的镉相对易迁移至烟株的根，且烟株各部位镉的富集系数均随生物炭施用量的增加而降低。施用生物炭后有降低根到上、中、下部叶转运系数的趋势，在镉污染严重时，根到中、下部叶的转运系数随生物炭用量的增加而降低。

施用生物炭可以降低土壤有效态镉含量，从而降低烟叶镉含量和累积量，但是生物炭对土壤重金属有效性和迁移转化产生影响的作用机制还需进一步研究。同时，本试验中外源添加的镉浓度较高，尤其是添加浓度达到 60mg/kg 时已经对烟株产生了致死或半致死效应，因此，应进一步研究外源添加低浓度镉时生物炭的调控效应。

第二节　生物炭对土壤镉形态转化及烤烟镉吸收的影响

镉因生物活性强、毒性高对食品安全和人类健康的危害尤为严重，土壤中的镉被植物吸收后，可通过食物链在人体内蓄积，对人体健康造成威胁。土壤总镉含量只能表征其在土壤中的累积量，镉的生物有效性和移动性主要取决于其在土壤中的形态分布情况，按照 Tessier 等(1979)的连续提取法划分，土壤中重金属可分为交换态、碳酸盐结合态、铁锰氧化物结合态、有机质结合态、残渣态。Kong和 Bitton(2003)认为，土壤中重金属的毒性与交换态重金属含量显著相关。镉在土壤中的形态分布受土壤特性的影响，如土壤 pH、有机质含量、溶液的离子强度、铁锰氧化物含量、氧化还原能力及表面吸附能力，其中土壤 pH 和有机质含量是影响土壤镉有效性的重要因素。大量研究表明，土壤 pH 与土壤有效态镉含量呈负相关关系。土壤 pH 升高，土壤有机质、黏土矿物和水合氧化物表面的负电荷增多，土壤对 Cd^{2+} 的吸附能力增强，而土壤 pH 降低时，碳酸盐溶解，从而使碳酸盐结合态镉释放转化为可溶性 Cd^{2+}。因此为了准确评估重金属对生物体的危害，研究其在土壤中的形态分布及影响因素尤为重要。

本试验与本章第一节为同一个试验，本试验分别于移栽后 30d、55d、80d 和100d 在烟株根系附近取土壤样品测定土壤 pH、有机质、土壤有效态镉和土壤五级提取态镉含量。在移栽后 100d 取烤烟植株样品，测定烤烟各部位干物质积累量和镉含量。土壤中镉形态分级采用 Tessier 等(1979)提出的 5 级分组法，将土壤镉分为可交换态、碳酸盐结合态、铁锰氧化物结合态、有机质结合态和残渣态。

一、生物炭对镉污染土壤的影响

(一)生物炭对镉污染土壤 pH 的影响

不同生育期的土壤 pH 变化如图 8-5 所示。从中可以看出，随着生育期的延长各处理土壤 pH 均呈现升高趋势。在相同生育期的同一镉污染水平下，土壤 pH 均随生物炭施用量的增加呈现升高趋势，如移栽后 30d，处理 G0T0、G0T1 和 G0T2的土壤 pH 分别是 4.48、5.23 和 6.61，处理 G1T0、G1T1 和 G1T2 的土壤 pH 分别是 4.51、5.62 和 6.80；移栽后 80d，处理 G2T2 和 G2T1 分别比处理 G2T0 升高了2.23 个和 1.20 个单位，且生物炭不同施用量间呈现显著差异($P<0.05$)。在同一时期，不同镉污染水平下施加等量生物炭的各处理间差异不显著。

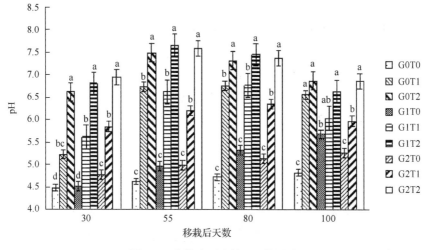

图 8-5 生物炭对土壤 pH 的影响

（二）生物炭对镉污染土壤有机碳含量的影响

施用生物炭后，土壤有机碳含量变化如图 8-6 所示。随着生育期的延长，各处理土壤有机碳含量均呈现升高趋势。各个测定时期土壤有机碳含量随生物炭施用量的增加呈现升高趋势，而同一时期施加等量生物炭的各处理之间土壤有机碳含量差异不显著。移栽后 55d，处理 G0T1 和 G0T2 的土壤有机碳含量是 8.88g/kg 和 11.92g/kg，分别是处理 G0T0 的 1.45 倍和 1.85 倍。移栽后 80d，处理 G1T1 和 G1T2 的土壤有机碳含量分别是处理 G1T0 的 1.62 倍和 1.70 倍，处理 G2T1 和 G2T2 的土壤有机碳含量分别是处理 G2T0 的 1.37 倍和 2.04 倍。移栽后 100d，处理 G2T2 的土壤有机碳含量最大，为 13.67g/kg。

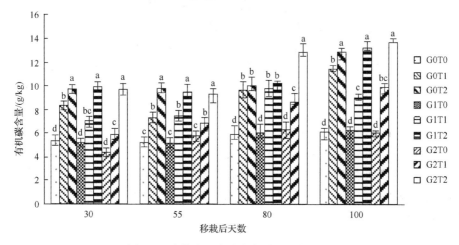

图 8-6 生物炭对土壤有机碳含量的影响

（三）生物炭对镉污染土壤有效态镉含量的影响

由图8-7可以看出，土壤有效态镉含量随生育期的延长呈现降低的趋势。施加生物炭后，土壤有效态镉含量也明显降低。移栽后30d，相比处理G2T0，处理G2T2和G2T1土壤有效态镉含量的降幅分别为45.59%和24.56%。移栽后30~100d，处理G1T2和G1T1的土壤有效态镉含量分别降了5.36mg/kg和4.88mg/kg。

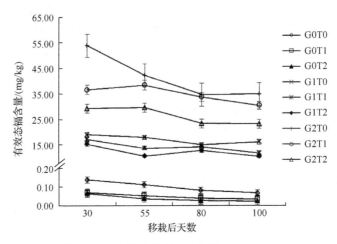

图8-7 生物炭对土壤有效态镉含量的影响

（四）生物炭对土壤中各形态镉含量的影响

土壤各形态镉含量变化如图8-8所示。未施用镉的处理，随着生育期的延长，可交换态镉含量呈现先升高后降低的趋势。外源施加镉的土壤中，随着生育期的延长，可交换态镉含量呈现降低的趋势，且镉含量随生物炭的施加明显降低。碳酸盐结合态镉含量和铁锰氧化物结合态镉含量随着生育期的延长呈现升高的趋势，施加生物炭后，两者镉含量均明显升高。不同处理中土壤有机结合态镉含量和残渣态镉含量在不同生育期变化趋势不一致，但最终大多数处理表现增加的趋势。

从图8-8a中可以看出，在镉污染土壤中施加生物炭后，移栽后100d，处理G2T2和G2T1的可交换态镉含量分别是处理G2T0的47.92%和71.12%，处理G1T2和G1T1的可交换态镉含量分别是处理G1T0的45.97%和73.94%。移栽后30~100d，施加生物炭后，处理G1的降幅为4.82~7.82mg/kg，处理G2的降幅为11.93~17.59mg/kg。

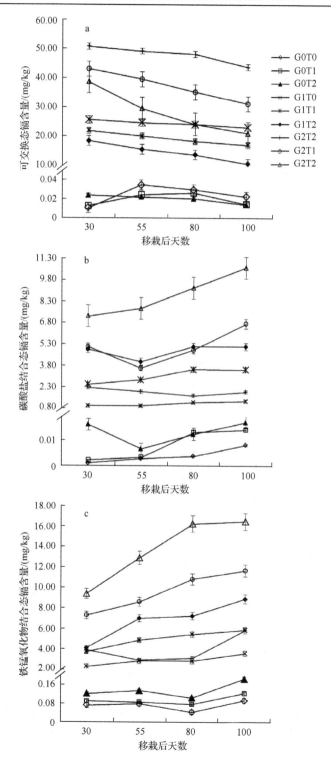

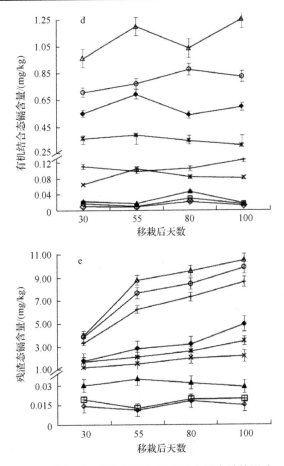

图 8-8 生物炭对土壤各形态镉含量的影响

由图 8-8b 和图 8-8c 可知，各生育期多数处理的铁锰氧化物结合态镉含量明显高于碳酸盐结合态镉含量，未添加镉的土壤中，碳酸盐结合态镉含量为 0～0.02mg/kg，铁锰氧化物结合态镉含量为 0～0.2mg/kg。在镉污染的土壤中，施加生物炭后碳酸盐结合态镉含量大幅度升高，如移栽后 100d，处理 G2T2 和 G2T1 的碳酸盐结合态镉含量分别是处理 G2T0 的 5.41 倍和 3.42 倍，处理 G1T2 和 G1T1 的碳酸盐结合态镉含量分别是处理 G1T0 的 3.89 倍和 2.68 倍。移栽后 30d，处理 G2T0 的铁锰氧化物结合态镉含量是 3.89mg/kg，而施加生物炭处理 G2T1 和 G2T2 分别是 7.28mg/kg 和 9.36mg/kg；移栽后 100d，处理 G1T1 和 G1T2 分别比 G1T0 增加了 2.26mg/kg 和 5.30mg/kg，处理 G2T1 和 G2T2 分别比处理 G2T0 增加了 5.82mg/kg 和 10.58mg/kg。

由图 8-8d 可以看出，同一镉污染水平下，施加生物炭后，有机结合态镉含量升高，且升高幅度较大，移栽后 30d，处理 G0T2 和 G0T1 的有机结合态镉含量分别是处理 G0T0 的 2.25 倍和 1.72 倍,处理 G1T2 和 G1T1 分别是处理 G1T0 的 8.43 倍和 5.58 倍。图 8-8e 中,在镉污染的土壤中施加生物炭后,残渣态镉含量明显增加,移栽后 100d,施加生物炭 20g/kg 的处理 G2T2 的残渣态镉含量达到最大,为 10.51mg/kg。未被镉污染的土壤中添加生物炭后,土壤残渣态镉含量变化幅度较小。

(五)生物炭对土壤各形态镉所占比例的影响

施用生物炭后土壤各形态镉所占比例的变化如图 8-9 所示,未外源添加镉的土壤中,土壤中的镉主要以铁锰氧化物结合态形式存在,随着生育期的延长,可交换态镉所占比例总体表现出降低,碳酸盐结合态镉所占比例呈现升高的趋势;仅外源添加镉的土壤中(处理 G1T0 和 G2T0),土壤中的镉有 70%以上以可交换态形式存在,有机结合态镉所占比例非常低。在镉污染土壤中施加生物炭后,各处理可交换态镉所占比例明显降低,碳酸盐结合态、铁锰氧化物结合态、有机结合态和残渣态镉所占比例升高,其中可交换态镉所占比例,处理 G2T0 由 84.1%降低至 72.54%,处理 G2T1 由 71.47%降低至 58.36%,处理 G2T2 由 64.12%降低至 34.83%,说明施加生物炭后,土壤可交换态镉所占比例随生育期的延长大幅度降低。

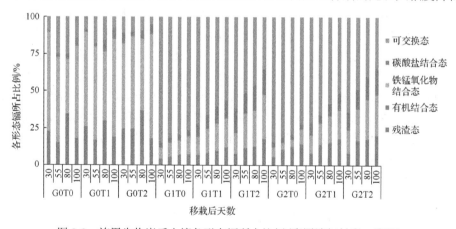

图 8-9 施用生物炭后土壤各形态镉所占比例(彩图请扫封底二维码)

(六)土壤 pH 和有机碳含量与土壤各形态镉含量的相关性分析

由表 8-7 可以看出,在未外源添加镉的土壤中,pH 和有机碳含量与土壤有效态镉含量呈极显著负相关关系($r=-0.851^{**}$,-0.845^{**};$P<0.01$),与土壤可交换态镉不存在显著的相关关系,有机碳含量与碳酸盐结合态镉、铁锰氧化物结合态镉、残渣态镉含量均呈极显著正相关关系($r=0.829^{**}$,0.826^{**},0.725^{**};$P<0.01$)。当外源施加镉 30mg/kg 和 60mg/kg 时,pH 和有机碳含量与有效态镉和可交换态镉含量均呈极显著负相关关系,有机碳含量与除可交换态镉外的其他四级提取态镉含量均呈显著正相关关系。

表 8-7　不同镉添加水平下土壤 pH 和有机碳含量与各形态镉含量的相关性分析

镉添加水平		有效态镉	可交换态镉	碳酸盐结合态镉	铁锰氧化物结合态镉	有机结合态镉	残渣态镉
0mg/kg	pH	−0.851**	−0.118	0.646*	0.632*	0.508	0.747**
	有机碳	−0.845**	−0.406	0.829**	0.826**	0.412	0.725**
30mg/kg	pH	−0.796**	−0.828**	0.865**	0.795**	0.894**	0.555
	有机碳	−0.814**	−0.964**	0.941**	0.913**	0.844**	0.848**
60mg/kg	pH	−0.808**	−0.867**	0.889**	0.895**	0.943**	0.425
	有机碳	−0.882**	−0.950**	0.932**	0.932**	0.826**	0.655*

二、生物炭对镉污染土壤中烟株干物质积累及镉吸收累积的影响

(一) 生物炭对烟株各部位干物质积累量的影响

由表 8-8 可以看出, 烟株各部位干物质积累量表现为叶＞茎＞根, 烟株干物质总积累量表现为处理 G0T1＞G0T2＞G0T0＞G1T2＞G2T2＞G1T1＞G1T0＞G2T1＞G2T0, 且处理 G1T0 和处理 G2T0 分别是处理 G0T0 的 66.06% 和 31.38%, 说明外源添加镉后, 烟株的干物质积累量显著降低。未外源添加镉的处理 G0T0、G0T1 和 G0T2, 除茎和下部叶外, 烟株其他各部位干物质积累量没有显著差异。在镉污染严重的土壤中, 处理 G2T0、G2T1 和 G2T2 之间烟株干物质总积累量差异显著; 烟株茎的干物质积累量, 处理 G2T1 和 G2T2 分别是处理 G2T0 的 2.35 倍和 2.98 倍; 烟株上部叶的干物质积累量, 处理 G2T1 和 G2T2 分别是处理 G2T0 的 2.60 倍和 2.89 倍; 烟株中部叶的干物质积累量, 处理 G2T1 和 G2T2 分别是处理 G2T0 的 2.04 倍和 2.32 倍。说明同一镉污染水平下施加生物炭后, 烟株的干物质积累量显著升高, 但土壤镉严重污染的情况下, 生物炭对烟株受镉毒害的缓解作用并不随着生物炭施用量的增加而增强。

表 8-8　生物炭对烟株各部位干物质积累量的影响　　　　　　(单位: g)

处理	根	茎	叶	叶			总量
				上部叶	中部叶	下部叶	
G0T0	27.23±1.29a	39.15±2.01b	87.56±7.29a	27.35±2.32a	30.72±2.21a	29.49±2.76a	153.94±10.59a
G0T1	27.34±1.72a	47.76±2.34a	90.50±6.97a	30.68±1.74a	32.97±2.93a	26.85±2.30b	164.59±11.03a
G0T2	27.45±2.11a	45.73±1.92a	84.97±4.87ab	29.00±1.22a	29.31±2.31a	26.66±1.34b	163.14±8.90a
G1T0	17.17±1.12c	27.99±1.16c	50.54±5.25d	15.14±2.31c	17.29±1.95c	18.11±0.99c	101.70±7.53cd
G1T1	20.08±1.46b	30.9±2.15c	62.77±5.71c	15.70±1.24c	21.65±2.34b	25.42±2.13b	113.75±9.32c
G1T2	29.31±1.14a	33.22±2.43b	70.95±4.82b	16.46±0.98c	22.15±1.86b	32.34±1.98a	133.48±8.39b
G2T0	6.52±0.76d	12.59±0.28d	29.21±3.25e	6.35±0.45d	8.78±0.98d	14.08±1.82d	48.31±4.29e
G2T1	18.69±1.12bc	29.53±1.21c	54.86±3.86cd	16.54±1.42bc	17.95±1.43c	20.37±1.01c	93.09±6.19d
G2T2	17.74±1.96c	37.48±2.64b	67.81±6.13b	18.33±1.91b	20.37±1.32bc	29.11±2.90a	116.03±10.73c

（二）生物炭对烟株各部位镉含量的影响

在镉污染土壤中施用生物炭后，烟株各部位镉含量如表 8-9 所示。从中可以看出，同一处理中烟株各部位镉含量表现为下部叶＞根＞中部叶＞上部叶＞茎（处理 G0T1 和 G0T2 除外）。在外源施加等量镉的条件下，烟株各部位镉含量随生物炭施用量的增加呈降低趋势。当土壤受镉污染而未施用生物炭时，烟株各部位镉含量大幅度升高，如处理 G1T0 和 G2T0 根的镉含量分别是处理 G0T0 的 134.0 倍和 195.8 倍。当施加镉 30mg/kg 时，处理 G1T1 和 G1T2 根的镉含量分别是处理 G1T0 的 56.25%和 19.05%，处理 G1T1 和 G1T2 茎的镉含量分别是处理 G1T0 的 46.23%和 26.61%。外源添加镉 60mg/kg 时，处理 G2T1 和 G2T2 下部叶的镉含量分别是处理 G2T0 的 89.78%和 54.95%。对比施加生物炭 10g/kg 和 20g/kg，处理 G1 中，施加生物炭 20g/kg 烟株的根、茎、下部叶、中部叶和上部叶中镉的下降量分别是施加生物炭 10g/kg 的 1.85 倍、1.36 倍、2.23 倍、1.09 倍和 1.05 倍；处理 G2 中，施加生物炭 20g/kg 烟株的根、茎、下部叶、中部叶和上部叶中镉含量下降的倍数分别是施加生物炭 10g/kg 的 1.06 倍、1.15 倍、4.41 倍、1.57 倍和 1.65 倍。说明外源添加镉 30mg/kg 的土壤中，施加 20g/kg 生物炭使烟株根、茎、下部叶的镉含量较大幅度下降，在镉严重污染的土壤中，施加 20g/kg 生物炭使烟株上部叶、中部叶和下部叶的镉含量大幅度降低。

表 8-9　生物炭对烟株各部位镉含量的影响　　　（单位：mg/kg）

处理	根	茎	叶		
			上部叶	中部叶	下部叶
G0T0	1.75±0.75e	1.18±0.34d	1.37±0.21e	1.37±0.14e	2.73±0.19f
G0T1	0.99±0.47e	0.82±0.66d	1.47±0.35e	1.97±0.42e	2.37±0.51f
G0T2	1.06±0.31e	1.07±0.12d	1.37±0.19e	1.73±0.55e	1.82±0.87f
G1T0	234.57±8.34b	90.94±6.21a	136.23±9.54b	148.05±6.86a	378.56±20.44a
G1T1	131.95±8.84c	42.04±6.10b	45.16±1.78d	51.15±2.56d	259.66±9.43c
G1T2	44.68±2.02d	24.20±3.00c	40.16±2.12d	42.34±1.98d	113.13±6.87e
G2T0	342.61±11.28a	106.81±7.98a	156.06±10.42a	159.68±5.32a	364.54±13.60a
G2T1	118.47±8.78c	53.72±3.45b	99.45±7.22bc	110.58±6.87b	327.29±16.28b
G2T2	104.95±9.14c	45.63±1.08b	62.64±6.51c	82.69±7.31c	200.30±11.32d

（三）生物炭对镉污染土壤中烟株各部位镉累积量的影响

不同处理中烟株各部位镉累积量（镉累积量=植株各部位镉含量×相应部位生物量）如表 8-10 所示。从中可以看出，外源施加镉的土壤，烟株各位镉累积量叶＞根＞茎，叶片镉累积量下部叶＞中部叶＞上部叶，处理 G1T0 烟株各部位镉累积量最大。未外源施加镉的土壤中，烟株叶片镉累积量随生物炭的施加而降低，但处理之间差异不显著。外源施加镉 30mg/kg 时，烟株各部位镉累积量和烟株镉总累积量随生物炭施用量的增加显著降低。

表 8-10　生物炭对烟株各部位镉累积量的影响　　　（单位：mg）

处理	根	茎	叶	叶			总量
				上部叶	中部叶	下部叶	
G0T0	0.048±0.004d	0.046±0.002d	0.160±0.008d	0.038±0.002e	0.042±0.003e	0.080±0.003d	0.254±0.014e
G0T1	0.027±0.001d	0.039±0.003d	0.174±0.013d	0.045±0.001e	0.065±0.007e	0.064±0.005d	0.240±0.017e
G0T2	0.029±0.002d	0.049±0.005d	0.139±0.009d	0.040±0.002e	0.051±0.004e	0.048±0.005d	0.217±0.016e
G1T0	4.027±0.244a	2.546±0.246a	11.479±0.677a	2.062±0.098a	2.560±0.126a	6.857±0.453a	18.051±1.167a
G1T1	2.650±0.287b	1.299±0.122b	8.416±0.462b	0.709±0.045cd	1.107±0.084cd	6.600±0.333a	12.365±0.871bc
G1T2	1.309±0.112c	0.804±0.098c	5.258±0.332c	0.661±0.018d	0.938±0.072d	3.659±0.242c	7.371±0.542d
G2T0	2.235±0.178b	1.344±0.121b	7.524±0.450bc	0.991±0.030c	1.402±0.098c	5.131±0.322b	11.103±0.741c
G2T1	2.214±0.124b	1.587±0.128b	10.298±0.865a	1.645±0.024b	1.985±0.042b	6.668±0.799a	14.098±1.117b
G2T2	1.862±0.143c	1.710±0.216b	8.663±0.320b	1.148±0.021b	1.684±0.085b	5.831±0.214ab	12.235±0.679bc

三、小结

重金属的生物有效性包括生物毒性和生物可利用性。土壤中重金属元素能否被植物所吸收，主要取决于重金属的有效性，土壤中有效性重金属的含量是一个动态过程平衡的结果，不是由某一种形态决定的。在 Tessier 等(1979)提出的分组法中，可交换态为生物易利用态，碳酸盐结合态、铁锰氧化物结合态、有机结合态为中等可利用态，残渣态主要为矿物质结合态，极其稳定，属于生物难利用态，对重金属的迁移和生物可利用性贡献不大。因此，降低镉在土壤中的有效态含量和迁移性，从而减少镉向植物体内的迁移和积累，是治理和控制土壤镉通过食物链产生危害的一个重要环节。本研究结果表明施用生物炭后，土壤 pH 大幅度增加，土壤有效态镉含量和可交换态镉含量显著降低，碳酸盐结合态镉含量、铁锰氧化物结合态镉含量、有机结合态镉含量和残渣态镉含量均上升高。同时在镉污染土壤中，土壤 pH 与土壤有效态镉含量和可交换态镉含量呈极显著负相关关系($P <$ 0.01)，与碳酸盐结合态镉含量、铁锰氧化物结合态镉含量、有机结合态镉含量呈正相关关系，说明施用生物炭能在一定程度上稳定重金属，降低重金属的生物有效性和可移动性。本研究结果也表明，施加生物炭后，有机碳含量与有效态镉含量呈负相关关系，生物炭加入土壤后，土壤有机碳含量增加，使得土壤吸附镉的能力增强，从而增强了其对土壤中镉的固持能力，降低了土壤中镉的迁移性和生

物毒性。

大多数研究表明，超过一定浓度的镉胁迫条件下，植物常表现出生长受抑制等镉毒害症状，且毒害作用程度随着镉浓度的增加而增加(吴福忠等，2010)，而施加生物炭能明显缓解作物受到的镉毒害作用。毛懿德等(2015)研究表明在重污染土壤中施加生物炭后，土壤重金属有效性和油菜镉含量均明显降低。王艳红等(2015)研究表明在镉污染土壤中施用稻壳基生物炭后，生菜地下部和地上部生物量显著增加。本研究结果表明，在镉胁迫下，烟株各部位干物质积累量显著降低，烟株生长受到明显抑制。施加生物炭后，土壤有效态镉含量降低，烟株受到的镉毒害作用减缓，烟株各部位镉含量明显降低，生长趋于正常，干物质积累量增大，且干物质积累的速度快于镉的降低速度，故施加生物炭的处理烟株累积的镉较多。

综上所述，在镉污染土壤中施用生物炭后，土壤镉的生物有效性降低，从而减小了土壤镉污染对作物的影响。但由于实际污染土壤与模拟污染土壤之间有一定差异，且重金属的环境行为会受土壤性质、植物种类、不同种类生物炭性质和用量等众多因子复杂的影响，因此，今后应进一步加强生物炭对重金属在土壤-植物之间的环境行为和生态环境效应等基础理论研究，同时应注重生物炭对重金属污染影响的长期定位监测试验，进一步阐述生物炭治理土壤重金属污染的机制。

第三节　生物炭对镉污染土壤生物学特性及呼吸速率的影响

土壤微生物是土壤生化反应的推动者和参与者，是土壤有机无机复合体的重要组成部分，对环境变化敏感，能够较早地指示出生态系统功能发生变化。土壤呼吸是土壤与大气交换CO_2的过程，是土壤碳元素矿化和同化平衡的结果，土壤呼吸强度是衡量土壤微生物活性的重要指标。土壤酶主要来源于土壤中微生物，在土壤养分循环中起着重要作用，其活性是评价土壤环境质量的重要生物学指标，可用于监测土壤污染状况和土壤肥力。越来越多的研究表明，重金属污染对土壤微生物具有胁迫毒害作用，且土壤酶活性随重金属污染程度的加剧而降低。沈秋悦等(2016)研究表明镉对微生物活性具有明显的抑制作用，随着镉浓度升高，土壤呼吸强度、过氧化氢酶活性及脲酶活性均呈现下降趋势。

目前，关于重金属对土壤微生物及土壤酶活性影响的研究已经非常细致和深入，但关于镉污染土壤添加生物炭后微生物与土壤酶变化趋势及其规律的研究鲜有报道。本节通过研究在外源添加镉的植烟土壤中施用生物炭后对土壤微生物数量、土壤酶活性和土壤呼吸速率的影响，探讨生物炭与镉污染土壤生物学指标的内在联系，为生物炭修复镉污染土壤提供依据。

本试验与本章第一节为同一个试验，土壤呼吸速率的测定方法与第七章第五节相同。

一、生物炭对镉污染土壤酶活性的影响

(一)生物炭对镉污染土壤脲酶活性的影响

土壤脲酶直接参与土壤中含氮有机化合物的转化,其活性高低在一定程度上反映了土壤的供氮水平。从图 8-10 可以看出,在烤烟整个生育期,土壤脲酶活性表现出先升高后降低的变化趋势,在移栽后 55d 最高。外源施加镉的土壤中,土壤脲酶活性随镉浓度的升高而降低,移栽后 30d 处理 G1T0 和 G2T0 的土壤脲酶活性分别是处理 G0T0 的 69.59%和 42.30%,施加生物炭后,土壤脲酶活性显著升高,如移栽后 55d 处理 G1T1 和 G1T2 的土壤脲酶活性分别是处理 G1T0 的 2.50 倍和 2.60 倍,处理 G2T1 和 G2T2 的土壤脲酶活性分别是处理 G2T0 的 1.93 倍和 2.61 倍,即在镉污染土壤中施加生物炭能显著提高土壤脲酶活性。

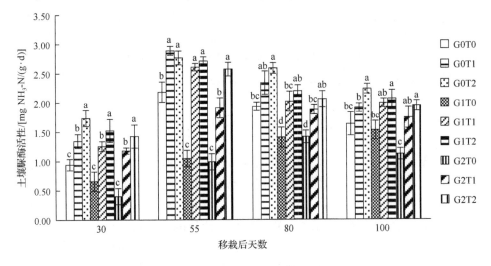

图 8-10　生物炭对镉污染土壤脲酶活性的影响

每个处理的测定值是 3 次重复的平均值,下同

(二)生物炭对镉污染土壤过氧化氢酶活性的影响

过氧化氢酶是生物呼吸代谢,以及土壤动物、植物根系分泌及残体分解过程中的重要酶类,在生物体(包括土壤)中,过氧化氢酶的作用在于破坏对生物体有毒的过氧化氢。由图 8-11 可知,随着镉污染程度的加重,土壤过氧化氢酶活性有降低趋势,但各处理间差异不显著(除移栽后 55d)。施加生物炭后,土壤过氧化氢酶活性呈现显著升高趋势,如移栽后 30d,处理 G0T1 和 G0T2 分别比处理 G0T0 升高了 0.63mg/(g·20min)和 0.66mg/(g·20min),处理 G1T1 和 G1T2 分别比处理

G1T0 升高了 0.88mg/(g·20min) 和 0.86mg/(g·20min)，处理 G2T1 和 G2T2 分别比处理 G2T0 升高了 1.30mg/(g·20min) 和 1.41mg/(g·20min)。

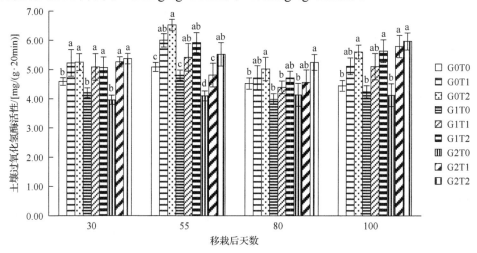

图 8-11　生物炭对镉污染土壤过氧化氢酶活性的影响

(三)生物炭对镉污染土壤蔗糖酶活性的影响

在镉污染土壤中施用生物炭后土壤蔗糖酶活性变化如图 8-12 所示。在烤烟整个生育期，土壤蔗糖酶活性随生育期的延长呈降低趋势。移栽后 30d 和 80d，外源添加大量镉的处理土壤蔗糖酶活性显著降低。移栽后 30d，土壤蔗糖酶活性随生物炭施用量的增加而增大，如处理 G0T1 和处理 G0T2 的土壤蔗糖酶活性分别

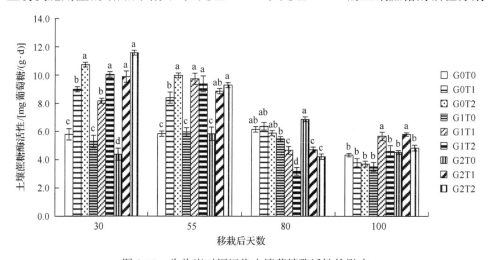

图 8-12　生物炭对镉污染土壤蔗糖酶活性的影响

是处理 G0T0 的 1.55 倍和 1.85 倍，处理 G1T1 和处理 G1T2 的土壤蔗糖酶活性分别是处理 G1T0 的 1.55 倍和 1.90 倍，处理 G2T1 和处理 G2T2 的土壤蔗糖酶活性分别是处理 G2T0 的 2.26 倍和 2.64 倍。移栽后 80～100d，施加生物炭后，土壤蔗糖酶活性反而呈现降低的趋势，尤其是移栽后 80d，处理 G2T1 和 G2T2 分别是处理 G2T0 的 68.67% 和 61.54%。

二、生物炭对镉污染土壤微生物的影响

(一)生物炭对镉污染土壤微生物数量的影响

生物炭对镉污染土壤微生物数量的影响如图 8-13～图 8-15 所示。由图 8-13 可知，随着生育期的延长，土壤细菌数量呈现先升高后降低的趋势，在移栽后 55d 达到较高水平。在外源添加镉的土壤中，土壤细菌数量降低，尤其是外源添加镉 60mg/kg 时，与处理 G0 相比，细菌数量显著减少。移栽后 30d 和 55d，土壤细菌数量随生物炭施用量的增加显著升高。例如，移栽后 55d 处理 G0T1 和 G0T2 的土壤细菌数量分别是处理 G0T0 的 1.50 倍和 2.37 倍，处理 G1T1 和 G1T2 的土壤细菌数量分别是处理 G1T0 的 1.56 倍和 2.87 倍，处理 G2T1 和 G2T2 的土壤细菌数量分别是处理 G2T0 的 2.07 倍和 4.09 倍。由图 8-14 可知，外源添加镉对土壤真菌数量没有显著影响[烤烟整个生育期，处理 G0T0、G1T0 和 G2T0 间差异不显著($P>0.05$)]。施用生物炭后，土壤真菌数量表现出升高趋势。移栽后 30d，处理 G0T2 和 G0T1 的土壤真菌数量分别是处理 G0T0 的 2.19 倍和 1.54 倍。从图 8-15 中可以看出，各处理土壤放线菌数量均在移栽后 55d 达到较高水平。烤烟生长发育前期(移栽后 30～55d)，外源施加镉后，土壤放线菌数量呈现降低趋势，尤其是移栽后 30d，处理 G2T0 为 $0.88×10^5$cfu/g，是处理 G0T0 的 42.08%。施加生物

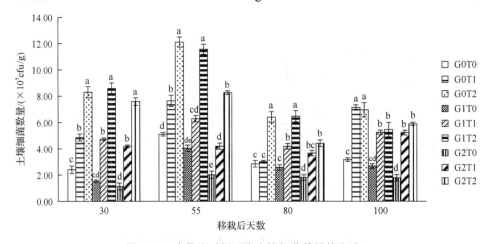

图 8-13　生物炭对镉污染土壤细菌数量的影响

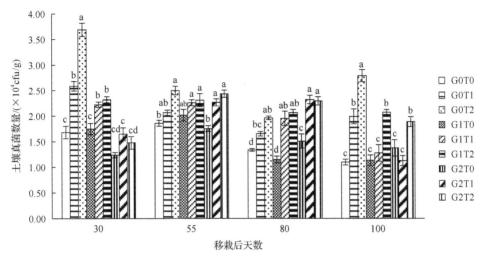

图 8-14　生物炭对镉污染土壤真菌数量的影响

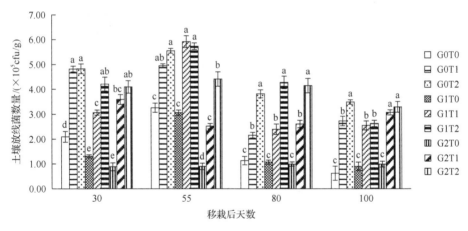

图 8-15　生物炭对镉污染土壤放线菌数量的影响

炭后，土壤放线菌数量明显升高，如移栽后 80d 处理 G0T1 和处理 G0T2 的放线菌数量分别是处理 G0T0 的 1.91 倍和 3.38 倍，处理 G1T1 和处理 G1T2 分别是处理 G1T0 的 2.24 倍和 4.01 倍，处理 G2T1 和处理 G2T2 分别是处理 G2T0 的 2.63 倍和 4.19 倍。

(二)生物炭对镉污染土壤微生物生物量碳和微生物生物量氮的影响

施加生物炭后，镉污染土壤中 MBC 和 MBN 含量有相似的变化趋势(图 8-16，图 8-17)。相同镉污染情况下，土壤 MBC 和 MBN 含量均随生物炭的施加显著升高。外源添加镉的处理 G1T0 和 G2T0 土壤 MBC 与 MBN 含量均较低。在烟株整

个生育期，土壤 MBC 含量呈现出"N"形变化趋势，分别在移栽后 55d 和 100d
达到较高水平。在烤烟生长发育前中期，土壤 MBC 含量随生物炭施用量的增加
增幅较大，移栽后 55d，处理 G0T2 和 G0T1 的土壤 MBC 含量分别是处理 G0T0
的 2.14 倍和 1.72 倍，处理 G1T2 和 G1T1 的土壤 MBC 含量分别是处理 G1T0 的
2.73 倍和 2.11 倍。对于土壤 MBN 含量，在镉污染严重的土壤中(外源施加镉
60mg/kg)，其随生物炭施用量的增加呈显著增加的趋势，如移栽后 55d 处理 G2T2
的土壤 MBN 含量相比于 G2T0 的增加量是处理 G2T1 的 2.80 倍。

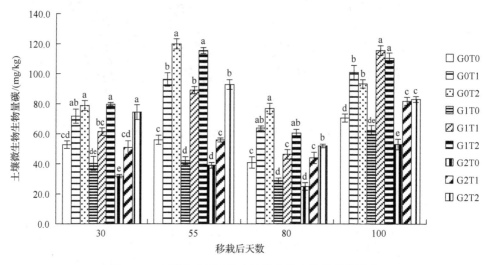

图 8-16　生物炭对镉污染土壤微生物生物量碳的影响

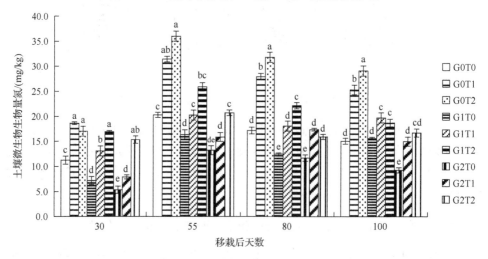

图 8-17　生物炭对镉污染土壤微生物生物量氮的影响

三、生物炭对镉污染土壤呼吸速率的影响

不同时期土壤呼吸速率变化如表 8-11 所示，随着生育期的延长，土壤呼吸速率呈现升高的趋势。移栽后各时期，外源施加镉的土壤呼吸速率均较低，处理 G0T0＞G1T0＞G2T0。同一镉污染水平，施加生物炭后，土壤呼吸速率显著升高。外源施加镉 60mg/kg 时，土壤呼吸速率随生物炭施用量的增加呈显著升高的趋势，如处理 G2T2 的土壤呼吸速率在 6 月 30 日时为 9.42μmol/(m²·s)，分别是处理 G2T0 和 G2T1 的 3.51 倍和 3.10 倍，而外源施加镉 30mg/kg 时，处理 G1T1 和 G1T2 的土壤呼吸速率没有显著差异。

表 8-11　不同时期土壤呼吸速率　　[单位：μmol/(m²·s)]

处理	6 月 12 日	6 月 30 日	7 月 18 日	7 月 26 日	8 月 11 日
G0T0	3.15c	4.56c	5.63d	6.20c	6.30c
G0T1	5.27b	9.39a	7.88c	6.32c	9.18a
G0T2	6.24a	9.05a	12.07a	9.26a	9.44a
G1T0	2.29d	3.42c	5.62d	6.03cd	6.15c
G1T1	2.48d	8.91ab	8.53bc	9.05a	8.38b
G1T2	2.74d	8.39b	7.61c	9.66a	7.93b
G2T0	1.41e	2.68d	5.15d	5.88d	4.24d
G2T1	1.49e	3.04bc	5.75d	5.97cd	7.47bc
G2T2	3.98c	9.42a	9.45b	8.18b	8.53a

注：每个处理的测定值是 3 次重复的平均值

四、小结

土壤酶作为土壤的组成部分，参与土壤中一切生物化学过程，其中蔗糖酶直接参与土壤的碳素循环，脲酶直接参与土壤中含氮有机化合物的转化，过氧化氢酶能够酶促过氧化氢分解为水和氧，它们活性的强弱可以反映土壤中生化反应发生的方向和强度，是探讨土壤中重金属污染生态效应的重要指标之一（龙健等，2003）。本研究结果表明，土壤过氧化氢酶活性随镉污染程度的增加呈现降低趋势，但各处理间差异不显著，可能是土壤过氧化氢酶对土壤重金属反应不敏感或该研究中外源添加的镉浓度未对土壤过氧化氢酶活性产生显著的抑制作用，该结果与吴丹等（2012）研究发现只有重金属的浓度较高时才对土壤过氧化氢酶活性产生抑制作用的结果相似。土壤脲酶活性随镉污染程度的增加呈现降低的趋势，产生该结果的原因可能与重金属对酶活性产生抑制作用有关，其作用机理是酶分子中的活性部位——巯基和含咪唑的配位结合，形成较稳定的络合物，与底物产生竞争性抑制作用，或者可能是由于重金属通过抑制土壤微生物的生长和繁殖，减少酶

的合成和分泌，最终导致酶活性下降。土壤脲酶活性在移栽后 30d 有升高趋势，并在移栽后 55d 达到较高水平，随后趋于稳定，这可能是由于重金属进入土壤后，对微生物的影响主要发生在早期，随着时间延长，重金属形态发生变化，钝化为惰性形态，对土壤微生物的抑制作用减弱，因此微生物数量、活性、群体结构发生很大变化，最后趋于稳定，使酶活性稳定。有研究表明，土壤微生物能够较敏感地反映土壤环境微小的变化，且重金属胁迫与土壤微生物生物量、活性和多样性存在不同的剂量-效应关系，即低浓度的重金属胁迫会抑制优势种群的竞争性排除效应，有利于劣势种群的生存，使土壤微生物多样性增加，而高剂量的重金属对微生物产生毒性，导致微生物量降低甚至物种消亡(贺纪正，2014)。本研究中随镉浓度的增大，土壤细菌和放线菌数量呈现显著下降趋势，说明镉浓度已经达到对微生物产生毒害作用的临界值。土壤真菌数量并没有显著的下降趋势，可能是因为作为初级真核生物，真菌对环境的适应力和抗逆性要强于细菌与放线菌。

　　本研究中土壤脲酶和过氧化氢酶活性随生物炭施用量的增加而升高，与顾美英等(2016)通过大田试验研究生物炭对土壤酶活性影响得到的结果一致。生物炭具有极强的吸附性能，可以吸附酶促反应的底物，进而促进酶促反应，使土壤酶活性提高。本研究表明，施用较高水平生物炭前期对土壤蔗糖酶活性起到促进作用，后期对土壤蔗糖酶活性的影响没有明显的规律，可能是由于生物炭表面含有少部分易被利用的碳源等营养物质，施入前期使土壤蔗糖酶活性提高，随着生育期的延长，一方面生物炭其自身的碳很难被蔗糖酶分解，另一方面大量生物炭对酶促反应结合位点产生保护作用，阻止酶促反应进行(丁艳丽等，2013)，故移栽后期蔗糖酶活性无显著变化规律。施用生物炭后，土壤微生物数量及土壤 MBC 和 MBN 含量均呈现显著增加的趋势。本研究中土壤脲酶活性，土壤细菌、放线菌数量和土壤 MBC、MBN 含量均在移栽后 55d 达到较高水平，由于此时烟株处于旺长期，不仅水热状况良好，而且烟株旺盛生长促进了养分循环与分解，土壤微生物活性增强。

　　土壤呼吸是个复杂的生物学过程，主要包括土壤微生物呼吸和根呼吸两部分，土壤呼吸的强度取决于土壤微生物活性和根系活性。土壤呼吸速率随生育期的延长呈现升高的趋势并逐渐趋于稳定，可能是由于烟株从伸根期进入旺长期再到成熟期的过程中，烟株根体积迅速增长，呼吸速率升高。本研究中外源添加镉的土壤呼吸速率急剧降低，是因为镉有毒害作用，土壤微生物活性显著降低，且烟株根系生长缓慢，所以土壤呼吸速率降低。

　　镉污染对土壤酶活性、土壤微生物数量及生物量、土壤呼吸速率均有不同程度的抑制作用。施加生物炭后，土壤脲酶活性，土壤细菌、真菌、放线菌数量，土壤 MBC、MBN 含量和土壤呼吸速率均呈现升高的趋势。生物炭对镉污染土壤生物学特性有较好的改善作用。

第四节　生物炭对镉污染土壤中烤烟生长及光合特性的影响

镉作为一种毒性强烈的重金属，其可以抑制作物的光合作用，从而影响作物的生长和产量形成(Foy et al.，1978)。前人研究表明，镉可以通过降低作物叶片光合色素的含量和光系统II(PSII)的活性或者影响叶片气孔开闭等途径降低光合作用强度(Siedlecka and Krupa，1996；Weigel，1985)，从而抑制光合产物在作物叶片中转化，导致作物产量下降。马新明等(2006)的研究表明，随着镉处理浓度的增加，烟叶净光合速率和气孔导度逐渐降低，胞间 CO_2 浓度随镉浓度的增加逐渐增大。已有研究表明生物炭可以降低重金属的生物有效性，对重金属起到很好的固定效果，从而减少农作物对重金属的吸收，降低农作物受到的毒害作用，使作物产量增加。一般来说，作物积累的干物质量90%来自于叶片的光合作用，因此，探究生物炭对镉污染土壤中烤烟光合指标的影响，对研究生物炭缓解烤烟受镉胁迫具有重要的意义。

本试验与本章第一节为同一个试验。烤烟气体交换参数的测定：2016年6～9月，每个处理随机选择3株无病害且生长旺盛的烟株，从上往下数第8片叶，用 Li-6400 便携式光合作用测量仪在 10:00～11:30 测定叶片的气体交换参数净光合速率(P_n)、胞间二氧化碳浓度(C_i)、气孔导度(G_s)、蒸腾速率(T_r)。气孔限制值 $L_s=1-C_i/C_a$(C_a 为环境 CO_2 浓度)，水分利用效率 WUE$=P_n/T_r$。烤烟光响应曲线的测定：烤烟生长进入旺期后，选择晴朗天气用 Li-6400 便携式光合作用测量仪在 10:00～11:30 进行叶片光合-光响应曲线测定，进而确定叶片相关光合参数。在烤烟生长期共测定3次，分别在烤烟的旺长前期(6月10日)、旺长中期(6月26日)、旺长末期(7月13日)，选择G0T0、G0T1、G1T0和G1T1 4个处理，每个处理选择无病害且生长旺盛的烟株测定。光响应曲线测定时叶室温度设定为30℃，参比室 CO_2 浓度设定为 400μmol/mol，光合有效辐射设定为 1800μmol/(m^2·s)、1500μmol/(m^2·s)、1200μmol/(m^2·s)、1000μmol/(m^2·s)、800μmol/(m^2·s)、500μmol/(m^2·s)、250μmol/(m^2·s)、150μmol/(m^2·s)、80μmol/(m^2·s)、50μmol/(m^2·s)、25μmol/(m^2·s)、0μmol/(m^2·s)，分别测定烤烟的净光合速率 P_n，采用非直角双曲线方程拟合所测定的光响应曲线，得到最大净光合速率(P_{max})、初始量子效率($α$)、暗呼吸速率(R_d)、光补偿点(LCP)和光饱和点(LSP)等参数。

一、生物炭对镉污染土壤中烤烟植物学性状的影响

生物炭对镉污染土壤中烤烟植物学性状的影响如表 8-12 所示。随着生育期的延长，未施用镉的处理 G0 烟株株高增速表现出先快后慢的变化趋势，施用镉的处理 G1 和 G2 烟株株高表现出直线增加的趋势。移栽 45d 以后，外源施加镉的烟

株株高显著低于未施加镉的处理，移栽后 75d 处理 G1T0 和 G2T0 的株高分别是处理 G0T0 的 55.09%和 35.12%。施加生物炭后，多数处理烟株株高有升高趋势，移栽后 60d 处理 G0T1 和 G0T2 株高分别是处理 G0T0 的 1.18 倍和 1.21 倍，处理 G1T1 和 G1T2 株高分别是处理 G1T0 的 1.16 倍和 1.50 倍，处理 G2T1 和 G2T2 株高分别是处理 G2T0 的 1.52 倍和 2.20 倍；移栽后 75d，处理 G1T1 和 G1T2 烟株株高分别比处理 G1T0 高 28.34cm 和 38.67cm；处理 G2T1 和 G2T2 分别比处理 G2T0 高 14.53cm 和 52.30cm。

表 8-12　生物炭对镉污染土壤中烤烟植物学性状的影响

植物学性状	处理	移栽后天数			
		30d	45d	60d	75d
最大叶长/cm	G0T0	21.67±0.94c	46.20±1.07a	52.50±1.69ab	49.03±2.68b
	G0T1	29.30±0.99a	49.07±2.59a	58.87±5.61a	56.67±1.31a
	G0T2	25.50±2.68b	45.63±1.41a	53.53±0.68ab	54.50±1.47a
	G1T0	13.27±1.27fg	25.13±1.82cde	40.97±2.17cd	41.83±1.55c
	G1T1	16.90±1.02de	27.87±4.26cd	43.17±1.53c	47.00±2.48b
	G1T2	18.90±1.20d	36.67±1.89b	47.33±2.15bc	49.00±3.60b
	G2T0	11.80±0.51g	19.70±2.26e	30.50±3.67e	37.27±0.92c
	G2T1	13.83±0.24fg	23.73±4.53de	35.67±4.36de	41.50±1.41c
	G2T2	15.13±0.62ef	31.03±2.72bc	41.73±2.04cd	47.83±2.39b
最大叶宽/cm	G0T0	9.57±0.49bc	22.00±0.41b	25.40±0.59a	22.57±2.08b
	G0T1	14.33±0.78a	27.27±3.43a	27.83±2.90a	26.93±1.84a
	G0T2	11.57±1.43b	23.87±1.35ab	27.30±2.63a	26.10±1.58a
	G1T0	5.27±0.25e	10.50±1.06de	19.53±1.84bc	18.57±0.41c
	G1T1	6.97±0.54de	12.97±2.50de	20.57±1.08bc	24.37±1.39ab
	G1T2	8.77±2.36cd	19.13±2.05bc	23.73±1.22ab	26.33±1.61a
	G2T0	4.80±0.43e	7.87±1.21e	14.07±2.82bc	17.77±1.07c
	G2T1	5.53±0.54e	10.70±3.28de	17.93±2.52cd	22.07±0.75b
	G2T2	6.00±0.45e	15.07±0.98cd	20.43±1.02bc	24.87±1.64ab
株高/cm	G0T0	5.17±0.62ab	30.50±1.22b	84.60±10.92b	95.00±7.54ab
	G0T1	5.83±0.47a	36.67±4.48a	100.20±5.86a	107.67±4.09a
	G0T2	5.00±0.41ab	32.33±2.41ab	102.53±4.54a	105.67±4.50a
	G1T0	4.00±1.08bc	8.47±0.05de	41.80±0.88d	52.33±10.08d
	G1T1	4.27±0.38bc	11.37±3.28cde	48.30±10.20cd	80.67±0.47c
	G1T2	3.93±0.99bc	16.63±2.00c	62.53±5.85c	91.00±6.38bc
	G2T0	2.47±0.34d	6.80±0.85e	23.77±5.58e	33.37±7.83e
	G2T1	3.13±0.82cd	10.87±1.99de	36.07±8.61de	47.90±2.40d
	G2T2	4.00±0.41bc	13.00±0.82cd	52.27±5.06cd	85.67±3.40bc

续表

植物学性状	处理	移栽后天数			
		30d	45d	60d	75d
茎围/cm	G0T0	2.63±0.12c	6.37±0.25a	8.13±0.29a	8.33±0.74a
	G0T1	4.60±0.14a	6.93±0.76a	8.23±0.33a	8.70±0.59a
	G0T2	3.50±0.36b	6.80±0.29a	8.47±0.34a	8.80±0.24a
	G1T0	1.50±0.21de	3.50±0.73c	5.77±0.05cd	6.33±0.05c
	G1T1	1.70±0.14d	5.10±0.45b	6.67±0.25b	7.00±0.33bc
	G1T2	1.47±0.05de	5.90±0.24ab	6.60±0.43b	7.37±0.66b
	G2T0	0.93±0.09f	3.07±0.19c	4.07±0.48e	5.10±0.37d
	G2T1	0.90±0.08f	3.53±0.83c	5.20±0.78d	6.20±0.14c
	G2T2	1.27±0.17ef	5.07±0.48b	6.07±0.29bc	6.63±0.09bc
有效叶片数/(片/株)	G0T0	6.67±0.47ab	11.33±0.47b	15.33±2.49ab	20.00±0.00ab
	G0T1	7.00±0.00a	13.00±0.00a	17.33±2.05a	21.00±0.82a
	G0T2	6.00±0.00abc	11.67±0.47b	17.67±1.25a	19.33±0.94ab
	G1T0	4.67±0.47d	8.00±0.00de	10.67±0.47c	14.00±1.41c
	G1T1	5.33±0.47cd	8.33±0.47de	12.33±1.24bc	16.00±0.82c
	G1T2	5.67±0.94bcd	9.67±0.47c	13.67±0.47bc	18.33±2.05b
	G2T0	5.00±0.82cd	6.33±0.94f	9.33±1.41c	11.00±0.94d
	G2T1	5.00±0.00cd	7.67±0.47e	10.67±1.25c	14.00±0.00c
	G2T2	5.33±0.47cd	9.00±0.82cd	12.67±1.25bc	15.67±0.47c

烤烟最大叶长在移栽后 30～45d 快速增加（表 8-12），大部分处理最大叶长均在移栽后 60d 达到最大。与未外源施加镉处理 G0 对比，施加镉的处理 G1 和 G2 烤烟最大叶长均明显较低，移栽后 45d，处理 G1T0 和 G2T0 的最大叶长分别比处理 G0T0 小 21.07cm 和 26.50cm。施加生物炭后，烤烟最大叶长增加。

随着生育期的延长，各处理烤烟的最大叶宽与最大叶长有相似的变化趋势。移栽后 60d，处理 G0 的最大叶宽达到最大值，移栽后 60～75d，施加生物炭的处理 G1T1、G1T2、G2T1 和 G2T2 均呈升高的趋势。外源添加镉后，处理 G1T0 和 G2T0 的最大叶宽均显著低于处理 G0T0，移栽后 60d，处理 G1T0 和 G2T0 的最大叶宽分别是处理 G0T0 的 76.90%和 55.38%。移栽后 45d，在添加镉的处理中，施用生物炭 20g/kg 处理的烤烟最大叶长均显著大于未施加生物炭的处理，移栽后 75d，处理 G1T1 和 G1T2 的烤烟最大叶宽分别比处理 G1T0 宽 5.80cm 和 7.77cm，处理 G2T1 和 G2T2 分别比处理 G2T0 宽 4.30cm 和 7.10cm。

表 8-12 中，移栽后各时期，烟株茎围随外源施加镉浓度的增加而降低，施加生物炭后，烟株茎围呈现升高的趋势。移栽后 30d，施加生物炭的处理 G0T1 和 G0T2 烟株茎围均显著大于处理 G0T0。移栽后 45d，处理 G1 中，施用生物炭 10g/kg 的处理 G1T1 茎围显著高于处理 G1T0，处理 G1T1 和 G1T2 分别是处理 G1T0 的

1.46 倍和 1.69 倍，处理 G2T1 和 G2T2 分别是处理 G2T0 的 1.15 倍和 1.65 倍。

不同处理烤烟有效叶片数随生育期的延长一直增加。移栽后 75d，处理 G0T1 的有效叶片数最大，为 21 片/株，处理 G0T0、G0T1 和 G0T2 间没有显著差异；施用镉的处理 G1T0 和 G2T0 烤烟有效叶片数显著低于处理 G0T0，有效叶片数仅为 14 片/株和 11 片/株；在镉污染土壤中施用生物炭的处理 G1T1 和 G1T2 有效叶片数分别是处理 G1T0 的 1.14 倍和 1.31 倍，处理 G2T1 和 G2T2 有效叶片数分别是处理 G2T0 的 1.27 倍和 1.42 倍。

二、生物炭对镉污染土壤中烤烟比叶面积的影响

比叶面积(SLA)定义为单位重量叶片面积，其受叶片厚度、形状和重量的影响，是重要的植物叶片性状之一(Wright et al.，2002)。比叶面积和叶片光合作用强弱密切相关，比叶面积越大，单位重量的烤烟叶面积越大，表明光合能力越弱，因而叶片较薄，单位面积的烤烟叶干重较小。由图 8-18 可以看出，处理 G0T2 的比叶面积显著大于处理 G0T0 和 G0T1，说明在植物未受到环境胁迫时，施用大量生物炭对烤烟叶片的碳同化能力有抑制作用。外源添加镉的处理 G1T0 和 G2T0 的比叶面积较大，说明在镉胁迫下，烤烟叶片的碳同化能力受到抑制，施加生物炭后，烤烟的比叶面积明显降低，施加 20g/kg 生物炭的处理 G1T2、G2T2 和 G0T2 之间没有显著差异。

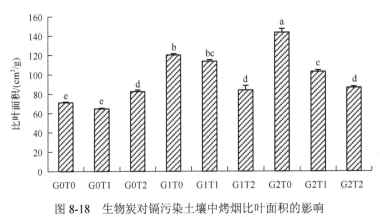

图 8-18　生物炭对镉污染土壤中烤烟比叶面积的影响

三、生物炭对镉污染土壤中烤烟气体交换参数的变化

(一)生物炭对烤烟净光合速率的影响

净光合速率是表示光合作用强度的重要指标之一，净光合速率的大小直接影响植物光合作用的强弱(何海洋等，2015)。生物炭对镉污染土壤中烤烟净光合速

率的影响如图 8-19 所示。随着生育期的延长，烤烟净光合速率表现出先升高后降低的变化趋势。各处理烤烟净光合速率均在 6 月 25 号达到最大值，处理 G0T2 达到 $30.36\mu mol/(m^2 \cdot s)$。外源添加镉的处理，烤烟净光合速率较低，尤其是在 6 月 11 日（移栽后 38d），处理 G1T0 和 G2T0 的烤烟净光合速率分别是处理 G0T0 的 58.97% 和 5.88%。施用生物炭后，烤烟的净光合速率有明显升高的趋势，7 月 11 日在镉污染的土壤中，施用生物炭的处理 G1T1、G1T2 和处理 G2T1、G2T2 的烤烟净光合速率均分别显著高于处理 G1T0 和 G2T0。

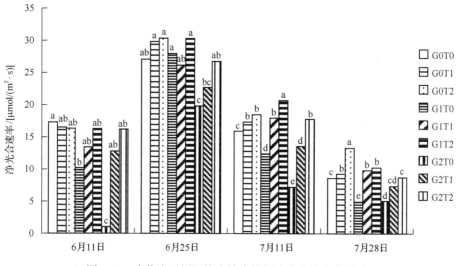

图 8-19　生物炭对镉污染土壤中烤烟净光合速率的影响

（二）生物炭对烤烟气孔导度的影响

图 8-20 中，随着生育期的延长，生物炭对镉污染土壤中烤烟气孔导度的影响和对烤烟净光合速率的影响有相似的变化趋势，均在 6 月 25 日（旺长期）达到最大，在 7 月 28 日最小（成熟期）。施用生物炭条件下，6 月 11 日处理 G0T1 和 G0T2 的烤烟气孔导度分别是处理 G0T0 的 47.45% 和 9.05%。烤烟的气孔导度与净光合速率密切相关，在镉胁迫下，可能是由于烤烟的气孔导度较小，因此其净光合速率较小。

（三）生物炭对烤烟蒸腾速率的影响

由图 8-21 可知，在整个生育期，烤烟的蒸腾速率表现出先升后降的变化趋势，各处理均在 6 月 25 日达到最高，此时烤烟处于旺长期，生理代谢比较旺盛，且光合作用较强，因此蒸腾速率相对较大。7 月 28 日，烤烟进入成熟期，其各项生理

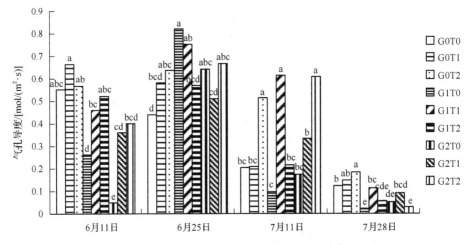

图8-20 生物炭对镉污染土壤中烤烟叶片气孔导度的影响

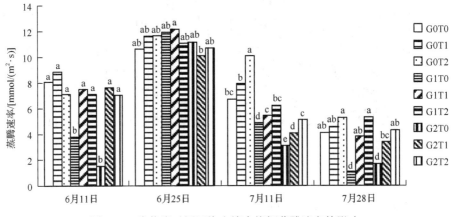

图8-21 生物炭对镉污染土壤中烤烟蒸腾速率的影响

代谢活动减弱,因此各处理蒸腾速率均较小。除6月25日外,其他各时期受镉胁迫的处理G1T0和G2T0烤烟蒸腾速率均显著低于处理G0T0,施用生物炭后,烤烟蒸腾速率均显著升高,7月28日,处理G1T1和G1T2的蒸腾速率分别是处理G1T0的3.53倍和4.89倍,处理G2T1和G2T2的蒸腾速率分别是处理G2T0的2.00倍和2.54倍。

(四)生物炭对烤烟水分利用效率的影响

作物叶片的水分利用效率是指蒸腾单位质量水所同化的CO_2量,反映植物生产过程中单位水分的能量转化效率(蔡仕珍等,2013)。由图8-22可知,整个生育期烤烟的水分利用效率变化趋势较平缓。在未外源添加镉的条件下,施用生物炭对烤烟水分利用效率无显著影响。镉污染土壤中施加生物炭,能显著提高烤烟在旺长中后期的水分利用率，在成熟期(7 月 28 日)烤烟的水分利用效率随生物炭施用量增加而降低，可能是由于成熟期施用生物炭处理的烤烟叶片净光合速率降低，且降低幅度大于烤烟叶片蒸腾速率的降低幅度，导致水分利用效率相对较小。

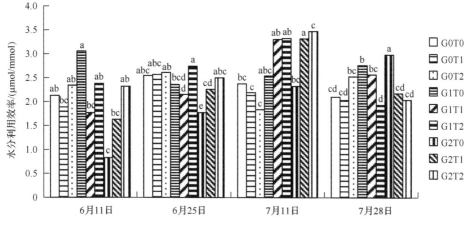

图 8-22　生物炭对镉污染土壤中烤烟水分利用效率的影响

(五)生物炭对烤烟胞间二氧化碳浓度和气孔限制值的影响

由图 8-23 可知，各处理烤烟的胞间二氧化碳浓度均在 6 月 11 日有最大值，处理 G2T0 的胞间二氧化碳浓度在烤烟生长的前中期较大，施用生物炭后，胞间二氧化碳浓度有降低的趋势。在烤烟生长的中前期，处理 G2T0 的气孔限制值均较小(图 8-24)，施加生物炭后，气孔限制值有升高的趋势。

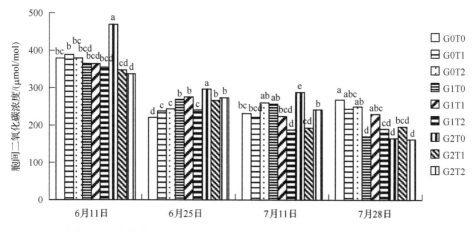

图 8-23　生物炭对镉污染土壤中烤烟叶片胞间二氧化碳浓度的影响

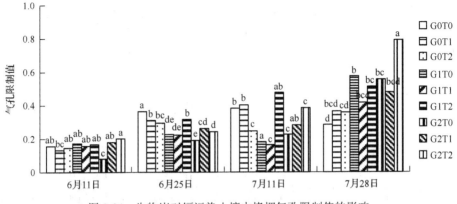

图 8-24　生物炭对镉污染土壤中烤烟气孔限制值的影响

(六) 生物炭对烤烟瞬时羧化速率的影响

烤烟的净光合速率与胞间二氧化碳浓度的比值称为瞬时羧化速率，瞬时羧化速率一般与烤烟叶片中 RuBP 羧化酶活性成正比，RuBP 羧化酶是植物叶片进行光合作用的重要酶(高忠等，1995)。由图 8-25 可以看出，烤烟的瞬时羧化速率与烤烟净光合速率有一致的变化趋势，随着生育期的延长，烤烟瞬时羧化速率表现出先升高后降低的变化趋势，在 6 月 25 日达到最大值。镉胁迫下，烤烟瞬时羧化速率较低，6 月 11 日处理 G2T0 烤烟瞬时羧化速率相较 G0T0 的降低幅度明显大于处理 G1T0，说明严重镉胁迫下，烤烟 RuBP 的再生速率受到较大的抑制，也说明 P_n 的下降主要是由于叶肉细胞羧化能力降低，施加生物炭后，烤烟的瞬时羧化速率有明显升高的趋势，7 月 11 日处理 G2T1 和 G2T2 分别是处理 G2T0 的 2.84 倍和 2.98 倍。

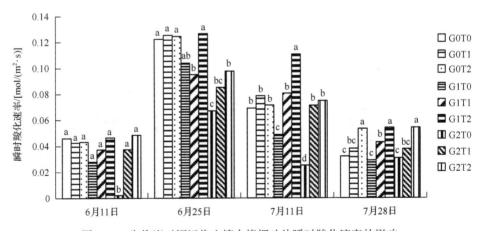

图 8-25　生物炭对镉污染土壤中烤烟叶片瞬时羧化速率的影响

四、不同处理烤烟叶片光响应曲线

(一)光响应曲线拟合

　　植物光合-光响应曲线反映了植物净光合速率随光合有效辐射变化的特性。光合有效辐射的增加会使各处理烤烟光合速率增加,达到一定数值后,光合速率趋于稳定。图 8-26 分别是烤烟处于旺长前期、旺长中期和旺长末期的光响应曲线。由其可知,不同处理烤烟光响应曲线差异较大。烤烟旺长前期(6 月 11 日),处理 G0T0 和 G0T1 烤烟光响应曲线明显高于处理 G1T0,且在未外源添加镉条件下,在光合有效辐射小于 500μmol/(m²·s)时,烤烟净光合速率随光合有效辐射的增加增速较快。6 月 26 日,施加生物炭的处理 G0T1 和 G1T1 烤烟光响应曲线明显高于处理 G0T0 和 G1T0,且光合有效辐射小于 500μmol/(m²·s)时,各处理的净光合速率没有明显差异,当光合有效辐射大于 500μmol/(m²·s)时,处理 G0T1 和 G1T1 的净光合速率有持续升高的趋势。

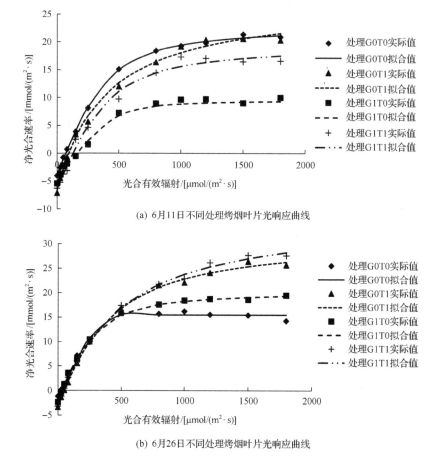

(a) 6月11日不同处理烤烟叶片光响应曲线

(b) 6月26日不同处理烤烟叶片光响应曲线

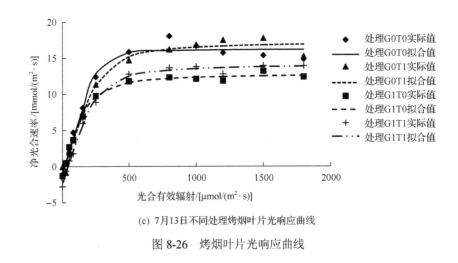

(c) 7月13日不同处理烤烟叶片光响应曲线

图 8-26　烤烟叶片光响应曲线

(二) 不同处理烤烟光响应曲线拟合参数

根据叶子飘(2017)所建立的光响应曲线拟合模型进行拟合，结果显示非直角双曲线能够很好地描述各处理烤烟叶片的光响应，拟合方程的决定系数均在 0.98以上。拟合结果表明(表 8-13)，在旺长前期(6 月 10 日)烤烟的最大净光合速率和表观量子效率大小均是处理 G0T1＞G0T0＞G1T1＞G1T0，光补偿点为处理 G1T0＞G1T1＞G0T1＞G0T0，光饱和点为处理 G1T0＞G1T1＞G0T0＞G0T1。旺长中期，烤烟的最大净光合速率表现为处理 G1T1＞G0T1＞ G0T0＞G1T0，且各处理均高于旺长前期，该时期光补偿点表现为 G0T0＞G0T1＞G1T1＞G1T0。旺长末期，烤烟的最大净光合速率均相对较小。表观量子效率(α)反映了植物在光合作用过程中对光能的利用率，尤其是对弱光的利用率(熊彩云等，2012)。α 越高，说明叶片对光能的利用率越高。烤烟旺长前期，处理 G1T0 的 α 最低，可能是由于镉胁迫下，烤烟进行光合作用的光合色素合成受到抑制，因此烤烟叶片的光能利用率降低、光合速率下降，施用生物炭的处理 G1T1 烤烟净光合速率和表观量子效率明显较高，说明生物炭可以缓解镉胁迫对光和色素合成的干扰。旺长中期，处理 G1T0的表观量子效率和最大净光合速率明显提高，可能是随着生育期的延长，烤烟受到镉的胁迫作用减弱，促进植株进行光合作用的光合色素和酶活性受抑制程度降低，使其光能利用率提高。旺长末期(7 月 13 日)，各处理的净光合速率和表观量子效率均较低，是由于烤烟在该时期叶片生长趋缓，生理活动减弱。

表 8-13 不同处理烤烟光响应曲线特征参数

测量日期	处理	α/(μmol/mol)	P_{max}/[μmol/(m²·s)]	R_d/[μmol/(m²·s)]	LCP/[μmol/(m²·s)]	LSP/[μmol/(m²·s)]	决定系数
6月10日	G0T0	0.058	26.832	3.886	67.590	534.240	0.999
	G0T1	0.085	34.031	6.591	77.455	477.343	0.995
	G1T0	0.027	14.362	4.434	166.692	706.609	0.993
	G1T1	0.054	25.919	6.371	119.082	603.540	0.990
6月26日	G0T0	0.074	28.731	3.533	47.673	435.409	0.997
	G0T1	0.070	34.396	3.285	47.110	540.605	0.999
	G1T0	0.085	25.860	2.445	28.761	332.992	0.991
	G1T1	0.077	39.097	3.086	39.974	546.411	0.998
7月13日	G0T0	0.061	17.205	0.936	15.393	298.372	0.985
	G0T1	0.059	18.251	0.954	16.231	326.621	0.987
	G1T0	0.069	14.067	1.143	16.465	219.163	0.996
	G1T1	0.060	16.674	2.446	40.763	318.660	0.996

五、小结

本研究结果表明，镉胁迫下，烤烟的株高、茎围、最大叶长、最大叶宽和有效叶片数均明显降低；施用烟秆生物炭后烤烟的植物学性状有显著改善。烤烟的净光合速率、气孔导度和蒸腾速率变化趋势大致相同。通常净光合速率会指示和调节气孔导度与蒸腾速率的变化，当环境因素有利于光合作用时会使气孔导度增大，不利时使气孔关闭。镉胁迫会导致烤烟净光合速率下降，使得气孔接收到相应信号，为减少植物体内的水分流失，大部分的气孔会逐渐关闭，最终引起气孔导度降低。气孔作为蒸腾作用的主要途径，关闭后蒸腾速率会随之逐渐减弱，从而减缓植物体内的水分流失。镉胁迫下，处理 G2T0 烤烟的胞间二氧化碳浓度却显著升高，气孔导度显著降低，且气孔限制值较小。6月11日和7月11日，处理 G2T0 的气孔导度分别是处理 G0T0 的 9.05% 和 85.0%，而处理 G2T0 的胞间二氧化碳浓度却分别是处理 G0T0 的 1.23 倍和 1.24 倍。由此可以看出，镉胁迫导致的烤烟叶片气孔导度下降并不会使胞间二氧化碳浓度减少，反而是气孔限制值降低了，烤烟胞间二氧化碳浓度升高了，表明镉胁迫下烤烟的光合作用强度降低是由非气孔限制引起的。

第五节 生物炭对弱碱性土壤中烤烟镉吸收及转运富集特征的影响

镉是农田土壤中存在的毒性较大且相对普遍的一种重金属元素，它可以沿着食物链传递进而危害人类健康。烤烟中的镉会通过抽吸过程产生的烟气进入人体（张艳玲和周汉平，2004），进而危害人体健康。与其他重金属元素相比，镉在烟气中的迁移率较高，人体通过烟气累积的镉含量显著高于烤烟中的其他金属元素（索卫国等，2007），而烟丝的重金属含量与烟叶的重金属含量密切相关，与植烟土壤中有效态重金属含量呈正相关（胡钟胜等，2006）。因此，治理植烟土壤的镉污染是降低烟叶镉含量的关键。鉴于生物炭呈碱性和酸性土壤镉污染问题较为突出，作者在前述内容中研究了施用生物炭对酸性土壤外源添加镉的影响。同时，作者利用烟秆生物炭作为镉污染土壤的改良剂，研究其对弱碱性土壤外源添加镉的影响，重点研究生物炭对烤烟镉吸收及转运富集的影响，以期明确生物炭在烤烟吸收累积镉过程中、调控烟草镉含量的效应，为镉污染烟田土壤改良提供技术参考。

本试验为二因素试验，外源添加镉 0mg/kg（G0）、50mg/kg（G1）、100mg/kg（G2），镉为硝酸镉（分析纯），以固体形态加入，再分别添加生物炭 0g/盆（T0）、300g/盆（T1）、600g/盆（T2），生物炭为过 10 目筛的烟秆生物炭，共计 9 个处理，分别为 G0T0、G0T1、G0T2、G1T0、G1T1、G1T2、G2T0、G2T1、G2T2。采用盆栽试验，于 2015 年在郑州河南农业大学科教园区进行，盆栽用土取自平顶山郏县大田耕层，土壤质地为壤土，每盆装土 25kg。土壤 pH 为 7.12，有机质含量为 13.65g/kg，碱解氮含量为 42.12mg/kg，速效磷含量为 38.67mg/kg，速效钾含量为 77.23mg/kg，有效态镉含量为 0.12mg/kg。品种为中烟 100。研究数据来自烟株移栽后 90d 所采集的土壤和烤烟植株样品。

一、生物炭对镉污染土壤的影响

（一）生物炭对镉污染土壤 pH 的影响

在镉污染植烟土壤中施加生物炭后，土壤的 pH 变化如图 8-27 所示。镉添加量相同时，随生物炭施用量的增加，各处理土壤 pH 呈现增加趋势，其中不施镉

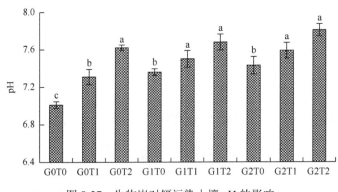

图 8-27　生物炭对镉污染土壤 pH 的影响

处理的土壤 pH 随生物炭施用量的增加增幅最大。处理 G0T1 和 G0T2 的土壤 pH 分别比处理 G0T0 升高了 0.30 个和 0.61 个单位；处理 G1T1 和 G1T2 的土壤 pH 分别比处理 G1T0 升高了 0.16 个和 0.32 个单位；处理 G2T2 和 G2T1 分别比处理 G2T0 升高了 0.16 个和 0.38 个单位。土壤 pH 随镉施用量的增加而升高，如处理 G0T0、G1T0 和 G2T0 的土壤 pH 分别是 7.01、7.36、7.43。处理 G2T2 的土壤 pH 最大，为 7.81。

（二）生物炭对镉污染土壤有效态镉含量的影响

由图 8-28 可知，随着外源添加镉浓度的增加，土壤有效态镉含量升高，同时土壤有效态镉含量随生物炭施用量的增加呈现降低趋势，其中处理 G2 的下降趋势最为显著，处理 G2T1 和处理 G2T2 的土壤有效态镉含量分别比处理 G2T0 下降了 15.47% 和 37.39%，而处理 G1T1 和处理 G1T2 的土壤有效态镉含量分别比处理 G1T0 下降了 9.74% 和 18.86%，处理 G0T1 和处理 G0T2 的土壤有效态镉含量分别比处理 G0T0 下降了 4.51% 和 7.08%。

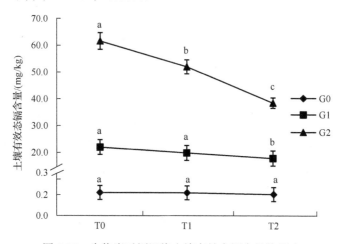

图 8-28　生物炭对镉污染土壤有效态镉含量的影响

二、生物炭对镉污染土壤中烟株镉吸收累积的影响

（一）生物炭对镉污染土壤中烟株各部位镉含量的影响

生物炭与镉配施后烟株各部位镉含量的变化如表 8-14 所示。未添加镉的情况下，烟株叶的镉含量随生物炭施用量的增加呈现降低趋势，处理 G0T1 的上部叶、中部叶、下部叶的镉含量分别比 G0T0 下降了 6.15%、3.45% 和 25.81%，处理 G0T2 上部叶、中部叶、下部叶的镉含量分别比 G0T0 下降了 64.62%、55.17% 和 36.56%，而根、茎呈现升高趋势，但处理之间差异不显著（$P>0.05$）。处理 G0T0 各部位镉

含量表现为根＞叶＞茎，处理 G0T1 和 G0T2 烟株各部位镉含量表现为根＞茎≥下部叶＞中部叶＞上部叶，说明施用生物炭使烟株叶的镉含量显著降低，根的镉含量升高。在外源仅施加镉的情况下，烟株下部叶的镉含量显著升高，处理 G1T0 和处理 G2T0 烟株各部位镉含量表现为下部叶＞中部叶＞根＞上部叶＞茎，而当生物炭与镉配施时，烟株根和茎的镉含量显著升高，叶的镉含量显著降低，处理 G1T2、G2T1 和 G2T2 各部位镉含量表现为根＞下部叶＞中部叶＞上部叶。说明在镉胁迫下，烟株下部叶吸收较多的镉，而随着生物炭施用量的增加，烟株根吸收大量的镉，下部叶吸收的镉减少。

表 8-14　生物炭对镉污染土壤中烤烟各部位镉含量的影响　　　（单位：mg/kg）

处理	根	茎	叶		
			上部叶	中部叶	下部叶
G0T0	0.96±0.11e	0.56±0.08e	0.65±0.08e	0.58±0.03e	0.93±0.09e
G0T1	1.50±0.15e	0.69±0.12e	0.61±0.10e	0.56±0.08e	0.69±0.11f
G0T2	1.50±0.26e	0.63±0.10e	0.23±0.02f	0.26±0.02f	0.59±0.09f
G1T0	12.38±1.51d	2.10±0.23d	8.18±0.77c	13.55±1.12c	36.46±2.13c
G1T1	16.38±1.54d	2.68±0.31c	7.67±0.54c	9.98±0.49d	31.73±2.85d
G1T2	30.93±2.12c	4.75±0.39c	5.83±0.48d	8.82±0.78d	26.92±1.99d
G2T0	25.56±2.11c	6.08±0.51b	18.89±2.04a	31.73±2.73a	60.30±5.78a
G2T1	67.21±3.40b	12.12±1.38a	14.23±1.57b	19.66±2.01b	49.92±3.11b
G2T2	81.73±5.89a	14.26±1.21a	7.63±1.01c	9.71±1.64d	33.04±3.53c

由土壤有效态镉含量与烟株各部位镉含量的相关性分析可知（表 8-15），土壤中有效态镉含量与烤烟叶的镉含量呈极显著相关关系，与根和茎的镉含量呈显著相关关系。

表 8-15　土壤有效态镉含量与烟株各部位镉含量的相关性分析

	土壤有效态镉	根	茎	上部叶	中部叶	下部叶
土壤有效态镉	1.000	0.698*	0.755*	0.968**	0.939**	0.953**
根		1.000	0.993**	0.521	0.421	0.588
茎			1.000	0.58	0.487	0.626
上部叶				1.000	0.989**	0.978**
中部叶					1.000	0.956**
下部叶						1.000

（二）生物炭对烟株各部位镉转运系数的影响

烟株各部位对镉的转运能力差异很大，转运系数越大，表明转运能力越强。

生物炭对烟株各部位间镉转运系数的影响如表 8-16 所示。对比各部位间的转运系数可知，根到茎的转运系数最小，茎到下部叶的转运系数最大，根到叶和茎到叶的转运系数均随着叶位的升高而降低，说明烟株的茎能将根的镉直接转运到叶中，且大量转移至下部。在不施加生物炭的情况下，对比处理 G0T0、G1T0 和 G2T0，根到各部位叶的转运系数随外源添加镉浓度的增加呈现升高的趋势。添加等量外源镉的情况下，根和茎向各部位叶的转运系数随生物炭施用量的增加而降低，其中分析"根到上部叶"的转运系数可知，处理 G0T1 和 G0T2 分别比处理 G0T0 低 39.7%和 77.9%，处理 G1T1 和 G1T2 分别处理 G1T0 低 28.8%和 71.2%，处理 G2T1 和处理 G2T2 分别比处理 G2T0 低 71.6%和 87.8%。"根到茎"转运系数随生物炭施用量的增加有降低的趋势，但各处理之间差异不显著。说明施加生物炭后，镉从根和茎到烟株各部位叶的转运明显降低。

表 8-16　生物炭对烤烟各部位间镉转运系数的影响

处理	根到下部叶	根到中部叶	根到上部叶	根到茎	茎到下部叶	茎到中部叶	茎到上部叶
G0T0	0.97±0.06c	0.61±0.08c	0.68±0.09a	0.58±0.07a	1.66±0.21d	1.04±0.09c	1.17±0.09c
G0T1	0.46±0.05d	0.37±0.02d	0.41±0.02b	0.46±0.04b	0.99±0.10e	0.81±0.10d	0.88±0.05d
G0T2	0.39±0.01d	0.17±0.02e	0.15±0.01c	0.42±0.03b	0.93±0.06e	0.41±0.07e	0.36±0.01e
G1T0	2.95±0.35a	1.10±0.20b	0.66±0.07a	0.17±0.01c	17.36±1.16a	6.45±0.43a	3.90±0.18a
G1T1	1.94±0.31b	0.61±0.08c	0.47±0.06b	0.16±0.01c	11.84±0.99b	3.72±0.44b	2.86±0.53b
G1T2	0.87±0.054c	0.29±0.02d	0.19±0.01c	0.15±0.00c	5.67±0.21c	1.86±0.17c	1.23±0.27c
G2T0	2.36±0.19a	1.24±0.22a	0.74±0.05a	0.24±0.01c	9.92±0.32b	5.22±0.31a	3.11±0.23b
G2T1	0.74±0.09c	0.29±0.04d	0.21±0.03c	0.18±0.01c	4.12±0.46c	1.62±0.21c	1.17±0.09c
G2T2	0.40±0.02d	0.12±0.01e	0.09±0.00d	0.17±0.00c	2.32±0.31d	0.68±0.08d	0.54±0.03e

（三）生物炭对烟株各部位镉富集系数的影响

富集系数越高，这种元素在土壤-作物体系中越易迁移，反之，富集系数越低，这种元素越难以迁移。烟株各部位对镉的富集系数如表 8-17 所示，随外源施加镉浓度的增大，烟株各部位对镉的富集系数逐渐降低，烟株叶对镉的富集系数，处理 G0、G1、G2 分别为 1.48~5.57、0.33~1.66、0.20~0.98。未施加镉的处理 G0，烤烟根对镉的富集系数最大，下部叶对镉的富集系数与中部叶和上部叶相比最大。相比处理 G0，施加镉的处理 G1 和 G2 根对镉的富集系数大幅下降。施加等量镉的处理，根和茎对镉的富集系数随生物炭施加量的增加而增大，烟株各部位叶对镉的富集系数随生物炭施用量的增加而降低，处理 G2T2 上部叶对镉的富集系数最小，为 0.20。说明施用生物炭能够降低烟株叶对镉的富集系数，降低了土壤中的镉向叶迁移的能力。

表 8-17　生物炭对烟株各部位镉的富集系数的影响

处理	根	茎	叶		
			上部叶	中部叶	下部叶
G0T0	5.77±0.39b	3.36±0.12b	3.92±0.33a	3.51±0.42a	5.57±0.29a
G0T1	9.05±0.52a	4.18±0.28a	3.68±0.21b	3.38±0.21a	4.16±0.19b
G0T2	9.72±0.78a	4.08±0.55a	1.48±0.21c	1.67±0.13b	3.81±0.32b
G1T0	0.56±0.07f	0.10±0.00e	0.37±0.02d	0.62±0.03c	1.66±0.13c
G1T1	0.82±0.10e	0.13±0.02e	0.39±0.05d	0.50±0.01d	1.60±0.21c
G1T2	1.73±0.11c	0.27±0.01d	0.33±0.05d	0.49±0.03d	1.51±0.22d
G2T0	0.41±0.06f	0.10±0.01e	0.31±0.02e	0.52±0.03d	0.98±0.10e
G2T1	1.29±0.32d	0.23±0.01d	0.27±0.04e	0.38±0.04e	0.96±0.13e
G2T2	2.12±0.17c	0.37±0.02c	0.20±0.01e	0.25±0.02e	0.80±0.09f

三、小结

杨惟薇(2014)研究发现，在镉污染的水稻土中添加蚕沙生物炭和水稻秸秆生物炭显著减少了玉米植株中镉的累积，降低了其生物富集系数，抑制植株根部镉向地上部转运，降低了玉米植株内镉的转运系数。刘阿梅(2014)研究生物炭对丹参的影响，发现添加生物炭后丹参对镉的富集系数显著降低。本研究中外源添加镉的处理 G1 和 G2，烟株对镉的富集系数较小，可能是由于施加大量镉后，镉的毒害作用抑制了植物代谢，无法将根部吸收的大量镉离子运输到叶中，并且根有累积镉并阻止镉向地上部运输的机制(王浩浩，2013)，因此烟株叶片对镉的富集系数相对较低。本研究中，在镉污染的土壤中施加生物炭后，镉向烤烟叶片的迁移性显著降低，可能是由于施用生物炭后，土壤中可溶态和可提取态等生物可利用态镉向活性低的生物不可利用形态转化，从而降低镉的生物有效性和可迁移性，阻控土壤中的镉向作物地上部运移富集。施加生物炭后，镉在烟株根的富集系数升高，在叶的富集系数降低，说明施用生物炭后，土壤有效态镉含量降低，烟株根和地上部的镉含量大幅度降低，从而使烟株根对镉的富集能力增强，叶对镉的富集能力减弱。

随生物炭施用量的增加，土壤 pH 升高。在添加外源镉的土壤中，土壤有效态镉含量随生物炭施用量的增加大幅下降。随生物炭施用量的增加，烤烟根和茎中镉含量大幅增加，中部叶和下部叶镉含量降低。生物炭可以减弱烤烟对土壤中镉的迁移能力，降低烤烟对镉的富集性。烤烟"根到各部位叶"的镉转移系数和烤烟各部位叶对镉的富集系数随生物炭施用量增加而降低。因此，可以通过在镉污染的土壤中施用生物炭，降低土壤有效态镉含量，从而降低烤烟可吸食部分烟叶的镉含量，提高卷烟吸食安全性。

第六节　生物炭对红壤和褐土中镉形态的影响

目前，生物炭修复重金属污染土壤的研究更多是针对酸性土壤，关于生物炭对碱性重金属污染土壤中重金属形态分布及生物有效性影响的研究鲜有报道。因此，本研究以两种不同类型的土壤为例(酸性红壤和碱性褐土)，施加生物炭后对土壤镉形态变化进行对比研究，明确生物炭对不同类型土壤中镉的稳定机制，为生物炭修复改良不同类型镉污染土壤提供理论参考。

供试两种类型土壤分别取自重庆市石柱县大田耕层和河南农业大学科教园区(郑州市惠济区)，将土壤自然风干后过 2mm 筛。土壤基本性状如表 8-18 所示。称取风干土壤各 40kg 分别装于 20L 塑料盒中，将硝酸镉溶液加入土壤中，使土壤外源镉含量达到 5mg/kg，添加去离子水调节土壤含水量为田间最大持水量的70%，于室温 25℃±2℃ 条件下平衡两周，风干过 2mm 筛待用。取上述人工镉污染土壤，每盆装土 1000g，分别添加生物炭 0g、5g、10g、20g，红壤分别记为 AR0、AR0.5%、AR1%、AR2%，褐土分别记为 AS0、AS0.5%、AS1%、AS2%，每个处理 3 个重复，均匀混合后调节土壤含水量为田间最大持水量的70%，在室温(25℃±2℃)条件下培养50d 左右，每隔 2d 用称重法补充维持土壤水分，培养 1d、4d、7d、14d、21d、35d、49d 时取样。

表 8-18　供试土壤基本性状

土壤来源	土壤类型	pH	黏粒/%	粉粒/%	砂粒/%	CEC/(cmol/kg)	有机碳/(g/kg)	全镉/(mg/kg)
重庆市石柱县	红壤	5.21	46.40	32.13	21.47	12.50	6.18	0.13
郑州市惠济区	褐土	7.75	13.28	58.32	28.40	18.30	9.11	0.21

一、土壤 pH 的变化

施用生物炭后，土壤 pH 的动态变化如图 8-29 所示。由图 8-29a 可知，红壤中施用生物炭后，在整个培养期，土壤 pH 均在前 14d 快速升高，在 21d 以后变化趋于平稳，且红壤的 pH 随生物炭施用量的增加呈明显升高的趋势，处理 AR2%＞AR1%＞AR0.5%＞AR0。处理 AR2%在培养 14d 以后，土壤呈碱性，整个培养期土壤 pH 由 6.33 升高至 7.39。在褐土中施入生物炭后(图 8-29b)，土壤 pH 在整个培养期有升高的趋势，但变化规律不明显，均在 7.3～7.9 波动。在酸性红壤中施加生物炭能明显提高土壤 pH，主要是由于生物炭的灰分中含有较多的盐基离子，如钙、镁、钾、钠等，且都呈可溶态，施入土壤后土壤的盐基饱和度大幅度提高，土壤中盐基离子可以进行交换反应，降低土壤 H^+ 及可交换性 Al^{3+} 水平。同时，生物炭含有碱性物质，当加入土壤后这些碱性物质能够很快释放出来，中和了部分土壤酸度，使土壤 pH 升高(Fellet et al., 2011)。生物炭对褐土 pH 也有提高作用，但效果不显著，是由于褐土呈弱碱性至碱性，生物炭本身也呈碱性，施入土壤后，土壤体系对环境变化有一定的缓冲能力，因此褐土土壤pH与施用生物炭的关系不显著。

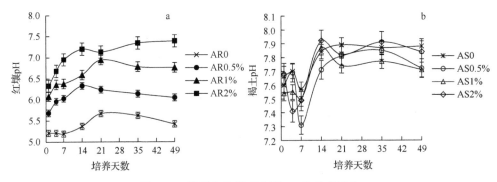

图 8-29　施用生物炭后土壤 pH 的动态变化

二、土壤有机碳含量的变化

由图 8-30 可知，随着培养时间的延长，各处理土壤有机碳含量均呈现升高的趋势，但升高趋势较缓且平稳。施用生物炭后，两种土壤有机碳含量均呈现升高的趋势。红壤有机碳含量随生物炭施用量的增加大幅度升高，如在培养 14d 时，处理 AR1%和 AR2%的土壤有机碳含量分别比处理 AR0 增加 6.39g/kg 和 13.35g/kg，培养至第 49d 时，处理 AR2%的土壤有机碳含量是处理 AR0 的 2.03 倍。在整个培养期，褐土的有机碳含量均呈现出高于红壤有机碳含量的趋势，说明在褐土中施用大量生物炭，有机碳含量增加幅度较大，可能是由于褐土本身有相对较高的有机碳含量。

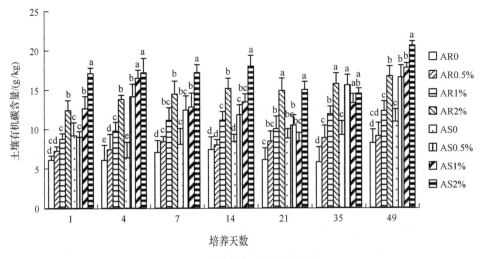

图 8-30　土壤有机碳含量的变化

土壤中施用生物炭能够显著提高土壤有机碳含量，主要是由于生物炭本身的碳含量高，且生物炭表面存在部分易分解有机碳，可作为一种能源物质被土壤微生物利用（顾美英等，2016），因此生物炭进入土壤初期就具有较高的降解速率，随着培养时间的延长，生物炭表面被钝化且生物炭的强吸附性使土壤中部分微生物附着在生物炭孔隙内，减少了土壤有机碳与微生物的接触面，从而使后期土壤有机碳含量变化较平稳（Liang et al.，2010）。

三、生物炭对土壤各形态镉含量的影响

不同类型土壤中各形态镉含量的变化如图 8-31 所示。由图 8-31a1 可以看出，红壤中施用生物炭后，土壤可交换态镉含量在培养的前 7d 呈快速下降趋势，随后下降较缓慢，整个培养期间，土壤可交换态镉含量降幅为 0.31～0.82mg/kg。褐土中（图 8-31a2）各处理可交换态镉含量在培养初期均小幅度上下波动，培养末期含量降低，整个培养期间，土壤可交换态镉含量降幅为 0.26～0.41mg/kg。酸性红壤中未施用生物炭的处理 AR0 的可交换态镉含量一直处于较高的范围内，为 3.48～3.89mg/kg，施加生物炭后其含量明显降低，尤其是处理 AR2%，整个培养期间含量为 1.24～2.00mg/kg。在培养 49d 时，处理 AR0.5%、AR1%和 AR2%分别是处理 AR0 的 83.95%、55.79%和 35.63%。与酸性镉污染红壤相比，碱性镉污染褐土可交换态镉含量整体处于较低的范围，为 2.04～2.90mg/kg。在褐土中施用生物炭后，土壤可交换态镉含量也有降低趋势，但降幅较小，培养至 49d 时，处理 AS0.5%、AS1%和 AS2%土壤可交换态镉含量分别比处理 AS0 下降了 0.09mg/kg、0.32mg/kg 和 0.54mg/kg。

由图 8-31b2 可以看出，在整个培养期间，施用生物炭的碱性褐土中，碳酸盐结合态镉含量呈现先升高后降低再升高的波浪形变化趋势，最终达到高于培养初期的水平。施加生物炭的酸性红壤中，碳酸盐结合态镉含量随着培养期的延长呈现持续升高的趋势，前 7d 快速升高，随后增速变缓（图 8-31b1）。未施加生物炭的处理 AR0，在整个培养期间，土壤碳酸盐结合态镉含量未出现明显波动，且含量最低，始终在 0.26～0.29mg/kg。培养至第 7d 时，施加生物炭处理 AR0.5%、AR1%和 AR2%的土壤碳酸结合态镉含量分别比培养初期提高了 14.58%、17.92%和 31.66%，培养至 35d 时，处理 AR0.5%、AR1%和 AR2%分别是处理 AR0 的 1.40 倍、2.44 倍和 3.46 倍，培养至 49d 时，处理 AR2%的土壤碳酸盐结合态镉含量高达 1.06mg/kg，高于其他各处理。在碱性褐土中施入生物炭，土壤碳酸盐结合态镉含量也呈升高的趋势，但升高幅度明显小于酸性红壤中施用生物炭。

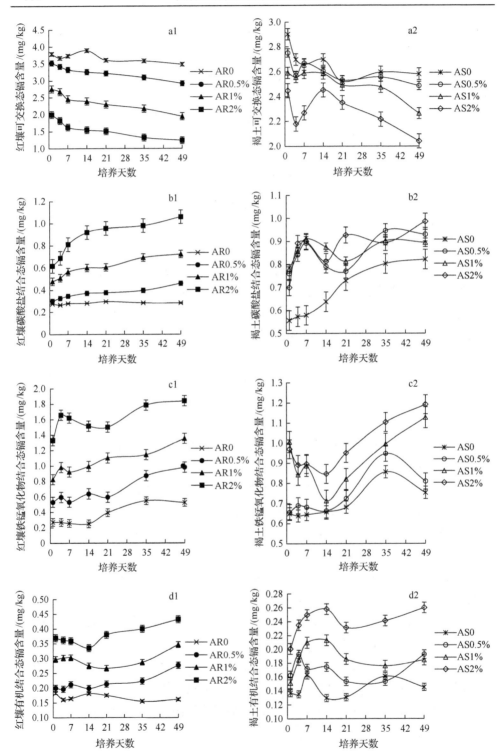

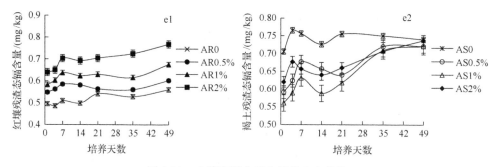

图 8-31　土壤各形态镉含量的动态变化

　　培养初期，不同处理土壤铁锰氧化物结合态镉含量呈现小幅度的波动（图 8-31 c1 和 c2），培养末期相比初期均呈现升高的趋势。红壤中施用生物炭后，土壤铁锰氧化物结合态镉含量大幅升高，培养至 35d，处理 AR0.5%、AR1%和 AR2%分别是处理 AR0 的 1.59 倍、2.08 倍和 3.25 倍，培养至 49d 时，处理 AR2%的土壤铁锰氧化物结合态镉含量高达 1.84mg/kg。碱性褐土中施用生物炭后，土壤铁锰氧化物结合态镉含量升高幅度较小，培养至 35d 时，处理 AS0.5%、AS1%和 AS2%分别是处理 AS0 的 1.11 倍、1.16 倍和 1.29 倍。

　　各处理土壤有机结合态镉含量在整个培养期变化幅度均相对较小（图 8-31 d1 和 d2）。在红壤中施入生物炭后，土壤有机结合态镉含量提高幅度相对较大，如培养 1d 时，处理 AR0.5%、AR1%和 AR2%分别是处理 AR0 的 1.09 倍、1.63 倍和 2.03 倍。在碱性褐土中施入生物炭后，土壤有机结合态镉含量也呈现升高的趋势，但升高幅度较小。

　　由图 8-31e2 可知，在整个培养期间，褐土中残渣态镉含量呈现先升高后降低再升高的变化趋势，红壤中残渣态镉含量在培养前 7d 呈快速升高的趋势，之后变化平缓。整个培养期间，处理 AS0、AS0.5%、AS1%和 AS2%的土壤残渣态镉含量分别增加了 0.03mg/kg、0.13mg/kg、0.16mg/kg 和 0.12mg/kg，处理 AR0、AR0.5%、AR1%、AR2%分别增加了 0.07mg/kg、0.05mg/kg、0.09mg/kg、0.13mg/kg。

四、生物炭对土壤各形态镉所占比例的影响

　　培养结束时，土壤各形态镉所占比例如图 8-32 所示，土壤可交换态镉所占比例最大，其次是土壤铁锰氧化物结合态镉，有机结合态镉最低。红壤中，未施用生物炭的处理 AR0 的可交换态镉所占比例最大，达到 69.46%，随着生物炭的施用，土壤可交换态镉所占比例大幅度降低，处理 AR2%降至 23.22%。褐土中可交换态镉所占比例随生物炭的施用也呈降低趋势，但降低幅度较小，处理 AR0.5%、AR1%、AR2%比 AR0 降低 2.82%~12.07%。施用生物炭后，土壤碳酸盐结合态镉和铁锰氧化物结合态镉占比均明显升高，褐土的碳酸盐结合态镉和铁锰氧化物

结合态镉占比分别比处理 AS0 升高了 0.94%～2.61%、0.80%～7.90%，红壤的碳酸盐结合态镉和铁锰氧化物结合态镉所占比例分别比处理 AR0 增加了 3.14%～14.21%、8.20%～23.96%。

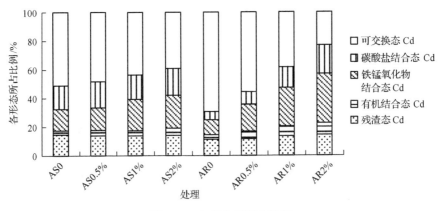

图 8-32　各形态镉所占比例

五、土壤各形态镉含量与土壤 pH 和有机碳含量及生物炭施用量的相关性

由表 8-19 可以看出，褐土中，土壤有机碳含量与土壤可交换态镉含量呈极显著负相关关系，与土壤碳酸盐结合态镉、土壤铁锰氧化物结合态镉、土壤有机结合态镉含量呈极显著正相关关系。红壤中，土壤 pH 和土壤有机碳含量均与土壤可交换态镉含量呈极显著负相关关系，与土壤其他 4 种形态镉含量呈极显著正相关关系。生物炭施用量与土壤可交换态镉含量之间存在极显著线性负相关关系（碱性褐土 $r=-0.786$，酸性红壤 $r=-0.967$；$P<0.01$），与土壤碳酸盐结合态镉、土壤铁锰氧化物结合态镉和土壤有机结合态镉含量存在极显著线性正相关关系。在酸性红壤中，各形态镉含量与生物炭施用量的线性相关系数均大于在碱性褐土中的相关系数。

表 8-19　土壤各形态镉含量与土壤 pH、有机碳含量和生物炭施用量的关系

	项目	可交换态镉	碳酸盐结合态镉	铁锰氧化物结合态镉	有机结合态镉	残渣态镉
红壤	pH	−0.943**	0.934**	0.921**	0.880**	0.943**
	有机碳	−0.975**	0.977**	0.964**	0.945**	0.960**
	生物炭施用量	−0.967**	0.922**	0.948**	0.950**	0.913**
褐土	pH	−0.124	0.030	0.132	−0.022	0.286
	有机碳	−0.746**	0.715**	0.714**	0.771**	−0.201
	生物炭施用量	−0.786**	0.545**	0.701**	0.899**	−0.37

六、小结

土壤重金属形态及有效性与其在土壤中的稳定时间密切相关，重金属在土壤中存在时间越长，其有效态含量越低，并逐渐趋于稳定。本研究结果表明，红壤中施用生物炭后，土壤可交换态镉含量在培养的前 7d 呈快速下降趋势，随后下降较缓慢；褐土中施用生物炭后，培养 14d 后土壤可交换态镉含量呈缓慢下降趋势。其他形态镉含量也是在培养前 14d 变化较剧烈，随后变化趋于平稳，与秦余丽等(2016)的研究结果相似。褐土的碳酸盐结合态镉含量和有机结合态镉含量在培养前 21d 内表现出升高后降低的趋势，铁锰氧化物结合态镉含量呈现相反的变化趋势，说明在培养过程中，土壤中的各形态镉之间一直处于动态平衡的转化中。

环境中重金属的存在特征是揭示重金属迁移转化规律和生物有效性的重要指标。在 Tessier 等(1979)提出的分组法中，可交换态为生物易利用态，碳酸盐结合态、铁锰氧化物结合态、有机结合态为中等可利用态，残渣态主要为矿物质结合态，极其稳定，属于生物难利用态，对重金属的迁移性和生物可利用性贡献不大。已有很多研究表明(秦余丽等，2016；王洋等，2008)，降低镉在土壤中的有效态含量和迁移性，从而减少镉向植物体的迁移和积累，是控制土壤镉通过食物链传递产生危害的一个重要环节，而土壤 pH、有机质含量和 CEC 是影响土壤镉生物有效性的重要因素。pH 是土壤化学性质的综合反映，pH 改变可导致土壤中重金属赋存形态改变(廖敏等，1999)。本研究表明，在红壤中施加生物炭后，土壤 pH 与土壤可交换态镉含量呈极显著负相关关系，即在酸性土壤中，土壤有效态镉含量随着土壤 pH 的升高而降低，原因可能是施加生物炭后，生物炭本身较高的 pH 引起土壤 pH 明显升高。一方面土壤 pH 升高使土壤中黏土矿物、水合氧化物和有机质表面的负电荷增加，对 Cd^{2+} 的吸附力增强，且能促进 $CdCO_3$ 和 $Cd(OH)_2$ 沉淀的生成(刘广深等，2004)，生成的镉沉淀也是施入生物炭使土壤碳酸盐结合态镉含量升高的原因；另一方面土壤 pH 升高时 H^+ 浓度减小，减弱了 H^+ 和 Cd^{2+} 在吸附位点上的竞争，使得土壤中的有机质、铁锰氧化物等与重金属结合得更紧密。褐土中施用生物炭，对土壤可交换态镉的降低作用显著低于对红壤中可交换镉的降低能力，主要是因为褐土呈碱性，其本身对土壤外源重金属有一定的缓冲能力。本研究结果中，红壤和褐土有机碳含量均与土壤可交换态镉含量呈极显著负相关关系，与土壤碳酸盐结合态镉、铁锰氧化物结合态镉和有机结合态镉含量呈极显著正相关关系，由于生物炭具有较大的比表面积及表面有大量的含氧官能团(羧基和酚羟等)，施入后不仅对土壤镉具有较强的吸附作用，其大量的官能团还通过络合或螯合作用与土壤溶液中的镉离子反应形成难溶性络合物。另外，生物炭的施用使褐土和红壤有机碳含量大幅度增加，有机碳会与土壤中的黏土矿物、氧化物等无机颗粒结合成有机胶体和有机无机复合胶体，增加土壤的表面积和表面活性，使得其对重金属离子具有较强的吸附能力（白庆中等，2000）。生物炭本身还具有较高的CEC，生物炭在土壤中存在自由颗粒并能够在其微团聚体内部富集，与土壤颗粒形成土壤团聚体和有机无机复合体，使得土壤CEC增大，对阳离子的吸附能力更强（张晗芝等，2010），从而表现出土壤对重金属镉有固持作用。生物炭施用量与红壤的残渣态镉含量呈极显著正相关关系，但相关系数最小，与褐土的残渣态镉含量无显著相关关系，高瑞丽等（2016）也得到相似的研究结果。

在整个培养期间，红壤可交换态镉含量的变化范围大于褐土可交换态镉含量的变化范围，首先可能是由于褐土的有机碳含量和盐基饱和度均高于红壤，而有机碳对土壤重金属具有净化作用，且较高的CEC能够降低土壤有效态镉含量，因此褐土在老化过程中就已经钝化了大量镉，可能也与成土母质密切相关，褐土中含有大量的水云母和蛭石等2∶1型硅酸盐矿物，使其在施用生物炭前就具有较大的比表面积，较强的吸附能力；其次是在有机碳较低的土壤中，施用生物炭提高土壤CEC的作用特别明显，而在有机碳高的褐土中，生物炭提高土壤CEC的作用相对较弱，因此施加生物炭后红壤的可交换态镉含量变化范围较大。红壤中施用大量生物炭后铁锰氧化物结合态镉含量明显高于褐土，是由于红壤中富含大量的铁铝氧化物，施入生物炭提高土壤pH后可使土壤中$CdOH^+$与吸附位点的亲和力增强，促使重金属离子向铁锰氧化物结合态转化。整个培养期间，两种类型土壤的有机结合态镉所占比例均最低，与刘丽娟（2013）、吴岩等（2018）的研究结果相似，可能是由于培养时间较短，虽然生物炭的施入能促使镉向螯合态转变，但转化效率较低。

综上所述，生物炭可以降低褐土和红壤中有效态镉含量，使土壤碳酸盐结合态镉含量、铁锰氧化物结合态镉含量、有机结合态镉含量和残渣态镉含量升高，但由于红壤和褐土质地不同（土壤pH、有机质含量、黏粒含量等），生物炭对红壤的修复效果优于对褐土的修复效果，因此，生物炭可以参考作为一种酸性镉污染土壤修复改良材料。虽然目前有室内及田间模拟试验表明，在短期内生物炭对土壤具有一定的改良作用，但生物炭对土壤的长期效应还需进一步的研究。

第七节 生物炭促进烟草高效吸收养分的可能机理

在对生物炭理化特性进行分析，以及添加生物炭对烟田土壤改良效果研究的基础上，我们总结并初步阐明了生物炭促进养分高效吸收的可能机理。

如图8-33所示，生物炭有较大的比表面积和较为丰富的孔隙结构，且有较多的表面碱性官能团和高pH，以及较高的CEC、碳含量与丰富的矿质元素，其特

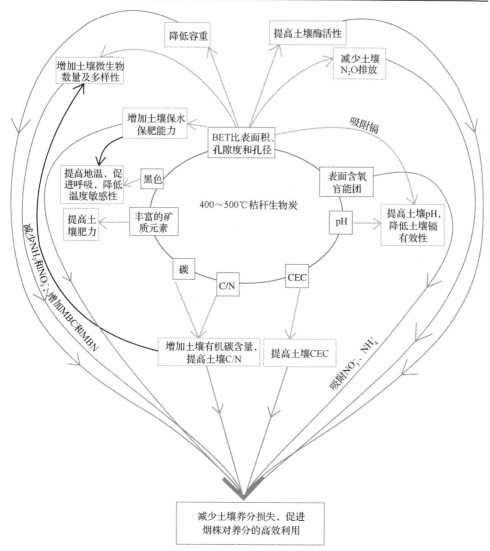

图 8-33　生物炭促进烟草高效吸收养分的可能机理(彩图请扫封底二维码)

殊的理化特性决定了其施用于土壤中有较好的改土效果。①施用生物炭降低土壤容重,增加土壤保肥保水能力,减少养分流失;②施用生物炭提高地温,促进土壤呼吸,降低土壤呼吸速率对土壤温度的敏感性;③施用生物炭增加土壤有机碳含量,提高土壤 C/N,增大土壤对氮素及其他元素的吸持容量;④施用生物炭对土壤 pH、CEC 及碱解氮和速效钾含量有提高作用;⑤施用生物炭提高土壤酶活性;⑥施用生物炭增加土壤真菌、细菌和放线菌数量,且土壤微生物数量随生物炭用量增加而递增;施用生物炭增加细菌 OTU 数量;⑦施用生物炭增加土壤微生物生物量碳和微生物生物量氮含量,减少养分尤其是氮素损失;⑧添加外源镉的土壤中施用生物炭，降低土壤有效态镉和可交换态镉含量，增加土壤碳酸盐结合态镉、铁锰氧化物结合态镉、有机结合态镉和残渣态镉含量，从而降低烟株各部位镉含量。

1）施用生物炭增加土壤保肥保水能力，降低土壤养分流失。生物炭丰富的孔隙度结构、较大的比表面积和较高的 CEC 使土壤具有较强的保肥保水能力，且生物炭具有较多的官能团和较强的吸附能力，可以吸附硝酸盐、铵盐及其他水溶性盐离子，有效截留土壤养分，降低土壤养分的淋溶损失。

2）施用生物炭提高地温，促进土壤呼吸，降低土壤呼吸速率对土壤温度的敏感性。一方面生物炭由于具多孔结构及较大的比表面积，不仅对水肥有强烈的吸附作用，从而促进烟株根系的生长，而且能够为土壤微生物的活动和生长繁殖提供更大的空间，从而提高土壤呼吸速率；另一方面施用生物炭可以降低土壤容重，促进植物根系和好氧微生物的活动，提高土壤微生物的丰度。

3）施用生物炭增加土壤有机碳含量，进而促进土壤 C/N 升高，使土壤对氮素及其他养分元素的吸持容量增大；施用生物炭对土壤 pH、CEC 及碱解氮和速效钾含量有提高作用。生物炭的化学结构虽然不同于有机质，但其分子结构为稳定芳香环结构，施入土壤中一样可以提高土壤有机碳含量，而且生物炭提高土壤有机质含量的幅度与生物炭用量有关。生物炭和肥料的互补或协同作用，可以延缓肥料养分在土壤中的释放和降低养分淋失。

4）施用生物炭提高土壤酶活性。生物炭具有极强的吸附性能，可以吸附酶促反应的底物，进而促进酶促反应。同时，生物炭表面含有少部分易被利用的碳源等营养物质，使土壤蔗糖酶活性提高。随着生育期的延长，一方面生物炭自身的碳很难被蔗糖酶分解，另一方面大量生物炭对酶促反应结合位点产生保护作用，阻止酶促反应进行，故移栽后期蔗糖酶活性无显著变化规律。

5）施加生物炭增加土壤真菌、细菌和放线菌数量，且土壤微生物数量随生物炭用量增加而递增。在土壤中施用生物炭对土壤微生物群落产生了较大的影响，如增加了细菌 OTU 数量。生物炭特殊的结构能改善微生物的附着性能，为土壤微生物提供良好的栖息环境。生物炭发达的孔隙结构和较大的比表面积对水肥有强烈的吸附作用，改善了土壤的物理性质，为微生物生存提供了良好环境；生物炭吸附的肥料为微生物提供了养分，而且生物炭可以明显改变土壤酶的活性，从而加速微生物的生长繁殖。

6）施用生物炭增加土壤微生物生物量碳和微生物生物量氮含量，从而减少了养分尤其是氮素的损失。土壤微生物生物量氮对土壤氮素有效性有重要影响，也是土壤碱解氮的重要来源之一。微生物生物量氮含量提高，表明有较多的氮素通过同化作用进入微生物体内暂时固定，从而减少经 NH_3 挥发和 NO_3^- 淋失及反硝化脱氮等途径造成的氮素损失。

7) 添加外源镉的土壤中施用生物炭，土壤有效态镉含量降低，从而使烟株各部位镉含量降低，烟株整体的镉累积量随生物炭施用量的增加而降低。在镉污染土壤中施加生物炭后，烟株各部位对镉的富集系数均降低；施用生物炭有降低根到上、中、下部叶镉转运系数的趋势。随着生物炭施用量的增加，土壤 pH 大幅度升高，原因可能是生物炭中的阳离子 Ca^{2+}、K^+、Mg^{2+}、Si^{4+} 等经热解生成碱性氧化物或碳酸盐，当施入土壤后这些氧化物可与 H^+ 及 Al 单核羟基化合物发生反应，降低土壤可交换性酸含量，进而提升土壤 pH。土壤中有效性镉含量很大程度上受土壤 pH 的调节，当土壤 pH 提高时，土壤胶体负电荷增加，H^+ 的竞争能力减弱，氢氧根离子浓度增加，镉离子可与氢氧根离子等结合生成难溶的氢氧化物或碳酸盐及磷酸盐，导致镉的有效性大大降低。同时生物炭具有很大的比表面积，含有丰富的含氧官能团和较高的 CEC，且表面呈负电荷状态，能增加土壤对重金属离子的静电吸附量，含氧官能团与重金属形成稳定的金属络合物，促进污染土壤中的镉由活性较高的可交换态向活性低的残渣态转化，从而降低镉的活性和迁移性。

第九章 起垄方式与覆盖物对烟田水土流失及烟株生长发育的影响

保护性耕作作为一种新型的栽培技术，主要是对农田实行免耕、少耕，以用作物秸秆、残茬覆盖地表为特征，有利于防止风蚀和水蚀，可促进土壤团聚体形成，起到保水保土、减少劳动力和能源消耗的作用。同时，有大量研究表明，翻压绿肥不仅可以迅速提高土壤有机质含量，降低土壤容重，而且绿肥在生长过程中还能通过养分吸收、根系分泌物和细胞脱落等方式调节土壤养分平衡、活化和富集土壤养分、增加土壤微生物活性。为此，在重庆烟区以不同方式种植绿肥与不同垄体走向相结合，开展保护性耕作试验，以期为坡耕地水土保持和山地烤烟品质提高提供一定依据。

第一节 顺坡起垄对坡耕地烟田水土流失的影响

水土流失已经成为我国头号生态环境问题。据估计，我国每年由于水土流失而造成的经济损失可达 100 亿元以上。有研究表明(李月臣等，2008)，我国水土流失面积占国土面积的比例约为 38%，三峡库区重庆段更为严重。坡耕地抗蚀能力差，极易发生水土流失，由于长期的水土流失，坡耕地生产力低下，因此，提高土地生产力和控制水土流失是坡耕地利用的主要任务。

以少免耕、覆盖与保护性种植等技术为主体的保护性耕作技术，具有防止水蚀和增产、省工、省力、省能等独特的作用，现已发展成为发达国家现代化可持续农业模式的主导性技术(张晓艳等，2008)。李霞等(2011)研究认为，在坡耕地开展保护性耕作试验有助于减少水土流失和去除径流中农业面源污染物。更有研究表明，种植绿肥能够明显增加土壤保水能力，减少水土流失，提高土壤肥力和土地生产力(俞巧钢等，2012；孙铁军等，2007；段舜山等，2000)。针对重庆地区坡耕地面积大、水土流失严重等情况，在重庆市石柱县坡耕地烟田开展保护性耕作试验，探究黑麦草覆盖对水土流失的影响，以期为重庆地区坡耕地水土保持提供一定的建议。

本次试验所用烤烟品种为云烟 87，烟田坡度为 15°，采用小区试验，小区面积为 210m²。烤烟采用传统方式种植，垄高 30cm，垄面宽 30cm，垄底宽 60cm，株距 55cm，垄间距 115cm。共设置 4 个处理：T1(顺坡起垄+不种植黑麦草)、T2(顺坡起垄+垄间种植黑麦草)、T3(顺坡起垄+垄体种植黑麦草)、T4(顺坡起垄+垄间种植黑麦草+垄体种植黑麦草)。各处理施肥等其他措施采用当地优质烟叶生产技术。

本次试验分别于 2015 年和 2016 年分两次开展。2015 年试验：垄间黑麦草在 2015 年 3 月 28 日播种,用种量为 75kg/hm²;垄体黑麦草于 2014 年 10 月 15 日播种,用种量为 5kg/hm²,播种方式为均匀播撒在整个垄体上。2015 年 5 月 8 日刈割垄体上黑麦草,并将刈割的黑麦草覆盖在垄体上。烤烟于 5 月 9 日移栽,移栽前,垄体黑麦草的鲜草生物量分别为横坡起垄 22 491.30kg/hm²、顺坡起垄 11 120.55kg/hm²。

2016 年试验：垄间黑麦草于 2016 年 4 月 5 日播种,用种量为 45kg/hm²;垄体黑麦草于 2015 年 12 月 18 日播种,用种量为 45kg/hm²,在垄体两侧开沟进行播撒。2016 年 5 月 11 日刈割垄体上黑麦草,将刈割的黑麦草放于垄间,刈割后在垄体上喷洒 50%敌草胺除草剂(烟草专用除草剂),防止黑麦草再次生长。烤烟于 5 月 18 日移栽,并将之前置于垄间的黑麦草覆盖在垄体上,最后盖上地膜。移栽前,垄体黑麦草的鲜草生物量分别为横坡起垄 12 370.22kg/hm²、顺坡起垄 6499.92kg/hm²。

一、径流场的布设及样品的采集分析

试验小区四周用铁皮围起来,将铁皮(宽 50cm,厚 1.2mm)埋入土壤 25cm,露出地面 25cm,小区底端中间开设出水口。

用塑料储水桶作集流桶和分流桶,用 PVC 管作导流管,塑料储水桶高 82cm,下底直径 47cm,上部直径 62cm,上有遮雨盖,其中分流桶上部设有 5 个分布均匀的分流口。径流小区通过导流管与分流桶连接,分流桶通过导流管和集流桶连接,安装之后,固定在径流小区底端,为防止径流小区底端的管道被杂物堵塞,在径流管道口前安装金属网。

径流产生后,每 5min 在集流桶中用体积法求得浑水总量,同时采集混合水样 500mL,过滤后烘干称重,计算水样的泥沙含量,进一步计算侵蚀量。

每次降雨后,测定随土壤流失的氮、磷、钾含量。径流中氮用流动分析仪测定,磷用过硫酸钾氧化-钼蓝比色法测度,钾用原子吸收分光光度计测定;土壤中的氮、磷、钾采用常规方法测定。

二、顺坡起垄对径流量的影响

(一)顺坡起垄对小区径流量的影响

2015 年不同处理径流量如表 9-1 所示,随着降雨量的增加,各处理小区径流量均有不同程度增加。降雨量为 16.28mm 时，相较于处理 T1，处理 T2 减少了 65.79%的径流量，处理 T3 减少了 56.92%的径流量，处理 T4 减少了 98.24%的径流量。降雨量为 41.05mm 时，相较于处理 T1，处理 T2 减少了 60.81%的径流量，处理 T3 减少了 56.95%的径流量，处理 T4 减少了 96.32%的径流量。当降水量为 63.69mm 时，处理 T2 比处理 T1 径流量减少了 58.66%，处理 T3 比处理 T1 径流量减少了 54.33%，处理 T4 比处理 T1 径流量减少了 92.09%。

表 9-1　2015 年不同处理径流量

降雨量/mm	降雨强度/(mm/h)	径流量/(m³/hm²)			
		T1	T2	T3	T4
16.28	1.09	214.17a	73.27b	92.26b	3.78c
41.05	2.05	735.33a	288.21bc	316.54b	27.05c
63.69	1.59	1167.04a	482.45bc	533.03b	92.26c

2016 年不同处理径流量如表 9-2 所示，不同降雨量下，各处理小区径流量均表现为处理 T1＞T3＞T2＞T4。降雨量为 11.41mm 时，相较于处理 T1，处理 T2 可减少 63.78%的径流量，处理 T3 可减少 51.07%的径流量，处理 T4 可减少 97.69%的径流量。降雨量为 39.32mm 时，相较于处理 T1，处理 T2 可减少 67.38%的径流量，处理 T3 可减少 56.42%的径流量，处理 T4 可减少 94.19%的径流量。降雨量为 55.41mm 时，相较于处理 T1，处理 T2 可减少 62.39%的径流量，处理 T3 可减少 55.74%的径流量，处理 T4 可减少 90.82%的径流量。

表 9-2　2016 年不同处理径流量

降雨量/mm	降雨强度/(mm/h)	径流量/(m³/hm²)			
		T1	T2	T3	T4
11.41	1.53	216.90a	78.56c	106.12b	5.00d
39.32	3.67	1010.87a	329.70c	440.50b	58.76d
55.41	4.12	1734.03a	652.21b	767.52b	159.27c

综合两年结果可发现，不同降雨量下，各处理小区径流量均表现为处理 T1＞T3＞T2＞T4。表明处理 T4 保水能力最佳，处理 T3 保水能力略差于处理 T2，可能是因为垄间黑麦草未进行刈割，生长旺盛，吸水能力更强或者增加了径流产生的阻力。

(二)降雨量对小区径流量的影响

由表 9-1 可知，随着降雨量的增加，各处理小区径流量明显增加。降雨量为

16.28mm 时，4 个处理的径流量分别是降雨量为 41.05mm 时的 29.13%、25.42%、29.15%和 13.97%，是降雨量为 63.69mm 时的 18.35%、15.19%、17.31%、4.10%。降雨量为 41.05mm 时，4 个处理的径流量分别是降雨量为 63.69mm 时的 63.01%、59.74%、59.39%、29.32%。不同降雨量下，各处理径流量排序均为 T1>T3>T2>T4。

由表 9-2 可知，降雨量为 11.41mm 时，4 个处理的径流量分别是降雨量为 39.32mm 时的 21.46%、23.83%、24.09%、8.51%，是降雨量为 55.41mm 时的 12.51%、12.05%、13.83%、3.14%。降雨量为 39.32mm 时，4 个处理的径流量分别是降雨量为 55.41mm 时的 58.30%、50.55%、57.39%、36.89%。不同降雨量下，各处理径流量排序均为 T1v>T3>T2>T4，与 2015 年结果一致。

三、顺坡起垄对产沙量的影响

(一)顺坡起垄对小区产沙量的影响

由表 9-3 可知，降雨量为 16.28mm 时，处理 T1 的产沙量显著高于其余 3 个处理，为 1122.44kg/hm^2，相较于处理 T1，处理 T4 产沙量减少最多，减少了 1076.57kg/hm^2。当降雨量为 41.05mm 时，各处理产沙量相较于降雨量为 16.28mm 时均有不同程度的增加，此时，各处理产沙量分别为 3852.57kg/hm^2、1317.78kg/hm^2、1751.78kg/hm^2、226.13kg/hm^2。当降雨量为 63.69mm 时，处理 T1 的产沙量为 7024.35kg/hm^2，相较于处理 T1，处理 T2 产沙量减少了 4390.27kg/hm^2，处理 T3 产沙量减少了 3719.18kg/hm^2，处理 T4 产沙量减少了 6071.09kg/hm^2。

表 9-3　2015 年不同处理产沙量

降雨量/mm	降雨强度/(mm/h)	产沙量/(kg/hm^2)			
		T1	T2	T3	T4
16.28	1.09	1122.44a	350.43b	415.54b	45.87c
41.05	2.05	3852.57a	1317.78b	1751.78b	226.13c
63.69	1.59	7024.35a	2634.08b	3305.17b	953.26c

2016 年不同处理产沙量如表 9-4 所示，降雨量为 11.41mm 时，相较于处理 T1，处理 T2 产沙量减少了 785.44kg/hm^2，处理 T3 产沙量减少了 694.62kg/hm^2，处理 T4 产沙量减少了 1095.09kg/hm^2。降雨量为 39.32mm 时，处理 T1 产沙量显著增高，为 5556.72kg/hm^2，相较于处理 T1，处理 T2 产沙量减少了 3476.90kg/hm^2，处理 T3 产沙量减少了 2925.14kg/hm^2，处理 T4 产沙量减少了 5220.93kg/hm^2。降雨量为 55.41mm 时，各处理产沙量分别为 13 274.87kg/hm^2、4977.35kg/hm^2、6166.83kg/hm^2、1048.31kg/hm^2。

表 9-4 2016 年不同处理产沙量

降雨量/mm	降雨强度/(mm/h)	产沙量/(kg/hm²)			
		T1	T2	T3	T4
11.41	1.53	1 161.89a	376.45c	467.27b	66.80d
39.32	3.67	5 556.72a	2 079.82c	2 631.58b	335.79d
55.41	4.12	13 274.87a	4 977.35c	6 166.83b	1 048.31dkg/hm²

综合分析两年结果可发现，不同降雨量下，各处理小区产沙量均表现为处理 T1＞T3＞T2＞T4，这与各处理小区径流量呈现的规律一致，因为泥沙是通过径流流失，所以径流量对泥沙流失量影响很大。

(二)降雨量对小区产沙量的影响

由表 9-3 可知，降雨量为 16.28mm 时，处理 T1、T2、T3、T4 的产沙量分别是降雨量为 41.05mm 的 29.13%、26.59%、23.72%、20.28%，是降雨量为 63.69mm 的 15.98%、13.30%、12.57%、4.81%。降雨量为 41.05mm 时，4 个处理产沙量分别是降雨量为 63.69mm 的 54.85%、50.03%、53.00%、23.72%。不同降雨量下，各处理产沙量排序均为处理 T1＞T3＞T2＞T4，这与径流量排序一致。

从表 9-4 可看出，降雨量为 11.41mm 时，4 个处理的产沙量分别是降雨量为 39.32mm 的 20.91%、18.10%、17.76%、19.89%，是降雨量为 55.41mm 的 8.75%、7.56%、7.58%、6.37%。降雨量为 39.32mm 时，4 个处理的产沙量分别是降雨量为 55.41mm 的 41.86%、41.79%、42.67%、32.03%。不同降雨量下，各处理产沙量排序均为处理 T1＞T3＞T2＞T4，这与 2015 年一致。

四、顺坡起垄对径流中养分流失的影响

(一)顺坡起垄对径流中氮含量的影响

1. 径流中硝态氮含量

从营养角度来讲，作物在生长过程中主要吸收两种矿质氮源，即铵态氮和硝态氮。如表 9-5 所示，随着降雨量的增加，各处理径流中硝态氮含量也随之增加。降雨量为 16.28mm 时，处理 T2 比 T1 径流中硝态氮含量减少了 57.22%，处理 T3 比 T1 减少了 77.49%，处理 T4 比 T1 减少了 94.99%。降雨量为 41.05mm 时，处理 T2 比 T1 减少了 52.05%，处理 T3 比 T1 减少了 63.73%，处理 T4 比 T1 减少了 90.37%。降水量为 63.69mm 时，与处理 T1 径流中硝态氮含量相比，处理 T2 减少了 56.05%，处理 T3 减少了 67.97%，处理 T4 减少了 87.89%。不同降水量下，各处理径流中硝态氮含量均表现为处理 T1＞T2＞T3＞T4，处理 T2 比处理 T3 硝态氮流失更多，这与各处理径流量和产沙量的结果略有差异，这可能是因为肥料采用条施和穴施的方式，都在垄体上，而且处理 T2 垄体上没有种植黑麦草，所以垄体上未吸收完全的肥料伴随着雨水流失了。

表 9-5　2015 年不同处理径流中养分含量

降雨量/mm	降雨强度/(mm/h)	处理	硝态氮含量/(μg/m²)	铵态氮含量/(μg/m²)	磷含量/(mg/m²)	钾含量/(mg/m²)
16.28	1.09	T1	123.57a	608.44a	1.42a	33.91a
		T2	52.86b	243.53b	0.55b	10.68b
		T3	27.81bc	141.92b	0.44b	8.42c
		T4	6.19c	17.89c	0.12c	2.38d
41.05	2.05	T1	431.72a	2677.82a	12.28a	153.02a
		T2	207.02b	1121.57b	4.19b	51.26b
		T3	156.57b	862.04c	2.92bc	33.91c
		T4	41.57c	141.92d	0.99c	9.36d
63.69	1.59	T1	788.95a	8341.63a	29.20a	425.03a
		T2	346.73b	4085.17b	14.17b	130.36b
		T3	252.68bc	3410.46b	10.85bc	96.31b
		T4	95.54c	818.26c	5.26c	36.03b

2. 径流中铵态氮含量

由表 9-5 可知，不同降雨量下，各处理径流中的铵态氮含量与硝态氮含量呈现的规律相同，也是处理 T1＞T2＞T3＞T4。降雨量为 16.28mm 时，处理 T1 径流中铵态氮含量最高，为 608.44μg/m²，处理 T4 径流中铵态氮含量最低，仅有 17.89μg/m²。降雨量为 41.05mm 时，相较于处理 T1，处理 T2 径流中铵态氮含量减少了 1556.25μg/m²，处理 T3 径流中铵态氮含量减少了 1815.78μg/m²，处理 T4 径流中铵态氮含量减少了 2535.90μg/m²。降雨量为 63.69mm 时，处理 T1 径流中铵态氮含量最高，达到了 8341.63μg/m²，处理 T4 径流中铵态氮含量最低，为 818.26μg/m²，处理 T2 径流中铵态氮含量较处理 T1 减少了 4256.46μg/m²，处理 T3 径流中铵态氮含量较处理 T1 减少了 931.17μg/m²。

3. 径流中氮含量

由表 9-6 可知，降雨量为 11.41mm 时，相较于处理 T1，处理 T2 可减少径流中氮含量 55.13%，处理 T3 可减少径流中氮含量 63.10%，处理 T4 可减少径流中氮含量 89.08%。降雨量为 39.32mm 时，处理 T2 比 T1 径流中氮含量减少了 52.75%，处理 T3 比 T1 径流中氮含量减少了 59.08%，处理 T4 比 T1 径流中氮含量减少了 83.78%。降雨量为 55.41mm 时，与处理 T1 径流中氮含量相比，处理 T2 减少了 52.69%，处理 T3 减少了 56.58%，处理 T4 减少了 83.42%。不同降雨量下，各处理径流中氮含量均表现为处理 T1＞T2＞T3＞T4，这与 2015 年呈现的规律一致。

表 9-6　2016 年不同处理径流中养分含量

降雨量/mm	降雨强度/(mm/h)	处理	氮含量/(μg/m²)	磷含量/(mg/m²)	钾含量/(mg/m²)
11.41	1.53	T1	898.26a	2.26a	12.64a
		T2	403.07b	0.86b	5.66b
		T3	331.43b	0.57c	5.14b
		T4	98.10b	0.34d	0.69c
39.32	3.67	T1	1426.31a	3.72a	33.31a
		T2	673.96b	1.79b	14.55b
		T3	583.69b	1.23c	13.90b
		T4	231.40c	0.54d	2.42c
55.41	4.12	T1	2048.74a	5.68a	54.93a
		T2	969.27b	2.70b	24.46b
		T3	889.58c	2.32b	20.11c
		T4	339.59d	1.05c	4.95d

(二) 顺坡起垄对径流中磷含量的影响

如表 9-5 所示，保护性耕作各处理能够明显减少径流中磷的含量。当降雨量为 16.28mm 时，与处理 T1 相比，处理 T2 径流中磷含量减少了 61.27%，处理 T3 径流中磷含量减少了 69.01%，处理 T4 径流中磷含量减少了 91.55%。降雨量为 41.05mm 时，相较于处理 T1 径流中磷含量，处理 T2 减少了 65.88%，处理 T3 减少了 76.22%，处理 T4 减少了 91.94%。降雨量为 63.69mm 时，处理 T2 径流中磷含量比处理 T1 减少了 51.47%，处理 T3 径流中磷含量比处理 T1 减少了 62.84%，处理 T4 径流中磷含量比处理 T1 减少了 81.99%。整体而言，不同降雨量下，各处理径流中磷含量表现为处理 T1>T2>T3>T4，这与径流中氮含量相似。

由表 9-6 可知，降雨量为 11.41mm 时，与处理 T1 相比，处理 T2 可减少径流中磷含量 1.40mg/m²，处理 T3 可减少径流中磷含量 1.69mg/m²，处理 T4 可减少径流中磷含量 1.92mg/m²。降雨量为 39.32mm 时，相较于处理 T1，处理 T2 可减少径流中磷含量 1.93mg/m²，处理 T3 可减少径流中磷含量 2.49mg/m²，处理 T4 可减少径流中磷含量 3.18mg/m²。降水量为 55.41mm 时，相较于处理 T1 径流中磷含量，处理 T2 可减少 2.98mg/m²，处理 T3 可减少 3.36mg/m²，处理 T4 可减少 4.63mg/m²。整体而言，2016 年径流中磷含量要少于 2015 年，但是不同降雨量下各处理呈现的规律与 2015 年一致，均是处理 T1>T2>T3>T4。

(三) 顺坡起垄对径流中钾含量的影响

由表 9-5 可知，降雨量为 16.28mm 时，处理 T1 径流中钾含量最高，为 33.91mg/m²，相较于处理 T1，处理 T2 径流中钾含量减少了 68.50%，处理 T3 径流中钾含量减少了 75.17%，处理 T4 径流中钾含量减少了 92.98%。降雨量为 41.05mm 时，处理 T2 径流中钾含量比 T1 减少了 66.5%，处理 T3 径流中钾含量比 T1 减少了 77.84%，处理 T4 径流中钾含量比 T1 减少了 93.88%。降雨量为 63.69mm 时，处理 T2 径流中钾含量比 T1 减少了 69.33%，处理 T3 径流中钾含量比处理 T1 减少了 77.34%，处理 T4 径流中钾含量比 T1 减少了 91.52%。不同降雨量下，各处理径流中钾含量表现为处理 T1＞T2＞T3＞T4，处理 T4 在减少钾流失方面效果最佳。

降雨量为 11.41mm 时，与处理 T1 相比，处理 T2 可减少径流中钾含量 55.22%，处理 T3 可减少径流中钾含量 59.34%，处理 T4 可减少径流中钾含量 94.54%。降雨量为 39.32mm 时，与处理 T1 径流中钾含量相比，处理 T2 可减少 56.32%，处理 T3 可减少 58.27%，处理 T4 可减少 92.73%。降水量为 55.41mm 时，处理 T2 比处理 T1 径流中钾含量减少了 55.47%，处理 T3 比处理 T1 径流中钾含量减少了 63.39%，处理 T4 比处理 T1 径流中钾含量减少了 90.99%。不同降雨量下，各处理径流中钾含量表现为处理 T1＞T2＞T3＞T4，处理 T4 在减少钾流失方面效果最佳(表 9-6)。

整体而言，2016 年各处理径流中钾含量要低于 2015 年径流中钾含量，这与径流中磷含量呈现的趋势一致。

五、顺坡起垄对土壤中养分流失的影响

如表 9-7 所示，随着降雨量的增加，各处理土壤养分流失量也随之增加。降雨量为 11.41mm 时，处理 T1 土壤中碱解氮流失量最高，为 1.95mg/m²，处理 T4 土壤中碱解氮流失量最低，为 0.07mg/m²，处理 T2 和 T3 土壤中碱解氮流失量差异不显著。降雨量为 39.32mm 时，相较于处理 T1，处理 T2 可减少土壤中碱解氮流失量 7.17mg/m²，处理 T3 可减少土壤中碱解氮流失量 6.59mg/m²，处理 T4 可减少土壤中碱解氮流失量 10.12mg/m²。降雨量为 55.41mm 时，土壤中碱解氮流失量分别为 33.43mg/m²、11.38mg/m²、12.69mg/m²、1.74mg/m²。

表 9-7　2016 年不同处理土壤中养分流失情况

降雨量/mm	降雨强度/(mm/h)	处理	碱解氮/(mg/m²)	速效磷/(mg/m²)	速效钾/(mg/m²)
		T1	1.95a	1.20a	19.80a
11.41	1.53	T2	0.55b	0.34b	5.79b
		T3	0.66b	0.39b	6.75b
		T4	0.07c	0.04c	0.80c
		T1	10.58a	12.72a	131.05a
39.32	3.67	T2	3.41b	3.82b	47.71b
		T3	3.99b	3.66b	57.19b
		T4	0.46c	0.33c	6.17c
		T1	33.43a	41.88a	368.78a
55.41	4.12	T2	11.38b	11.74b	125.75b
		T3	12.69b	14.15b	148.93b
		T4	1.74c	1.92c	21.31c

降雨量为 11.41mm 时,相较于处理 T1,处理 T2 可减少速效磷流失量 0.86mg/m²,处理 T3 可减少速效磷流失量 0.81mg/m²,处理 T4 可减少速效磷流失量 1.16mg/m²。降雨量为 39.32mm 时,相较于处理 T1,处理 T2 可减少速效磷流失量 8.90mg/m²,处理 T3 可减少速效磷流失量 9.06mg/m²,处理 T4 可减少速效磷流失量 12.39mg/m²。降雨量为 55.41mm 时,相较于处理 T1,处理 T2 可减少速效磷流失量 30.14mg/m²,处理 T3 可减少速效磷流失量 27.73mg/m²,处理 T4 可减少速效磷流失量 39.96mg/m²。

降雨量为 11.41mm 时,4 个处理的速效钾流失量分别为 19.80mg/m²、5.79mg/m²、6.75mg/m²、0.80mg/m²。降雨量为 39.32mm 时,相较于降雨量为 11.41mm 时,各处理速效钾流失量分别提高了 111.25mg/m²、41.92mg/m²、50.44mg/m²、5.37mg/m²。降雨量为 55.41mm 时,处理 T1 土壤中速效钾流失量最高,为 368.78mg/m²,处理 T4 土壤中速效钾流失量最低,为 21.31mg/m²。

不同降雨量下,各处理土壤中速效养分的流失量均表现为处理 T1>T3>T2>T4,这与各处理产沙量呈现的趋势一致。从流失量上可以看出,土壤中速效钾流失量远远高于速效磷及碱解氮的流失量(表 9-7)。

六、小结

不同降雨量下,保护性耕作各处理小区径流量和产沙量均少于对照,但由于黑麦草种植方式的不同,各处理小区径流量和产沙量差异较明显。垄间与垄体均种植黑麦草小区径流量和产沙量最少。

不同降雨量下,保护性耕作各处理能明显减少径流中养分含量。其中垄体种植黑麦草处理径流中养分含量少于垄间种植黑麦草,这与小区径流量和产沙量呈现的规律不同,垄间与垄体均种植黑麦草在减少径流中养分流失方面效果最佳。

不同降雨量下,保护性耕作各处理能明显减少土壤中养分流失量。垄间与垄体均种植黑麦草处理中土壤养分流失量最少。土壤中速效钾流失量远远高于速效磷及碱解氮的流失量。

第二节　横坡起垄对坡耕地烟田水土流失的影响

目前,坡耕地多采用传统耕作方式,翻耕次数较多,土质疏松,农田裸露时间长,有机质还田率低,一旦遇到暴雨,极易产生超渗径流,导致水土流失十分严重、水分利用效率和土地生产力水平低下。严重的水土流失不仅降低土地生产力,造成土壤质量退化,还制约区域社会经济的可持续发展。重庆是我国主要产烟区之一,当地地形主要以坡耕地为主,重庆降雨量大且主要集中在 6~9 月,此时正值烤烟生长期，因此，研究保护性耕作对坡耕地烟田水土流失的影响，可为坡耕地水土保持和山地烤烟产量提高提供一定参考。

共设置 4 个处理：T1（横坡起垄）、T2（横坡起垄+垄间种植黑麦草）、T3（横坡起垄+垄体种植黑麦草）、T4（横坡起垄+垄间种植黑麦草+垄体种植黑麦草）。其余同本章第一节。

一、横坡起垄对径流量的影响

(一)横坡起垄对小区径流量的影响

当降雨量为 16.28mm 时，处理 T1 的径流量为 16.92m³/hm²，处理 T2 和 T4 均未检测到径流量，处理 T3 的径流量为 5.74m³/hm²。当降雨量为 41.05mm 时，处理 T1 的径流量达到了 64.38m³/hm²，相较于处理 T1，处理 T2 径流量减少了 88.37%，处理 T3 径流量减少了 68.05%，处理 T4 径流量减少了 99.70%。当降雨量为 63.69mm 时，处理 T1 径流量为 149.85m³/hm²，相较于处理 T1，处理 T2 径流量减少了 78.14%，处理 T3 径流量减少了 52.19%，处理 T4 径流量减少了 98.64%。均产生径流的情况下，各处理径流量表现为处理 T1＞T3＞T2＞T4，这与顺坡起垄呈现的规律一致(表 9-8)。

表 9-8　2015 年不同处理径流量

降雨量/mm	降雨强度/(mm/h)	径流量/(m³/hm²)			
		T1	T2	T3	T4
16.28	1.09	16.92a	—	5.74b	—
41.05	2.05	64.38a	7.49c	20.57b	0.19d
63.69	1.59	149.85a	32.76c	71.65b	2.04d

注：“—”表示未检测到，下同

如表 9-9 所示，当降雨量为 11.41mm 时，处理 T1 的径流量为 14.98m³/hm²，处理 T3 的径流量为 6.87m³/hm²，处理 T2 和 T4 均未检测到径流量。降雨量为 39.32mm 时，处理 T1 的径流量最高，为 90.05m³/hm²，相较于处理 T1，处理 T2 径流量减少了 57.69m³/hm²，处理 T3 径流量减少了 47.26m³/hm²，处理 T4 径流量减少了 88.95m³/hm²。降雨量为 55.41mm 时，4 个处理的径流量分别为 181.24m³/hm²、69.21m³/hm²、87.41m³/hm²、5.54m³/hm²。整体而言，当降雨量过小时，处理 T2 和 T4 可能不会产生径流，当均有径流产生时，各处理径流量均表现为处理 T1＞T3＞T2＞T4，这与顺坡起垄呈现的规律一致。

表 9-9　2016 年不同处理径流量

降雨量/mm	降雨强度/(mm/h)	径流量/(m³/hm²)			
		T1	T2	T3	T4
11.41	1.53	14.98a	—	6.87b	—
39.32	3.67	90.05a	32.36c	42.79b	1.10d
55.41	4.12	181.24a	69.21c	87.41b	5.54d

(二)降雨量对小区径流量的影响

由表 9-8 可知，当降雨量为 16.28mm 时，处理 T1 和 T3 径流量分别是降雨量为 41.05mm 时的 26.28%、27.90%，是降雨量为 63.69mm 时的 11.29%、8.01%。降雨量 41.05mm 时，4 个处理径流量分别为 63.69mm 时的 42.96%、22.86%、28.71%、9.31%。

由表 9-9 可知，当降雨量为 11.41mm 时，处理 T1 和 T3 径流量分别是降雨量为 39.32mm 时的 16.64%、16.06%，是降雨量为 55.41mm 时的 8.27%、7.86%。降雨量为 39.32mm 时，处理 T1、T2、T3、T4 的径流量分别是降雨量为 55.41mm 时的 49.69%、46.76%、48.95%、19.86%。

二、横坡起垄对产沙量的影响

(一)横坡起垄对小区产沙量的影响

从表 9-10 可知，随着降雨量的增加，各处理产沙量均有不同程度提高。当降雨量为 16.28mm 时，处理 T1 产沙量为 83.19kg/hm²，处理 T2 和 T4 均没有检测到产沙量，处理 T3 的产沙量较处理 T1 减少了 63.43kg/hm²。当降雨量为 41.05mm 时，相较于处理 T1，处理 T2 产沙量减少了 79.82%，处理 T3 产沙量减少了 55.67%，处理 T4 产沙量减少了 92.61%。当降雨量为 63.69mm 时，相较于处理 T1 产沙量，处理 T2 减少了 75.57%，处理 T3 减少了 59.84%，处理 T4 减少了 89.80%。

表 9-10　2015 年不同处理产沙量

降雨量/mm	降雨强度/(mm/h)	产沙量/(kg/hm²)			
		T1	T2	T3	T4
16.28	1.09	83.19a	—	19.76b	—
41.05	2.05	279.67a	56.43c	123.98b	20.68c
63.69	1.59	775.41a	189.44c	311.39b	79.08d

如表 9-11 所示，降雨量为 11.41mm 时，处理 T1 产沙量为 74.17kg/hm²，处理 T3 产沙量为 32.62kg/hm²。降雨量为 39.32mm 时，处理 T1 产沙量为 392.74kg/hm²，

相较于处理 T1，处理 T2 产沙量减少了 265.43kg/hm²，处理 T3 产沙量减少了 206.12kg/hm²，处理 T4 产沙量减少了 337.17kg/hm²。降雨量为 55.41mm 时，处理 T2 产沙量比处理 T1 减少了 636.37kg/hm²，处理 T3 产沙量比处理 T1 减少了 568.05kg/hm²，处理 T4 产沙量比处理 T1 减少了 1007.56kg/hm²。

表 9-11 2016 年不同处理产沙量

降雨量/mm	降雨强度/(mm/h)	产沙量/(kg/hm²)			
		T1	T2	T3	T4
11.41	1.53	74.17a	—	32.62b	—
39.32	3.67	392.74a	127.31c	186.62b	55.57d
55.41	4.12	1107.30a	470.93b	539.25b	99.74c

综合而言，当有产沙量时，不同降雨量下各处理产沙量均呈现出处理 T1＞T3＞T2＞T4，这与各处理径流量呈现的规律一致。

(二)降雨量对小区产沙量的影响

降雨量为 16.28mm 时，处理 T1 和 T3 产沙量是降水量为 41.05mm 时的 29.75%、15.94%，是降雨量为 63.69mm 时的 10.73%、6.35%。降雨量为 41.05mm 时，4 个处理的产沙量是降雨量 63.69mm 时的 36.07%、29.79%、39.82%、26.15%(表 9-10)。

降雨量为 11.41mm 时，处理 T1 和 T3 产沙量是降雨量为 39.32mm 时的 18.89%、17.48%，是降雨量为 55.41mm 时的 6.70%、6.05%。降雨量为 39.32mm 时，4 个处理的产沙量是降雨量为 55.41mm 时的 35.47%、27.03%、34.61%、55.71%(表 9-11)。

三、横坡起垄对径流中养分含量的影响

(一)横坡起垄对径流中氮含量的影响

1. 径流中硝态氮含量

由表 9-12 可知，随着降雨量的增加，径流中硝态氮含量随之增加。当降雨量为 16.28mm 时，处理 T1 和 T3 径流中硝态氮含量分别为 9.90μg/m² 和 1.54μg/m²。当降雨量为 41.05mm 时，处理 T1 径流中硝态氮含量为 40.64μg/m²，处理 T2 径流中硝态氮含量较处理 T1 减少了 25.20μg/m²，处理 T3 径流中硝态氮含量较处理 T1 减少了 36.59μg/m²，处理 T4 径流中硝态氮含量较处理 T1 减少了 40.38μg/m²。当降雨量为 63.69mm 时，相较于处理 T1 径流中硝态氮含量，处理 T2 减少了 92.43μg/m²，处理 T3 减少了 115.52μg/m²，处理 T4 减少了 131.29μg/m²。

表 9-12　2015 年不同处理径流中养分含量

降雨量/mm	降雨强度/(mm/h)	处理	硝态氮含量/(μg/m²)	铵态氮含量/(μg/m²)	磷含量/(mg/m²)	钾含量/(mg/m²)
16.28	1.09	T1	9.90a	12.04a	0.51a	5.29a
		T2	—	—	—	—
		T3	1.54b	5.78b	0.18b	1.29b
		T4				
41.05	2.05	T1	40.64a	296.75a	1.03a	13.17a
		T2	15.44b	109.99b	0.41b	4.54b
		T3	4.05c	51.03c	0.20c	2.62c
		T4	0.26d	3.94d	0.08c	0.97d
63.69	1.59	T1	132.28a	1099.84a	3.05a	35.02a
		T2	39.85b	498.02b	1.25b	13.22b
		T3	16.76c	304.57c	0.82bc	8.45b
		T4	0.99d	69.28d	0.21c	4.38d

2. 径流中铵态氮含量

当降雨量为 16.28mm 时，相较于处理 T1，处理 T3 径流中铵态氮含量减少了 51.99%。当降雨量为 41.05mm 时，相较于处理 T1 径流中铵态氮含量，处理 T2 减少了 62.94%，处理 T3 减少了 82.80%，处理 T4 减少了 98.67%。当降雨量为 63.69mm 时，处理 T2 径流中铵态氮含量相较于处理 T1 减少了 54.72%，处理 T3 径流中铵态氮含量相较于处理 T1 减少了 72.31%，处理 T4 径流中铵态氮含量相较于处理 T1 减少了 93.70%（表 9-12）。

3. 径流中氮含量

由表 9-13 可知，降雨量为 11.41mm 时，相较于处理 T1 径流中氮含量，处理 T3 减少了 56.38%。降雨量为 39.32mm 时，相较于处理 T1，处理 T2 径流中氮含量减少了 55.72%，处理 T3 径流中氮含量减少了 68.64%，处理 T4 径流中氮含量减少了 93.28%。降雨量为 55.41mm 时，相较于处理 T1 径流中氮含量，处理 T2 减少了 55.76%，处理 T3 减少了 61.47%，处理 T4 减少了 91.93%。产生径流时，不同降雨量下，各处理径流中氮含量均表现为处理 T1>T2>T3>T4，这与 2015 年的结果一致。

表 9-13　2016 年不同处理径流中养分含量

降雨量/mm	降雨强度/(mm/h)	处理	氮含量/(μg/m²)	磷含量/(mg/m²)	钾含量/(mg/m²)
11.41	1.53	T1	98.63a	0.48a	4.89a
		T2	—	—	—
		T3	43.02b	0.17b	0.98b
		T4	—	—	—

续表

降雨量/mm	降雨强度/(mm/h)	处理	氮含量/(μg/m²)	磷含量/(mg/m²)	钾含量/(mg/m²)
		T1	648.82a	1.52a	11.29a
39.32	3.67	T2	287.28b	0.61b	4.65b
		T3	203.45c	0.47c	3.00c
		T4	43.58d	0.18b	0.79d
		T1	1470.16a	5.73a	39.99a
55.41	4.12	T2	621.06b	2.45b	17.66b
		T3	566.49c	1.94c	12.76c
		T4	118.63d	0.52d	5.14d

（二）横坡起垄对径流中磷含量的影响

由表 9-12 可知，保护性耕作各处理可明显减少径流中磷含量。当降雨量为 16.28mm 时，处理 T1 和 T3 径流中磷含量分别为 0.51mg/m² 和 0.18mg/m²。当降雨量为 41.05mm 时，处理 T1 径流中磷含量显著高于其他处理，为 1.03mg/m²，处理 T4 径流中磷含量最低，为 0.08mg/m²，处理 T2 和 T3 径流中磷含量分别为 0.41mg/m² 和 0.20mg/m²。当降雨量为 63.69mm 时，处理 T1 径流中磷含量为 3.05mg/m²，处理 T2 径流中磷含量较处理 T1 减少了 1.80mg/m²，处理 T3 径流中磷含量较处理 T1 减少了 2.23mg/m²，处理 T4 径流中磷含量较处理 T1 减少了 2.84mg/m²。产生径流时，不同降雨量下，各处理径流中磷含量均表现为处理 T1＞T2＞T3＞T4，这与径流中氮含量相似。

如表 9-13 所示，降雨量为 11.41mm 时，相较于处理 T1 径流中磷含量，处理 T3 减少了 64.58%。降雨量为 39.32mm 时，相较于处理 T1，处理 T2 径流中磷含量减少了 59.87%，处理 T3 径流中磷含量减少了 69.08%，处理 T4 径流中磷含量减少了 88.16%。降雨量为 55.41mm 时，相较于处理 T1 径流中磷含量，处理 T2 减少了 57.24%，处理 T3 减少了 66.14%，处理 T4 减少了 90.92%。产生径流时，不同降雨量下，各处理径流中磷含量均表现为处理 T1＞T2＞T3＞T4，这与 2015 年的结果一致。

（三）横坡起垄对径流中钾含量的影响

由表 9-12 可知，当降雨量为 16.28mm 时，处理 T3 径流中钾含量较处理 T1 减少了 75.61%。当降雨量为 41.05mm 时，处理 T2 径流中钾含量较处理 T1 减少了 65.53%，处理 T3 径流中钾含量较处理 T1 减少了 80.11%，处理 T4 径流中钾含量较处理 T1 减少了 92.63%。当降雨量为 63.69mm 时，处理 T1 径流中钾含量为 35.02mg/m²，相较于处理 T1 径流中钾含量，处理 T2 减少了 62.25%，处理 T3 减少了 75.87%，处理 T4 减少了 87.49%。产生径流时，不同降雨量下，各处理径流中钾含量均表现为处理 T1＞T2＞T3＞T4，这与顺坡起垄的结果一致。

如表 9-13 所示，降雨量为 11.41mm 时，相较于处理 T1 径流中钾含量，处理 T3 减少了 79.96%。降雨量为 39.32mm 时，相较于处理 T1，处理 T2 径流中钾含量减少了 58.81%，处理 T3 径流中钾含量减少了 73.43%，处理 T4 径流中钾含量减少了 93.00%。降雨量为 55.41mm 时，相较于处理 T1 径流中钾含量，处理 T2 减少了 55.84%，处理 T3 减少了 68.09%，处理 T4 减少了 87.15%。产生径流时，不同降雨量下各处理径流中钾含量均表现为处理 T1＞T2＞T3＞T4，这与 2015 年的结果一致。

四、横坡起垄对土壤中养分流失的影响

由表 9-14 可知，降雨量为 11.41mm 时，处理 T1 碱解氮流失量为 0.10mg/m²，处理 T3 碱解氮流失量为 0.04mg/m²。降雨量为 39.32mm 时，相较于处理 T1 土壤中碱解氮流失量，处理 T2 减少了 0.46mg/m²，处理 T3 减少了 0.39mg/m²，处理 T4 减少了 0.58mg/m²。降雨量为 55.41mm 时，处理 T1 土壤中碱解氮流失量为 2.50mg/m²，相较于处理 T1，处理 T2 和 T3 碱解氮流失量均减少了 1.61mg/m²，处理 T4 碱解氮流失量减少了 2.35mg/m²。

表 9-14　2016 年不同处理土壤中养分流失情况

降雨量/mm	降雨强度/(mm/h)	处理	碱解氮/(mg/m²)	速效磷/(mg/m²)	速效钾/(mg/m²)
11.41	1.53	T1	0.10a	0.08a	1.33a
		T2	—	—	—
		T3	0.04b	0.03b	0.40b
		T4	—	—	—
39.32	3.67	T1	0.64a	0.90a	8.33a
		T2	0.18b	0.25b	2.31c
		T3	0.25b	0.30b	3.26b
		T4	0.06c	0.07c	0.85d
55.41	4.12	T1	2.50a	3.26a	29.21a
		T2	0.89b	1.10b	11.27b
		T3	0.89b	1.23b	11.72b
		T4	0.15c	0.21c	1.85c

降雨量为 11.41mm 时，处理 T1 和 T3 土壤中速效磷流失量分别为 0.08mg/m² 和 0.03mg/m²。降雨量为 39.32mm 时，各处理土壤中速效磷流失量表现为处理

T1＞T3＞T2＞T4，处理 T1 速效磷流失量最高，为 0.90mg/m²，处理 T4 速效磷流失量最低，为 0.07mg/m²。降雨量为 55.41mm 时，处理 T2 比处理 T1 速效磷流失量减少了 2.16mg/m²，处理 T3 比处理 T1 速效磷流失量减少了 2.03mg/m²，处理 T4 比处理 T1 速效磷流失量减少了 3.05mg/m²。

降雨量为 11.41mm 时，处理 T1 速效钾流失量为 1.33mg/m²，相较于处理 T1，处理 T3 速效钾流失量减少了 0.93mg/m²。降雨量为 39.32mm 时，相较于处理 T1 速效钾流失量，处理 T2 减少了 6.02mg/m²，处理 T3 减少了 5.07mg/m²，处理 T4 减少了 7.48mg/m²。降雨量为 55.41mm 时，4 个处理土壤中速效钾流失量分别为 29.21mg/m²、11.27mg/m²、11.72mg/m²、1.85mg/m²。

综合而言，在产生径流有土壤流失时，各处理土壤中养分流失量均呈现为处理 T1＞T3＞T2＞T4，这与顺坡起垄呈现的规律一致。

五、小结

保护性耕作能够显著减少小区径流量、产沙量和径流中氮、磷、钾含量及土壤中养分流失量。

当降雨量不大时，横坡起垄+垄间种植黑麦草处理和横坡起垄+垄间种植黑麦草+垄体种植黑麦草处理可以防止径流产生。

垄间和垄体均种植黑麦草在水土保持和减少养分流失方面效果最佳。

六、结论

比较顺坡起垄处理和横坡起垄处理可知，横坡起垄 4 个处理水土保持效果显著优于顺坡起垄 4 个处理，而且当降雨量较小时，横坡起垄中，垄间种植黑麦草处理和垄间与垄体均种植黑麦草处理甚至不会产生径流。横坡起垄和顺坡起垄在水土保持方面，均表现为垄间和垄体都种植黑麦草效果最佳，横坡起垄且垄间与垄体均种植黑麦草效果最佳。

在减少小区径流量和产沙量方面，两种起垄方式中垄间种植黑麦草处理效果均要优于垄体种植黑麦草处理，可能是因为垄间黑麦草未进行刈割，增加了径流产生的阻力。

在减少径流中养分流失方面，两种起垄方式中垄体种植黑麦草处理效果要优于垄间种植黑麦草处理，可能是因为肥料采用条施和穴施的方式，垄体上的黑麦草吸收了部分养分，因此随雨水流失的养分含量减少。

在减少土壤养分流失方面，各处理呈现的趋势与小区产沙量呈现的趋势一致，均为垄间及垄体均种植黑麦草处理减少最多，垄间种植黑麦草处理其次，垄体种植黑麦草处理最差。

第三节　保护性耕作对烤烟生长发育及烟叶品质的影响

烟叶产质量不仅受烤烟品种、土壤和气候条件的影响，而且与栽培措施密切相关。保护性耕作是通过对农田实行秸秆覆盖还田和免耕、少耕，控制沙尘污染和土壤风蚀、水蚀，从而节能降耗和节本增效，以及提高土壤肥力和抗旱节水能力的一项先进的农业耕作技术。储刘专等（2011）的研究表明，施用绿肥能够明显提高烤烟株高、有效叶片数、最大叶长、最大叶宽和茎围。叶协锋等（2008）认为，翻压黑麦草既能提高烟株的田间长势，又可以降低烟株发病率，还能改善烟叶化学成分的协调性。倡国涵等（2011）认为翻压绿肥后上部叶的总氮、烟碱含量提高，钾、还原糖和氯含量降低；中部叶的总氮、钾和烟碱含量提高，氯含量降低。

试验设置 8 个处理：处理 T1（横坡起垄）、T2（横坡起垄+垄间种植黑麦草）、T3（横坡起垄+垄体种植黑麦草）、T4（横坡起垄+垄间种植黑麦草+垄体种植黑麦草）、T5（顺坡起垄）、T6（顺坡起垄+垄间种植黑麦草）、T7（顺坡起垄+垄体种植黑麦草）、T8（顺坡起垄+垄间种植黑麦草+垄体种植黑麦草）。其余同本章第一节。

一、保护性耕作处理对烤烟农艺性状的影响

（一）保护性耕作对株高的影响

2015 年各处理株高如图 9-1 所示，横坡起垄时，与处理 T1 相比，处理 T2 显著提高了移栽后 45d 时烟株株高，对移栽后 60d 以后烟株株高影响不大；处理 T3 和 T4 在烟株生育期间显著降低了烟株株高。顺坡起垄时，与处理 T5 相比，处理 T6 显著提高了移栽后 45～60d 烟株株高，分别提高了 51.51%、10.68%，在移栽后 75d 以后两处理株高差异不显著；处理 T7 和 T8 在烟株生育期间显著降低了烟株株高。起垄方式间对比可知，移栽后 45d，处理 T1 烟株株高与处理 T5 差异不大，处理 T2 烟株株高显著低于处理 T6；移栽后 60d，处理 T1 烟株株高显著高于处理 T5，处理 T2 与 T6 烟株株高差异不显著；移栽后 75～90d，处理 T1 和 T2 烟株株高均高于处理 T5 和 T6；在整个烟株生育期间，处理 T7 和 T8 烟株株高均要高于处理 T3 和 T4。整个生育期内，处理 T3、T4、T7 和 T8 的烟株长势远远差于其他处理，是因为黑麦草刈割覆盖垄体后，部分根系未被杀死，造成黑麦草二次生长，新生的黑麦草一方面与烟株争夺水、肥、气、热条件，另一方面影响烟株周围的田间小气候，阻碍烟株的生长发育。

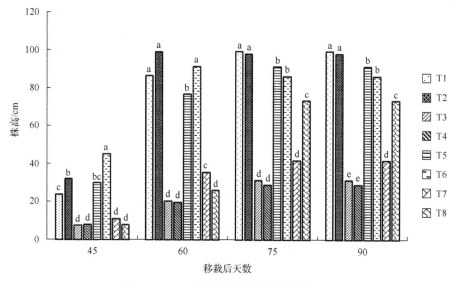

图 9-1 2015 年保护性耕作对株高的影响

2016 年各处理株高如图 9-2 所示,横坡起垄时,与处理 T1 相比,在烟株生育期,处理 T2 对株高影响不大,处理 T3 和 T4 会显著降低烟株株高。顺坡起垄时,种植黑麦草各处理对烟株株高的影响规律与横坡起垄相似。起垄方式间对比可知,在烟株生育期内,处理 T5 和 T1 烟株株高差异不显著;移栽后 45~60d,处理 T6 烟株株高显著高于处理 T2,移栽后 60d 以后,处理 T6 和 T2 烟株株高差异不显著;在整个生育期间,处理 T3 烟株株高均要高于处理 T7,处理 T4 烟株株高均要高于处理 T8。

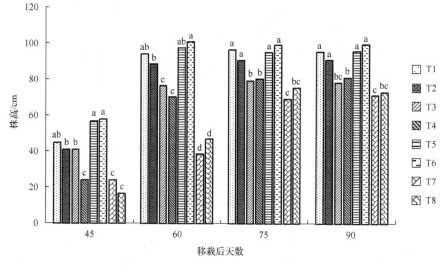

图 9-2 2016 年保护性耕作对株高的影响

对比两年试验结果可知，2016 年烟株株高整体要高于 2015 年，其中处理 T3、T4、T7 和 T8 表现最为明显，可能是因为 2016 年这 4 个处理在刈割完垄体黑麦草后，垄体上喷洒了烟草专用除草剂，彻底杀死了黑麦草残留的根系，防止了黑麦草的二次生长。

(二)保护性耕作对最大叶长的影响

由图 9-3 可知，横坡起垄时，移栽后 45d 时，与处理 T1 相比，处理 T2 会显著提高烟叶最大叶长，移栽后 60～90d，处理 T2 与处理 T1 烟叶最大叶长差异不显著；在整个生育期内，处理 T3 和 T4 会显著降低烟叶最大叶长，且两者间差异不显著。顺坡起垄时各处理呈现的规律与横坡起垄时一致。起垄方式间对比可知，在移栽后 45～60d，处理 T1 和 T5 烟叶最大叶长差异不显著，处理 T2 和 T6 烟叶最大叶长差异也不显著；移栽后 75～90d，处理 T5 最大叶长显著高于处理 T1，处理 T6 烟叶最大叶长显著高于处理 T2，处理 T2 和 T6 烟叶最大叶长差异不显著；移栽后 45～75d，处理 T7 烟叶最大叶长显著高于处理 T3，处理 T8 烟叶最大叶长显著高于处理 T4。

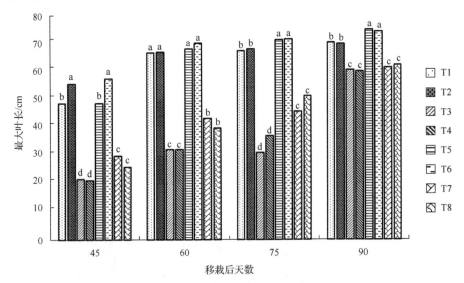

图 9-3　2015 年保护性耕作对最大叶长的影响

横坡起垄时，在烟株生长发育期间，种植黑麦草的 3 个处理烟叶最大叶长均有不同程度的降低，其中处理 T2 烟叶最大叶长降低最少。顺坡起垄时，在烟株生育期间，处理 T5 与 T6 烟叶最大叶长差异不显著；移栽后 45～75d，相较于处理 T5，处理 T7 和 T8 会显著降低烟叶最大叶长，但移栽后 90d，处理 T7、T8 与处理 T5 烟叶最大叶长差异不显著。起垄方式间对比可知，处理 T1 与 T5 烟叶最大叶长差异不显著，处理 T6 烟叶最大叶长显著高于处理 T2；移栽后 45d，处理 T3 烟叶最大叶长显著高于处理 T7，处理 T4 烟叶最大叶长显著高于处理 T8；移栽后 60～90d，处理 T3 和 T7 烟叶最大叶长差异不显著，处理 T4 和 T8 烟叶最大叶长差异也不显著(图 9-4)。

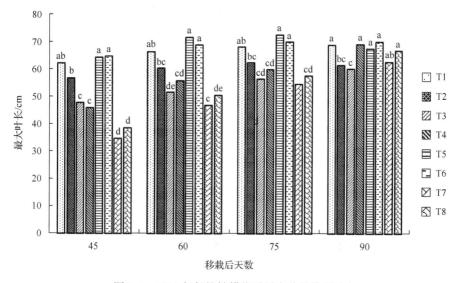

图 9-4　2016 年保护性耕作对最大叶长的影响

综合而言，垄间种植黑麦草对烟叶最大叶长影响不大，垄间与垄体均种植黑麦草和垄体种植黑麦草会降低烟叶最大叶长。对比 2015 年和 2016 年结果可知，移栽后 45d，2016 年各处理烟叶最大叶长明显优于 2015 年；移栽后 60～90d，2016 年处理 T3、T4、T7 和 T8 最大叶长明显优于 2015 年，其余处理变化不大。

(三)保护性耕作对最大叶宽的影响

由图 9-5 可知，横坡起垄时，与处理 T1 相比，处理 T2 会显著提高移栽后 75d 和 90d 烟叶最大叶宽，提高幅度分别为 14.16%和 11.25%，处理 T3 和 T4 显著降低各生育期烟叶最大叶宽，且两者间差异不显著。顺坡起垄时，与处理 T5 相比，在整个烟株生育期内，处理 T6 对烟叶最大叶宽的影响不大，处理 T7 和 T8 显著降低烟叶最大叶宽。起垄方式间对比可知，移栽后 45～60d，处理 T1 和 T5、T2 和 T6 间最大叶宽差异均不显著，处理 T3、T4 烟叶最大叶宽显著低于 T7 和 T8；移栽后 75d，处理 T1 烟叶最大叶宽显著低于处理 T5，处理 T3、T4 烟叶最大叶宽显著低于 T7 与 T8；移栽后 90d，处理 T1 烟叶最大叶宽显著低于处理 T5，处理 T8 最大叶宽显著低于处理 T4。

如图 9-6 所示，横坡起垄时，在烟株生育期间种植黑麦草的 3 个处理均会降低烟叶最大叶宽；移栽后 45～60d，处理 T2 降低最少；移栽后 75～90d，处理 T4 降低最少。顺坡起垄时，与处理 T5 相比，处理 T6 对各生育期烟叶最大叶宽的影响差异不显著；处理 T7 在各生育期均显著降低烟叶最大叶宽；处理 T8 在移栽后 45～75d 会显著降低烟叶最大叶宽；移栽后 90d，各处理烟叶最大叶宽相较于移栽后 75d 均有不同程度的降低，这是因为移栽后 90d 时长势良好的下部叶已被采收。起垄方式间对比可知，处理 T1 仅在移栽后 75d 烟叶最大叶宽显著低于处理 T5；处理 T6 烟叶最大叶宽显著高于处理 T2；处理 T3 在移栽后 45～60d 烟叶最大叶宽显著高于处理 T7；处理 T4 仅在移栽后 45d 烟叶最大叶宽显著高于处理 T8。

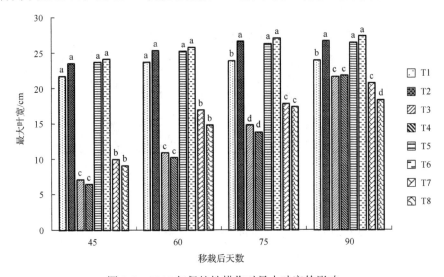

图 9-5　2015 年保护性耕作对最大叶宽的影响

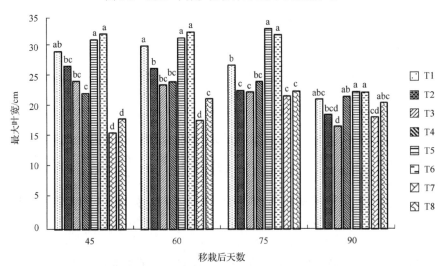

图 9-6　2016 年保护性耕作对最大叶宽的影响

整体而言，垄间种植黑麦草对烟叶最大叶宽影响不大，垄体种植黑麦草和垄体与垄间均种植黑麦草会降低烟叶最大叶宽。对比两年结果可知，2016 年各处理最大叶宽要优于 2015 年，其中处理 T3、T4、T7 和 T8 表现尤为明显。

（四）保护性耕作对有效叶数的影响

如图 9-7 所示，有效叶数随着生育期的推进逐渐增加，打顶以后趋于稳定。横坡起垄时，对比处理 T1，处理 T2 有效叶数与其差异不大，处理 T3 和 T4 的有效叶数显著降低。顺坡起垄时，对比处理 T5，处理 T6 在移栽 45d 时显著增加有效叶数，移栽后 60d 之后对有效叶数影响不大；处理 T7 和 T8 在各生育期均显著降低了有效叶数。起垄方式间相比，处理 T1 在移栽后 60d 及以后有效叶数显著多于处理 T5；处理 T2 在移栽后 60d 及以后有效叶数显著多于处理 T6；处理 T3 和 T4 在各生育期有效叶数均少于处理 T7 和 T8。

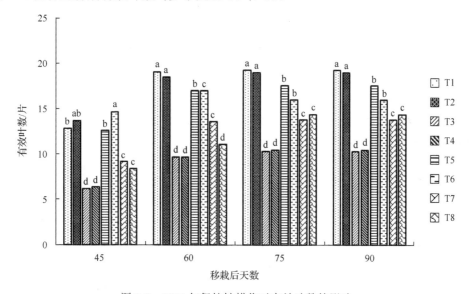

图 9-7　2015 年保护性耕作对有效叶数的影响

如图 9-8 所示，横坡起垄时，相较于处理 T1，处理 T2 在各生育期烟株有效叶数变化不大；处理 T3 和 T4 会显著降低移栽后 45～60d 烟株有效叶数。顺坡起垄时，相较于处理 T5，处理 T6 在各生育期烟株有效叶数变化不大；处理 T7 和 T8 在移栽后 45～60d 会显著降低烟株有效叶数，移栽后 75d 及以后烟株有效叶数变化不大。起垄方式间对比可知，处理 T1 和 T5 在整个生育期内有效叶数差异不显著；处理 T2 仅在移栽后 45d 时有效叶数显著少于处理 T6；移栽后 45～60d，处理 T3 有效叶数显著高于处理 T7，但移栽后 75～90d，处理 T3 有效叶数要少于处理 T7；处理 T4 和 T8 在烟株生育期内差异不大。

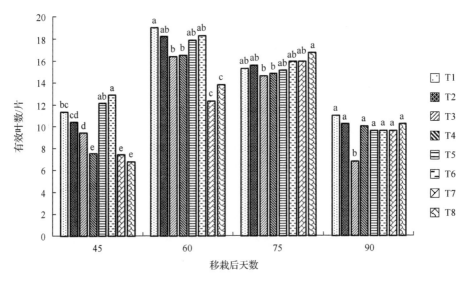

图 9-8　2016 年保护性耕作对有效叶数的影响

对比两年试验结果可知，移栽后 45～75d，各处理烟株有效叶数两年变化不大，但移栽后 90d，2016 年各处理有效叶数均有不同程度的减少，这是因为移栽后 90d 时，2016 年各处理下部叶已采收，但 2015 年烟叶长势较差，移栽后 90d 时下部叶未全部采收。

（五）保护性耕作对茎围的影响

随着烤烟生长发育，其茎围逐渐增加。横坡起垄时，对比处理 T1，处理 T2 茎围在移栽后 45d 提高了 22.00%，在移栽后 60d 降低了 8.64%，在移栽后 75d 和 90d 稍有增加但差异较小；处理 T3 和 T4 烟株茎围在整个生育期内均显著低于处理 T1 和 T2。顺坡起垄时，对比处理 T5，处理 T6 显著提高了移栽后 45d 时的茎围，60d 之后茎围稍有增减但差异不显著；处理 T7 和 T8 的茎围在整个生育期内均显著降低。起垄方式间相比可知，在整个生育期内，处理 T1 和 T5、T2 和 T6 烟株茎围差异不大，处理 T7 和 T8 烟株茎围要高于处理 T3 和 T4（图 9-9）。

如图 9-10 所示，随着烤烟生长发育，各处理烟株茎围呈现先升高后降低的趋势。横坡起垄时，相较于处理 T1，处理 T2、T3、T4 的茎围均有不同程度的降低。顺坡起垄时，相较于处理 T5，处理 T6 烟株茎围变化不大，处理 T7 和 T8 茎围显著降低。起垄方式间对比可知，处理 T1 和 T5、T4 和 T8 烟株茎围差异较小，处理 T2 烟株茎围显著低于处理 T6；移栽后 45～60d 时，处理 T3 烟株茎围显著高于处理 T7，移栽后 75～90d 时，处理 T3 和 T7 烟株茎围差异不显著。

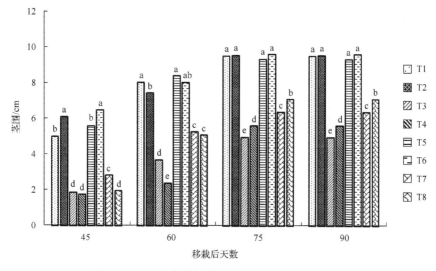

图 9-9　2015 年保护性耕作处理对烟株茎围的影响

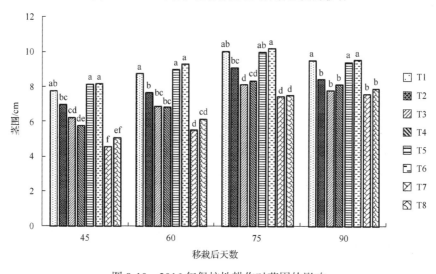

图 9-10　2016 年保护性耕作对茎围的影响

综合而言，垄间种植黑麦草对烟株影响不大，垄间与垄体均种植黑麦草和垄体种植黑麦草会显著降低烟株茎围。对比两年结果可知，2016 年处理 T3、T4、T7 和 T8 烟株茎围要明显高于 2015 年。

二、保护性耕作对烟叶品质的影响

(一)保护性耕作对中部叶常规化学成分及其协调性的影响

我国优质烤烟要求烟叶总糖含量在 18%～22%，还原糖含量在 16%～20%，烟碱含量在 1.5%～3.5%，K^+ 含量大于 2.0%，Cl^- 含量在 1%以下，两糖比不低于 0.9，糖碱比在 8～12，钾氯比大于 4 为宜(刘国顺，2003)。2015 年各处理中部叶常规化学成分含量如表 9-15 所示，两糖含量均偏高，烟碱含量在优质烤烟标准范围内，K^+ 含量偏低，Cl^- 含量较适宜。横坡起垄时，各处理的钾氯比在适宜范围内，对比处理 T1，处理 T2、T3 和 T4 的总糖与还原糖含量及糖碱比均降低，烟碱与 K^+ 含量、钾氯比和两糖比均升高。顺坡起垄时，对比处理 T5，处理 T6、T7 和 T8 的总糖、还原糖与 K^+ 含量、钾氯比及糖碱比均升高，但烟碱含量和两糖比均下降。起垄方式间相比，处理 T1 总糖与还原糖含量、钾氯比、糖碱比和两糖比均高于处理 T5，但处理 T1 烟碱、K^+ 和 Cl^- 含量低于处理 T5；处理 T2 总糖、烟碱含量与钾氯比要低于处理 T6，其余化学成分含量均高于处理 T6；处理 T3 总糖、还原糖、K^+、Cl^- 含量及糖碱比均要低于处理 T7；处理 T4 仅有糖碱比和两糖比高于处理 T8。

表 9-15　2015 年保护性耕作处理对中部叶常规化学成分及其协调性的影响

处理	总糖/%	还原糖/%	烟碱/%	K^+/%	Cl^-/%	钾氯比	糖碱比	两糖比
T1	39.34	34.71	2.21	1.38	0.16	8.63	15.71	0.88
T2	37.28	34.20	2.80	1.57	0.17	9.24	12.21	0.92
T3	38.70	34.47	2.35	1.57	0.15	10.47	14.67	0.89
T4	36.15	32.39	2.63	1.43	0.16	8.94	12.32	0.90
T5	35.86	29.98	3.26	1.40	0.19	7.36	9.21	0.84
T6	38.06	30.81	2.96	1.56	0.16	9.75	10.40	0.81
T7	46.10	34.66	1.86	1.66	0.21	7.90	18.63	0.75
T8	41.40	32.71	2.90	1.64	0.17	9.65	11.28	0.79

2016 年中部叶常规化学成分含量如表 9-16 所示。整体而言，各处理总糖和还原糖含量均超出了优质烤烟标准范围，烟碱含量、Cl^- 含量和钾氯比均在优质烤烟标准范围内，两糖比均低于优质烤烟标准范围。横坡起垄时，相较于处理 T1，处理 T2、T3、T4 两糖含量、K^+ 含量、糖碱比和两糖比均有不同程度的提高，Cl^- 含量变化不大。顺坡起垄时，相较于处理 T5，处理 T6、T7、T8 总糖含量和糖碱比有所提高，烟碱、K^+ 含量和两糖比均有所降低。

表 9-16　2016 年保护性耕作处理对中部叶常规化学成分及其协调性的影响

处理	总糖/%	还原糖/%	烟碱/%	K^+/%	Cl^-/%	钾氯比	糖碱比	两糖比
T1	30.06	21.96	2.85	1.70	0.09	18.78	7.71	0.73
T2	35.85	27.12	2.56	2.00	0.10	20.23	10.60	0.76
T3	40.06	30.48	2.86	1.97	0.11	17.64	10.66	0.76
T4	35.81	27.39	2.30	2.06	0.09	22.89	11.91	0.76

续表

处理	总糖/%	还原糖/%	烟碱/%	K⁺/%	Cl⁻/%	钾氯比	糖碱比	两糖比
T5	32.21	25.17	3.09	2.14	0.10	21.19	8.15	0.78
T6	40.12	29.48	2.32	1.90	0.09	20.04	12.71	0.73
T7	34.61	24.87	2.15	1.69	0.08	22.33	11.57	0.72
T8	35.62	26.65	2.64	1.89	0.11	17.61	10.10	0.75

综合分析两年结果可知，2016 年各处理中部叶还原糖、Cl⁻含量与两糖比均有不同程度的降低，K⁺含量和钾氯比都有所提高。

(二)保护性耕作对烤后烟叶经济性状的影响

如表 9-17 所示，2015 年横坡起垄时，产量、产值、均价和上等烟比例均表现为处理 T1>T2>T3>T4，中等烟比例表现为处理 T4>T3>T2>T1。顺坡起垄时，相比处理 T5，处理 T6 的产量、产值、均价和上等烟比例分别提高了 50.26%、53.10%、1.93%和 11.62%，而处理 T7 和 T8 均明显下降，其中处理 T8 的下降幅度最大。起垄方式间比较，横坡起垄的经济效益优于顺坡起垄，垄间种植黑麦草、垄体种植黑麦草及垄间与垄体均种植黑麦草后，顺坡起垄的产量、产值均高于横坡起垄。处理 T3、T4、T7 和 T8 经济效益较低，这是因为在烟株大田生长时期，垄体上部分黑麦草进行二次生长，造成烟株长势较差，烟叶产质量较低。

表 9-17　2015 年保护性耕作对烤后烟叶经济性状的影响

处理	产量/(kg/hm²)	产值/(元/hm²)	均价/(元/kg)	上等烟比例/%	中等烟比例/%
T1	1 478.55b	38 065.35b	25.74a	53.01a	45.21c
T2	1 426.95b	34 723.05c	24.33a	43.22b	50.09c
T3	336.60c	5 943.00f	17.65c	22.11c	64.16b
T4	293.25c	4 779.60f	16.30d	5.00e	72.04a
T5	1 438.05b	31 311.60d	21.77b	41.21b	48.00c
T6	2 160.75a	47 938.80a	22.19b	46.00b	45.11c
T7	568.80c	10 122.90e	17.80c	17.17c	73.02a
T8	472.65c	7 756.65f	16.41d	13.31d	73.12a

由表 9-18 可知，2016 年横坡起垄时，产量、产值、均价、上等烟比例均表现为处理 T2>T1>T3>T4，中等烟比例表现为处理 T4>T1>T2>T3，其中处理 T2 产值最高为 52 321.75 元/hm²。顺坡起垄时，对比处理 T5，处理 T6 可显著提高产量、产值和上等烟比例，但会降低中等烟比例，处理 T7 和 T8 的产量、产值、上等烟比例显著降低。起垄方式间对比可知，顺坡起垄的产值和中等烟比例高于横坡起垄，其余指标差异不显著；垄间种植黑麦草后，顺坡起垄产量、产值显著

高于横坡起垄；垄间、垄体种植黑麦草后，顺坡起垄可显著提高中等烟比例；垄体种植黑麦草后，顺坡起垄可显著提高产值，但会降低中等烟比例。

表 9-18　　2016 年保护性耕作对烤后烟叶经济性状的影响

处理	产量/(kg/hm²)	产值/(元/hm²)	均价/(元/kg)	上等烟比例/%	中等烟比例/%
T1	2 065.95b	49 775.94c	24.09a	55.26ab	38.39b
T2	2 139.80b	52 321.75b	24.45a	57.51a	36.15c
T3	1 639.27c	35 785.88d	21.83b	47.52c	33.84d
T4	1 558.47c	33 162.76e	21.28b	43.18d	39.68a
T5	2 147.77b	51 152.80b	23.82ab	53.50b	40.37a
T6	2 362.04a	58 675.36a	24.84a	58.13a	35.08cd
T7	1 639.08c	37 428.83d	22.84b	45.98c	38.68ab
T8	1 648.55c	36 284.01d	22.01b	43.30d	36.18c

整体而言，垄间、垄体均种植黑麦草处理和垄体种植黑麦草处理会一定程度降低经济效益，垄间种植黑麦草处理会提高经济效益，其中顺坡起垄且垄间种植黑麦草处理经济效益最佳。相较于 2015 年，2016 年各处理经济效益均有不同程度的提高，其中处理 T3、T4、T7 和 T8 提高最为明显。

三、小结

顺坡起垄和横坡起垄共 8 个处理中，仅有垄间种植黑麦草的 2 个处理农艺性状与对照差异较小，其余 4 个处理农艺性状均显著差于对照，表明垄体种植黑麦草不利于烟株的生长发育。两年结果对比可知，2016 年垄体种植黑麦草与垄体及垄间均种植黑麦草处理烟株农艺性状明显优于 2015 年，表明移栽前杀死黑麦草根系可在一定程度上改善烟株农艺性状，但关于农艺性状依然低于对照的情况，还需要进一步分析。

种植黑麦草各处理均能在一定程度上协调烟叶各化学成分，且横坡起垄和顺坡起垄对化学成分含量及其协调性的影响不同，这与付利波等(2005)研究套种黑麦草能有效改善烟叶化学成分的协调性，有利于改善烟叶品质的结果一致。横坡起垄各处理中，2015 年种植黑麦草各处理的综合经济效益与不种植处理相比均有不同程度下降；顺坡起垄各处理中，顺坡起垄搭配垄间种植黑麦草处理的经济效益与不种植处理相比明显提高，顺坡起垄搭配垄体种植黑麦草，以及搭配垄间与垄体均种植黑麦草处理的经济效益与不种植处理相比下降；起垄方式间相比，横坡起垄经济效益要好于顺坡起垄，但是垄间种植黑麦草、垄体种植黑麦草及垄间、垄体种植黑麦草后，顺坡起垄的产量、产值表现较好。2016 年的结果表明，两种起垄方式搭配垄间种植黑麦草后均能提高经济效益，但是搭配垄体种植黑麦草和垄间、垄体均种植黑麦草后经济效益明显降低；起垄方式间对比可知，顺坡起垄4个处理整体上经济效益要优于横坡起垄4个处理。

目前，在烟草生产中，有关垄间和(或)垄体种植(并)覆盖黑麦草的研究尚未见报道，无经验可借鉴，本试验尝试该方面的研究，以期探索出黑麦草更多的种植还田技术和水土保持技术。2015年试验是第一年探索种植并覆盖黑麦草，但是在操作过程中存在黑麦草刈割覆盖垄体后没有对黑麦草根系做进一步处理的问题，导致部分黑麦草继续生长，虽然后期对新生的黑麦草进行了人工刈割，但还是会影响覆盖在垄体上黑麦草保温保水等作用的发挥，且新生黑麦草消耗了部分养分，没有达到预期目标，最终造成烤烟生长发育较差，经济效益不理想。2016年试验在2015年基础上调整了黑麦草种子的播种量和播种方式，并在移栽前刈割垄体黑麦草后在垄体上喷洒除草剂。从结果可以看出，2016年烟株农艺性状、经济效益均要优于2015年，其中垄体种植黑麦草和垄间与垄体均种植黑麦草处理效果最为明显，但是这几个处理烟株农艺性状和经济效益依然差于对照，具体原因还需进一步分析。

第十章 盐、碱对烤烟生长发育的影响

土壤的盐渍化问题一直威胁着人类赖以生存的有限土壤资源。当前，据联合国教育、科学及文化组织(UNESCO，以下简称联合国教科文组织)和联合国粮食及农业组织(FAO，以下简称联合国粮农组织)不完全统计，全球盐渍土面积已达 $9.5 \times 10^8 hm^2$，我国盐渍化土壤面积约 3693.3 万 hm^2(刘凤岐等，2015)，残余盐渍化土壤约 4486.7 万 hm^2，潜在盐渍化土壤为 1733.3 万 hm^2，各类盐碱地面积总计9913.3 万 hm^2，且随着化肥用量增加及不合理灌溉，土壤发生次生盐渍化愈来愈重(杜新民等，2007)。盐碱地(土)是盐化土、碱化土和盐碱土的总称。在土壤分类学上，不同的国家和国际组织对盐碱土的划分采用不同的分类系统。现在，通常用土壤溶液电导率和可交换性钠吸收比例作为划分土壤盐碱化程度的标准(张士功等，2000)，具体量化指标见表 10-1。

表 10-1 盐碱土分类的量化指标

土壤类型	盐化土	碱化土	盐碱土	非盐碱土
可交换性钠吸收比例/%	<15	>15	>15	<15
土壤溶液电导率/(mS/cm)	>4	<4	>4	<4
pH	<8.5	>8.5	>8.5	<8.5

盐碱地中盐度是影响植物生存、生长和繁殖的重要环境因子。土壤中盐分过多，土壤溶液浓度和渗透压增大，孔隙度降低，土壤酶活性受到抑制，微生物活动和有机质转化受到影响，养分利用率低，土壤肥力下降(余海英等，2005)，不仅抑制种子发芽(阮松林和薛庆中，2002)、出苗(洪森荣和尹明华，2013)，还会影响作物的营养平衡和细胞的正常生理功能。目前，关于烟草耐盐性的研究主要集中在耐盐基因的筛选(张会慧等，2013)及单盐条件下烟草的反应机理(胡庆辉，2012)，缺少多个品种对混合盐胁迫的应答及品种间耐盐性的评价研究。而种子的萌发和幼苗的生长是植物生长最敏感的阶段(颜宏等，2008)，相关研究学者认为种子发芽率、发芽指数、活力指数等指标可以反映种子萌发期耐盐性的强弱，此阶段的耐盐能力在一定程度上反映了植物整体的耐盐性(李士磊等，2012)。因此，在种子萌发期和苗期鉴定耐盐性的结果准确而省时省力，是进行植物耐盐性早期鉴定、耐盐个体与品种早期选择的基础。

第一节 复合盐处理下不同烤烟品种发芽特性及耐盐性评价

2011 年，作者对河南省 12 个地区植烟土壤的调查显示土壤盐离子表聚现象严重，部分土壤出现轻度盐渍化，极个别地区的土壤属于中度盐渍化(叶协锋，2011)。土壤中的致害盐类以中性盐 NaCl 为主，盐分中 Na^+ 和 Cl^- 对植物的危害较重(Guo et al.，2012)。赵莉(2009)对湖南烟区植烟土壤的分析也表明，盐离子主要包括 NO_3^-、K^+、Ca^{2+}、Cl^-、SO_4^{2-} 等，可通过施肥、灌溉对 NO_3^-、K^+、Ca^{2+} 进行调控，但对 SO_4^{2-} 的效果不明显。考虑到目前我国烟草所用无机肥料主要有专用复合肥、硝酸钾、硫酸钾等，其中钾肥以硫酸钾为主(朱贵明等，2002)，所以多数植烟土壤中均应有大量 SO_4^{2-} 残留，并逐渐形成氯化物-硫酸根型盐渍化土壤。

为研究不同浓度的复合盐处理对不同品种烤烟种子发芽特性的影响，进而为烟草品种耐盐性评价和在盐渍化环境中种植烟草提供一定的理论依据，以全国烟区种植面积较广的云烟 87、K326、红花大金元、云烟 97 和中烟 100 为研究对象(中烟 100 由中国农业科学院烟草研究所提供，其他品种由玉溪中烟种子有限责任公司提供)。试验于中国烟草总公司职工进修学院人工气候室中进行，白天温度为25℃，夜间温度为 18℃，光合有效辐射为 150μmol/(m²·s)，光照时长为 13h/d，相对湿度为 70%。选取均匀一致、饱满的烟草种子，用 0.2% $CuSO_4$ 溶液消毒 15min 后用去离子水冲洗 3 遍，放在铺有脱脂棉及滤纸的消毒培养皿中，脱脂棉及滤纸采用 0、0.2%、0.4%、0.6%、0.8%、1.0% 6 个浓度的混合盐溶液浸透，其中混合盐溶液 $n(NaCl) : n(Na_2SO_4)=1:1$，每个处理 3 次重复，每个重复 100 粒种子。

每天 15:00 统计种子发芽粒数(种子发芽以胚根超过种子长度的 1/2 为标准，从置床后第 4d 开始计数，第 14d 计数结束)，试验中霉烂的种子用 95%乙醇消毒后放回原处继续观察，严重霉烂的种子挑出，避免感染其他种子，并将其记录为未发芽种子。记录发芽势、发芽率，测定发芽率的同时测定苗长，每个处理随机选取 10 株苗，用直尺测定每株幼苗平均长(mm)；5d 之后测定苗的鲜干重，采用万分位天平以其总重量除以种子数得到每个处理的平均鲜干重(mg)，并计算盐害指数、发芽指数及活力指数(张国伟等，2011)，具体公式如下。

发芽率(%) = 置床后第 14d 正常发芽种子数/供试种子数×100

发芽势(%) = 置床后第 7d 正常发芽种子数/供试种子数×100

盐害指数(%) = (对照发芽率−处理发芽率)/对照发芽率×100

发芽指数 $GI=\sum(n/d)$，其中 d 为置床后的天数，n 为对应天数的种子发芽粒数，GI 越大，发芽速度越快，活力越高。

活力指数 $VI=GI×S$，其中 S 为幼苗平均长(mm)。

一、复合盐处理对不同品种发芽情况的影响

图 10-1 描述了计数期内云烟 87 的发芽情况，整体来看，云烟 87 受盐处理影响不大。尽管盐浓度不断增大，但各处理的发芽率始终保持在 90%以上。盐处理显著降低了其前期的发芽数目，延长了其发芽时间。发芽后第 3d 对照的发芽数目平均高达 99，而随盐浓度的增大，完全发芽所用的天数逐渐增多。

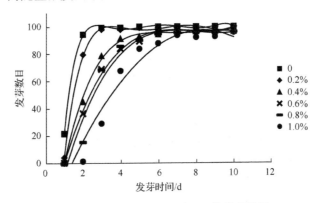

图 10-1　复合盐处理下云烟 87 的发芽情况

复合盐处理下 K326 的发芽情况如图 10-2 所示，其对复合盐处理较为敏感。对照发芽势头迅猛，计数第 1d 发芽数目平均就达到 96；0.2%处理的发芽数目与对照相差较小，但计数前 2d 的发芽数目显著低于对照；0.4%复合盐处理在整个计数期内对 K326 的发芽均有抑制作用；0.6%、0.8%和 1.0%中高浓度盐处理与 0.4%处理的发芽趋势相似，且每天的发芽数目随盐浓度的增大而减少，1.0%处理的发芽数目较对照降低了 43.33%，即不同浓度的盐处理均对 K326 的发芽产生了抑制作用，且高盐处理抑制效果更强烈。

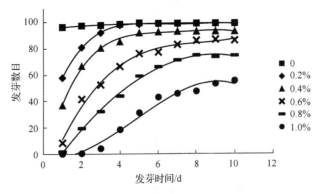

图 10-2　复合盐处理下 K326 的发芽情况

图 10-3 是计数期内红花大金元的发芽情况，可以看到盐处理抑制了其发芽势

头，0.2%处理计数前 2d 的发芽数目落后于对照，0.4%、0.6%和 0.8%处理的发芽趋势相差不大，前期均显著低于 0.2%处理，但最终均达到了与对照相近的发芽数目。1.0%高盐处理对红花大金元的发芽产生了显著的抑制效果，不仅延长了种子发芽时间，也降低了其发芽率，但仍达到了 82.00%的发芽率。整体来看，中低浓度盐处理对红花大金元影响较小，高浓度复合盐处理才对其有较为明显的抑制作用。

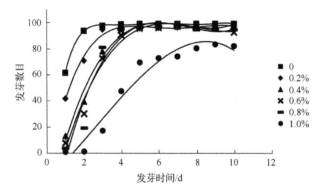

图 10-3　复合盐处理下红花大金元的发芽情况

复合盐处理下云烟 97 的发芽情况如图 10-4 所示，低浓度盐处理（0.2%、0.4%）未对云烟 97 的发芽造成显著影响；0.6%盐处理在一定程度上降低了云烟 97 计数期内第 2d、3d 的发芽数目，但对其发芽率没有影响；0.8%和 1.0%高盐处理结果相似，表现出一定的胁迫作用，抑制了云烟 97 的发芽，1.0%的盐处理导致部分种子在出苗后死亡，发芽数目为 75。

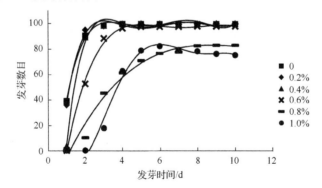

图 10-4　复合盐处理下云烟 97 的发芽情况

图 10-5 为发芽期内中烟 100 的发芽情况，各个处理前期发芽均较为缓慢，但发芽数目表现良好。0.2%盐处理较对照差异不大；0.4%和 0.6%盐处理对中烟 100 影响较小，发芽数目与对照相当；0.8%盐处理延长了中烟 100 的发芽时间，但对发芽率无显著影响，达到 88.67%；1.0%高盐处理不仅抑制了中烟 100 的发芽势头和降低了其发芽率，且在计数末期造成萌发后种子的死亡。

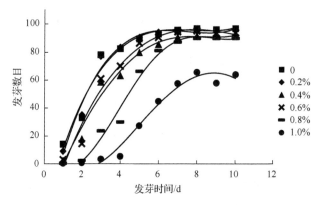

图 10-5　复合盐处理下中烟 100 的发芽情况

整体而言，复合盐处理对各个烟草品种的发芽数目影响相对较小，各个品种间表现出有差异。云烟 87 的发芽率在复合盐处理下与对照无显著差异；红花大金元、云烟 97 和中烟 100 的发芽势头在高盐处理下才表现出受到一定的抑制作用，中低浓度盐处理对其没有显著影响；K326 对复合盐溶液较为敏感，其发芽率在0.4%盐浓度时下降明显且之后随盐浓度增大显著降低。

二、复合盐处理对不同品种盐害指数、发芽势及发芽指数的影响

(一)复合盐处理对不同品种盐害指数的影响

以盐害指数为参考(表 10-2)，云烟 87 和红花大金元未受到盐处理的影响，但高盐浓度下红花大金元的盐害指数相对较高；K326 对盐处理耐受性较差，尤其在高盐浓度(1.0%)下盐害指数高达 44.06%；云烟 97 和中烟 100 在高盐处理下的盐害指数相当，两者在盐浓度较高时才开始受到抑制，不同的是中烟 100 的盐害指数在 0.8%的盐浓度下较对照差异较小，盐浓度达到 1.0%时对其胁迫作用才开始显现。低浓度盐处理下，各品种的发芽情况良好，根据高盐处理下供试品种的盐害指数来判断，耐盐性强弱顺序为云烟 87＞红花大金元＞云烟 97＞中烟 100＞K326。

表 10-2　复合盐处理对不同品种盐害指数、发芽势及发芽指数的影响

品种	浓度处理/%	盐害指数/%	发芽势/%	发芽指数
云烟 87	0		99.00aA	99.71aA
	0.2	0.67aA	97.67aA	93.09aA
	0.4	3.35aA	78.67bAB	81.19bB
	0.6	1.68aA	68.67bB	77.37bB
	0.8	3.68aA	68.33bB	73.24bB
	1.0	4.12aA	29.00cC	59.87cC

续表

品种	浓度处理/%	盐害指数/%	发芽势/%	发芽指数
K326	0		97.00aA	113.83aA
	0.2	0.34cC	91.33aA	102.29abAB
	0.4	6.10cBC	80.00aAB	89.53bBC
	0.6	13.22bcBC	52.00bBC	67.62cCD
	0.8	24.75bAB	32.00bCD	50.19dD
	1.0	44.06aA	4.00cD	26.65eE
红花大金元	0		97.67aA	107.00aA
	0.2	1.68aA	94.67aA	97.03abAB
	0.4	1.35aA	78.00abA	84.02bcABC
	0.6	11.11aA	70.33abA	77.72cdBC
	0.8	19.87aA	61.33bA	65.78deCD
	1.0	17.17aA	17.00cB	49.30eD
云烟97	0		98.00aA	99.71aA
	0.2	0.33bB	97.67aA	93.09aA
	0.4	0.34bB	98.33aA	81.19bB
	0.6	1.67bB	88.00bA	77.37bB
	0.8	16.78abAB	53.67cB	73.24bB
	1.0	33.89aA	17.50dC	59.87cC
中烟100	0		77.00aA	78.99aA
	0.2	1.05bB	76.00aA	78.11aA
	0.4	3.14bB	57.67bB	65.54bA
	0.6	5.58bB	60.00bAB	68.52abA
	0.8	7.32bB	23.00cC	50.91cB
	1.0	34.15aA	3.00dD	27.90dC

(二)复合盐处理对不同品种发芽势及发芽指数的影响

复合盐处理对不同烟草品种的发芽情况均有影响，主要表现在发芽势和发芽指数上。由表 10-2 可见，复合盐处理对所有供试品种的发芽势均产生了一定的抑制效果，红花大金元和云烟 97 的发芽势在高盐处理下显著下降，K326 的发芽势在 0.6%盐浓度时与对照呈现显著差异，而云烟 87 和中烟 100 的发芽势在 0.4%盐浓度时较对照就呈现显著差异，且随盐浓度增大逐渐减小。高盐处理由 0.8%增大至 1.0%时，各品种发芽势急剧降低，K326 和中烟 100 的降低幅度甚至达到 87.50%和 86.96%。

云烟 87、K326、云烟 97 和中烟 100 的发芽指数在 0.4%盐浓度时显著下降，但云烟 87 和云烟 97 的发芽指数始终维持在相对较高水平，中烟 100 的发芽指数较其他品种低，红花大金元的发芽指数随盐浓度增大而下降，K326 的发芽指数在高盐处理间存在极显著差异。说明复合盐处理对所有烟草品种的种子活力均有较大影响，特别是高浓度复合盐处理抑制烟草种子发芽。从发芽势和发芽指数来看，云烟 87 表现最好，红花大金元和云烟 97 次之，K326、中烟 100 相对较弱。

三、复合盐处理对不同品种活力指数及单粒鲜干重的影响

从表 10-3 可以看到，云烟 87、K326 和红花大金元的活力指数均随盐浓度的增加而下降，但不同品种间有差异。云烟 87 的活力指数在各浓度处理间差异几乎均达到显著水平，但在高浓度复合盐处理下仍能维持较高的活力指数；K326 的活力指数随盐浓度增加显著下降，低盐处理下表现良好，高盐处理下活力指数受到明显抑制；红花大金元整体表现良好，但 1.0%浓度复合盐处理对其活力指数的抑制作用较明显；而云烟 97 和中烟 100 的活力指数在低浓度处理(0.2%)下较对照有极显著增长，即低浓度复合盐处理提高了云烟 97 和中烟 100 的种子活力。

表 10-3　复合盐处理对不同品种活力指数及鲜干重的影响

品种	浓度处理/%	活力指数	鲜重/(mg/株)	干重/(mg/株)
云烟 87	0	245.29aA	0.70aA	0.11abA
	0.2	228.06bA	0.67abA	0.12aA
	0.4	196.48cB	0.62abcAB	0.08cdAB
	0.6	163.25dC	0.49bcdAB	0.08cdAB
	0.8	126.70eD	0.46cdAB	0.08bcAB
	1.0	113.39eD	0.35dB	0.05dB
K326	0	819.56aA	0.79aA	0.10abA
	0.2	228.11bB	0.78abA	0.14aA
	0.4	176.38cC	0.77abA	0.11abA
	0.6	121.71dD	0.65abcAB	0.09abA
	0.8	85.82eD	0.53bcAB	0.07bA
	1.0	41.83fE	0.40cB	0.07bA
红花大金元	0	567.10aA	1.15aA	0.12aA
	0.2	229.00bB	0.79bAB	0.12aA
	0.4	149.56cC	0.71bcB	0.10abcAB
	0.6	118.13cCD	0.62bcB	0.07cB
	0.8	105.24deCD	0.58bcB	0.10abAB
	1.0	77.90eD	0.44cB	0.08bcB

续表

品种	浓度处理/%	活力指数	鲜重/(mg/株)	干重/(mg/株)
云烟97	0	253.37bB	0.77abAB	0.15aA
	0.2	318.70aA	0.84aA	0.10bAB
	0.4	277.86bB	0.74abAB	0.11abAB
	0.6	151.01cC	0.60bcB	0.09bB
	0.8	95.79dD	0.57cB	0.08bB
	1.0	60.38eD	0.31dC	0.08bB
中烟100	0	316.75bB	0.94aA	0.14aA
	0.2	363.21aA	1.00aA	0.13abA
	0.4	144.85cCD	0.66bB	0.11bcAB
	0.6	156.90cC	0.68bB	0.10bcABC
	0.8	111.99dD	0.50bB	0.07cdBC
	1.0	49.10eE	0.24cC	0.06dC

分析表 10-3 的各品种单粒鲜干重可知，复合盐处理严重抑制了各个品种的物质积累。云烟 97 和中烟 100 的鲜重在低浓度盐(0.2%)处理下较对照有所增长，但均未达到显著水平，其他品种的鲜重均随盐浓度增大而降低。低浓度盐处理在一定程度上提高了云烟 87 和 K326 的干重，但对其他品种的物质积累表现出抑制作用，云烟 87 的干重在 0.4%的盐处理下较对照表现出显著差异，0.2%的盐处理则造成云烟 97 的干重显著下降。

四、小结

对于大多数植物，无盐条件下种子的发芽情况最好(Khan et al.，2000)，低浓度盐分延缓种子的萌发(Hardegree and Emmerich，1990)，高浓度盐分抑制种子的萌发(颜宏等，2008)。但由于胁迫强度和植物种类的不同，盐分对植物种子萌发的影响存在差异(Croser et al.，2001)，对于一些盐生植物，低浓度的盐分则刺激种子的萌发(李海燕等，2004)。本试验中低浓度的复合盐处理提高部分烤烟品种(云烟 97、中烟 100)的种子活力，促进部分烤烟品种(云烟 87、K326)的物质积累，而高浓度的复合盐溶液对供试品种的萌发均有强烈的抑制作用。

一般认为，盐分对种子在萌发期的影响主要是限制种子的生理吸水，造成渗透胁迫(Welbaum，1993)或者是离子胁迫(Alfocea et al.，1993)，从而对植物的种子产生盐害，但种子在吸胀过程中受到盐害不是盐胁迫影响种子萌发的唯一原因，也有学者猜测是盐胁迫引起 α-淀粉酶活性降低导致种子萌发受阻(杨秀玲等，2004)。相关学者认为在种子吸胀初期，膜系统处于不连续状态，盐胁迫造成膜修复困难甚至加剧了膜结构的破坏(申玉香等，2009)。有学者对烤烟 NC89 施加

350mmol/L 的 NaCl 处理，对其叶肉细胞的超显微结构进行观察，发现随胁迫时间的延长，烤烟叶肉细胞叶绿体受损严重，类囊体内膜系统降解彻底，线粒体内膜系统在处理 8d 后完全降解(王程栋等，2012)。

　　不同品种间发芽存在差异可能与种子的休眠性有关，种子休眠程度因种质不同而不同(孙群等，2007)。即使来源于同一品种，不同植株种子的抗逆性除了与自身物种遗传特性有关之外，还与种子自身生物学特性(种子的大小、成熟度、休眠状态等)和母本植株的生存环境密切相关(颜宏等，2008)。低盐(0.2%、0.4%)处理下，云烟 87、红花大金元和云烟 97 表现良好，K326 次之，中烟 100 较弱；0.6%浓度盐处理下，云烟 87 表现最佳，云烟 97 相对较好，红花大金元次之，中烟 100、K326较弱；高盐处理(0.8%、1.0%)下，云烟 87 表现最好，红花大金元次之，云烟 97和中烟 100 差异不大，K326 表现不佳。但同一品种在发芽期和幼苗期的耐盐性存在一定差异，这可能与盐胁迫响应基因的时空表达调控存在差异有关(韩朝红和孙谷畴，1998)，还需要进一步对烤烟在大田生长期的耐盐性展开试验。

第二节　复合盐碱处理下不同烤烟品种发芽特性及耐盐性评价

　　根据盐碱土分布地区生物气候等环境因素的差异，大致可将中国盐碱土地区分为西北内陆盐碱区、黄河中游半干旱盐碱区、黄淮海平原干旱半干旱洼地盐碱区、东北半湿润半干旱低洼盐碱区及沿海半湿润盐碱区五大块。盐化土作为一种土壤资源，是盐碱地资源的核心部分。在内陆盐碱地中，由 $NaHCO_3$ 等碱性盐所造成的土壤碱化问题比由 NaCl 和 Na_2SO_4 等中性盐所造成的土壤盐化问题更为严重(蔺吉祥等，2014)。

　　为探究不同烤烟品种在不同浓度盐碱处理下的发芽特性，对各品种在发芽期耐盐特性进行鉴定和评价，以全国烟区种植面积较广的云烟 87、K326、红花大金元、云烟 97 和中烟 100 为研究对象，用 $n(NaCl)$: $n(Na_2SO_4)$: $n(NaHCO_3)=1$:1:1 的复合盐碱溶液模拟盐碱环境。本次试验所用种子及培养环境、测定方法均与第一节保持一致。

一、复合盐碱处理对不同品种发芽情况的影响

　　图 10-6 为计数期内云烟 87 的发芽情况。0.2%、0.4%盐碱处理的种子发芽数目较对照差异较小；0.6%处理在计数 5d 后发芽完全，发芽数目最高达到 95，但是出苗完全之后开始出现变黄甚至枯死腐烂的现象，导致发芽率下降；0.8%处理的最高发芽数目较对照没有显著差别，但相比 0.6%处理，其发芽势头受到了抑制且出苗之后腐烂情况更严重；1.0%处理的发芽规律与 0.8%处理相似，但受到的抑

制作用更加明显。从图 10-6 可知，高盐碱浓度不仅降低了云烟 87 的发芽数目且对发芽后的幼苗有强烈抑制作用。

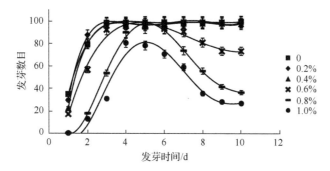

图 10-6 复合盐碱处理下云烟 87 的发芽情况

复合盐碱处理下 K326 的发芽情况如图 10-7 所示，其发芽趋势与云烟 87 相似，但前期的整体发芽数目均高于云烟 87。低盐碱处理(0.2%、0.4%)与对照无明显差异，发芽情况良好；0.6%处理前期出苗正常且发芽迅速，计数第 4d 的发芽数目就高达 97，但在后期逐渐出现因盐碱胁迫死亡的种子；0.8%处理的 K326 种子前期出苗缓慢，但仍达到了较高的发芽数目，盐碱处理并未对其最高发芽数目造成影响，但高盐碱浓度极大地抑制了幼苗的正常生长，随计数时间的推延大量萌发后的种子死亡；1.0%高盐碱处理不仅抑制了 K326 发芽，且延长了其发芽时间，后期同 0.8%处理相似，出现大量萌发后死亡种子，表现出强烈的胁迫作用。

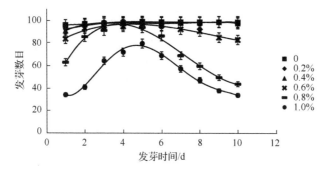

图 10-7 复合盐碱处理下 K326 的发芽情况

图 10-8 为计数期内红花大金元的发芽情况，可以看出 0.2%、0.4%盐碱处理长势相近，发芽数目与对照差别不明显，0.4%处理的起始发芽数目显著高于对照，即 0.4%的盐碱处理在一定程度上缩短了发芽时间；0.6%、0.8%及 1.0%中高浓度盐碱处理对种子发芽产生了明显的抑制作用，随着盐碱浓度的增大，以上 3 个处理的最大发芽数目依次减小，且达到最大发芽数目的时间逐渐增加，说明中高浓度的盐碱不仅降低了红花大金元的发芽数目，还延长了其发芽时间。此外，0.6%、

0.8%及1.0%处理的发芽曲线在下降阶段的斜率依次增大，说明在中高盐碱浓度条件下，其对萌发后红花大金元的抑制作用与盐碱浓度是呈正相关的。

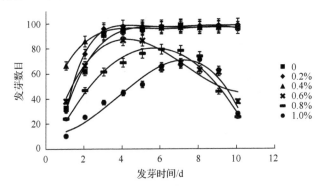

图 10-8　复合盐碱处理下红花大金元的发芽情况

复合盐碱处理下云烟 97 的发芽情况如图 10-9 所示，对照和低浓度处理前期发芽均表现良好，且 0.4%处理计数前 3d 的发芽数目显著高于对照，体现出低盐浓度对其发芽起促进作用；0.6%处理前期发芽数目略低于低浓度处理，但发芽数目在最大时平均达到 91 左右，后期出现部分萌发后死亡的非正常种子；0.8%处理与 0.6%处理相似，但盐碱对萌发后种子的抑制作用更为强烈；1.0%的高盐碱处理严重抑制了云烟 97 的发芽，且造成发芽不整齐，每日的发芽数目均显著低于其他处理。

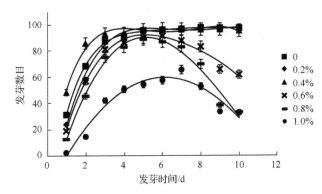

图 10-9　复合盐碱处理下云烟 97 的发芽情况

图 10-10 为复合盐碱处理下中烟 100 的发芽情况，其发芽数目变化较为平缓，但每日发芽数目随盐碱浓度的升高而下降。0.2%低盐碱处理对中烟 100 的发芽数目没有显著影响，但延长了发芽时间；0.4%、0.6%处理前期与 0.2%相似，0.4%的发芽数目较对照降低了 21.67%，但对萌发之后幼苗的毒害作用不明显，而 0.6%处理在计数后期大量萌发后的种子死亡，发芽率仅有 58.33%；0.8%和 1.0%处理

对中烟 100 的抑制作用非常明显，后期虽没有出现种子腐烂的情况，但一直保持较低的发芽水平，并且抑制作用随浓度增大而增强。

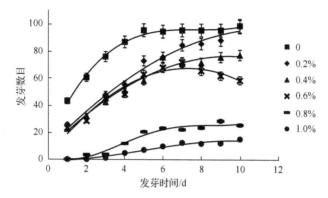

图 10-10　复合盐碱处理下中烟 100 的发芽情况

整体而言，复合盐碱处理对各个烟草品种发芽数目的影响比复合盐处理相对要大，各个品种间表现出有差异。除了中烟 100 的发芽数目在 0.4%盐碱处理下表现出显著下降外，其他品种在 0.2%和 0.4%的低浓度盐碱处理下发芽数目与对照没有显著差异；在 0.6%盐碱处理下所有品种完全发芽之后均有部分种子死亡而造成发芽数目显著低于对照；而 0.8%和 1.0%高浓度处理不仅造成最高发芽数目下降，还对所有品种的发芽速度及发芽率均有显著抑制效果，其中以对中烟 100 的抑制效果最为明显。

二、复合盐碱处理对不同品种盐害指数、发芽势及发芽指数的影响

(一)复合盐碱处理对不同品种盐害指数的影响

复合盐碱处理对不同品种的发芽均有一定影响，并明显表现在盐害指数上。由表 10-4 可知，各品种盐害指数表现为随复合盐碱浓度增大而增大的趋势，低浓度盐碱处理下各品种盐害指数较小。中烟 100 在 0.4%的复合盐碱处理下与 0.2%处理相比盐害指数差异极显著，且各浓度盐碱处理下中烟 100 的盐害指数差异显著。K326、红花大金元和云烟 97 的盐害指数在 0.2%的低盐碱处理下较对照有所减小，但尚未达到显著水平。其中 K326 表现出有较好的耐盐碱性，0.6%复合盐碱处理下的盐害指数低于其他品种，仅为 15.93%，而中烟 100 的耐盐碱性较差，盐碱浓度为 1.0%时其盐害指数达到了 84.80%。整体而言，低于 0.4%的盐碱浓度对种子盐害指数影响不大，高盐碱胁迫下盐害指数较高，K326 的耐受性较好，云烟 97 次之，中烟 100 受盐碱胁迫影响较大。

表 10-4　复合盐碱处理对不同品种盐害指数、发芽势及发芽指数的影响

品种	浓度处理/%	盐害指数/%	发芽势/%	发芽指数
云烟 87	0		98.00aA	99.10aA
	0.2	0.67cC	97.33aA	99.00aA
	0.4	2.01cC	95.67aA	95.71aA
	0.6	26.51bB	92.00aA	83.58bB
	0.8	63.42aA	53.33aA	58.53cC
	1.0	73.15aA	30.67bB	44.57dD
K326	0		97.00aA	92.65abA
	0.2	−0.34bB	98.33aA	89.97abA
	0.4	1.01bB	98.00aA	99.85aA
	0.6	15.93bB	95.00aA	78.68bBC
	0.8	55.59aA	91.00aA	67.83cC
	1.0	65.76aA	64.00bB	41.71dD
红花大金元	0		90.67aA	93.04abAB
	0.2	−2.43bB	95.67aA	96.83abA
	0.4	0.00bB	94.33aA	104.27aA
	0.6	60.90aA	91.67aA	77.43bcAB
	0.8	73.70aA	61.33bB	64.88cdBC
	1.0	70.93aA	37.00cC	48.23dC
云烟 97	0		87.00abAB	79.45aA
	0.2	−0.34cC	89.67abA	78.44aA
	0.4	2.06cC	92.67aA	72.99aA
	0.6	36.77bB	80.67bcAB	62.96bB
	0.8	66.32aA	74.67cB	55.69cB
	1.0	67.01aA	41.67dC	40.83dC
中烟 100	0		75.67aA	91.32aA
	0.2	0.68eD	47.67bAB	68.03bB
	0.4	21.96dC	18.67bcBC	59.82cBC
	0.6	40.88cB	26.67cBC	56.35cC
	0.8	74.33bA	3.67cC	15.03dD
	1.0	84.80aA	1.00cC	6.56eD

(二)复合盐碱处理对不同品种发芽势及发芽指数的影响

不同浓度的复合盐碱处理下,云烟87和中烟100的发芽势与对照相比均降低,

发芽势和发芽指数均随复合盐碱浓度的升高呈下降趋势，中烟 100 的降幅尤为明显。红花大金元的发芽势在高浓度(0.8%、1.0%)时，处理间才表现出显著差异。在低浓度盐碱处理下，红花大金元、K326 和云烟 97 的发芽势较对照略有升高，且云烟 97 的升高趋势较为明显。

红花大金元和 K326 的发芽指数在低浓度盐碱处理下较对照有所增大，0.6%浓度之后随盐碱浓度增大逐渐降低，其他品种的发芽指数均随盐碱浓度增大而下降。对比各个品种的发芽指数可知，云烟 87、K326 和红花大金元表现良好且基本一致；低盐碱处理下云烟 97 的发芽指数仅略高于中烟 100，但其在中高浓度处理下下降幅度较小；中烟 100 对盐碱处理较为敏感，其发芽指数在 0.2%低盐碱处理下下降极显著，且在中高盐碱处理下发芽指数较低。

三、复合盐碱处理对不同品种活力指数及单粒鲜干重的影响

从表 10-5 可以看到，各品种的活力指数均随盐碱浓度的增加而下降(云烟 87 在 0.4%浓度处理下较 0.2%浓度处理下略有增加)，但是不同品种间有差异。云烟 97 活力指数变化较为平稳，而云烟 87、K326、红花大金元及中烟 100 的活力指数在 0.2%盐碱处理下下降趋势极明显，说明低浓度盐碱对活力指数有抑制作用。此外，不同品种对高盐碱浓度的耐受性不尽相同。所有品种的活力指数在高盐碱(0.8%、1.0%)处理下均随浓度增大而下降，K326 的活力指数随盐碱浓度增大呈阶梯状减少且各个处理间存在极显著差异，即 K326 易受盐碱的影响，但是在同浓度情况下，其整体表现良好，仍然优于其他品种。当盐碱浓度达到 0.8%时，除红花大金元外，其余供试品种的活力指数均急速下降，高浓度盐碱的抑制作用凸显。

表 10-5　复合盐碱作用对不同品种活力指数及鲜干重的影响

品种	浓度处理/%	活力指数	鲜重/(mg/株)	干重/(mg/株)
云烟 87	0	609.45aA	0.77aA	0.18aA
	0.2	254.44cB	0.54bA	0.13abAB
	0.4	264.17bB	0.55bA	0.11abcAB
	0.6	158.80dC	0.26cB	0.06bcAB
	0.8	80.18eD	0.09dB	0.05bcAB
	1.0	53.93fE	0.07dB	0.03cB
K326	0	819.56aA	0.79aA	0.28aA
	0.2	262.24bB	0.67aAB	0.23abAB
	0.4	221.51cC	0.53bB	0.12bcAB
	0.6	162.35dD	0.23cC	0.10bcAB
	0.8	122.63eE	0.09dD	0.03cAB
	1.0	81.52fF	0.07dD	0.02cB

品种	浓度处理/%	活力指数	鲜重/(mg/株)	干重/(mg/株)
红花大金元	0	817.83aA	0.81aA	0.18aA
	0.2	300.17bB	0.77aA	0.09bB
	0.4	232.52bBC	0.72aA	0.09bB
	0.6	119.24cCD	0.22bB	0.09bB
	0.8	94.08cD	0.18bB	0.05bB
	1.0	61.73cD	0.06bB	0.04bB
云烟97	0	168.62aA	0.64aA	0.15aA
	0.2	147.55bA	0.55aA	0.10bB
	0.4	120.81cB	0.48aAB	0.08bcBC
	0.6	111.73cB	0.23bBC	0.10bBC
	0.8	87.49dC	0.18bcC	0.06cC
	1.0	60.89eD	0.06cC	0.04cC
中烟100	0	166.20aA	0.30aAB	0.06aA
	0.2	111.57bB	0.38aA	0.08aA
	0.4	72.38cC	0.23abAB	0.06aA
	0.6	80.02cC	0.20abAB	0.05aA
	0.8	19.39dD	0.09bB	0.05aA
	1.0	9.58eD	0.07bB	0.03aA

　　比较表 10-5 中各品种单粒鲜干重可知，盐碱处理严重抑制了各个品种的物质积累。除了中烟 100 的单粒鲜干重在 0.2%低浓度盐碱处理下较对照有所增长外，其他品种的物质积累均随盐碱浓度的增大而降低。

四、小结

　　低浓度的复合盐碱促进部分烤烟品种(K326、红花大金元、云烟 97)发芽，提高中烟 100 的物质积累量，0.6%的盐碱浓度是所有供试烟草种子的初始胁迫浓度，而高浓度的盐碱溶液对供试品种的萌发均有强烈的抑制作用。K326、云烟 87 和云烟 97 在高盐碱处理下发芽最多时达到了近乎完全发芽，但发芽率仅保持在 30%左右，由此推测盐碱胁迫在萌发期的抑制作用不是影响云烟 87、云烟 97 出苗的主要因素。发芽之后，破除种皮的保护之后种子更易受到盐碱的胁迫，其抑制作用主要表现在渗透胁迫、离子毒害和离子吸收不平衡方面(Caines and Shennan，1999)。

　　一般认为，中性盐 NaCl 和 Na_2SO_4 的胁迫作用主要是以 Na^+ 为主的离子效应和高浓度盐分造成水势下降的渗透效应，既有 Na^+ 的离子伤害又有高浓度盐分形成渗透胁迫带来的生理干旱，而碱性盐 $NaHCO_3$ 则在盐碱胁迫的基础上额外附加

pH 胁迫(蔺吉祥等，2014)。但有关学者通过模拟盐、碱环境对向日葵种子萌发及幼苗生长的影响提出盐浓度是影响水势的主要因素(刘杰等，2008)，尽管碱胁迫具有高 pH，但是相同浓度的盐胁迫与碱胁迫下水势差异并不大，而盐浓度越高，水势越低(Guo et al.，2009)，进而造成种子吸水困难，水分不足进一步影响了种子萌发所需酶与结构蛋白的合成(刘杰等，2008)。高战武等(2014)通过调整复合盐碱胁迫的碱性盐比例与整体盐浓度发现，燕麦种子表现出的发芽率、发芽势的方差分析结果也证实了这一观点。

此外，不同品种对盐碱的耐受性不同。在低盐碱(0.2%、0.4%)条件下，红花大金元、云烟 87 和 K326 表现相似且良好，云烟 97 次之，中烟 100 表现不佳；在中盐碱(0.6%)条件下，K326 和云烟 87 表现较好，云烟 97 次之，红花大金元和中烟100 的种子活力差异较小，但红花大金元发芽率较低，而中烟 100 发芽缓慢；在高盐碱(0.8%、1.0%)条件下，各个品种的发芽势从高到低排序为 K326＞云烟 97＞云烟 87＞红花大金元＞中烟 100。

对比高浓度复合盐胁迫下的发芽情况，相同浓度下，各品种的盐碱耐受性均低于复合盐耐受性，但 K326 的盐碱耐受性排名相对高于复合盐处理。即相同浓度下的盐碱处理对烤烟的伤害作用要大于单纯的盐胁迫，而 K326 的耐盐碱能力相对较强。王黎黎(2010)通过对碱蓬进行试验证明盐碱胁迫之间及不同部位之间在离子平衡机制方面所存在的主要差异是由于阴离子来源不同，差异主要体现在植株体内有机酸、NO_3^- 和 Cl^- 三者对阴离子贡献率不同，由此推测 K326 在高 pH胁迫下的离子平衡机制更加完善，具体的调节机制还需要进一步研究。

第三节　复合盐处理对中烟 100 幼苗生理生化特性的影响

前文作者对全国烟区种植面积较广的 5 个烤烟品种(云烟 87、K326、红花大金元、云烟 97 和中烟 100)在萌发期进行复合盐处理，试验表明中烟 100 耐盐性相对较弱，故以此为研究对象，以 $n(NaCl):n(Na_2SO_4)=1:1$ 的复合盐溶液研究不同盐浓度处理对烟苗生理生化指标的影响，以期为栽培实践提供一定的理论依据。

试验于 2017 年 5～7 月在河南农业大学国家烟草栽培生理生化研究基地进行。在自然条件下施加人工光源进行培养，设置光照强度为 1500～1800lx，光照时长为 13h/d，相对湿度为 70%～75%。选取中烟 100(由青岛中烟种子有限责任公司提供)进行漂浮育苗，待苗高达到 7cm 时间苗，用蒸馏水预培养 3d 后将装有烟苗的育苗盘放到具不同质量浓度的 $n(NaCl):n(Na_2SO_4)=1:1$ 复合盐溶液中进行处理，共设 CK(蒸馏水)、T1(0.3%)、T2(0.6%)、T3(0.9%)、T4(1.2%)5 个处理，处理 T1～T4 的电导率分别为 405μS/cm、750μS/cm、1120μS/cm、1425μS/cm，每天 9:00 测定盐溶液电导率并补充蒸馏水以保证盐浓度稳定，4d 换一次水，处理后第 0d、4d、8d、12d、16d 取样，测定相关指标。其中，叶片相对含水率的测定采用鲜重法，叶绿素含量的测定采用酒精提取研磨法，细胞膜透性的测定按 Lutts 等(1996)的方法，根系形态学参数利用扫描仪(V700 Epson)及 WinRHIZO Pro 2007 根系分析系统软件(Regent Instruments Inc8，Canada)测定，根系活力利用 TTC 法测定，激素含量的测定参照酶联免疫吸附法(ELISA)，丙二醛(MDA)含量采用硫代巴比妥酸法测定，脯氨酸含量采用磺基水杨酸法测定，可溶性蛋白质含量采用考马斯亮蓝 G-250 染色法测定，可溶性糖含量采用蒽酮法测定，酶活参照文献(程丽萍等，2013)进行测定。

一、复合盐处理对烟草幼苗叶片叶绿素含量、相对含水率及细胞膜透性的影响

(一)复合盐处理对幼苗叶绿素含量的影响

叶绿体是对盐胁迫最敏感的细胞器，而叶绿素含量直接关系到光合能力的高低，其中叶绿素 a 和叶绿素 b 是构成植物叶绿素的主要部分，其含量及分工会影响植物的光合作用和能量转化(刘洪展等，2007)。表 10-6 反映的是复合盐处理对中烟 100 叶绿素含量的影响。各处理的叶绿素 a 及总叶绿素含量均随时间延长先升高后下降，叶绿素 b 含量的变化相对平缓，特别是处理 T3、T4 的叶绿素 b 含量仅在 0.19～0.29mg/g FW 浮动。处理后第 4d，CK 的叶绿素 a、总叶绿素含量均较处理后第 0d 有一定升高，而处理 T3、T4 出现较明显的下降；处理后第 8d，CK、T1、T2 的叶绿素 a 及总叶绿素含量达到最大值，且 T2 的叶绿素 a 较处理后第 0d 显著升高；处理后第 12～16d，各处理的叶绿素含量整体上均呈下降趋势。

表 10-6　复合盐处理对烟株幼苗叶绿素含量的影响

时间	处理	叶绿素 a/(mg/g FW)	叶绿素 b/(mg/g FW)	总叶绿素/(mg/g FW)	叶绿素 a/b
处理后第 0d		0.85±0.03	0.31±0.03	1.19±0.05	2.91±0.22
处理后第 4d	CK	0.95±0.04a	0.28±0.02ab	1.23±0.03a	3.43±0.40a
	T1	0.84±0.04b	0.31±0.03a	1.15±0.05b	2.69±0.28ab
	T2	0.66±0.07c	0.25±0.04b	0.91±0.03c	2.72±0.84ab
	T3	0.55±0.04d	0.23±0.02bc	0.78±0.02d	2.37±0.39b
	T4	0.50±0.03d	0.19±0.00c	0.68±0.03e	2.66±0.12ab
处理后第 8d	CK	1.41±0.03b	0.57±0.01a	1.98±0.04a	2.77±0.07bc
	T1	1.49±0.01a	0.54±0.03a	2.03±0.04a	2.45±0.17c
	T2	1.17±0.06c	0.37±0.04b	1.53±0.09b	3.21±0.30a
	T3	0.88±0.05d	0.29±0.01c	1.17±0.06c	3.05±0.09ab
	T4	0.57±0.03e	0.29±0.00c	0.86±0.03d	2.00±0.15d

续表

时间	处理	叶绿素 a/(mg/g FW)	叶绿素 b/(mg/g FW)	总叶绿素/(mg/g FW)	叶绿素 a/b
	CK	1.23±0.06a	0.61±0.06a	1.85±0.05a	1.91±0.32c
	T1	1.05±0.05b	0.55±0.03a	1.59±0.08b	2.04±0.05bc
处理后第12d	T2	0.91±0.02c	0.36±0.03b	1.26±0.01c	2.57±0.31ab
	T3	0.83±0.02c	0.29±0.02b	1.11±0.04d	2.95±0.32a
	T4	0.73±0.05d	0.28±0.02b	1.02±0.03d	2.51±0.37ab
	CK	1.01±0.25a	0.51±0.13a	1.53±0.39a	1.97±0.06bc
	T1	0.96±0.06a	0.50±0.04a	1.45±0.08a	1.92±0.17c
处理后第16d	T2	0.84±0.04ab	0.35±0.03b	1.19±0.07ab	2.39±0.18ab
	T3	0.69±0.07bc	0.28±0.02b	0.95±0.06bc	2.64±0.44a
	T4	0.53±0.02c	0.26±0.00b	0.80±0.02c	1.91±0.12c

随着盐浓度增大，叶绿素 a、b 及总含量大体上逐步减小，但第 4d 处理 T1 的叶绿素 b 及第 8d 处理 T1 的叶绿素 a、总叶绿素含量均较对照有一定升高，且处理第 8d 时处理 T1 的叶绿素 a 显著高于对照，即盐处理对叶绿素有一定破坏作用，但低浓度的复合盐处理在一定程度上可以促进叶绿素的合成。此外，处理后第 12d，处理 T1 的叶绿素 b 含量较 CK 下降了 9.84%，而处理 T4 较 CK 下降了 54.10%，说明盐胁迫随浓度增大造成的危害远远超过线性增长。分析不同处理时间叶绿素 a/b 发现，盐处理前期 T1~T4 均低于 CK，而处理后第 8d 后，处理 T2、T3 的叶绿素 a/b 则明显高于 CK，叶绿素 a/b 是展现植物叶片光合活性高低的直接指标，这说明适当的持续盐胁迫可以增加植物对光的利用效率。

武德等（2007）对刺槐、绒毛白蜡等非盐生植物的研究都得到了类似的试验结果。相关研究认为盐胁迫下叶片中叶绿素含量下降主要是因为叶绿素的合成受到抑制且降解酶活性有所增强，叶绿素处于分解大于合成的负增长状态（刁丰秋等，1997）。而蒋明义和杨文英（1994）认为，活性氧对于叶绿素的氧化降解也起到作用。此外，夏阳等（2005）发现盐胁迫后叶绿素和结合蛋白之间变得松弛，叶绿素更容易被破坏。同时，叶绿素的降低有助于过量激发能的有效散失，从而减少活性氧自由基的生成，减轻过氧化胁迫（Rouhi et al.，2007）。

（二）复合盐处理对幼苗叶片相对含水率的影响

盐胁迫对大多数植物都会造成渗透胁迫。相对含水率不仅可以反映植物体内水分亏缺状况，还是衡量植物保水能力及植物体内水分状况的重要指标。图 10-11 为复合盐对幼苗叶片相对含水率的影响，各处理的相对含水率均随着处理时间的延长而降低，且不同处理时间下各处理的相对含水率均随盐浓度的增大而降低。由图 10-11 可知，处理前 8d 各复合盐处理的相对含水率急速下降，特别是处理后第 4～8d，处理 T1 由 85.82%下降至 78.50%，随后平缓降低。处理后第 16d，叶片相对含水率 CK＞T1＞T2＞T3＞T4，分别为 82.65%、75.39%、69.73%、68.90%和61.37%，即复合盐对幼苗叶片的胁迫随时间延长而加剧，且盐浓度越大，胁迫越强。其中 CK 相对含水率的降低可能是由后期蒸馏水培养时间过长，基质营养不足以供应其生长造成的。相关学者用 NaCl 对玉米幼苗、锦带花等进行处理，与本试验结果类似，相对含水率均显著下降（张嚣等，2015；任志彬等，2011）。但王龙强等（2011）的试验表明 50mmol/L 和 150mmol/L 的低盐胁迫可增加黑果枸杞和宁夏枸杞的叶片相对含水率，这可能与苗龄、苗的素质及试验材料的种类不同等有关。

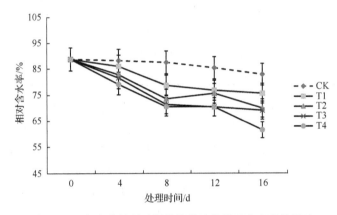

图 10-11　复合盐处理对烟株幼苗叶片相对含水率的影响

（三）复合盐处理对幼苗叶片细胞膜透性的影响

植物遭受逆境胁迫时，电解质很容易从细胞中渗出，即细胞膜透性有所增加，而相对电导率是衡量细胞膜透性大小的指标。从图 10-12 看出，各处理的相对电导率整体上随时间的延长而增大，处理后第 4d 各处理的相对电导率急剧增加，处

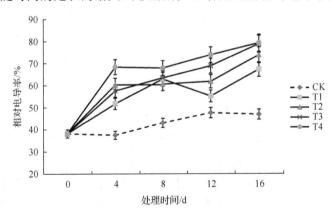

图 10-12　复合盐处理对烟株幼苗叶片相对电导率的影响

理 T4 自 37.04%增加至 67.27%，增加了 81.61%，变化相对较慢的处理 T1 较处理前上升了 36.69%，即轻度盐处理在短时间内对细胞膜也有一定损伤。处理后第 4～12d，各处理变化相对平缓。处理后第 16d，各处理相对电导率又呈上升趋势，此时处理 T4 的相对电导率高达 78.19%。

丙二醛(MDA)是膜脂过氧化作用的主要产物，可以同相对电导率一起表示膜系统受伤害的程度，在某种程度上也可以体现活性氧自由基水平(Pompelli et al.，2010)，其含量越高，组织的保护能力则越弱。由图 10-13 可知，MDA 含量的变化趋势与图 10-12 相似，各处理的 MDA 含量均随处理时间的延长呈上升趋势，但盐处理与对照之间的差异没有相对电导率明显。处理后第 4d，CK 和 T1 的变化不明显，其他处理均有明显升高，其中 T1 略低于 CK，但差异不显著；处理后第 8～12d，处理间差距逐渐拉大，第 12d 处理 T4 的 MDA 含量达到 46.14nmol/g FW，是 CK 的 1.65 倍；处理后第 16d，各处理 MDA 含量均有一定上升，以 T3 的增加幅度最大，此时 T4>T3>T2>T1>CK。

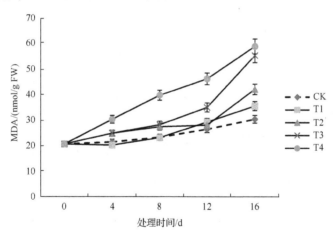

图 10-13　复合盐处理对烟株幼苗叶片 MDA 含量的影响

李晓雅等(2015)对亚麻荠幼苗进行 NaCl 胁迫试验的结果与本试验的结果类似，均是随着盐浓度的增加，叶片的相对电导率和膜脂过氧化程度逐渐上升。佘小平等(2002)认为植物体内相对电导率升高主要是因为盐胁迫造成细胞内无机离子大量累积，活性氧的动态平衡被破坏，进而引发膜脂过氧化，细胞膜被破坏后引起电解质外渗。此外，Moran 等(1994)提出膜脂过氧化产物会对防御体系造成破坏，从而造成膜脂过氧化作用加剧，形成恶性循环。

二、复合盐处理对烟草幼苗根系特性的影响

根系是植物最先感受土壤逆境胁迫的部位，也是最直接的受害部位，更是应对逆境的首要部位，逆境下其会通过改变生理形态来响应胁迫，根系总长度、根

表面积及根体积等变化更是直接影响植物对营养和水分的吸收，一定程度上看，根系生理形态变化及活力强弱是植物耐盐性最直接的体现(童辉等，2012)。试验第 8d 各处理的根系形态差异逐渐显现，由图 10-14 可见，处理 T1、T2 与 CK 差别不大，而 T3、T4 的体积明显小于 CK，表现出受到较为明显的抑制作用。

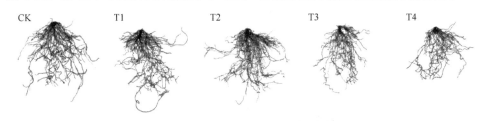

图 10-14　复合盐处理对幼苗根系形态的影响

(一)复合盐处理对幼苗根系总长度的影响

根系总长度不仅反映了根系在土壤中的伸展空间，还展现了根系与土壤的接触面积，一定程度上可以代表植物吸收能力的高低(马旭凤等，2010)。由图 10-15 可知，各处理的根系总长度随处理时间延长呈现出先增后减的趋势。处理后第 4d 各处理的根系总长度差别不大，处理 T2(0.6%)相对较高，达到 167.97cm；处理第 8d，各处理的根系总长度均达到最大值，此时 T1>T2>CK>T3>T4，处理 T1 的增幅最为明显，根系总长度为 281.53cm，而处理 T4 的增长最为平缓且显著低于对照，说明此时 1.2%高盐处理的胁迫效果已较为明显；处理第 12d，除 CK 变化较为平缓外，其他处理均呈下降趋势，但处理 T1 较 CK 仍处于优势地位，处理 T2 则快速下降，处理 T4 降至最小值，仅为 129.22cm；处理后第 16d 各处理的根系总长度在下降中趋于平缓。因此，低浓度复合盐处理短时间内对根系总长度有一定促进作用，但随着时间的推延促进作用日渐消失，而高浓度盐处理一直抑制着根系的伸长，且浓度越大抑制效果越明显。

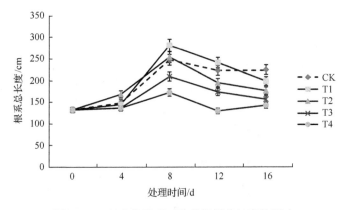

图 10-15　复合盐处理对幼苗根系总长度的影响

（二）复合盐处理对幼苗根表面积的影响

根表面积直接反映根系与土壤的接触面积，更能反映植物对养分、水分的吸收能力（胡田田等，2008），通常认为根表面积大的植株吸收养分的能力也强。图 10-16 为复合盐处理对根表面积的影响，各处理根表面积随着时间的延长先升高后降低，呈"马鞍"形变化。处理后第 4d，各处理的根表面积均有一定增长，其中 T2 较 CK 高，为 18.63cm^2，处理 T1 与 CK 接近，T3、T4 则略低于 CK；处理后第 4～8d，各处理根表面积进入快速增长阶段，处理 T1 自 16.2cm^2 增至31.38cm^2，明显高于对照，此时 T1＞CK＞T2＞T3＞T4，处理 T4 为 16.96cm^2，仅为 CK 的 60.77%；处理后第 12d，各处理根表面积与第 8d 相比变化不大，随后进入下降阶段，处理后第 16d 时 CK 显著高于其他处理。这表明长时间的盐胁迫，即使是轻度盐处理，也会降低烟株的养分吸收能力。

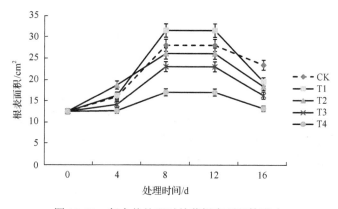

图 10-16　复合盐处理对幼苗根表面积的影响

（三）复合盐处理对幼苗根平均直径的影响

盐处理后各处理根平均直径的变化如图 10-17 所示，前期变化较为平缓，于处理后第 12d 大幅度增加，继而下降。处理后第 4d，T1、T2 较 CK 增加，而处理 T4 增加缓慢，较 CK 下降 8.82%；处理后第 8d，CK 的根平均直径持续增大，而其他处理表现不明显，与第 4d 相差不大；处理后第 12d，各处理的根平均直径均快速增大，CK 优势明显，平均达到 0.50mm，T2、T3 的根平均直径接近，此时 CK＞T1＞T2＞T3＞T4，各盐处理分别较 CK 下降 16.00%、22.00%、22.00%和28.00%；处理后第 16d，各处理根平均直径均出现不同程度的下降。

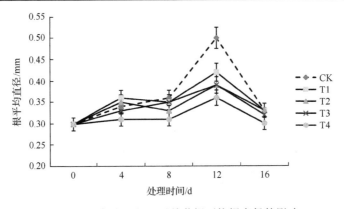

图 10-17 复合盐处理对幼苗根平均根直径的影响

（四）复合盐处理对幼苗根体积的影响

根体积和表面积一样反映了根系的发育状况，由图 10-18 可知，复合盐各处理根体积的变化趋势与根表面积类似，也是随时间延长先升高后降低，但处理后第 0～12d 呈持续增长的趋势。处理后第 4d 各处理的根体积均有一定增长，其中处理 T1 和 T2 较 CK 高，分别为 0.14cm³ 和 0.16cm³；处理后第 4～8d，各处理根体积快速增长，特别是处理 T1，在第 8d 达到 0.28cm³，较 CK 增高 12.00%，而 T2 的增长较前两者缓慢，T4 的根体积则较低，仅为 0.13cm³；处理后第 12d，各处理均达到最大值，与根平均直径的变化保持一致，此时 T1>CK>T2>T3>T4；处理后第 16d 所有处理的根体积均不断下降。

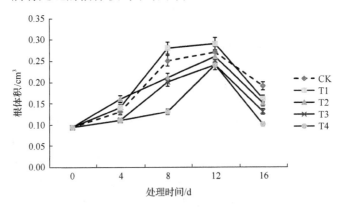

图 10-18 复合盐处理对幼苗根体积的影响

（五）复合盐处理对幼苗根尖数的影响

根尖对土壤环境最为敏感，是根系中最活跃的部分，具有响应和传递环境信号、感知重力方向、吸收养分与水分及合成物质等重要功能（张晓磊等，2013）。

如图 10-19 所示，各处理的根尖数随时间延长呈"W"形变化。处理后第 4d，各处理根尖数缓慢增长，处理间差异不明显；处理后第 4~8d，除 CK 和 T4 增长较为平缓外，其他处理均进入快速增长阶段，第 8d 处理 T1、T2、T3 的根尖数平均为 1992.67 个、2307.00 个和 2268.67 个，较 CK 分别增加 68.92%、95.56% 和 92.31%，处理 T4 则低于 CK，较 CK 下降 16.76%；处理后第 12d，各处理的根尖数均下降，但 T1、T2、T3 仍高于对照，处理 T4 下降幅度相对较大，此时的根尖数平均仅为 315.00 个。处理 T1、T2、T3 的根尖数在整个试验期间均高于 CK，而 T4 处理的抑制效果在处理后第 8d 就较为明显。

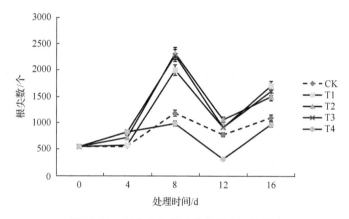

图 10-19 复合盐处理对幼苗根尖数的影响

(六)复合盐处理对幼苗根系活力的影响

根系活力泛指根系的吸收、合成、氧化和还原能力等。由图 10-20 可知，各处理的根系活力随时间延长先增后降，于第 8d 达到最大值。处理后第 4d，CK、T1、T2 的根系活力均有一定升高，处理 T3 和 T4 则略微下降，各处理的根系活力均低

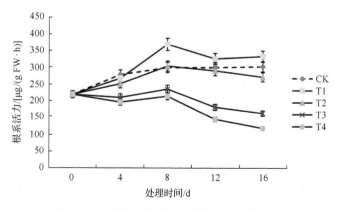

图 10-20 复合盐处理对幼苗根系活力的影响

于 CK；处理后第 4～8d，T1、T2 的根系活力快速提高，第 8d 处理 T1 较 CK 增加 23.49%，根系活力为 368.11μg/(g FW·h)，T2 与 CK 的根系活力相当，T3、T4 的根系活力则显著低于 CK；处理后第 12～16d，各处理根系活力平缓下降，处理 T1 依然较 CK 保持优势，T3、T4 分别降至 161.44μg/(g FW·h) 和 116.65μg/(g FW·h)，仅为 CK 的 53.59% 和 38.72%。

(七)讨论

综合烟草幼苗根系总长度、根表面积等根系形态指标及烟株的根系活力，可知低浓度复合盐处理(0.3%)对幼苗的根系总长度、根表面积、根体积及根系活力等指标均有一定促进作用，但盐处理的胁迫作用随时间延长日渐体现；0.3%、0.6%、0.9%的盐处理均对根尖数有一定促进作用，但对根平均直径的促进作用不明显。高浓度的盐处理始终会抑制幼苗根系的生长，且浓度越大、处理时间越长，抑制效果越明显。相关学者对紫花苜蓿(张晓磊等，2013)、弗吉尼亚栎(王树凤等，2014)等植物进行短时间的盐胁迫，也证明较低浓度的盐胁迫对植物的根系生物量、根长及根表面积等有一定促进作用，高盐的抑制作用明显。而 West 等(2004)对拟南芥的试验证明盐胁迫会抑制其根系细胞伸长与延长细胞周期，从而延滞主根的生长。不同植物经盐胁迫后表现不同可能跟试验材料的种类及年龄、生理状态不同有关。此外，马翠兰等(2007)对琯溪蜜柚幼苗进行了长达 60d 的 NaCl 处理，证明低浓度盐处理在 20d、40d、60d 均引起根系活力较大程度的降低，这与本试验中处理后第 12～16d 各个指标出现下降相吻合。

针对试验过程中部分指标的升高，相关学者认为这是一种缓解行为(Abdolzadeh et al.，2008)，如根系在低浓度处理下主要增加的是直径小于 2mm 的细根，这意味着消耗较少的能量就可以快速扩大根系吸收的范围，进而促进烟苗生长，以缓解盐离子造成的细胞毒害。此外，盐胁迫给植物带来的最直接伤害就是导致细胞缺水，为吸收更多的水分，根系就会主动向下延伸，通过增加根系长度、减小根系直径来减少根系水分吸收阻力。

三、复合盐处理对烟草幼苗内源激素的影响

植物激素作为一种痕量信号分子，在整个生长发育周期专一性不甚明显，一般保持动态平衡。遇到盐胁迫时植物通过调节不同种类激素含量的高低，进而产生协同或拮抗相互作用来对生长发育起调控作用。

(一)复合盐处理对幼苗脱落酸(ABA)含量的影响

ABA 可以调控气孔的关闭和基因的表达，其信号途径的激活对盐处理下植物的生长有重要意义。图 10-21 为复合盐处理下幼苗叶片的 ABA 含量，试验期间

CK 的 ABA 含量平稳波动，处于 63.80~88.83ng/g FW，而盐处理的 ABA 含量则随着处理时间延长逐渐升高。处理后第 8d，CK 的 ABA 含量为 68.98ng/g FW，其他处理远远高于 CK，其中 T1、T2、T3 相近，T4 最大，达到 133.09ng/g FW；处理后第 12d，处理 T3 持续升高，此时 T3>T2>T1>T4>CK，而 T3 的 ABA 含量是 CK 的 1.88 倍；处理后第 16d，除处理 T4 呈上升趋势外，其他处理 ABA 含量均下降。

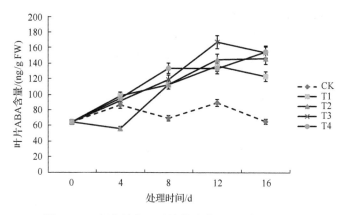

图 10-21　复合盐处理对幼苗叶片 ABA 含量的影响

图 10-22 是复合盐处理下幼苗根尖的 ABA 含量，与叶片 ABA 含量的变化不同。整个处理期间除 T4 外各处理 ABA 含量变化均较为平缓，特别是 CK 和 T1，T1 仅在处理后第 8d 后较 CK 有一定上升；T2、T3 的 ABA 含量较为接近，处理后第 12~16d，T3 较 T2 高；T4 在试验期间始终呈上升趋势，处理后期更是显著高于其他处理，处理后第 12d 时 T4>T3>T2>T1>CK，T4 的根尖 ABA 含量达到 56.27ng/g FW，是 CK 的 2.17 倍，而处理后第 16d 这种差距持续拉大，T4 升至 77.22ng/g FW，为 CK 的 2.64 倍。

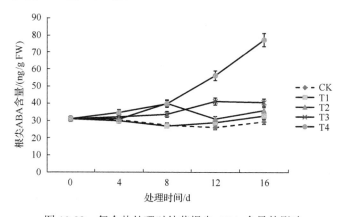

图 10-22　复合盐处理对幼苗根尖 ABA 含量的影响

盐处理下 ABA 含量增加会使叶片气孔导度降低，蒸腾速率减小，因此依赖于蒸腾作用向地上部运输的盐离子含量也会减少。此外，ABA 还可以与细胞的激素受体结合，开启 Ca^{2+} 通道，导致胞内第二信使 Ca^{2+} 浓度迅速增加，Ca^{2+} 与 CaM 及其他 Ca^{2+} 结合蛋白结合来调节细胞代谢或基因表达(刘延吉等，2008)。Singh 等(1985)认为 ABA 可促进烟草细胞中 26kDa 蛋白的合成，从而提高植株耐盐性。Andersen 等(2007)认为 ABA 能提高质膜和液泡膜的 H^+-ATPases 酶活性，并对黄瓜进行了持续 24h 的盐胁迫，得到了较本试验更明显的效果，黄瓜根系内源脱落酸(ABA)的含量较对照提高 12 倍。杨锦芬和郭振飞(2006)发现编码 9-顺式-环氧类胡萝卜素双加氧酶(NCED)的基因 *SgNCED1* 的表达量在短时间内就能强烈响应脱水和盐胁迫的诱导，使得 ABA 大量积累。周宜君等(2007)对盐生植物盐芥的试验则表明，抑制性激素 ABA 含量并未随 NaCl 胁迫强度增大而增大，这说明盐生植物盐芥与非盐生植物烟草的适应机理不尽相同。

(二)复合盐处理对幼苗吲哚乙酸(IAA)含量的影响

盐胁迫下，多数植物会调控生长素的浓度梯度或者再分配，从而影响侧根数、侧根和初生根生长及根生长方向等。由图 10-23 可知，复合盐处理下幼苗叶片的 IAA 含量呈周期性变化。处理后第 4d，处理 CK 和 T2 的 IAA 含量呈正向增长，其他处理均有一定下降；处理后第 8d，各处理幼苗生长渐盛，除处理 T1 的 IAA 含量大幅度提高外，其他处理均下降，此时处理 T1 的 IAA 含量远远高于其他处理，较 CK 提高 95.04%；处理后第 12d，各处理的 IAA 含量均低于 CK；处理后第 16d，盐处理的烟株叶片萎蔫变黄，逐渐衰败，IAA 含量均上升，特别是处理 T4 急剧增高，达到 72.32ng/g FW，是 CK 的 1.52 倍。

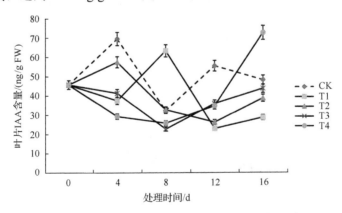

图 10-23　复合盐处理对幼苗叶片 IAA 含量的影响

图 10-24 为复合盐处理下根尖的 IAA 含量，可以看到根尖的 IAA 含量较叶片相对低且变化平缓。处理后第 4d，各处理的 IAA 含量均低于 CK，且均呈下降趋势；

处理后第 8～12d，除处理 T4 外，其余处理整体呈上升趋势，第 12d 处理 T1 的 IAA 含量与 CK 相当，为 40.97ng/g FW；处理后第 16d，处理 T3、T4 的根尖 IAA 含量急剧增高，分别较 CK 增大 66.38%、71.43%，其他处理则低于对照。

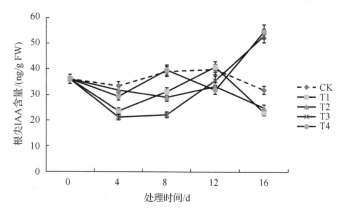

图 10-24　复合盐处理对幼苗根尖 IAA 含量的影响

（三）复合盐处理对幼苗赤霉素（GA）含量的影响

GA 可以通过促进细胞分裂和伸长（主要是伸长作用）来促进植物生长。由图 10-25 可知，处理后第 4d，各处理间叶片 GA 含量差别不大，集中分布在 5.10～5.71ng/g FW；处理后第 4～8d，CK 和中高浓度盐处理 T3、T4 呈上升趋势，而 T1、T2 有一定下降，第 8d 时除处理 T3 略高于 CK 外，其他处理均低于对照；处理后第 12d，T3、T4 持续升高且都超过 CK，分别达到 7.33ng/g FW 和 6.12ng/g FW，其他处理均呈下降趋势；处理后第 16d，T3、T4 的 GA 含量逐渐下降，T4 仅为 4.29ng/g FW，较对照下降 29.44%。

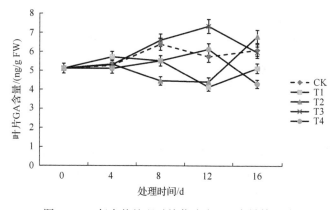

图 10-25　复合盐处理对幼苗叶片 GA 含量的影响

相比图 10-25 中叶片的 GA 含量，各处理根尖 GA 含量在整个取样期间差别较小（图 10-26），且整体上呈现出逐渐增加的趋势。处理后第 4d，各处理 GA 含量较为接近，处理 T3、T4 略高于 CK；处理后第 8d，各处理变化较为平缓，盐处理均低于 CK；处理后第 8～12d，各处理均呈上升趋势，处理 T3 更是从 3.98ng/g FW 增至 6.51ng/g FW，增幅达到 63.57%，但仍较 CK 低；处理后第 16d，CK 较第 12d 下降，其他处理相对较高。

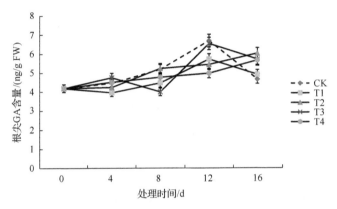

图 10-26　复合盐处理对幼苗根尖 GA 含量的影响

Vandenbussche 和 Van Der Straeten（2003）研究表明，盐渍化条件下 GA 可抵消盐分对菜豆光合作用及运输过程的抑制作用。植物体内存在 GA 信号的传递网络，GA 的受体蛋白 GID1 可以通过与信号转导过程中关键蛋白 DELLA 的结合来抑制 GA 的表达（Ueguchitanaka et al.，2005）。本试验中盐处理前期的 GA 含量均低于 CK，有可能就是 DELLA 蛋白在起作用。此外，由于 GA 可以抵消盐处理对植株光合作用的胁迫（Vandenbussche and Van Der Straeten，2003），因此烟株生长受到抑制与 GA 含量减少可能也有一定关系。

（四）复合盐处理对幼苗玉米素核苷（ZR）含量的影响

ZR 主要通过促进细胞分裂增殖实现细胞数目增多、体积增大，一定程度上也可以促进叶片气孔开放和子叶伸展。图 10-27 为复合盐处理下叶片的 ZR 含量，处理后第 4d，各处理的 ZR 含量均有不同程度的增加，以处理 T3 最为明显，较 CK 增加 18.10%，其他处理则低于对照；处理后第 8d，CK 的 ZR 含量较第 4d 变化相对平稳，而盐处理均呈上升趋势；处理后第 12d，处理 T4 急剧上升，达到 13.87ng/g FW，而 CK 仅为 6.38ng/g FW，处理 T1 与 CK 相近，T2、T3 均高于对照；处理后第 16d，ZR 含量表现为 T2＞T3＞T4＞CK＞T1。

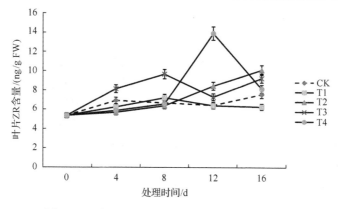

图 10-27 复合盐处理对幼苗叶片 ZR 含量的影响

图 10-28 为根尖 ZR 的含量变化，相较于叶片，根尖的 ZR 含量增长更快，也更高。处理后第 4d，各处理 ZR 含量差异不大，均平缓下降；处理后第 4~8d，除处理 T1 变化较慢外其他处理均呈明显上升趋势，特别是处理 T3、T4，第 8d 时分别达到 8.54ng/g FW 和 11.22ng/g FW，较对照升高 7.29% 和 40.95%；处理后第 8~12d，CK 的 ZR 含量增长速度加快，而处理 T4 呈下降趋势，此时 CK>T3>T2>T4>T1；处理后第 16d，处理 T3 的 ZR 含量逐步下降，而 T1、T2 依旧保持增长状态，分别为 9.96ng/g FW 和 13.87ng/g FW。

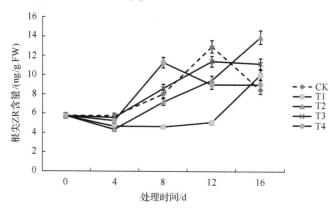

图 10-28 复合盐处理对幼苗根尖 ZR 含量的影响

(五)复合盐处理对幼苗叶片激素比值及抗盐平衡系数的影响

随着盐处理浓度的增加和处理时间的延长，叶片中抑制型激素 ABA 大量累积，呈升高的趋势，而促进生长型激素(IAA、GA、ZR)的含量普遍下降，以 IAA 和 GA 最为明显。由表 10-7 可知，处理后第 4d 时，T2 的 IAA/ABA、GA/ABA、ZR/ABA、(IAA+GA+ZR)/ABA 值较 CK 显著增大。处理后第 8d 时，T1 的 IAA/ABA

较 CK 有显著增高，即低浓度盐处理在短期内诱导生长型激素分泌；而其他处理的生长型激素与抑制型激素比值均显著低于同时期 CK，即复合盐处理对烟株的内源激素代谢产生了较为严重的影响。此外，中高浓度盐处理的生长型激素与抑制型激素比值并不是一直随着处理浓度的增大而降低。处理后第 12d，处理 T4 的 IAA 及 ZR 含量较其他处理快速升高，导致 IAA/ABA、ZR/ABA、(IAA+GA+ZR)/ABA 值显著高于 T1、T2；处理后第 16d，ZR 含量与其他处理相对持平，此时的生长型激素以 IAA 占主导地位，使得(IAA+GA+ZR)/ABA 值显著高于其他盐处理。但高盐处理下烟苗大量分泌生长型激素的"自救行为"并没有改变逆境胁迫的最终结果，处理后第 16d 时 T4 的(IAA+GA+ZR)/ABA 值仅为 0.549，显著低于对照的 0.946。

表 10-7　复合盐处理对幼苗叶片激素比值及抗盐平衡系数的影响

时间	处理	IAA/ABA	GA/ABA	ZR/ABA	(IAA+GA+ZR)/ABA	抗盐平衡系数
处理后第 4d	CK	0.806b	0.061b	0.080b	0.948b	
	T1	0.380c	0.058b	0.063c	0.502c	3.348b
	T2	1.030a	0.096a	0.101a	1.228a	−2.319c
	T3	0.449c	0.058b	0.089b	0.596c	−3.950c
	T4	0.306d	0.054b	0.061c	0.421c	13.053a
处理后第 8d	CK	0.463b	0.092a	0.096a	0.651a	
	T1	0.561a	0.049c	0.064b	0.674a	2.061b
	T2	0.287c	0.040c	0.056c	0.383b	2.658b
	T3	0.188d	0.056b	0.081a	0.325b	2.274b
	T4	0.190d	0.041c	0.049c	0.281c	5.258a
处理后第 12d	CK	0.620a	0.065a	0.072b	0.756a	
	T1	0.166c	0.030c	0.047c	0.243c	2.567a
	T2	0.179c	0.031c	0.058c	0.268c	2.530a
	T3	0.213b	0.044b	0.043c	0.301c	3.040a
	T4	0.259b	0.046b	0.104a	0.409b	2.827a
处理后第 16d	CK	0.736a	0.094a	0.116a	0.946a	
	T1	0.230c	0.042b	0.051b	0.322b	2.729a
	T2	0.263c	0.047b	0.069b	0.379c	2.976a
	T3	0.283c	0.039b	0.060b	0.382c	3.131a
	T4	0.469a	0.028c	0.052b	0.549b	−8.413b

　　然而，内源激素更注重不同激素种类之间的平衡状况，并非抑制型激素的含量越低或者促进型激素含量越高就越好。为了更好地描述不同激素在植物响应盐胁迫中所起到的作用，刘桂丰和刘关君(1998)针对林木提出"激素抗盐平衡系

数"，即在盐胁迫条件下植物的 ABA 含量增加，而 IAA、GA 和 ZR 含量降低。在同种盐胁迫条件(不高于致死盐浓度)下，抑制型激素 ABA 含量的增加倍数分别除以促进型激素 IAA、GA、ZR 含量的降低倍数所得的比值分别称 ABA 与 IAA、GA、ZR 的拮抗效应系数；ABA 与每种激素的拮抗效应系数分别减去三个拮抗效应系数的平均值后再取绝对值则为 IAA、GA、ZR 对 ABA 的抗盐调节值；将三种激素对 ABA 的抗盐调节值求和再除以拮抗效应系数的平均值，所得的比值称为激素抗盐平衡系数，简称平衡系数。

　　平衡系数越小，说明盐胁迫下激素的协调能力越强，植物抗盐能力越强；平衡系数越大，则植物代谢较为紊乱，抗盐能力越弱。本试验将其引入到烟草中，试图分析各处理在不同处理时间激素的协调能力。如表 10-7 所示，处理 T1 的抗盐平衡系数随着时间的延长不断波动，整体相对平缓；处理 T2 的平衡系数在处理后第 4d 表现为负值，而后增大，后期相对稳定；处理 T3 与 T2 的趋势相近，处理后第 8d 后平衡系数较 T2 更大；处理 T4 的平衡系数在处理后第 4d 最大，达到 13.053，明显高于其他处理，随后快速下降，虽然第 12d 处理 T4 的平衡系数较其他处理低，但并不能代表处理 T4 的幼苗生长状况差。

四、复合盐处理对烟草幼苗叶片渗透调节物质的影响

(一)复合盐处理对幼苗叶片可溶性糖含量的影响

　　植物体内可溶性糖含量可以反映碳水化合物的代谢情况，也是多糖、蛋白质、脂肪等大分子有机碳架化合物和能量的物质基础，受到胁迫时还可起到保护酶类的作用。从图 10-29 可以看出，CK 在整个取样期可溶性糖含量表现相对平稳，略有升高，处理 T1 的可溶性糖含量在处理后期持续上升，其他盐处理则先升高后下降。处理后第 4d，T4>T3>T2>CK>T1，但处理 T1 较 CK 并未表现出明显差

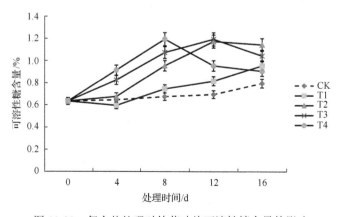

图 10-29　复合盐处理对幼苗叶片可溶性糖含量的影响

异；处理后第12d，处理T4降至0.95%，低于T2和T3；处理后第16d，T2、T4缓慢下降，处理T3也呈下降趋势，此时 T2＞T3＞T1＞T4＞CK。针对试验后期中高浓度盐胁迫下可溶性糖含量降低，推测是由于植物体内叶绿体等细胞器损害较为严重，光合作用受到抑制，因此碳水化合物合成减少，可溶性糖的来源减少。

(二)复合盐处理对幼苗叶片可溶性蛋白质含量的影响

可溶性蛋白质含量是植物体内衡量代谢程度的重要指标之一，叶片中约 50%的可溶性蛋白质是光合作用的关键酶 RuBP 羧化酶(Patterson et al.，1980)，一定程度上可以反映叶片衰老状况和光合能力。如图 10-30 所示，随着处理时间的延长，CK 的可溶性蛋白质含量逐渐增大，而盐处理的可溶性蛋白质含量则先增加后降低。处理后第 4～8d，各处理均逐渐增高，以处理 T4 的增加幅度最大，此时 T4＞T2＞T3＞T1＞CK，其中 T4 达到整个处理期的最大值；处理后第 8～12d，处理 T4 逐渐下降，其他处理则持续上升且增加速率加快，第 12d 时处理 T3 达到最高值，为12.49mg/g FW；处理后第 12～16d，CK 继续上升，T1、T2 变化相对缓慢，T3、T4均出现不同程度的下降。肖强等(2005)对互花米草进行为期39d的海水胁迫，可溶性蛋白质含量呈现随处理浓度增大而增加的趋势。而龚理(2009)对烤烟品种 K326进行盐胁迫则发现，50～200mmol/L 的 NaCl 使得烟株叶片内可溶性蛋白质含量随浓度增加逐渐下降。这可能是由不同试验材料对盐胁迫响应存在差异造成的，正如本试验中处理后第 8d 时 T4 的可溶性蛋白质含量高于 T3，这正是植物在通过增加可溶性蛋白质含量来缓解胁迫，而第 12d 时胁迫加剧，蛋白质合成受阻，导致可溶性蛋白质含量降低，T3 反而高于 T4。

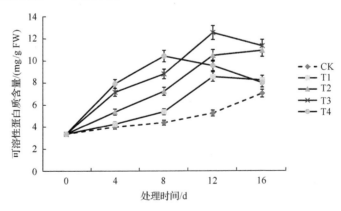

图 10-30 复合盐处理对幼苗叶片可溶性蛋白质含量的影响

(三)复合盐处理对幼苗叶片脯氨酸含量的影响

脯氨酸可以作为细胞质的渗透调节物质来维持细胞的含水量和膨压，还可以调节细胞质的 pH，清除一部分活性氧自由基(ROS)和其他自由基，增强细胞结构的稳定性。由图 10-31 可知，各处理的脯氨酸含量随处理时间的增加持续上升，且盐处理浓度越大，脯氨酸累积越多。处理后第 4~12d，各处理变化相对较慢，第 12d 后 T3、T4 出现了较为明显的增长，第 16d 时较 CK 分别增加 167.27%和260.89%。

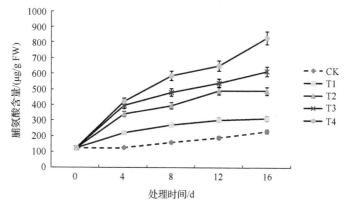

图 10-31　复合盐处理对幼苗叶片脯氨酸含量的影响

(四)复合盐处理对幼苗叶片抗氧化酶活性的影响

图 10-32 为复合盐处理下叶片中超氧化物歧化酶(SOD)活性的变化，各处理 SOD 活性均随处理时间的增加先升高后降低，且盐处理浓度越大，SOD 活性越高，但处理间差异不明显。处理后第 4d，各处理均有一定升高，以处理 T4 的上升幅度最为明显；处理后第 8d，CK、T1 和 T2 变化相对平缓，T3 进入快速上升期，较第 4d 上升了 25.60%；处理后第 16d，各处理 SOD 活性都有所下降，此时 T4>T3>T2>T1>CK。

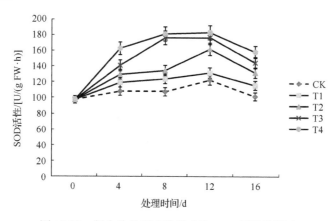

图 10-32　复合盐处理对幼苗叶片 SOD 活性的影响

　　盐处理对叶片过氧化物酶（POD）活性的影响如图 10-33 所示，各处理随处理时间的延长整体上逐渐上升。处理后第 4d，处理 T4 快速增加，T3、T2 次之，处理 T1较 CK 则没有太大变化，基本保持稳定，此时 T4 较 CK 增加 137.71%；处理后第 8d，T1 进入快速增长阶段，其他盐处理也持续升高，CK 变化相对平缓；处理后第 12d，CK 有所升高，但仍显著低于盐处理；处理后第 16d，除 T4 外其他处理均处于增长阶段，特别是 T1、T2 快速升高，较处理后第 12d 分别升高 104.17%和 118.80%。

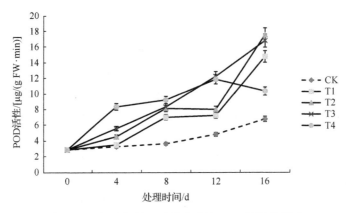

图 10-33　复合盐处理对幼苗叶片 POD 活性的影响

　　复合盐处理下叶片过氧化氢酶（CAT）活性的变化如图 10-34 所示，可以看到整个过程中 CK 变化相对平缓，而其他处理变化幅度较大，基本呈先升高后降低的趋势。处理后第 4d，CK、T1 变化较为接近，缓慢上升，T2、T3、T4 则快速增高，特别是处理 T4 更是在处理后第 8d 达到 117.79U/（g FW·min）；处理后第 12d，T1、T2 较第 8d 快速增加，分别为 93.39U/（g FW·min）和 112.72U/（g FW·min），T4 则急剧下降，显著低于处理 T2；处理后第 16d，除 T1 变化较为平稳外，其他处理的 CAT 活性均明显下降。

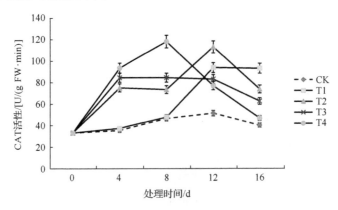

图 10-34　复合盐处理对幼苗叶片 CAT 活性的影响

(五)讨论

复合盐胁迫下各种有机渗透调节物质含量和抗氧化酶活性均有一定变化。可溶性糖和可溶性蛋白质含量在中高浓度盐处理下(0.6%~1.2%)先升高后下降，但在轻度盐处理下(0.3%)则始终呈上升趋势，其中可溶性糖含量的变化幅度相对较小；脯氨酸含量在取样期间持续上升，特别是处理后期反而出现了快速上升，即在较高浓度的复合盐胁迫下，脯氨酸较可溶性糖和可溶性蛋白质起到更持久的作用。

正常条件下活性氧的产生与清除处于动态平衡，而在盐处理下，随着处理时间的延长及盐浓度的增加其所造成的胁迫作用越来越大，上述平衡被打破。通常认为，SOD 是清除活性氧自由基最重要的关键抗氧化酶，其可以把 $O_2^-\cdot$ 转变为 H_2O_2，而生成的 H_2O_2 则被 POD 和 CAT 等酶分解为 H_2O 和 O_2(Asada,1999)。观察三种抗氧化酶活性的变化，SOD 和 CAT 先升高后下降，但是 SOD 变化相对平缓，且 CAT 的下降点随盐处理浓度的增大依次前移；POD 整体呈上升趋势，但处理后期高浓度处理 T4 的 POD 有所下降。李景等(2011)对贴梗海棠进行盐胁迫的研究中关于 SOD 和 CAT 得到了相似的结论，但是他认为在高盐胁迫下抗氧化酶系统只在短时期内有保护作用，至于 POD 活性，其研究表明与 SOD、CAT 的变化趋势一致。而龚理(2009)对烟草的试验结果表明 50mmol/L 的 NaCl 处理下，POD 活性逐渐上升，而大于 50mmol/L 后则逐渐下降，这与植株对盐胁迫的耐受性有关。

五、小结

对复合盐处理下的多个指标进行分析，得到以下结论。

1)低浓度的复合盐处理在一定程度上会促进叶绿素合成，适当的持续盐胁迫可以提高植物对光的利用效率，对根系总长度、根表面积、根平均直径、根体积及根系活力等指标有不同程度的促进作用，但这种促进作用并不持久。

2)盐胁迫对烟草幼苗造成较为强烈的渗透胁迫，并在短时间内对细胞膜造成损伤，从而发生膜脂过氧化作用。此外，随着盐处理时间的延长，即使是轻度盐处理，也会抑制烟苗对养分的吸收，且浓度越大抑制效果越明显。

3)遭受盐胁迫后，植物的内源激素、有机渗透调节物质及抗氧化酶系统均在短期内做出响应，ABA、可溶性糖、可溶性蛋白质、脯氨酸含量及三种抗氧化酶活性均有所升高，其中低浓度盐处理的促进生长型激素的分泌量较对照低，而可溶性糖、可溶性蛋白质含量都较对照高。

4)盐处理浓度越大，处理时间越长，激素应对越紊乱，抑制型激素 ABA 大量累积，生长型激素的含量普遍下降，以 IAA 和 GA 最为明显；渗透调节物质的代谢也不足以应对高浓度盐胁迫，除了脯氨酸，可溶性糖和可溶性蛋白质含量均逐渐下降，且处理浓度越大，下降趋势越早显现；而抗氧化酶系统的保护作用也逐渐下降，除 POD 外其他酶活性均呈下降趋势。

第四节　复合盐碱处理对中烟 100 幼苗生理生化特性的影响

盐化土作为一种土壤资源，是盐碱地资源的核心部分。在内陆盐碱地中，由 $NaHCO_3$ 等碱性盐所造成的土壤碱化问题比由 NaCl、Na_2SO_4 等中性盐所造成的土壤盐化问题更为严重。然而，关于盐碱的研究相对较少，烟草方面更未见相关研究。为探究盐碱处理下烟苗的生长特性，本试验以中烟 100 为研究对象，以 $n(NaCl):n(Na_2SO_4):n(NaHCO_3)=1:1:1$ 复合盐碱溶液模拟盐碱环境，探索烟草在苗期对复合盐碱处理的适应特点，以期为调控不同盐碱组分配比和优化栽培措施提供参考。试验品种与测定指标均与第一节保持一致。各盐碱处理的质量浓度与对应的电导率、pH 见表 10-8。

表 10-8　复合盐碱处理的质量浓度与对应的电导率和 pH

处理	质量浓度/%	电导率/(μS/cm)	pH
CK	0		
T1	0.3	385	8.50
T2	0.6	715	8.60
T3	0.9	1025	8.70
T4	1.2	1310	8.80

一、复合盐碱处理对烟草幼苗叶片叶绿素含量、相对含水率及细胞膜透性的影响

(一)复合盐碱处理对幼苗叶绿素含量的影响

表 10-9 反映了复合盐碱处理对中烟 100 叶绿素含量的影响。各处理的叶绿素含量随处理时间的增加先升高后下降，不同处理下不同指标出现峰值的时间不尽相同。处理后第 4d，除高浓度盐处理 T4 外，其他处理较处理前都有一定升高，特别是处理 T1、T2 的叶绿素 a、b 及总含量均显著高于 CK，T1 更是分别高出对照 46.43%、85.19%、83.95%；处理后第 8d，各盐碱处理的叶绿素 a 基本上均达到最大值；处理后第 12d，CK 的叶绿素总含量持续增加，盐碱处理则不断下降且远低于对照；处理后第 16d，T1 的叶绿素 a、b 含量较第 12d 略有回升，但仍低于对照水平，此时 CK 的叶绿素总含量为 1.68mg/g FW，T4 仅为 0.67mg/g FW，是 CK 的 39.88%，这表明低浓度的复合盐碱处理在一定时间内可以促进叶绿素的合成，但长时间的盐碱处理对叶绿素有较强的破坏作用。对比复合盐处理(表 10-6)，这种促进作用主要表现在处理后第 8d，而盐碱处理在处理后第 4d 就较为明显，

即相同浓度的盐碱能够更早地激发烟株对盐胁迫的适应性，换言之，相同浓度下盐碱处理对烟株的危害更强。薛延丰和刘兆普(2008)认为这可能是因为碱性盐胁迫破坏了细胞微环境的酸碱平衡，影响了叶绿体中类囊体两侧 H^+ 浓度梯度的建立，从而降低了叶绿体中 ATP 合成的动力。分析各处理叶绿素 a/b，处理 T1、T2 整体上先升高后下降，且在处理前 12d 均高于 CK，但尚未达到显著水平，而其他处理的叶绿素 a/b 随处理时间的延长在波动中逐渐下降，第 16d 处理 T4 叶绿素 a/b 有上升主要是由于同一时期处理 T4 叶绿素 a 的下降幅度小于叶绿素 b。

表 10-9　复合盐碱处理对烟株幼苗叶绿素含量的影响

时间	处理	叶绿素 a/(mg/g FW)	叶绿素 b/(mg/g FW)	总叶绿素/(mg/g FW)	叶绿素 a/b
处理后第 0d		0.57 ± 0.01	0.28 ± 0.01	0.89 ± 0.02	2.03 ± 0.12
	CK	$0.56\pm0.02b$	$0.27\pm0c$	$0.81\pm0.01cd$	$2.07\pm0.10ab$
	T1	$0.82\pm0.18a$	$0.50\pm0.02a$	$1.49\pm0.03a$	$2.62\pm0.30b$
处理后第 4d	T2	$0.80\pm0.09a$	$0.32\pm0.02b$	$1.26\pm0.17b$	$2.51\pm0.48a$
	T3	$0.57\pm0.02b$	$0.27\pm0.01c$	$1.01\pm0.18c$	$2.10\pm0.14ab$
	T4	$0.51\pm0.02b$	$0.24\pm0.04c$	$0.78\pm0.03d$	$2.13\pm0.36ab$
	CK	$1.09\pm0.16ab$	$0.55\pm0.06a$	$1.64\pm0.22a$	$1.99\pm0.20abc$
	T1	$1.02\pm0.07ab$	$0.48\pm0.02ab$	$1.47\pm0.05a$	$2.12\pm0.03ab$
处理后第 8d	T2	$1.13\pm0.12a$	$0.48\pm0.04ab$	$1.65\pm0.13a$	$2.21\pm0.24ab$
	T3	$0.92\pm0.01bc$	$0.51\pm0.01ab$	$1.45\pm0.05a$	$1.90\pm0.07bc$
	T4	$0.78\pm0.03c$	$0.46\pm0.02b$	$1.17\pm0.05b$	$1.69\pm0.13c$
	CK	$1.06\pm0.08a$	$0.66\pm0.02a$	$1.74\pm0.09a$	$1.61\pm0.06b$
	T1	$0.84\pm0.08b$	$0.48\pm0.03b$	$1.28\pm0.07b$	$1.74\pm0.04ab$
处理后第 12d	T2	$0.84\pm0.10b$	$0.47\pm0.07b$	$1.37\pm0.18b$	$1.80\pm0.06a$
	T3	$0.57\pm0.03c$	$0.33\pm0.03c$	$0.90\pm0.06c$	$1.75\pm0.14ab$
	T4	$0.52\pm0.14c$	$0.33\pm0.07c$	$0.86\pm0.21c$	$1.58\pm0.10b$
	CK	$1.09\pm0.26a$	$0.59\pm0.14a$	$1.68\pm0.40a$	$1.83\pm0a$
	T1	$0.96\pm0.16a$	$0.53\pm0.08a$	$1.45\pm0.24a$	$1.57\pm0.12a$
处理后第 16d	T2	$0.77\pm0.21ab$	$0.47\pm0.06ab$	$1.23\pm0.27ab$	$1.62\pm0.28a$
	T3	$0.59\pm0.07bc$	$0.38\pm0.12bc$	$1.01\pm0.2bc$	$1.65\pm0.47a$
	T4	$0.42\pm0.10c$	$0.26\pm0.09c$	$0.67\pm0.19c$	$1.85\pm0.89a$

叶绿素含量降低会导致叶绿体中类囊体膜上色素蛋白复合体损伤，降低基粒的数量，影响类囊体膜的垛叠(朱宇旌和胡自治，2000)，从而影响光合活性进而降低植物的同化能力。本试验中叶绿素总含量的降低主要是由叶绿素 a 含量的下降引起的，叶绿素 b 由于基数较小，在下降总数值中所占比例较小。也有部分学

者认为叶绿素酶对叶绿素 a 的影响较小，主要降解的是叶绿素 b(Carter and Cheeseman，2010)。而夏阳等(2005)认为叶绿素 a/b 的变化不仅取决于叶绿素 a、b 的降解幅度，还和两者的初值有关。

对于试验中处理后第 16d 部分处理叶绿素含量升高的现象，武德等(2007)对刺槐和绒毛白蜡进行盐碱胁迫也出现了类似的研究结果，张润花等(2006)用不同浓度的 NaCl 处理黄瓜幼苗，也有叶片变小、叶色加深、叶绿素含量升高的现象，她认为处理时间越长，植株代谢紊乱越严重，正是叶片色素蛋白复合体的叶绿素与蛋白质间结合变得松弛才使得其在测定中更容易被提取，从而造成试验后期测定的叶绿素含量升高。

(二)复合盐碱处理对幼苗叶片相对含水率的影响

由图 10-35 可知，复合盐碱对幼苗叶片相对含水率的影响与复合盐类似，各处理相对含水率均随着处理时间的延长而降低，且各处理相对含水率随盐碱浓度的增大而降低，但其下降程度较复合盐处理更剧烈。盐碱处理下，处理后第 4d 时各处理相对含水率已达到较大的下降速度，且随着处理时间的增加持续下降。处理后第 4d，T4 由 85.67%降至 72.56%，下降幅度达到 15.30%；处理后第 16d，T1 的相对含水率为 71.33%，较 CK 下降了 16.71%，而此时的 T4 仅为 54.64%，叶片自第二片真叶起已基本呈现萎蔫状态。

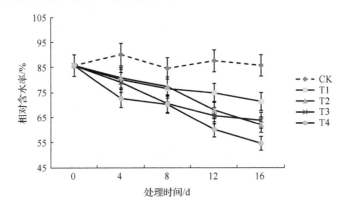

图 10-35　复合盐碱处理对幼苗叶片相对含水率的影响

(三)复合盐碱处理对幼苗叶片细胞膜透性的影响

图 10-36 显示的是复合盐碱处理对叶片相对电导率的影响，各盐碱处理的相对电导率整体变化趋势与复合盐处理接近，都是随处理时间的延长而增加，有所不同的是第 4d 处理 T1 的相对电导率较 CK 低，表明此时烟株已做出应激反应。处理后第 8d，各盐碱处理相对电导率逐渐上升且显著高于对照；处理后第 8～12d，

各盐碱处理的相对电导率进入急速增加阶段，处理 T1 由 35.17%增至 57.31%，处理 T4 更是达到了 85.23%，较第 8d 上升幅度高达 87.20%；处理后第 16d 时，各处理趋于平缓，此时 T4＞T3＞T2＞T1＞CK，处理 T4 的细胞膜已基本呈破碎状态。

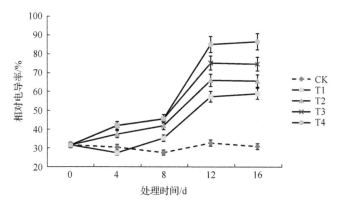

图 10-36　复合盐碱处理对幼苗叶片相对电导率的影响

图 10-37 为复合盐碱处理下各处理的丙二醛（MDA）含量变化，盐碱浓度越大，处理时间越长，MDA 含量越高。处理后第 4d，各处理间差异不大；处理后第 4～8d，CK、T1 变化相对平稳，其他处理快速增加，第 8d 时 T4＞T3＞T2＞T1＞CK；处理后第 12d，处理 T1 逐渐增加，T4 与 CK 差距达到最大，较 CK 增大 124.49%；处理后第 16d，盐碱处理中 T1、T2 变化较小，T3、T4 持续增大，分别达到52.35nmol/g FW 和 59.24nmol/g FW。

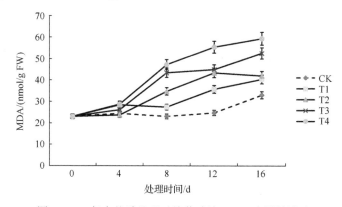

图 10-37　复合盐碱处理对幼苗叶片 MDA 含量的影响

二、复合盐碱处理对烟草幼苗根系特性的影响

图 10-38 为试验第 8d 各处理的根系扫描图片，可以看到处理间表现出较为明

显的差异，随复合盐碱浓度的增大，各处理的根系数量逐渐减少，体现出胁迫作用逐渐增强。相比处理后第 8d 复合盐处理的根毛形态，可以发现盐碱各处理间的差异要远远大于盐处理。

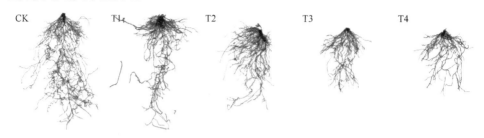

图 10-38　复合盐碱处理对幼苗根系形态的影响

(一)复合盐碱处理对幼苗根系总长度的影响

复合盐碱处理对根系总长度的影响如图 10-39 所示，各处理的根系总长度随处理时间的增加先升高后降低，处理后第 4d，CK 和 T1 逐渐升高，而 T2、T3 和 T4 呈下降趋势；处理后第 4~8d，CK 持续上升，而 T1 快速下降，第 8d 时明显低于 CK，仅为 CK 的 73.48%，此时 CK>T1>T2>T3>T4，处理 T4 的根系总长度仅为 145.01cm；处理后第 12~16d，CK 逐渐下降，其他处理在波动中趋于稳定。整个试验期间，各处理的根系总长度均低于 CK，且中高浓度盐碱处理于处理早期就表现出有较为明显的胁迫效应，即任何浓度的盐碱处理均对烟株的根系总长度有一定抑制作用，且处理早期已有所表现，浓度越大，抑制效果越明显。

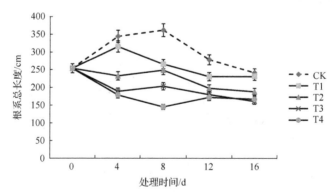

图 10-39　复合盐碱处理对幼苗根系总长度的影响

(二)复合盐碱处理对幼苗根表面积的影响

如图 10-40 所示，各处理根表面积随处理时间的增加整体上先上升后下降。处理后第 4d，各处理均有一定增长，以处理 T2 较为明显，较 CK 稍高；处理后第 4～8d，T2 的增长速度变缓，CK 和 T1 快速增长，第 8d 时 T1 显著高于 CK，根表面积达到 31.38cm²，此时 T1＞CK＞T2＞T3＞T4；处理后第 12d，各处理与第 8d 相比变化平稳；处理后第 12～16d，各处理均呈下降趋势，其中以处理 T1 的下降幅度最大，较 CK 减少 16.57%。整个试验过程中，仅处理 T1、T2 在试验前期对根表面积有促进作用，而 T3、T4 的根表面积增加始终受到强烈抑制作用，特别是处理 T4，最大值仅为 16.96cm²。

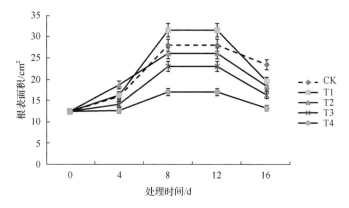

图 10-40　复合盐碱处理对幼苗根表面积的影响

（三）复合盐碱处理对幼苗根平均直径的影响

图 10-41 为根平均直径在复合盐碱处理下的变化，变化趋势与根系总长度类似，均是随处理时间的增加先升高后下降，与根系总长度不同的是处理后第 16d，根平均直径的下降较为缓慢。处理期间，CK 始终高于盐碱处理，T4 则始终低于其余处理。处理前 4d，T1、T2 和 T3 的根平均直径较为接近，随着时间延长，中

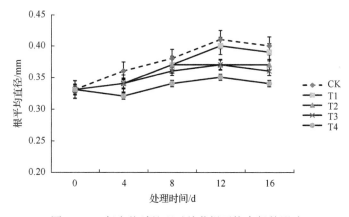

图 10-41　复合盐碱处理对幼苗根平均直径的影响

高浓度盐碱处理的抑制作用逐渐体现，处理后第 12d，T2 和 T3 的根平均直径相同，仅为 0.37mm，较 T1 减少 7.5%。

（四）复合盐碱处理对幼苗根体积的影响

图 10-42 所示为复合盐碱对烟株根体积的影响，整体来看各处理的根体积变化较为缓慢，且盐碱处理的根体积基本均低于对照，T3、T4 呈现负增长。处理后第 4d，CK 和 T1 有所增大，而其他处理无明显变化；处理后第 8d，T1 有所下降，而 T2、T3、T4 在 0.21～0.23cm^3 浮动；处理后第 12～16d，CK 的根体积在波动中趋于稳定，施加盐碱的处理则出现了不同程度的下降，此时 CK>T1>T2>T3>T4，其中以 T3、T4 下降最为明显，分别降至 0.18cm^3 和 0.14cm^3，甚至较处理前小，这表明长时间的高浓度盐碱处理使得烟株根系处于一种消耗状态。

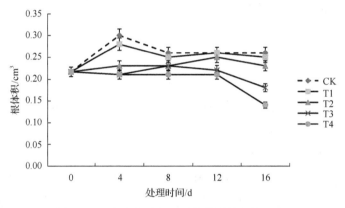

图 10-42　复合盐碱处理对幼苗根体积的影响

（五）复合盐碱处理对幼苗根尖数的影响

由图 10-43 可以观察到复合盐碱对幼苗根尖数的影响。整个处理期间，CK 和处理 T2 根尖数始终处于较为平缓的波动中，但处理后期 CK 的根尖数逐渐上升，而 T2 呈下降趋势，且明显低于 CK；处理 T1 的根尖数在处理前期快速升高，处理后第 12d 后缓慢下降，处理期间始终高于 CK；处理 T3、T4 也是先升高后降低且 T3 始终高于 T4，两者的峰值出现均在处理后第 8d，此时显著高于其他处理，随后急剧下降。因此，处理 T1 对根尖数有促进作用，处理 T2 对根尖数有轻微的抑制作用，而处理 T3、T4 根尖数呈大起大落的变化，表现出更强烈的应激反应，即烟株的根尖数对盐碱处理更敏感，且高浓度盐碱对烟株的抑制作用更为明显。

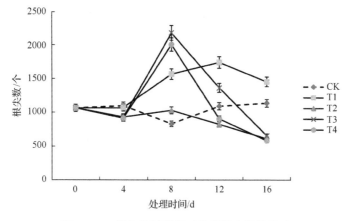

图 10-43 复合盐碱处理对幼苗根尖数的影响

（六）复合盐碱处理对幼苗根系活力的影响

图 10-44 显示的为复合盐碱处理对根系活力的影响，除 CK 和 T1 外各处理的根系活力均随处理时间的延长缓慢下降，且各处理差异明显。处理后第 4~12d，处理 T1 的根系活力高于 CK，第 12d 达到最大值 336.04μg/(g FW·h)，其他处理均低于 CK，且始终保持 T2>T3>T4 的状态；处理后第 12~16d，CK 的根系活力持续增大，第 16d 达到 384.41μg/(g FW·h)，而盐碱处理均呈下降趋势，低浓度盐碱的促进作用消失，此时 CK>T1>T2>T3>T4。

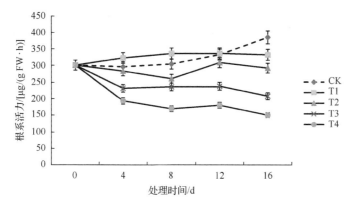

图 10-44 复合盐碱处理对幼苗根系活力的影响

（七）讨论

由上述分析可知，盐碱处理对幼苗根系总长度、根平均直径、根体积等均表现出明显的抑制作用，根毛的密度也随盐碱浓度的升高明显下降，而轻度盐碱处理(0.3%)短时间内对根表面积及根系活力有一定促进作用。部分研究表明，也有植物可通过减少根系表面积、增加根系直径或者发展通气组织来限制盐离子的过分吸收，缓解盐胁迫造成的缺氧损害（Colmer，2010），这与不同植物存在不同的反馈机制有关。

盐碱处理在一定程度上抑制根毛发生，主要表现在使非生毛细胞的数量下降，同时使一些生毛细胞变成非生毛细胞，从而导致根毛的密度与长度发生变化（Wang et al.，2008）。$NaHCO_3$ 处理下，柳枝稷的根系分布密度明显低于同一浓度下 NaCl 和 Na_2SO_4 的单盐处理，且 20~100cm 土层内根系分布密度的抑制率达到86.2%~100%（李继伟等，2011）。本试验过程中也发现盐碱处理 12d 左右，特别是 T3、T4 的许多白嫩根尖变褐腐烂，16d 时这种情况更加普遍，而在盐处理中，直到 16d 取样结束均未出现这种情况。丁俊男和迟德富（2014）的试验数据也表明桑树的根系长度、根系活力等受环境中碱性条件的限制，与 pH 呈极显著负相关。相关学者认为盐分积聚造成根际存在高渗透势，使得根系的矿质营养状况及氧气供应能力严重破坏，而较高的 pH 又迫使根系合成并积累大量的有机酸，因此导致细胞内离子失衡、代谢紊乱（Thompson et al.，2007）。

三、复合盐碱处理对烟草幼苗内源激素的影响

（一）复合盐碱处理对幼苗 ABA 含量的影响

复合盐碱处理对叶片 ABA 含量的影响如图 10-45 所示，各处理 ABA 含量随处理时间增加呈上升趋势。处理后第 4d，除处理 T2 略微下降外，其他处理都有所上升，且处理 T4 的上升幅度大于 CK；处理后第 4~8d，CK 平缓变化，其他处理都进入快速上升阶段，其中以处理 T2 增加最快，自 42.65ng/g FW 升至 135.25ng/g FW，增加幅度达到 217.12%；处理后第 12d，各处理持续第 8d 的变化趋势，此时 T2＞T4＞T3＞T1＞CK，T2 是 CK 的 2.66 倍；处理后第 12~16d，处理 T2 略微下降，其他处理持续上升，各处理的 ABA 含量均高于 CK。

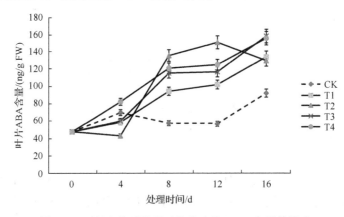

图 10-45　复合盐碱处理对幼苗叶片 ABA 含量的影响

图 10-46 为复合盐碱处理下根尖 ABA 含量的变化趋势，相对于叶片的 ABA 含量，各处理根尖 ABA 含量变化相对平缓，主要集中在 20～60ng/g FW。处理后第 4d，处理 T1、T2 有一定程度的下降，其他处理均随时间的延长有所升高；处理后第 8d，各处理间差异不大，各盐碱处理的 ABA 含量均高于对照；处理后第 8～12d，各处理变化平稳，盐碱处理有所上升，且依旧高于对照；处理后第 12～16d，处理 T1、T2 有所下降，T3、T4 则急剧上升，第 16d 分别达到 50.00ng/g 和 57.29ng/g，较对照增大 71.35%和 96.33%。

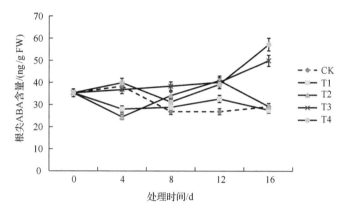

图 10-46　复合盐碱处理对幼苗根尖 ABA 含量的影响

(二)复合盐碱处理对幼苗 IAA 含量的影响

图 10-47 为复合盐碱处理下幼苗叶片中 IAA 含量的变化。由其可知，整体上各处理的 IAA 含量随时间的延长有所下降。处理后第 4d，处理 T1 与 CK 含量相当，较处理前变化不大，处理 T3 则快速上升，显著高于 CK，达到 135.39ng/g FW，

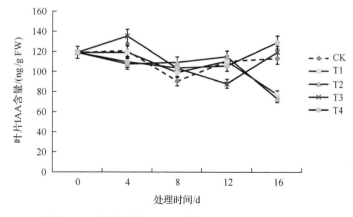

图 10-47　复合盐碱处理对幼苗叶片 IAA 含量的影响

T2、T4 略微下降；处理后第 4~8d，各处理均呈下降趋势，其中 T2、T4 变化较为平缓，其他处理则快速下降，第 8d 时各处理的 IAA 含量均高于 CK；处理后第 8~12d，处理 T3 逐渐下降，其他处理变化不明显；处理后第 16d，各处理间出现了较为明显的差异，CK 变化平缓，T1、T2 的 IAA 含量明显下降，分别降至 77.20ng/g FW 和 72.97ng/g FW，而 T3、T4 则快速上升，且高于 CK。

复合盐碱处理下中烟 100 幼苗根尖 IAA 含量变化如图 10-48 所示。对比叶片中 IAA 含量可知，根尖的 IAA 含量远远低于同一时期的叶片含量。此外，盐碱处理 16d 内，盐碱处理的根尖 IAA 含量都高于 CK。处理后第 4d，各处理均呈上升趋势，此时 T2＞T3＞T1＞T4=CK，处理 T2 达到 50.75ng/g FW；处理后第 8~12d，CK 和 T1、T2 的根尖 IAA 含量较为稳定，处理 T3、T4 呈上升趋势，T4 更是大幅度增加，较 CK 提高 50.38%；处理后第 12~16d，除 T4 下降外其他处理均有一定上升。

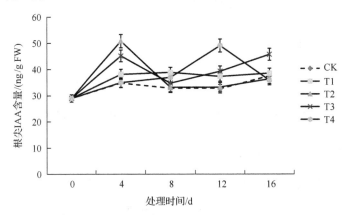

图 10-48　复合盐碱处理对幼苗根尖 IAA 含量的影响

(三)复合盐碱处理对幼苗 GA 含量的影响

图 10-49 显示的是复合盐碱处理对叶片 GA 含量的影响，各处理随着处理时间的延长呈现周期性的波动，处理 T1 的 GA 含量始终高于 CK。处理后第 4d，大多处理有所升高，以 T1 增长最快且显著高于对照，其他处理则低于对照；处理后第 4~8d，处理 T4 变化不大，其他处理则快速增长，第 8d 时 T1＞CK＞T2＞T3＞T4，T4 较 CK 下降 33.29%；处理后第 8~12d，处理 T4 略微上升，其他处理均有一定程度的下降，处理 T1 依旧明显高于其他处理，第 12d 时为 8.33ng/g FW；处理后 16d，处理 T1、T2 较第 12d 有所上升，高于 CK，分别为 9.79ng/g FW 和 7.49ng/g FW，T3、T4 则低于 CK，分别较 CK 下降 10.89%和 28.59%。

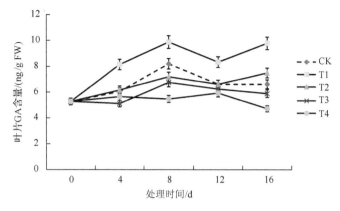

图 10-49　复合盐碱处理对幼苗叶片 GA 含量的影响

复合盐碱处理下中烟 100 幼苗根尖 GA 含量变化如图 10-50 所示，与叶片中 GA 含量变化略有差别。处理后第 4d，除处理 T4 略有下降外，其他处理均呈上升趋势，其中以处理 T2 的上升幅度最大，明显高于 CK；处理后第 8d，各处理间 GA 含量差距变小，分布相对集中，此时 T1＞T2＞CK＞T3＞T4；处理后第 8～12d，CK 平缓下降，T1、T2 逐渐下降，而 T3、T4 急剧上升，第 12d 分别增至 10.00ng/g FW 和 9.64ng/g FW，较 CK 上升 53.61%和 48.08%；处理后第 16d，各处理的 GA 含量都有略微的下降，处理 T1、T2 与 CK 较为接近，处理 T3、T4 明显高于其他处理。

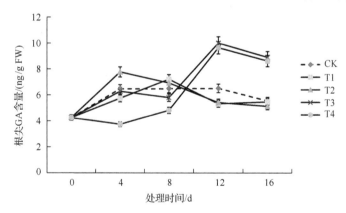

图 10-50　复合盐碱处理对幼苗根尖 GA 含量的影响

（四）复合盐碱处理对幼苗 ZR 含量的影响

复合盐碱处理下中烟 100 幼苗叶片中 ZR 含量变化如图 10-51 所示，处理后第 4d，除处理 T4 略有下降外，其他处理的 ZR 含量均逐渐上升，此时 T3＞T1＞T2＞CK＞T4；处理后第 4～8d，CK 和 T2 持续缓慢上升，其他处理则有不同程度的下降，处理 T4 依旧明显低于其他处理，第 8d 仅为 6.84ng/g FW；处理后第 12d，处理 T1 快速上升，高于其他处理，T2、T3 与 CK 相近，T4 始终在各处理间最低；处理后第 12～16d，CK 持续升高，盐碱处理均呈下降趋势。总之，整个处理时期内 CK 的叶片 ZR 含量呈持续上升的趋势，而盐碱处理呈周期性波动，前期除高盐碱处理 T4 外，其他处理均有高于对照的趋势。

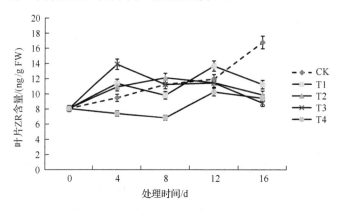

图 10-51　复合盐碱处理对幼苗叶片 ZR 含量的影响

图 10-52 为复合盐碱处理下幼苗根尖 ZR 的含量变化，由此可知 CK 的根尖与叶片 ZR 含量变化相似。处理后第 4d，盐碱处理的根尖 ZR 含量快速升高，且均高于 CK；处理后第 8d，处理 T1 达到取样期间的最高值，为 9.75ng/g FW，T2、T3 与 T1 较为接近，T4 相对较低，为 8.54ng/g FW，但仍高于此时的 CK；处理后第 8～12d，处理 T1、T2 逐渐下降，处理 T4 进入缓慢上升阶段，第 12d 时处理 T3 达到顶峰，明显高于其他处理，为 12.56ng/g FW；处理后第 16d，持续上升的 CK 高于不断下降的各盐碱处理。

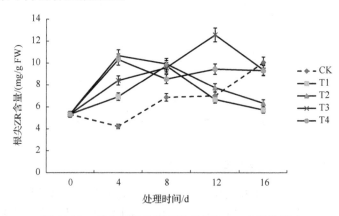

图 10-52　复合盐碱处理对幼苗根尖 ZR 含量的影响

（五）复合盐碱处理对幼苗叶片激素比值及抗盐碱平衡系数的影响

随盐碱浓度和处理时间的增加，叶片中抑制型激素 ABA 和促进型激素 IAA 含量整体呈上升趋势，其中促进型激素的变化趋势与复合盐处理 T4 较为接近，说明复合盐碱处理较盐处理对烟株的胁迫作用更强烈。从表 10-10 可知，除第 4d 处理 T1、T2、T3 的 IAA/ABA、GA/ABA、ZR/ABA、（IAA+GA+ZR）/ABA 值有不同程度的上升外，其他取样时期盐碱处理的生长型激素与抑制型激素比值均低于对照，即在盐碱处理前期各处理幼苗就出现了较为强烈的应激反应，且处理后期盐碱胁迫的作用更为明显。整个取样过程中，各处理的生长型激素与抑制型激素比值基本上均随着处理时间的延长而降低，但是处理间的相对高低略有不同。与复合盐处理相似，处理后第 12d、第 16d T4 的 GA 和 ZR 含量持续下降，IAA 的大幅度上升直接导致了 IAA/ABA 及（IAA+GA+ZR）/ABA 值的相对增高。

表 10-10 复合盐碱处理对幼苗叶片激素比值及抗盐平衡系数的影响

时间	处理	IAA/ABA	GA/ABA	ZR/ABA	（IAA+GA+ZR）/ABA	抗盐平衡系数
	CK	1.738c	0.087b	0.136c	1.961c	
	T1	2.046b	0.140a	0.195b	2.381b	2.760b
处理后第 4d	T2	2.523a	0.144a	0.256a	2.923a	−2.858c
	T3	2.268b	0.086b	0.233a	2.586b	−4.231d
	T4	1.339d	0.069b	0.090d	1.498d	13.756a
	CK	1.577a	0.143a	0.196a	1.916a	
	T1	1.053b	0.105b	0.104b	1.263b	2.649b
处理后第 8d	T2	0.808c	0.053c	0.090c	0.950c	2.922b
	T3	0.897c	0.059c	0.098c	1.054c	2.409b
	T4	0.860c	0.045c	0.057d	0.962c	5.286a
	CK	1.948a	0.117a	0.211a	2.276a	
	T1	1.086b	0.082b	0.134b	1.302b	3.803a
处理后第 12d	T2	0.764c	0.044c	0.076c	0.884c	3.859a
	T3	0.755c	0.054c	0.098c	0.907c	2.771b
	T4	0.848c	0.048c	0.082c	0.978c	2.788b
	CK	1.233a	0.072a	0.183a	1.488a	
	T1	0.578c	0.073b	0.084c	0.735c	2.280a
处理后第 16d	T2	0.564c	0.058b	0.076b	0.698c	2.133a
	T3	0.757b	0.037c	0.056b	0.851b	0.741b
	T4	0.832b	0.030c	0.061b	0.923b	−9.060c

观察表 10-10 中各处理的抗盐平衡系数可知，处理 T1 的平衡系数在不同取样

时期差异不明显，除处理后第12d略有增大外，其他时期表现相对稳定；处理T2与T1趋势相似，处理后第16d平衡系数较T1更小，即此时内源激素间协调性更好；处理前期T3的趋势与T2类似，后期随着胁迫的加剧，平衡系数反而因为IAA的分泌降至0.741；处理T4的平衡系数随处理时间的延长逐渐减小，处理后第4d达到13.756，为同时期T1的4.98倍，处理后第12d降至2.788，第16d降为负值，这可能是由于高盐碱处理下烟苗的激素应对系统短期内出现紊乱，随后通过分泌大量的生长型激素展开"自救"。

四、复合盐碱处理对烟草幼苗叶片渗透调节物质的影响

(一)复合盐碱处理对幼苗叶片可溶性糖含量的影响

复合盐碱处理下叶片中可溶性糖含量的变化如图10-53所示，各处理随时间增加整体上呈现出先升高后降低的趋势。处理后第4d，各盐碱处理的可溶性糖含量均明显升高，其中T2、T3的升高幅度较小，处理T4升高幅度最大，均明显高于CK；处理后第4~8d，处理T4逐渐下降，而其他盐碱处理逐渐升高，第8d时T1、T3、T4含量较为接近，处理T2略低，但依旧高于对照；处理后第12d，T1快速下降，降至0.81%，较CK低14.74%，其他处理缓慢上升；处理后第12~16d，各处理均呈下降趋势，其中T3的下降速度最快，T3、T4均低于CK。

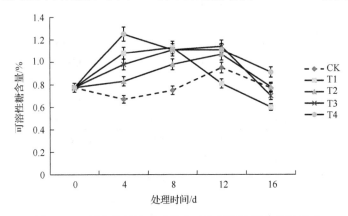

图 10-53　复合盐碱处理对幼苗叶片可溶性糖含量的影响

(二)复合盐碱处理对幼苗叶片可溶性蛋白质含量的影响

图10-54为复合盐碱处理下烟叶可溶性蛋白质含量的变化，可以看到CK和T1在整个取样期间均呈上升趋势，而T2、T3、T4则先升高后降低，但峰值略有不同。处理后第4d，除CK变化相对平缓外，其他盐碱处理均有较为明显的升高，其中以处理T4最为明显；处理后第8d，各处理持续增大，处理T4达到取样期的

顶峰，此时 T4＞T3＞T3＞T1＞CK；处理后第 12d，处理 T3 快速增高，T4 则略有下降，T3 较 T4 高 21.95%；处理后第 12～16d，CK 和 T1 持续升高，T2、T3 和 T4 均呈下降趋势，以处理 T4 的下降趋势最为明显，较第 12d 下降了 37.18%，仅为 5.98mg/g FW。

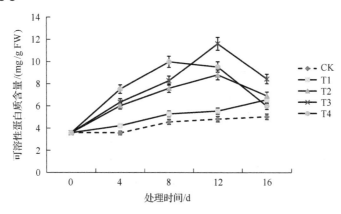

图 10-54　复合盐碱处理对幼苗叶片可溶性蛋白质含量的影响

(三) 复合盐碱处理对幼苗叶片脯氨酸含量的影响

复合盐碱处理下中烟 100 幼苗叶片的脯氨酸含量如图 10-55 所示，其含量变化与可溶性蛋白质的变化较为接近，整个取样期 CK 的脯氨酸含量不断升高，其他处理则先升高后降低。处理后第 4d，除 CK 外各处理均有一定增长，以处理 T4 最为明显，T3 次之，处理 T2 的脯氨酸含量低于 T1，但均高于对照；处理后第 8d，处理 T2 快速增长，其含量与 T1 相当，此时 T4＞T3＞T2=T1＞CK；处理后第 12d，除 T4 外，其他处理持续升高，特别是 T3，达到 805.34μg/g FW，较 CK 高 2.82 倍；处理后第 12～16d，除 CK 略有上升外，其他处理均呈下降趋势。而复合盐处

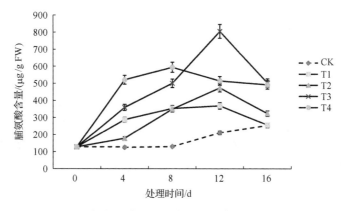

图 10-55　复合盐碱处理对幼苗叶片脯氨酸含量的影响

理的脯氨酸呈持续上升现象，两者这种差异可能是由于脯氨酸的合成有赖于碳水化合物通过氧化磷酸化作用提供其必需的氢和还原能力（肖强等，2005），而盐碱作用下各处理幼苗的光合能力受到更强的抑制，可溶性糖也较单独的盐处理更早表现出下降趋势。此外，叶绿素的合成需要脯氨酸，盐碱处理后期细胞中大量积累的脯氨酸有利于叶绿素的合成，这也从另一个方面解释了盐碱处理后期叶绿素含量有所增多。

（四）复合盐碱处理对幼苗叶片抗氧化酶活性的影响

图 10-56 所示为复合盐碱对叶片 SOD 活性的影响，CK 在取样期间变化相对较小，其他处理基本上先升高后降低。处理后第 4d，除 T1 外其他盐碱处理均有一定程度的上升且高于对照，T1 则略低于对照但并未达到显著水平；处理后第 4～8d，各盐碱处理进入快速增长阶段，第 8d 时 T4＞T3＞T2＞T1＞CK，处理 T3、T4 分别达到 154.31U/(g FW·h)和 171.06U/(g FW·h)，较 CK 增大 37.31%和52.22%；处理后第 8～12d，CK 平稳中略有上升，而盐碱处理均逐渐下降，各处理 SOD 活性相当；处理后第 16d，所有盐碱处理均低于对照。

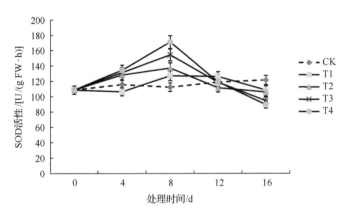

图 10-56　复合盐碱处理对幼苗叶片 SOD 活性的影响

复合盐碱处理下叶片 POD 活性如图 10-57 所示。可以看到，整个取样期间各处理的 POD 活性整体呈上升趋势。处理后第 4d，各处理变化较慢，处理间差别不大；处理后第 4～8d，CK 和 T1 平缓增加，其他处理则急剧上升，特别是处理T2，第 8d 升至 9.41μg/(g FW·min)，是 CK 的 2.42 倍；处理后第 8～12d，T2 有所下降，其他盐碱处理依旧保持较快速度增长；处理后第 16d，各处理的 POD 活性达到最大值，此时 T3 最高，T2、T4 次之，CK 最弱。

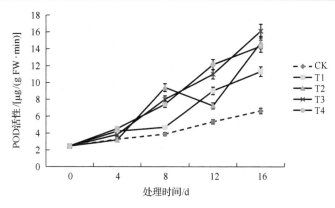

图 10-57　复合盐碱处理对幼苗叶片 POD 活性的影响

图 10-58 为复合盐碱处理下叶片 CAT 活性的变化情况，可以看到，CAT 活性的变化趋势与 SOD 相似，但处理间差异更大且前期反应更为迅速。处理后第 4d，各盐碱处理已有明显增高，T4 最高，T3 次之，T1、T2 较为接近，其中 T4 的增加幅度最大，是 CK 的 5.02 倍；处理后第 8d，各处理均保持上升的趋势，此时 T4＞T3＞T2＞T1＞CK，各盐碱处理达到取样期间的最大值，分别为 125.72U/(g FW·min)、111.35U/(g FW·min)、83.72U/(g FW·min) 和 72.70U/(g FW·min)；处理后第 8～12d，CK 持续上升，其他处理则逐渐下降，但盐碱处理仍然高于对照；处理后第16d，T1 略有回升，各处理的 CAT 活性较为相近。

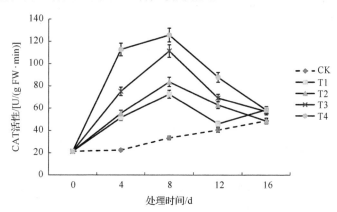

图 10-58　复合盐碱处理对幼苗叶片 CAT 活性的影响

(五)讨论

　　盐碱胁迫下各种有机渗透调节物质含量和抗氧化酶活性均有一定变化。盐碱处理的可溶性糖和脯氨酸含量均呈现先升高后下降的趋势，但可溶性糖的变化幅度较小且更早地出现下降趋势，这也从一方面证实脯氨酸含量的变化并不单单是植物受损伤程度的表现，而是对植物起到了切实的缓解调控作用；可溶性蛋白质的变化趋势在中高盐碱处理下(0.6%～1.2%)与脯氨酸相似，在高度胁迫下，可溶性蛋白质较可溶性糖和脯氨酸起到更重要的作用。

观察三种抗氧化酶活性的变化，可以看到 SOD 和 CAT 均呈先升高后下降的趋势，而 POD 整体呈上升趋势，且 POD 和 CAT 的最大增幅达到原始活性的7～8倍，而 SOD 的最大增幅仅为80%，即抗氧化酶系统的崩溃主要是由于后期盐碱胁迫造成 SOD 的活性降低，不能持续地将氧自由基转变成 H_2O_2(Asada，1999)，因此后续分解工作无法继续进行。

五、小结

对盐碱处理下的多个指标进行分析，得到以下结论。

1)低浓度的复合盐碱处理在一定时间内可以降低细胞膜透性，促进叶绿素合成，对根表面积及根系活力有促进作用，但这种促进作用仅在处理后第4d有所表现。

2)盐碱胁迫对烟株幼苗造成强烈的渗透胁迫，长时间的胁迫处理导致细胞膜透性增加，膜脂过氧化作用强烈，对叶绿素合成产生较强的抑制作用，且浓度越大抑制效果越明显。此外，高浓度的盐碱处理致使许多白嫩根尖变褐腐烂，明显降低根系密度及数量，强烈抑制根系总长度、根平均直径及根体积。

3)遭受盐碱胁迫后，植物内的内源激素、有机渗透调节物质及抗氧化酶系统均在短期内做出了较为强烈的应激反应，ABA、GA、脯氨酸、可溶性糖、可溶性蛋白质含量和 POD、SOD、CAT 活性均呈上升趋势，其中低浓度盐碱处理的 ABA、IAA、ZR、GA 含量及 SOD 活性均较对照低。

4)随着盐碱处理浓度的增加和处理时间的延长，激素应对系统出现紊乱，并通过生成大量生长型激素展开"自救"，叶片中 ABA 和 IAA 含量整体上均呈上升趋势，但与 CK 相比升高不明显；渗透调节物质的代谢也基本崩溃，可溶性糖、可溶性蛋白质及脯氨酸含量均呈下降趋势；抗氧化酶系统在后期由于 SOD 的活性快速下降，即使 POD 活性持续上升，但后续分解工作无法继续进行。

第五节　洛阳烟区土壤盐分空间分布特征分析

土壤盐渍化是在世界范围内影响农作物产量的主要环境问题之一，也是干旱与半干旱地区最严重的问题之一。盐渍土的发生受区域性因素的影响较大，其盐分组成及离子比例具有明显的地域特点，积盐、脱盐过程及盐分组成因生物、气候、地带性土壤的发生过程不同而存在较大差异。近年来，由于气候变化、农药滥用及灌溉、施肥方式不合理，土壤盐渍化现象越来越普遍，严重影响农作物的生长发育。研究表明(毛海涛等，2016；解卫海等，2015)，干旱时，土壤水分蒸发增强导致地表盐分不断积累，盐分浓度增加。洛阳烟区是河南省主要烟区之一，常年种烟土壤面积近 2 万 hm^2，但洛阳历史上就是一个旱灾频繁发生的地区。据史料记载，从公元前 873 年至公元 1946 年的 2819 年间，洛阳市共发生旱灾 513 次，其中导致农业严重减产或绝收的连年大旱灾有 160 次。在 2000 年 2～5 月，洛阳市还发生了新中国成立以来同期最严重的特大旱灾。干旱是洛阳市的主要灾害性天气，发生范围广，出现频率高，持续时间长。全市常有春旱，个别年份有春夏秋连旱，危害十分严重。在此干旱频发的背景下，土壤盐分浓度极易升高，进而对农作物产生不利影响。

各种盐类都是由阴阳离子组成的，盐土中所含的盐类，阳离子主要是 Ca^{2+}、Mg^{2+}、K^+ 和 Na^+，其中对植物有危害的盐类主要为钠盐和钙盐，以钠盐的危害最为普遍。形成盐类的阴离子主要有 CO_3^{2-}、HCO_3^-、SO_4^{2-} 及 Cl^-，阳离子与 Cl^-、SO_4^{2-} 所形成的盐类为中性盐，阳离子与 CO_3^{2-}、HCO_3^- 所形成的盐类为碱性盐。植物中 SO_4^{2-} 浓度高会引起缺钙，对烤烟来说，SO_4^{2-} 被烟草吸收后会削弱钾肥所产生的促进燃烧和提高香气质、香气量的作用，导致烟叶燃烧后灰色变黑、抽吸质量差(刘国顺，2003)。本研究旨在分析洛阳烟区不同土壤类型盐分的剖面分布特征，为减少盐浓度过高给烟草生长带来不利影响，改善烟叶产质量，促进烟叶生产的可持续发展提供理论依据和参考。

本试验为调查研究试验，于 2017 年 3 月 20～24 日烟田整地施肥前，在洛阳烟区的 4 个主产县(汝阳、嵩县、洛宁、宜阳)取样，依据不同土壤类型在每个县选取 5 个点，共 20 个点，均位于丘陵的坡上。按土壤类型分类：红黏土 16 个，黄土质褐土 4 个，在每个取样点选取土壤剖面 0～20cm、20～40cm、40～60cm、60～80cm、80～100cm 处的土壤进行采集，共采集 100 个土壤样品。土壤中各盐离子测定 Ca^{2+}、Mg^{2+}、SO_4^{2-} 采用 EDTA 滴定法；CO_3^{2-}、HCO_3^- 采用双指示剂中和滴定法；Cl^- 采用硝酸银滴定法；Na^+、K^+ 采用火焰分光光度计测定；全盐量为阳离子和阴离子总质量之和(鲍士旦，2000)。

土壤水溶性盐总量(g/kg)=7 个离子质量分数之和。

根据土壤盐渍化分级标准(王遵亲等，1994)，将土壤含盐量分为以下 5 个等级：<1.0g/kg 属于非盐渍化土；1.0～2.0g/kg 属于轻度盐渍化土；2.0～4.0g/kg 属于中度盐渍化土；4.0～6.0g/kg 属于重度盐渍化土；>6.0g/kg 属于盐土。

一、洛阳主要烟区土壤盐分状况

(一)洛阳主要烟区土壤盐离子剖面分布状况

洛阳主要烟区土壤样品盐分状况如表 10-11 所示，20 个取样点及其 5 个土壤剖面层的 100 个土壤样品，pH 为 7.58～7.94，属于碱性土，盐分阳离子以 Ca^{2+} 为主，占阳离子总量的 52.50%～58.40%，阴离子以 SO_4^{2-} 为主，占阴离子总量的

表 10-11　洛阳主要烟区土壤盐分状况特征值分析

土层深度/cm	pH	Ca²⁺/(mg/kg)	Mg²⁺/(mg/kg)	K⁺/(mg/kg)	Na⁺/(mg/kg)	HCO₃⁻/(mg/kg)	Cl⁻/(mg/kg)	SO₄²⁻/(mg/kg)	有机质(g/kg)	全盐量(mg/kg)	轻度盐渍化土/个	中度盐渍化土/个	重度盐渍化土/个
0~20	7.58 ±0.75	103.96 ±85.12	15.60 ±12.44	59.91 ±22.25	18.55 ±15.41	11.65 ±7.81	5.55 ±3.87	375.64 ±158.46	1.18 ±0.28	590.87 ±255.66	1	0	0
20~40	7.80 ±0.50	99.36 ±84.61	13.66 ±7.10	54.97 ±25.46	21.03 ±22.23	11.63 ±6.73	5.08 ±3.02	336.16 ±199.41	1.02 ±0.34	541.13 ±276.09	1	0	0
40~60	7.92 ±0.50	105.02 ±68.40	14.97 ±11.06	52.38 ±26.38	22.31 ±18.81	14.52 ±6.61	5.74 ±5.97	323.40 ±171.20	0.87 ±0.35	538.34 ±226.60	1	0	0
60~80	7.94 ±0.39	120.49 ±132.47	14.91 ±8.12	50.36 ±16.26	25.78 ±25.61	12.24 ±5.73	8.18 ±17.33	342.96 ±373.52	0.77 ±0.31	574.91 ±549.57	1	1	0
80~100	7.91 ±0.43	131.17 ±184.14	15.70 ±8.72	50.70 ±24.67	27.05 ±25.38	12.52 ±5.92	5.36 ±6.885	361.68 ±335.55	0.76 ±0.33	604.18 ±546.82	1	1	0

94.10%~95.62%。Ca^{2+}含量在0~40cm随土层深度增加逐渐降低，在40~100cm随土层深度增加逐渐升高。Mg^{2+}含量最大值出现在80~100cm土层，最小值出现在20~40cm土层。SO_4^{2-}含量和全盐量随土层深度的增加呈现出先降低后升高的趋势，表现出表聚和底聚现象。Na^+含量随土层深度增加逐渐升高。K^+与HCO_3^-含量在0~80cm随土层深度增加逐渐降低，在80~100cm土层含量略有增加。Cl^-在60~80cm土层含量最高，在20~40cm土层含量最低。有机质含量随土层深度增加逐渐降低。在5土层中，各有1个土壤样品为轻度盐渍化土，在60~80cm和80~100cm土层各有1个中度盐渍化土。

(二)洛阳主要烟区土壤盐离子、pH及有机质间的相关性

对土壤盐碱指标进行相关性分析，能在一定程度上揭示各盐碱指标在土壤剖面中的存在形态及运移规律，反映出其变化趋势(郭全恩等，2009)。在盐分的上下运移过程中，氯化物的运移最为活跃，其次是硫酸盐，重碳酸盐的运移最不活跃(景宇鹏等，2016)。从表10-12可以看出，Ca^{2+}与Mg^{2+}、Na^+、SO_4^{2-}、Cl^-、全盐量均呈极显著正相关。Mg^{2+}与Ca^{2+}、Na^+、SO_4^{2-}、Cl^-、全盐量呈极显著正相关，与K^+呈显著正相关。K^+与Cl^-呈极显著正相关，与Mg^{2+}呈显著正相关。Na^+与Ca^{2+}、Mg^{2+}、SO_4^{2-}、Cl^-、全盐量呈极显著正相关。HCO_3^-与pH呈极显著正相关，与有机质呈显著负相关。SO_4^{2-}与Ca^{2+}、Mg^{2+}、Na^+、Cl^-、全盐量都呈极显著正相关，与有机质呈显著正相关。Cl^-与Ca^{2+}、Mg^{2+}、K^+、Na^+、SO_4^{2-}、全盐量呈极显著正相关。全盐量与Ca^{2+}、Mg^{2+}、Na^+、SO_4^{2-}、Cl^-呈极显著正相关，相关系数分别为0.911、0.438、0.840、0.969和0.787，说明Ca^{2+}、Na^+、SO_4^{2-}和Cl^-对土壤全盐量的影响较大；而pH与HCO_3^-呈极显著正相关，与有机质呈显著负相关，说明土壤pH主要受控于HCO_3^-。有机质与pH、HCO_3^-呈显著负相关，与SO_4^{2-}呈显著正相关。

表 10-12　洛阳主要烟区土壤盐离子、pH 及有机质间的相关性

指标	pH	Ca^{2+}	Mg^{2+}	K^+	Na^+	HCO_3^-	SO_4^{2-}	Cl^-	有机质	全盐量
pH	1.000									
Ca^{2+}	0.162	1.000								
Mg^{2+}	−0.016	0.440**	1.000							
K^+	0.005	0.168	0.232*	1.000						
Na^+	0.042	0.887**	0.435**	0.081	1.000					
HCO_3^-	0.624**	0.128	0.183	0.127	0.017	1.000				
SO_4^{2-}	0.051	0.729**	0.352**	0.093	0.737**	0.036	1.000			
Cl^-	0.048	0.748**	0.392**	0.283**	0.771**	0.063	0.713**	1.000		
有机质	−0.215*	0.078	0.082	−0.073	0.17	−0.239*	0.224*	0.081	1.000	
全盐量	0.096	0.911**	0.438**	0.189	0.840**	0.093	0.969**	0.787**	0.176	1

二、红黏土的盐分剖面分布特征

(一)红黏土土壤全盐量的剖面分布特征

土壤全盐量是表征土壤含盐量及盐渍化程度的重要指标(韩桂红等,2012)。从图 10-59 中可以看出,红黏土土壤 0～100cm 土层含盐量在 425.71～536.11mg/kg,在 0～20cm 出现最大值,在 60～80cm 出现最小值。变异系数是反应变量离散程度的重要指标,在一定程度上揭示了变量的空间分布特征。在红黏土不同土层间土壤全盐量的变异系数在 18.95%～47.51%,属于中等变异,说明红黏土土壤盐分在水平方向上分布不均匀,有较强的空间特异性。

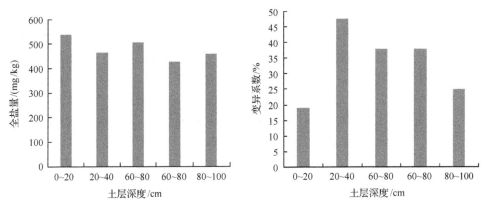

图 10-59　红黏土土壤全盐量及其在剖面中的分布特征

(二)红黏土土壤阳离子的剖面分布特征

从土壤剖面阳离子分布情况来看(表 10-13),Ca^{2+} 在各土层阳离子总量中所占比例最大,分别占 50.94%、49.45%、52.71%、51.51%和 50.70%;K^+所占比例次之,为 27.71%～32.86%;Na^+占阳离子总量的 8.89%～12.22%;Mg^{2+}所占比例最小。其中,Ca^{2+}含量的变化趋势与红黏土土壤全盐量的变化趋势基本一致,在各土层间分布比较均匀。而 Mg^{2+}含量以 0～20cm 层最低,80～100cm 层最高。K^+含量随土层深度的增加而减少,Na^+含量则随土层深度增加逐渐增多。

从土壤剖面阳离子含量的变异系数来看,各离子在整个剖面表现为中、高度变异,变异系数在 17.16%～72.46%,各土层都以 Mg^{2+}变异系数最高,Na^+变异系数最低,且各离子变异系数整体上都呈现出土层中间高、两边低的趋势。其中 Ca^{2+}变异系数的最大值出现在 20～40cm,Mg^{2+}和 K^+变异系数的最大值出现在 40～60cm,Na^+变异系数的最大值出现在 60～80cm。

表 10-13　红黏土土壤阳离子及其在剖面中的分布特征

土层深度/cm	Ca^{2+}			Mg^{2+}			K$^+$			Na$^+$		
	含量/(mg/kg)	CV/%	占比/%	含量/(mg/kg)	CV/%	占比/%	含量/(mg/kg)	CV/%	占比/%	含量/(mg/kg)	CV/%	占比/%
0～20	84.89±28.92	34.07	50.94	12.17±5.15	42.35	7.31	54.76±17.87	32.63	32.86	14.82±2.54	17.16	8.89
20～40	78.01±36.67	47.00	49.45	13.60±7.52	55.30	8.62	50.36±13.48	26.77	31.92	15.80±3.07	19.42	10.01
40～60	87.22±35.17	40.33	52.71	12.83±9.30	72.46	7.75	47.85±21.08	44.05	28.92	17.58±3.39	19.31	10.62
60～80	83.89±28.29	33.72	51.51	13.44±7.02	52.27	8.25	46.60±13.17	28.26	28.62	18.92±5.72	30.21	11.62
80～100	81.42±3158	38.79	50.70	15.05±8.40	55.82	9.37	44.50±14.05	31.58	27.71	19.63±4.56	23.21	12.22

(三)红黏土土壤阴离子的剖面分布特征

从剖面中阴离子的分布状况来看(表 10-14),各土层阴离子以 SO$_4^{2-}$为主,占阴离子总量的 93.66%～95.42%,是研究区的主要阴离子,其在土壤剖面中与红黏土土壤全盐量的分布状况基本一致,以 0～20cm 土层含量最高。HCO$_3^-$含量占阴离子总量的 3.19%～4.75%,40～60cm 土层含量最高。Cl$^-$含量随着土层加深而逐渐减少,占阴离子总量的 1.22%～1.59%。

表 10-14　红黏土土壤阴离子及其在剖面中的分布特征

土层深度/cm	HCO$_3^-$			SO$_4^{2-}$			Cl$^-$		
	含量/(mg/kg)	CV/%	占比/%	含量/(mg/kg)	CV/%	占比/%	含量/(mg/kg)	CV/%	占比/%
0～20	11.78±8.29	70.38	3.19	352.55±97.07	27.53	95.42	5.14±3.21	62.42	1.39
20～40	11.12±6.45	58.02	3.63	290.60±191.32	65.84	94.83	4.71±1.81	38.43	1.54
40～60	14.25±6.98	49.01	4.18	322.90±161.90	50.14	94.60	4.18±1.67	39.92	1.22
60～80	12.48±5.73	45.89	4.75	246.20±159.73	64.88	93.66	4.19±1.34	32.05	1.59
80～100	13.13±6.47	49.29	4.42	280.00±111.01	39.64	94.34	3.68±1.25	33.90	1.24

从土壤剖面中阴离子含量的变异系数来看,HCO$_3^-$的变异系数随着土层加深,基本呈现出先降低后略有回升的趋势,Cl$^-$的变异系数在 0～20cm 土层最大,而 SO$_4^{2-}$则以 20～40cm 和 60～80cm 土层较大。

三、黄土质褐土的盐分剖面分布特征

(一)黄土质褐土土壤全盐量的剖面分布特征

由图 10-60 可以看出,黄土质褐土土壤 0～100cm 土层全盐量在 66.45～

121.93mg/kg，较红黏土高，表现出明显的表聚和底聚现象，60～100cm 土层有轻度盐渍化。从变异系数来看，黄土质褐土土壤全盐量变异系数在 32.06%～96.25%，60～100cm 土层变异系数较大。

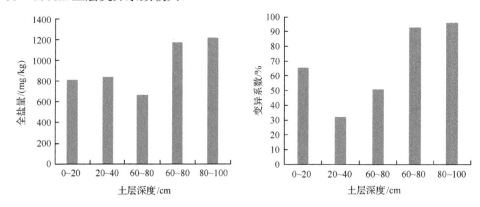

图 10-60　黄土质褐土土壤全盐量及其在剖面中的分布特征

（二）黄土质褐土土壤阳离子的剖面分布特征

黄土质褐土在各土层阳离子都以 Ca^{2+} 为主（表 10-15），占阳离子总量的 55.71%～68.68%。Ca^{2+} 含量的变化趋势与黄土质褐土土壤全盐量的变化趋势基本一致，以 80～100cm 土层含量最高，在 40～60cm 土层含量最低。K^+ 含量随土层深度增加表现出先降后升的趋势，占阳离子总量的 15.70%～24.88%，在 0～20cm 土层含量最高。Mg^{2+} 在 0～20cm 和 40～60cm 土层含量较高。Na^+ 含量在 0～40cm 土层逐渐减少，在 40～100cm 土层逐渐增加。从整个剖面的变异系数来看，黄土质褐土土壤阳离子的变异系数在 31.66%～114.82%，表现为中、高度变异，各土层皆以 Ca^{2+} 和 Na^+ 的变异系数最大。

表 10-15　黄土质褐土土壤阳离子及其在剖面中的分布特征

土层深度/cm	Ca^{2+}			Mg^{2+}			K^+			Na^+		
	含量/(mg/kg)	CV/%	占比/%	含量/(mg/kg)	CV/%	占比/%	含量/(mg/kg)	CV/%	占比/%	含量/(mg/kg)	CV/%	占比/%
0～20	180.24±178.92	99.27	55.71	29.32±23.09	78.74	9.06	80.51±28.86	35.85	24.88	33.50±33.18	99.05	10.35
20～40	184.75±162.67	88.05	61.29	13.90±6.06	43.57	4.61	73.40±51.29	69.87	24.35	29.38±23.52	80.07	9.75
40～60	176.23±122.45	69.49	56.58	23.52±14.84	63.09	7.75	70.47±40.50	57.47	22.63	41.24±39.83	96.59	13.24
60～80	266.90±267.21	100.11	65.69	20.77±10.66	51.30	5.11	65.44±20.72	31.66	16.11	53.20±52.31	98.34	13.09
80～100	330.19±379.14	114.82	68.68	18.33±10.83	59.08	3.81	75.55±42.93	56.87	15.70	56.75±50.05	88.19	11.81

(三)黄土质褐土土壤阴离子的剖面分布特征

从表 10-16 可以看出，在黄土质褐土中各土层阴离子以 SO_4^{2-} 为主，含量在 325.42～730.00mg/kg，占阴离子总量的 92.18%～97.00%，在 60～80cm 土层含量最多，40～60cm 土层含量最少。HCO_3^- 含量在 10.07～15.62mg/kg，随土层加深呈现先升后降的变化趋势，在 40～60cm 土层含量最高。Cl^- 含量随土层深度增加呈先降后升又降的变化趋势，在 6.58～24.15mg/kg，最大值出现在 60～80cm 土层，最小值出现在 20～40cm 土层。从黄土质褐土土壤阴离子的变异系数来看，Cl^- 的变异系数在各土层均最大，在 81.71%～158.69%；SO_4^{2-} 的变异系数在 22.39%～103.32%；HCO_3^- 的变异系数表现为表层高、底层低，在 80～100cm 土层出现最小值，20～40cm 土层出现最大值。

表 10-16　黄土质褐土土壤阴离子及其在剖面中的分布特征

土层深度/cm	HCO_3^-			SO_4^{2-}			Cl^-		
	含量/(mg/kg)	CV/%	占比/%	含量/(mg/kg)	CV/%	占比/%	含量/(mg/kg)	CV/%	占比/%
0～20	11.13±6.48	58.23	2.29	468.00±312.57	66.79	96.23	7.20±5.88	81.71	1.48
20～40	13.66±8.50	62.21	2.54	518.40±116.06	22.39	96.24	6.58±6.14	93.35	1.22
40～60	15.62±5.57	35.65	4.43	325.42±233.60	71.79	92.18	11.96±12.14	101.51	3.39
60～80	11.28±6.50	57.65	1.47	730.00±711.61	97.48	95.37	24.15±38.32	158.69	3.16
80～100	10.07±1.56	15.48	1.36	716.40±740.18	103.32	97.00	12.06±14.63	121.29	1.64

四、小结

土壤全盐量、pH、阴阳离子组成是盐渍化土壤最基本的表征，也是区域盐渍化土壤改良利用最基本的依据。土壤全盐量有明显的表聚和底聚两个现象，这主要与水盐运动有关，盐渍化土壤水盐运移的基本规律是："盐伴水来，盐陪水走，水走盐留"（王学全等，2006）。一方面在实际操作中由于户均面积增大，人工成本提高，因此基肥比例增加，进而使得土壤盐分在地表积累；另一方面洛阳烟区冬春干旱少雨，水分蒸发使土壤中盐分随水向上迁移，产生土壤盐分表聚现象，而在降水量大的季节，盐分则随水向土层深处迁移，产生底聚现象。由于所采集土壤多为石灰性土壤，因此盐分中阳离子以 Ca^{2+} 为主；烟用钾肥通常为 K_2SO_4，导致土壤中 K^+ 和 SO_4^{2-} 含量增加，因此土壤盐分阳离子中 K^+ 含量仅次于 Ca^{2+}，阴离子以 SO_4^{2-} 为主。本试验中土壤有机质与 pH 呈显著负相关，可能是因为土壤 pH 会影响土壤微生物数量、种群结构及生物活性，而有机质的矿质化与腐质化过程是在微生物的参与下完成的(戴万宏等,2009),因此土壤 pH 对有机质产生影响 (Motavalli et al., 1995)。土壤盐分指标呈现出空间变异,变异系数多为中到高, 这表明土壤盐分的变异性较大,空间分布不均匀(景宇鹏等,2016)。

研究区黄土质褐土土壤全盐量较高,0~60cm 土层为非盐渍化土,60~100cm 土层为轻度盐渍化土,土壤盐分有明显的表聚和底聚现象;红黏土土壤 0~100cm 土层为非盐渍化土,土壤盐分有较明显的表聚现象。两种类型土壤盐分剖面分布 的差异可能与土壤剖面结构存在差异有关。对于黄土质褐土而言,土体构造上虚 下实,表层土多为中壤,盐分易在表面聚集,而在 40~60cm 土层出现黏化层, 厚度 30~50cm(魏克循,1995),导致盐分容易积累在黏化层,出现盐分底聚现象。 对于红黏土而言,质地多为重壤土和黏土,致密少孔,土体构造中下层紧实,抑 制了盐分向深处迁移,易在黏土层界面积盐(余世鹏等,2011;陈丽娟等,2012), 且红黏土具有低膨胀性和高收缩性,在气候干旱、蒸发强烈的季节,土体收缩导 致的裂缝会成为水分蒸发的良好通道,使盐分在这些通道通过土壤毛管的作用随 水向上迁移,发生盐分表聚现象(朱建群等,2016;张鹜等,2015)。本试验中只 探讨了春季洛阳烟区典型土壤盐分剖面的分布特征,至于夏季降水量较大的季节 盐分在剖面的分布还有待进一步研究。

总体上,研究区土壤多为非盐渍化土,土壤盐分表现出明显的表聚和底聚现 象。0~60cm 土层全盐量随土层深度增加逐渐降低,60~100cm 土层全盐量随土 层深度增加逐渐升高。土壤盐分中阳离子以 Ca^{2+} 为主,K^+ 次之,阴离子以 SO_4^{2-} 为主,Ca^{2+}、Na^+、SO_4^{2-} 和 Cl^- 是影响土壤中盐分状况的主要离子。土壤有机质含 量随土层深度增加逐渐降低。黄土质褐土 0~60cm 土层为非盐渍化土,60~100cm 土层为轻度盐渍化土,且土壤盐分表现出表聚和底聚现象;红黏土 0~100cm 土 层为非盐渍化土,土壤盐分表现出表聚现象。

第六节　洛阳植烟土壤肥力特征及其与土壤盐分关系分析

土壤肥力是农业的基础,是作物产量和品质的关键影响因子,了解土壤不同 层次的肥力高低可以为科学施肥提供依据。随着现代农业生产中化肥的大量施用 和有机肥施用的减少,土壤质量正在逐步下降,与此同时伴随着灌溉方式不合理, 导致土壤次生盐渍化问题日益突出。烟草旺盛生长季节气候炎热,蒸发量大,较 易引起盐分表聚(石丽红,2007),作者先前的研究表明,河南省 12 个地区的植 烟土壤出现不同程度盐渍化,个别样点的土壤甚至属于中度盐渍化。高盐含量不 仅会导致土壤质量下降,影响养分的平衡供应和离子之间的平衡吸收,降低土壤 养分的有效性(宁川川等,2016;陈欢和张存岭,2014),盐分的积累还会造成土壤生理干旱,烤烟根系吸水受阻,叶片光合呼吸作用减弱,正常生理代谢遭到破坏,烟草的抗逆能力和品质降低(赵莉,2009)。目前已有关于植烟土壤肥力的研究,但有关植烟土壤盐分及其与肥力之间关系的报道鲜有。为此,本节以河南省洛阳市植烟土壤为研究对象,研究洛阳植烟土壤不同土层全盐量与养分垂直分布规律,并分析全盐量与土壤养分的关系,旨在为烤烟合理施肥、优化管理,实现烤烟优质丰产提供参考。

本试验与本章第五节为同一个试验,在第五节的基础上应用常规统计学方法和冗余分析方法对土壤全盐量与基础肥力进行进一步分析。

一、洛阳植烟土壤盐分垂直分布特征

参照王遵亲等(1994)土壤含盐量划分等级标准,由表 10-17 可知,洛阳植烟土壤大部分为非盐渍化土,部分属于轻度盐渍化土,土壤全盐量自上而下呈现"V"形变化趋势, 80~100cm 土层全盐量平均值最高,为 0.61g/kg;0~20cm 土层全盐量均值为 0.59g/kg;20~40cm、40~60cm 土层全盐量最低,均值为 0.54g/kg;60~100cm 土层全盐量有所升高。0~20cm 和 40~60cm 土层全盐量变异系数分别为 35.96%、36.72%,土壤全盐量变化幅度较小,20~40cm 和 60~100cm 土层全盐量变异较大,变异系数均超过了 40%,表明深层土壤全盐量分布存在较大差异,且由偏度系数和峰度系数可知,60~100cm 土壤全盐量均偏向平均值右侧,分布不集中。

表 10-17 土壤全盐量特征值统计

土层深度/cm	最小值/(g/kg)	最大值/(g/kg)	平均值/(g/kg)	标准差/(g/kg)	偏度系数	峰度系数	CV/%
0~20	0.37	1.17	0.59	0.21	1.72	2.97	35.96
20~40	0.14	0.82	0.54	0.22	-0.70	-0.73	41.12
40~60	0.20	0.91	0.54	0.20	0.03	-0.89	36.72
60~80	0.24	1.89	0.57	0.36	2.69	8.63	64.11
80~100	0.26	1.92	0.61	0.43	2.47	5.49	71.62

二、洛阳植烟土壤肥力垂直分布特征

从土壤剖面 pH 变化情况来看(图 10-61),表层土壤多呈碱性,随着土层加深土壤 pH 明显升高后变化趋缓,基本维持在 7.70 左右。0~20cm 土层土壤 pH 平均值为 7.58,变化幅度较大,其中 10%的土壤处于我国植烟土壤适宜 pH 范围(5.5~6.5)(叶协锋,2011),20~100cm 土层土壤大多呈碱性。

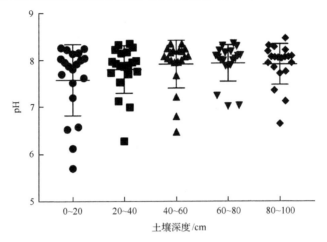

图 10-61　洛阳地区不同土层土壤 pH 变化

从土壤有机质含量分布图(图 10-62)来看,随着土层加深,土壤有机质含量呈降低趋势,0~20cm 土壤有机质含量多在 8~12g/kg,处于烤烟适宜生长范围内;20~40cm 土壤中有机质多集中在 7~14g/kg,部分样点有机质含量低于 5g/kg;在40~100cm 土层,土壤有机质含量整体偏低。

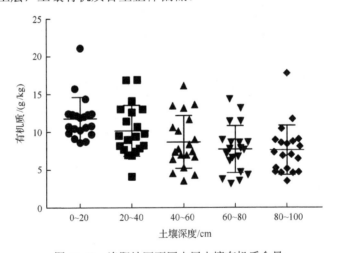

图 10-62　洛阳地区不同土层土壤有机质含量

不同土层土壤碱解氮含量如图 10-63 所示,0~20cm 土层土壤碱解氮含量为58.79~111.55mg/kg,平均值为 77.71mg/kg,仅有 3 个样点处于优质烟叶适宜碱解氮含量范围(100~150mg/kg)内,20~60cm 土壤碱解氮含量分布更为集中,但整体较 0~20cm 含量有所下降;60~80cm 土壤碱解氮含量分布较散,变幅较大;80~100cm 土壤碱解氮含量多集中在 50~80mg/kg,上下浮动较小。整体来看,浅层土壤碱解氮含量略高,中层土壤碱解氮含量分布集中。

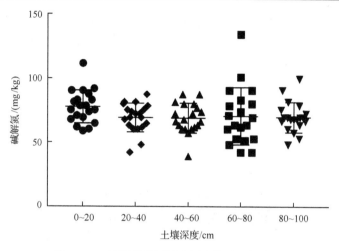

图 10-63　洛阳地区不同土层土壤碱解氮含量

随着土壤深度加深，土壤速效磷含量表现为先降低后略有升高（图 10-64）。0～20cm 土层土壤速效磷含量最高，平均值为 13.04mg/kg，分布较为分散；20～40cm 土层土壤速效磷含量均值为 12.04mg/kg，整体低于 0～20cm 土层；40～80cm 土层速效磷含量较为集中，平均值为 11.00mg/kg；80～100cm 土层速效磷含量略有升高，均值为 11.68mg/kg。烤烟适宜的速效磷含量为 10～20mg/kg，由此可知 85%的土壤速效磷含量属于中高水平。

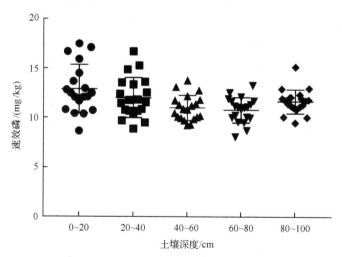

图 10-64　洛阳地区不同土层土壤速效磷含量

从图 10-65 可知，不同土层速效钾含量在 72.08～238.53mg/kg。0～20cm 土壤平均含量最大，为 156.38mg/kg，分布较为集中；20～60cm 土层速效钾含量呈缓慢下降趋势，均值分别为 140.32mg/kg 和 132.89mg/kg；但 40～100cm 土层，速效钾含量随土层加深而变化的趋势并不明显。胡国松等(2000)指出，土壤速效钾含量在 150mg/kg 以上，可以满足优质烤烟生产的需求。对比洛阳植烟区发现，0～20cm 土层有 40%的样点速效钾含量均值达到适宜水平，60%样点速效钾含量仍低于适宜水平。

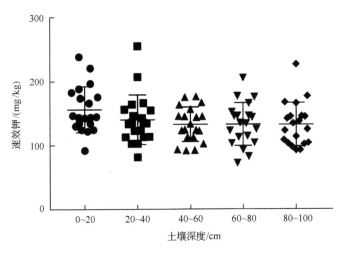

图 10-65　　洛阳地区不同土层土壤速效钾含量

三、洛阳植烟地区土壤盐离子与肥力的关系分析

张立芙等(2009)研究发现，土壤全盐量与有机质、速效钾、速效磷和碱解氮等土壤肥力指标均存在相关性，但大多是基于全盐量的水平。不同地区的气候条件、成土母质及栽培管理措施存在差异致使土壤盐渍化的成因不同，因此各地区盐分组成与离子比例呈现区域性特征(玉苏甫·买买提等，2016；弋良朋等，2007)，且在同一地区土壤中各种离子含量呈现较强的空间变异性(Alvarez，2000)，因此在研究土壤盐渍化程度与土壤肥力之间的关系时，仅使用土壤全盐量来描述，难以精准评价各种盐离子对土壤肥力影响的差异。因此本研究从不同盐离子角度分析其与土壤肥力的关系，能更深入了解不同离子对各肥力指标的影响。

(一)土壤盐离子与肥力的相关性分析

土壤肥力与土壤各离子的相关性分析(表 10-18)表明，在 0～100cm 土壤中有机质(OM)与 Ca^{2+} 存在显著的负相关关系，与 K^+ 存在极显著的正相关关系，与 Na^+ 存在极显著的负相关关系；碱解氮(AN)与 K^+ 呈显著的正相关关系，与 Na^+ 呈显著的负相关关系；速效钾(AK)与各离子在整个土层中相关性不明显；速效磷(AP)与 K^+ 存在显著的正相关关系；pH 与 HCO_3^- 呈极显著的负相关关系。

表 10-18 洛阳植烟区 0～100cm 土层盐离子与土壤养分之间的相关性

土壤因子	OM	AN	AK	AP	pH
Ca^{2+}	-0.226^{*}	-0.14	-0.027	-0.104	0.162
Mg^{2+}	-0.002	-0.124	0.008	0.078	-0.016
K^{+}	0.319^{**}	0.219^{*}	-0.048	0.205^{*}	0.006
Na^{+}	-0.298^{**}	-0.252^{*}	-0.021	-0.167	0.039
HCO_3^{-}	-0.021	0.002	-0.095	-0.143	0.624^{**}
SO_4^{2-}	-0.192	0.066	-0.119	-0.141	0.05
Cl^{-}	-0.142	-0.165	-0.018	-0.11	0.048

注：$n=100$，$r_{0.05}=0.202$，$r_{0.01}=0.253$

(二)土壤盐离子与肥力的冗余分析

进一步采用冗余分析法(RDA)，将土壤中的 K^{+}、Na^{+}、Ca^{2+}、Mg^{2+}、SO_4^{2-}、HCO_3^{-} 和 Cl^{-} 作为环境因子，将 OM、AN、AP、AK 和 pH 作为研究对象，绘制线性排序图对不同土层土壤盐离子与肥力指标的关系进行分析。

线性排序图直观地描述了不同土层土壤盐离子与肥力指标之间的关系(图10-66)，环境因子(土壤盐离子)用空心箭头表示，研究对象(肥力指标)用实心箭头表示，空心箭头的长度代表着某个环境因子对研究对象分布影响程度的大小，连线越长代表这个环境因子对研究对象分布的影响越大(Šmilauer and Lepš，2003)；空心箭头与实心箭头之间的夹角可以表示研究对象与环境因子之间的相关性，夹角越小，相关性越大(赖江山和米湘成，2012)。

由图10-66可知，在0～80cm土层中，OM和K^{+}一直保持一定正相关性，但在80～100cm土层中，两者变为负相关，在所有土层中OM始终与Na^{+}、Ca^{2+}和SO_4^{2-}的箭头呈反向，说明Na^{+}、Ca^{2+}和SO_4^{2-}与OM有负相关性；在0～100cm土层中，AN与Na^{+}的箭头始终呈反向，表示AN与Na^{+}在全土层呈负相关，而AN与Ca^{2+}在0～80cm有负相关性，在80～100cm相关性不强，与K^{+}也仅在0～40cm有一定的正相关性；AK与各离子的相关性在不同土层表现不一，其中与Cl^{-}在20～40cm土层呈正相关，与HCO_3^{-}在40～60cm土层呈负相关，在60～80cm与K^{+}呈正相关，在80～100cm与SO_4^{2-}有一定的负相关性；AP在0～80cm与K^{+}箭头夹角较小，有一定的正相关性，在全土层与SO_4^{2-}和Ca^{2+}有一定的负相关性，与其他离子的相关性在不同土层表现不一；pH与HCO_3^{-}在0～100cm箭头夹角较小，即两者始终呈负相关，与其他离子相关性变化较大。K^{+}的箭头在0～100cm长度始终较长，说明K^{+}对主要土壤肥力指标的影响程度较大；SO_4^{2-}箭头的长度在各土层变化较平稳，即对各土层肥力指标的贡献较为稳定；Cl^{-}箭头的长度随着深度的增加逐渐增长，说明随着土层加深，Cl^{-}对各肥力指标的影响程度逐渐增加；其余离子在各土层的变化无明显规律。

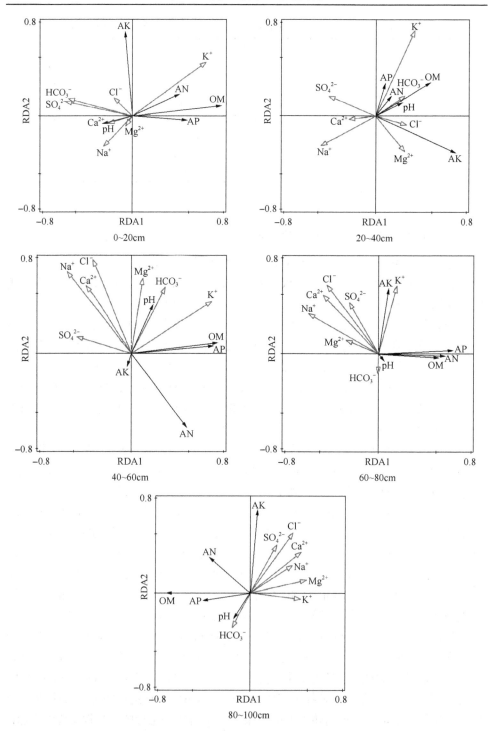

图 10-66　0～100cm 土层土壤盐离子与肥力指标的 RDA 二维排序图

四、小结

洛阳植烟地区不同土层全盐量变化为耕层较高，随着土层加深，土壤全盐量先降低后升高，并表现出明显的盐分底聚。分析表明，盐分的分布可能与耕作和栽培管理措施、植被类型等随机因素有关，随着土层深度的增加，随机因素影响减弱，地形、地下水位等结构性因素的影响增强（邹晓霞等，2017）。植烟土壤长期施用化肥，而烟草生长后期正值 8～9 月，气温高，土壤水分蒸发快，易在表层形成盐聚层，导致 0～20cm 土层含盐量最高；而地下水运移、灌溉和雨水淋溶也是影响盐分迁移与积累的重要因素，烟草生长时期自然降雨和大田灌溉会将盐分淋洗至深层。研究表明（李志等，2018；李亮，2013），氯化物在土壤中表现出很强的表聚性，硫酸盐呈底聚趋势，且土壤含盐量越高，表聚现象越明显。据分析，洛阳植烟区取样点土壤盐渍化程度较低，硫酸根离子和氯离子均存在，因此引起盐分表聚和底聚；而 20～80cm 土壤含盐量呈下降趋势，这有可能是因为农田经机械耕作后犁底层土壤较紧实，影响盐随水运移的速度，也可能与降雨淋溶影响水盐运移有关。

对洛阳植烟土壤进行分析时发现，在 0～20cm 土层土壤肥力良好，K^+、SO_4^{2-} 和 HCO_3^- 对土壤肥力分布的影响较大，这可能与烟田施肥种类和植烟土壤类型不同有关。洛阳烟区主要使用烟草专用复合肥，其中钾肥以硫酸钾为主，使得烟田 K^+、SO_4^{2-} 的含量较高，这可能是浅层土壤中 K^+ 和 SO_4^{2-} 对肥力影响较大的原因，另外 K^+ 含量主要决定土壤阳离子交换量，而有机质（腐殖酸等）是土壤阳离子交换量的基本载体，因此 K^+ 与有机质关系密切；HCO_3^- 对土壤肥力的影响可能与土壤 pH 的变化相关。在 20～100cm 土层中，K^+、Na^+、Ca^{2+}、Mg^{2+}、SO_4^{2-}、HCO_3^-、Cl^- 均对土壤养分的分布有一定程度影响，且这种影响呈现两面性，即盐分离子可以通过影响土壤中诸多因素来增加或降低土壤肥力。Na^+ 与 HCO_3^-、CO_3^- 结合，会造成土壤碱性增大，土壤胶体高度分散，破坏土壤物理结构，影响肥力释放；Ca^{2+} 对磷素有固定作用，Ca^{2+} 含量高会降低土壤速效磷的含量（余海英等，2006），也会降低速效钾的有效性；土壤中 Mg^{2+} 含量增加能改善土壤的氮磷钾水平，提高土壤相关养分的含量（孙楠等，2006）；Cl^- 可增强土壤中性磷酸酶活性，降低碱性磷酸酶活性，影响土壤速效磷含量，且 Cl^- 含量过高会减少土壤微生物数量（杨林生等，2016），进而降低土壤肥力。有研究指出在荒漠地区，由于盐生植物所处土壤含水量较低，作物根系会增强对水分的吸收造成根际渗透势升高，因此养分向根系移动，起到"营养泵"的作用，从而造成表层土壤速效养分亏缺程度比内陆地区要小；土壤中的盐分也会对菌群的活性起到一定的抑制作用，使土壤微生物的繁衍能力降低、种群数目减少，间接对土壤肥力产生不良影响；而土层加深，土壤中微生物数量减少，腐解作用逐渐减弱，这也是土壤肥力随着土层加深而降低的原因。

在 0~100cm 土壤 pH 与 Ca^{2+}、Mg^{2+} 和 HCO_3^- 相关性较强，原因可能为，其一，Mg^{2+} 可以置换土壤胶体中的 H^+，且 $Mg(OH)_2$ 的溶解度很低，这种效应随镁浓度的增加而增强；其二，Ca^{2+} 可将土壤酸性胶体上的 H^+ 解离出来，使土壤酸度降低；其三，根系吸收阳离子后，残存的 HCO_3^- 等由于和土壤胶体带有相同的负电荷，很容易与水解离出的 H^+ 结合，致使土壤 pH 升高。而洛阳植烟土壤普遍呈碱性，可能是由 Ca^{2+}、Mg^{2+} 的水解程度小于 HCO_3^- 的致碱程度所致。此外，赵兰坡等(2011)试验表明，土壤 pH 随着土壤剖面的加深而升高，这种变化受可溶盐总量制约，土壤中可溶盐总量越高，其 pH 越高。

综上所述，洛阳植烟土壤呈现明显的表聚和底聚分布特征，有部分地区表现为轻度盐渍化。耕层土壤肥力处于适宜烤烟种植范围内，各盐离子与土壤肥力指标之间的相关性在不同的土层变化不同，在表层土壤中 K^+、Na^+、HCO_3^-、SO_4^{2-} 等贡献较大，随着土层加深，HCO_3^-、SO_4^{2-} 的影响减弱，而 Cl^- 的影响变大。

第十一章 其他改良措施

土壤改良工作要根据各地的自然条件、经济条件，因地制宜地制定切实可行的规划，逐步实施，以达到有效地改善土壤生产性状和环境条件的目的。土壤改良技术多种多样，在前面章节已经分别开展了秸秆还田、施用农家肥、种植绿肥翻压还田、生物炭还田改土和保护性耕作技术研究，并初步开展了盐分对种子萌发和烟苗生长发育影响的研究，在此基础上，作者还探索了施用黄腐酸及促根肥和深耕对烟草生长发育的影响。

第一节 黄腐酸对植烟土壤改良效果及烟叶品质的影响

腐殖酸是动植物遗骸经过生物和非生物降解、缩合等作用形成的一种天然高分子聚合物，是土壤中重要的有机部分。腐殖酸中的羟基、羰基、醇羟基、酚羟基等官能团，有较强的离子交换和吸附能力，可以提高肥料利用率。我国氮肥当季利用率仅为28%～41%，平均为33.7%，而发达国家氮肥利用率为50%～60%，氨挥发是氮肥施入后主要的损失途径之一(朱兆良和文启孝，1992；Fillery and Vlek，1986；Kissel et al.，1977)。腐殖酸通过与铵结合形成腐殖酸铵，能减少氨挥发，进而增加氮素有效性。同时，腐殖酸与Al^{3+}、Fe^{3+}、Ca^{2+}、Mg^{2+}等高价阳离子结合，减少它们与磷肥中HPO_4^{2-}、$H_2PO_4^-$结合而沉淀，提高了磷肥利用率(章智明等，2013)。腐殖酸还可以促进土壤团聚体结构的形成，增加土壤孔隙度，使土壤具有良好的通透性，有利于土壤调节水、肥、气、热状况，促进土壤微生物的繁殖，促进微生物对土壤中有机物的降解。另外，腐殖酸可以促进植物吸收养分及细胞伸长，有效刺激烤烟根系生理活性，增强根系活力，促进烤烟根系生长。腐殖酸种类复杂，黄腐酸是腐殖酸中可以溶于水的部分。本节以黄腐酸为试验材料，探讨不同黄腐酸施用量对重庆烟区土壤的改良效果及对烟叶品质的影响，以期为重庆烟区土壤改良及烟叶品质提升提供依据。

大田试验于2014年在重庆市彭水县进行，供试品种为云烟97，土壤为黄棕壤。5月1日移栽，行株距为55cm×115cm。试验供试土壤有机质含量为18.36g/kg，速效磷含量为24.85mg/kg，速效钾含量为478.61mg/kg，碱解氮含量为117.93mg/kg，pH为6.31。试验设置4个处理：T1按常规施肥量施肥(同第四章农家肥试验中常规施肥量)，T2为"T1+600kg/hm^{2}黄腐酸"，T3为"T1+1200kg/hm^{2}黄腐酸"，T4为"T1+1800kg/hm^{2}黄腐酸"。黄腐酸与其他肥料混匀后条施于烟田。

每个小区 100m²，重复 3 次。所用黄腐酸为新疆双龙腐殖酸有限公司所产，每公顷使用复合肥（N：P₂O₅：K₂O= 8：12：15）600kg，饼肥（N + P₂O₅ + K₂O≥5%，有机质≥45%）225kg，黄腐酸与肥料混匀条施。所施用黄腐酸中黄腐酸含量（干基计）=30%，腐殖酸含量（干基计）=50%，水不溶物（干基计）=5%，KCl（干基计）=12%。

一、施用黄腐酸对植烟土壤养分的影响

速效钾含量是衡量土壤为农作物供应钾素能力的重要指标。从表 11-1 可以看出，移栽后 30d 时，处理 T3、T4 与处理 T1 相比，没有显著优势。烟株移栽后 45d 后，施用黄腐酸的处理土壤速效钾含量显著高于未施用黄腐酸的处理，其中，处理 T4 在烟株生长发育后期其土壤速效钾含量均保持在较高水平，处理 T3 次之。黄腐酸中速效钾的释放具有一定的滞后性和持续性。磷元素也是植物生长不可缺少的营养元素。各处理间土壤速效磷含量和速效钾含量变化规律有一定的相似性（表 11-1）。在烟株移栽后 30d 时，土壤速效磷含量表现为处理 T4 最高，处理 T2 次之，处理 T1、T3 含量较低。此时，施用黄腐酸并没有表现出明显的促进土壤速效磷含量增加的作用。在烟株移栽后 45d，施用黄腐酸的处理其土壤速效磷含量有高于处理 T1 的趋势，处理 T4 土壤速效磷含量峰值出现时间有一定的滞后性。碱解氮是作物氮素营养的主要来源。移栽后 30d，施用黄腐酸的处理其土壤碱解氮含量已经显著高于未施用黄腐酸的处理（表 11-1），其中黄腐酸施用量较大的处理 T3、T4 土壤碱解氮含量达到该处理在整个生育期的最大值，分别为 174.45mg/kg、187.53mg/kg。烟株移栽后 30d 时，处理 T3 土壤有机质含量最高，达到 29.13g/kg，其余处理间差异不显著。烟株移栽后 45d 后，黄腐酸施用量较大的处理 T3、T4 土壤有机质含量开始显著高于处理 T1。表明适量施用黄腐酸可以增加土壤速效养分，提升土壤有机质水平。

表 11-1　施用黄腐酸对植烟土壤养分含量的影响

移栽后时间	处理	速效钾/(mg/kg)	速效磷/(mg/kg)	碱解氮/(mg/kg)	有机质/(g/kg)
30d	T1	549.85a	19.76b	139.95d	26.04b
	T2	469.80b	20.76ab	157.80c	27.40b
	T3	549.77a	19.26b	174.45b	29.13a
	T4	569.07a	21.09a	187.53a	27.52b
45d	T1	359.88c	20.09c	149.35b	23.06b
	T2	559.74b	23.29a	156.25ab	26.38a
	T3	553.06b	24.36ab	159.26a	28.60a
	T4	619.88a	25.79a	160.45a	28.65a

移栽后时间	处理	速效钾/(mg/kg)	速效磷/(mg/kg)	碱解氮/(mg/kg)	有机质/(g/kg)
	T1	469.66c	22.18bc	155.00b	26.06b
60d	T2	643.20b	24.35bc	151.15c	27.05b
	T3	902.54a	27.54a	159.33a	29.92a
	T4	889.68a	26.13ab	153.70bc	29.00a
	T1	469.34b	20.16c	146.82c	25.19b
75d	T2	499.85b	22.89b	154.99b	25.19b
	T3	956.19a	20.37c	167.14a	27.43a
	T4	929.62a	28.07a	156.64b	28.25a
	T1	599.89bc	20.39b	157.68b	27.33c
90d	T2	519.73c	23.78a	158.70b	28.45b
	T3	676.38ab	23.39a	160.66ab	28.60b
	T4	749.73a	23.58a	163.79a	29.09a

二、施用黄腐酸对土壤生物特性的影响

(一)施用黄腐酸对土壤微生物生物量碳、氮含量的影响

从图 11-1 可以看出，土壤微生物生物量碳、微生物生物量氮的含量变化波动较大。在移栽后 45d 时，土壤微生物生物量碳、土壤微生物生物量氮含量为整个生育期最低。在移栽后 60d 时土壤微生物生物量碳、微生物生物量氮含量达到峰值。处理 T1 在整个取样期土壤微生物生物量氮含量均处于相对较低的水平。移栽后 30d 时，处理 T2 土壤微生物生物量氮含量最高达到 49.59μg/g。处理 T3 土壤微生物生物量氮含量在移栽后 60d 时达最大值 114.15μg/g。土壤微生物生物量碳含量的变化趋势和土壤微生物生物量氮含量的变化趋势相似。处理 T3 在移栽后 60d 时土壤微生物生物量碳含量达到最大值 516.47μg/g，处理 T2 次之，处理 T1 在整个取样期均表现出土壤微生物生物量碳含量相对较低。

(二)施用黄腐酸对植烟土壤微生物数量的影响

土壤微生物数量表现为细菌＞放线菌＞真菌(表 11-2)。在烟株移栽后 45d 时处理 T2 真菌数量较低，此后其真菌数量略高于处理 T1 且呈上升趋势，至移栽后 75d 时达到峰值，但与处理 T3、T4 相比仍有差距，表明施用黄腐酸可以增加土壤真菌数量，且施用量越多增加效果越明显。移栽后 45d 和 90d 时处理 T2 的放线菌数量显著高于其他处理，移栽后 75d 时处理 T3 的放线菌数量显著高于其他处理，处理 T1 放线菌数量变化幅度相对较小。处理 T3、T4 土壤细菌数量变化在整个生育期表现出略微相似的规律，即先升高后降低，不同的是，处理 T3 在烟株移

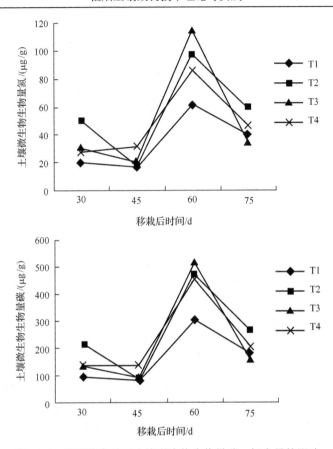

图 11-1　施用黄腐酸对土壤微生物生物量碳、氮含量的影响

表 11-2　施用黄腐酸对土壤微生物数量的影响　　　　　　（单位：×10⁶cfu/g）

土壤微生物	处理	45d	60d	75d	90d	105d
真菌	T1	0.36b	0.25c	0.78b	0.69b	0.31c
	T2	0.27c	0.30b	4.00a	0.95b	0.63b
	T3	0.36b	0.23c	4.06a	5.15a	0.54bc
	T4	0.43a	0.37a	3.67a	3.62a	1.07a
放线菌	T1	2.00b	2.10c	4.93c	3.60c	8.50a
	T2	9.03a	3.95ab	8.65b	15.95a	6.70b
	T3	1.27b	4.25a	11.35a	4.80bc	5.40b
	T4	2.57b	3.60b	5.15c	6.00b	5.85b
细菌	T1	10.50c	40.00a	27.00b	41.00b	17.00c
	T2	46.50a	20.00b	31.00b	69.00a	18.00c
	T3	20.00b	38.50a	59.00a	19.00c	28.50b
	T4	20.00b	21.00b	34.00b	73.00a	57.50a

栽后 75d 时达到峰值 59.00×10^6cfu/g，而处理 T4 峰值出现时间相对滞后。移栽后 45d 时处理 T2 的细菌数量、移栽后 75d 处理 T3 的细菌数量、移栽后 105d 处理 T4 的细菌数量均显著高于同时期其他处理的细菌数量。施用黄腐酸有助于增加土壤微生物数量，且用量越大效果越显著。

(三)施用黄腐酸对植烟土壤微生物多样性指数的影响

生物多样性指数是描述生物类型数和均匀程度的一个度量指标，可以在一定程度上反映一个生物群落中物种的丰富程度及各类型间的分布比例(章家恩等，2002)。从表 11-3 可以看出，在移栽后 45d 时，处理 T1 土壤微生物多样性指数最高，处理 T2 次之，施用黄腐酸量较大的处理 T3、T4 土壤微生物多样性指数较低。在烟株移栽后 60d 时，施用黄腐酸的处理土壤微生物多样性指数显著高于处理 T1。在移栽后 105d，黄腐酸施用量大的处理 T4 生物多样性指数最低，而处理 T2、T3 在整个取样期内均表现出有较高的生物多样性指数。

表 11-3 施用黄腐酸对植烟土壤微生物多样性指数的影响

处理	45d	60d	75d	90d	105d
T1	0.55a	0.23c	0.53c	0.35d	0.69a
T2	0.47ab	0.51a	0.78a	0.54b	0.69a
T3	0.31c	0.36b	0.63b	0.88a	0.51b
T4	0.44b	0.49a	0.65b	0.44c	0.39c

在自然状态下，大部分土壤微生物处于休眠状态。当有新鲜有机质添加到土壤中时，土壤微生物种群结构立即发生变化。但不同土壤微生物对具不同 C/N 的有机物分解能力不同。添加不同有机质会刺激土壤中不同的微生物种群增长。施用黄腐酸后，或许适宜分解该物质的真菌还未成为优势种群，故施用黄腐酸的处理与处理 T1 土壤真菌数量没有迅速表现出有巨大差异(表 11-2)，但细菌和放线菌数量差异表现明显。在烟株生长后期，施用黄腐酸的处理土壤三大菌落数量均显著高于处理 T1，黄腐酸可以促进土壤菌落繁殖。因施加的黄腐酸营养物质相对单一，故大量施加黄腐酸的处理优势土壤微生物种群相对未施加黄腐酸的处理单一。所以，移栽后 105d 时处理 T3、T4 土壤微生物多样性指数低于未施用黄腐酸的处理 T1 和施用量少的 T2。适量施用黄腐酸可以促进土壤微生物指数的提高，提高土壤生态系统多样性，施用量过高可能会使土壤微生物种类单一或同类菌种成为优势种群，降低土壤多样性指数。

三、施用黄腐酸对烤烟根系的影响

从表 11-4 可以看出，施用黄腐酸后，整体上烟株的根体积高于未施用黄腐酸的处理。烟株进入旺长期后，施用黄腐酸的处理根系体积增加明显，其中处理 T4、T3 根体积增加尤为显著。烟株根鲜干重表现出与根系体积的增加规律一致，其中处理 T4 的烟株根鲜干重均相对较大，移栽后 90d 分别为 351.16g、50.37g。烟株根系干物质积累速度变化趋势与其他指标略有不同，在烟株整个生长发育过程中，施用黄腐酸的处理，烟株根系干物质积累速度相对较快。施用黄腐酸的处理在整个生育期，根系干物质积累速度呈现先升高后降低的规律，并在移栽 60～75d 时达到最大值。未施用黄腐酸的处理，烟株根系的干物质积累速度则呈现"双驼峰"形，处理 T1 在移栽后 45d 和 75d 均出现干物质积累快速增加的趋势。试验中施用黄腐酸的处理烟株根体积和鲜干重有高于处理 T1 的趋势，干物质积累速度在烟株生长前期和打顶后较快。未施用黄腐酸的处理 T1 其根系干物质积累速度高峰期明显滞后于施用黄腐酸的处理。在烟株成熟期，处理 T1 的干物质积累速度下降明显，而施用黄腐酸的处理干物质积累速度则呈现缓慢下降的趋势。

表 11-4 施用黄腐酸对烤烟根系的影响

移栽后时间	处理	根体积/cm³	根鲜重/g	根干重/g	干物质积累速度/(g/d)
30d	T1	8.50c	7.79c	1.46c	0.05b
	T2	10.00bc	9.17bc	2.04b	0.07b
	T3	15.50a	14.28a	3.11a	0.10a
	T4	12.50ab	10.31b	2.90a	0.10a
45d	T1	80.00ab	63.45a	7.68a	0.41a
	T2	72.00b	55.74b	5.79b	0.25c
	T3	83.00ab	69.80a	7.59a	0.30b
	T4	91.00a	66.33a	7.62a	0.31b
60d	T1	160.00d	133.45b	12.78c	0.34c
	T2	180.00c	167.86b	20.11b	0.95b
	T3	210.00a	197.35a	23.16ab	1.04ab
	T4	197.00b	188.90a	25.12a	1.17a
75d	T1	243.00b	224.63b	30.48b	1.18ab
	T2	250.00b	224.85b	32.18b	0.80c
	T3	370.00a	348.30a	41.12a	1.20a
	T4	390.00a	358.47a	40.05a	1.00bc
90d	T1	271.00c	228.57c	36.48b	0.40b
	T2	315.00b	269.35b	43.74a	0.77a
	T3	375.00a	331.17a	50.16a	0.60a
	T4	398.00a	351.16a	50.37a	0.69a

四、施用黄腐酸对烤烟常规化学成分的影响

从表 11-5 可以看出，下部叶施用黄腐酸的处理 T3、T4 烟碱含量显著高于处理 T1，烟碱含量表现出随着黄腐酸施用量的增加而增加的趋势；中部叶施用黄腐酸的处理 T2、T3 烟碱含量超出优质烟叶要求范围；上部叶所有处理烟碱含量均超出优质烟叶要求范围，需要对如何降低中、上部叶烟碱含量进一步进行研究。施用黄腐酸有降低中、下部叶两糖含量的趋势，其中下部叶降低趋势明显，并且烟叶两糖含量随着黄腐酸施用量的增加而降低。上部叶处理间两糖含量没有表现出明显的规律，但处理 T2、T4 两糖含量有低于处理 T1 的趋势。氯是烟草必需微量元素之一，与烟叶的吸湿性和燃烧性有关(刘国顺，2003)。从表 11-5 可以看出，所有处理烟叶 Cl^- 含量均在优质烟叶要求范围内，但含量普遍偏低。施用黄腐酸后处理 T4 中、下部叶 Cl^- 含量显著高于处理 T1。钾素对烤烟的外观和内在品质均有良好的影响，较高的钾含量有利于提高烟叶的品质，有利于烟制品的燃烧(刘国顺，2003)。由表 11-5 可以看出，中、下部叶 K^+ 含量在优质烟叶要求范围内，但上部叶 K^+ 含量稍低。施用黄腐酸有增加中、上部烟叶 K^+ 含量的趋势。

表 11-5　施用黄腐酸对烤烟常规化学成分的影响

等级	处理	烟碱/%	总糖/%	还原糖/%	K^+/%	Cl^-/%	两糖比	糖碱比	钾氯比
B2F	T1	5.41a	25.68b	23.39ab	1.46b	0.25ab	0.91a	4.32b	5.84b
	T2	5.31a	21.77c	19.57c	1.69a	0.24b	0.90a	3.69c	7.04a
	T3	4.92b	28.27a	25.65a	1.79a	0.26a	0.91a	5.21a	6.88a
	T4	5.39a	24.70b	21.95bc	1.80a	0.27a	0.89a	4.07b	6.67a
C3F	T1	2.77c	33.03a	30.46a	2.19c	0.14c	0.92a	11.00a	15.64b
	T2	3.25b	29.24b	26.60b	2.19c	0.18b	0.91a	8.18b	12.17c
	T3	3.58a	31.02ab	28.13ab	2.63b	0.15c	0.91a	7.86b	17.53a
	T4	2.20d	31.24ab	28.22ab	3.20a	0.21a	0.90a	12.83a	15.24b
X2F	T1	1.42c	32.93a	30.51a	3.24b	0.15bc	0.93a	21.49a	21.60a
	T2	1.43c	31.10a	28.39a	3.09b	0.17b	0.91ab	19.85ab	18.18b
	T3	1.52b	28.74b	26.10b	3.34b	0.14c	0.91ab	17.17b	23.86a
	T4	1.99a	22.43c	20.07c	4.18a	0.25a	0.89b	10.09c	16.72b

烟叶化学成分的协调性也是评价烟叶质量的重要指标。除处理 T4 下部叶和上部叶两糖比略低于优质烟叶要求外，其余处理两糖比均在优质烤烟要求范围内。优质烟叶钾氯比≥4，可以看出，所有处理钾氯比均在要求范围内。

五、小结

腐殖酸由碳、氢、氧、氮、硫、磷等多种元素组成，自身分解可以为植物生长提供氮素、磷素等多种元素。我国南方地区土壤磷元素含量较高，但是这些磷素养分与土壤中的铁铝结合，形成难溶磷酸盐，不易被作物吸收。腐殖酸中的含氧官能团很容易与磷肥结合成复合物，减少土壤对磷素的固定，腐殖酸中的阴离子与土壤中的磷酸根离子发生竞争，进而减少磷酸根离子被土壤矿物吸附，提高了植物对磷肥的利用率(陈静和黄占斌，2014)。氮素进入土壤后，通过氨挥发，硝化-反硝化作用及硝酸盐淋湿等途径损失(徐谦，1996)。土壤中的 NH_3 经水合反应形成铵根离子，腐殖酸通过与铵结合形成腐殖酸铵。腐殖酸铵解离度较低，既为烤烟提供了氮肥又减少了氨的挥发，从而提高氮素有效性。腐殖酸可以加剧土壤中微生物的活动，尤其是增加自生固氮菌的数量，土壤中生物固氮作用得到加强，硝酸盐含量增加，为烤烟生长提供氮素。施用黄腐酸的处理土壤氮素和磷素含量明显高于未施用黄腐酸的处理 T1。

腐殖酸由于具活化功能，可以增强植物体内氧化酶(如抗血酸氧化酶、多酚呼吸酶等)活性及其代谢活动，促使烟株根系发育，提高根系吸收水分和肥料的能力，促进植物生长(程亮等，2011)。高家合(2006)的研究也表明，腐殖酸可以促进烟株根系的生长，且在适宜范围内，烤烟根系鲜重、干重、活力随着腐殖酸浓度增加而增加，与本研究结果类似。施用黄腐酸后，烟叶两糖含量降低而烟碱含量升高，这或许是由于黄腐酸促进了烟株根系发育，进而促进了烟株对养分的吸收。

综上所述，黄腐酸促进了烟株根系发育，提高了烟株根体积、鲜干重，且各指标有随黄腐酸施用量增加而增加的趋势。施用黄腐酸提高了土壤速效磷、速效钾、碱解氮、有机质、微生物生物量碳、微生物生物量氮含量，并促进了土壤中三大菌落的繁殖，但施用黄腐酸对土壤微生物多样性的促进效果不明显。施用黄腐酸降低了烤后烟叶两糖含量，适当提高了烟叶氯离子含量和钾离子含量，但有增加烟叶烟碱含量的趋势，在实际施用时需注意减少化肥氮素施用。常规施肥配施 $1200kg/hm^2$ 黄腐酸的处理提高土壤微生物生物量碳、土壤微生物生物量氮含量的效果最好，烟叶协调性相对较好。常规施肥配施 $1800kg/hm^2$ 黄腐酸的处理提升土壤肥力的效果最好。

第二节　不同农艺措施对烟株根系生长发育的影响

烟草根系由主根、侧根和不定根三部分组成，是烟株的固着器官、吸收器官及重要的合成器官，对烟株的健康生长至关重要。烤烟根系发育与烟叶生长、抗病性、主要经济性状、烟叶化学成分和吸食品质有着密切的关系(刘国顺，2003)。

烟株根系发育健康,根体积增加,可以促进烟株生长发育,增强其对病毒的抗性,同时可以使烟叶化学成分趋于协调,提升烟叶评吸品质。不同的栽培措施在促进主侧根生长时,会使烟根鲜重增加,烟叶中糖类化合物含量下降。大量不定根的发生、生长有利于烟碱的合成,表现为烟叶中烟碱、钾含量增加。本节在重庆山区生态条件下,简述施用促根肥及不同耕深措施对烟株根系生长发育的影响。

一、促根肥配施化肥对烟株根系生长的影响

促根肥配施化肥试验于 2014 年安排在重庆彭水,供试品种为云烟 97。5 月 3 日移栽。大田管理按当地优质烟叶生产技术方案进行。本试验共 3 个处理:CK 为不施肥处理;T1 为常规施肥(施肥量同第四章农家肥试验中常规施肥量);T2 为常规施肥基础上以萘乙酸钠和吲哚丁酸钾灌根+三十烷醇叶面喷施(6 月 10 日、6 月 26 日、7 月 5 日分次进行钠钾盐灌根和三十烷醇喷施,浓度均为 20mg/kg)。每个处理 550 株(0.5 亩),重复 3 次。

(一)促根肥配施化肥对烟株根体积的影响

烟株移栽后 30d 时,烟株根体积较小,不同处理间差距不明显(图 11-2)。移栽后 45d 进入旺长期后,烟株根体积迅速增加,但 CK 增加不明显。烟株移栽后 60d 时,处理 T2 根体积为 210.00cm³,大于处理 T1 根体积。烟株移栽后 75d 时,处理 T2 根体积大于处理 T1,达到 250.00cm³,施用促根肥促进烟株根体积增加效果明显。

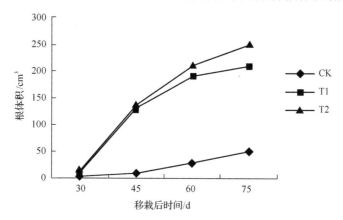

图 11-2 促根肥配施化肥对烟株根体积的影响

(二)促根肥配施化肥对烟株根鲜重的影响

根鲜重也是反映根系发育状况的一个指标。从图 11-3 可以看出,烟株根鲜重变化趋势和烟株根体积变化趋势(图 11-2)类似。烟株移栽后 30d 时,不同处理间

烟株根鲜重差距较小。移栽后 30d 后，烟株根鲜重开始迅速增加，至移栽后 45d 时，根鲜重增加明显，其中，处理 T1 根鲜重为 117.97g，处理 T2 达 128.62g。烟株移栽后 75d 时，处理 T2 根鲜重为 247.98g 高于处理 T1，同时也远远高于 CK。表明施用肥料可以明显促进烟株根鲜重增加，同时在施用化肥的基础上配施促根肥可以进一步促进烟株根鲜重增加。

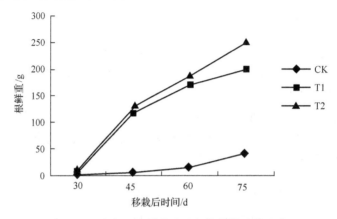

图 11-3　促根肥配施化肥对烟株根鲜重的影响

(三)促根肥配施化肥对烟株根干重的影响

从图 11-4 可以看出，烟株进入旺长期后，根系干物质积累速度迅速增加，但根干重变化规律与鲜重稍有不同。根干重在移栽后 60~75d 增加迅速，移栽后 75d 处理 T2 根干重增至 67.40g，处理 T1 根干重为 51.97g，未施肥处理 CK 根干重较低，仅为 10.81g。

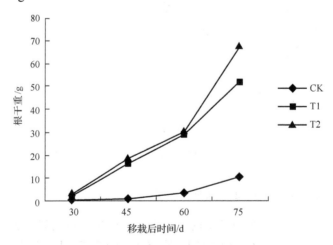

图 11-4　促根肥配施化肥对烟株根干重的影响

二、耕深处理对烟株根系生长发育的影响

深耕就是利用深耕犁进行耕地作业，将耕深在原来常规耕作深度基础上逐年加深，以打破犁底层，提高土壤的通透性能，改善作物根系生长的环境条件，促进作物生长发育，达到增产增收的效果。因此，深耕是中国农业目前应用比较广泛的耕作技术之一。通过改良土壤耕作措施、改进耕作机械或随着时间延续，以前不适应深耕的土壤也可能适合深耕，关键是因地制宜，总结出适合当地实际情况的耕作方法。目前，重庆烟区耕作层较浅，本部分内容针对重庆土壤当地生产条件开展耕作深度对烟株根系生长发育影响的研究。

耕深对烟株根系发育影响的试验于 2015 年在重庆市石柱县六塘乡龙池村进行，供试品种为云烟 87。试验共设 4 个处理：S1 为耕深 20cm，不施用肥料；S2 为耕深 20cm，正常施用肥料；S3 为耕深 25cm，正常施用肥料；S4 为耕深 30cm，正常施用肥料。其中，处理 S1 为 300 株烟，其余 3 个处理各 550 株。深耕由人工完成。试验用地为缓坡烟田，起垄高度 35cm，提沟培土后达到 40cm。复合肥用量 675kg/hm^2（N：P$_2$O$_5$：K$_2$O=8：12：15），提苗肥用量 37.5kg/hm^2（N：P$_2$O$_5$：K$_2$O=20：15：10），硝酸钾用量 225kg/hm^2（N：P$_2$O$_5$：K$_2$O=12.5：0：33.5）。

图 11-5　试验田耕深试验不同耕深现场照（彩图请扫封底二维码）

（一）耕深处理对烟株根体积的影响

由图 11-6 可知，随着烟株的生长，根体积随之增大。移栽后 30d 时，处理 S3 根体积最大，为 16.67cm^3，处理 S1 根体积最小，仅为 3.75cm^3；移栽后 60d 时，处理 S2、S3 和 S4 根体积差异较小，均比处理 S1 根体积大；移栽后 90d 时，处理 S4 根体积最大，为 405.00cm^3。表明施肥有助于增加烟株的根体积，30cm 深耕处理增加最多。

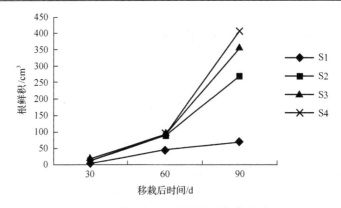

图 11-6　耕深处理对烟株根体积的影响

(二)耕深处理对烟株根鲜重的影响

由图 11-7 可知，移栽后 30d 时，处理 S3 根鲜重最大，为 9.82g；移栽后 60d 时，处理 S2 和 S4 根鲜重差异较小；移栽后 90d 时，处理 S4 根鲜重最大，为 353.12g，处理 S3 次之。表明施肥处理随着耕层深度的增加，烟株根鲜重增加，30cm 耕深处理的烟株根鲜重增加最多。

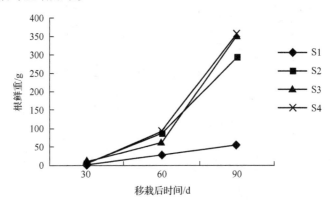

图 11-7　耕深处理对烟株根系鲜重的影响

(三)耕深处理对烟株根干重的影响

如图 11-8 所示，移栽后 30d，处理 S3 根干重最大，处理 S1 根干重最小；移栽后 60d，处理 S4 根干重最大，处理 S3 根干重最小；移栽后 90d，正常施肥处理的根干重大小依次为 30cm 耕深＞25cm 耕深＞20cm 耕深，不施肥处理低于正常施肥处理。表明施肥有助于提高烟株根干重，其中 30cm 处理耕深根干重增加最多。

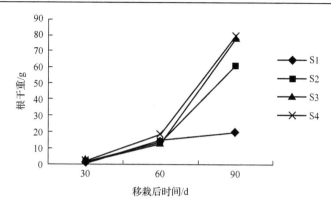

图 11-8　耕深处理对烟株根系干重的影响

三、小结

　　烟草根干重及根系总长度的变化趋势均表现为打顶以前缓慢增加，打顶至圆顶期迅速增加，并于圆顶期达到最大值（刘国顺，2003）。目前，促根研究多集中在施肥、植物激素、栽培措施等方面。本研究依据重庆山区种烟模式从促根肥与耕深两个方面开展的研究效果明显。施用促根肥后，烟株根鲜干重及根体积均明显大于常规施肥处理及未施肥处理；采用耕深 30cm 配施化肥的处理措施在满足烟株养分需求的前提下，打破犁底层，提高了土壤的通透性能，改善了烟株根系生长的环境条件，故增加烟株根体积、鲜干重的效果也较明显。

参 考 文 献

白庆中, 宋燕光, 王晖. 2000. 有机物对重金属在黏土中吸附行为的影响. 环境科学, 21(5): 64-67.

柏彦超, 陈国华, 路平, 等. 2011. 秸秆还田对稻田渗漏液 DOC 含量及土壤 Cd 活度的影响. 农业环境科学学报, 30(12): 2491-2495.

鲍士旦. 2000. 土壤农化分析. 北京: 中国农业出版社: 152-200.

毕丽君, 侯艳伟, 池海峰, 等. 2014. 生物炭输入对碳酸钙调控油菜生长及重金属富集的影响. 环境化学, 33(8): 1334-1341.

蔡仕珍, 李西, 潘远智, 等. 2013. 不同光照对蝴蝶花光合特性及生长发育研究. 草业学报, 22(2): 264-272.

曹莹, 邸佳美, 沈丹, 等. 2015. 生物炭对土壤外源镉形态及花生籽粒富集镉的影响. 生态环境学报, 24(4): 688-693.

曹志平, 胡诚, 叶钟年, 等. 2006. 不同土壤培肥措施对华北高产农田土壤微生物生物量碳的影响. 生态学报, 26(5): 1486-1493.

陈春梅, 谢祖彬, 朱建国. 2006. 土壤有机碳激发效应研究进展. 土壤, 38(4): 359-365.

陈国潮, 何振立. 1998. 红壤不同利用方式下的微生物量研究. 土壤通报, (6): 276-278.

陈欢, 张存岭. 2014. 基于主成分-聚类分析评价长期施肥对砂姜黑土肥力的影响. 土壤学报, 51(3): 609-617.

陈江华. 2015. 陈江华在全国烟叶工作电视电话会议上的工作报告(内部资料).

陈静, 黄占斌. 2014. 腐殖酸在土壤修复中的作用. 腐殖酸, (4): 30-34.

陈丽娟, 冯起, 王昱, 等. 2012. 微咸水灌溉条件下含黏土夹层土壤的水盐运移规律. 农业工程学报, 28(8): 44-51.

陈留美, 吕家珑, 桂林国, 等. 2006. 新垦淡灰钙土微生物生物量碳、氮、磷及玉米产量的研究. 干旱地区农业研究, 24(2): 48-51.

陈述悦, 李俊, 陆佩玲, 等. 2004. 华北平原麦田土壤呼吸特征. 应用生态学报, 15(9): 1552-1560.

陈坦, 韩融, 王洪涛, 等. 2014. 污泥基生物炭对重金属的吸附作用. 清华大学学报(自然科学版), 54(8): 1062-1067.

陈涛, 郝晓晖, 杜丽君. 2008. 长期施肥对水稻土土壤有机碳矿化的影响. 应用生态学报, 19(7): 1494-1500.

陈伟, 杨海平, 刘标, 等. 2014. 温度对竹屑热解多联产产物特性的影响. 农业工程学报, 30(22): 245-252.

陈温福, 韩晓日, 徐正进, 等. 2007. 一种炭基缓释玉米专用肥料及其制备方法. 中国: 200710097754.

陈再明, 陈宝梁, 周丹丹. 2013. 水稻秸秆生物碳的结构特征及其对有机污染物的吸附性能. 环境科学学报, 33(1): 9-19.

程丽萍, 刘晋秀, 胡青平. 2013. 外源NO对盐胁迫下小麦幼苗叶片丙二醛、叶绿素及氧化酶的影响. 麦类作物学报, 33(6): 1222-1225.

程亮, 张保林, 王杰, 等. 2011. 腐殖酸肥料的研究进展. 中国土壤与肥料, (5): 1-6.

迟春明, 刘旭. 2016. 土壤盐度诊断与分级研究. 成都: 西南交通大学出版社.

储刘专, 黄树立, 孔伟, 等. 2011. 绿肥翻压利用对干旱年份烤烟生长发育的促进作用. 华中农业大学学报, 30(3): 337-341.

崔萌. 2008. 水分状况对有机物料碳在红壤水稻土中分解和分布的影响. 南京: 南京农业大学硕士学位论文.

戴万宏, 黄耀, 武丽, 等. 2009. 中国地带性土壤有机质含量与酸碱度的关系. 土壤学报, 46(5): 851-860.

刁丰秋, 章文华, 刘友良. 1997. 盐胁迫对大麦叶片类囊体膜组成和功能的影响. 分子植物(英文版), (2): 105-110.

丁俊男, 迟德富. 2014. 混合盐碱胁迫对桑树种子萌发及根系生长的影响. 中南林业科技大学学报, (12): 78-82.

丁艳丽, 刘杰, 王莹莹. 2013. 生物炭对农田土壤微生物生态的影响研究进展. 应用生态学报, 24(11): 3311-3317.

窦森. 2010. 土壤有机质. 北京: 科学出版社: 20.

杜新民, 吴忠红, 张永清, 等. 2007. 不同种植年限日光温室土壤盐分和养分变化研究. 水土保持学报, 21(2): 78-80.

段舜山, 蔡昆争, 王晓明. 2000. 鹤山赤红壤坡地幼龄果园间作牧草的水土保持效应. 草业科学, 17(6): 12-17.

樊永胜, 蔡忆昔, 李小华, 等. 2014. 真空热解工艺参数对生物油产率的影响研究. 林产化学与工业, 34(1): 79-85.

付利波, 王毅, 杨跃, 等. 2005. 利用烟草套作调控高肥力土壤烤烟生产. 植物营养与肥料学报, 11(1): 128-132.

高家合. 2006. 腐殖酸对烤烟生长的影响研究. 中国农学通报, 22(8): 328-330.

高利伟, 马林, 张卫峰, 等. 2009. 中国作物秸秆养分资源数量估算及其利用状况. 农业工程学报, 25(7): 173-179.

高瑞丽, 朱俊, 汤帆, 等. 2016. 水稻秸秆生物炭对镉、铅复合污染土壤中重金属形态转化的短期影响. 环境科学学报, 36(1): 251-256.

高云超, 朱文珊, 陈文新. 1994. 秸秆覆盖免耕土壤微生物生物量与养分转化的研究. 中国农业科学, 27(6): 41-49.

高战武, 蔺吉祥, 邵帅, 等. 2014. 复合盐碱胁迫对燕麦种子发芽的影响. 草业科学, 31(3): 451-456.

高忠, 张荣铣, 方敏. 1995. 植物叶片中 RuBP 羧化酶/加氧酶及光反应机构衰老机理的研究进展. 南京农业大学学报, 18(2): 26-33.

龚理. 2009. 烟草品种耐盐性指标筛选及综合评价. 长沙: 湖南农业大学硕士学位论文.

龚玲. 推进烟田基础设施建设, 发展现代烟草农业——访国家烟草专卖局局长姜成康. 经济日报. 2008-12-27(2).

顾美英, 葛春辉, 马海刚, 等. 2016. 生物炭对新疆沙土微生物区系及土壤酶活性的影响. 干旱地区农业研究, 34(4): 225-230, 273.

郭平, 王观竹, 许梦, 等. 2014. 不同热解温度下生物质废弃物制备的生物质炭组成及结构特征. 吉林大学学报(理学版), (4): 855-860.

郭全恩, 王益权, 郭天文, 等. 2009. 半干旱盐渍化地区果园土壤盐分离子相关性研究. 土壤, 41(4): 664-669.

国家烟草专卖局关于实施烟草科技发展规划纲要增强行业自主创新能力的决定. 国烟科[2006]647 号. 2006.

国家烟草专卖局关于印发《中国烟叶生产可持续发展规划纲要(2006—2010)》的通知. 国烟办[2006]116 号. 2006.

韩朝红, 孙谷畴. 1998. NaCl 对吸胀后水稻的种子发芽和幼苗生长的影响. 植物生理学报, 34(5): 339-342.

韩桂红, 塔西甫拉提·特依拜, 买买提·沙吾提, 等. 2012. 基于典范对应分析的干旱区春季盐渍化特征研究. 土壤学报, 49(4): 681-687.

韩锦峰. 2003. 烟草栽培生理. 北京: 中国农业出版社.

韩晓日, 郑国砥, 刘晓燕, 等. 2007. 有机肥与化肥配合施用土壤微生物量氮动态、来源和供氮特征. 中国农业科学, 40(4): 765-772.

何海洋, 彭方仁, 张瑞, 等. 2015. 不同品种美国山核桃嫁接苗光合特性比较. 南京林业大学学报(自然科学版), 39(4): 19-25.

何绪生, 张树清, 佘雕, 等. 2011. 生物炭对土壤肥料的作用及未来研究. 中国农学通报, 27(15): 16-25.

何云勇, 李心清, 杨放, 等. 2016. 裂解温度对新疆棉秆生物炭物理化学性质的影响. 地球与环境, 44(1): 19-24.

河南省土壤普查办公室. 2004. 河南土壤. 北京: 中国农业出版社.

贺纪正. 2014. 土壤生物学前言. 北京: 科学出版社: 224.

洪森荣, 尹明华. 2013. 红芽芋驯化苗对盐胁迫的光合及生理响应. 西北植物学报, 33(12): 2499-2506.

侯建ト, 索全义, 梁桓, 等. 2014. 炭化温度对沙蒿生物炭形貌特征和化学性质的影响. 土壤, 46(5): 814-818.

胡诚, 曹志平, 叶钟年, 等. 2006. 不同的土壤培肥措施对低肥力农田土壤微生物生物量碳的影响. 生态学报, 26(3): 808-814.

胡国松, 郑伟, 王震东. 2000. 烤烟营养原理. 北京: 科学出版社.

胡庆辉. 2012. 盐与干旱胁迫诱导烤烟叶片细胞程序性死亡及多酚含量变化的研究. 北京: 中国农业科学院硕士学位论文.

胡田田, 康绍忠, 原丽娜, 等. 2008. 不同灌溉方式对玉米根毛生长发育的影响. 应用生态学报, 19(6): 1289-1295.

胡钟胜, 章钢娅, 王广志, 等. 2006. 改良剂对烟草吸收土壤中镉铅影响的研究. 土壤学报, 43(2): 233-239.

黄昌勇. 2000. 土壤学. 北京: 中国农业出版社: 74-77, 205-208.

黄国锋, 钟流举, 张振钿, 等. 2003. 有机固体废弃物堆肥的物质变化及腐熟度评价. 应用生态学报, 14(5): 813-818.

黄华, 王雅雄, 唐景春, 等. 2014. 不同烧制温度下玉米秸秆生物炭的性质及对萘的吸附性能. 环境科学, 35(5): 1884-1890.

黄文昭, 赵秀兰, 朱建国, 等. 2007. 土壤碳库激发效应研究. 土壤通报, 38(1): 149-154.

简敏菲, 高凯芳, 余厚平. 2016. 不同裂解温度对水稻秸秆制备生物炭及其特性的影响. 环境科学学报, 36(5): 1757-1765.

蒋明义, 杨文英. 1994. 渗透胁迫下水稻幼苗中叶绿素降解的活性氧损伤作用. 植物学报(英文版), (4): 289-295.

景宇鹏, 段玉, 妥德宝, 等. 2016. 河套平原弃耕地土壤盐碱化特征. 土壤学报, 53(6): 1410-1420.

孔文杰. 2011. 有机无机肥配施对蔬菜轮作系统重金属污染和产品质量的影响. 植物营养与肥料学报, 17(4): 977-984.

赖江山, 米湘成. 2010. 基于Vegan软件包的生态学数据排序分析//马克平. 第九届全国生物多样性保护与持续利用研讨会论文集. 北京: 气象出版社.

黎洪利, 朱立军, 王鹏, 等. 2010. 烤烟烟叶部分化学成分与平衡含水率的相关性. 烟草科技, (10): 44-47.

李承强, 魏源送, 樊耀波, 等. 1999. 堆肥腐熟度的研究进展. 环境工程学报, 2(6): 1-12.

李传友, 郝东生, 杨立国, 等. 2014. 水稻小麦秸秆成分近红外光谱快速分析研究. 中国农学通报, (20): 133-140.

李飞跃, 汪建飞. 2013. 中国粮食作物秸秆焚烧排碳量及转化生物炭固碳量的估算. 农业工程学报, (14): 1-7.

李贵才, 韩兴国, 黄建辉, 等. 2001. 森林生态系统土壤氮矿化影响因素研究进展. 生态学报, 21(7): 1187-1195.

李海燕, 丁雪梅, 周婵, 等. 2004. 盐胁迫对三种盐生禾草种子萌发及其胚生长的影响. 草地学报, 12(1): 45-50.

李合生. 2005. 现代植物生理学. 北京: 高等教育出版社.

李继伟, 左海涛, 李青丰, 等. 2011. 柳枝稷根系垂直分布及植株生长对土壤盐分类型的响应. 草地学报, 19(4): 644-651.

李景, 刘群录, 唐东芹, 等. 2011. 盐胁迫和洗盐处理对贴梗海棠生理特性的影响. 北京林业大学学报, 33(6): 40-46.

李力, 刘娅, 陆宇超, 等. 2011. 生物炭的环境效应及其应用的研究进展. 环境化学, 30(8): 1411-1421.

李力, 陆宇超, 刘娅, 等. 2012. 玉米秸秆生物炭对Cd(II)的吸附机理研究. 农业环境科学学报, 31(11): 2277-2283.

李亮. 2013. 土壤-地下水系统对天然植被生长的影响研究: 以敦煌盆地为例. 武汉: 中国地质大学博士学位论文.

李士磊, 霍鹏, 高欢欢, 等. 2012. 复合盐胁迫对小麦萌发的影响及耐盐阈值的筛选. 麦类作物学报, 32(2): 260-264.

李太魁, 郭战玲, 寇长林, 等. 2017. 提取方法对土壤可溶性有机碳测定结果的影响. 生态环境学报, 26(11): 1878-1883.

李霞, 陶梅, 肖波, 等. 2011. 免耕和草篱措施对径流中典型农业面源污染物的去除效果. 水土保持学报, 25(6): 221-224.

李晓雅, 赵翠珠, 程小军, 等. 2015. 盐胁迫对亚麻荠幼苗生理生化指标的影响. 西北农业学报, 24(4): 76-83.

李新华, 郭洪海, 朱振林, 等. 2016. 不同秸秆还田模式对土壤有机碳及其活性组分的影响. 农业工程学报, 32(9): 130-135.

李月臣, 刘春霞, 赵纯勇, 等. 2008. 三峡库区重庆段水土流失的时空格局特征. 地理学报, 63(5): 502-513.

李志, 李新国, 毛东雷, 等. 2018. 博斯腾湖西岸湖滨带不同植被类型土壤剖面盐分特征分析. 西北农业学报, 27(2): 260-268.

李卓, 吴普特, 冯浩, 等. 2010. 容重对水分蓄持能力影响模拟实验研究. 土壤学报, 47(4): 611-620.

梁桓, 索全义, 侯建伟, 等. 2015. 不同炭化温度下玉米秸秆和沙蒿生物炭的结构特征及化学特性. 土壤, (5): 886-891.

廖敏, 黄昌勇, 谢正苗. 1999. pH 对镉在土水系统中的迁移和形态的影响. 环境科学学报, 19(1): 81-86.

林而达. 2001. 气候变化与农业可持续发展. 北京: 北京出版社.

林晓芬, 张军, 尹艳山, 等. 2009. 生物质炭孔隙分形特征研究. 生物质化学工程, 43(3): 9-12.

蔺吉祥, 高战武, 王颖, 等. 2014. 盐碱胁迫对紫花苜蓿种子发芽的协同影响. 草地学报, 22(2): 312-318.

刘阿梅. 2014. 生物炭对植物生长发育及镉吸收的影响. 长沙: 湖南科技大学硕士学位论文.

刘标, 陈应泉, 孟海波, 等. 2014. 棉秆和油菜秆热解焦炭的燃烧及吸附特性. 农业工程学报, 30(10): 193-200.

刘凤歧, 刘杰淋, 朱瑞芬, 等. 2015. 4 种燕麦对 NaCl 胁迫的生理响应及耐盐性评价. 草业学报, 24(1): 183-189.

刘广深, 许中坚, 周根娣, 等. 2004. 模拟酸雨作用下红壤 Cd 释放的研究. 中国环境科学, 24(4): 419-423.

刘桂丰, 刘关君. 1998. 盐逆境条件下树种的激素变化及抗盐性分析. 东北林业大学学报, (2): 1-4.

刘国顺. 2003. 烟草栽培学. 北京: 中国农业出版社: 74-75, 144-171.

刘国顺. 2004. 建立以烟为主的耕作制度, 实现烟叶生产可持续发展(内部资料). 2004 年全国烟叶收购工作现场会材料.

刘国顺, 罗贞宝, 王岩, 等. 2006. 绿肥翻压对烟田土壤理化性状及土壤微生物量的影响. 水土保持学报, 20(1): 95-98.

刘国顺, 叶协锋, 王彦亭, 等. 2004. 不同钾肥施用量对烟叶香气成分含量的影响. 中国烟草科学, (4): 1-4.

刘洪展, 郑风荣, 孙修勤. 2007. 驯化处理对海水胁迫下玉米幼苗生长特性的影响. 农业工程学报, 23(8): 193-197.

刘杰, 张美丽, 张义, 等. 2008. 人工模拟盐、碱环境对向日葵种子萌发及幼苗生长的影响. 作物学报, 34(10): 1818-1825.

刘金, 刘复初, 朱洪友. 2006. 巨豆三烯酮的合成研究概况. 云南化工, 33(1): 38-40.

刘丽娟, 董元华, 刘云, 等. 2013. 不同改良剂对污染土壤中 Cd 形态影响的研究. 农业环境科学学报, 32(9): 1778-1785.

刘添毅, 熊德中. 2000. 烤烟有机肥与化肥配合施用效应的探讨. 中国烟草科学, 21(4): 23-26.

刘晓蓓, 涂仕华, 孙锡发, 等. 2013. 秸秆还田与施肥对稻田土壤微生物生物量及固氮菌群落结构的影响. 生态学报, 33(17): 5210-5218.

刘延吉, 张蓄, 田晓艳, 等. 2008. 盐胁迫对碱茅幼苗叶片内源激素、nad 激酶及 Ca^{2+}-atpase 的效应. 草业科学, 25(4): 51-54.

龙健, 李娟, 滕应, 等. 2003. 贵州高原喀斯特环境退化过程土壤质量的生物学特性研究. 水土保持学报, 17(2): 47-50.

娄翼来, 关连珠, 王玲莉, 等. 2007. 不同植烟年限土壤 pH 和酶活性的变化. 植物营养与肥料学报, 13(3): 531-534.

卢金伟, 李占斌. 2002. 土壤团聚体研究进展. 水土保持研究, 9(1): 81-85.

鲁如坤. 2000. 土壤农业化学分析方法. 北京: 中国农业科技出版社.

陆海楠, 胡学玉, 刘红伟. 2013. 不同裂解条件对生物炭稳定性的影响. 环境科学与技术, 36(8): 11-14.

路磊, 李忠佩, 车玉萍. 2006. 不同施肥处理对黄泥土微生物生物量碳氮和酶活性的影响. 土壤, 38(3): 309-314.

路文涛, 贾志宽, 张鹏, 等. 2011. 秸秆还田对宁南旱作农田土壤活性有机碳及酶活性的影响. 农业环境科学学报, 30(3): 522-528.

吕伟波. 2012. 生物炭对土壤微生物生态特征的影响. 杭州: 浙江大学硕士学位论文.

罗海燕, 方文青, 杨林波. 2005. 叶中含梗率与相关打叶质量指标的关系. 烟草科技, (7): 11-13.

马翠兰, 刘星辉, 王湘平. 2007. 盐胁迫下琯溪蜜柚苗木生理生化特性的变化研究. 中国生态农业学报, 15(1): 99-101.

马冬云, 郭天财, 宋晓, 等. 2007. 尿素施用量对小麦根际土壤微生物数量及土壤酶活性的影响. 生态学报, 27(12): 5222-5228.

马新明, 李春明, 田志强, 等. 2006. 镉污染对烤烟光合特性、产量及其品质的影响. 生态学报, 26(12): 4039-4044.

马新明, 刘国顺, 王小纯, 等. 2002. 烟草根系生长发育与地上部相关性的研究. 中国烟草学报, 3(9): 26-29.

马新明, 王小纯, 倪纪恒, 等. 2003. 不同土壤类型烟草根系发育特点研究. 中国烟草学报, 9(1): 39-44.

马旭凤, 于涛, 汪李宏, 等. 2010. 苗期水分亏缺对玉米根系发育及解剖结构的影响. 应用生态学报, 21(7): 1731-1736.

毛多斌, 贾春晓, 张峻松, 等. 1998. 茄酮及其降解产物系列香料合成研究进展. 郑州轻工业学院学报, 13(2): 57-61.

毛海涛, 樊哲超, 何华祥, 等. 2016. 干旱、半干旱区平原水库对坝后盐渍化的影响. 干旱区研究, 33(1): 74-79.

毛懿德, 铁柏清, 叶长城, 等. 2015. 生物炭对重污染土壤 Cd 形态及油菜吸收 Cd 的影响. 生态与农村环境学报, 31(4): 579-582.

宁川川, 王建武, 蔡昆争. 2016. 有机肥对土壤肥力和土壤环境质量的影响研究进展. 生态环境学报, 25(1): 175-181.

牛新胜, 巨晓棠. 2017. 我国有机肥料资源及利用. 植物营养与肥料学报, 23(6): 1462-1479.

彭艳, 周冀衡, 张建平, 等. 2011. 不同品种烤烟有机酸组成含量分析. 云南农业大学学报(自然科学), 26(5): 652-655.

秦松. 2001. 贵州植烟土壤氯素特征与含氯钾肥施用探讨. 西南大学学报(自然科学版), 23(5): 471-473.

秦余丽, 熊仕娟, 徐卫红, 等. 2016. 不同镉浓度及 pH 条件下纳米沸石对土壤镉形态及大白菜镉吸收的影响. 环境科学, 37(10): 4030-4043.

邱莉萍, 刘军, 王益权, 等. 2004. 土壤酶活性与土壤肥力的关系研究. 植物营养与肥料学报, 10(3): 277-280.

任志彬, 王志刚, 聂庆娟, 等. 2011. 盐胁迫对锦带花幼苗生长特性的影响. 北华大学学报(自然科学版), 12(2): 219-223.

阮松林, 薛庆中. 2002. 盐胁迫条件下杂交水稻种子发芽特性和幼苗耐盐生理基础. 中国水稻科学, 16(3): 281-284.

余小平, 贺军民, 张键, 等. 2002. 水杨酸对盐胁迫下黄瓜幼苗生长抑制的缓解效应. 西北植物学报, 22(2): 401-405.

申玉香, 乔海龙, 陈和, 等. 2009. 几个大麦品种(系)的耐盐性评价. 核农学报, 23(5): 752-757.

沈宏, 曹志洪, 王志明. 1999. 不同农田生态系统土壤碳库管理指数的研究. 自然资源学报, 14(3): 206-211.

沈宏, 曹志洪, 徐志红. 2000. 施肥对土壤不同碳形态及碳库管理指数的影响. 土壤学报, 37(2): 166-173.

沈秋悦, 曹志强, 朱月芳, 等. 2016. 重金属 Cd 污染对土壤微生物活性影响的研究. 环境污染与防治, 38(7): 11-14, 24.

石丽红. 2007. 湖南植烟土壤盐分表聚成因及防治技术的研究. 长沙: 湖南农业大学硕士学位论文.

史宏志, 刘国顺. 1998. 烟草香味学. 北京: 中国农业出版社: 15-21.

侣国涵, 吴文昊, 梅东海, 等. 2011. 不同光叶紫花苕子翻压量对烤烟产量和品质的影响. 中国烟草科学, 32(S1): 82-86.

宋日, 吴春胜, 牟金明, 等. 2002. 玉米根茬留田对土壤微生物量碳和酶活性动态变化特征的影响. 应用生态学报, 13(3): 303-306.

孙红文. 2013. 生物炭与环境. 北京: 化学工业出版社: 82.

孙梅霞, 汪耀富, 张全民, 等. 2000. 烟草生理指标与土壤含水量的关系. 中国烟草科学, (2): 30-33.

孙楠, 曾希柏, 高菊生, 等. 2006. 含镁复合肥对黄花菜生长及土壤养分含量的影响. 中国农业科学, 39(1): 95-101.

孙群, 王建华, 孙宝启. 2007. 种子活力的生理和遗传机理研究进展. 中国农业科学, 40(1): 48-53.

孙铁军, 刘素军, 肖春利, 等. 2007. 草地雀麦刈割对坡地水土流失的影响. 水土保持学报, 21(4): 34-37.

索卫国, 胡清源, 王芳, 等. 2007. 卷烟烟气中微量和痕量元素研究综述. 中国烟草学报, 13(5): 61-64.

汤朝起, 潘红源, 沈钢, 等. 2009. 初烤烟叶含水率与含梗率研究初报. 中国烟草学报, 15(6): 61-65.

唐玉姝, 慈恩, 颜廷梅, 等. 2008. 太湖地区长期定位试验稻麦两季土壤酶活性与土壤肥力关系. 土壤学报, 45(5): 1000-1006.

陶思源. 2013. 关于我国农业废弃物资源化问题的思考. 理论界, (5): 28-30.

田慎重, 宁堂原, 王瑜, 等. 2010. 不同耕作方式和秸秆还田对麦田土壤有机碳含量的影响. 应用生态学报, 21(2): 373-378.

童辉, 孙锦, 郭世荣, 等. 2012. 等渗 $Ca(NO_3)_2$ 和 NaCl 胁迫对黄瓜幼苗根系形态及活力的影响. 南京农业大学学报, 35(3): 37-41.

王程栋, 王树声, 胡庆辉, 等. 2012. NaCl 胁迫对烤烟叶肉细胞超微结构的影响. 中国烟草科学, 33(2): 57-61.

王改玲, 李立科, 郝明德, 等. 2012. 长期施肥及不同施肥条件下秸秆覆盖、灌水对土壤酶和养分的影响. 核农学报, 26(1): 129-134.

王改玲, 李立科, 郝明德. 2017. 长期施肥和秸秆覆盖土壤活性有机质及碳库管理指数变化. 植物营养与肥料学报, 23(1): 20-26.

王光华, 金剑, 韩晓增, 等. 2007. 不同土地管理方式对黑土土壤微生物量碳和酶活性的影响. 应用生态学报, 18(6): 1275-1280.

王光华, 齐晓宁, 金剑, 等. 2007. 施肥对黑土农田土壤全碳、微生物量碳及土壤酶活性的影响. 土壤通报, 38(4): 661-666.

王浩浩. 2013. 烤烟品种对镉的吸收累积敏感性差异研究. 北京: 中国农业科学院硕士学位论文.

王黎黎. 2010. 盐碱胁迫下与渗透调节和离子平衡相关溶质在碱蓬体内动态积累与分布特征. 长春: 东北师范大学硕士学位论文.

王丽红, 孙飞, 陈春梅, 等. 2013. 酸化土壤铝和镉对水稻幼苗根系生长的复合影响. 农业环境科学学报, 32(12): 2511-2512.

王丽宏, 杨光立, 曾昭海, 等. 2008. 稻田冬种黑麦草对饲草生产和土壤微生物效应的影响(简报). 草业学报, 17(2): 157-161.

王利利, 董民, 张璐, 等. 2013. 不同碳氮比有机肥对有机农业土壤微生物生物量的影响. 中国生态农业学报, 21(9): 1073-1077.

王龙强, 蔺海明, 米永伟. 2011. 盐胁迫对枸杞属2种植物幼苗生理指标的影响. 草地学报, 19(6): 1010-1017.

王美, 李书田. 2014. 肥料重金属含量状况及施肥对土壤和作物重金属富集的影响. 植物营养与肥料学报, 20(2): 466-480.

王淑平, 周广胜, 孙长占. 2003. 土壤微生物量氮的动态及其生物有效性研究. 植物营养与肥料学报, 9(1): 87-90.

王树凤, 胡韵雪, 孙海菁, 等. 2014. 盐胁迫对2种栎树苗期生长和根系生长发育的影响. 生态学报, 34(4): 1021-1029.

王小国, 朱波, 王艳强, 等. 2007. 不同土地利用方式下土壤呼吸及其温度敏感性. 生态学报, 27(5): 1960-1968.

王学全, 高前兆, 卢琦, 等. 2006. 内蒙古河套灌区水盐平衡与干排水脱盐分析. 地理科学, 26(4): 155-460.

王彦辉, Rademacher P. 1999. 环境因子对挪威云杉林土壤有机质分解过程中重量和碳的气态损失影响及模型. 生态学报, 3(5): 641.

王艳红, 李盟军, 唐明灯, 等. 2015. 稻壳基生物炭对生菜 Cd 吸收及土壤养分的影响. 中国生态农业学报, 23(2): 207-214.

王洋, 刘景双, 王金达, 等. 2008. 土壤 pH 值对冻融黑土重金属 Cd 赋存形态的影响. 农业环境科学学报, 27(2): 163-167.

王玉军, 窦森, 李业东, 等. 2009. 鸡粪堆肥处理对重金属形态的影响. 环境科学, 30(3): 913-917.

王志明, 朱培立, 黄东迈. 1998. ^{14}C 标记秸秆碳素在淹水土壤中的转化与平衡. 江苏农业学报, 14(2): 112-117.

王宗华, 张军营, 赵永椿, 等. 2011. 生物质热解过程中 NO、NH_3 和 HCN 的释放特性. 燃料化学学报, 39(2): 99-102.

王遵亲, 祝寿泉, 俞仁培. 1994. 中国盐渍土. 北京: 科学出版社: 131-132, 334-336.

魏克循. 1995. 河南土壤地理. 郑州: 河南科学技术出版社: 247-250, 508-513.

吴丹, 王友保, 李伟, 等. 2012. 镉胁迫对吊兰生长与土壤酶活性的影响. 环境化学, 31(10): 1562-1568.

吴福忠, 杨万勤, 张健, 等. 2010. Cd 胁迫对桂花生长和养分积累、分配与利用的影响. 植物生态学报, 34(10): 1220-1226.

吴景贵, 姜岩. 1999. 玉米植株残体还田后土壤胡敏酸理化性质变化的动态研究. 中国农业科学, 32(1): 63-68.

吴岩, 杜立宇, 梁成华, 等. 2018. 生物炭与沸石混施对不同污染土壤镉形态转化的影响. 水土保持学报, 32(1): 286-290.

吴志丹, 尤志明, 江福英, 等. 2012. 生物黑炭对酸化茶园土壤的改良效果. 福建农业学报, 27(2): 167-172.

武德, 曹帮华, 刘欣玲, 等. 2007. 盐碱胁迫对刺槐和绒毛白蜡叶片叶绿素含量的影响. 西北林学院学报, 22(3): 51-54.

武雪萍, 刘国顺, 朱凯, 等. 2004. 外源氨基酸对烟叶氨基酸含量的影响. 中国农业科学, 37(3): 357-361.

武雪萍, 刘增俊, 赵跃华, 等. 2005. 施用芝麻饼肥对植烟根际土壤酶活性和微生物碳、氮的影响. 植物营养与肥料学报, 11(4): 541-546.

夏阳, 孙明高, 李国雷, 等. 2005. 盐胁迫对四园林绿化树种叶片中叶绿素含量动态变化的影响. 山东农业大学学报(自然科学版), 36(1): 30-34.

肖强, 郑海雷, 陈瑶, 等. 2005. 盐度对互花米草生长及脯氨酸、可溶性糖和蛋白质含量的影响. 生态学杂志, 24(4): 373-376.

谢祖彬, 刘琦, 许燕萍, 等. 2011. 生物炭研究进展及其研究方向. 土壤, 43(6): 857-861.

解卫海, 马淑杰, 祁琳, 等. 2015. Na^+吸收对干旱导致的棉花叶片光合系统损伤的缓解作用. 生态学报, 35(19): 6549-6559.

熊彩云, 曾伟, 肖复明, 等. 2012. 木荷种源间光合作用参数分析. 生态学报, 32(11): 3628-3634.

徐华勤, 章家恩, 冯丽芳, 等. 2010. 广东省典型土壤类型和土地利用方式对土壤酶活性的影响. 植物营养与肥料学报, 16(6): 1464-1471.

徐明岗, 于荣, 孙小凤, 等. 2006. 长期施肥对我国典型土壤活性有机质及碳库管理指数的影响. 植物营养与肥料学报, 12(4): 459-465.

徐楠楠, 林大松, 徐应明, 等. 2013. 生物炭在土壤改良和重金属污染治理中的应用. 农业环境与发展, 30(4): 29-34.

徐谦. 1996. 我国化肥和农药非点源污染状况综述. 生态与农村环境学报, 12(2): 39-43.

徐阳春, 沈其荣, 冉炜. 2002. 长期免耕与施用有机肥对土壤微生物生物量碳、氮、磷的影响. 土壤学报, 39(1): 89-96.

徐勇, 吕成福, 陈国俊, 等. 2015. 川东南龙马溪组页岩孔隙分形特征. 岩性油气藏, 27(4): 32-39.

许燕萍, 谢祖彬, 朱建国, 等. 2013. 制炭温度对玉米和小麦生物质炭理化性质的影响. 土壤, 45(1): 73-78.

许月蓉. 1995. 不同施肥条件下潮土中微生物量及其活性. 土壤学报, (3): 349-352.

薛延丰, 刘兆普. 2008. 不同浓度 NaCl 和 Na₂CO₃ 处理对菊芋幼苗光合及叶绿素荧光的影响. 植物生态学报, 32(1): 161-167.

颜宏, 娇爽, 赵伟, 等. 2008. 不同大小碱地肤种子的萌发耐盐性比较. 草业学报, 17(2): 26-32.

杨虹琦, 周冀衡, 杨述元, 等. 2005. 不同产区烤烟中主要潜香型物质对评吸质量的影响研究. 湖南农业大学学报 (自然科学版), 31(1): 11-14.

杨锦芬, 郭振飞. 2006. 柱花草 SgNCED1 基因的克隆及功能分析. 草地学报, 14(3): 298-300.

杨林生, 张宇亭, 黄兴成, 等. 2016. 长期施用含氯化肥对稻-麦轮作体系土壤生物肥力的影响. 中国农业科学, 49(4): 686-694.

杨培森. 2017. 杨培森副局长在全国烟叶工作电视电话会上的讲话(内部资料).

杨庆朋, 徐明, 刘洪升, 等. 2011. 土壤呼吸温度敏感性的影响因素和不确定性. 生态学报, 31(8): 2301-2311.

杨惟薇. 2014. 生物炭对镉污染土壤的修复研究. 桂林: 广西大学硕士学位论文.

杨秀玲, 郁继华, 李雅佳, 等. 2004. NaCl 胁迫对黄瓜种子萌发及幼苗生长的影响. 甘肃农业大学学报, 39(1): 6-9.

姚红宇, 唐光木, 葛春辉, 等. 2013. 炭化温度和时间与棉秆炭特性及元素组成的相关关系. 农业工程学报, 29(7): 199-206.

叶协锋. 2009. 建设现代烟草农业要坚持土壤改良. 经理日报(金叶周刊). 2009-01-21(11).

叶协锋. 2011. 河南省烟草种植生态适宜性区划研究. 杨陵: 西北农林科技大学博士学位论文.

叶协锋, 李志鹏, 于晓娜, 等. 2015a. 生物炭用量对植烟土壤碳库及烤后烟叶质量的影响. 中国烟草学报, 21(5): 33-41.

叶协锋, 杨超, 王永, 等. 2008. 翻压黑麦草对烤烟产、质量影响的研究. 中国农学通报, 24(12): 196-199.

叶协锋, 于晓娜, 孟琦, 等. 2015b. 烤烟秸秆炭化后理化特性分析. 烟草科技, 48(5): 14-18.

叶协锋, 于晓娜, 王勇, 等. 2014. 烟草专用生物炭基缓释复合肥及其制备方法. 中国: 201410140025.1.

叶协锋, 周涵君, 于晓娜, 等. 2017. 热解温度对玉米秸秆炭产率及理化特性的影响. 植物营养与肥料学报, 23(5): 1268-1275.

叶子飘, 张海利, 黄宗安, 等. 2017. 叶片光能利用效率和水分利用效率对光响应的模型构建. 植物生理学报, (6): 1116-1122.

弋良朋, 马健, 李彦. 2007. 不同土壤条件下荒漠盐生植物根际盐分特征研究. 土壤学报, 44(6): 1139-1143.

尹宝军, 高保昌. 1999. 氨基酸混合物对烤烟产质影响的研究初报. 中国烟草科学, 3(4): 34-36.

于建军. 2009. 卷烟工艺学. 北京: 中国农业出版社: 46-48.

于水强, 窦森, 张晋京, 等. 2005. 不同氧气浓度对玉米秸秆分解期间腐殖物质形成的影响. 吉林农业大学学报, 27(5): 528-533.

余海英, 李廷轩, 周健民. 2005. 设施土壤次生盐渍化及其对土壤性质的影响. 土壤, 37(6): 581-586.

余海英, 李廷轩, 周健民. 2006. 典型设施栽培土壤盐分变化规律及潜在的环境效应研究. 土壤学报, 43(4): 571-576.

余世鹏, 杨劲松, 刘广明. 2011. 易盐渍区黏土夹层对土壤水盐运动的影响特征. 水科学进展, 22(4): 495-501.

俞花美, 陈淼, 邓惠, 等. 2014. 蔗渣基生物质炭的制备、表征及吸附性能. 热带作物学报, 35(3): 595-602.

俞巧钢, 叶静, 马军伟, 等. 2012. 山地果园套种绿肥对氮磷径流流失的影响. 水土保持学报, 26(2): 6-10.

玉苏甫·买买提, 阿地里·阿不里肯, 买合皮热提·吾拉木. 2016. 渭-库河绿洲植棉土壤不同土层盐分相关性分析. 中国农学通报, 32(12): 145-151.

袁金华, 徐仁扣. 2010. 稻壳制备的生物质炭对红壤和黄棕壤酸度的改良效果. 生态与农村环境学报, 26(5): 472-476.

曾敏, 廖柏寒, 曾清如, 等. 2006. 重金属污染土壤清洗导致几种营养元素流失的研究. 水土保持学报, 20(1): 25-29.

曾宇, 符云鹏, 叶协锋, 等. 2014. 烟田施用腐熟小麦秸秆对烤烟产质量的影响. 中国烟草科学, (5): 40-44.

张骛, 王振华, 王久龙, 等. 2015. 蒸发条件下地下水对土壤水盐分布的影响. 干旱地区农业研究, 33(6): 229-233.

张博, 王伟, 马履一, 等. 2013. 河北油松人工林土壤呼吸特征及其温度敏感性. 东北林业大学学报, 41(11): 73-77, 142.

张电学, 韩志卿, 刘微, 等. 2005. 不同促腐条件下玉米秸秆直接还田的生物学效应研究. 植物营养与肥料学报, 11(6): 742-749.

张东秋, 石培礼, 何永涛, 等. 2006. 西藏高原草原化小嵩草草甸生长季土壤微生物呼吸测定. 自然资源学报, 21(3): 458-464.

张国伟, 路海玲, 张雷, 等. 2011. 棉花萌发期和苗期耐盐性评价及耐盐指标筛选. 应用生态学报, 22(8): 2045-2053.

张晗芝, 黄云, 刘钢, 等. 2010. 生物炭对玉米苗期生长、养分吸收及土壤化学性状的影响. 生态环境学报, 19(11): 2713-2717.

张嵩, 顾万荣, 王泳超, 等. 2015. Dcpta 对盐胁迫下玉米苗期根系生长、渗透调节及膜透性的影响. 生态学杂志, 34(9): 2474-2481.

张红星, 王效科, 冯宗炜, 等. 2009. 干湿交替格局下黄土高原小麦田土壤呼吸的温湿度模型. 生态学报, 29(6): 3028-3035.

张会慧, 田祺, 刘关君, 等. 2013. 转 2-CysPrx 基因烟草抗氧化酶和 PSII 电子传递对盐和光胁迫的响应. 作物学报, 39(11): 2023-2029.

张洁, 姚宇卿, 金轲, 等. 2007. 保护性耕作对坡耕地土壤微生物量碳、氮的影响. 水土保持学报, 21(4): 126-129.

张金波, 宋长春. 2004. 土壤氮素转化研究进展. 吉林农业科学, 29(1): 38-43.

张俊丽, Tanveer S K, 温晓霞, 等. 2012. 不同耕作方式下旱作玉米田土壤呼吸及其影响因素. 农业工程学报, 28(18): 192-199.

张立芙, 吴凤芝, 周新刚. 2009. 盐胁迫下黄瓜根系分泌物对土壤养分及土壤酶活性的影响. 中国蔬菜, 1(14): 6-11.

张润花, 郭世荣, 李娟. 2006. 盐胁迫对黄瓜根系活力、叶绿素含量的影响. 长江蔬菜, (2): 47-49.

张士功, 邱建军, 张华. 2000. 我国盐渍土资源及其综合治理. 中国农业资源与区划, 21(1): 52-56.

张晓磊, 刘晓静, 齐敏兴, 等. 2013. 混合盐碱对紫花苜蓿苗期根系特征的影响. 中国生态农业学报, 21(3): 340-346.

张晓艳, 王立, 黄高宝, 等. 2008. 道地药材保护性耕作对坡耕地土壤侵蚀的影响. 水土保持学报, 22(2): 58-61.

张艳玲, 周汉平. 2004. 烟草重金属研究概述. 烟草科技, (12): 20-23.

章家恩, 刘文高, 胡刚. 2002. 不同土地利用方式下土壤微生物数量与土壤肥力的关系. 土壤与环境, 11(2): 140-143.

章智明, 黄占斌, 单瑞娟. 2013. 腐殖酸对土壤改良作用探讨. 环境与可持续发展, 38(3): 109-111.

赵殿峰, 徐静, 罗璇, 等. 2014. 生物炭对土壤养分、烤烟生长以及烟叶化学成分的影响. 西北农业学报, 23(3): 85-92.

赵吉霞, 王邵军, 陈奇伯, 等. 2015. 滇中云南松林土壤呼吸季节动态及其影响因子研究. 西北林学院学报, 30(3): 8-13, 20.

赵竞英, 刘国顺, 介晓磊. 2001. 河南主要植烟土壤养分状况与施肥对策. 土壤通报, 32(6): 270-272.

赵兰坡, 冯君, 王宇, 等. 2011. 不同利用方式的苏打盐渍土剖面盐分组成及分布特征. 土壤学报, 48(5): 904-911.

赵莉. 2009. 湖南植烟土壤盐分表聚及其调控措施研究. 长沙: 湖南农业大学硕士学位论文.

赵蒙蒙, 姜曼, 周祚万. 2011. 几种农作物秸秆的成分分析. 材料导报, 25(16): 122-125.

赵铭钦. 2008. 卷烟调香学. 北京: 科学出版社.

赵铭钦, 陈秋会, 陈红华. 2007. 中外烤烟烟叶中挥发性香气物质的对比分析. 华中农业大学学报, 26(6): 875-879.

赵瑞方, 华坚, 陈放, 等. 2008. 麻风树壳活性炭表面分形维数的实验研究. 安全与环境学报, 8(2): 51-54.

郑庆福, 王永和, 孙月光, 等. 2014. 不同物料和炭化方式制备生物炭结构性质的 FTIR 研究. 光谱学与光谱分析, (4): 962-966.

中国农业科学院烟草研究所. 2005. 中国烟草栽培学. 上海: 上海科学技术出版社.

中国烟叶公司. 2017. 中国烟叶生产实用技术指南(内部资料).

中华人民共和国环境保护部. 1987. 城镇垃圾农用控制指标 GB 8172—1987. 北京: 中国标准出版社.

中华人民共和国农业部. 2012. 有机肥料 NY 525—2012. 北京: 中国标准出版社.

周冀衡, 杨虹琦, 林桂华. 2004. 不同烤烟产区烟叶中主要挥发性香气物质的研究. 湖南农业大学学报(自然科学版), 30(1): 20-23.

周建斌, 邓丛静, 陈金林, 等. 2008. 棉秆炭对镉污染土壤的修复效果. 生态环境, 17(5): 1857-1860.

周瑞莲, 张普金, 徐长林. 1997. 高寒山区火烧土壤对其养分含量和酶活性的影响及灰色关联分析. 土壤学报, (1): 89-96.

周文新, 陈冬林, 卜毓坚, 等. 2008. 稻草还田对土壤微生物群落功能多样性的影响. 环境科学学报, 28(2): 326-330.

周宜君, 刘玉, 赵丹华, 等. 2007. 盐胁迫下盐芥和拟南芥内源激素质量分数变化的研究. 北京师范大学学报(自然科学版), 43(6): 657-660.

朱贵明, 何命军, 石屹, 等. 2002. 对我国烟草肥料研究与开发工作的思考. 中国烟草科学, 23(1): 19-20.

朱建群, 龚琰, 胡大为, 等. 2016. 干湿循环作用下红黏土收缩特征研究. 冰川冻土, 38(4): 1028-1035.

朱维, 刘丽, 吴燕明, 等. 2015. 组配改良剂对土壤-蔬菜系统铅镉转运调控的场地研究. 环境科学, 36(11): 4277-4282.

朱宇旌, 胡自治. 2000. 小花碱茅茎适应盐胁迫的显微结构研究. 中国草地学报, 23(5): 6-9.

朱兆良, 文启孝. 1992. 中国土壤氮素. 南京: 江苏科技出版社: 22-28.

庄恒扬, 刘世平, 沈新平, 等. 1999. 长期少免耕对稻麦产量及土壤有机质与容重的影响. 中国农业科学, 32(4): 39-44.

邹晓霞, 王维华, 王建林, 等. 2017. 垦殖与自然条件下黄河三角洲土壤盐分的时空演化特征研究. 水土保持学报, 31(2): 309-316.

左天觉. 1993. 烟草的生产、生理和生物化学. 朱尊权, 等译. 上海: 上海远东出版社.

Abdolzadeh A, Shima K, Lambers H, et al. 2008. Change in uptake, transport and accumulation of ions in *Nerium oleander* (Rosebay) as affected by different nitrogen sources and salinity. Annals of Botany, 102(5): 735-746.

Alfocea F P, Estañ M T, Caro M. 1993. Response of tomato cultivars to salinity. Plant and Soil, 150(2): 203-211.

Alvarez R J, Alcaraz Ariza F, Ortiz Silla R. 2000. Soil salinity and moisture gradients and plant zonation in Mediterranean salt marshes of southeast Spain. Wetlands, 20(2): 357-372.

Andersen L H, Hvelplund P, Kella D, et al. 2007. Modification of plasma membrane and vacuolar H^+-ATPases in response to nacl and aba. Journal of Plant Physiology, 164(3): 295-302.

Asada K. 1999. The water-water cycle in chloroplasts: scavenging of active oxygens and dissipation of excess photons. Annu Rev Plant Physiol Plant Mol Biol, 50(50): 601-639.

Atkinson C J, Fitzgerald J D, Hipps N A. 2010. Potential mechanisms for achieving agricultural benefits from biochar application to temperate soils: a review. Plant and Soil, 337(1): 1-18.

Baker A J M, Rreeves R D, Hajar A S M. 1994. Heavy metal accumulation and tolerance in British population of the metallophyte *Thlaspi caerulescens* J & C Presl (Brassicaceae). New Phytologist, 127(1): 61-68.

Bird M I, Wurster C M, de Paula Silva P H, et al. 2011. Algal biochar-production and properties. Bioresource Technology, 102(2): 1886-1891.

Bruun S, El-Zahery T, Jensen L. 2009. Carbon sequestration with biochar-stability and effect on decomposition of soil organic matter. IOP Conference Series Earth and Environmental Science, 6(24).

Caines A M, Shennan C. 1999. Interactive effects of Ca^{2+}, and NaCl salinity on the growth of two tomato genotypes differing in Ca^{2+}, use efficiency. Plant Physiology & Biochemistry, 37(7-8): 569-576.

Campbell C A, Zentner R P, Knipfel J E, et al. 1991. Thirty-year crop rotations and management practices effects on soil and amino nitrogen. Soil Science Society of America Journal, 55(3): 739-745.

Carter D R, Cheeseman J M. 2010. The effects of external nacl on thylakoid stacking in lettuce plants. Plant Cell & Environment, 16(2): 215-222.

Cetin E, Moghtaderi B, Gupta R, et al. 2004. Influence of pyrolysis conditions on the structure and gasification reactivity of biomass chars. Fuel, 83(16): 2139-2150.

Colmer T D. 2010. Long-distance transport of gases in plants: a perspective on internal aeration and radial oxygen loss from roots [review]. Plant Cell & Environment, 26(1): 17-36.

Conteh A, Blair G J, Lefroy R D B, et al. 1997. Soil organic carbon changes in cracking clay soils under cotton production as studied by carbon fractionation. Australian Journal of Agricultural Research, 48(7): 1049-1058.

Contina M, Pituelloa C, De Nobilia M. 2010. Organic matter mineralization and changes in soil biophysical parameters following biochar amendment // González-Pérez J A, González-Vila F J, Almendros G. Advances in Natural Organic Matter and Humic Subtances Research, Proceedings Vol 2. Tenerife: 2008-2010 XV Meeting of the International Humic Substances Society, 85-388.

Croser C, Renault S, Franklin J, et al. 2001. The effect of salinity on the emergence and seedling growth of *Picea mariana*, *Picea glauca*, and *Pinus banksiana*. Environmental Pollution, 115(1): 9-16.

Deenik J L, McClellan A T, Uehara G. 2009. Biochar volatile matter content effects on plant growth and nitrogen and nitrogen transformations in a tropical soil. Salt Lake City: Western Nutrient Management Conference, 26-31.

Edwards A P, Bremner J M. 2006. Microaggregates in soils. European Journal of Soil Science, 18(1): 64-73.

Falchini L, Naumova N, Kuikman P J, et al. 2003. CO_2 evolution and denaturing gradient gel electrophoresis profiles of bacterial communities in soil following addition of low molecular weight substrates to simulate root exudation. Soil Biology & Biochemistry, 35(6): 775-782.

FAO. Faostat: Production, crops. http://faostat3.fao.org/download/Q/QC/E[2016-07-05].

Fellet G, Marchiol L, DelleVedove G, et al. 2011. Application of biochar on mine tailings: effects and perspectives for land reclamation. Chemosphere, 83: 1262-1267.

Fillery I R P, Vlek P L G. 1986. Reappraisal of the significance of ammonia volatilization as an n loss mechanism in flooded rice fields. Nutrient Cycling in Agroecosystems, 9(1): 79-98.

Fioretto A, Musacchio A, Andolfi G, et al. 1998. Decomposition dynamics of litters of various pine species in a Corsican pine forest. Soil Biology & Biochemistry, 30(6): 721-727.

Fontaine S, Mariotti A, Abbadie L. 2003. The priming effect of organic matter: a question of microbial competition? Soil Biology & Biochemistry, 35(6): 837-843.

Foy C D, And R L C, White M C. 1978. The physiology of metal toxicity in plants. Annu Rev Plant Physiol, 29(1): 511-566.

Gheorghe C, Marculescu C, Badea A, et al. 2009. Effect of pyrolysis conditions on bio-char production from biomass. Tenerife: Proceedings of the 3rd WSEAS Int. Conf. on Renewable Energy Sources, 239-241.

Graf A, Weihermüller L, Huisman J A, et al. 2008. Measurement depth effects on the apparent temperature sensitivity of soil respiration in field studies. Biogeosciences, 5(4): 1175-1188.

Guo H J, Tao H U, Fu J M. 2012. Effects of saline sodic stress on growth and physiological responses of lolium perenne. Acta Prataculturae Sinica, 21(1): 118-125.

Guo J H, Liu X J, Zhang Y, et al. 2010. Significant acidification in major Chinese croplands. Science, 327(5968): 1008-1010.

Guo R, Shi L, Yang Y. 2009. Germination, growth, osmotic adjustment and ionic balance of wheat in response to saline and alkaline stresses. Soil Science and Plant Nutrition, 55(5): 667-679.

Hamelinck C N, Hooijdonk G V, Faaij A P. 2005. Ethanol from lignocellulosic biomass: techno-economic performance in short-, middle- and long-term. Biomass and Bioenergy, 28(4): 384-410.

Hamer U, Marschner B. 2005. Priming effects in different soil types induced by fructose, alanine, oxalic acid and catechol additions. Soil Biology & Biochemistry, 37(3): 445-454.

Hardegree S P, Emmerich W E. 1990. Partitioning water potential and specific salt effects on seed germination of four grasses. Annals of Botany, 66(5): 1608-1613.

Hidetoshi A, Benjamink S, Haefelem S, et al. 2009. Biochar amendment techniques for upland rice production in northern Laos : 1. Soil physical properties, leaf spad and grain yield. Field Crops Research, 111(s1-2): 81-84.

Hirai M F, Chanyasak V, Kubota H. 1983. Standard measurement for compost maturity. Biocycle, 24(6): 54-56.

Hockaday W C. 2006. The organic geochemistry of charcoal black carbon in the soils of the University of Michigan Biological Station. Columbus: Ohio State University, Ph.D. Dissertation.

Johnson R R, Nicholson J A. 1965. The structure, chemistry and synthesis of solanone. Org Chen, 30: 2918-2923.

Khan M A, Kim K W, Wang M, et al. 2008. Nutrient-impregnated charcoal: an environmentally friendly slow-release fertilizer. Environmentalist, 28(3): 231-235.

Kissel D E, Brewer H L, Arkin G F. 1977. Design and test of a field sampler for ammonia volatilization1. Soilence Society of America Journal, 41(6): 1133-1138.

Kolb S E, Fermanich K J, Dornbush M E. 2009. Effect of charcoal quantity on microbial biomass and activity in temperate soils. Soil Science Society of America Journal, 73(4): 1173-1181.

Kong I C, Bitton G. 2003. Correlation between heavy metal toxicity and metal fractions of contaminated soils in Korea. Bulletin of Environmental Contamination and Toxicology, 70(3): 557-565.

Lefroy R D B, Blair G J, Strong W M. 1993. Changes in soil organic matter with cropping as measured by organic carbon fractions and ^{13}C natural isotope abundance. Plant and Soil, 155-156(1): 399-402.

Lefroy R D B, Lisle L. 1997. Soil organic carbon changes in cracking clay soils under cotton production as studied by carbon fractionation. Australian Journal of Agricultural Research, 48: 1049-1058.

Lehmann J. 2007. Bioenergy in the black. Frontiers in Ecology & the Environment, 5(7): 381-387.

Lehmann J, Sohi S. 2008. Comment on "fire-derived charcoal causes loss of forest humus". Science, 320(5876): 629.

Lehmann J D, Joseph S. 2009. Biochar for environmental management: science and technology. Science and Technology, Earthscan, 25(1): 15801-15811.

Liang B Q, Lehmann J, Sohi S P, et al. 2010. Black carbon affects the cycling of non-black carbon in soil. Organic Geochemistry, 41(2): 206-213.

Logninow W, Wisniewski W, Strong W M, et al. 1987. Fractionation of organic carbon based on susceptibility to oxidation. Polish Journal of Soil Science, 20: 47-52.

Lutts S, Kinet J M, Bouharmont J. 1996. NaCl-induced senescence in leaves of rice (Oryza sativa L.) cultivars differing in salinity resistance. Annals of Botany, 78 (3): 389-398.

Maestrini B, Herrmann A M, Nannipieri P, et al. 2014. Ryegrass-derived pyrogenic organic matter changes organic carbon and nitrogen mineralization in a temperate forest soil. Soil Biology & Biochemistry, 69: 291-301.

Moran J F, Becana M, Iturbe-Ormaetxe I, et al. 1994. Drought induces oxidative stress in pea plants. Planta, (3): 346-352.

Morel T L, Colin F, Germon J C, et al. 1985. Methods for the evaluation of the maturity of municipal refuse compost // Gasser J K R. In Composting of Agricultural and Other Wastes. New York: Elsevier Appled Science Publishers: 56-72.

Motavalli P, Palm C A, Parton W J, et al. 1995. Soil pH and organic C dynamics in tropical forest soils: evidence from laboratory and simulation studies. Soil Biology and Biochemistry, 27 (12): 1589-1599.

Novak J M, Lima I, Xing B S, et al. 2009. Characterization of designer biochar produced at different temperatures and their effects on a loamy sand. Annals of Environmental Science, 3: 195-206.

Ogawa M. 1994. Symbiosis of people and nature in the tropics. Farming Japan, 28 (5): 10-34.

Patterson T G, Moss D N, Brun W A. 1980. Enzymatic changes during the senescence of field-grown wheat. Crop Science, 20 (1): 15-18.

Pompelli M F, Barataluís R, Vitorino H S, et al. 2010. Photosynthesis, photoprotection and antioxidant activity of purging nut under drought deficit and recovery. Biomass & Bioenergy, 34 (8): 1207-1215.

Potthoff M, Loftfield N, Buegger F, et al. 2003. The determination of $\delta^{13}C$ in soil microbial biomass using fumigation-extraction. Soil Biology & Biochemistry, 35 (7): 947-954.

Radovic L R, Moreno-Castilla C, Rivera-Utrilla J. 2000. Carbon materials as adsorbents in aqueous solutions. Chemistry and Physics of Carbon, 27: 227-405.

Rouhi V, Samson R, Lemeur R, et al. 2007. Photosynthetic gas exchange characteristics in three different almond species during drought stress and subsequent recovery. Environmental & Experimental Botany, 59 (2): 117-129.

Schmidt M W I, Noack A G. 2000. Black carbon in soils and sediments: analysis, distribution, implications, and current challenges. Global Biogeochemical Cycles, 14 (3): 777-793.

Sevilla M, Fuertes A B. 2009. Chemical and structural properties of carbonaceous products obtained by hydrothermal carbonization of saccharides. Chemistry, 15 (16): 4195-4203.

Siedlecka A, Krupa Z. 1996. Interaction between cadmium and iron and its effects on photosynthetic capacity of primary leaves of Phaseolus vulgaris. Plant Physiol Biochem, 34: 833-841.

Sing K S W, Everett D H, Haul R A W, et al. 1985. Reporting physisorption data for gas/solid systems with special reference to the determination of surface area and porosity (recommendations 1984). Pure and Applied Chemistry, 57 (4): 603-619.

Singh J, Raghubanshi A S, Singh R S, et al. 1989. Microbial biomass acts as a source of plant nutrients in dry tropical forest and savanna. Nature, 338 (338): 499-500.

Singh N K, Handa A K, Hasegawa P M, et al. 1985. Proteins associated with adaptation of cultured tobacco cells to nacl. Plant Physiology, 79 (1): 126-137.

Six J, Elliott E T, Paustian K. 2000. Soil structure and soil organic matter: II. A normalized stability index and the effect of mineralogy. Soil Science Society of America Journal, 64 (3): 1042-1049.

Šmilauer P, Lepš J. 2003. Multivariate analysis of ecological data using Canoco 5 // Lepš J, Šmilauer P. Multivariate Analysis of Ecological Data Using CANOCO. Cambridge: Cambridge University Press: 193.

Steinbeiss S, Gleixner G, Antonietti M. 2009. Effect of biochar amendment on soil carbon balance and soil microbial activity. Soil Biology & Biochemistry, 41 (6): 1301-1310.

Steiner C, Das K C, Garcia M, et al. 2008. Charcoal and smoke extract stimulate the soil microbial community in a highly weathered xanthic Ferralsol. Pedobiologia, 51 (5-6): 359-366.

Steiner C, Teixeira W G, Lehmann J, et al. 2007. Long term effects of manure, charcoal and mineral fertilization on crop production and fertility on a highly weathered Central Amazonian upland soil. Plant and Soil, 291 (1): 275-290.

Tessier A, Compbell P G C, Bisson M. 1979. Sequential extraction procedure for the speciation of particulate trace metals. Analytical Chemistry, 51 (7): 844-850.

Thompson D I, Edwards T J, Staden J V. 2007. A novel dual-phase culture medium promotes germination and seedling establishment from immature embryos in south African disa, (orchidaceae) species. Plant Growth Regulation, 53 (3): 163-171.

Ueguchitanaka M, Ashikari M, Nakajima M, et al. 2005. Gibberellin insensitive dwarf1 encodes a soluble receptor for gibberellin. Nature, 437 (7059): 693-698.

Vandenbussche F, Van Der Straeten D. 2003. The *Arabidopsis* mutant *alh1* illustrates a cross talk between ethylene and auxin. Plant Physiology, 131 (3): 1228-1238.

Vuorinen A H, Saharinen M H. 1997. Evolution of microbiological and chemical parameters during manure and straw co-composting in a drum composting system. Agriculture Ecosystems & Environment, 66 (1): 19-29.

Wang Y, Zhang W, Li K, et al. 2008. Salt-induced plasticity of root hair development is caused by ion disequilibrium in *Arabidopsis thaliana*. Journal of Plant Research, 121 (1): 87-96.

Wanger G. 1999. Leaf surface chemistry // Davis L, Nielsen T. Tobacco: Production Chemistry and Technology. Oxford: Blackwell Science: 265-284.

Wardle D A, Nielsson M-C, Zackrisson O. 2008. Fire-derived charcoal causes loss of forest humus. Science, 320 (5876): 629.

Weigel H J. 1985. Inhibition of photosynthetic reactions of isolated intact chloroplasts by cadmium. J Plant Physiol, 119: 179-189.

Welbaum G E. 1993. Water relations of seed development and germination in muskmelon (*Cucumis melo* L.): VIII. Development of osmotically distended seeds. Journal of Experimental Botany, 44 (265): 1245-1252.

West G, Inzé D, Beemster G T S. 2004. Cell cycle modulation in the response of the primary root of *Arabidopsis* to salt stress. Plant Physiology, 135 (2): 1050-1058.

Wright I J, Westoby M, Reich P B. 2002. Convergence towards higher leaf mass per area in dry and nutrient-poor habitats has different consequences for leaf life span. Journal of Ecology, 90 (3): 534-543.

Yoder R E. 1936. A direct method of aggregate analysis of soils and a study of the physical nature of erosion losses. Agronomy Journal, 28 (5): 337-351.

Yoshizawa S, Tanaka S. 2008. Acceleration of composting of food garbage and livestock waste by addition of biomass charcoal powder. Asian Environmental Research, 1: 45-50.

Yuan J H, Xu R K, Zhang H. 2011. The forms of alkalis in the biochar produced from crop residues at different temperatures. Bioresource Technology, 102 (3): 3488-3497.

Zwieten L V, Kimber S, Morris S, et al. 2010. Effects of biochar from slow pyrolysis of papermill waste on agronomic performance and soil fertility. Plant and Soil, 327 (1): 235-246.